民航系统安全概论

程 明 编著

清华大学出版社
北京

内 容 简 介

本书从系统安全的角度，介绍了安全系统工程、安全管理理论、民航运输航空生产运行系统架构，以及民航飞机的飞行、机场、空管、安全管理等核心领域的安全管理特点和方法，同时结合国内外近些年发生的重大航空事故，以及国内外航空安全领域的技术进展，对民航系统安全进行了全面的阐述，为局方监管和行业安全管理提供了参考。

图书在版编目(CIP)数据

民航系统安全概论/程明编著. —北京：清华大学出版社，2020.5
ISBN 978-7-302-55423-3

Ⅰ. ①民…　Ⅱ. ①程…　Ⅲ. ①民用航空—系统安全学　Ⅳ. ①V2 ②F560.6

中国版本图书馆 CIP 数据核字(2020)第 081980 号

责任编辑：魏　莹
封面设计：杨玉兰
责任校对：李玉茹
责任印制：杨　艳
出版发行：清华大学出版社
　　　　　网　　　址：http://www.tup.com.cn, http://www.wqbook.com
　　　　　地　　　址：北京清华大学学研大厦 A 座　　　　邮　　编：100084
　　　　　社 总 机：010-62770175　　　　　　　　　　　邮　　购：010-62786544
　　　　　投稿与读者服务：010-62776969, c-service@tup.tsinghua.edu.cn
　　　　　质量反馈：010-62772015, zhiliang@tup.tsinghua.edu.cn
　　　　　课件下载：http://www.tup.com.cn, 010-62791865
印 装 者：北京富博印刷有限公司
经　　销：全国新华书店
开　　本：185mm×260mm　　　印　张：29.25　　　字　数：711 千字
版　　次：2020 年 7 月第 1 版　　　　　　　　　印　次：2020 年 7 月第 1 次印刷
定　　价：79.00 元

产品编号：067025-01

前　言

改革开放 40 年来，在国家经济和社会发展的推动下，我国民用航空运输业得到了持续快速的发展，现已成为国内外旅客出行和货物流通重要的交通方式。

中国政府历来高度重视民航安全工作，民航的经济效益和社会效益都是建立在安全的基础之上。"十三五"期间中国民航的安全目标为安全水平保持领先，航空运输每百万小时重大及以上事故率低于 0.15%。

同时，在航空安全法规和标准体系、安全监管体系、安全技术保障体系、安全运行体系、应急救援体系、安全管理信息体系及建立空防安全体系等重要方面均提出了明确的发展目标。

目前，随着大量新技术在民航运输中的广泛应用，航空器自动化程度和可靠性虽然大大提高，航空安全状况也随之得到改善，但这并未完全阻止航空事故的发生。

回顾历史，由于技术水平和物质条件的限制，中国民航的安全工作更多带有粗放式、被动式的标签。近年来，我国民航全面完善了安全管理体系建设，强调建立企业的主动安全管理机制，即在强化政府监督效能的同时，督促企业建立自我审核、自我监督、自我纠正、自我完善的机制，以便有效地解决在中国民航系统规模化增长的过程中，所带来的安全信息跟踪和处理问题，准确把握整个民航系统安全管理脉络。

本书将从系统安全的角度，介绍安全系统工程、安全管理理论、民航运输航空生产运行系统架构，并对飞行、机场、空管、安全管理等民航运行安全的核心领域的安全管理特点和方法进行了分析，同时结合近年来国内外发生的重大航空事故和典型事件，以及国内外航空安全领域的技术进展，对民航系统安全理论进行了全面的阐述，对局方监管和行业安全管理具有一定的参考价值。

编　者

目　　录

第 1 章

绪　论

民航系统安全是安全工程在民航领域的具体应用，了解和学习安全工程的基本概念和方法是认识航空安全的核心和关键。

1.1 安全工程学科概述

1.1.1 形成和发展

人类的生存、繁衍和发展都离不开生产与安全。生产劳动是人类改造自然、征服自然、创造财富的社会活动，它既有给人类提供物质财富、促进社会发展的一面，也有给人类带来灾难的一面。为了生存和发展，在与自然界做斗争的过程中，人类积累了许多丰富的安全防护经验。

安全科学是专门研究事故的现象、本质及其变化规律，以达到预防、控制、减少，甚至消除事故目的的科学。随着科学技术和工业生产的迅猛发展，生产规模日趋扩大，生产过程日益自动化和复杂化，生产中的安全问题日渐频发。

此外，传统的安全工作方法由于不善于掌握事故发生的内在规律，难以对事故的发生进行预防和预测，已很难适应现代安全生产及安全管理工作的要求。安全科学的发展往往滞后于工业的发展，其结果是在世界各国的工业生产中不断发生灾难性的重大事故，造成严重的人员伤亡和巨大的经济损失。这种安全工作与现代化生产不相适应的严重情况，迫使从事安全工作的专家、学者和管理人员共同去寻找一种对生产系统的安全性可以进行定性与定量评价，能够对事故的发生进行预防和预测的新安全工作方法，以便事先向有关人员提出警示，督促其及时采取有效的预防措施，减少或防止事故的发生。安全工程学科正是在这种新形势的要求下应运而生的一门新兴学科。

对于这门新兴学科，德国库赫曼教授的阐述是：安全科学的最终目的是将应用技术所产生的任何损害后果控制在绝对的最低限度内，或者至少使其保持在可容许的限度内。库赫曼教授指出，安全科学研究范围是技术应用中的可能带来危险的安全问题，它不涉及社会或军事意义上的安全，也不研究与疾病有关的安全。他还认为，不希望的技术副作用会危及生命、健康、财产或精神价值(如自然环境)，因此，从道义和经济上考虑，都应尽可能避免这种技术副作用造成的损害。这就阐明了安全科学的终极目标是保障人的安全，避免财产损失，并保护环境。

"安全"是人们最常用的词汇，从汉语字面上看，"安"指"无危则安"，不受威胁、没有危险等；"全"指"无损则全"，完满、完整、齐备或指没有伤害、无残缺、无损坏、无损失等。显然，"安全"通常指人和物在社会生产生活实践中没有或不受或免除了侵害、损坏和威胁的状况①。

安全内涵及其扩展包括 3 个方面的内容：①安全是指人的身心安全(含健康)，不仅仅是人的生理安全与健康，躯体不伤、不病、不死，而且还要保障人的心理安全与健康。②安全涉及的范围超出了生产过程、劳动的时空领域，拓展到人能进行活动的一切领域。③随着社会文明、科技进步、经济水平、生活富裕程度的发展，对安全需求的水平和质量具有

---

① 罗云. 安全科学导论[M]. 北京：中国计量出版社，2013.

不同的内容和标准，且安全需求与时俱进，不断提高。

　　安全，是人类生存和发展的最基本的需求，是人们生命与健康的基本保障；一切生活、生产活动都源于生命的存在，如果人们失去了生命，也就失去了一切，因此安全就是生命。但由于安全现象极为普遍地存在于人类生产和生活的所有活动时间与空间领域，使之司空见惯，反而不易被人们认识其中统一的科学规律性。同时，尽管这门学科和人类利益联系极为密切，但人们对其研究甚少，更缺乏自觉。因此，需要人们广泛地进行研究，以掌握其中的科学规律性，使人们能够更安全地工作与生活。

　　在劳动生产过程中，可能发生机械伤害、锅炉和受压容器的爆炸、电击电伤、起重运输设备和机动车辆的伤害等事故；汽车运输导致交通事故的出现等。因此，安全科学体系，它主要涉及的重点行业有交通运输行业、矿山行业、建筑工程行业、危险化学品行业等。

1.1.2　研究内容

　　安全科学是 20 世纪中叶才发展起来的新兴科学，1993 年在国家标准 GB/T13745—92(学科分类代码)中首次被列为一级学科，下设多个二级学科和三级学科。

　　安全工程是以人类生产、生活活动中发生的各种事故事件为主要研究对象，综合运用自然科学、技术科学和管理科学等方面的有关知识和成就，辨识和预测生产、生活活动中存在的不安全因素，并采取有效的控制措施防止事故发生或减轻事故损失的工程。

　　钱三强指出："安全科学是交叉科学领域的重要学科。"安全是高度综合的学科，即包含自然科学、社会科学，以及相关的专业领域的科学，几乎横跨所有的学科领域，本身形成了一个庞大的学科体系。现代社会生产向大系统化方向发展，科学向融合方向发展，安全科学的出现是社会生产发展的必然结果，也是科学融合的一个典型事例[①]。

　　安全科学的学科体系层次包括哲学层次、科学层次、基础科学层次和工程技术层次。

　　(1) 哲学层次——安全哲学，即安全观、安全认识论、安全方法论。它是安全理论的最高概括，是认识、揭示安全本质的思维方法。

　　(2) 科学层次——安全科学。它研究安全的范畴、基本概念、定义及其与其他科学体系的关系，确立安全科学的内涵与外延。

　　(3) 基础科学层次——安全学。它包括安全科学的基本原理和研究方法，揭示事物安全运动的基本规律。

　　(4) 工程技术层次——安全工程。安全工程是运用安全学和安全技术科学直接服务于安全工程的技术方法，包括安全的预测、设计、施工、运转和监控等工程技术[②]。

　　安全科学的四个层次是相互关联、相互促进的。(3)(4)专业层次越充实，积累的专业安全知识、技术和方法越丰富，就为(1)(2)层次的概括和抽象奠定了更加坚实的基础；反之，(1)(2)共通层次的发展，又为(3)(4)层次提供了更好的指导，可促进各专业之间安全技术的交流与融合，引导新的专业安全技术的研究与开发。因此，安全科学为新兴交叉学科，其

---

① 刘汉辉. 民用航空安全之道[M]. 北京：中国民航出版社，2008.

② 王华伟，吴海桥. 航空安全工程[M]. 北京：科学出版社，2014.

基本特点是根植于各门工程技术，但自身是一个统一的整体。

社会需求是科学技术发展的原动力。安全日益重要，安全工作的难度增加，且公众对安全工作的要求日益提高，这就对发展安全科学产生了巨大的社会需求，并正在成为推动安全科学发展的强大动力。像民用航空这样的安全是关键属性，且综合应用各种专业技术的行业，通用的安全理论和方法正在快速积累，系统安全理念正在推广应用。这种趋势必将普及，安全科学有着广阔的发展前景。

1.2 民航安全系统工程概述

1.2.1 系统工程

1. 系统

"系统"是一个广泛使用的概念。20 世纪 20 年代，奥地利学者贝塔朗菲提出了系统理论的思想，将系统定义为"相互作用着的若干要素的复合体"。在各种具体场合，"系统"常常会有特定的含义。广义而言，系统就是由相互作用、相互依赖的若干组成部分结合成的具有特定功能的有机整体。系统有自然系统与人造系统、封闭系统与开放系统、静态系统与动态系统、实体系统与概念系统、宏观系统与微观系统、软件系统与硬件系统之分。不管系统如何划分，凡是能称其为系统的都具有如下特征。

(1) 整体性。系统是由两个或两个以上相互区别的要素(元件或子系统)组成的整体。系统的功能不是各要素功能的简单叠加，而是表现出新的特定功能，也就是说系统作为一个整体才能发挥其应有的功能。因此，系统应以整体的视角来观察，是一种综合的思想方法。

(2) 相关性。各要素间存在着有机联系，决定着系统的结构特点和秩序。

(3) 目的性。任何系统都是为完成某种任务或达到某种目的而发挥其特定功能的。

(4) 有序性。系统有序性主要表现为系统空间结构的层次性和系统发展的时间顺序性。系统的分析、评价、管理都应考虑系统的有序性。

(5) 环境适应性。系统从环境中获取必要的物质、能量和信息，经过系统的加工、处理和转化，产生新的物质、能量和信息，然后再提供给环境。环境特征的变化往往能够引起系统特性的变化，系统要求实现预定的目标或功能，必须能够适应外部环境的变化。[①]

按照系统的规模，可以把系统划分为小系统、大系统、巨系统三类。按照系统结构简单与否，可以将系统划分为简单系统和复杂系统两类。一般来说，小系统和大系统都属于简单系统，巨系统可能是简单系统，也可能是复杂系统。

2. 系统工程

系统工程是一门新兴的工程技术学科，属于应用科学。它从系统的观点出发，跨学科考虑问题，运用工程的方法去研究和解决各种系统问题。具体地说，就是运用系统分析理论，对系统的规划、研究、设计、制造、试验和使用等各个阶段进行有效的组织管理。它

---

① 张景林. 安全系统工程[M]. 北京：煤炭工业出版社，2014.

科学地规划和组织人力、物力、财力，通过最佳方案的选择，使系统在各种约束条件下，实现最合理、最经济、最有效的预期目标。它着眼于整体的状态和过程，而不拘泥于局部的、个别的部分。

系统工程属于工程技术范畴，主要是组织管理各类工程的方法论，即组织管理工程；系统工程是解决系统整体及其全过程优化问题的工程技术；系统工程对所有系统都具有普遍适用性。它不但定性，而且定量地为系统的规划设计、试验研究、制造使用和管理控制提供科学方法的方法论科学。它的最终目的是使系统运行在最优状态。

1.2.2　安全系统工程

1. 基本概念

安全系统工程是在重大工业事故的巨大压力下诞生和发展起来的，是现代科技发展的必然产物，是安全科学学科的重要分支。

安全系统工程指应用系统工程的基本原理和方法，辨识、分析、评价、排除和控制系统中的各种危险，对工艺过程、设备、生产周期和资金等因素进行评价和综合处理，使系统可能发生的事故得到控制，并使系统安全性达到最佳状态的一门综合性技术科学。

对这个定义可以从以下几方面理解。

(1) 安全系统工程的理论基础是安全科学和系统科学。

(2) 安全系统工程的目标是整个系统或系统运行全过程的安全。

(3) 安全系统工程的核心是危险因素的识别、分析，系统风险评价和系统安全决策与事故控制。

(4) 安全系统工程要实现的预期安全目标是将系统风险控制在人们能够容忍的限度以内，也就是在现有的经济技术条件下，最经济、最有效地控制事故，使系统风险控制在安全指标以下。

2. 研究内容

安全系统工程是专门研究如何运用系统工程的原理和方法确保实现系统安全功能的科学技术。其主要技术手段有系统安全分析、系统安全评价和安全决策与事故控制。

(1) 系统安全分析。要提高系统的安全性，使其不发生或者少发生事故，前提条件就是预先发现系统可能出现的危险因素，并掌握其基本特点，明确其对系统安全性影响的程度。只有这样，才有可能找出系统可能存在的主要危险，采取有效的安全防护措施，改善系统安全状况。

系统安全分析是使用系统工程的原理和方法，辨别、分析系统存在的危险因素，并根据实际需要对其进行定性、定量描述的技术方法。

(2) 系统安全评价。系统安全评价一是要以系统安全分析为基础，了解、分析、掌握系统存在的危险因素，但不一定要对所有危险因素采取措施；二是通过评价掌握系统事故风险大小，以此与预定的系统安全指标相比较，如果超出指标，则应对系统的主要危险因素采取控制措施，使其降至该标准以下。

利用有限的安全资源控制高风险，这就是系统安全评价的任务。

评价方法也有多种，评价方法的选择应考虑评价对象的特点、规模，评价的要求和目的，采用不同的方法。同时，在使用过程中必须以行业为对象，协调实用和创新两方面。

(3) 安全决策与控制。任何一项系统安全分析技术或系统安全评价技术，如果没有一种强有力的管理手段和方法，就不会发挥其应有的作用。因此，在出现系统安全分析和系统安全评价技术的同时，也相应地出现了系统安全决策。其最大的特点是从系统的完整性、相关性、有序性出发，对系统实施全面、全过程的安全管理，实现对系统的安全目标控制。

3. 方法论

安全工程的方法是依据安全学理论，在总结过去经验型安全方法的基础上日渐丰富和成熟的。其主要内容如下所述。

(1) 从系统整体出发的研究。安全系统工程的研究方法必须从系统的整体性观点出发，从系统的整体考虑解决安全问题的方法、过程和要实现的目标。例如，子系统安全性的要求，要与实现整个系统的安全功能和其他功能的要求相结合。在系统研究过程中，子系统和系统之间的矛盾，以及子系统和子系统之间的矛盾，都要采用系统优化方法寻求各方面均可接受的满意解，同时要把安全系统工程的优化思路贯穿到系统的规划、设计、研制、使用和报废的全寿命周期中。

(2) 本质安全方法。它是安全技术追求的终极目标，也是安全系统工程方法中的核心。安全系统把"人—机(物)—环境"统一为一个"系统"来考虑，因此不管是从研究内容来考虑，还是从系统目标来考虑，核心问题就是本质安全化，就是研究实现系统本质安全的方法和途径。

(3) 人机匹配法。在影响系统安全的各种因素中，至关重要的是"人—机"匹配。在行业部门研究与安全有关的人机匹配被称为安全人机工程。从安全的目标出发，考虑"人—机"匹配，以及采用"人—机"匹配的理论和方法是安全系统工程方法的重要支撑点。

(4) 安全经济方法。鉴于安全是相对性的，安全的投入与安全(目标)在一定经济、技术水平条件下有对应关系，且受制于经济基础。但是，由于安全经济的特殊性(安全性投入与生产性投入的渗透性、安全投入的超前性与安全效益的滞后性、安全效益评价指标的多目标性、安全经济投入与效用的有效性等)，就要求安全系统工程方法在考虑系统目标时，要有超前的意识和方法，要有指标(目标)的多元化的表示方法和测算方法。

(5) 系统安全管理方法。安全系统工程从学科的角度讲是技术与管理相交叉的横断学科；从系统科学原理的角度讲是解决安全问题的一种科学方法。安全系统工程是理论与实践紧密结合的专业技术基础，系统安全管理方法则贯穿于安全的规划、设计、检查与控制的全过程。因此，系统安全管理方法是安全系统工程方法的重要组成部分。

在任何生产活动中，生产机器是进行各种生产的物质基础，是提高生产力的基本条件。但是任何机器都必须靠人去掌握和操纵，而且人和机器又都处于各种特定环境下工作。只有将人和工作环境有机结合，才能成为现实的生产力。"人—机—环境"系统工程理论的积极应用及蓬勃发展，就能使人对生产机器有意识地进行研究，在人体科学、生理学、心理学、工效学、人的因素、工程技术和环境科学等研究的基础上，有了一个新的由定性到定量、由感性认识朝着科学实验研究发展的飞越，为生产力的发展提供可靠的科学技术手段。

任何一个生产系统都包括三个部分，即从事生产活动的操作人员和管理人员，生产必需的机器设备等物质条件，以及生产活动所处的环境。"人—机—环境"系统工程把人、机、环境看作是一个系统的三大要素，在深入研究三者各自性能的基础上，着重强调从全体的总体性能出发，通过三者之间的信息传递、加工和控制，形成一个相互关联的复杂巨系统，并运用系统工程的方法，使系统具有安全、高效、经济等综合效能。

系统安全分析的目的是找出危险，对于拟建系统从设计出发找出危险，对于原有系统从事故出发找出危险。系统安全状态的评价以系统安全分析为依据，进行定性和定量评价。定性评价只能够知道系统中的危险性的大致情况，要深入了解系统的安全状态，必须进行定量评价，而任何定量分析总是建立在定性分析的基础之上。

导致事故的原因是由于物的不安全状态、人的不安全行为和不良环境等，基于系统的角度，这三个要素构成一个"人—机—环境"系统，如图 1-1 所示，系统中的"人"是指作为工作主体的人(操作人员或决策人员)；"机"是指人所控制的一切对象的总称(飞机、汽车、船舶、生产过程等)；"环境"是指人、机共处的特定的工作条件(温度、湿度、噪声、震动、有害气体等)。因此，一方面既要通过选拔、培训等手段来提高人的应用性，另一方面在设计机器时，也须充分考虑机器适应人的问题，同时还应对人工环境或个体采取防护措施来维持人的耐受限度。

图 1-1 "人—机—环境"关系

为了确保系统安全，不能孤立地研究人、机、环境这三个要素，必须将它们看成一个相互作用、相互依赖、相互制约的系统。在"人—机—环境"系统中作为主体工作的人，处于首位。对"人—机—环境"系统进行安全分析的基本要素，如图 1-2 所示。

① 人的能力。在"人—机—环境"系统中，恶劣的特殊环境会给人身安全带来危险，应采取防护措施，同时也必须重视由于人的操作错误造成系统功能失灵，导致危及生命安全的事故发生。随着科学技术的进步，各种机器设备日益复杂和精密，对操作人员的要求也随之提高，然而人的能力是有限的，不可能随着机器的发展而无限提高。

② 机器(设备)的安全。不发生故障或把故障减至最低限度，可以使产品比较可靠安全。还有人和环境的交互，如设备本身的危险特性、人的作用、不良的运行环境等。

③ 系统的分解。若把系统分解为子系统时，必须注意子系统之间的相互关系。

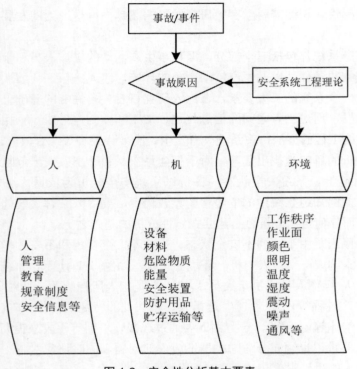

图 1-2　安全性分析基本要素

1.2.3　民航安全的概念

1)　民航安全的定义

国际民航组织[①]对安全的定义：安全是一种状态，即通过持续的危险源识别和风险管理过程，将人员伤害或财产损失的风险降至并保持在可接受的水平或其以下。

这个定义揭示：其一，安全是相对的，不是绝对的。航空安全是个复杂的系统，航空器运行的风险从某种意义上讲的确高于其他交通工具。一架飞机涉及动力装置系统、飞行操纵系统、通信系统、仪表系统、导航系统、警告系统等数十个系统。一架新型波音 737飞机由 36.7 万个零部件构成，大型飞机的零部件甚至以百万计。飞行过程中，要让这些系统和零部件绝对不出一点儿问题，实事求是地讲，在现阶段还难以做到。

其二，安全又是可控的，通过人的主观努力，掌握规律、加强管理，增强风险防控能力，认真汲取事故和事故征候的教训，事故又是可以预防的。

其三，在事故与人的主观努力的评价上，要实事求是、客观地鉴定和处理。没有事故不等于没有问题，而出了事故也不能对工作全盘否定，不能简单地"以事故定安全"。

2)　民航安全的特征

民航安全(Civil Aviation Safety)涉及飞行员的驾驶技能、空管综合保障能力、机场安全、航空维修、适航管理等业务。其行业特点如下所述。

----

① 国际民航组织(ICAO).DOC 9859－AN/460，安全管理手册，2006 年第 1 版.

(1) 高：高技术，高资金投入，高空高速运行，高风险。

(2) 难：高度复杂的社会技术巨系统。

(3) 广：国际性的关注度。

依据看问题角度的不同，民航安全包含不同的特征属性。

① 零事故(或严重事故征候)，这是旅行大众普遍持有的一种观点。

② 免于危险或风险，即免于引起或可能引起伤害的因素。

③ 员工对待不安全行为或状况的态度(反映企业的"安全"文化)。

④ 航空业固有风险的"可接受"程度。

⑤ 危险识别和风险管理过程。

⑥ 事故损失(人员伤亡和财产损失，以及对环境的损害)的控制。

3) 民航安全地位

安全是民航发展的基础，安全是民航的永恒主题，整个行业必须将安全实实在在地放在第一位。由于航空运输具有特殊性，飞机一旦发生事故，常常会造成较大规模的人员伤亡和巨大的财产损失，并造成很大的社会影响，甚至政治影响，因此航空安全是各国保障运输安全的重中之重。由于世界范围内恐怖主义抬头，尤其是"9·11"事件、"马航MH370"事件等的不断发生，更将航空安全被提到国家安全的高度。

1.2.4 中国民航安全的历史沿革

1. 中国民航安全现状

改革开放 40 年来，在国家经济和社会发展的推动下，我国民用航空运输业得到了持续快速的发展。2006 年至今，我国已是全球第二大航空运输系统(第一为美国)，中国民航已成为国内旅客和货主重要的选择之一，成为国际旅客主要的交通方式。

中国政府历来高度重视民航安全工作。安全是民航发展的基础，民航的经济效益和社会效益都是建立在安全的基础之上。虽然民航安全水平取得了显著的提高，但是我国人民生活水平的提高和社会的进步对航空安全提出了更高的要求。

历届中国政府对安全工作提出了明确要求。从周恩来总理开始，每届国家领导人对民航业都提出了发展方向的指示和改进领域的要求。

民航局也始终坚持安全工作是民航发展的重中之重，在保障安全的前提下，促进航空运输的持续快速增长。

中国民航已经确定"十三五"期间的安全目标：安全水平保持领先，运输航空每百万小时重大及以上事故率低于 0.15%。在航空安全法规和标准体系、安全监管体系、安全技术保障体系、安全运行体系、应急救援体系、安全管理信息体系及建立空防安全体系等方面均提出了明确的目标。

2. 中国民航安全管理历史

中华人民共和国建立以来，中国民航的安全生产状况几经起伏，大致经历了全国安全生产发展的 3 个时期。

(1) 1950—1979 年，属于事故多发期。该时期民航业务量小，但飞行事故次数和万时率等指标值较高，安全水平较差。

(2) 1980—1999 年，事故平稳期。改革开放后，飞行事故次数和万时率等指标大幅下降并基本保持平稳，民航安全水平迅速改善。

(3) 2000 年至今，事故下降时期。随着国家和政府重视，以及民航从业人员的持续努力，民航飞行事故的次数(见图 1-3)和万时率(见图 1-4)等指标持续降低，安全水平达到世界一流水平。

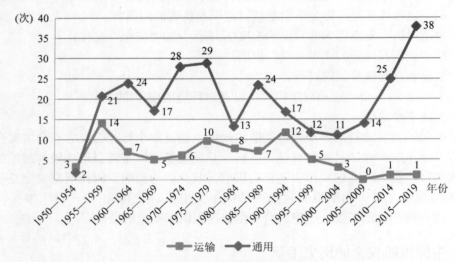

图 1-3　每 5 年飞行事故次数统计

改革开放以来，中国民航通过不断改革管理体制，使安全工作得到了持续加强和完善。1979 年民航局启动机构改革，在航行局增设了"安全检查处"管理全局的飞行安全工作，由此结束了民航局长期无专门机构管理飞行安全的局面。1984 年国务院批复同意中国民用航空局设立安全检查司，使飞行安全的综合管理终于有了归口单位。1994 年，作为全权负责航空安全管理的专职机构——民航局航空安全办公室正式挂牌。2002 年，民航完成体制改革后，建立了"两级政府，三级监管"的行业安全管理格局，并延续至今。

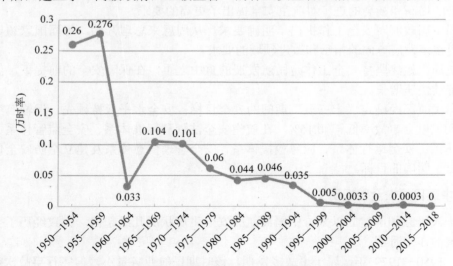

图 1-4　每 5 年运输航空重大以上飞行事故万时率统计

按照我国民航安全管理工作的发展过程，其大致可分成 4 个阶段，即摸索管理阶段、经验管理阶段、规章管理阶段及人文内涵式管理阶段。

1) 摸索管理阶段

中华人民共和国建立初期到 20 世纪 80 年代初期都属于这个时期。

民航基础差，底子薄，各项工作都是"摸着石头过河""走着瞧"，安全管理也是如此。为落实"安全第一"的方针，提出了"飞飞整整，整整飞飞"的口号，强调"人盯人"的管理模式，要求管理者具有不怕"跑断腿、磨破嘴"的精神。一个单位出了飞行事故，其他单位都要停飞开展整顿。这就是人们所说的"一人感冒，大家吃药"。在这个阶段，实践是第一位的，一切都是先干起来再说，叫作"干中学，学中干"。

在这个时期内，事故发生得比较频繁，且发生事故的主要原因是安全的规章、程序不完善，管理制度不统一，设施设备落后，飞行机务空管等专业人员短缺且训练不足。针对这些情况，当时的民航安全管理注重整个行业人员的技术管理，尤其针对飞行员的飞行技术管理，制定了多项针对性强的规定。同时，民航局、航空公司加大了安全投入，引进了先进的全自动模拟机，加强了飞行员初始改装训练、复训和转机型训练等，对机长的技术和综合能力的要求也不断提高。

这一时期还非常注重总结安全管理经验，并相继颁发了航空公司和人员执照要求等规章制度，如《中国民用航空飞行条例》《中国民用航空飞行规则》(CCAR-91)、《大型飞机公共运输航空承运人运行合格审定规则》(CCAR-121)、《民用航空器驾驶员和飞行教员合格审定规则》(CCAR-61)。在当时的环境和条件下，这些工作方法和规章制度为保障航空安全起到了一定的积极作用。

2) 经验管理阶段

党的十一届三中全会后，我国进入了改革开放和社会主义现代化建设的新时期，我国民航业随之进入了新的发展阶段。这个阶段，安全管理以行政管理为主，尤其强调安全管理经验的总结和推广。民航总结出了一些颇具影响力的安全工作经验，有些经验的基本精神、基本原则至今还具有生命力。

比如，1992 年提出"八该一反对"(即在飞行过程中要坚持该复飞的复飞、该穿云的穿云、该返航的返航、该备降的备降、该绕飞的绕飞、该等待的等待、该提醒的提醒、该动手的动手，反对盲目蛮干)，这些提法虽然没有量化指标，但便于记忆，经过多年的锤炼、检验，依然具有一定的警示和指导作用。再如 1994 年民航提出"四不放过" (即在处理飞行事故或事故征候时，必须坚持未查明原因不放过、未分清责任不放过、未采取措施不放过、未严肃处理不放过)，现在这个提法被广泛认同，并且已经成为国家在处理安全生产事故时的一项重要原则。但是，这些提法也有缺陷，由于不够量化，标准不明晰，可操作性不够强。例如，说该复飞的复飞，什么情况下该复飞，什么情况下不该复飞，只能凭经验来掌握。

与此同时，随着大量新技术在飞机上的广泛应用，飞机自动化程度和可靠性大大提高，航空安全状况也随之得到改善，但这并没有完全杜绝航空事故的发生，人为差错成为民航事故的主要因素。事故统计数据表明：70%以上的空难是人为因素造成的，而其中有80%的事故是由飞行员的因素造成的，由此可见，人为差错成了提高航空安全水平的最大挑战因素。我国民航把提高安全的管理重点放在了人为因素上，提出了保障航空安全的针对性措施，取得了较好的成果。其特点是研究"个体"出错的机理，亦即主要分析行为者个体出错的各种因素和原因，提出解决方案和对策。

3) 规章管理阶段

20 世纪 90 年代末到 21 世纪之初是我国民航业迅速发展的时期，在这一时期，航空业务量快速增长，民航规模不断扩大，从业人员数量大幅增加。1995 年 10 月 30 日，第八届全国人民代表大会第十六次会议通过《中华人民共和国民用航空法》，标志着民航安全工作进入法制化管理阶段。具体影响体现在三个方面。

一是安全立法步伐加快，法律法规体系不断健全。以《安全生产法》和《民用航空法》为基础，借鉴国外民航发达国家经验，结合我国民航发展实际，民航局相继出台了一系列规章、标准，以及规范性文件，建立起比较完备的民航安全生产法律法规体系。

二是民航企事业单位重视法制教育，细化安全法规、规章、标准，完善各类飞行和运行手册，加强安全生产自查，落实安全生产主体责任，依法依规进行生产，安全生产基础不断加强。

三是政府监管部门强化依法行政意识，落实安全监管主管责任，改进安全监管手段，加大安全监管力度，政府安全监管能力和水平持续提高。

在这一时期，我国民航业的安全管理积极吸取民航先进国家的发展经验，逐渐从传统的安全管理模式转变为系统管理模式，使安全管理工作实现从事后到事前、从开放到闭环、从个人到系统、从局部到全局的四个转变。

通过研究和借鉴，人们认识到发生的事故或事故征候都是由一个事故链组成的，只有及早发现并纠正导致事故发生的每一个隐患，才能真正起到预防事故的作用。因为事故链中绝大部分环节是在组织的控制之下，组织中存在的各种问题是对航空安全的最大威胁。所以在 21 世纪初，民航局提出了"五严"的管理要求，即"严在组织领导、严在规章标准、严在监督检查、严在教育培训、严在系统完善"。

2008 年，民航局提出持续安全理念，落实理念体系、队伍体系、法规体系、责任体系，持续安全理念的支撑理念体系主要是牢固树立系统安全观念、过程安全观念、全员安全观念和统筹安全观念；队伍体系针对整个民航而言，主要是切实加强飞行队伍、保障队伍(指机务、空管和机场等队伍)、安保队伍和监管队伍建设，对于航空企业而言，主要是加强飞行、机务、签派和空保队伍建设；法规体系主要是严格执行国家法律(《民用航空法》)、行政法规、行业规章和企业规定；责任体系主要是逐级落实安全责任，即企业的安全主体责任、政府部门的安全监管责任、领导者的安全领导责任和员工的安全岗位责任。民航局强调，只要认识一致，思想统一，思路明确，求真务实，上下团结奋斗，在"四个体系"建设上取得扎扎实实的成效，就一定能够促进行业的安全发展，开创民航科学发展的新局面。

近年来，我国民航加快了安全管理体系建设步伐，强调建立企业的主动安全管理机制，即在强化政府监督效能的同时，督促企业建立自我审核、自我监督、自我纠正、自我完善的机制，以便有效地解决民航系统规模化所带来的信息跟踪和处理问题，准确把握整个民航系统的安全动态。

4) 人文内涵式管理阶段

以上所说的摸索管理、经验管理、规章管理三个阶段，是历史的轨迹。中国民航的安全管理工作，是一步一步在艰难跋涉中走来并逐步走向成熟的。我们在肯定前人探索和实干精神的同时，也不能不看到，由于时代和历史的局限，由于技术水平和物质条件的限制，我们的安全管理工作更多是事后的反应，缺少精细化的事前主动预防手段。

即便目前的规章管理阶段，较之于摸索管理、经验管理阶段是巨大的历史进步，但仍不是最理想化的管理。下一步的努力方向，应当是人文内涵式管理，即伴随着社会进步，通过安全理念的创新，提高人的整体素质，促进人的全面发展，建设良好的安全文化，实现由"要我安全"向"我要安全"的更高的安全管理层次转变，使安全管理变为人文需求与人文自觉。文化的层次是最高层次，我们不但要心向往之，而且要积极创造条件，朝这个方向努力。

1.2.5 民航安全系统工程的内涵

自从莱特兄弟首次飞行以来，飞机的发展速度非常惊人。飞机不但能利用仪表飞行，而且在向更大型化、高速化、自动化的方向发展，但是新飞机、新系统的投入使用也都给民航带来了很多意想不到的安全问题，这是由民航系统的特点决定的，这也决定了民航安全系统工程研究的必要性。

民航安全系统工程是指运用系统论、控制论、信息论等现代科学技术理论，从安全的角度，对民航运输系统寿命周期的各个阶段进行科学研究，以查明事故发生的原因和经过，找出灾害的本质和规律，寻求消灭、减少民航事故或减轻事故损失，保障民航安全的措施和办法。

从安全系统工程的研究对象和内容来考虑，民航安全系统工程应包含下述几方面的内容。

1) 民航安全基本理论

民航安全基本理论是揭示民航安全的本质和规律的学科知识体系，是民航安全研究的基础，主要内容包括安全相关基本理论、事故致因理论、事故预防理论等。

2) 民航安全系统分析方法

民航安全系统分析方法主要研究如何运用系统工程的原理和方法，对民航运行中的安全问题进行定性、定量的分析，并采用综合安全措施予以控制，使系统产生事故的可能性降到最低限度，从而达到系统最佳安全状态。主要内容包括常用的系统评价方法，如统计图表法、安全检查表法、事件数分析法、事故树分析法和其他危险分析方法。

3) 民航安全系统评价方法

民航安全系统评价是民航安全管理工作中非常重要的一部分，对于评价安全管理水平，提前采取防范措施，实现民航运行安全"预防为主"具有十分重要的意义。

4) 民航安全管理方法

民航安全管理主要研究民航安全管理方针、企业管理体制与政策、民航安全立法及各种民航安全法规的制定和执行、民航安全教育与培训、民航应急管理等，希望在时间、成本、效率等条件的约束下实现系统最佳的安全水平。

众所周知，民用航空是高风险行业，但绝不是危险行业。风险是发生危险的可能性，在一定的条件下，这种可能性变成了现实的危险，系统才由安全变为不安全。保证安全就是要消除这种可能性，防止风险转变成危险。就民用航空安全而言，这涉及下述六个方面的内容，如图1-5所示。

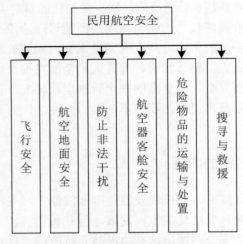

图1-5　民用航空安全涉及的内容

1) 飞行安全

飞行安全涉及自航空器加油门实际起飞的时刻起至着陆结束止所发生的航空器损坏和机上人员因航空器运行造成伤亡的事件的防止和控制。防止和控制这类损坏和伤亡是飞行安全的基本任务。飞行是航空业最主要、风险最大的活动。一旦发生事故往往损失惨重，因而飞行安全是航空安全最重要的方面。历来的事故资料中，所记绝大部分是飞行事故，以至于有的民用航空安全统计只包括飞行事故和事故征候。然而，实际上航空安全还包括其他重要方面。

2) 航空地面安全

航空地面安全涉及对机场活动区内发生的航空器损坏或地面人员伤亡及各种地面设备、设施损毁事件的防止和控制。飞行区内有序、安全、高效的运作环境能保证航空器顺利地进行地面运行。而地面运行是整个航空器运行不可缺少的部分，因而地面安全是航空安全的重要组成部分。

3) 防止非法干扰

直接危及飞行安全的下列行为属于"非法干扰"：用各种非法手段劫持航空器；故意破坏航空器；扰乱机舱内秩序，干扰飞行机组执行任务；在航空器内伤害其他旅客或乘务人员；在候机、登机、下机过程中伤害其他旅客及机场工作人员；冲击机场，扰乱机场正常工作秩序，影响航空器运行安全；传布虚假情报(灯光、无线电信号等)；移动、破坏正在工作的航行保障设备。

4) 航空器客舱安全

客舱安全的目标：在正常运行状态下，保证机组不受非法干扰；保证旅客人身安全和尊严；及时救治伤病；防止航空器遭受故意破坏；防止乘机人员误动机舱内开关、手柄等影响安全运行禁止动用的装置；适时调整旅客座位或移动货物位置，以保持好飞行正常运行的重心位置与平衡。

在发生紧急情况时，正确处置，合理使用应急设备，按规定程序及时组织撤离航空器，最大限度地保护旅客人身安全，尽量减小航空器事故给旅客造成的伤害。

5） 危险物品的运输与处置

有毒、易燃、爆炸、腐蚀性及放射性物质等危险品对航空器和人的健康构成严重威胁，强磁性物质会干扰机上仪表指示影响飞行操作，因而严重危及安全。严格按规定运输和处置危险品是航空安全工作的重要组成部分。

6） 搜寻与救援

航空安全还有一个重要方面，那就是在航空器失踪、失事等紧急情况下，及时组织搜寻与救援。这包括机场的应急设备能按机场应急程序做出快速反应，及时发挥效用，从而使航空器、人员及财产的损失减到最小。

第 2 章

安全理论基础

16 世纪，西方开始进入资本主义社会，至 18 世纪中叶，蒸汽机的发明使劳动生产率空前提高，但劳动者在自己创造的机器面前致病、致伤、致残、致死的事故与手工时期相比也显著地增加了。

起初，资本所有者为了获得最高利润率，把保障工人安全、舒适和健康的一切措施视为不必要的浪费，甚至还把损害工人的生命和健康，压低工人的生存条件本身看作不变资本使用上的节约，以此作为提高利润的手段。后来由于劳动者的斗争和大生产的实际需要，迫使西方各国先后颁布劳动安全方面的法律和改善劳动条件的有关规定。这样，资本所有者不得不拿出一定资金改善工人的劳动条件。

因为需要一些工程技术人员、专家和学者研究生产过程中不安全、不卫生的问题，许多国家先后出现了防止生产事故和职业病的保险基金会等组织，并赞助建立了无利润的科研机构，如德国于 1863 年建立的威斯特伐利亚采矿联合保险基金会，1887 年建立的公用工程事故共同保险基金会和事故共同保险基金会等，1871 年建立了研究噪声与震动、防火与防爆、职业危害防护理论与组织等内容的科研机构；荷兰国防部于 1890 年支持建立了以研究爆炸预防技术与测量仪器，以及进行爆炸性鉴定的实验室。到 20 世纪初，许多西方国家建立了与安全科学有关的组织和科研机构。

安全科学的发展大体上可分为下述三个阶段。

1) 经验型阶段(事后反馈决策型)

长期以来，人们认为安全仅仅以技术形式依附于生产，从属于生产，只在事故发生后进行调查研究、统计分析和制定整改措施，以经验作为科学，安全处于被动局面，人们对安全的理解与追求是自发的、模糊的。

2) 事后预测型(预期控制型)

人们对安全有了新的认识，运用事件链分析、系统过程化、动态分析与控制等方法，达到防止事故的目的。传统的安全技术建立在事故统计基础上，这基本属于一种纯事后反应式的。安全科学缺乏整体性，人们仅仅在各种产业的局部领域发展和应用不同的安全技术，以致对安全规律的认识停留在相互隔离、重复、分散和彼此缺乏内在联系的状态。

3) 综合系统论(综合对策型)

该系统论认为事故是人、技术与环境的综合功能残缺所致，安全问题的研究应放在开放系统中，建立安全的科学性、系统性、动态性。从事故的本质中去防止事故，揭示各种安全机理，并将其系统化、理论化，变成指导解决各种具体安全问题的科学依据。在这一阶段，安全科学不仅涉及人体科学和思维科学，而且还涉及行为科学、自然科学、社会科学等所有大的科学门类。

1943 年，美国心理学家亚伯拉罕·马斯洛在《人类激励理论》中提出了需求层次理论。马斯洛把需求分成生理需求、安全需求、社交需求、尊重需求和自我实现需求五类，并依次由较低层次到较高层次排列(见图 2-1)。

在需求层次理论中，马斯洛把生理需求和安全需求列为人类需求的基础。生理上的需求是人类维持自身生存的最基本要求，包括水、食物、睡眠、生理平衡等，如果这些需求(除性以外)任何一项得不到满足，人类个人的生理机能就无法正常运转。换言之，人类的生命就会因此受到威胁。从这个意义上说，生理需求是推动人行动最首要的动力。马斯洛认为，只有这些最基本的需求满足到维持生存所必需的程度后，其他的需求才能成为新的激励因素，而到了此时，这些已相对满足的需求也就不再成为激励因素了。

图 2-1 马斯洛需求层次理论

安全上的需求是人类对人身安全、健康保障、资源所有性、财产所有性、道德保障、工作职位保障、家庭安全的需求，马斯洛认为，整个有机体是一个追求安全的机制，人的感受器官、效应器官、智能和其他能量主要是寻求安全的工具，甚至可以把科学和人生观都看成是满足安全需求的一部分。

根据马斯洛的需求层次理论，结合我国民航管理工作中存在的问题，从"自然人"和"企业"的两个角度，改善我国民航安全现状，通过提高"自然人"的低层次需求，加强其对高层次需求的欲望，"自然人"的高层次需求得到满足可以促进"企业"的高层次需求，通过"企业"高层次需求的满足，来提升"自然人"对高层次需求的欲望，协调二者对高层次的需求，提高员工和管理者的荣誉感和安全意识，最终达到安全的目的。

根据现代汉语词典的解释，所谓安全，就是没有危险，不受侵害，不出事故。

"安全"在英文中有 Safety 和 Security 两种解释。民航业内 Safety 一词指安全；Security 指安保。

中文所讲的安全是一种广义的安全，包括两层含义。

(1) 第一指自然属性或准自然属性的安全，它与 Safety 相对应。自然属性或准自然属性的安全的被破坏主要不是由人的有目的参与而造成的。

(2) 第二指社会人文性的安全，即有明显人为属性的安全，它与 Security 相对应。社会人文性破坏，主要是由于人的有目的的参与而造成的。

事故是指人们在进行有目的活动过程中，突然发生了违反人意志的情况，致使该行动暂时或永久地停止的事件。事故是多种因素综合造成的，是生产中危险因素、管理因素和社会因素被偶然事件触发而形成的，如图 2-2 所示。

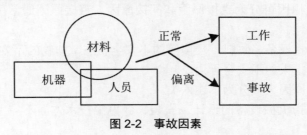

图 2-2 事故因素

几个世纪以来，人类主要是在发生事故后凭主观推断事故的原因，即根据事故发生后残留的关于事故的信息来分析、推论事故发生的原因及其过程。由于事故发生的随机性质及人们知识、经验的局限性，致使对事故发生机理的认识变得十分困难。

随着社会的发展，科学技术的进步，特别是工业革命以后工业事故频繁发生，人们在与各种工业事故斗争的实践中不断总结经验，探索事故发生的规律，相继提出了阐明事故为什么会发生、事故是怎样发生的，以及如何防止事故发生的理论。这些理论着重解释事故发生的原因，如何采取措施防止事故，被称作事故致因理论。事故致因理论是指导事故预防工作的基本理论。

事故致因理论是探索事故发生、发展规律，研究事故始末过程，揭示事故本质的理论。事故致因理论的研究目的是指导事故预防和防止同类事故重演，是安全科学的一个基础研究领域。事故致因理论的研究已有 80 多年的历史，从 20 世纪 70 年代开始，其研究工作逐步摆脱多学科简单应用的局限性，形成集人机学、管理学、社会学、心理学、系统论、安全工程学等各种科学的知识，进行跨学科的研究。事故致因理论通常根据研究对象可分为单因素理论、多因素理论和系统理论等类别。

2.1　事故致因理论

事故致因理论是从大量典型事故的本质原因中所分析、提炼出的事故机理和事故模型。这些机理和模型反映了事故发生的规律，能够为事故原因的定性、定量分析及事故的预防，提供科学依据。

2.1.1　事故因果连锁论

传统的思想方法和调查工作着眼于对造成事故人员的责任界定和追究上，工作重点是找出减少发生这种不安全行为风险的方法。然而，事故发生的原因各不相同，从而导致人们认为引发事故差错或发生违章行为是没有规律可循的，也使得降低或消除随机事件的安全管理工作效用不大。人们为了在事前就能掌握事故的发展趋势，采取预防性安全措施，对事故形成规律进行了一系列研究，产生了很多事故致因模型。

事故的发生与其原因存在着必然的因果关系。原因指必然引起别的现象的现象，结果为由原因引起的现象。存在因果关系的元素，有一定继承性。

工业伤害事故发生的原因是很复杂的，企业是社会的一部分，一个国家、一个地区的政治、经济、文化、科技发展水平等诸多社会因素，对企业内部伤害事故的发生和预防有着重要的影响。事故原因可分为直接原因和间接原因。直接原因通常可分为物的原因和人的原因，具体如下所述。

(1) 物的原因，指设备、物料、环境等的不安全状态，即物的不安全状态。

(2) 人的原因，指人的不安全行为。

事故发生的间接原因大致分为下述六类。

(1) 技术原因，指机械设备的设计、安装、保养等技术方面不完善，工艺过程和防护设备存在技术缺陷。

(2) 教育原因，对职工安全知识教育不足，培训不足，职工缺乏安全意识等。

(3) 身体原因，指操作者有身体缺陷，如身体障碍或者睡眠不足等。

(4) 精神原因，指焦虑、紧张、恐惧、心不在焉等精神状态，以及心理障碍或短暂缺陷等。

(5) 管理原因，企业规章制度、操作规程、技术标准等不完善，领导责任心不强，决策失误等。

(6) 社会及历史原因，涉及文化、政治、政策、机构、体制和产业等。

在上述这些间接原因中，又以技术、教育和管理极为重要。而且只要间接原因还存在，就无法防止再产生新的直接原因。因此，作为最根本的对策，应当追溯到间接原因以至基础原因，并深入研究，加以解决。

事故原因和结果之间，关系错综复杂，因与果的关系类型可分为集中型、连续型和复合型。

(1) 集中型。各种因素分别独立影响某个事件，一旦组合或同时发生，联合作用就会引起事故，事故的原因一般是叠加，而不是积累，如图 2-3 所示。

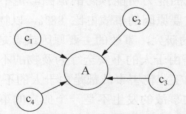

图 2-3　集中型事故模型

(2) 连续型。以某一原因为起源因素，顺序产生若干因素，从而导致事故的发生，如图 2-4 所示。

图 2-4　连续型事故模型

(3) 复合型。事故的原因是复杂多样的，既不是简单的多个因素集中导致，也不是简单的多个因素的连续，如图 2-5 所示。事故原因可以分为直接原因和间接原因、主要原因与次要原因。现实中，单纯集中型或者连续型均较少，事故的因果关系多为复合型，如图 2-5 所示。

1. 海因里希事故因果连锁理论

美国的安全工程师海因里希(H. W. Heinrich)在《工业事故预防》(*Industrial Accident Prevention*)一书中，首先提出了事故因果连锁论，用于阐明导致事故的各种因素之间及与事故、伤害之间的关系，又称海因里希模型或多米诺骨牌理论。该理论认为，伤害事故的发生不是一个孤立的事件，尽管伤害的发生可能在某个瞬间，却是一系列互为因果的原因事件相继发生的结果。在事故因果连锁中，以事故为中心，事故的结果是伤害或伤亡。

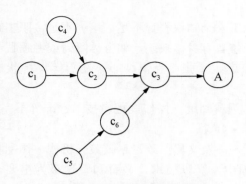

图 2-5   复合型事故模型

事故的原因包括 3 个层次，即直接原因、间接原因和基本原因。由于对事故各层次原因的认识不同，形成了不同的事故致因理论。因此，后来人们也经常用事故因果连锁的形式来表达某种事故致因理论。

海因里希曾经调查了美国的 75000 起工业伤害事故，发现占总数 98%的事故是可以预防的，只有 2%的事故超出人的能力所能预防的范围，是不可预防的。在可预防的工业事故中，以人的不安全行为为主要原因的事故占比 88%，以物的不安全状态为主要原因的事故占比 10%。根据海因里希的研究，事故的主要原因或者是人的不安全行为，或者是物的不安全状态，没有一起事故是由于人的不安全行为及物的不安全状态共同引起的。于是，他得出的结论是，几乎所有的工业伤害事故都是由于人的不安全行为造成的。

该理论的核心思想是伤亡事故的发生不是一个孤立的事件，而是一系列原因事件相继发生的结果，即伤害与各原因相互之间具有连锁关系。海因里希的事故因果连锁过程包括五个因素，如图 2-6 所示。

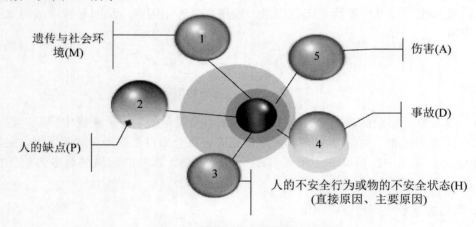

图 2-6   海因里希事故连锁五因素

海因里希最初提出的事故因果连锁过程包括下述五个因素。

(1) 遗传与社会环境因素(M)。遗传因素及环境是造成人性格缺陷的原因，遗传因素可能造成鲁莽、固执等不良性格；社会环境可能妨碍教育、助长性格上的缺点发展。

(2) 人的缺点(P)。人的缺点可使人产生不安全行为或造成机械、物质不安全状态，它包括鲁莽、固执、过激、神经质、轻率等性格上的先天缺点，以及缺乏安全生产知识和技能等后天缺点。

(3)　人的不安全行为或物的不安全状态(H)。所谓人的不安全行为或物的不安全状态是指那些曾经引起过事故，或者可能引起事故的人的行为，或者机械、物质的状态，它们是造成事故的直接原因。例如，在起重机的吊臂下停留、不发信号就启动机器、工作时间打闹或拆除安全防护装置等都属于人的不安全行为；没有防护的传动齿轮、裸露的带电体、照明不良等属于物的不安全状态。

人的不安全行为基于生理、先天身心缺陷，社会环境、企业管理上的缺陷，后天的心理缺陷，视、听、嗅、味、触等感官能量分配上的差异，行为失误等多个方面而产生。

物的不安全状态表现在设计上的缺陷；制造、工艺流程上的缺陷；维修保养上的缺陷；使用上的缺陷；作业场所环境上的缺陷。

(4)　事故(D)。事故是由于物体、物质或人的作用或反作用，使人员受到伤害或可能受到伤害的、出乎意料的、失去控制的事件。坠落、物体打击等使人员受到伤害的事件是典型的事故。

(5)　伤害(A)。直接由于事故而产生的人身伤害。

海因里希的多米诺骨牌理论认为伤亡事故的发生是一连串事件按一定顺序互为因果依次发生(见图 2-7)。这些事件可以用 5 块多米诺骨牌来形象地描述，如果第一块骨牌倒下(即第一个原因出现)，则发生连锁反应，后面的骨牌会相继被碰倒(相继发生)，如图 2-8 所示。

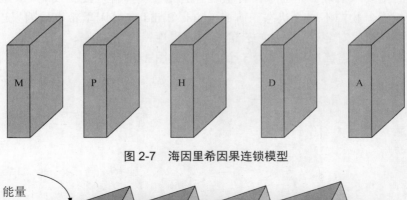

图 2-7　海因里希因果连锁模型

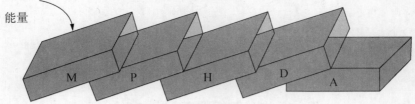

图 2-8　伤亡事故发生的过程

该理论积极的意义在于，如果移去因果连锁中的任一块骨牌，则连锁被破坏，事故过程被中止。海因里希认为，企业安全工作的中心就是要移去中间的骨牌——防止人的不安全行为或消除物的不安全状态，从而中断事故连锁的进程，避免伤害的发生，如图 2-9 所示。

海因里希的理论对事故致因连锁关系的描述过于绝对化、简单化。事实上，各个骨牌(因素)之间的连锁关系是复杂的、随机的。前面的牌倒下，后面的牌不一定倒下。事故并不一定会造成伤害，不安全行为或不安全状态也并不一定会造成事故。尽管如此，海因里希的理论仍然促进了事故致因理论的发展，成为事故研究科学化的先导，占有重要的历史地位。

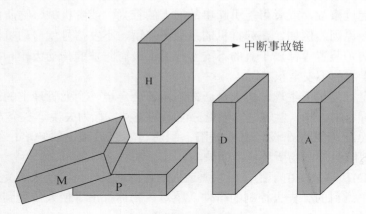

图 2-9　事故连锁被打断

2. 博德事故因果连锁理论

在海因里希的事故因果连锁中，把遗传和社会环境看作事故的根本原因，表现出了它的时代局限性。尽管遗传因素和人成长的社会环境对人员的行为有一定的影响，却不是影响人员行为的主要因素。在企业中，若管理者能充分发挥管理控制技能，则可以有效控制人的不安全行为、物的不安全状态。博德(Frank Brind)在海因里希事故因果连锁理论的基础上，提出了与现代安全观点更加吻合的事故因果连锁理论。

博德的事故因果连锁过程同样为 5 个因素，如图 2-10 所示。

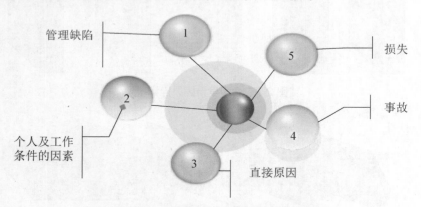

图 2-10　博德事故因果连锁过程的 5 个因素

1) 管理缺陷

对于大多数企业来说，由于各种原因，完全依靠工程技术措施预防事故既不经济也不现实，只能通过完善安全管理工作，经过较大的努力，才能防止事故的发生。企业管理者必须认识到，只要生产没有实现本质安全化，就有发生事故及伤害的可能性，因此，安全管理是企业管理的一个重要环节。

安全管理系统要随着生产的发展变化而不断调整完善，十全十美的管理系统不可能存在。由于安全管理上的缺陷，因而能够造成事故的其他原因也会因之出现。

2) 个人及工作条件的因素

这方面的因素主要是由管理缺陷造成的。个人因素包括缺乏安全知识或技能，行为动机不正确，生理或心理有问题等；工作条件因素包括安全操作规程不健全，设备、材料不合适，以及存在温度、湿度、粉尘、气体、噪声、照明、工作场地状况(如打滑的地面、障碍物、不可靠支撑物)等有害作业环境因素。只有找出并控制这些因素，才能有效地防止后续原因的发生，从而防止事故的发生。

3) 直接原因

人的不安全行为或物的不安全状态是事故的直接原因，这是安全管理必须重点加以追究的。但是，直接原因只是一种表面现象，是深层次原因的表征。在实际工作中，不能停留在这种表面现象上，而要追究其背后隐藏的管理上的缺陷因素，并采取有效的控制措施，从根本上杜绝事故的发生。

4) 事故

这里的事故被看作是人体或物体与超过其承受阈值的能量接触，或人体与妨碍正常生理活动的物质的接触。因此，防止事故就是防止接触。可以通过对装置、材料、工艺等的改进来防止能量的释放，或者操作者提高识别和回避危险的能力，采用佩戴个人防护用具等方式来防止接触。

5) 损失

人员伤害及财物损坏统称为损失。人员伤害包括工伤、职业病、精神创伤等。在许多情况下，可以采取恰当的措施使事故造成的损失最大限度地减小。例如，对受伤人员迅速进行正确的抢救，对设备进行抢修，以及平时对有关人员进行应急训练等。

3. 亚当斯事故因果连锁理论

亚当斯(Edward Adams)提出了一种与博德事故因果连锁理论类似的因果连锁模型。该理论中，把人的不安全行为和物的不安全状态称作现场失误，其目的在于提醒人们注意不安全行为和不安全状态的性质。

亚当斯理论的核心在于对现场失误的背后原因进行了深入的研究。操作者的不安全行为及生产作业中的不安全状态等现场失误，是由于企业负责人和安全管理人员的管理失误造成的。管理人员在管理工作中的差错或疏忽，企业负责人的决策失误，对企业经营管理及安全工作具有决定性的影响(见表 2-1)。管理失误又由企业管理体系中的问题所导致，这些问题包括如何有组织地进行管理工作，确定怎样的管理目标，如何计划、如何实施等。管理体系反映了作为决策中心的领导人的信念、目标及规范，它决定了各级管理人员安排工作的轻重缓急、工作基准及方针等重大问题。

4. 北川彻三事故因果连锁理论

现代因果连锁理论把考察的范围局限在企业内部，用于指导企业的安全工作。实际上，工业伤害事故发生的原因是很复杂的，一个国家、地区的政治、经济、文化、科技发展水平等诸多社会因素，对伤害事故的发生和预防有着重要的影响。解决这些基础原因因素，已经超出了企业安全工作，甚至安全学科的研究范畴。但是，充分认识这些原因因素，综合利用可能的科学技术、管理手段，改善间接原因因素，达到预防伤害事故的目的，却是非常重要的。

表 2-1 亚当斯连锁论

管理体制	管理失误		现场失误	事故	伤害或损坏
目标	领导者在下述方面决策错误或没做决策	安全技术人员在下述方面管理失误或疏忽	不安全行为		不安全行为
组织	政策 目标 权威 责任 职责	行为 责任 权威 规则 指导	不安全状态	事故	损坏
机能	注意范围 权限授予	主动性 积极性 业务活动			

在日本，北川彻三的事故因果连锁理论被用作指导事故预防工作的基本理论。北川彻三从 4 个方面探讨了事故发生的间接原因。

(1) 技术原因。机械、装置、建筑物等的设计、建造、维护等技术方面的缺陷。

(2) 教育原因。缺乏安全知识及操作经验，不知道、轻视操作过程中的危险性和安全操作方法，或者操作不熟练、习惯操作等。

(3) 身体原因。身体状态不佳，如头痛、昏迷、癫痫等疾病，或者近视、耳聋等生理缺陷，或者疲劳、睡眠不足等。

(4) 精神原因。消极、抵触、不满等不良态度，焦躁、紧张、恐怖、偏激等精神不安定，狭隘、顽固等不良性格，以及智力缺陷。

在工业伤害事故的上述 4 个原因中，前 2 种原因经常出现，后 2 种原因相对较少出现。

北川彻三认为，导致事故的基本原因包括下述 3 个方面。

(1) 管理原因。企业领导者不够重视安全生产，作业标准不明确，维修保养制度方面有缺陷，人员安排不当，职工积极性不高等管理上的缺陷。

(2) 学校教育原因。小学、中学、大学等教育机构的安全教育不充分。

(3) 社会或历史原因。社会安全观念落后，在工业发展的一定历史阶段安全法规或安全管理、监督机构不完备等。

在上述原因中，管理原因可以由企业内部解决，而后 2 种原因需要全社会的努力才能解决。

综上所述，事故的发生是由一系列事件造成的，以民航业为例，如管制员信息判读错误、天气恶劣、管制员之间信息传递有误等，导致飞行员操作失误就会一环接一环最终酿成事故。只要能阻断事故链的任何一个环节，就可以避免事故的发生或者减少事故的损失。根据国际民航组织对全球飞行事故的调查表明，在人、机、环境三因素中，飞行事故的起因单一因素所占的比率为 28%，双因素为 54%，三因素以上占比 18%，这一数据也印证了事故因果连锁理论模型对事故原因诠释的正确性。

2.1.2　管理失误论

在海因里希的事故因果连锁中，把遗传和社会环境看作事故的根本原因，这是其时代局限性。事故的直接原因应是人的不安全行为和物的不安全状态。但是，造成直接原因的间接原因却常常是管理上的缺陷。后者虽是间接原因，但它却是背景因素，而又常是发生事故的本质原因。在企业中，如果管理者能够充分发挥管理的控制机能，则可以有效地控制人的不安全行为和物的不安全状态。

管理失误论事故致因模型，侧重研究管理上的责任，强调管理失误是构成事故的主要原因。事故之所以发生，是因为客观上存在着生产过程中的不安全因素，如图 2-11 所示。此外，还有众多的社会因素和环境条件。"隐患"来自物的不安全状态，即危险源，而且和管理上的缺陷或失误共同偶合才能形成；如果管理得当，及时控制，变不安全状态为安全状态，则不会形成隐患。客观上一旦出现隐患，主观上人又有不安全行为，就会立即显现为伤亡事故。

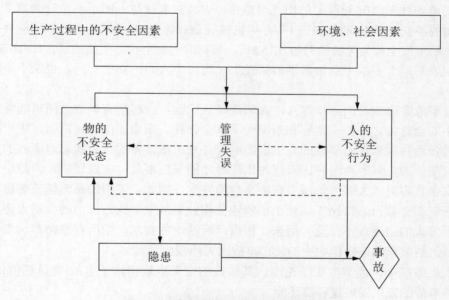

图 2-11　管理失误为主的事故致因模型

2.1.3　轨迹交叉论

轨迹交叉论认为，在一个系统中，人的不安全行为和物的不安全状态的形成过程中，一旦发生时间和空间的运动轨迹交叉，就会造成事故。按照轨迹交叉论，描绘的事故模型如图 2-12 所示。

人的不安全行为或物的不安全状态是引起工业伤害事故的直接原因。关于人的不安全行为或物的不安全状态在事故致因中地位的认识，是事故致因理论中的一个重要问题。

海因里希做过研究，事故的主要原因或者是人的不安全行为，或者是物的不安全状态，没有一起事故是由于人的不安全行为及物的不安全状态共同引起的。于是，他得出的

结论是，几乎所有的工业伤害事故都是由于人的不安全行为造成的。

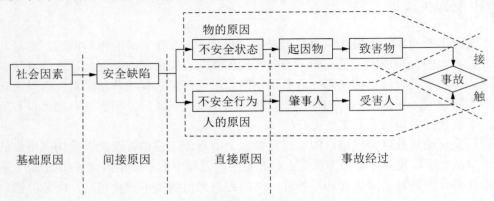

图 2-12　轨迹交叉论事故模型

后来，海因里希的这种观点受到了许多研究者的质疑。根据日本的统计资料，在 1969年机械制造业休工 10 天以上的伤害事故中，96%的事故与人的不安全行为有关，91%的事故与物的不安全状态有关；在 1977 年机械制造业休工 4 天以上的 104638 件伤害事故中，与人的不安全行为无关的只占比 5.5%，与物的不安全状态无关的只占比 16.5%。这些统计数字表明，大多数工业伤害事故的发生，既缘于人的不安全行为，也缘于物的不安全状态。

随着事故致因理论的逐步深入，人们逐渐认识到，一起伤害事故之所以能够发生，除了人的不安全行为之外，一定存在着某种不安全条件。斯奇巴(Skiba)指出，生产操作人员与机械设备两种因素都对事故的发生有影响，并且机械设备的危险状态对事故的发生作用更大些。他认为，只有当两种因素同时出现时才能发生事故。实践证明，消除生产作业中物的不安全状态可以大幅度地减少伤害事故的发生。例如，美国铁路车辆安装自动连接器之前，每年都有数百名铁路工人死于车辆连接作业事故中。铁路部门的负责人把事故的责任归因于工人的错误或不注意。后来，根据政府法令的要求，把所有铁路车辆都装上了自动连接器，结果车辆连接作业中的死亡事故大大地减少了。

在人机系统中，能量产生了逆流，其轨迹的交叉点就构成了事故(能量逸散)轨迹。交叉理论将事故的发生发展过程描述为

基本原因→间接原因→直接原因→事故→伤害

从事故发展运动的角度，这样的过程被形容为事故致因因素导致事故的运动轨迹，具体包括人的因素运动轨迹和物的因素运动轨迹。

许多情况下，人的因素与物的因素又互为因果。物的不安全状态能够诱发人的不安全行为，而人的不安全行为又会促进物的不安全状态的发展，或者导致新的不安全状态出现。因而，实际的事故并非简单地按照上述的人、物两条轨迹进行，而是呈现非常复杂的因果关系。轨迹交叉论作为一种事故致因理论，强调人的因素、物的因素在事故致因中占有同样重要的地位。

按照该理论，可以通过避免人与物两种因素运动轨迹交叉，即避免人的不安全行为和物的不安全状态同时间、同地点出现来预防事故的发生。根据轨迹交叉论的观点，消除人

的不安全行为可以避免事故。但是应该注意到，人与机械设备不同，机器在人们规定的约束条件下运转，自由度较小；而人的行为受各自思想的支配，有较大的行为自由性。这种行为自由性一方面使人具有搞好安全生产的能动性，另一方面也可能使人的行为偏离预定的目标，发生不安全行为。由于人的行为受到许多因素的影响，控制人的行为是件十分困难的工作。

消除物的不安全状态也可以避免事故。通过改进生产工艺，设置有效的安全防护装置，根除生产过程中的危险条件，即使生产人员产生了不安全行为也不致酿成事故。在安全工程中，把机械设备、物理环境等生产条件的安全称作本质安全，在所有的安全措施中首先应该考虑的就是实现生产过程、生产条件的本质安全。但是，受实际的技术、经济等客观条件的限制，完全地杜绝生产过程中的危险因素几乎是不可能的，只能努力减少、控制不安全因素，使事故不容易发生。

轨迹交叉理论突出强调的是砍断物的事件链，提倡采用可靠性高、结构完整性强的系统和设备，大力推广保险系统、防护系统、信号系统、高度自动化和遥控装置。这样，即使产生人的不安全行为，也会因安全闭锁等可靠性高的安全系统的作用，控制住物的不安全状态的发展，可完全避免伤亡事故的发生。

一些领导和管理人员总是错误地把一切伤亡事故归咎于操作人员"违章作业"；实际上，人的不安全行为也是由于教育培训不足等管理欠缺造成的。管理的重点应放在控制物的不安全状态上，即消除"起因物"，当然就不会出现"施害物"，"砍断"物的因素运动轨迹，使人与物的轨迹不相交叉，事故即可避免。即使在采取了工程技术措施，减少、控制了不安全因素的情况下，仍然要通过教育、训练和规章制度来规范人的行为，避免不安全行为的发生。

在实际工作中，应用轨迹交叉论预防事故，可以从下述 3 个方面考虑。

1) 防止人、物运动轨迹的时空交叉

按照轨迹交叉论的观点，防止和避免人和物的运动轨迹的交叉是避免事故发生的根本出路。例如，防止能量逸散、隔离、屏蔽，改变能量释放途径，脱离受害范围，保护受害者等防止能量转移的措施同样是防止轨迹交叉的措施。此外，防止交叉还有另一层意思，就是防止时间交叉，如容器内有毒有害物质的清洗，冲压设备的安全装置等。再者，人和物都在同一范围内，但占用空间的时间不同，如危险设备的联锁装置，电气维修或电气作业中切断电源、挂牌、上锁、工作票制度的执行，十字路口的车辆、行人指挥灯系统等。

2) 控制人的不安全行为

控制人的不安全行为的目的是切断轨迹交叉中人的变态行为的形成。人的不安全行为在事故形成的过程中占有主导地位，因为人是机械、设备、环境的设计者、创造者、使用者、维护者。人的行为受多方面影响，如作业时间紧迫程度、作业条件的优劣、个人生理心理素质、安全文化素质、家庭社会影响因素等。安全行为科学、安全人机学等对控制人的不安全行为都有较深入的研究。概括起来，主要有如下控制措施。

(1) 职业适应性选择。选择合格的职工以适应职业的要求，对防止不安全行为发生有重要作用。工作的类型不同，对职工的要求也不同，如飞行员和管制员的选拔工作。因此，在招工和职业聘用时应根据工作的特点、要求选择适合该职业的人员，认真考虑其各方面的素质，特别是从事特种作业的职工的选择，以及职业禁忌症的问题，避免因职工生理、心理素质的欠缺而造成工作失误。

(2) 创造良好的行为环境。首先是良好的人际关系、积极向上的集体精神。融洽和谐的同事关系、上下级关系能使工作集体具有凝聚力，职工工作才能心情舒畅、积极主动地配合；实行民主管理，职工参与管理，能调动其积极性、创造性；关心职工生活，解决实际困难，做好家属工作，可以营造良好的、安全的环境氛围，社会氛围。创造良好的工作环境，就是尽一切努力消除工作环境中的有害因素，使机械、设备、环境适合人的工作，也使人容易适应工作环境；使工作环境真正达到安全、舒适、卫生的要求，从而减少人失误的可能性。

(3) 加强培训、教育，提高职工的安全素质。其内容包括文化素质、专业知识和技能、安全知识和技能，事故的发生与这几方面密切相关。因此，企业安全管理除提高职工的安全素质以外，还应注重文化知识的提高、专业知识技能的提高，密切注视文化层次低、专业技能差的人群。坚持一切行之有效的安全教育制度、形式和方法，如三级教育、全员教育、特殊工种教育等制度；利用影视、广播、图片宣传等形式；知识竞赛、无事故活动、事故处理坚持"四不放过"等方法。

(4) 严格管理。建立健全管理组织、机构，按国家要求配备安全人员，完善管理制度。贯彻执行国家安全生产方针和各项法规、标准，制定、落实企业安全生产长期规划和年度计划。坚持第一把手负责，实行全面、全员、全过程的安全管理，使企业形成人人管安全的氛围，才能有效防止"三违"现象的发生。

3) 控制物的不安全状态

控制物的不安全状态，其目的是切断轨迹交叉中物的不安全状态形成。最根本的解决办法是创造本质安全条件，使系统在人发生失误的情况下也不会发生事故。在条件不允许的情况下，应尽量消除不安全因素，或采取防护措施削弱不安全状态的影响程度。这就要求在系统的设计、制造、使用等阶段采取严格的措施，使危险被控制在允许的范围之内。

2.1.4 能量意外释放论

1. 能量与事故

第二次世界大战期间，出现了高速飞机、雷达和各种自动化机械等。为防止和减少飞机飞行事故而兴起的事故判定技术及人机工程等，对后来的工业事故预防产生了深刻的影响。

事故判定技术最初被用于确定军用飞机飞行事故原因的研究。研究人员用这种技术调查了飞行员在飞行操作中的心理学和人机工程方面的问题，然后针对这些问题采取改进措施，防止发生操作失误。战后这项技术被广泛应用于工业事故预防工作中，作为一种调查研究不安全行为和不安全状态的方法，这种方法可使不安全行为和不安全状态在引起事故之前被识别和被改正。

第二次世界大战期间使用的军用飞机速度快、战斗力强，但是它们的操纵装置和仪表非常复杂。飞机操纵装置和仪表的设计往往超出人的能力范围，或者容易引起驾驶员误操作而导致严重事故。为防止飞行事故，飞行员要求改变那些看不清楚的仪表的位置，改变与人的能力不相适应的操纵装置和操纵方法。这些要求推动了人机工程学研究的发展。

人机工程学是研究如何使机械设备、工作环境适应人的生理、心理特征，使人员操作简便、准确、失误少、工作效率高的学问。人机工程学的兴起标志着工业生产中人与机械关系的重大变化：以前是按机械的特性训练工人，让工人满足机械的要求，工人是机械的奴隶和附庸；现在是在设计机械时要考虑人的特性，使机械适合人的操作。从事故致因的角度，机械设备、工作环境不符合人机工程学要求可能是引起人操作失误、导致事故的原因。

第二次世界大战后，科学技术飞跃进步，新技术、新工艺、新能源、新材料和新产品不断出现。这些新技术、新工艺、新能源、新材料和新产品给工业生产和人们的生活带来巨大变化的同时，也给人类带来了更多的危险。科技的发展把作为现代物质文明的各种工业产品送到人们的面前，这些产品中有些产品会威胁人类安全，如美国 1972 年涉及产品安全的投诉案件超过 50 万起。工业部门要保证消费者使用其产品的安全，在公众的强烈要求下，美国于 1972 年通过了消费品安全法，日本等国也相继通过了相似的法律，这些法律的共同特征是制造厂家必须对其产品引起的事故完全负责。

战后，人们对所谓的事故频发倾向的概念提出了新的见解。一些研究表明，认为大多数工业事故是由事故频发倾向者引起的观念是错误的，有些人较另一些人容易发生事故是与他们从事的作业有较高的危险性有关。人们逐渐意识到，不能把事故的责任简单地说成是工人的不注意，应该注重机械的、物质的危险性质在事故致因中的重要地位。于是，在事故预防工作中比较强调实现生产条件、机械设备的安全。先进的科学技术和经济条件为此提供了物质基础和技术手段。

能量转移理论的出现是人们对伤亡事故发生的物理实质认识方面的一大飞跃。1961 年和 1966 年，吉布森(Gibson)和哈登(Hadden)提出了一种新概念：事故是一种不正常的或不希望的能量释放，各种形式的能量构成伤害的直接原因，因此应该通过控制能量或控制能量向人体传导的载体来预防伤害事故。根据能量转移理论，可以利用各种屏蔽方式来防止意外的能量释放。

与早期的事故频发倾向理论、海因里希因果连锁论等强调人的性格特征、遗传特征等不同，战后人们逐渐地认识到管理因素作为背后原因在事故致因中的重要作用。人的不安全行为或物的不安全状态是工业事故的直接原因，必须加以追究。但是，它们只不过是其背后的深层原因的征兆、管理上缺陷的反映，只有找出深层的、背后的原因，改进企业管理，才能有效地防止事故。

其基本观点是，不希望的或异常的能量转移是伤亡事故的致因，即人受伤害的原因只能是某种能量向人体的转移，而事故则是一种能量的不正常或不期望的释放。

能量按其形式可分为动能、势能、热能、电能、化学能、原子能、辐射能(包括离子辐射和非离子辐射)、声能和生物能等。人受到伤害都可归结为上述一种或若干种能量的不正常或不期望的转移。

在能量意外释放论中，1966 年，美国运输部国家安全局局长哈登把能量的转换伤害分为两类。

第一类伤害是由于施加了超过局部或全身性的损伤阈值的能量而产生的。人体各部分对每一种能量都有一个损伤阈值。当施加于人体的能量超过该阈值时，就会对人体造成损伤。例如，在工业生产中，一般都以 36V 为安全电压。亦即在正常情况下，当人与电源接触时，由于 36V 在人体所承受的阈值之内，就不会造成任何伤害或伤害极其轻微；而由于 220V 电压大大超过人体的阈值，与其接触，轻则灼伤，或者某些功能暂时性损伤，重则造成终身伤残甚至死亡。大多数伤害均属于此类伤害。

第二类伤害则是由于影响局部或全身性能量交换引起的。比如，因机械因素或化学因素引起的窒息(如溺水、一氧化碳中毒等)。

能量意外释放论的另一个重要概念是，在一定条件下，某种形式的能量能否造成伤害及事故主要取决于人所接触的能量的大小，接触的时间长短和频率，力的集中程度，受伤害的部位及屏障设置得早晚等。

该理论阐明了伤害事故发生的物理本质，指明了防止伤害事故就是防止能量意外释放，防止人体接触能量。根据这种理论，人们要经常注意生产过程中能量的流动、转换以及不同形式能量的相互作用，防止发生能量的意外释放或逸出。

用能量转移的观点分析事故致因的基本方法是，首先确认某个系统内的所有能量源，然后确定可能遭受该能量伤害的人员及伤害的可能严重程度，进而确定控制该类能量不正常或不期望转移的方法。

能量意外释放论与其他事故致因理论相比，具有两个主要优点：一是把各种能量对人体的伤害归结为伤亡事故的直接原因，从而决定了以对能量源及能量输送装置加以控制作为防止或减少伤害发生的最佳手段这一原则；二是依照该理论建立的对伤亡事故的统计分类，可以全面概括、阐明伤亡事故类型和性质。

能量意外释放论的不足之处是，由于机械能(动能和势能)是工业伤害的主要能量形式，因而使按能量转移的观点对伤亡事故进行统计分类的方法尽管具有理论上的优越性，在实际应用上却存在困难。其实际应用尚有待于对机械能的分类作更为深入细致的研究，以便对机械能造成的伤害进行分类。

2. 防止能量释放的伤害

从能量意外释放论出发，预防伤害事故就是防止能量或危险物质的意外释放，防止人体与过量的能量或危险物质接触。约束、限制能量，防止人体与能量接触的措施叫作屏蔽。这是一种广义的屏蔽。在工业生产中经常采用的防止能量意外释放的屏蔽措施主要有以下几种。

(1) 用安全的能源代替不安全的能源。有时被利用的能源具有的危险性较高，这时可考虑用较安全的能源取代。例如，在容易发生触电的作业场所，用压缩空气动力代替电力，可以防止发生触电事故。但是应该注意，绝对安全的事物是没有的，以压缩空气做动力虽然避免了触电事故，而压缩空气管路破裂、脱落的软管抽打等都带来了新的危害。

(2) 限制能量。在生产工艺中尽量采用低能量的工艺或设备，这样即使发生了意外的能量释放，也不致发生严重伤害。例如，利用低电压设备防止电击，限制设备运转速度以防止机械伤害等。

(3) 防止能量蓄积。能量的大量蓄积会导致能量突然释放，因此，要及时泄放多余的能量，防止能量蓄积。例如，通过接地消除静电蓄积，利用避雷针放电保护重要设施等。

(4) 缓慢地释放能量。缓慢地释放能量可以降低单位时间内释放的能量，减轻能量对人体的作用。例如，各种减震装置可以吸收冲击能量，防止人员受到伤害。

(5)　设置屏蔽设施。屏蔽设施是一些防止人员与能量接触的物理实体，即狭义的屏蔽。屏蔽设施可以被设置在能源上(如安装在机械转动部分外面的防护罩)，也可以被设置在人员与能源之间(如安全围栏等)。人员佩戴的个体防护用品，可被看作是设置在人员身上的屏蔽设施。

(6)　在时间或空间上把能量与人隔离。在生产过程中也有两种或两种以上的能量相互作用引起事故的情况。例如，一台吊车移动的机械能作用于化工装置，使化工装置破裂而有毒物质泄漏，引起人员中毒。针对两种能量相互作用的情况，可考虑设置两组屏蔽设施：一组设置于两种能量之间，防止能量间的相互作用；另一组设置于能量与人之间，防止能量触及人体。

(7)　信息形式的屏蔽。各种警告措施等信息形式的屏蔽，可以阻止人员的不安全行为或避免发生行为失误，防止人员接触能量。

根据可能发生的意外释放的能量的大小，可以设置单一屏蔽或多重屏蔽，并且应该尽早设置屏蔽，做到防患于未然。

从能量的观点出发，按能量与被害者之间的关系，可以把伤害事故分为三种类型，相应地，应采取不同的预防伤害措施。

(1)　能量在规定的能量流通渠道中流动，人员意外地进入能量流通渠道而受到伤害。设置防护装置之类屏蔽设施防止人员进入，可以避免此类事故。

警告、劝阻等信息形式的屏蔽可以约束人的行为。

(2)　在与被害者无关的情况下，能量意外地从原来的渠道里逸出，改变流通渠道而使人员受到伤害。按事故发生时间与伤害发生时间之间的关系，又可分为以下两种。

①　事故发生的瞬间人员即受到伤害，甚至受害者尚不知发生了什么就遭受了伤害。这种情况下，人员没有时间采取措施避免伤害。为了防止伤害，必须全力以赴地控制能量，避免事故的发生。

②　事故发生后人员有时间躲避能量的作用，可以采取恰当的对策防止受到伤害。例如，在发生火灾、有毒有害物质泄漏事故的场合，远离事故现场的人们可以恰当地采取隔离、撤退或避难等行动，避免遭受伤害。这种情况下人员行为正确与否往往决定他们的生死存亡。

(3)　能量意外地越过原有的屏蔽而开辟新的流通渠道；同时被害者误入新开通的能量渠道而受到伤害。这种情况实际上较少发生。

2.1.5　变化论

动态和变化的观点是近代事故致因理论的又一基础。1972 年，本尼尔(Benner)提出了在处于动态平衡的生产系统中，由于"扰动"(Perturbation)导致事故的理论，即 P 理论。此后，约翰逊(Johnson)于 1975 年发表了"变化—失误"模型，1980 年诺兰茨(W. E. Talanch)在《安全测定》一书中介绍了"变化论"模型，1981 年佐藤音信发明了"作用—变化与作用连锁"模型。

状态和要素的变化对系统可能会产生本质性的影响。研究哪个部分发生变化及其对安全的影响，对于子系统或对整个系统又能导致何种结果，是系统安全分析最基本的任务之一。

约翰逊的事故因果连锁模型，如图 2-13 所示。该模型的内涵为运行系统中与能量和失误相对应的变化是事故发生的根本原因。没有变化就没有事故。人们能感觉到变化的存在，也能采用一些基本的反馈方法去探测那些有可能引起事故变化的诱因。而且对变化的敏感程度，也是衡量各级企业领导和专业安全人员的安全管理水平的重要标志。

在此必须指出的是，并非所有的变化均能导致事故，关键在于系统中的人能否适应客观情况的变化。在众多的变化中，只有极少数的变化会引起人的失误，而众多由变化引起的人的失误中，又只有极少部分失误会导致事故的发生。

此外，并非所有主观上有着良好动机而人为造成的变化都会产生较好的效果。如果不断地调整管理体制和机构，使人难以适应新的变化进而产生失误，必将会事与愿违，事倍功半，甚至造成重大损失。在"变化—失误"理论的基础上，约翰逊提出了变化分析的方法，即以现有的、已知的系统为基础，研究所有计划中和实际存在的变化的性质，分析每个变化单独或与若干个变化相结合对系统产生的影响，并据此提出相应的防止不良变化的措施。

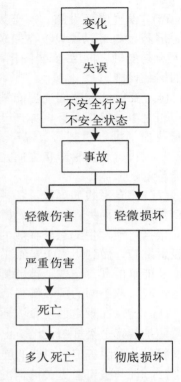

图 2-13　约翰逊的事故因果连锁模型

应用变化分析方法主要有两种情况：一是当观察到系统发生变化时，探求这种变化是否会产生不良后果，如果是，则寻找产生这种变化的原因，进而采取相应的措施；二是当观察到某些不良后果后，先探求是哪些变化导致了这种后果的产生，进而寻找产生这种变化的原因，采取相应的措施。

在变化分析中，应考虑的变化类型很多，常见的变化有以下 9 类。

(1) 计划的变化和未计划的变化。前者是预料之中的，后者则需要采用某种手段进行探测和分析。

(2) 实际的变化和潜在的变化。实际的变化是观察或探测得到的，而潜在的变化则要通过分析才能发现。

(3) 时间的变化。这是指某些过程，如化学反应因超时或少时而可能产生的变化。

(4) 技术的变化。新设备、新工艺的引进，特别是那些复杂或危险性大的工艺、设备、产品或原材料等引起的变化。

(5) 人的变化。这种变化包括许多方面，但主要影响人执行工作的能力，如新员工。

(6) 社会的变化。其包括的范围很广，主要指那些与人紧密相关的变化。

(7) 组织的变化。由于人员调动，机构改变引起的变化，如主管安全的高层人员的调动。

(8) 操作的变化。在生产过程、操作方式方面的变化。

(9) 宏观的变化和微观的变化。前者指系统整体的某些变化，如企业新战略等，后者指某一特殊事件的变化，如引入新机型，开设新航线等。

应用变化的观点进行事故分析时，可由下列因素的现在状态、以前状态的差异来发现变化：①对象物、防护装置、能量等；②人员；③任务、目标、程序等；④工作条件、环境、时间安排等；⑤管理工作、监督检查等。

约翰逊认为，事故的发生往往是多重原因造成的，包含着一系列的"变化—失误"连锁。例如，企业领导者的失误、计划人员失误、监督者的失误及操作者的失误等，如图 2-14 所示。

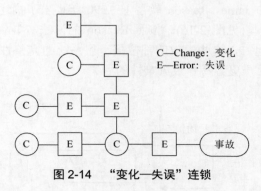

C—Change：变化
E—Error：失误

图 2-14　"变化—失误"连锁

2.1.6　人失误主因论

事故原因有多种类型，威格尔斯沃思(Wigglesworch)把人的失误定义为"错误或不恰当地回答了一定刺激"，其绘制的事故模型如图 2-15 所示。在工人操作期间，各种"刺激"不断出现，若工人响应得正确或恰当，事故就不会发生；反之，若人出现失误，就可能发生事故。然而，若客观上存在着不安全因素或危险，事故是否能造成伤害，则取决于各种机会因素。

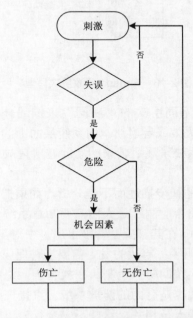

图 2-15　以人失误为主要原因的事故模型

该模型仅注重一个单独事物，不适用于几个人同时和相继造成事故的情况，也不能解释改善危险环境条件后而没有发生伤亡事故的进行过程，且不适用于一系列连续活动的作业。

2.1.7　Reason 模型

英国曼彻斯特大学的 James Reason 教授于 1990 年提出了描述系统安全状况的层次模型，即著名的 Reason 模型(见图 2-16)。按照 Reason 的说法，事故发生在生产过程中系统元素间交互出现问题的地方，这些失效的部位损害了系统的完整性，使系统更容易受到操作风险因素的攻击。因此，更容易导致灾难性的后果。

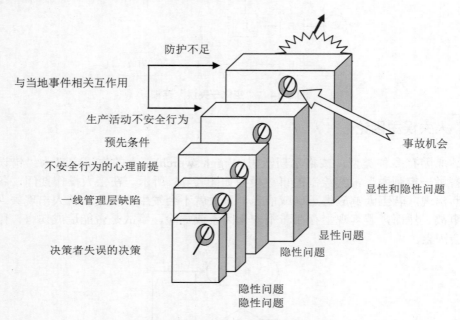

图 2-16　Reason 事故层次模型

这些失效部位可以用系统不同层次的"漏洞"来描述(模型形似奶酪，又称奶酪模型)，从此开始，生产过程逐渐失效或者崩溃。而系统层面上的缺陷或不足是由于人类对系统各要素认识不足，或者由于系统发展所带来的新问题所造成的。该模型充分展示了事故发生的机理和系统安全的思想。

Reason 模型是对事故原因的初步描述而不是分析，如果把该模型当作系统高效的分析工具，就需要明确地定义"奶酪中的洞"，人们需要知道系统失效的原因或者说系统层的"漏洞"是什么。基于此，ICAO 在其《安全管理手册》中对 Reason 模型进行了修改，如图 2-17 所示。该模型也同样说明了：事故的发生需要多种促成因素，每项因素都是必不可少的，但其自身并不足以破坏系统的防护机制。在模型中，组织与管理因素虽然会产生导致事故发生的潜在风险，但同时也是有力的防护系统。直接产生不利影响的差错和违规可被视为不安全行为，通常与一线人员相关，这些不安全行为可穿透公司管理层或者当局为保护航空系统设置的各种防护机制，从而导致事故发生。而这些不安全行为发生在包含潜在不安全状况的操作环境中，所谓的潜在状况是指早在事故发生前就存在的行为。只有当系统防护机制被破坏时，这种潜在的不安全状况才能显现。

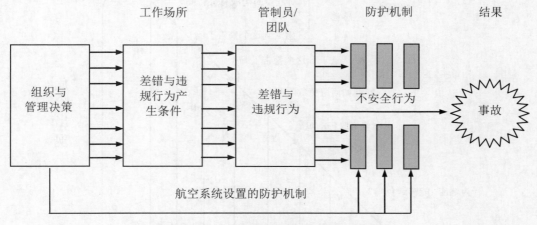

图 2-17　ICAO《安全管理手册》中的事故层次模型

2.1.8　瑟利模型

20 世纪 60 年代末(1969 年)由瑟利(J. Surry)提出，20 世纪 70 年代初得到发展的瑟利模型，是以人对信息的处理过程为基础，描述事故发生因果关系的一种事故模型。这种理论认为，人在信息处理过程中出现失误从而导致人的行为失误，进而引发事故。

瑟利模型是一个典型的根据人的认知过程分析事故致因的理论，如图 2-18 所示。瑟利模型包括两组问题(危险构成和显现危险的紧急时期)，每组包含 3 类心理生理成分，即对事件的感知(刺激，S)、对事件的理解(内部响应，认识活动，O)、生理行为响应(输出，R)。

包含 S—O—R 的第一组侧重危险的构成，以及与此危险相关的感觉的、思考的(认识的)和行为的(生理输出)响应。第二组，瑟利称之为显现危险时期，也同样包含 S—O—R 三个相同的成分。在此期间，如果不能避免危险，则将产生伤害或损坏。

1978 年，安德森等曾在分析 60 件工伤事故时，应用了瑟利模型及其提出的问题，发现后者存在相当大的缺陷，并指出瑟利虽然清楚地处理了操作者的问题，但未涉及机械及其用于环境的运行过程。通过在瑟利模型上增加"工作过程"提前步骤，即构成危险的来源及可察觉性，运行系统内部波动(变异性)，控制此波动使之与操作波动相一致。"工作过程"的增加使瑟利模型更为有效，如图 2-19 所示。

瑟利模型不仅分析了危险出现、释放直至导致事故的原因，而且还为事故预防提供了一个良好的思路。具体如下所述。

(1) 应采用技术手段使危险状态充分地显现出来，使操作者能够有更好的机会感觉到危险的出现或释放，这样才有预防或控制事故的条件和可能。

(2) 应通过培训和教育的手段，提高人感觉危险信号的敏感度，包括抗干扰能力等。同时也应采取相应的手段帮助操作者正确地感觉危险状态信息，如采取能避开干扰的警告方式或加大警告信号的强度等。

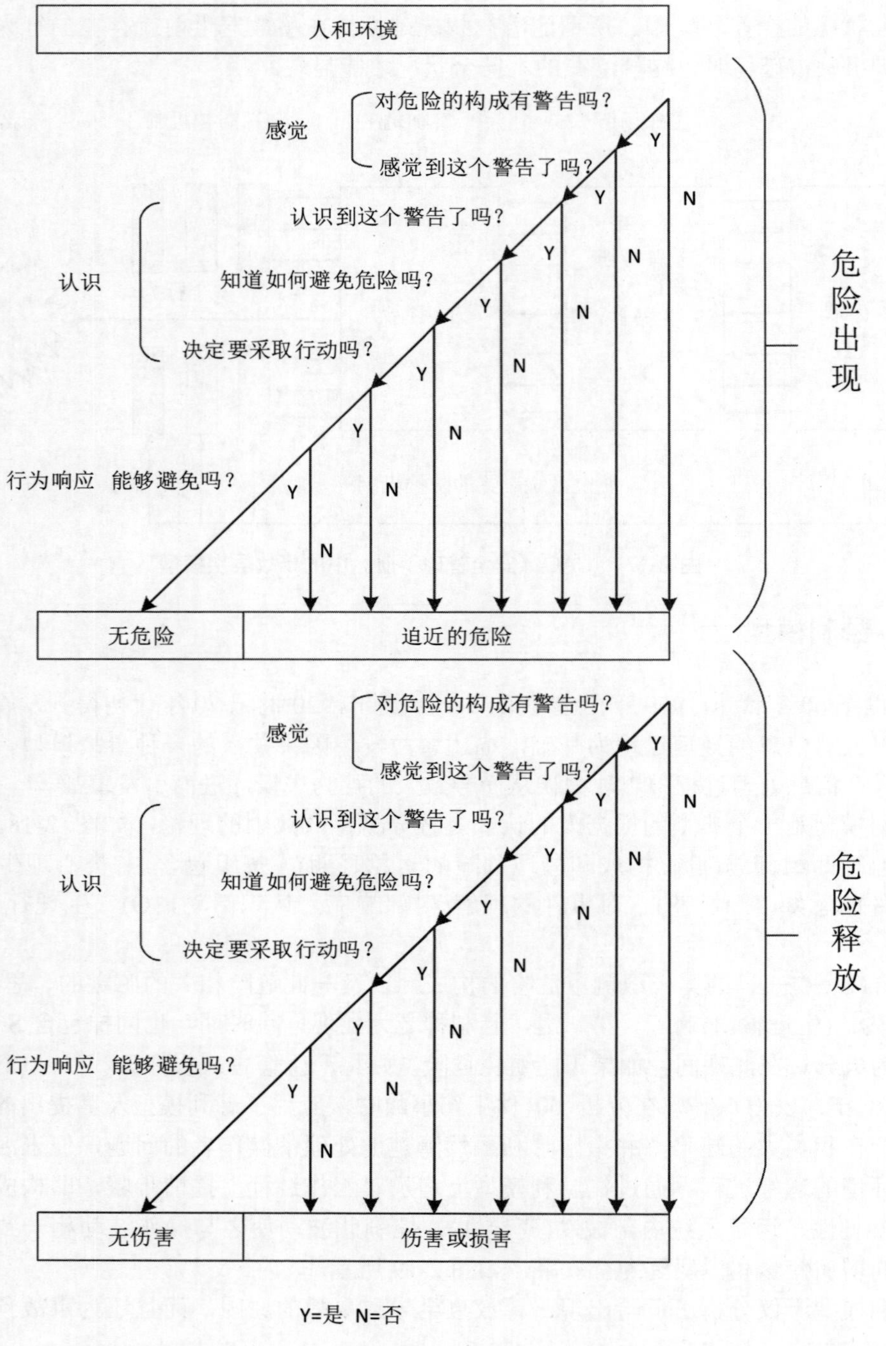

人和环境

危险出现

感觉
- 对危险的构成有警告吗？
- 感觉到这个警告了吗？

认识
- 认识到这个警告了吗？
- 知道如何避免危险吗？
- 决定要采取行动吗？

行为响应　能够避免吗？

Y　N

无危险　｜　迫近的危险

危险释放

感觉
- 对危险的构成有警告吗？
- 感觉到这个警告了吗？

认识
- 认识到这个警告了吗？
- 知道如何避免危险吗？
- 决定要采取行动吗？

行为响应　能够避免吗？

Y　N

无伤害　｜　伤害或损害

Y＝是　N＝否

图 2-18　瑟利模型示意

(3) 应通过培训和教育的手段使操作者在感觉到警告之后，准确地理解其含意，并知道应采取何种措施避免危险发生或控制其后果。同时在此基础上，结合各方面的因素作出正确的决策。

(4) 应通过系统及其辅助设施的设计，使人在作出正确决策后，有足够的时间和条件作出行为响应，并通过培训手段使人能够迅速、敏捷、正确地作出行为响应。这样，事故就可以在相当大的程度上得到控制，取得良好的预防效果。

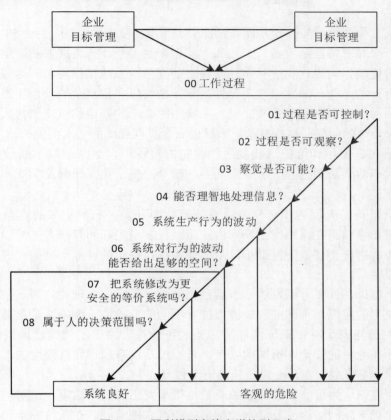

图 2-19 瑟利模型安德森增补型示意

2.1.9 心理动力理论

弗洛伊德 19 世纪末 20 世纪初创立的精神分析理论属于心理动力理论。精神分析理论是现代心理学的奠基石，它对于整个心理科学乃至西方人文科学的各个领域均产生了深远的影响。它分 5 种基本理论：精神层次理论、人格结构理论、性本能理论、释梦理论、心理防御机制理论。

心理动力理论认为：事故是一种无意识的希望或愿望的结果，这种希望或愿望通过事故象征性地得到满足。也就是说，肇事者是由于受到某种精神上的刺激或较大的心理压力才下意识地产生不安全行为而导致事故发生的。

该理论对事故致因的研究和安全管理工作有着较大的贡献。该理论的积极意义在于，它明确指出了人的无意识的动机是可以改变的，不是某个人本身固有的特性；还明确指出了通过改变人的愿望满足的方式或通过心理咨询分析完全消除那种破坏性的愿望，就可以避免事故的发生。但该理论同样是把事故的发生归咎于人的精神状态和人的心情或心理愿望，忽视了机器设备本身的缺陷，也就是说，只注重了人的不安全行为，忽视了物的不安全状态。

2.2　安全系统工程理论

安全系统工程创始于美国，并且首先使用于军事工业方面。20 世纪 50 年代末，科学技术进步的一个显著特征是设备、工艺和产品越来越复杂。战略武器的研制、宇宙开发和核电站建设等促使作为现代先进科学技术标志的复杂巨系统相继问世。这些复杂巨系统往往由数以千万计的元件、部件组成，元件、部件之间以非常复杂的关系相连接，在它们被研制和被利用的过程中常常涉及高能量。系统中的微小的差错就可能引起大量的能量向外释放，导致灾难性的后果。这些复杂巨系统的安全性问题受到了人们的关注。

在开发研制、使用和维护这些复杂巨系统的过程中，逐渐萌发了系统安全的基本思想。作为现代事故预防理论和方法体系的系统安全产生于美国研制民兵式洲际导弹的过程中。[①]

系统安全理论是人们为预防复杂巨系统事故而开发、研究出来的安全理论、方法体系。所谓系统安全，是在系统寿命期间内应用系统安全工程和管理方法辨识系统中的危险源，并采取控制措施使其危险性最小，从而使系统在规定的性能、时间和成本范围内达到最佳的安全程度。

系统安全理论在许多方面发展了事故致因理论。系统安全理论认为，系统中存在的危险源是事故发生的原因。不同的危险源可能有不同的危险性。危险性是指某种危险源导致事故，造成人员伤害、财物损坏或环境污染的可能性。由于不能彻底地消除所有的危险源，也就不存在绝对的安全。所谓的安全，只不过是没有超过允许限度的危险。因此，系统安全的目标不是事故为零，而是最佳的安全程度。

系统安全理论认为可能意外释放的能量是事故发生的根本原因，而对能量控制的失效是事故发生的直接原因。这涉及能量控制措施的可靠性问题。在系统安全研究中，不可靠被认为是不安全的原因。

系统安全理论注重整个系统寿命期间的事故预防，尤其强调在新系统的开发、设计阶段采取措施消除、控制危险源。对于正在运行的系统，如工业生产系统，管理方面的疏忽和失误是事故的主要原因。约翰逊等人很早就注意到这个问题，创立了系统安全管理的理论和方法体系 MORT (Management Oversight and Risk Tree，管理疏忽与危险树)，它把能量意外释放论、变化的观点、人失误理论等引入其中，又包括了工业事故预防中的许多行之有效的管理方法，如事故判定技术、标准化作业、职业安全分析等。它的基本思想和方法对现代工业安全管理产生了深刻的影响。

2.2.1　基本概念

安全系统工程，是美国的一些学者将系统工程的原理、方法、步骤等引用到安全管理中来的一门学科。它是研究在规定的环境、时间劳力和成本等条件下，既要充分发挥系统的作用，又必须使从业人员的伤亡减少到最低限度的一种管理科学。它从研究这些人员在

---

① 张景林. 安全系统工程[M]. 北京：煤炭工业出版社，2014.

危险性较大的环境中进行活动时，可能产生的危及生命的因素入手，继而制定出阻止这些安全事故发生的对策，使整个系统保持平衡，并使其安全可靠度达到规定的要求。我们运用安全系统工程的理论进行安全事故的预测，目的也是要找到阻止事故发生的对策措施，从而更科学、合理地制定安全管理工作的方针目标，控制整个企业，以及整个工程的安全事故，减少人员的伤亡和设备的损失，提高企业的经济效益和综合施工能力。

系统安全(System Safety)是在系统寿命周期内应用系统安全管理及安全系统工程原理，识别危险源并使其危险性减至最小，从而使系统在规定的性能、时间和成本范围内达到最佳的安全程度。

安全系统工程是以安全学和系统科学为理论基础，以安全工程、系统工程、可靠性工程等为手段，辨识、分析、评价、排除和控制系统中的各种危险，对工艺过程、设备、生产周期和资金等因素进行评价和综合处理，使系统可能发生的事故得到控制，并使系统安全性达到最佳状态的一门综合性技术科学。

安全系统工程是系统工程在安全工程学中的应用，安全系统工程理论基础是安全科学和系统科学。

安全系统工程追求的是整个系统或系统运行全过程的安全。

安全系统工程的核心是危险因素的识别、分析，系统风险评价和系统安全决策与事故控制。

安全系统工程要实现的预期安全目标是将系统风险控制在人们能够容忍的范围以内，也就是在现有的经济技术条件下，最经济、最有效地控制事故，使系统风险在安全指标以下。

安全系统工程的主要任务如下所述。

(1) 危险源辨识。

(2) 分析预测危险源由触发因素作用而引发事故的类型及后果。

(3) 设计和选用安全措施方案，进行安全决策。

(4) 安全措施和对策的实施。

(5) 对措施的效果作出总体评价。

(6) 不断改进以求最佳效果，使系统达到最佳的安全状态。

安全系统工程的主要研究内容如下所述。

(1) 系统安全分析。

(2) 系统安全评价。

(3) 安全决策与控制。

安全系统工程的一般步骤如下所述。

(1) 收集资料，掌控情况。

(2) 建立系统模型。

(3) 危险源辨识与分析。

(4) 危险性评价。

(5) 控制方案与方案比较。

(6) 最优决策。

(7) 决策计划的执行与检查。

2.2.2 理论优势

安全系统工程的理论优势主要表现在下述几个方面。

(1) 整体性——用系统的思想去看待各个要素,包括有益与有害两个方面,如控制措施与危险因素,要素间不是简单的组合,而是组合后构成了一个具有特定功能的整体。该整体中的每个要素可能并不最优,但组合后的整体应是具有良好功能的,正如系统安全分析方法一样,每种方法都有其适用范围,多种方法的联合应用才能查出某一特定问题的危险性。

(2) 相关性——要素之间是有机联系和相互作用的,它们具有相互依赖的特定关系,往往查出某一局部或元件的危险性,制定了相应的控制措施以后,其他局部或元件又产生了新的问题,这就是相关性在起作用。

(3) 目的性——与要素相关的某一整体,是为了实现某种特定的功能或目标。在实现的过程中,应能满足最优化理论的要求。这就要求要素的组合应是简捷的、功能齐备的、适应环境的。

(4) 环境适应性——根据不同的客观条件,应有不同的要素组合与功能目标,如危险物质的危险性评价,美国与日本的评价指数就不一样,却同样收到了良好的效果。

以上的理论体现了安全系统工程的优越性,也是与传统安全管理最根本的区别所在。虽然传统安全与系统安全并无鸿沟,但安全系统工程的理论优势是显而易见的。这种理论优势应在实际应用中得到充分的发挥。掌握这一新的管理模式,可以把握全局,主动控制安全形势,提高安全管理的现代化水平。因此,积极组织推广应用是我们在安全工作领域迎接新技术应用挑战的当务之急,也是保障安全生产,提高生产经济效益的一项重要措施。

2.2.3 应用方向

目前,我们企业的安全管理工作缺乏科学性,往往处于盲目的被动状态,其主要表现如下所述。

一是凭经验管理,对生产系统安全状态的判断或评价,往往只能凭经验进行定性的估价,而不能进行定量的科学分析,因而导致恶性或险肇事故重复发生。

二是凭直观管理,对表面上看得见,摸得着的安全问题容易解决,而对事故的隐患缺乏认真的研究分析,不能提前做好预测与防患工作,因此对发生事故感到突然,以致不明原因。

三是事后反应式的管理,往往是事故发生前不注重安全,事故发生后再采取补救措施。这样的经历在生产中更是屡见不鲜,管理者是依靠出现的一起起事故,来积累安全管理经验,这给很多职工家庭带来了巨大痛苦,管理效果也不佳。

形成上述管理方法的原因是多方面的,有管理者的责任心和安全知识水平问题,也有重生产轻安全的问题,但是最主要的问题是安全科研工作不能及时给管理工作者提供科学手段,安全系统工程是安全技术与管理的结合。

推广安全系统工程管理指导思想:①在常规安全工作基础上,逐步渗透安全系统工程内容;②树立事故可控的思想,在对系统安全状态的认识上狠下功夫,加强安全系统的信息反馈和及时整改；③推进相关安全工具和方法在行业的实践，如安全评估、安全审计、风险管理等。

2.3　事故预防理论

安全管理工作应当以预防为主，即通过有效的管理和技术手段，防止人的不安全行为和物的不安全状态出现，从而使事故发生的概率降到最低，这就是预防原理。

预防，其本质是在有可能发生意外人身伤害或健康损害的场合，采取事前的措施，防止伤害的发生。预防与善后是安全管理的两种工作方法。善后是针对事故发生以后所采取的措施和进行的处理工作，在这种情况下，无论处理工作如何完善，事故造成的伤害和损失已经发生，这种善后也只能是相对地减少损失。显然，预防的工作方法是主动的、积极的，是安全管理应该采取的主要方法。

安全管理以预防为主，其基本出发点源自生产过程中的事故是能够预防的观点。除了自然灾害以外，凡是由于人类自身的活动而造成的危害，总有其产生的因果关系，探索事故的原因，采取有效的对策，原则上讲就能够预防事故的发生。

预防是事前的工作，因此正确性和有效性就十分重要。生产系统一般都是较复杂的系统，事故的发生既有物的方面的原因，又有人的方面的原因，事先很难估计充分。有时重点预防的问题没有发生，但未被重视的问题却酿成大祸。

为了使预防工作真正起到作用，一方面要重视经验的积累，对既成事故和大量的未遂事故(险肇事故)进行统计分析，从中发现规律，做到有的放矢；另一方面要采用科学的安全分析、评价技术，对生产中人和物的不安全因素及其后果作出准确的判断，从而实施有效的对策，预防事故的发生。

实际上，要预防全部的事故发生是十分困难的，也就是说不可能让事故发生的概率降为零。因此，以防万一，采取充分的善后处理对策也是必要的。安全管理应该坚持"预防为主，善后为辅"的科学管理方法。

2.3.1　偶然损失原则

事故所产生的后果(人员伤亡、环境污染、物质损失等)，以及后果的大小如何，都是随机的，是难以预测的。反复发生的同类事故，并不一定产生相同的后果，这就是事故损失的偶然性。

以爆炸事故为例，爆炸时伤亡人数，伤亡部位与程度，被破坏的设备种类，爆炸后有无并发火灾等都是由偶然性决定的，一概无法预测。

也有的事故发生没有造成任何损失，这种事故被称为险肇事故(Near Accident)。但若再次发生完全类似的事故，会造成多大的损失，只能由偶然性决定，而无法预测。

根据事故损失的偶然性，可得到安全管理上的偶然损失原则：无论事故是否造成了损失，为了防止事故损失的发生，唯一的办法是防止事故再次发生。这个原则强调，在安全管理实践中，一定要重视各类事故，包括险肇事故，只有连险肇事故都控制住，才能真正防止事故损失的发生。

2.3.2 因果关系原则

因果关系就是事物之间存在着一事物是另一事物发生的原因这种关系。

事故是许多因素互为因果连续发生的最终结果。一个因素是前一因素的结果，而又是后一因素的原因，环环相扣，导致事故的发生。事故的因果关系决定了事故发生的必然性，即事故因素及其因果关系的存在决定了事故或迟或早必然要发生。

掌握事故的因果关系，砍断事故因素的环链，就消除了事故发生的必然性，可能防止事故的发生。

事故的必然性中包含着规律性。必然性来自因果关系，深入调查、了解事故因素的因果关系，就可以发现事故发生的客观规律，从而为防止事故发生提供依据。应用整理统计方法，收集尽可能多的事故案例进行统计分析，就可以从总体上找出带有规律性的问题，为宏观安全决策奠定基础，为改进安全工作指明方向，从而做到"预防为主"，实现安全生产。

从事故的因果关系中认识必然性，发现事故发生的规律性，变不安全条件为安全条件，把事故消灭在早期起因阶段，这就是因果关系原则。

2.3.3 3E 原则

海因里希把造成人的不安全行为和物的不安全状态的主要原因归结为下述四个方面的问题。

(1) 技术的原因。其中包括作业环境不良(照明、温度、湿度、通风、噪声、震动等)，物料堆放杂乱，作业空间狭小，设备、工具有缺陷并缺乏保养，防护与报警装置的配备和维护存在技术缺陷。

(2) 教育的原因。其中包括缺乏安全生产的知识和经验，作业技术、技能不熟练等。

(3) 身体和态度的原因。其中包括：生理状态或健康状态不佳，如听力、视力不良，反应迟钝，疾病、醉酒、疲劳等生理机能障碍，怠慢、反抗、不满等情绪，消极或亢奋的工作态度等。

(4) 管理的原因。其中包括企业主要领导人对安全不重视，人事配备不完善，操作规程不合适，安全规程缺乏或执行不力等。

针对这四个方面的原因，可以采取三种预防对策，即工程技术(Engineering)对策、教育(Education)对策和法制(Enforcement)对策。这三种对策就是所谓的 3E 原则。

(1) Engineering——工程技术。运用工程技术手段消除不安全因素，实现生产工艺、机械设备等生产条件的安全。

(2) Education——教育。利用各种形式的教育和训练，使职工树立"安全第一"的思想，掌握安全生产所必需的知识和技术。

(3) Enforcement——法制。借助法规、规章制度等必要的法律行政手段规范人们的行为。

安全技术对策着重解决物的不安全状态的问题；安全教育对策和安全管理对策则主要着眼于人的不安全行为的问题，安全教育对策主要使人知道应该怎么做；而法制对策则要求人必须怎么做。

为了防止事故发生，不仅要在上述三个方面采取事故预防与控制的对策，而且还应始终保持三者间的均衡，合理地采取相应措施和综合使用上述措施，才有可能搞好事故预防工作。三种对策的优先顺序首先是工程技术措施，然后是教育训练，最后才是法制。

2.3.4　本质安全化原则

本质安全化原则来源于本质安全化理论。该原则是指从一开始和从本质上实现了安全化，就可从根本上消除事故发生的可能性，从而达到预防事故发生的目的。

所谓本质上实现安全化(本质安全化)指的是设备、设施或技术工艺含有内在的能够从根本上防止发生事故的功能，具体地讲，包含三个方面的内容。

(1) 失误—安全(Fool—Proof)功能。指操作者即使操纵失误也不会发生事故和伤害，或者说设备、设施具有自动防止人的不安全行为的功能。

(2) 故障—安全(Fail—Safe)功能。指设备、设施发生故障或损坏时还能暂时维持正常工作或自动转变为安全状态。

(3) 上述两种安全功能应该是设备、设施本身固有的，即在它们的规划设计阶段就被纳入其中，而不是事后补偿的。

本质安全化是安全管理预防原理的根本体现，也是安全管理的最高境界，实际上目前还很难做到，但是我们应该坚持这一原则。本质安全化的含义也不仅局限于设备、设施的本质安全化，而应扩展到诸如新建工程项目，交通运输，新技术、新工艺、新材料的应用，甚至包括人们的日常生活等各个领域中。

2.3.5　事故预防工作五阶段模型

海因里希定义事故预防是为了控制人的不安全行为、物的不安全状态而开展以某些知识、态度和能力为基础的综合性工作，一系列相互协调的活动。

掌握事故发生及预防的基本原理，拥有对人类、国家、劳动者负责的基本态度，以及从事事故预防工作的知识和能力，是开展事故预防工作的基础。在此基础上，事故预防工作包括下述五个阶段。

(1) 建立健全事故预防组织机构，形成由企业领导牵头的，包括安全管理人员和安全技术人员在内的事故预防工作体系，并切实发挥其效能。

(2) 通过实地调查、检查、观察及对有关人员的询问，加以认真的判断、研究，以及对事故原始记录的反复研究，收集第一手资料，找出事故预防工作中存在的问题。

(3) 分析事故及不安全问题产生的原因。包括弄清伤亡事故发生的频率、严重程度、场所、工种、生产工序、有关的工具、设备及事故类型等，找出其直接原因和间接原因，主要原因和次要原因。

(4) 基于分析事故和不安全问题得到的结果，选择恰当的改进措施。改进措施包括工程技术方面的改进，对人员的教育、人员的调整，制定及执行规章制度等。

(5) 实施改进措施。通过工程技术措施实现机械设备、生产作业条件的安全，消除物的不安全状态；通过对人员的调整、教育、训练，消除人的不安全行为。在实施过程中要进行监督。

以上对事故预防工作的认识被称作事故预防工作五阶段模型。该模型包括了企业事故预防工作的基本内容。但是，该模型以实施改进措施作为事故预防的最后阶段，不符合"认识—实践—再认识—再实践"的认识规律，以及事故预防工作永无止境的客观规律。因此，对事故预防工作五阶段模型进行改进，得到如图 2-20 所示的模型。

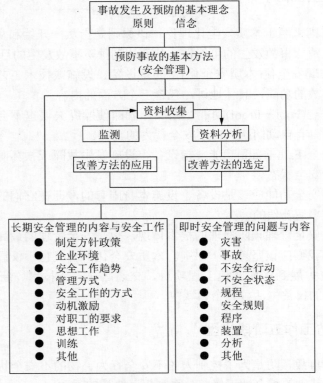

图 2-20　改进的事故预防模型

事故预防工作是一个不断循环、不断提高的过程，不可能一劳永逸。在这里，预防事故的基本方法是安全管理，包括资料收集，对资料进行分析来查找原因，选择改进措施，实施改进措施，对实施过程及结果进行监测和评价，在监测和评价的基础上再收集资料，发现问题，等等。

事故预防工作的成败，取决于有计划、有组织地采取改进措施。特别是执行者工作的好坏至关重要。因此，为了获得预防事故工作的成功，必须建立健全事故预防组织机构，采用系统的安全管理方法，唤起和维持广大干部、职工对事故预防工作的关心，经常不断地做好日常安全管理工作。

海因里希认为，建立与维持职工对事故预防工作的兴趣是事故预防工作的第一原则，其次是要不断地分析问题和解决问题。

改进措施可分为直接控制人员操作及生产条件的即时的措施，以及通过指导、训练和教育逐渐养成安全操作习惯的长期的改进措施。前者对现存的不安全状态及不安全行为立即采取措施解决；后者用于克服隐藏在不安全状态及不安全行为背后的深层原因。

如果有可能运用技术手段消除危险状态，实现本质安全时，则不管是否存在人的不安全行为，都应该首先考虑采取工程技术上的对策。当某种人的不安全行为引起了或可能引起事故，而又没有恰当的工程技术手段防止事故发生时，则应立即采取措施防止不安全行为重复发生。这些即时的改进对策是十分有效的。然而，我们绝不能忽略了所有造成人的不安全行为的背后原因，这些原因通常更重要。否则，改进措施仅仅解决了表面的问题，而事故的根源并没有被铲除掉，以后还会发生事故。

2.3.6 防止人的不安全行为

为了防止事故的发生，主要应当防止出现人的不安全行为和物的不安全状态，在此基础上充分考虑人和机的特点，使之在工作中相互匹配，对防止事故的发生十分有益。

《企业职工伤亡事故分类标准》(GB6441—86)中定义的不安全行为是指能造成事故的人为错误。一般来讲，人的不安全行为是指那些曾经引起过事故或可能引起事故的人的行为，它们是造成事故的直接原因；从人的心理状态出发，人的不安全行为可分为有意和无意两大类。

为准确找出不安全行为产生的原因，以便采取对策，防止不安全行为的产生和发展，就必须对不安全行为进行分类。

按照人的不安全行为的表现形式，参照国标《企业职工伤亡事故分类》附录①中将不安全行为划分为 13 种，现分别叙述如下。

(1) 操作错误、忽视安全、忽视警告。

(2) 安全装置失效。

(3) 设备、设施、工具、附件有缺陷。

(4) 用手代替工具操作。

(5) 物件(指工具器械、生产用品等)存放不当。

(6) 冒险进入危险场所。

(7) 攀、坐不安全位置(如平台、护栏、吊车吊钩下)。

(8) 在起吊物下作业、停留。

(9) 机器运转时加油、维修、检查、调整、焊接、清扫等。

(10) 有分散注意力行为。

(11) 在必须使用个人防护用品用具的作业或场合中，忽视其使用。

(12) 不安全装束。

(13) 对易燃、易爆等危险物品处理错误。

按其行为后果又可分为下述几类。

(1) 引发事故的不安全行为。

(2) 扩大事故损失的不安全行为。

(3) 没有造成事故的不安全行为。

消除人的不安全行为可以避免事故。但是应该注意到，人与机械设备不同，机器在人

---

① 企业职工伤亡事故分类(GB6441—1986).

们规定的约束条件下运转，自由度较小；而人有自由意志，人的行为受各自思想的支配，有较大的行为自由性。这种行为自由性一方面使人具有搞好安全生产的能动性，另一方面也可能使人的行为偏离预定的目标，发生不安全行为。人类容易受环境的干扰和影响，生理、心理状态不稳定，往往会由于受到一些偶然因素的影响而产生事先难以预料和防止的错误行为，其安全可靠性比较差。无意的不安全行为的成因相当复杂，控制的效果不尽如人意。控制人的行为是件十分困难的工作。人的不安全行为的概率是不可能为零的。控制人的不安全行为的措施基本有下述几条。

1) 做到有章可循

当企业尚未制定、完善安全操作规程时，控制人的不安全行为的重点就是制定、完善安全操作规程。生产经营单位的安全生产管理制度和操作规程实质上是生产经营单位实施安全生产管理的计划，是生产经营单位的管理人员实施安全生产管理的标准、规范，是生产经营单位的操作人员安全操作的准则，是生产经营单位实施安全生产管理的前提条件，是生产经营单位实现安全生产的基础和保障。

2) 制定安全操作规程

设备的技术操作规程是指正确操纵设备的程序和方法。企业应制定各种设备的技术操作规程。

安全操作规程是为了防止操作人员进行生产操作时的不安全行为而制定的正确进行生产操作的规范。因此，企业应根据"控制操作过程中操作人员的不安全行为的需要"或者根据"操作过程中操作人员可能出现的不安全行为"，制定安全操作规程。

3) 安全操作规程的评估和修订

企业应每年至少一次，对安全生产操作规程与适用的安全生产标准和规范的符合性、安全生产操作规程的有效性和适宜性进行评估。

4) 控制违章行为

当企业制定、完善了安全操作规程，明确界定了哪些是不能干的不安全行为和哪些是必须干的安全行为之后，控制人的不安全行为的重点就是控制违章行为。具体措施包括：健全安全生产管理制度；选配适合员工；改善作业环境；改善作业过程；改革工艺，减轻劳动强度；实施目标管理；提高员工素质，等等。

5) 检查督促激励

由于安全生产规章制度是从整体、长远利益考虑而制定的，必然会对个人或局部某些利益与自由产生一定的限制与约束；在安全生产管理过程中客观上存在着管理者与被管理者之间的矛盾(管理者要达到的安全生产管理的目标与被管理者对此目标的接受程度之间的差异；管理者为达到安全生产管理的目标而采取的管理手段与被管理者接受该手段的程度之间的差异)。因而，还有人虽经安全生产教育并考核合格，但并不自觉、严格履行安全生产职责，并不自觉、严格执行安全生产规章制度，还存在明知故犯的情况。因此，生产经营单位主要负责人必须履行法定职责，认真检查本单位的安全生产工作，狠抓各级管理人员安全生产责任的落实，督促各级管理人员严格履行安全生产职责，做好安全生产检查工作，及时发现、制止、纠正违章行为，防止形成习以为常的被动局面。

要使各级管理人员履行安全生产职责，除了要做好宣传教育工作外，还必须对履行安全生产职责的情况进行考核。

6)　彻查违章原因

对每宗违章行为都作原因分析，彻底查明违章产生和存在的原因，特别是要找出生产经营单位安全生产管理存在的缺陷，并针对违章产生和存在的原因采取改进管理、加强管理的措施；对违章原因作统计分析，找出倾向性、规律性。

7)　推行科学管理

现代企业安全生产管理理论是对传统安全生产管理思想的继承和创新。生产经营单位的管理者应努力处理好继承和创新的关系。既要肯定在长期的安全生产管理实践中形成并积累起来的对现实仍然有用的经验和方式、方法，又要努力运用现代管理科学理论给予概括和总结，使之上升为理性认识，更要在做好国家安全生产法规规定应做的安全生产管理工作的基础上，推行科学管理，不断提高本单位的安全生产管理水平。推行科学管理，要实现以下观念的转变。

(1)　把传统的单因素安全生产管理转变为综合安全生产管理。

(2)　把传统的单一事后的事故处理转变为事前的安全评价、消除隐患、实现本质安全和事故中的应急救援，以及事故后的事故管理相结合。

(3)　把传统的安全生产指标管理转变为安全生产指标管理与内激型的安全生产目标管理相结合。

(4)　把传统的只把从业人员作为被管理的对象转变为既把从业人员作为被管理的对象更把从业人员作为安全生产管理的动力。

(5)　把静态管理转变为静态管理与动态管理相结合。

8)　建设企业安全文化

开展企业安全文化建设，建设良好的企业安全文化。

2.3.7　防止物的不安全状态

在人机系统中，发挥一定作用的机械、物料、生产对象，以及其他生产要素统称为物。物都具有不同形式、性质的能量，有出现能量意外释放、引发事故的可能性。由于物的能量可能释放引起事故的状态，称为物的不安全状态。这是从能量与人的伤害间的联系所给出的定义。如果从发生事故的角度，也可把物的不安全状态看作曾引起或可能引起事故的物的状态。

为了消除物的不安全状态，应把重点放在提高技术装备(机械设备、仪器仪表、建筑设施等)的安全化水平上。这有助于改善安全管理和防止人的不安全行为。可以说，技术装备的安全化水平在一定程度上决定了工伤事故和职业病的发生概率。

为了提高技术装备的安全化水平，必须大力推行本质安全技术。具体涉及下述各项。

(1)　失误安全功能，即操作者即使操纵失误也不会发生事故和伤害。或者说设备、设施或工艺技术具有自动防止人的不安全行为的功能。

(2)　故障安全功能，指设备、设施发生故障或损坏时还能暂时维持正常工作或自动转变为安全状态。

上述安全功能应该潜藏于设备、设施或工艺技术内部，即在设备设施的规划设计阶段就被纳入其中，而不应在事后再行补偿。

在生产过程中，物的不安全状态极易出现。所有的物的不安全状态，都与人的不安全行为或人的操作、管理失误有关。往往在物的不安全状态背后，隐藏着人的不安全行为或人的失误。物的不安全状态既反映了物的自身特性，又反映了人的素质和人的决策水平。

物的不安全状态的运动轨迹，一旦与人的不安全行为的运动轨迹交叉，就是发生事故的时间与空间。物的不安全状态是发生事故的直接原因。因此，正确判断物的具体不安全状态，控制其发展，对预防、消除事故有直接的现实意义。

针对生产中物的不安全状态的形成与发展，在进行施工设计、工艺安排、施工组织与具体操作时，采取有效的控制措施，把物的不安全状态消除在生产活动进行之前，或者引发为事故之前，是安全管理的重要任务之一。

消除生产活动中物的不安全状态，是生产活动所必需的，又是"预防为主"方针落实的需要，同时，也体现了生产组织者的素质和工作才能。

物的不安全状态主要包括机器、设备、工具、附件、场地、环境等有缺陷。

1) 设备、设施、工具、附件本身缺陷

设计上的错误。例如，物件功能上有缺陷，没用的零件凸出，该有的连接装置却没有。强度不够，如机械强度不够、起吊重物用的绳索吊具不符合安全要求等。

预防措施：物件本身的缺陷是发生事故的诸多要素之一，因此，认识到物件的缺陷后，每个员工必须针对缺陷的症结所在采取不同的措施。员工在使用设备时，要加强对其检查，严格按照操作规程进行作业，发现问题要及时向领导及有关管理人员反映，不操作有问题的设备器具；要按照设备保养制度的规定对设备器具进行保养和维护，以确保它们处于正常状态。

2) 防护措施、安全装置的缺陷

没有防护装置，如防护罩；无安全保险装置；无安全标志；无防护栏或护栏损坏；电气未接地；绝缘不良等。

预防措施：防护设施和安全装置是确保人员和物件(设备、危险物品)互不接触，从而起到避免人体损伤的安全保护网。因此，员工要正确使用这些安全装置，不能贪方便、图省事而不采用。

3) 工作场所的缺陷

没有安全通道；工作场所间隔距离不符合安全要求；机械装置、用具配置有缺陷；物件堆放的位置不当；物件堆置的方式不当。

预防措施：安全通道是能确保职工安全通行的道路，因此必须严格按照国家标准设置并保持通畅。物件堆放必须按各企业的安全操作规程执行，做到物件堆放标准化。

4) 个人防护用品、用具的缺陷

缺乏必要的个人防护用品、用具；防护用品、用具有缺陷；缺乏具体的使用规定。

预防措施：企业要根据本单位的生产工艺流程和作业环境，为员工配备合适的劳动防护用品，制定劳动防护用品使用规定，以免劳动防护用品使用不当，引起事故。

5) 作业环境的缺陷

包括照明不当，通风换气差，作业环境的道路、交通的缺陷，噪声，高温，低温，高湿等。

预防措施：在照明、通风、道路、机械噪声等方面，要按国家标准设计、施工。有些工作场所还必须注意自然因素的影响，员工要认识自然因素对人和生产所产生的威胁，做好自身防范，从而保证自身安全和生产安全。

2.3.8　人机匹配

随着科学技术的进步，人类的生产劳动越来越多地为各种机器所代替。例如，各类机械取代了人的手脚，检测仪器代替了人的感官，计算机部分地代替了人的大脑。用机器代替人，既减轻了人的劳动强度，有利于安全健康，又提高了工作效率。

人机匹配是研究人、机械、环境三者之间的相互关系，探讨如何使机械、环境符合人的形态学、生理学、心理学方面的特性，使人—机械—环境相互协调，以求达到人的能力与作业活动要求相适应，创造舒适、高效、安全的劳动条件的学科。安全人机工程学侧重于人和机的安全、减少差错、缓解疲劳等课题的研究。

人机工程学在欧洲是以劳动科学为基础发展起来的，英国是欧洲开展人机学研究最早的国家，于 1950 年成立了英国人机学研究会，1957 年创办会刊 *Ergonomics*。美国于 1957 年成立人类因素工程学会，同时发行了会刊。日本于 1963 年成立日本人间工学研究会。苏联、德国、法国、荷兰、瑞典、丹麦、芬兰、澳大利亚等国也先后开展了人机工程学的研究。1960 年成立国际人机学协会。我国进入 20 世纪 80 年代以后，也开始人机工程学的研究。

1)　人与机器功能特征的比较

人与机器各有自身的特点，在人机环境系统中，如何使人机分工合理，从而使整个系统发挥最佳效率，这是需要人们进一步研究的问题。人与机器的功能特征可归纳为九个方面进行比较，如表 2-2 所示。

表 2-2　人与机器功能特征比较

比较内容	人的特征	机器的特征
创造性	具有创造能力，能够对各种问题具有全新的、完全不同的见解，具有发现特殊原理或关键措施的能力	完全没有创造性
信息处理	人有智慧、思维、创造、辨别、归纳、演绎、综合、分析、记忆、联想、决断、抽象思维等能力	对信息有存储和迅速提取能力，能长期储存，也能一次清除。有数据处理、快速运算和部分逻辑思维能力
可靠性	就人脑而言，可靠性远远超过机器。但工作过程中，人的技术高低、生理和心理状况等对可靠性都有影响	经可靠性设计后，可靠性高且质量保持不变。但本身的检查和维修能力差，不能处理意外的紧急事态
控制能力	可进行各种控制，且在自由度调节和联系能力等方面优于机器。同时，其动力设备和效应运动完全合为一体	操纵力、速度、精密度操作等方面都超过人的能力，必须外加动力源
工作效能	可依次完成多种功能作业，但不能进行高阶运算，不能同时完成多种操作和在恶劣环境条件下工作	能在恶劣环境条件下工作，可进行高阶运算和同时完成多种操纵控制。单调、重复的工作也不降低效率

续表

比较内容	人的特征	机器的特征
感受能力	人能识别物体的大小、形状、位置和颜色等特征，并对不同音色和某些化学物质也有一定的分辨能力	在识别超声、辐射、微波、电磁波、磁场等信号方面，超过人的感受能力
学习能力	具有很强的学习能力，能阅读也能接收口头指令，灵活性强	有一定学习能力
归纳性	能够从特定的情况推出一般的结论，具有归纳思维能力	只能理解特定的事物
耐久性	容易产生疲劳，不能长时间地连续工作	耐久性高，能长期连续工作，并超过人的能力

从表 2-2 中可以看出，机器优于人的方面有操作速度快，精度高，能高倍放大和进行高阶运算，人的操作活动适宜的放大率为 1∶1～4∶1，机器的放大倍数则可达 10 个数量级。

人一般只能完成两阶内的运算，而计算机的运算阶数可达几百阶，甚至更高。机器能量大，能同时完成各种操作，且能保持较高的效率和准确度，不存在单调和疲劳，感受和反应能力较高，抗不利环境能力强，信息传递能力强，记忆速度和保持能力强，可进行长期储存记忆等。

人优于机器的方面有人的可靠性高，能进行归纳、推理和判断，并能形成概念和创造方法，人的某些感官目前优于机器，人的学习、适应和应付突发事件的能力强。

人的情感、意识与个性是人的最大特点，人具有无限的创造性和能动性，这是机器无法比拟的。

2) 人和机器的功能分配

将人和机器特性有机结合起来，可以组成高效、安全的人机系统。例如，将人在紧急情况下处理意外事态和进行维护修理的能力与机器在正常情况下持久工作能力结合起来，可以较好地保障系统的可靠性和安全性。

例如，在载人航天实践中，绕月球飞行中全自动飞行的成功率为 22%，人参与飞行的成功率为 70%，人承担维修任务的飞行成功率可达到 93% 以上，具有高智能的人和最先进的机器相结合的人机环境系统最有发展前途。

在实际应用中，并不是简单地把人和机器联系在一起，就算解决了人机功能分配问题。哪些功能由人来完成，哪些功能由机器来完成，必须进行具体的分析和研究。

为了充分发挥人与机器各自的优点，让人和机器合理地分配工作任务，实现安全高效的生产，应根据人与机器功能特征的不同，进行人和机器的功能分配。其具体的分配原则如下所述。

(1) 利用人的有利条件。①能判断被干扰阻碍的信息；②能归纳多种输入信息；③对于发生频率低的事态，在判断时，人的适应性好；④能解决需要归纳推理的问题；⑤对意外发生的事态能预知、探讨。

(2) 利用机器的有利条件。①对决定的工作能反复计算，能储存大量的信息资料；

②迅速地给予很大的物理力；③整理大量的数据，分析图表；④受环境限制，由人来完成有危险或易犯错误的作业；⑤需要调整操作速度；⑥对操纵器需要精密地施加力；⑦需要施加长时间的力时，用机器好。

　　概括地说，在进行人机功能分配时，应该考虑人的准确度、体力、动作的速度及知觉能力四个方面的基本界限，同时考虑机器的性能、维持能力、正常动作能力、判断能力及成本四个方面的基本界限。

　　人员适合从事要求智力、视力、听力、综合判断力、应变能力及反应能力较高的工作，机器适于承担功率大、速度快、重复性作业及持续作业的任务。应该注意，即使是高度自动化的机器，也需要人员来监视其运行情况。此外，在异常情况下需要由人员来操作，以保证安全。

第 3 章

现代民航运输生产系统

3.1 航空运输系统概述

航空运输系统由航空公司、机场和空管三个子系统有机组成，如图 3-1 所示。系统的边界是"机场陆路到达系统"，它有时也被作为航空运输系统的一部分进行处理。航空运输系统同时是社会系统的子系统，它的外部是社会系统的其他部分和气象等自然系统，系统的服务对象是运输需求发生地(需求源)。

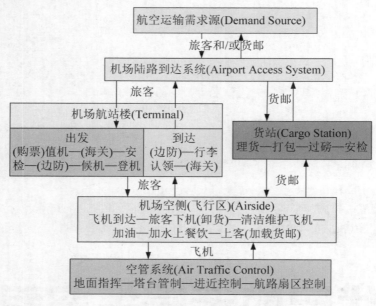

图 3-1　航空运输系统

航空公司是运输生产的主体，是航空运输系统直接面对旅客或货主的最主要部分，旅客的不满几乎全部撒向航空公司，即使延误是由恶劣天气或飞机流量管理造成的，也会造成旅客对航空公司的抱怨。

旅客通过与航空公司接触的界面感受航空公司的服务质量，包括机票销售、航站楼服务和机上服务等，但航空公司的服务质量取决于服务链上的每个环节，从机队规划(机型的选择)、航线规划、航班计划、机务维修到运行控制，甚至为旅客服务的信息系统，处处都体现着航空公司的服务水平和服务质量。

机场公司和空中交通管理局则为航空公司提供生产保障服务，帮助和支持航空公司完成运输生产任务，因此航空公司在航空运输系统内部是机场和空管局的客户。

3.2 航空运输营运要素

航空运输的成功营运除了需要航空器、空勤人员、地勤人员和其他硬件资源以外，还需要软件要素的成功运用，包括航空运输计划、组织和运行，这软件三要素前后相继，又反馈控制，形成了航空运输营运系统的闭合链。

3.2.1　航空运输计划

航空运输计划的主体是航空公司，航空公司将制订好的航班计划提交给相关机场和空管局，机场和空管局在此基础上形成自己的航班计划。但航空公司在设计航班计划时必须与机场当局和空管局沟通、协调，新增的航班还须获得其批准，才能最终形成自己的航班计划。

航班计划可以分为广义和狭义两类，广义航班计划指和航空生产活动相关的一系列生产计划，包括狭义航班计划、飞机维护计划、飞机排班计划、机组排班计划等，它们之间的关系如图 3-2 所示。狭义航班计划指航班频率、班期、航班时刻，以及为定期航班指派机型等决策问题。

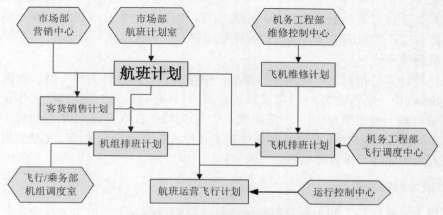

图 3-2　航空公司生产计划关系示意

1)　航班计划

从图 3-2 中可以看出，航班计划是航空公司一切生产活动的基础和核心，客货销售计划和营运飞行计划等其他生产计划都是建立在航班计划的基础上，并为航班计划的顺利实施提供保障。完整的航班计划包括航线、航班、班次、班期、执行航班的机型等基本要素，最后以制定航班时刻表的形式公布。

航班计划的制订过程可以分为两个阶段来完成：航班频率和时刻优化与机型指派问题(Fleet Assignment Problem，FAP)。

航班频率和时刻优化是指在运输需求预测结果的基础上，根据航空公司各航线市场需求在一个周期内的分布、机场时刻资源(Slot)及机队资源，确定合理的航班频率(班次)、班期、航班时刻等，其目的是最大限度地扩大公司在航空运输市场中所占的份额，增加销售收入。

机型指派问题是指根据飞机舱位容量、运营成本、潜在收益及飞机可用性，将具有不同舱位容量的机型指派给各定期航班的问题。不同型号的飞机有不同的飞行性能(如航程、升限、最大起飞全重、爬升能力等)，因此对某一航线来说，并不是所有机型的飞机都适合执行该航线上的航班任务。此外，不同机型对应不同的座舱布局和容量，运营成本也有很大的差别，如 B737－300 型飞机的座位数一般为 144～148 座，直接运营成本在 3 万元～

5 万元/小时，而 A340－200 型飞机的座位数达到 380 座，直接运营成本在 8 万元/小时左右。机型指派的目的是确定航班所使用的最佳机型，即为每一个定期航班指派一种且只有一种飞机机型(并未指定具体的某一架飞机)，从而使收益最大或运营成本最小。

2) 飞机排班计划

飞机排班计划是指在机型指派的基础上，确定每架飞机的飞行任务。飞机排班包括飞机路径问题(Aircraft Routing Problem)和飞机指派问题(Aircraft Assignment Problem)。飞机路径问题是指根据航段时空衔接(满足最小过站时间要求等)、维修要求等约束生成航班串或航班环，一个航班串或航班环对应于一架飞机相应周期的飞行任务。例如，一天航班串(环)为一架飞机一天的飞行任务，三天航班串(环)为一架飞机三天的飞行任务；飞机指派问题，也叫机尾号指派问题(Tail Number Assignment Problem)，是为每一架飞机(用机尾号唯一标识)指定一个合适的航班串(环)，要求覆盖所有的航段，使其收益最大或成本最小。科学的飞机排班不仅有助于航班的安全、正点运行，而且还能提高飞机利用率，便于运行调度和机务维修工作的组织实施，能有效地降低运营及维护成本。

3) 机组排班计划

机组排班计划是指对航班计划中的航班，根据其机型属性，为每个航班指派相应的飞行人员(包括机长、副驾驶等)、乘务员和安全员，以承担航班的飞行和机上作业。也可以说，机组排班指一定周期内(如一个星期或一个月)为每个机组人员(包括驾驶舱、客舱等人员)编排飞行值班计划。由于民航规章还规定了飞行人员的训练和休假，完整的机组排班还包括飞行人员的训练、休假等地面活动的安排。

1. 航班计划相关概念

为了便于本章陈述，利于读者对航班计划讨论的理解，下面给出了几个和航班计划紧密相关的概念。

→ 航线(Route/Air Route)：民航运输飞机的飞行路线称为航空交通线，即航空公司运营的路线，由飞行的起点、经停点、终点、航路等要素组成。航线按起讫地点的归属不同可分为国内航线、地区航线和国际航线。

→ 航班(Flight)：航班指一架飞机在两个城市之间的一次单向飞行；航班包括航班号、航班的出发机场和到达机场、出发时刻和到达时刻等要素。同航线一样，航班资源也是航空公司的宝贵资源。

→ 时隙(Slot)：有时也叫时槽，即航班时刻。在国内通常是指起飞时刻，而在美国，时隙资源也被称为着陆权。它是航空公司特有的资源(特有资源还包括航线经营权、机场设施使用权等)。

→ 航班号(Flight No.)：航班号是为了便于组织运输生产，按一定规律给每个航班编排的一个编号。

→ 航段(Flight Leg)：指完成一次起降所执行的飞行任务，是航班的最小组成单位。国内主要是点到点航班，一个航班只包含一个航班段，如北京—上海；也有一次经停航班，即一个航班包括两个航段，如深圳—南京—沈阳，即深圳至沈阳的航班，在南京经停。

→ 班次(Frequency)：航班频率，指航空公司一天(或一个星期)在同一条航线上有多少个航班。

- → 班期(Shift)：指某一航班在一周中的哪几天执行。
- → 机型(Fleet)：指执行航班所使用的飞机类型，不同的机型有不同的飞行性能(如小时耗油量、航程、升限、最大起飞全重、爬升能力等)，对应不同的飞机座位数、不同座舱布局，运营成本也不相同。
- → 最小过站时间(Minimum Connection Time，MCT)：指从飞机进入机位到下次起飞的必要准备时间，过程包括飞机仪器仪表的检查、添加燃料、旅客下飞机、机舱的清洁整理及旅客登机等。不同的飞机、机场及航班性质(如国内、国际航班)等，最小过站时间会有所不同，国内航班通常是 30～50 分钟，国际航班一般不小于 1 小时。
- → 轮挡时间(Block Time)：滑行飞机在地面停放后，在机轮下放置轮挡，防止飞机运动。当飞机启动发动机准备运动时，地面人员撤去轮挡，从这个时候起计算飞机的运行时间至飞机着陆再次放置轮挡的一段时间，称为轮挡时间，包括飞机的滑行、爬升、飞行、进近、降落、着陆、滑行的整个过程。

2. 航班计划的影响因素

下面从外部和内部两个维度来分析航班计划的影响因素。

第一，外部因素：外部因素主要指市场需求，市场份额，旅客对航班票价、机上服务和航班出发时刻的选择行为，以及其他航空公司在各航线市场上的运力投放等情况，而且这些因素都是动态变化的。

(1) 市场需求状况：包括有关空运市场的旅客、货物的流量和流向，本航空公司占有该市场的份额。

(2) 有关地区的政治、经济和文化活动情况：包括该地区的工农业生产情况，产、供销关系的发展变化情况，重要的政治经济、文化活动情况等。

(3) 同业竞争和替代性竞争：其他航空公司的生产经营情况及策略等；其他运输方式技术和市场发展，如高速公路的规划与建设、火车的提速、高铁建设等。

(4) 相关机场的情况：包括跑道的长度和宽度、通信导航设施的先进程度、气象条件、旅客航站楼或货运仓库高峰小时生产保障能力等。

第二，内部因素：内部因素指航空公司自身对航班计划影响的因素。

(1) 运力，即航空公司各机型可用飞机数量及其飞机利用率。航班计划需要飞机去执行，飞机是否够用，是否适用，将直接影响航班计划的实施。

(2) 获得的机场时隙(Slot)等资源。航班计划要优化配置这些资源，有效地降低运行成本，既要保证航班计划的可操作性，又要保障经济有效性。

(3) 飞机维修和维护计划。为保障飞行安全，航班计划必须保证飞机维修计划的执行。

(4) 航空公司现有人力、财力、物力情况。人力资源是航空公司的宝贵资源，特别是航空专业相关人员，如飞行员、乘务员、安全员等机组相关人员以及飞机维修人员等。

(5) 航空公司战略目标。航班计划应贯彻落实公司的战略目标，战略目标和规划是制订航班计划的准绳。

3. 航班计划的内容

航空运输生产飞行包括正班飞行、加班飞行、专机飞行、包机飞行和其他飞行五种类型的飞行。其中，正班飞行是一种最主要的运输飞行，它每年完成的任务量占全部运输飞行任务量的 90%以上。航班计划的制订就是确定正班飞行的航线、机型、班次、航班号、班期和航班时刻等。

确定航线一般从以下两方面来考虑，一是调整原有航线，二是开辟新航线。

确定航班频率。每周班次的确定应根据运量、运力、机型和经济效益等因素来安排。

国内航班的编号由航空公司二字英文代码加 4 位阿拉伯数字组成，航空公司代码由民航局规定公布；后面的 4 位数字第一位表示航空公司基地所在地区，第二位表示该航班终点站所在地区(1 为华北，2 为西北，3 为华中，4 为西南，5 为华东，6 为东北等)，第三和第四位数字表示航班编号(顺序号)，单数表示去程航班(由飞机基地出发的航班)，双数则表示回程航班(返回基地的航班)。例如，MU5305，上海－广州航班，MU 为东方航空公司代码，5 代表上海所在的华东地区，3 代表广州所在的华南地区，05 为序号，单数表示去程航班。

国际航班的编号由航空公司二字英文代码加三位阿拉伯数字组成。第一位数字表示航空公司，后两位表示航班序号，单数为去程，双数为回程。例如，CA982，表示由中国国际航空公司承运的纽约－北京的回程航班。

因此，从相同起点站沿不同航线出发的航班的航班号不同，同一航线上两家航空公司将有不同的航班号，相同航线上同一航空公司不同航班的航班号也不同。

3.2.2 航空运输组织

有了运输计划，必须建立有效的运输组织才能使运行有章可循，按程序流动。机场是组织航空运输生产的重要场所。在这里，飞机起飞、着陆、停放；旅客下机、领取托运行李，办理乘机手续、候机和登机及转机；到达的货物在这里卸下和转运，离港的货物在这里分理、打包、装箱和装机。这里一片繁忙景象，人来客往，车辆穿梭，如果没有高效的组织，很难想象这里的运输生产可以有条不紊地进行。

如图 3-3 所示是机场子系统的旅客进出港流程图。机场陆路到达系统由陆路交通系统和机场停车场、车站和道边系统构成，陆路交通系统可能是机场高速、机场轻轨、机场地铁；机场高速的交通工具可能是出租车、公交车、机场巴士、团队客车和私家车，公交车需要设立车站；出租车到达机场后只能在航站楼前短暂停车，下客后即离开，应当为它们设置道边系统；私家车和团队车下客后一般需要停车，应当为它们建设停车场。因此，应当对机场高速的车辆结构和数量进行调研、预测和评估，为规划停车场面积、道边长度和宽度及公交车车站提供依据。

对于出发旅客，机场陆侧指从值机大厅入口到登机口(又叫闸口)的部分，其间提供的服务有值机、安检、候机、登机等，对于国际旅客还必须提供海关、边防检查等服务；对于到达旅客，机场陆侧指从旅客到达入口到迎客厅出口的部分，其间提供的服务主要是行李认领和迎客，对于国际到达旅客，还提供边防、海关和动植物检验等服务；对于中转的旅客，是指航站楼中办理换取登机牌和提供中转候机服务的部分。有些陆侧的服务(主要是值机)可以前移至城市航站楼、火车站、机场到达交通工具上，以方便旅客，因此也可将陆路交通系统归入机场陆侧系统。现在也有网上值机系统，在航站楼值机大厅还设有自助式值机系统，以方便旅客值机。

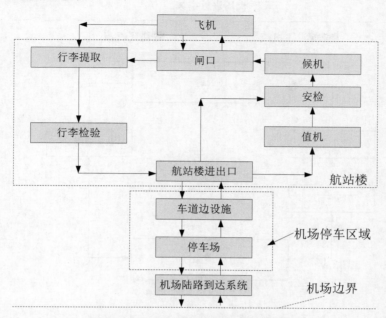

图 3-3　机场子系统旅客进出港作业流程

机场可分为陆侧(Landside)和空侧(Airside)两部分。航站楼和地面到达系统组成陆侧部分，是旅客转换交通模式的地方；跑道、滑行道和停机坪组成空侧部分(亦称飞行区)，是飞机活动的场所，有时也把终端区甚至进近区域(Terminal Area)划归机场空侧部分。机场组成的示意图如图 3-4 所示。

旅客运输从旅客到达航站楼入口处开始，国内航班旅客通过值机和安检，即可进入候机厅候机，航班出发前 20 分钟左右开始登机；国际旅客则除了值机和安检外，还需要办理出关手续(包括海关申报、检验检疫和边防检查)。到达目的地机场后，国内航班旅客下机到行李认领厅领取行李，然后转乘陆路交通离开机场；国际航班旅客还必须办理入关手续，首先通过边防检查，然后领取行李，接受卫生检验检疫和海关申报后，转乘陆路交通离开机场。

出发货邮到达机场后首先在陆侧进入货站，对货物进行分理、装箱、打包、过磅、安检等服务，然后使用机场平板车进入停机坪装机。到达货邮到达机场后首先卸机，然后通过场面运输进入货站，进行分理后，再通过机场陆路到达系统运输到最终目的地。如果是国际出发/到达货邮，还必须通过海关和动植物检疫检验后放行才能出/入关。中转行李需要通过自动化分拣设备或人工分拣，然后准确转运到各出发飞机上。

因此，除了运输途中飞行以外，航空客货运输生产都在机场完成，运输生产的效率主要体现为机场生产组织的效率。

1. 繁忙机场和航班延误问题

首先，定义机场容量：机场容量指机场单位时间的生产能力，即在不同的功能区单位时间服务的旅客数、飞机数和行李数等。

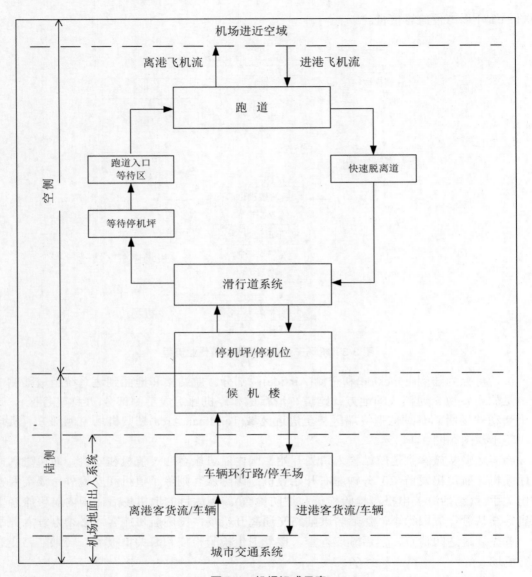

图 3-4　机场组成示意

　　机场功能设施理论可达到的最大流量叫作极限容量。在繁忙机场，常常由于容量不足而导致飞机排队等待起飞和降落；旅客排着长队等待值机、安检、领取行李。当航班不能正点起飞时，便产生航班延误。航班延误大小是指实际出发时间与计划出发时间的差值，尽管航班延误的原因有多种，但机场容量不足是重要原因。如果因航空公司的机务或机组原因造成了航班延误，只会影响一个航班；如果机场容量不足，则将造成大面积航班延误。

　　一般来说，当交通需求超出机场容量时，航班延误定将发生。如果使用平均需求来进行衡量，要特别注意：即使平均需求小于机场容量，航班延误也可能发生。这是因为尽管平均需求不超过机场容量，但瞬时需求(即峰值需求)可能会超过(甚至大大超过)机场容量，造成一段时间内的航班拥堵和延误。

可见交通需求的规模及其分布对航班延误有重要影响。在交通需求不变的条件下，增加机场容量能减少延误。机场容量与交通需求及航班延误之间的关系常可作为确定机场容量的有用方法，如图 3-5 所示。极限容量在生产实际中是达不到的。随着交通需求的增加，航班延误开始缓慢增长，当交通需求增加到某种水平时，航班延误增长加快，当生产流量接近极限容量时延误将趋于无穷大。对应于允许最大延误的交通需求量定义为实际容量。延误的增加与流量的增长呈非线性关系。

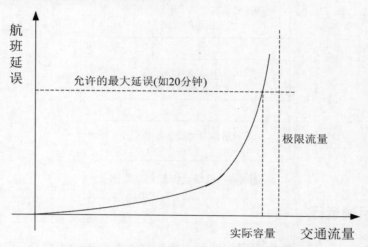

图 3-5 机场容量、交通需求和航班延误关系图

2. 机场运行规划及其意义

机场可以分为陆路到达系统、航站楼系统和飞行区系统，航站楼系统的旅客流程又可以分成处理器、容器和连接器三种功能设施。值机柜台、安检通道、边检通道和登机门等是处理器，旅客在每个处理器处接受服务时，可能需要排队等待，所以一般每个处理器处都配有容器，以容纳等待的旅客，两个处理器之间设计有通道。飞行区又可分为跑道系统、滑行道系统和停机坪三个功能设施，飞行区的功能是为飞机运行服务而建设的。

机场运行规划是指为机场的生产运行所制订的计划和规则，包括生产流程的设计和分析、生产资源的配置，以及生产调度计划的制订等内容。

在制定机场运行规划时，需要分析机场系统各子系统、各功能实施的容量和效率。容量是生产能力的体现，效率是管理水平的体现。通过运行规划，可以帮助机场管理者掌握生产组织的各种关系，提高服务水平和改善机场运行质量。

ICAO 推荐了机场规划基本步骤，如图 3-6 所示。由图可以看出，容量评估是机场规划的第一步，其基础性作用在于机场规划人员不仅需要正确分析现有容量水平和容量瓶颈环节，找准生产流程需要改进甚至改造的地方，提出改造方案，还要掌握未来交通流量需求下的机场容量水平。在这一过程中，交通需求可不断反馈到机场容量的规划中，影响容量规划的制定和修订。

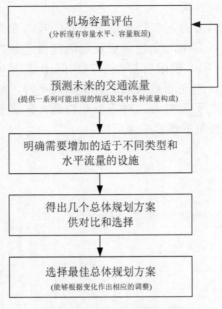

图 3-6　机场运行规划流程图

3.2.3　航空运输运行

有了航空运输计划和运输生产组织体系，接下来是航空运输生产运行。

航空运输运行包括航空公司运行、机场运行和空中交通管理三部分。航空公司的运行控制中心是负责生产运行的控制部门，在这里集中了市场部门、机务部门、飞行和客舱部门、地面服务部门的代表，以及航行情报、性能工程和飞行签派的专家。运输生产在这里组织实施，生产状态在这里进行监控。生产发生一般性问题，由运控中心领导与有关部门代表协商解决。这里还有公司的值班领导，生产运行一旦发生重大问题，由公司领导牵头，各部门代表会商解决，必要时须与机场运行指挥中心以及空管部门协商解决。

负责机场生产运行的部门是机场运行指挥中心，其职责是调配机场的生产资源，保障机场正常和安全生产。这里集中着最先进的监控设备和生产管理信息系统、服务信息系统，生产现场的情形在这里一目了然，监控人员随时可以和生产部门进行联系，解决发生的问题。这里也是机场与航空公司和空管部门进行协调、解决问题的部门。

空管部门根据航班计划和跑道容量、空域容量等对空中交通流量进行管理，保障飞机安全有序飞行。管制区域通常分为塔台管制区、进近管制区和区域管制区，分别由塔台管制员、进近管制员和区域管制员管理。管制员主要和飞行员发生联系，以达到指挥飞机飞行的目的，必要时还会与航空公司运控中心、机场监控中心进行联系。根据自己管制的扇区容量和扇区内飞机流量情况，管制员可以决定飞机通过某定位点的顺序，以及同一航路上前后两架飞机的间隔，保障飞机的安全飞行。

中国民航的航空运输生产运行是以航空公司为核心的，如图 3-7 所示，民航管理局为航空公司提供运行合格审定、颁布人员执照、进行运营监察等服务；空中交通管理部门(ATC)为航空公司提供飞行计划的申请、飞行中的安全间隔、航行情报、航空气象、通信导航等服务；机场当局为航空公司提供场面运行、场道、助航灯光、候机、登机、安检等服务，航空油料公司为航空公司提供航空燃油服务，航材公司为航空公司提供必需的各类航空器材等。民航局对于航空器的运行控制，如图 3-8 所示。

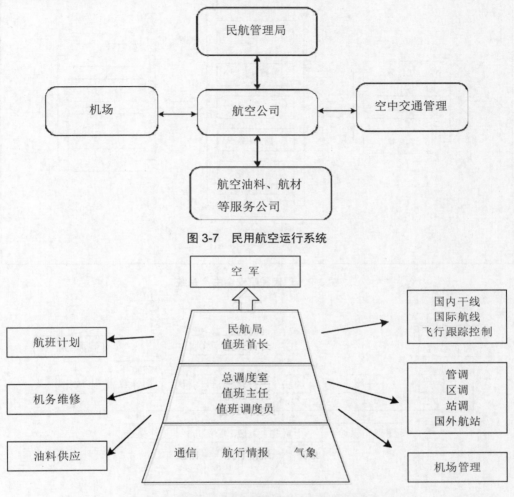

图 3-7　民用航空运行系统

图 3-8　中国民航局航空器运行控制系统示意

图 3-8 和图 3-9 关系图仅是一种粗线条的简单描述，如果仔细分析，每个层次每个要素也是民用航空生产系统中的一个子系统，各子系统中还有更多的要素。这些要素相互配合、互相协调，共同保障飞行安全，生产正常运行。缺少任何一个层次和要素，都会削弱民用航空的保障安全能力和生产能力。

民航现代安全生产系统的整体结构是纵向的、多层次的，把上图中各部门细化可以得到图 3-10。第一层次是构成飞行安全生产的最直接的要素：飞行员、航空器(飞机)、客货邮。第二个层次是安全生产的保障要素。第三个层次是信息，通过信息的传递，相互沟通飞行计划、动态和其他要素的信息，使其串成一个整体的大系统。第四个层次包括人劳、教育、科研等，这些要素并不直接构成安全生产能力，但是它可以使安全生产的各种要素，包括人、机、环境等保持在最佳状态，充分发挥其效用和功能。

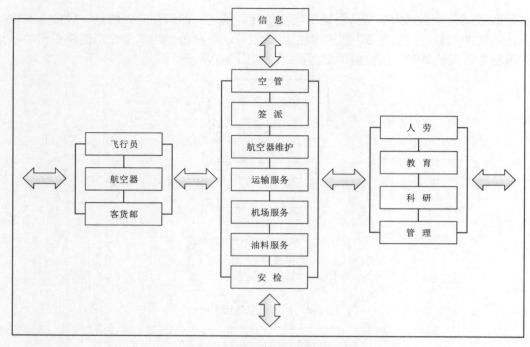

图 3-9　现代民航安全生产系统

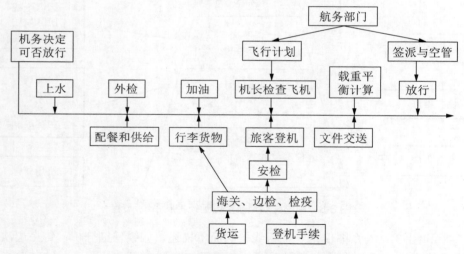

图 3-10　民航现代安全生产系统整体结构

3.3　航 空 公 司

3.3.1　典型航空公司的组织机构

　　我国航空运输企业主要的任务就是贯彻党中央和国务院，以及国务院国有资产监督管理委员会、国家民航局的一系列方针、政策，保证企业的不断发展和对社会经济发展的促进，最大限度地满足国内国际经济、旅游的发展对航空运输业的需求，以确立在国际航空运输市场的强有力竞争地位。

　　相比之下，欧美航空公司比我国航空公司的历史要长一些，管理水平更高，因此，我国航空公司组织管理模式基本框架借鉴了欧美组织机构的成功经验。我国的航空公司其运行组织结构都各不相同，但是认识到我国的飞行运行管理与国际上发达国家和地区航空运输运行管理上的差距，为了满足我国航空公司对安全、优质、高效和经济的更高要求，我国三大航空集团自 20 世纪 90 年代中期就着手改革航空公司的运行管理体制，现在基本上已经具备了这样的或类似的结构，而大部分中小型的航空公司、地方航空公司也正向该系统组织过渡。

　　航空公司典型的组织管理模式的基本框架，如图 3-11 所示。

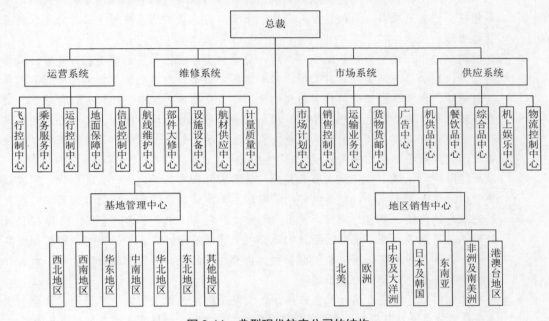

图 3-11　典型现代航空公司的结构

1. 决策层

　　(1) 董事长办公室是董事长的办事机构，负责董事会和董事长的日常事务，秘书局负责处理董事会和董事长的日常事务；股东局负责处理股东咨询、查询事务，负责接待股东来访；关系室负责处理对外关系、对外联系和政府联系事务；研究室负责经营战略、经营决策的研究管理，负责政策咨询与经济、金融、科技、航空、企管、商务、航务、机务等方面的课题研究与管理。

　　(2) 咨询委员会是总裁的智囊团，由政府代表、经济金融界权威人士、教授学者、企管专家、民航局代表、航空界权威人士等组成。其中外部委员应占 2/3 以上，因为外部委员大都知识渊博、见多识广、消息灵通，具有很高的决策、专业水平和提出问题的敏锐洞察力；况且又不在企业任职，观察、解决问题的立场更为公正、客观，从而在进行经营决策时站得更高、看得更远，可以有效地提高决策的科学性、准确性和稳定性。

2. 执行层

执行层由四大系统(运营系统、维修系统、市场系统、供应系统)和两大中心(基地管理中心、地区销售中心)组成，具体负责日常航班生产的指挥活动。

(1) 运营系统将日常航班生产经营体系中几乎所有涉及航班生产的各个部门全部纳入其中，以便切实提高运营效率和效果。运营系统下设下述各职能机构。

→ 飞行控制中心。该中心是飞行操作系统。负责执行国际、国内航班，专机、包机的机组任务；负责机组人员的组织、调配；负责飞行人员的安全、技术管理与改装训练管理。

→ 乘务服务中心。该中心是空中服务系统。负责执行国际、国内航班，专机、包机的乘务组任务；负责乘务人员的组织、调配；负责乘务人员的服务质量、客舱应急设备与业务管理。

→ 运行控制中心。该中心是签派指挥系统。负责进出港航班飞机的调度签派管理；负责进出港飞机的机坪地面指挥与航班正常率管理；负责进出港航班飞机的综合服务质量监督管理；负责事件调查与旅客投诉的处理；负责国内外航空公司航务代理管理；负责航班信息、通信业务、航行情报、飞机性能、导航数据库的管理；负责外国政府、航空公司和企业商务飞行的航务代理；负责国际国内航班航线的申请与航班时刻协调管理；负责驻场单位的协调管理。

→ 地面保障中心。该中心是地面服务系统。负责国际国内旅客运输、货邮运输、机票销售管理；负责地面服务、货物装卸的管理；负责运输载重平衡、货物运价管理；负责航班信息的收集、整理、分析、发布；负责行李查询、服务咨询的管理；负责 VIP 及航班不正常服务管理；负责国际国内航班机上清洁管理；负责与航班有关的延伸服务管理；负责外国航空公司地面代理管理；负责外国航空公司民航雇员的管理；负责外国政府和企业商务飞行的地面代理。

→ 信息控制中心。该中心是计算机系统。负责整个航空公司系统的信息管理、处理和服务；负责软件开发与应用；负责软件开发、维护升级和运行保障的建立、规划与使用。

(2) 维修系统是飞机维护系统。负责各类机型的维修维护、定检、大修，承担其他航空公司委托代理的各种飞机的维修。维修系统下设下述各职能机构。

→ 航线维护中心。该中心主要负责国际、国内航班飞机的航前、航后日常维护管理；负责外站机务维修管理。

→ 部件大修中心。该中心主要负责飞机部件、发动机的定检、换发、大修管理。

→ 设施设备中心。该中心主要负责各种维修、维护设备设施的制造、改装、修理。

→ 航材供应中心。该中心主要负责飞机航空器材的订购、供应、仓储管理。

→ 计量质量中心。该中心主要负责设备、器材的计量检测、管理，维护质量的控制管理。

(3) 市场系统是航班销售与服务系统。负责航空运输市场的营销管理，负责广告管理，负责货运管理。下设下述各职能机构。

→ 市场计划中心。该中心主要负责国际国内航空运输市场的开发、拓展；负责销售网络的规划、实施和航班计划管理。

- 销售控制中心。该中心主要负责国际国内航班机票销售控制管理；负责国内外地区销售管理。
- 运输业务中心。该中心主要负责国际国内客货运输业务、机票运价管理；负责客货运代理人的管理。
- 货运货邮中心。该中心主要负责国际国内货物运输和邮件运输管理业务、货邮运价管理。
- 广告中心。该中心主要负责对外媒体的广告策划、投放、监制；负责对外形象的广告宣传；负责国内外各类展览会、博览会的策划、实施及公共关系活动，包括新闻发布会、记者招待会和公益活动。

(4) 供应系统是采购与配置系统。它将除航材以外的采购、供应、配置活动集中统一管理。下设下述各职能机构。

- 机供品中心。该中心主要负责机上供应品(包括餐用具、装饰具、杯子、毛巾等)、礼品、免税品的采购、供应、配置与配发管理。
- 餐饮品中心。该中心主要负责机上餐食、饮料、酒类、小吃食品等的采购、供应、配置与配发管理。
- 综合品中心。该中心主要负责服装、航空油料、设施设备、生产资料等物资的采购、供应、配置与配发管理。
- 机上娱乐中心。该中心主要负责机上娱乐系统(音乐、影视、报刊)的管理，按照国际航空娱乐协会和国家音像管理部门的规定、要求负责包括音像节目的采购、制作拷贝、配置及设备维护。
- 物流控制中心。该中心主要负责机供品、餐饮品、综合品和机上娱乐系统所有物品的保管、运输、收发和仓储等物流控制管理。

(5) 基地管理中心是遍及全国各地的分子公司管理系统。它把过去原有的分子公司和国内营业部进行重新编排，按照重点地区进行划分管理。国内营业部不再单独作业，全部并入基地管理系统。统一负责本地区内航空运输业务的管理；负责空勤机组、乘务组的管理；负责客运、货运、服务、机票销售管理；负责飞机维护、定检管理；负责航班签派、航线申请管理。我国基地管理中心一般按区域设有华东、华北、中南、西南、西北、东北，或者北京、上海、广州、深圳基地管理中心。

(6) 地区销售中心。该中心是国际及我国港、澳、台地区办事处系统。它把原有的国外办事处按照地理位置和客货运输量进行整合。统一负责所辖地区的客货运输业务。我国地区销售中心一般设有日本及韩国、东南亚、中东及大洋洲、北美、欧洲、非洲及南美洲、港澳台地区销售中心。

3. 职能层

职能层由四大总部组成，设置十分简捷。该四大总部是总部的职能管理部门，协助总裁进行公司的经营管理。

(1) 行政总部，主要有总裁办公室、综合管理部。

总裁办公室主要负责日常事务、文秘、档案管理；专包机任务管理；护照与签证管理；协调政府、企业间和驻场海关、边防、机场当局、空管、航油、安检等有关单位的关系。

综合管理部负责行政、基本建设、车辆设备、总务和房屋、物业管理。

(2) 管理总部，主要有企管研发部、财务结算部。

企管研发部负责经营战略、经营决策研究管理，负责中长期规划、计划管理，机队规划与引进管理，经济活动分析与计划统计管理，负责运输服务质量管理；企业形象与标志的设计、策划、监制、督导；负责经济指标考核管理，负责整个系统的信息反馈、监督控制管理，负责业务流程规章管理与标准化、规范化、程序化管理。

财务结算部负责国际国内票务收入与结算管理；负责财务政策、法规管理与投资管理；负责财务计划、预决算、经济活动分析管理；负责融资租赁与外汇管理。

(3) 技术总部，主要有飞行安全部、机务工程部。

飞行安全部负责飞行专业管理与安全监察管理，负责飞行技术与天气标准放飞管理，负责航务与技术引进管理，负责空防安全管理。

机务工程部负责机务专业管理与安全管理，负责机务专业技术与放行标准管理，负责机务与飞机设备设施引进与技术改造管理。

(4) 人事总部，主要有人力资源部、教育培训部。

人力资源部主要负责劳动工资、劳动保险的管理；负责定员定编、技术职称的管理；负责组织人事、组织机构管理；负责人才资源、人才开发管理；负责工资总额、奖励基金、福利基金的管理。

教育培训部主要负责飞行、乘务、机务、商务专业培训；负责干部职工培训、经理进修培训；负责飞行员、乘务员模拟舱培训管理。

3.3.2 航空公司运行的组织与实施

1. 航空公司运行中心

航空公司运行中心即 AOC，由航空公司有关人员、设备设施、规章和程序组成，它可以是一个独立的部门，也可以依据公司的规模由几个不同的部门组成，它是公司总裁的全天候运行授权的代表，是公司组织和实施飞行的指挥中心，是每时每刻协调、控制公司航班运行的职能部门，是集中、迅速处理不正常及紧急事件的决策和发布机构，它的有效工作程序、运行管理规则和信息处理方法，能保证及时有效地行使运行控制的责任。

在具备良好的内部和外部通信的环境条件下，AOC 中的各职能代表作为一个团队，共同工作，作出指挥航空公司日常飞行运行的最佳决策。

2. AOC 的功能

AOC 是航空公司的一个机构，它依据中国民用航空规章的规定和公司管理的一般目的和目标，遵循标准化的程序和手册，对公司日常计划的实施作出最有效的指挥决策。它是公司运行的决策中心。

AOC 的功能必须满足航空公司下列主要要求。

(1) 安全(最重要)。安全是航空公司在有关飞行运行实施和决策各个方面中的首要考虑。周密的计划、充分的支持和标准化操作能创造良好的运行环境，提高 AOC 团队和航空公司的自信心、精确度和可预见性。

(2) 舒适(服务)。航空公司应关心和尊重他们的旅客,当旅客乘坐他们的飞机时,运行决策应努力超出旅客的期望值,提供一个舒适、安全的环境,实现优质服务。

(3) 正常(服务)。准时起降确保日常运行的顺利进行,准点运行也能减少诸如耽搁和旅客吃住的费用。具体内容包括下述各点。①协调起飞前的活动,便于飞机准时起飞。②对地面运行作出计划安排,减少地面滞留时间。③跟踪航路运行,减少滞后和突发事件。

(4) 经济(效益)。在不影响安全、舒适和运行要求的前提下,航空公司的飞行设备和资源应尽可能地实现最佳的成本运作。可能会牺牲个别航班的经济性以获得航空公司整体的经济效益。

3. AOC 的结构

AOC 是一个运行机构,它的组成包括各职能部门的代表。

通信是现代化 AOC 的基础。AOC 是航空公司内部和外部运行的通信中心。当航空公司的运行计划需要调整或作出决定时,必须由 AOC 完成,以维护航空公司整个系统的完整性。由于 AOC 是通信流程的中心,基于完整和精确的通信,它能为航空公司作出更好的决定。

飞行签派是现代化 AOC 的核心。AOC 中的飞行签派员和区域经理与机长作为一个团队,一起作出运行和经济性的决定。

AOC 内的其他职能部门是支持飞行签派的外围团队。

在某些情况下,决策权可以委托给 AOC 以外的人员,但 AOC 仍然对影响系统运行的所有决定向高级管理层负责。AOC 是航空公司运行的“大脑”,同时也是责任中心。

AOC 必须不断地发展和提高航空公司的运行效率。在外部,要通过提高通信能力,改善与飞行机组、空中交通管制和机场当局的关系来实现;在内部,要通过 AOC 所有岗位紧密的团队协作来实现。

4. AOC 的运行原则和目标

AOC 中的所有职能代表作为一个团队共同工作,作出执行航空公司日常飞行运行的最佳决策。AOC 的运行应遵循下列三个主要原则。

1) 团队协作

与日常飞行运行相关的各部门的代表组成一个具有综合职能的团队,他们共享信息并作出决策,以满足公司安全、经济的运行和旅客的需求。

2) 减少环节

明确岗位和职责分工,减少组织机构层次,尽量由较低层次从整个系统的角度出发作出运行决策。

3) 系统支持

根据工作职能和人类工程学的要求,将工作机构设置在一起,并配以适当的技术和通信工具,用于保证运行的实施。

5. AOC 运行的目标

安全、高效、不正常运行的管理和为客户提供优质服务。实现目标的运行原则如下所述。

(1) 迅速获取所有需要的情报资料。

(2) 保证所有运行管理的一致性(包括正常和不正常的运行)。

(3) 更有效地利用资源。

(4) 促进和鼓励所有 AOC 内部各部门和岗位之间的联系和协调。

(5) 促进和鼓励与 ATC、机场运行，以及其他外部管理机构的沟通和协调。

(6) 提供准确和及时的情报资料。

(7) 办公地点设置在一起，加强了 AOC 所代表的各部门的沟通和协调。

(8) 不断学习以提高业务技能。

(9) 对有关人员在政策、程序和技术方面进行充分的训练。

(10) 建立连续学习和反馈制度以提高业务技能。

3.3.3 飞行运行控制系统

飞行运行控制(FOC)是一个商业化航空公司的重要组织部门，它由最高管理阶层授权，负责管理航空公司每天运行中所遇到的、任何潜在影响航空公司的安全、效益、成本的因素。

1. FOC 功能部门

1) FOC 管理部门

FOC 管理部门(一般更多地指中心经理或值班经理)是由 FOC 机构中的高层人员组成的，他们每个人都具有能够检查全部的运行、预料可能影响整个运行的事件，以及解决任何运行问题的丰富经验。

2) 运行协调

运行协调是一个受命于中心经理而组成的部门。这个运行协调部门主要实施航空公司非正常运行的计划，负责在 FOC 各功能部门、机务维修、机场运行，也包括外站之间的修改了的计划的联系。

3) 飞行签派

飞行签派部门由与机长共同负责每个航班的安全运行和旅客安全的签派员组成。特别是签派员要为所有航班准备飞行计划，监控每一个航班的进程，签派员也要负责在准备飞行计划时执行公司和民航当局方面的所有规定。

4) 气象

气象部门由经过培训的专业气象人员组成，他们负责监控全世界范围内的天气状况，并向签派员、飞行机组、机场和 FOC 各功能部门，如向运行人员提供最新的气象信息并报警。气象部门也需要维护 FOC 完整的气象数据库，以保证签派员在制订每个飞行计划时使用及时准确的气象数据。

5) 机组排班及跟踪

机组排班及跟踪部门由负责为每个航班分配有资格的机组的人员组成。这个部门要协调机组计划，并对非正常运行作重新调配，以及按照需要再安排机组。

6)　载重和平衡计划

载重和平衡计划部门的人员负责为所有航班在旅客人数、行李、货品、邮件、燃油和天气状况的基础上制订载重计划。制订载重计划的人员要为每个航班优化业载和燃油、计算重量并配平。虽然这个功能可在离港航站完成，但很多航空公司利用在集中的 FOC 里的自动化系统来完成此项功能。

2. FOC 业务流程

一个航空公司的 FOC 首要的业务流程是，在公司诸多内部的机构与外部的机构之间进行联系和协调，以适应外部的各种变化，确保航空公司的安全、高效、低成本。FOC 的成功依赖于基本业务流程的高效率和管理。

通过 FOC 来管理航空公司的基本方法是执行航班计划。如果航班计划是内部连续的，并且已经分配了足够的资源运行航班，没有任何的中断，则运行控制就是一种非常日常的工作。

但无论如何，在航空公司内部系统中不可避免地会因本地资源短缺而发生混乱，这些混乱就需要有正确的行动，以避免不能接受的航班延误或取消。一个 FOC 通常不能阻止混乱，但能使其对运行的影响减至最小。

天气状况、空管、设施问题和航空器故障都是造成 FOC 运行计划混乱的典型事件，在这些混乱的事件中，业务流程和系统的有效实施将决定一个航空公司是如何处理这些事件，以及从这些事件中恢复。

一旦运行控制部门决定哪一个航班即将运行，FOC 的业务职责就转向较低层次的任务计划和各个航班的签派，系统将确保一个航班的各部分工作(如飞行计划、配载计划、一个合格的机组)有机地结合在一起，使航班尽可能地按照公布的班期起飞和到达。

在通常的一天里运行控制会被来自外部的、FOC 无法控制的混乱事件打乱计划和将航班搞得复杂化，在非正常的运行中，计划和工作程序将进一步被重点检验，FOC 人员必须对混乱进行进一步行动，无论混乱影响有多大，都要尽可能保持航空公司运作顺畅。

3. FOC 系统

使用一套集成化的系统来支持 FOC 的业务流程，对于航空公司实现其运行目标是非常重要的。以下提到的各职能部门需要一些关键系统的支持，每个系统支持一个 FOC 的主要流程。

1)　动态控制

动态控制系统是最关键的系统，可使航空公司跟踪所有的飞机动态更便利。一个先进的飞机运行控制系统(动态控制系统)可为 FOC 工作人员提供全部运行状态，识别宏观和微观的业务方案和提供先进的决策支持。动态控制系统能够提供信息序列分析能力，以识别和评估运行中的各方案的优劣。

动态控制系统最重要的业务是为飞行签派员提供管理、控制和监控飞机动态的能力。

动态控制系统关键的业务是制订有关运行信息的中央信息源，包括最初的航班计划、设备数据、机场数据、最新的飞机动态信息、旅客人数和运行限制。系统也要监控飞机动态，如飞机状态和时间，以确保全部航班的实际执行与计划协调一致，尤其包括延误、取消等特殊情况。

动态控制系统是在一个完整的系统结构下的一个开放的系统，并与其他的 FOC 系统集成在一起，此外，系统必须可靠，并要考虑到未来航空公司的成长而具有可扩容性和可维护能力。

动态控制的职能在航空公司的 FOC 中具有重要的作用，它是神经中心，可以作出很多运行决定。一个有效的动态控制系统可提供以下效益。

→ 改进对飞机在地面和空中运行的控制。

→ 为主要的运行信息提供集中的存储。

→ 提高问题的解决能力——监控、发现、评估、实施，并在实时的图形显示中得到最好的体现。

→ 与其他的运行系统集成在一起，包括航班计划、飞行计划、载重计划和机组管理。

→ 产生机尾号，并能自动发送到其他有关部门。

→ 为了更大的扩容性和可靠性，可使用先进的服务器和面向目标的编程技术。

→ 包括系统和数据的安全措施，以确保只有经过培训和被授权的用户可以更新和改变运行数据。

2) 飞行计划/气象

此系统制作并传送所执行的每个航班的技术上的飞行计划。系统需要为签派员在给每个航班及时制作飞行计划时，提供相关的功能、灵活性、安全性和处理能力，该系统也必须能够提取制作一个安全、有效的飞行计划所需的必要的气象信息。

飞行计划系统应协助签派员制作包括所需的燃油、重量限制、放行信息所安排的机组名单、航行通告(NOTAM)、巡航数据、气象信息和飞机性能信息等在内的飞行计划，此外，还得制作预备飞行计划，以评估各种情况，使签派员能提高工作质量和效率。

该系统提供合法的、安全的、高级的和低成本的飞行计划，并适用行业标准的巡航、气象、飞机性能和航班数据，还可以提供定期、不定期及用户化的输出文件。

飞行计划系统应将 NOTAM、巡航数据、气象信息、飞机性能、机场跑道分析数据和签派员程序等实时数据库结合在一起。签派员所需要的系统的其他部分还有下述各点。

→ 任意的航路和自由飞行功能。

→ 为远程双发运行的 ETOPS 推断。

→ ETP(等时点)和 PNR(无返回点)功能。

→ 航路计划和气候。

→ 优化标准包括超飞行时的费用。

飞行计划系统决定了一个签派员在完成其工作质量和效率中所起的重要作用。一个先进的飞行计划系统可提高签派员的技能，并保证更安全地运行，使用一个有效的飞行计划系统也保证了工作程序、政策更标准化，以设计出节省时间、燃油和机组成本的飞行计划。

很多航空公司在国内航班上都是用固定的飞行计划，使各飞行航路上飞行计划中的燃油都是基于最保守的假设，如业载、气象、空管、航路的风力、温度和高度等，而在大多数航空公司少加一些燃油，而又能安全地、合法地完成任务，或者带一些额外燃油，这些所消耗的燃油都要进入航空公司的直接运行成本。一个有效的飞行计划系统可以为航空公司优化每天、每个航班需要的燃油，从而使航空公司节省燃油，增加利润。

3) 飞行跟踪

飞行跟踪是实时跟踪一个航班的过程。飞行跟踪系统将协助签派员按照所必须遵守的有关航空规定跟踪他们所负责的航班，跟踪他们所选择的航班，运行协调员也能共同使用这个工具来监控所负责航站的航班起飞和到达。

飞行跟踪的工作必须由飞行签派员完成，飞行签派工作需要掌握所负责航班在所有时间的飞机的位置，签派员应与飞机机组一起，通过及时告知飞行机组潜在的危险性或者由于机械故障和天气原因改航的航班，以确保航班的安全。签派员必须能了解、提取以下信息。

- 飞机的位置。
- 掌握每个航班在航路的进程。
- 计划和备降机场的位置。
- 备选航路。
- 在飞行紧急情况下机场跑道的最大长度。
- 空管部门的进出港的流量控制。
- 飞机预计到达下一个位置点的时间。

飞行签派员通过跟踪多个航班和不断观察所更新的航班数据信息，将大大提高其工作效率，系统将多个信息集成在一个图形显示中，从而可以快速了解相关的、最接近的飞行状况，此外，运作协调员还可以使用同样的功能看到一个航站航班起飞、到达和衔接情况。

使用飞行跟踪系统还可以提高航空公司的安全性。签派员可以快速地对天气及其他飞行条件的变化作出反应和协助，在飞行跟踪中作出快速反应，可节省飞机和机组的时间，并提高旅客的满意度。

4) 载重平衡

该系统是计算飞机载重平衡的关键技术，包括预配载计划和实际配载计算。该系统可与自动化技术结合在一起，提供一个完整、准确和易操作的执行所需重量及平衡的工具，它还可以提供所需要的单据，如加油单、装载报告和舱单，可输出打印并通知机长。

载重计划系统的业务需求是在提高安全和标准的同时，对目前需配载的资源和人员进行最有效的使用。

提供一个重量和平衡的自动化的平衡单，最大限度地利用可用的业载，使燃油消耗最小。与依赖每个配载计划员的经验和知识的手工的配平相比，更准确、更完整。

允许配载计划员对一特定航班进行动态的响应，使航空公司的航班运行更安全，使其旅客更舒适。

现在的许多航空公司有分公司，该系统不仅支持一个集中控制的 FOC 运行，也支持分公司的运行。

一个自动化的配载计划系统其主要益处如下所述。

- 可提供一个自动化的重量和平衡性能数据的标准，以改善准确性使工作程序和流程标准化。
- 支持集中的或远程的载重平衡计划。
- 使业载最大。

↳ 所计划的航班更安全和燃油更经济。

↳ 改善航班正点率。

↳ 增加收入。

5) 机组管理

机组管理是对航空公司的所有航班机组进行排班和跟踪，机组管理系统可以对机组人员作预排计划、实际安排和调整机组计划，以满足目前航班计划的要求，并可作为计划、安排、控制和每天运行的操作工具。

为了满足航空公司业务的需求，一个机组管理系统需要有效地利用航空公司最多的资源、飞行机组和空乘人员，其中机组计划主要业务功能之一就是开发最有效的机组计划，在所有合法使用规定和合同规定都满足的情况下，使机组的利用率最大。另外一个重要功能是机组分配，它应确保最有资格的机组被分配到计划中，并且有足够的机组资源来完成工作。

一旦计划和分配工作完成，就意味着机组控制和跟踪的过程开始。机组控制功能是监控计划的改变和决定影响的机组名单，并通知机组有关他们计划的改变，在航班运行开始后，通过监控每天运行的航班动态和对机组违反规定告警，机组跟踪功能就开始运行了。

机组管理系统为航空公司带来的好处是，在提高安全的同时，它能通过降低机组的成本和提高机组的效率，大大地增加收入。以下是一个成熟机组管理系统的主要益处。

↳ 通过有效的机组配对和花名册降低机组的运行成本。

↳ 负责机组的分配。

↳ 改变机组的工作周期。

↳ 提高机组利用率。

↳ 改善机组排班员的工作质量。

↳ 提高运行可靠性。

↳ 在运行中断时，能够快速制定解决方案。

6) 无线电通信

一个 FOC 需要一套可靠的空中、地面通信系统以保证与航路上的飞机和机组的联系。在一个集中控制的 AOC 环境中，如果是集中控制，一套无线电通信系统将确保航空公司能够抓住这些益处。在一个典型的 AOC 布置中，签派员、运行协调员、配载计划员和运行控制中心经理可以通过无线电系统进行联络，同时在非正常运行中，能够与航班上的机组联系，较方便地作出决策。

7) 数据系统集成

数据系统集成不只是在系统内部，而是一个广泛的工作，需要将 FOC 中各种应用系统和流程的数据进行识别，并在应用系统和外部环境中进行数据传送。

航空公司运行控制的设施资源除了由人员、系统和流程组成外，一个成功的 FOC 的另外两个重要的组成部分是，数据及系统的集成、系统与各个部门有效通信联系的能力。有效的通信联系需要航空公司内部在连续的、高效的方式下，具有与不同系统之间进行共享数据的能力。

数据和系统的集成使各种人员或部门可看到相同的运行状况或问题，这些相同的状况和共享的数据是良好地协调与快速解决问题的关键。航班的签派员、载重计划员和其他关键人员必须确定,他们所发给其他相关人员的信息是最新的、最准确的。

数据和系统的集成必须在建立 FOC 中对每一部分进行集成。外站的运行需要在设计数据和系统集成计划中一起考虑。

3.3.4　航空公司运行合格审定

公共航空运输承运人,为了确保航空器的运行安全、正常和高效,必须制定一系列有关航空器运行的方针、政策、规章制度和标准,并用《运行手册》予以公布。民航当局对航空公司的运行合格审定,主要是对《运行手册》的审定。为此,中国民航局颁布了《大型飞机公共航空运输承运人运行合格审定规则》(CCAR-121FS)。这一规则是航空公司运营的依据,也是航空公司运营的指南。这一规则在制度上对航空公司的运营工作加以制约和指导,确保了公众利益,促进航空公司在制度上的健全,并对航空公司的发展和建设有十分重要的意义。

1. 运行合格审定的适用范围

(1) 适用于在中华人民共和国境内依法设立的航空运营人实施的下列公共航空运输运行。

① 使用最大起飞全重超过 5700 千克的多发飞机实施的定期载客运输飞行。

② 使用旅客座位数超过 30 座或者最大商载超过 3400 千克的多发飞机实施的不定期载客运输飞行。

③ 使用最大商载超过 3400 千克的多发飞机实施的全货物运输飞行。

(2) 对于适用第 1 款规定的航空运营人,称之为大型飞机公共航空运输承运人。

(3) 对于按照《大型飞机公共航空运输承运人运行合格审定规则》审定合格的大型飞机公共航空运输承运人,中国民航空局授权相关的民航地区管理局按照审定情况在其运行合格证和运行规范中批准其实施下列一种或者多种运行。

① 国内定期载客运行,是指符合第 1 款第 1 条规定,在中华人民共和国境内两点之间的运行,或者一个国内地点与另一个由局方专门指定、视为国内地点的国外地点之间的运行。

② 国际定期载客运行,是指符合第 1 款第 1 条规定,在一个国内地点和一个国外地点之间,两个国外地点之间,或者一个国内地点与另一个由局方专门指定、视为国外地点的国内地点之间的运行。

③ 补充运行,是指符合第 1 款第 2 条、第 3 条规定的,除定期之外的国内或者国际运行。

(4) 大型飞机公共航空运输承运人应当遵守其他有关的中国民用航空规章,但在本规则对相应要求进行了增补或者提出了更高标准的情况下,应当按照本规则的要求执行。

(5) 大型飞机公共航空运输承运人在运行中所使用的人员和大型飞机公共航空运输承运人所载运的人员应当遵守本规则中的适用要求。

(6) 在本规则中,对于载运邮件的飞行,视为载运货物飞行;对于同时载运旅客和货物的飞行,视为载运旅客飞行,但应当同时满足本规则中有关货物运输的条款的要求。

2．运行合格审定和持续监督

（1）民航局对大型飞机公共航空运输承运人的合格审定和运行实施统一监督管理。

（2）民航局飞行标准职能部门依据本规则组织指导大型飞机公共航空运输承运人的运行合格审定和持续监督检查工作，制定必要的工作程序，规定运行合格证、运行规范及其申请书的统一格式。

（3）民航地区管理局负责对其所辖地区内的大型飞机公共航空运输承运人实施运行合格审定，颁发运行合格证和运行规范，并及时向民航局飞行标准职能部门备案。

（4）大型飞机公共航空运输承运人取得运行合格证和运行规范后，即成为本规则规定的运行合格证持有人。

（5）民航地区管理局及其派出机构负责对其所辖地区内设立的或者在其所辖地区内运行的合格证持有人实施持续监督检查。

3.3.5 航班计划与时刻管理

1．航班计划

航班计划由飞机所属航空公司编制，各航空公司在制订航班计划时应充分考虑到航空市场的需求，它包括下列因素。

（1）客货源流量流向。

（2）机组配套。

（3）航空器。

（4）机场条件及地面保障设施。

（5）空中交通管制。

（6）通信导航。

（7）气象条件。

（8）油料供应。

以上诸要素航空公司应对其进行科学的分析，使其在航班计划中发挥效用。在航班计划中航线的选择是最主要的环节。

各航空公司在确定了航班号、机型、班次、班期及各站起降时刻后，应于每次航班协调会前 30 天将长期定期航班计划和季节定期航班计划报送民航局，其报送内容如表 3-1 所示。

表 3-1　航班计划表(样例)

航班号	(新报)航班计划			航　线	(去年同期)航班实际		
	机型	班次	班期		机型	班次	班期

2. 航班计划管理

在中华人民共和国境内从事旅客、行李、货物和邮件的民用航空运输，由中国民用航空局统一负责对国内航线和航班经营的监督管理，颁发、暂停或收回空运企业航线经营许可。民航地区管理局依照民航局的授权负责对其管辖区域内的航线和航班经营的监督管理。

为了社会公共利益，民航局在指定空运企业经营特定的国内航线和航班时，被指定的空运企业必须执行。

为了确保飞行安全，空运企业必须在开航前符合民航局安全管理的有关规定，包括机组配置、航线维修、所使用机场、空中交通管理的有关规定。空运企业必须在开航前 60 天提出申请，提交有关资料，并获得相应许可证件或批准。

空运企业申请国内航线经营许可，应当具备下列条件。

(1) 符合空运企业经营许可证中载明的经营范围。

(2) 符合国内航空运输的运价管理规定。

(3) 符合航班正常、优质服务的有关规定。

(4) 符合市场需求。

(5) 具备相应的航路或航线、机场条件及相关的保障能力。

(6) 按规定交纳民航基础设施建设基金。

空运企业申请经营国内航线应当以其所在地区向外辐射的航线为主。区内航线主要由所在地区的空运企业经营；区际航线一般由航线两端所在地区的空运企业经营。

空运企业申请航班经营时，应当向民航局报送下列文件。

(1) 航班经营申请书，内容包括航线、航班号、机型、班期，以及航班计划安排表、航班计划对比表、使用军民合用机场申请表。

(2) 服务保障协议，包括机场地面服务保障协议、不正常航班服务代理协议、飞行签派代理协议、机务维修协议、航油供应协议、其他必要的服务协议。

某条航线上的客运航班航季正班平均客座利用率达到 75%(含)以上时，空运企业可申请增加该航线上的班次。增加班次时，优先由有该航线经营许可并在运营的空运企业经营。该空运企业不具备增加班次条件时，其他空运企业可申请经营该航线上的航班。

航班不能满足市场需求或有特殊需要时，空运企业可在其所经营的航线上申请加班。

空运企业应当按批准的航班计划经营。空运企业取消或变更航班计划，应当向民航局提出申请。未经批准，不得取消或变更航班计划。

民航局根据需要指定空运企业恢复已取消或变更的航班的经营时，被指定的空运企业必须执行。

3.4　机　　场

3.4.1　机场管理的组织结构

机场是航空运输系统的一个重要组成部分，既是航空运输的起点，又是终点。机场是为航空器提供进离场飞行保障服务、地面保障服务、旅客保障服务，以及货邮保障服务的场所。

机场运营生产管理普遍包括了飞行区场地管理、助航灯光系统管理、机场供电系统管理、机坪运行管理、航空器活动区交通管理、空中交通管制设备设施运行维护管理、救援与消防设施管理、航油储存/输送和加注的管理、危险品的管理、航空保安管理。飞行区环境管理包括野生动物防治和净空保护、环境保护、污水污物及噪声管理、机场应急救援管理等多个方面。

机场规模不同，业务范围也不一致，在设计其组织机构时，通常考虑的因素包括机场目标、功能、地理分布、大小、交通量及其类型、财务自主程度等，如图 3-12 所示。

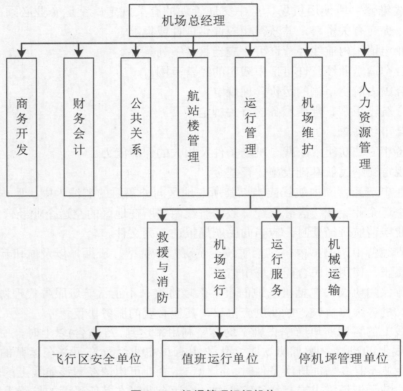

图 3-12　机场管理组织机构

3.4.2　机场的运营与管理

机场是指在陆地或水面上划定一块专供航空器起飞、降落、滑行、停放的场地，以及与此相关联的建筑物、设施和设备的总称。它是航空器飞行的起点和终点。按照服务对象可分为军用机场、民用机场和军民合用机场。

机场作为一种商业运输的基地，通常由飞行区、客货运输服务区、机务维修区、辅助设施区四部分组成。根据其航空器起降种类的不同，对机场建设也提出了相应的要求。

1. 飞行区

飞行区是飞机运行的区域，主要用于飞机的起飞、着陆和滑行，以及用于飞机起降的空域。飞行区由跑道系统、滑行道系统、机场净空区、保障飞行设施等构成。

1) 跑道

跑道是机场的主体工程，是指在陆地上划定的一个长方形区域，供航空器起飞和着陆时使用的专用场地。跑道的数目取决于航空运输量的大小，跑道的方位主要与当地的风向有关，跑道必须具有足够的长度、宽度、强度、粗糙度、平整度以及规定的坡度。

(1) 主跑道方向和跑道号。主跑道的方向一般和当地的主导风向一致；跑道号按照跑道中心线的磁方向以 10° 为单位，四舍五入用两位数表示。由此顺时针转动为正，如磁方向为 267° 的跑道其跑道号为 27，跑道号以大号字标在跑道的进近端，而这条跑道另一端的方向是 87°，跑道号为 09，因此一条跑道的两个方向有两个编号，两者相差 180°；跑道号相差 18。如果机场有两条跑道，则用左(L)和右(R)表示。

(2) 跑道的长度。跑道的长度是机场的关键参数，是机场规模的重要标志。跑道长度的主要设计依据，通常是根据该机场预计起降的飞机型号而定。此外，跑道长度还取决于下列四个方面的因素：一是取决于飞机的起降重量和起降速度，飞机的起降重量越大，离地速度越快，滑行距离就越长；二是取决于机场所在的地理环境，如机场的标高、地形等；三是取决于当地气象条件，特别是地面风力、风向、气温等；四是取决于跑道条件，如道面状况、湿度、纵向坡度等。

(3) 跑道的宽度。飞机在跑道上滑行、起飞、降落时有可能会偏离跑道的中心线，因此跑道应有足够的宽度，但又不宜过宽而浪费土地。通常情况下，跑道的宽度应根据航空器的翼展和主起落架外轮外侧间的距离来确定，详见表 3-2。

表 3-2　跑道宽度表

飞行区等级第一要素代码	1	2	3	4
跑道宽度(米)	18～23	23～30	30～45	45～60

(4) 跑道的道面结构。常见的跑道道面结构有水泥混凝土、沥青混凝土、碎石、草皮、土质等若干种。其中水泥混凝土跑道称为刚性道面，其余的则称为柔性道面；水泥混凝土道面和沥青混凝土道面为高级道面。

2) 停机坪

停机坪是飞机停放和旅客登机的地方。停机坪包括站坪、维修机坪、隔离机坪、等候机位机坪、等待起飞机坪等。飞机在站坪进行卸装货物、加油，在停放机坪过夜、维修和长时间停放。停机坪上设有供飞机停放而所划定的位置，简称为机位。客机坪的平面布局受以下因素的影响。

(1) 机位数量。机位数量取决于高峰时每小时飞机的起降架次数、飞机占用机位的时间以及门位利用率。

(2) 机位尺寸。机位尺寸主要取决于飞机的几何尺寸(机长和翼展)、转动半径，以及与建筑物之间的距离。

(3) 飞机的停靠方位及进出机位方式。飞机相对于门位的停靠方位有与机身平行、机头垂直(或斜角)向内、机头垂直(或斜角)向外等几种。飞机进出机位既可依靠自身动力，也可靠牵引车拖(推)动。

(4) 旅客登机方式。旅客的登机方式有三种：在站坪上步行、通过登机桥、用车辆(摆渡车)运送。

(5) 飞机地面勤务要求。飞机停放在机位上时需要地勤服务保障，地勤服务各种车辆和设备为飞机服务，或者用专用的装置取代地面车辆为飞机服务时，可减少在站坪上活动的地勤服务车辆，这不仅可以减少机坪的面积，而且还有利于飞机运行的安全。

3) 地面活动引导和管制系统

地面活动引导和管制系统，是由助航设备、设施和程序组成的系统。该系统的主要作用是能够安全地解决飞机在机场运行中提出的地面活动要求，即防止飞机与飞机、飞机与车辆、飞机与障碍物、车辆与车辆、车辆与障碍物的碰撞等。对于能见度良好、交通量不大的小机场，该系统可以比较简单，可使用目视标记牌和一套机场交通规则。而对于低能见度和起降繁忙的大机场来说，则应使用复杂的Ⅰ、Ⅱ、Ⅲ类助航系统。

4) 跑道、滑行道标识

跑道、滑行道标识包括跑道、滑行道中线标识和等待标识。标识线颜色应采用白色及黄色。

(1) 跑道中线标识。为15厘米宽的连续白实线。

(2) 滑行道中线标识。为15厘米宽的连续实线，标识线颜色采用黄色。在直线段应沿中线设置，弯线处应设置在与道面两侧边缘相等距离的中间位置上。滑行道与跑道交会处，滑行道中线标识应以曲线形式转向跑道中线标识。

(3) 等待标识。滑行中等待位置的标识，设置在距跑道中线的距离上，飞行区等级要素代码为3和4的跑道为75米，精密进近跑道为90米。等待标识的颜色采用黄色。

5) 机位标识

机位标识的颜色采用黄色。主要包括机位标识、引入线、转弯开始线、转弯线、对准线、停止线和引出线。

6) 机坪安全线

机坪安全线的颜色必须鲜明并与机位标识的颜色有明显的反差，以便利用安全线标出地面设备停放区、工作道路、旅客通道等。

2. 客货运输服务区

客货运输服务区，亦称航站区，是为旅客、货物、邮件运输服务的区域。区域内的设施包括机坪(站坪)、候机楼、站前停车设施等。其主体建筑为候机楼，亦称航站楼。货运量较大的机场还设有专门的货运站或货运楼。

3. 机务维修区

机务维修区通常包括维修机坪、维修机库、维修工厂或维修车间、航空器材库等，为飞机、发动机、机上各种设备提供维修服务。

4. 辅助设施区

机场辅助设施区主要包括三大部分：一是航空油料的储存、供应和飞机加油设施；二是机场消防和急救设施；三是供水、供电、供热、供冷、污水污物处理、通信、交通、保安等公用和市政设施。

3.4.3　机场的等级、分类

1. 机场的等级

为了合理地配置机场的工作人员和相应的设施设备，以确保飞机安全、有序、正点起降，必须给机场划分相应的等级。确定机场等级时，通常可从以下四个方面按其相关要求进行划分。

(1) 飞行区等级的划定。飞行区等级由第一要素(等级指标Ⅰ)和第二要素(等级指标Ⅱ)的基准代号进行划定，用于确定跑道长度、宽度和所需道面强度，从而较好地划定了该机场可以起降飞机的机型和种类，如表 3-3 所示。

表 3-3　飞行区基准代号

第一要素		第二要素		
代码	飞机基准飞行场地长度(米)	代字	翼展(米)	主起落架外轮外侧间距(米)
1	＜800	A	＜15	＜4.5
2	800≤1200	B	15≤24	4.5≤6
3	1200≤1800	C	24≤36	6≤9
4	≥1800	D	36≤52	9≤14
		E	52≤65	9≤14
		F	65≤80	14≤16

飞行区基准代号表中的代码对应的是飞机的基准飞行场地长度。基准飞行场地长度指的是某型号飞机所规定的最大起飞重量，在标准条件下，即海平面、1 个大气压、气温15℃、无风、跑道无坡度情况下起飞时所需的最小飞行场地长度。飞行区基准代号表中的代字应选择翼展和主起落架外轮外侧间距两者中要求较高者。

(2) 跑道导航设施等级。按照机场所配置的导航设施能够提供飞机以何种进近程序飞行划定。

① 非仪表跑道。供航空器用目视进近程序飞行的跑道，代字为 V。

② 仪表跑道。供航空器用仪表进近程序飞行的跑道。主要分为非精密进近跑道(代字为 NP)、Ⅰ类精密进近跑道(代字为 CATⅠ)、Ⅱ类精密进近跑道(代字为 CATⅡ)、Ⅲ类精密进近跑道(代字为 CATⅢ)。Ⅲ类精密进近跑道又可进一步分为Ⅲ类 A、Ⅲ类 B、Ⅲ类 C。

(3) 航站业务量规格等级。通常按照航站的年旅客吞吐量或货物(及邮件)运输吞吐量划定，如表 3-4 所示。若年旅客吞吐量与年货邮吞吐量不属于同一等级时，可按较高者定级。

(4) 民航运输机场规划等级。通常根据机场的发展和当前的具体情况确定机场规划等级，如表 3-5 所示。

表 3-4　航站业务量规格分级标准

航站业务量规格等级	年旅客吞吐量 CP (万人)	年货邮吞吐量 CC (千吨)
小型	CP<10	CC<2
中小型	10≤CP<50	2≤CC<12.5
中型	50≤CP<300	12.5≤CC<100
大型	300≤CP<1000	100≤CC<500
特大型	CP≥1000	CC≥500

表 3-5　民航运输机场规划等级

机场规划等级	飞行区等级	跑道导航设施等级	年货邮吞吐量 CC (千吨)
四级	3B、2C 及以下	V、NP	小型
三级	3C、3D	NP、CAT I	中小型
二级	4D	CAT I	中型
一级	4D、4E	CAT I、CAT II	大型
特级	4E 及以下	CAT II	特大型

2. 机场的分类

(1) 按航线性质划分,可将机场划分为国际航线机场和国内航线机场。

(2) 按服务航线和规模划分,可将机场划分为枢纽机场、干线机场、支线机场。

(3) 按旅客乘机目的地划分,可将机场划分为始发/终程机场、经停机场、中转机场。

(4) 备降机场。为保证飞行安全,在飞行计划中事先规定的,当预定着陆机场由于某种原因而无法着陆时,将前往着陆的机场称之为备降机场。起飞机场也可作为备降机场。在我国,哪个机场作为备降机场是由中国民用航空局确定的。

3.4.4　机场特种保障设备

按照中华人民共和国民用航空行业标准,在民用机场场道、机坪、航站楼、应急救援所使用的特种车辆和专用设备都属于民航地面设备保障的范畴。机场特种保障设备主要分为场道设备、机坪设备、航站楼设备和应急救援设备四大类。

民用机场所划定区域内使用的场道、航空器和运输服务勤务车辆都属于特种车辆的管理范围。特种车辆通常可分为机务保障车辆、地面服务车辆、货物运输服务车辆、机场道面维护检测车辆(设备)和相关保障车辆(设备)五大类。

(1) 机务保障车辆。主要包括飞机牵引车、电源车、气源车、空调车、加油车、除冰车、高空作业平台(车)。

(2) 地面服务车辆。主要包括客梯车、清水车、污水车、垃圾车、充氧车、残疾人登机车、摆渡车、食品车、地面引导车等。

(3) 货物运输服务车辆。主要包括行李拖车、行李传送车、升降平台车。

(4) 机场道面维护检测车辆(设备)。主要包括道面清扫车、吹雪车、扫雪车、道面除胶车、道面摩擦系数测试车、划线车、割草车、切缝机、平地机、道面弯沉测量车、道面砼强度测试车、跑道驱鸟车(设备)等。

(5) 相关保障车辆(设备)。主要包括救护车、消防车、应急救援车辆和设备等。为保障机场的正常运行,以及保障旅客及货物的运输,机场特种车辆的种类和数量配置必须满足相应的要求。配置的标准,通常依据旅客吞吐量、货邮吞吐量和机场的等级等综合因素而定。

航空器在准备升空飞行之前,需要地面各类设备设施提供保障;在飞行的过程中,需要水、电、油、气、氧等各种燃料提供动力保障;为了使航空器能顺利地起飞、飞行、降落、滑行、停放,保障空乘人员的空中旅行安全。因此,航空器与场面特种保障设备之间构成了供与求的关系。各航空器接受服务的接口点和地面特种保障车辆的具体位置,如图 3-13 所示。

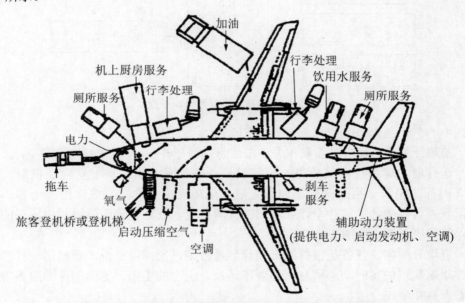

图 3-13　飞机接受服务的接口点与保障车辆实施保障配置示意

3.4.5　机场现场运行的组织与实施

机场运行指挥机构是机场管理公司中负责组织、协调、指挥和监督机场运行的核心部门,各机场管理部门都设立了机场现场运行指挥机构,一切工作都应以指挥机构为核心,与其他保障部门共同完成生产任务。机场现场指挥机构负责航空器在飞行控制区内的机位安排、特种车辆使用与调度,以及在不正常情况下与各保障部门协调,并在机场发生等级事故时,作为援救指挥中心,对事故的处理行使指挥权。

在整个机场服务保障体系中,指挥调度各保障部门的最高一级指挥官就是机场运行指挥中心或机场运行管理中心,简称指挥中心,从业人员称之为"机场运行指挥员"。

指挥中心是一个管理机场全局运行的调度、协调、监管部门,负责停机位、登机门、行李转盘等重要资源分配,负责机坪监管,负责组织对机场范围内不正常情况处理及应急救援,负责机场对外联络,如图 3-14 所示。

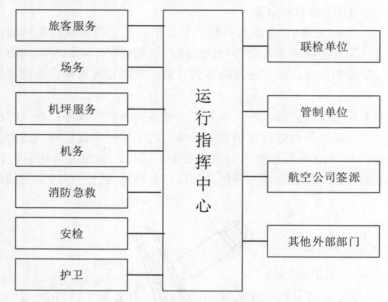

图 3-14 指挥中心联系协调单位

指挥中心包括的典型席位或者部门如下所述。

(1) 航班计划席:任务是收集相关动态信息,制订并发布次日航班计划。

(2) 运行监控席:任务是监控与维护航班动态信息。指挥员监视包括机型、降落时间、起飞时间、机位、客舱开门、油料完成、清舱完成、食品完成、指挥上客、进港状态、出港状态等参数,关注各个作业部门的保障进度,处理航班保障过程中出现的不正常情况,保障航班正常,如图 3-15 所示。

(3) 资源分配席:任务是根据航班预计到场时刻,预排停机位、登机门、行李转盘等资源,并根据航班的实时动态信息,如航班延误、机型的更换、地面的保障服务等进行机位的动态调整和监控。

机位调整可在机位动态图上使用鼠标拖放的方法实现,如图 3-16 所示。如图 3-17 所示是机位当前占用图。

(4) 机坪监管席:负责机坪内日常事务的监管,包括不停航施工的管理,机坪内突发事件的处置和记录。

(5) 应急救援部门:负责机场内应急事件的组织和实施,在机场突发应急事件时,及时开展救援工作,使财产损失和人员伤亡降到最小;同时负责机场内各种突发事件应急预案的制定和定期组织机场内的应急演练工作,使机场应急救援工作得以有效地组织和实施。

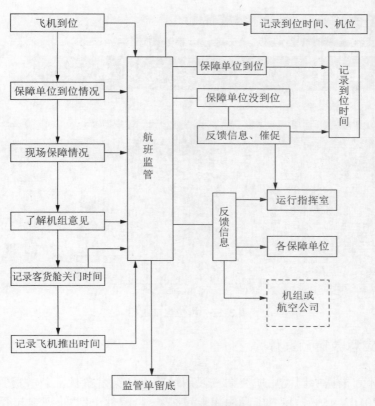

图 3-15 航班监管流程

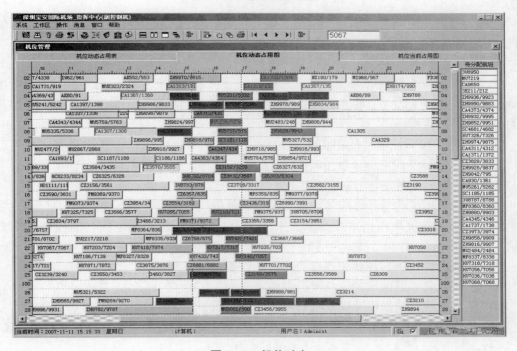

图 3-16 机位动态

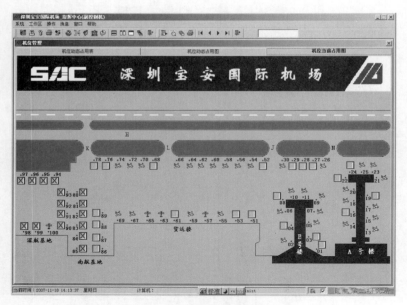

图 3-17　机位当前占用

3.4.6　机场应急救援预案体系

机场应急计划根据中国民用航空局《民用运输机场突发事件应急救援管理规则》[①](交通运输部令〔2016〕45 号)和《国际民用航空公约》(附件十四)的规定和要求制定并组织实施。

机场管理机构应当依据本规则制定机场突发事件应急救援预案,该预案应当纳入地方人民政府突发事件应急救援预案体系,并协调统一。该预案应当包括下列内容。

(1) 针对各种具体突发事件的应急救援预案,包括应急救援程序及检查单等。

(2) 根据地方人民政府的相关规定、本规则和机场的实际情况,确定参与应急救援的各单位在机场不同突发事件中的主要职责、权利、义务和指挥权,以及突发事件类型及相应的应急救援响应等级。

(3) 针对不同突发事件的报告、通知程序和通知事项,应当设置相应的通知先后次序。其中,通知程序是指通知参加救援单位的先后次序。

(4) 各类突发事件所涉及单位的名称、联系方式。

(5) 机场管理机构与签订应急救援支援协议单位的应急救援资源明细表、联系方式。

(6) 机场管理机构根据本规则第二十三条的要求与各相关单位签订的应急救援支援协议。

(7) 应急救援设施、设备和器材的名称、数量、存放地点。

(8) 机场及其邻近区域的应急救援方格网图。

(9) 残损航空器的搬移及恢复机场正常运行的程序。

(10) 机场管理机构与有关航空器营运人或其代理人之间有关残损航空器搬移的协议。

---

① 民用运输机场突发事件应急救援管理规则[J]. 中华人民共和国国务院公报,2016(25).

(11) 在各类紧急突发事件中可能产生的人员紧急疏散方案，该方案应当包括警报、广播、各相关岗位工作人员在引导人员疏散时的职责、疏散路线、对被疏散人员的临时管理措施等内容。

1. 紧急事件的类型

机场突发事件包括航空器突发事件和非航空器突发事件。

航空器突发事件包括下述几类。

(1) 航空器失事。

(2) 航空器空中遇险，包括故障、遭遇危险天气、危险品泄漏等。

(3) 航空器受到非法干扰，包括劫持、爆炸物威胁等。

(4) 航空器与航空器地面相撞或与障碍物相撞，导致人员伤亡或燃油泄漏等。

(5) 航空器跑道事件，包括跑道外接地、冲出、偏出跑道。

(6) 航空器火警。

(7) 涉及航空器的其他突发事件。

非航空器突发事件包括下述几类。

(1) 对机场设施的爆炸物威胁。

(2) 机场设施失火。

(3) 机场危险化学品泄漏。

(4) 自然灾害。

(5) 医学突发事件。

(6) 不涉及航空器的其他突发事件。

2. 紧急事件的类型和应急救援的等级

航空器突发事件的应急救援响应等级如下所述。

(1) 原地待命：航空器空中发生故障等突发事件，但该故障仅对航空器安全着陆造成困难，各救援单位应当做好紧急出动的准备。

(2) 集结待命：航空器在空中出现故障等紧急情况时，随时有可能发生航空器坠毁、爆炸、起火、严重损坏，或者航空器受到非法干扰等危险，各救援单位应当按照指令在指定地点集结。

(3) 紧急出动：已发生航空器失事、爆炸、起火、严重损坏等事件，各救援单位应当按照指令立即出动，以最快速度赶赴事故现场。

非航空器突发事件的应急救援响应不分等级。发生非航空器突发事件时，按照相应预案实施救援。

3.5　中国民航空中交通管理系统构成

3.5.1　空中交通管理的组织机构

中国民用航空局空中交通管理局(简称民航局空管局)是民航局管理全国空中交通服务、民用航空通信、导航、监视、航空气象、航行情报的职能机构。中国民航空管系统现行行业管理体制为民航局空管局、地区空管局、空管分局(站)三级管理；运行组织形式基本是以区域管制、进近管制、机场管制为主线的三级空中交通服务体系。

中国民用航空局空中交通管理局领导管理民航七大地区空管局及其下属的民航各空管单位，驻省会城市(直辖市)民航空管单位简称空中交通管理分局，其余民航空管单位均简称为空中交通管理站。民航地区空管局为民航局空管局所属事业单位，其机构规格相当于行政副司局级，实行企业化管理。民航空管分局(站)为所在民航地区空管局所属事业单位，其机构规格相当于行政正处级，实行企业化管理。

空中交通服务是指对航空器的空中活动进行管理和控制的业务，是对航空器提供空中交通管制服务、飞行情报服务和告警服务的总称。空中交通服务的目标有下述几点。

(1) 防止航空器相撞。

(2) 防止航空器与障碍物相撞。

(3) 加速空中交通有序流动。

(4) 加速地面交通有序流动。

(5) 提供有助于安全和有效地实施飞行的建议和情报，包括重要气象情报、导航设备变化信息、机场及设施变动信息和空中交通情报等。

(6) 发出搜寻援救通知，协助和协调搜寻救援工作。

空中交通管理的任务是保障航空运输过程中人员和航空器的安全，主要方式为从空中航空器、相邻管制员、航行情报员、气象人员、雷达显示器等不同渠道获得空中交通信息、情报服务信息，经过管制员的加工处理，通过通信设施将有利于飞行安全的指令和信息发送给相关的航空器。由于航空运输涉及的线长、面广、点多，整个空管系统的构成比较复杂，如图 3-18 所示。

空中交通管制的运行组织形式根据其业务范围可分为机场管制塔台、进近管制室、区域管制室、空中交通服务报告室、管理局调度室(管调)和总调，如图 3-19 所示。

民用航空空中交通管制工作分别由空中交通管制单位实施。

(1) 民航局空中交通管理局总调度室(简称总调度室)。

(2) 民航地区管理局调度室(简称管理局调度室)。

(3) 区域管制室(区域管制中心)。

(4) 进近管制室(终端管制室)。

(5) 机场塔台空中交通管制室(简称塔台管制室)。

(6) 空中交通服务报告室。

空中交通管制单位的职责是为本管制区内的航空器提供空中交通管制、飞行情报和告警服务。按照规定飞行情报工作由该区飞行情报中心承担或由飞行情报中心委托管制室负责。各空中交通管制单位必须履行下述各项职责。

(1) 总调度室负责监督全国范围内的有关飞行动态，控制全国的飞行流量，组织、承办专机飞行的有关管制工作并掌握其动态，协调处理特殊情况下的飞行，审批不定期飞行和外国航空器非航班的飞行申请。

(2) 管理局调度室负责监督、检查本地区管理局管辖范围内的飞行，组织协调本地区管理局管辖范围内各管制室之间和管制室与航空器经营人及航务部门之间飞行工作的实施；控制本地区管理局管辖范围内的飞行流量，协调处理特殊情况下的飞行；承办专机飞行的有关工作，掌握有重要客人、在边境地区和执行特殊任务的飞行。

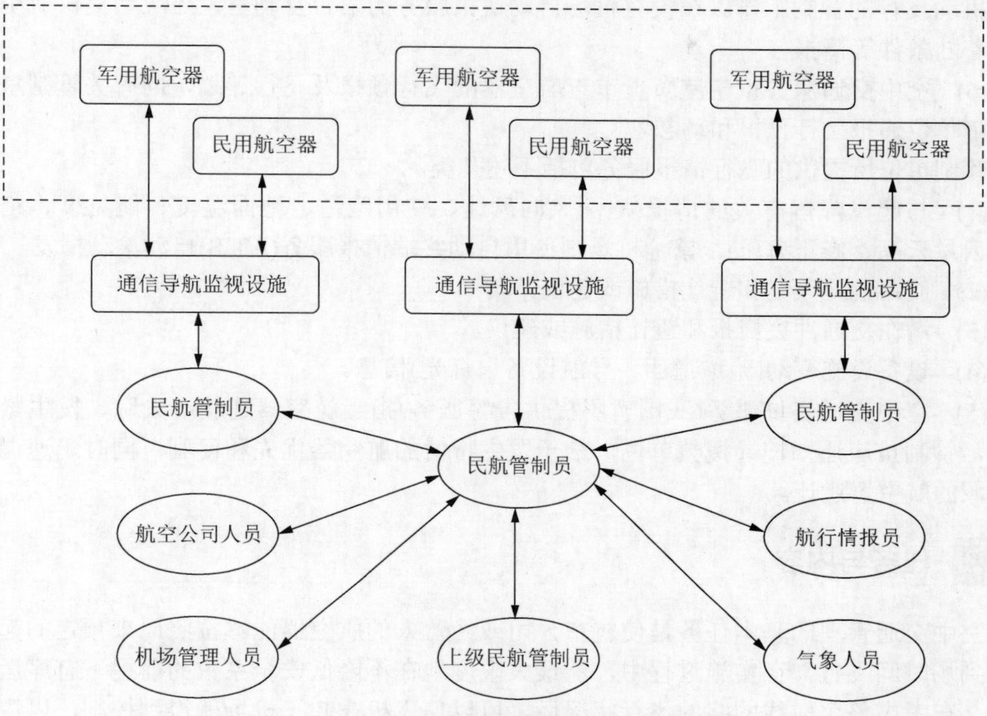

图 3-18　中国民航空管系统运行结构示意

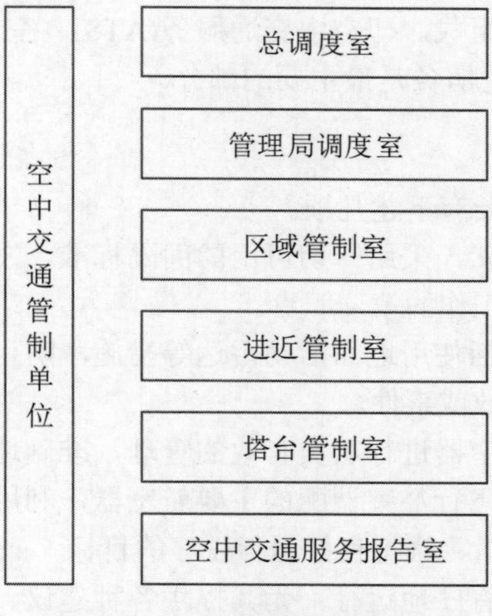

图 3-19　空中交通管制单位示意

(3) 区域管制室负责向本管制区内受管制的航空器提供空中交通管制服务；受理本管制区内执行通用航空任务的航空器，以及在非民用机场起降而由民航保障的航空器的飞行申请，负责管制并向有关单位通报飞行预报和动态。

(4) 进近管制室负责一个或数个机场的航空器进、离场的管制工作。

(5) 塔台管制室负责对本塔台管辖范围内航空器的开车、滑行、起飞、着陆和与其有关的机动飞行的管制工作。在没有机场自动情报服务的塔台管制室，还应当提供航空器起飞、着陆条件等情报。

(6) 空中交通服务报告室负责审查航空器的飞行预报及飞行计划，向有关管制室和飞行保障单位通报飞行预报和动态。

管制单位所提供的飞行情报服务包括下述几类。

(1) 与起飞降落有关的情报(地面风向风速、使用跑道、地面温度、能见度、跑道视程、云量云高、修正海压)，繁忙机场则使用自动终端情报服务(ATIS)自动滚动播发。

(2) 航路危险天气和避让措施或建议。

(3) 潜在交通冲突情报和避让措施或建议。

(4) 设备设施变动(跑道道面、导航设备、灯光)信息。

(5) 空中交通咨询服务(我国暂不提供告警服务)指当航空器迷航、失踪、发生紧急情况时，管制员应通知搜寻援救单位，给予发生特情的航空器优先和便利，同时迅速调配附近空域的航空器避让。

3.5.2 任务与内容

空中交通管理的基本任务是使航空公司或经营人的航空器能够按照原来预定的起飞时间和到场时间飞行，在实施过程中，能最大限度地在不降低安全系数的前提下有序运行。例如，在考虑整个航线网络的飞行状况后，可以使飞机在起飞机场就得到控制，以避免飞机起飞后在空中出现无谓的等待、盘旋，或者使用不经济的飞行高度层而造成燃油消耗。

空中交通管理由三部分组成，即空中交通服务(ATS)、空中交通流量管理(ATFM)和空域管理(ASM)。其中空中交通服务是最主要的部分。

1. 空中交通服务

空中交通服务的目标主要有下述几项。

(1) 考虑到空域使用现状，采用一切可用的间隔标准，发布指令，防止空中的航空器相撞，防止出现各种事故是工作的第一职责。

(2) 利用一切手段，包括使用地面活动雷达等措施，防止飞机和障碍物在起飞、降落及其相关区域出现相撞等事故或事件。

(3) 对空域内飞行的航空器进行切实有效的管理，准确地掌握飞行动态，确定航空器之间的相互关系，找出事关飞行冲突调配的主要航空器，利用合理的间隔标准，及时发布指令，实现加速空中交通流量，维持良好运行秩序的目标。

(4) 为了航空器安全、有序地运行，为其提供各种建议、情报、信息以避开危险天气及各种限制性空域。

(5) 在航空器遇险或需要提供搜寻、救援服务时，通知各保障单位及时开展工作。

空中交通服务由下述三部分组成。

(1) 空中交通管制服务(ATC)。空中交通管制服务是空中交通服务的主要部分，它的目的是防止航空器与航空器相撞及在机动区内航空器与障碍物相撞，维护和加快空中交通的有序流动。由此确定了它的任务：①为每个航空器提供其他航空器的即时信息和动态；②由这些信息确定各个航空器之间的相对位置；③发出管制许可，使用许可和信息防止航空器相撞，保障空中交通顺畅；④用管制许可来保障在控制空域内各航班的间隔，从而保障飞行安全；⑤从航空器的运动轨迹和发出许可的记录来分析空中交通状况，从而对管制的方法和间隔的使用进行改进，提高空中交通的流量。

空中交通管制服务又可分为三部分。①区域管制服务：在航路上的管制。②进近管制服务：在飞机离场或到场时的管制。③机场管制服务：机场控制。

(2) 飞行情报服务(FIS)。飞行情报服务的目的是向飞行中的航空器提供有助于安全和有效地实施飞行的建议和情报。

(3) 告警服务。告警服务是当航空器处于搜寻和救援状态时，涉及向有关单位发出通知，并给予协助的服务。它不是一项孤立的空中交通服务，也不是某一专门机构的业务，而是当紧急状况如发动机故障、无线电通信系统失效等出现或遭遇空中非法劫持时，由当事的管理单位直接提供的一项服务。

2. 空中交通流量管理

空中交通流量管理的任务是在空中交通流量接近或达到空中交通管制可用能力的极限时，适时地进行调整，保证空中交通量最佳地流入或通过相应区域，尽可能提高机场、空域可用容量的利用率。

空中交通流量管理的目标是在某一划定的空域，当飞行量超过或即将超过空管系统的可用容量时，用该项管理服务来支持现有的空管系统以实现最大的空中交通流通量。同时，该流通量受制于许多因素，如导航系统的限制，特别是当空管系统无法满足流量增长的需求时将会导致一些非常严重的后果。

全国飞行流量管理机构可分为民航局飞行流量管理单位和地区管理局飞行流量管理单位两级。

飞行流量管理可分为先期流量管理、飞行前流量管理和实时流量管理。

实施飞行流量管理的原则是以先期流量管理和飞行前流量管理为主，实时流量管理为辅。

先期流量管理包括对全国和地区航线结构的合理调整、制定班期时刻表和飞行前对非定期航班的飞行时刻进行协调。其目的是防止航空器在某一地区或机场过于集中和出现超负荷流量，危及飞行安全，影响航班正常运行。

飞行前流量管理是指当发生恶劣天气、通信导航雷达设施故障、预计扇区或区域流量超负荷等情况时，采取改变航线及改变航空器开车、起飞时刻等方法，疏导空中交通，维持正常飞行秩序。

实时流量管理是指当飞行中发现或者按照飞行预报将要在某一段航路、某一区域或某一机场出现飞行流量超过限额时，采取改变航段，增开扇区，限制起飞、着陆时刻，限制进入管制区时刻或者限制通过某一导航设备上空的时刻，安排航空器空中等待，调整航空器速度等方法，控制航空器按照规定间隔有秩序地运行。

3. 空域管理

空域管理的任务是依据既定空域结构条件，实现对空域的充分利用，尽可能满足经营人对空域的需求。空域管理的目标首先是在给定的空域结构内，通过"实时性"，有时根据不同空域使用者的短时要求，将空域分隔开，以求实现对可用空域的最大利用；其次是空域的各使用方在地位上是平等的，大家都有平等的参与权、要求权，即建立的空域要有灵活性，绝非一成不变；最后，由于空中交通所具有的国际性特点，各国在建立航线网络时应立足于国际或地区范围份额高度，进行通盘考虑，建立起能与周边国家航线网络相衔接的航路布局。

我国空域可分为飞行情报区、管制区、限制区、危险区、禁区、航路和航线。各类空域的划分，应当符合航路的结构、机场的布局、飞行活动的性质和提供空中交通管制的需要。

1) 飞行情报区

飞行情报区是指为提供飞行情报服务和告警服务而划定的空间。飞行情报区内的飞行情报工作由该区飞行情报部门承担或由指定的单位负责。为了便于对在中国境内和经国际民航组织批准由我国管理的境外空域内飞行的航空器提供飞行情报服务，全国共划分为沈阳、北京、上海、广州、昆明、武汉、兰州、乌鲁木齐、香港、台北和三亚 11 个飞行情报区。为了及时有效地对在我国飞行情报区内遇险失事的航空器进行搜寻援救，在我国境内及其附近海域上空划设搜寻援救区。搜寻援救区的范围与飞行情报区相同。

2) 管制区

管制空域应当根据所划空域内的航路结构和通信、导航、气象、监视能力划分，以便为所划空域内的航空器飞行提供有效的空中交通管制服务。

我国管制空域现分为 A、B、C、D 四类。A、B、C 类空域的下限应当在所划空域内最低安全高度以上第一个高度层；D 类空域的下限为地球表面。A、B、C、D 类空域的上限，应当根据提供空中交通管制的情况确定，如无上限，应当与巡航高度层上限一致。

A 类空域为高空管制空域。在我国境内 6600 米(含)以上的空间，划分为若干个高空管制空域，在此空域内飞行的航空器必须按照仪表飞行规则飞行并接受空中交通管制管理。

B 类空域为中低空管制空域。在我国境内 6600 米(不含)以下最低高度层以上的空间，划分为若干个中低空管制空域。在此空域内飞行的航空器，可以按照仪表飞行规则飞行。如果符合目视飞行规则的条件，经航空器驾驶员申请，并经中低空管制室批准，也可以按照目视飞行规则飞行，并接受空中交通管制管理。

C 类空域为进近管制空域。通常是指在一个或几个机场附近的航路汇合处划设的便于进场和离场航空器飞行的管制空域。它是中低空管制空域与塔台管制空域之间的连接部分，其垂直范围通常在 6000 米(含)以下最低高度层以上；水平范围通常为半径 50 千米或走廊进出口以内的除机场塔台管制范围以外的空间。在此空域内飞行的航空器，可以按照仪表飞行规则飞行，如果符合目视飞行规则的条件，经航空器驾驶员申请，并经进近管制室批准，也可以按照目视飞行规则飞行，并接受空中交通管制管理。

D 类空域为塔台管制空域。通常包括起落航线、第一等待高度层(含)及其以下地球表面以上的空间和机场机动区。在此空域内运行的航空器，可以按照仪表飞行规则飞行。如果符合目视飞行规则条件，经航空器驾驶员申请，并经塔台管制员批准，也可以按照目视飞行规则飞行，并接受空中交通管制管理。

各管制区应当按照规定划设，并应当按照规定报经有关部门批准。

3)　限制区、危险区、禁区

限制区、危险区、禁区是指根据需要，经批准划设的空域。飞行中的航空器应当使用机载和地面导航设备，准确掌握航空器位置，防止航空器误入限制区、危险区、禁区。

限制区是在陆地或领海上空规定范围的空域，其内按照某些规定的条件，航空器飞行将受到限制。

危险区是划定范围的空域，其中在某些规定时间内存在对飞行有危险的活动。

禁区是在陆地或领海上空规定范围的空域，其内禁止航空器飞行。

第 4 章

民航安全概况

自 20 世纪 70 年代以来，航空运输已成为最安全的交通运输方式。无论从政府安全标准，交通工具本身的安全性、维护、运营保障和从业人员素质，还是从事故率和死亡人数等来看，航空运输的安全性都高于铁路运输、水路运输及公路运输。

2013—2017 年，全世界民航的平均安全水平是每百万次离港约 0.29 次全损事故。同期，欧洲(0.14)和北美包括美国和加拿大(0.22)的事故率低于世界平均数。从上面的统计数字可以看出发达国家在民航安全领域仍保持了领先的水平，这与其对安全的重视是密不可分的。

但是，随着航空运输的迅速发展，客货航班正在不断增加，如果保持现在的事故率不变，将来事故数量将会增加。航空运输具有特殊性，一旦发生事故常常会造成较大规模的人员伤亡和巨大的财产损失，并造成很大的社会影响甚至政治影响，因此航空安全是各国保障运输安全的重中之重。

4.1 近年全球航空安全现状

2009—2018 年全球航空运输类飞机死亡飞行事故，如图 4-1 所示。总体而言，事故总数呈现下降的趋势。

2018 年，全球共发生民用航空运输类飞机死亡飞行事故 17 起(其中 2 起事故仅造成地面人员死亡)，远高于 2017 年的 11 起，自 2014 年以来首次出现事故数反弹的势头，但仍低于过去 10 年平均的 22.6 起；死亡 550 人(含地面 3 人)，是 2017 年死亡 78 人的 7 倍，甚至高于过去 10 年平均死亡 524.6 人的水平。

图 4-1 和图 4-2 分别为近 10 年运输类飞机死亡飞行事故数和死亡人数的变化趋势，可以看出近几年事故数连续下降的趋势在 2018 年终止；事故死亡人数则呈现更加明显的逆转，与 2017 年的年度死亡人数少于 100 人的极好安全水平形成鲜明对比。

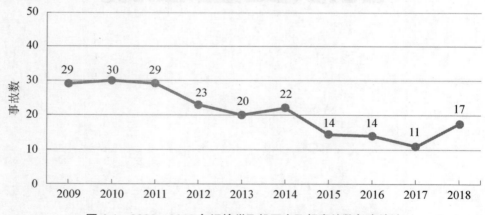

图 4-1 2009—2018 年运输类飞机死亡飞行事故数年度统计

2018 年共发生一次死亡 40 人以上的事故 5 起，其中一次死亡百人以上的飞行事故 2 起，死亡人数最高的事故发生在 10 月 29 日，印尼雄狮航空波音 737-8MAX 客机从印尼雅加达飞往邦加槟港途中坠海，机上 189 人无一人生还；其次是 5 月 18 日，古巴统一航空波音 737-200 客机(租自墨西哥全球航空公司)从古巴哈瓦那国际机场起飞后不久坠地起火，飞机损毁，机上 113 人中 112 人遇难，1 人重伤。

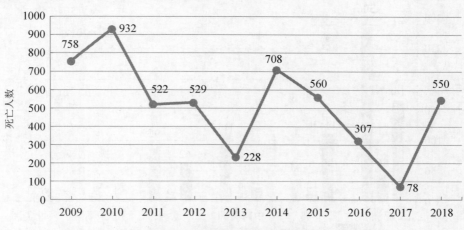

图 4-2 2009—2018 年运输类飞机飞行事故死亡人数年度统计

2018 年，非洲再次成为发生事故数最多的大洲，而亚洲则再次成为事故死亡人数最多的大洲，突显了亚、非两洲航空安全水平仍急需改善。

事故的发生主要集中在巡航阶段，该阶段事故占事故总数的 41.1%，占事故死亡人数总数的 65.1%。事故的发生在各个月份的分布上相对平均，比较突出的是 9 月份，发生了 3 起。客运飞行的安全水平下降显著，而货运飞行的安全水平则有所提升。

1) 全球民用航空运输类飞行死亡事故按地区分布统计

图 4-3、图 4-4 分别就 2018 年事故次数和死亡人数按地区分布与近五年(2013—2017 年)平均、2017 年作了比较。2018 年，非洲再次成为发生事故数最多的大洲，最近 5 年平均也是该地区事故数最多；亚洲则再次成为事故死亡人数最多的大洲，最近 5 年平均及 2017 年的事故死亡人数，各大洲之间对比也是亚洲最多。以上突显了亚、非两洲航空安全水平仍急需改善。2018 年，欧洲的事故数和事故死亡人数都有明显增加，这些主要来自独联体国家的贡献。北美洲、中南美洲以及大洋洲的安全水平与过去相比基本持平。

2018 年按照事故发生数统计，发生事故 2 起的国家包括俄罗斯和美国，其他国家无论按事故发生地所在国还是运营人所在国统计各国都最多发生 1 起事故。以往统计中发生事故较多的国家，如印度尼西亚、刚果(金)、伊朗、南苏丹也都有死亡飞行事故发生。

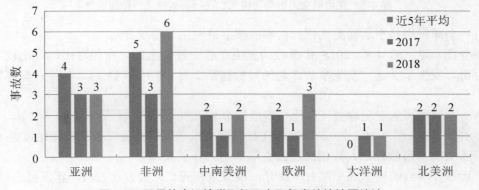

图 4-3 民用航空运输类飞机死亡飞行事故按地区统计

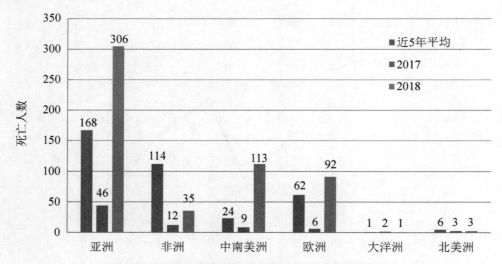

图 4-4　民用航空运输类飞机事故死亡人数按地区统计

2)　全球民用航空运输类飞行死亡事故按事故发生飞行阶段统计

参看图 4-5、图 4-6，2018 年的民用航空运输类飞机死亡飞行事故主要集中在巡航阶段，发生了事故 7 起死亡 358 人，占事故总数的 41.1%，占事故死亡人数总数的 65.1%。

一般意义上事故多发的着陆和起飞阶段在 2018 年发生的事故数也有所抬头，进近阶段事故与以往相比基本持平。

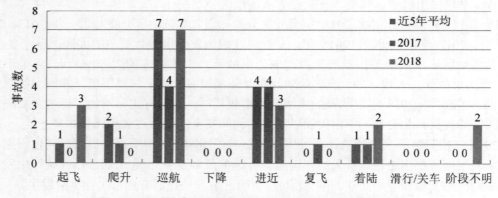

图 4-5　民用航空运输类飞机死亡飞行事故按飞行阶段统计

3)　全球民用航空运输类飞行死亡事故按事故发生月份统计

参看图 4-7、图 4-8，2018 年事故的发生在各个月份上的分布相对平均，比较突出的是 9 月份，发生了 3 起，发生事故 2 起的月份包括 2 月、3 月和 11 月。其他月份都只发生 1 起。

4)　全球民用航空运输类飞行死亡事故按事故飞机飞行性质统计

参看图 4-9、图 4-10，2018 年客运飞行的安全水平下降显著，事故数相比过去 5 年平均上升了 75%，事故死亡人数相比过去 5 年平均上升了 65%。

货运飞行事故的安全水平则有所提升，事故数和死亡人数都比 2017 年及过去 5 年的平均明显降低。

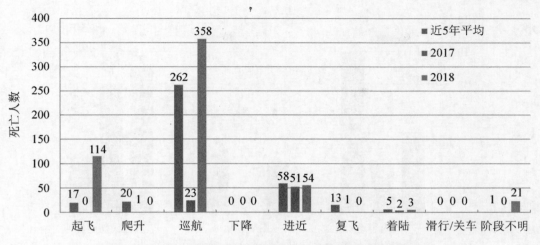

图 4-6　民用航空运输类飞机事故死亡人数按事故发生阶段统计

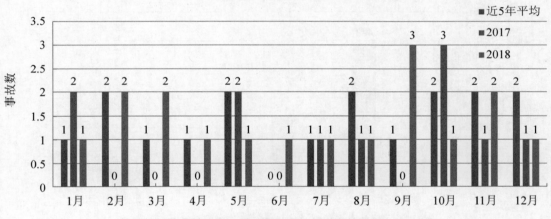

图 4-7　民用航空运输类飞机死亡飞行事故按月份统计

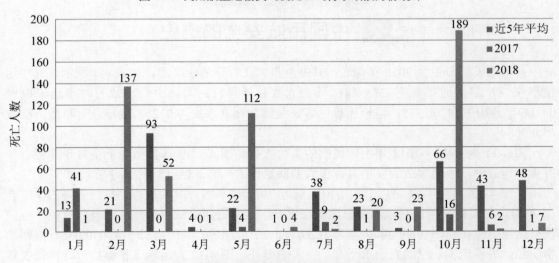

图 4-8　民用航空运输类飞机事故死亡人数按月份统计

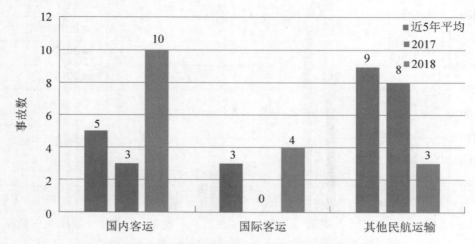

图 4-9　民用航空运输类飞机死亡飞行事故按飞行性质统计

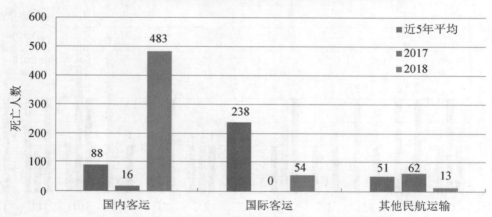

图 4-10　民用航空运输类飞机事故死亡人数按飞行性质统计

4.2　中国民航安全的历史

自中国民航诞生至 2018 年年底，共发生重大飞行事故 357 起，如表 4-1 所示。其中运输航空 82 起，通用航空 275 起；死亡人数总计 1112 人，平均事故万时率运输航空 0.0039，通用航空 0.1375；运输飞行亿客公里旅客死亡人数 0.0125；运输飞行事故万架次率 0.0084。

图 4-11 为 1950—2018 年中国民航的事故次数。图 4-11 中事故数量的高峰年和低谷年有规律地波动，表明事故的发生具有很大的偶然性的同时，也有其规律可循。

由图 4-12 和图 4-13 可以看出中国民航近 70 年来事故万时率总体是持续下降的，结合图 4-11，却发现通用航空事故的总次数在上升，这与近年来低空开放鼓励发展有关。中国民航运输航空在建国初期的事故率为 0.26，而 20 世纪 90 年代初期下降为 0.035，降幅非常明显，表明运输航空的安全水平有了巨大的提升。图 4-12 为运输飞行事故万时率每 5 年划分的比较，由此可知，除了比较特殊的 20 世纪 70 年代以外，事故率总体呈现明显的下降趋势，尤其是 2000 年后，出现了事故率多年保持为 0 的局面，再结合图 4-14 和图 4-15，数据表明在保持运输量稳步增长的同时，中国民航的安全水平，特别是运输航空安全进步巨大，已经基本达到了航空发达国家水平。

表 4-1　1950—2018 年飞行事故统计(每 5 年)

年度	飞行事故次数			运输航空重大以上飞行事故			通用航空死亡飞行事故		运输航空	
	运输	通用	小计	次数	万时率	万次率	次数	万时率	旅客死亡人数	亿客公里旅客死亡人数
1950—1954	3	2	5	2	0.26	1.594	0	0	0	0
1955—1959	14	21	35	6	0.276	1.172	9	1.34	18	3.588
1960—1964	7	24	31	1	0.033	0.104	6	0.53	10	1.321
1965—1969	5	17	22	3	0.104	0.315	6	0.5	7	0.643
1970—1974	6	28	34	3	0.101	0.295	10	0.76	22	0.917
1975—1979	10	29	39	3	0.06	0.142	13	0.9	51	0.454
1980—1984	8	13	21	3	0.044	0.094	9	0.43	55	0.189
1985—1989	7	24	31	6	0.046	0.101	17	0.83	165	0.194
1990—1994	12	17	29	9	0.035	0.072	16	0.81	453	0.23
1995—1999	5	12	17	3	0.005	0.0082	9	0.17	83	0.022
2000—2004	3	11	14	3	0.0033	0.0055	8	0.1094	207	0.032
2005—2009	0	14	14	0	0	0	6	0.0440	0	0
2010—2014	1	25	26	1	0.0003	0.0007	10	0.0351	41	0.0016
2015—2018	1	38	39	0	0	0	21	0.0596	0	0
合计	82	275	357	43	0.0039	0.0084	140	0.1375	1112	0.0125

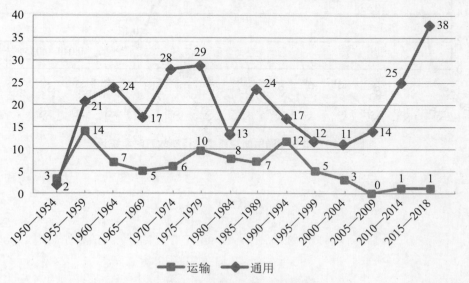

图 4-11　1950—2018 年飞行事故统计(每 5 年)

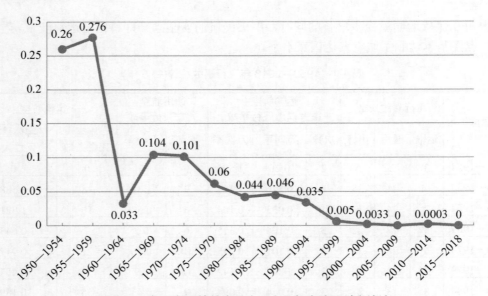

图 4-12　每 5 年运输航空重大以上飞行事故万时率统计

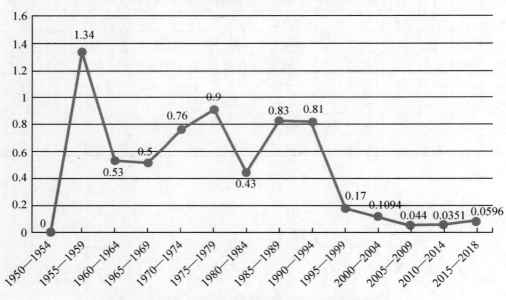

图 4-13　每 5 年通用航空死亡飞行事故万时率统计

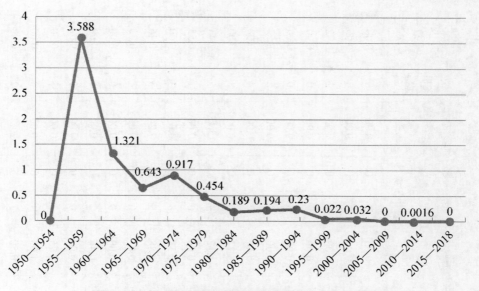

图 4-14 每 5 年运输航空亿客公里旅客死亡人数统计

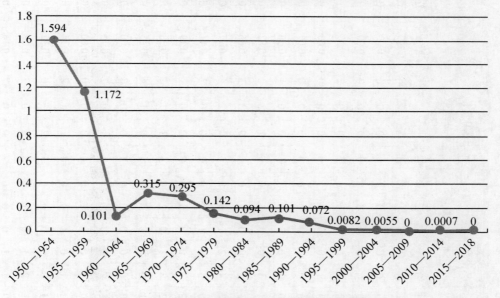

图 4-15 每 5 年运输航空重大以上飞行事故万次率统计

1950—2018 年民用航空飞行事故万时率和亿客公里旅客人数统计，如表 4-2 所示。

表 4-2　1950—2018 年民用航空飞行事故万时率和亿客公里旅客死亡人数统计表

年度	事故次数 合计	一等	二等	三等	非常	二等以上飞行事故次数 合计	运输	通用	运输飞行事故次数 合计	一等	二等	三等	非常	通用飞行事故次数 合计	一等	二等	三等	二等以上飞行事故万时率 事故万时率	运输万时率	通用万时率	死亡人数 机组	旅客	亿客公里旅客死亡人数	报废飞机架数	二等以上运输飞行事故万次率
1950	0	0	0	0	0	0	0	0	0	0	0	0	0	0	0	0	0	0.00	0.00	0.00	0	0	0.00	0	0.00
1951	0	0	0	0	0	0	0	0	0	0	0	0	0	0	0	0	0	0.00	0.00	0.00	0	0	0.00	0	0.00
1952	4	0	2	2	0	2	2	0	4	0	2	2	0	0	0	0	0	1.30	1.38	0.00	0	0	0.00	2	8.92
1953	1	0	0	0	1	0	0	0	1	0	0	0	1	0	0	0	0	0.00	0.00	0.00	0	0	0.00	0	0.00
1954	0	0	0	0	0	0	0	0	0	0	0	0	0	0	0	0	0	0.00	0.00	0.00	0	0	0.00	0	0.00
1955	4	0	2	2	0	2	2	0	2	0	2	0	0	2	0	0	2	0.56	0.64	0.00	0	0	0.00	2	3.52
1956	9	1	3	5	0	4	0	4	3	0	0	3	0	6	1	3	2	0.82	0.00	5.40	2	0	0.00	4	0.00
1957	7	0	3	4	0	3	0	3	1	0	0	0	1	6	0	3	3	0.66	0.00	3.27	0	0	0.00	3	0.00
1958	10	2	3	5	0	5	3	2	5	2	1	1	1	5	2	0	3	0.77	0.64	1.12	9	18	15.15	5	2.43
1959	5	0	1	4	0	1	1	0	2	0	1	0	1	3	0	0	3	0.11	0.16	0.00	0	0	0.00	1	0.55
1960	12	2	0	10	0	2	0	2	2	0	0	2	0	10	0	2	8	0.19	0.00	0.58	8	0	0.00	3	0.00
1961	7	2	1	4	0	3	1	2	3	1	0	2	0	4	1	1	2	0.33	0.15	0.88	5	10	7.24	3	0.46
1962	5	0	1	4	0	2	0	2	1	0	0	0	1	4	0	2	2	0.15	0.00	0.61	0	0	0.00	1	0.00
1963	3	0	0	3	0	1	0	1	0	0	0	0	0	3	0	1	2	0.00	0.00	0.00	0	0	0.00	0	0.00
1964	4	1	1	3	0	3	0	3	1	0	0	1	0	3	1	1	2	0.13	0.00	0.46	2	0	0.00	0	0.00
1965	1	1	0	0	0	1	1	0	1	1	0	0	0	0	0	0	0	0.00	0.00	0.00	0	0	0.00	0	0.00
1966	5	2	1	2	0	3	0	3	1	0	0	1	0	4	2	1	1	0.34	0.16	0.75	2	0	0.00	3	0.50
1967	3	2	0	3	0	3	0	3	0	0	0	0	0	3	2	1	0	0.32	0.00	1.03	10	5	2.42	3	0.00
1968	5	2	0	3	1	2	1	1	2	1	0	1	1	3	0	1	2	0.28	0.19	0.50	7	5	2.42	2	0.60
1969	8	1	0	7	0	1	1	0	1	1	0	0	0	7	0	0	7	0.14	0.20	0.00	6	2	1.17	1	0.60
1970	6	6	1	2	0	4	1	3	4	1	0	1	0	5	2	1	2	0.51	0.19	1.16	9	0	0.00	4	0.59

续表

年度	事故次数					二等以上飞行事故次数			运输飞行事故次数					通用飞行事故次数				二等以上飞行事故万时率			死亡人数		亿客公里旅客死亡人数	报废飞机架数	二等以上运输飞行事故万次率
	合计	一等	二等	三等	非常	合计	运输	通用	合计	一等	二等	三等	非常	合计	一等	二等	三等	事故万时率	运输万时率	通用万时率	机组	旅客			
1971	4	1	0	3	0	1	0	1	0	0	0	0	0	4	1	0	3	0.12	0.00	0.37	3	0	0.00	1	0.00
1972	13	1	3	9	0	4	1	3	1	0	1	0	0	12	1	2	9	0.45	0.17	0.99	2	0	0.00	5	0.52
1973	3	2	0	1	0	2	1	1	1	1	0	0	0	2	1	0	1	0.24	0.17	0.40	9	22	3.84	2	0.49
1974	8	0	2	6	0	2	0	2	0	0	0	0	0	8	0	2	6	0.22	0.00	0.88	0	0	0.00	2	0.00
1975	9	2	2	5	0	4	0	4	0	0	0	0	0	9	2	2	5	0.37	0.00	1.66	4	0	0.00	4	0.00
1976	12	2	1	9	0	3	1	2	1	1	0	0	0	11	1	1	9	0.26	0.11	0.72	10	34	2.16	3	0.28
1977	6	3	1	2	0	4	1	3	1	1	0	0	0	5	2	1	2	0.36	0.11	1.23	15	17	0.93	4	0.26
1978	4	0	2	2	0	2	0	2	0	0	0	0	0	4	0	2	2	0.15	0.00	0.69	0	0	0.00	2	0.00
1979	8	2	0	6	0	2	1	1	1	1	0	0	0	7	1	0	6	0.18	0.08	0.50	0	0	0.00	3	0.17
1980	5	2	0	3	0	2	1	1	1	1	0	0	0	4	1	0	3	0.11	0.08	0.23	9	19	0.48	2	0.16
1981	5	1	1	3	0	2	0	2	0	0	0	0	0	5	1	1	3	0.18	0.00	0.77	1	0	0.00	3	0.00
1982	4	2	0	2	0	2	1	1	1	1	0	0	0	3	1	0	2	0.11	0.07	0.26	0	25	0.42	2	0.15
1983	5	2	1	2	0	3	1	2	1	1	0	0	0	4	1	1	2	0.18	0.08	0.47	3	11	0.19	3	0.17
1984	2	0	0	2	0	0	0	0	0	0	0	0	0	2	0	0	2	0.10	0.00	0.42	3	0	0.00	2	0.00
1985	9	3	4	2	0	7	2	5	2	2	0	0	0	7	1	4	2	0.31	0.11	1.16	10	32	0.28	7	0.24
1986	6	3	2	1	0	5	1	4	1	1	0	0	0	5	2	2	1	0.15	0.05	0.68	6	6	0.04	4	0.10
1987	2	0	2	0	0	2	0	2	0	0	0	0	0	2	0	2	0	0.06	0.00	0.44	1	0	0.00	2	0.00
1988	7	5	0	2	0	5	2	3	2	2	0	0	0	5	3	0	2	0.14	0.06	0.80	25	99	0.46	5	0.14
1989	7	5	0	2	0	5	2	3	2	2	0	0	0	5	3	0	2	0.15	0.03	1.16	15	28	0.15	6	0.07
1990	5	3	1	1	0	4	0	4	0	0	0	0	0	5	3	1	1	0.10	0.00	0.94	9	0	0.00	4	0.00
1991	6	2	2	2	0	4	0	4	0	0	0	0	0	6	2	2	2	0.08	0.00	0.82	5	0	0.00	4	0.00
1992	6	4	2	0	0	6	3	3	3	3	0	0	0	3	1	2	0	0.11	0.06	0.68	26	240	0.59	6	0.13
1993	8	5	3	0	0	8	3	5	3	3	0	0	0	5	2	3	0	0.13	0.07	1.24	9	67	0.14	7	0.14

续表

年份	事故次数				重大以上飞行事故次数			运输飞行事故次数				通用飞行事故次数				重大以上飞行事故万时率			死亡人数		亿客公里旅客死亡人数	报废飞机架数	重大以上运输飞行事故万次率
	合计	特大	重大	一般	合计	运输	通用	合计	特大	重大	一般	合计	特大	重大	一般	合计	运输	通用	机组	运输旅客			
1994	4	1	2	1	3	2	1	2	1	1	0	2	0	1	1	0.04	0.03	0.33	14	146	0.26	3	0.06
1995	2	0	1	1	1	0	1	0	0	0	0	2	0	1	1	0.01	0.00	0.25	4	0	0.00	1	0.00
1996	4	0	4	0	4	0	4	0	0	0	0	4	0	4	0	0.04	0.00	0.36	7	0	0.00	4	0.00
1997	4	0	2	2	2	1	1	2	0	1	1	2	0	1	1	0.02	0.01	0.08	4	33	0.04	2	0.01
1998	1	0	1	0	1	0	1	0	0	0	0	1	0	1	0	0.01	0.00	0.09	2	0	0.00	1	0.00
1999	6	1	3	2	4	2	2	3	1	1	1	3	0	2	1	0.03	0.02	0.16	11	50	0.06	4	0.02
2000	6	1	4	1	5	1	4	1	0	1	0	5	1	3	1	0.03	0.007	0.29	8	39	0.04	4	0.01
2001	0	0	0	0	0	0	0	0	0	0	0	0	0	0	0	0	0	0	0	0	0	0	0
2002	3	1	2	0	3	1	2	1	1	0	0	2	0	2	0	0.015	0.005	0.144	13	121	0.09	2	0.01
2003	1	0	1	0	1	0	1	0	0	0	0	1	0	1	0	0	0	0	0	0	0	1	0
2004	4	1	2	1	3	1	2	1	0	1	0	3	1	1	1	0.01	0.004	0.12	9	47	0.03	3	0.008
2005	2	0	1	1	1	0	1	0	0	0	0	2	0	1	1	0.003	0	0.05	3	0	0	0	0
2006	3	0	2	1	2	0	2	0	0	0	0	3	0	2	1	0.006	0	0.08	0	0	0	1	0
2007	1	0	1	0	1	0	1	0	0	0	0	1	0	1	0	0	0	0	0	0	0	0	0
2008	6	0	2	4	2	0	2	0	0	0	0	6	0	2	4	0.0047	0	0.0693	4	0	0	2	0
2009	2	0	2	0	2	0	2	0	0	0	0	2	0	2	0	0.0021	0	0.0275	1	0	0	1	0
2010	3	0	2	1	2	1	1	1	0	1	0	2	0	1	1	0.0018	0.002	0	3	41	0.01	1	0.0042
2011	5	0	2	3	2	0	2	0	0	0	0	5	0	2	3	0	0	0.0369	1	0	0	5	0
2012	1	0	1	0	1	0	1	0	0	0	0	1	0	1	0	0.0015	0	0.0180	1	0	0	1	0
2013	13	0	5	8	5	0	5	0	0	0	0	13	0	5	8	0.0066	0	0.0791	6	0	0	5	0
2014	4	0	2	2	2	0	2	0	0	0	0	4	0	2	2	0.0024	0	0.0278	3	0	0	4	0
2015	10	0	5	5	5	0	5	1	0	0	1	9	0	5	4	0.0054	0	0.0609	10	0	0	6	0
2016	10	0	6	4	6	0	6	0	0	0	0	10	0	6	4	0.0058	0	0.0746	9	0	0	8	0

续表

	运输航空事故次数					通用航空事故次数					运输航空重大以上飞行事故			通用航空死亡飞行事故			死亡人数		运输航空亿客公里死亡人数	报废飞机架数
事故次数	合计	特大	重大	较大	一般	合计	特大	重大	较大	一般	次数	万时率	万次率	次数	万时率	万次率	机组	运输旅客		
2017	0	0	0	0	0	6	0	0	0	6	0	0	0	2	0.0666	0.0325	4	0	0	6
2018	0	0	0	0	0	13	0	0	2	11	0	0	0	8	0.0803	0.0395	11	0	0	8

注：1. 本报告中所指的飞行事故征候是指除航空器地面事故征候以外的事故征候，包括运输航空严重事故征候、运输航空一般事故征候、通用航空事故征候。

2. 事故万时率是事故的次数和飞行万小时之比。

3. 亿客公里旅客死亡人数是运输航空旅客死亡人数与亿客公里数之比。

4. 数据来源于中国民用航空局航空安全信息系统，飞行小时、起落架次和亿客公里数来源于中国民用航空局发展计划司。

5. 通用航空是指使用民用航空器从事运输航空运输以外的民用航空活动，包括从事工业、农业、林业、渔业和建筑业的作业飞机，以及医疗卫生、抢险救灾、气象探测、海洋探测、科学实验、教育训练、文化体育等方面的飞行活动。

6. 本报告中所指"重大"飞行事故 2016 年以前（含 2016 年）按照 GB 14648-1993《民用航空器飞行事故等级》是指人员死亡或运输飞机全损事故。自 2017 年起与国务院 493 号令《生产安全事故报告和调查处理条例》保持一致。

4.3 中国民航安全现状

4.3.1 当前的安全形势

在我国航空运输持续快速增长的形势下，民航运输飞行事故率总体呈现不断下降的趋势。数据显示，1990—1999 年的 10 年间，我国民航运输飞行每百万飞行小时的重大事故万时率为 0.015；2000—2009 年的 10 年间，这一数字降低到了 0.0011；2010—2018 年期间，进一步降低到了 0.0001，安全记录达到全球领先水平。

中国民航在"十二五"期间，全行业未发生运输航空重大以上安全事故，安全水平世界领先。"十二五"期间，民航业坚持持续安全理念，安全工作注重常态化，安全法规体系、队伍管理体系、安全责任体系等进一步健全，中国民航安全水平大幅提升，实现运输飞行 3480 万小时，比"十一五"期间增加 70.9%，未发生运输航空事故；亿客公里死亡人数 10 年滚动值从"十一五"末的 0.009 降至目前的 0.001，降幅达 89%；运输航空百万架次重大事故率 10 年滚动值从"十一五"末的 0.19 降至目前的 0.04，降幅达 79%；运输航空百万小时重大事故率 10 年滚动值为 0.02，亿客公里死亡人数 10 年滚动值为 0.001，均远远低于同期世界平均水平，安全水平快速进步。

此外，在国际民航组织对 190 个缔约国进行的普遍安全审计中，我国民航位居前列。

中国民航在取得优良的安全记录的同时，严重事故征候也时有发生，严重事故征候与事故仅是一线之隔，有些事件没有演变成事故只是侥幸。这表明中国民航的安全工作仍然存在改进的空间，因此在中国民航发展过程中，安全工作仍然是重点。

中国民航的持续安全目标是全行业的安全基础不断完善、安全保障能力持续增强，总体航空安全水平持续提高，并始终保持在国家、社会和公众可接受的航空水平之上，满足人民群众日益增长的美好生活需要。

按照我国目前行业的安全发展态势，"十三五"期间能够为政府和公众所接受的航空安全水平应该是，安全水平保持领先，运输航空每百万小时重大及以上事故率低于 0.15。

为了保障持续安全目标的实现，当前中国民航局的安全举措包括完善安全运行规章与标准，积极采用航空新技术，提高运行安全水平，推进安全管理体系建设，开展航空从业人员教育与培训，加强队伍建设。

中国民航推行持续安全的未来举措则有建立中国民航的国家安全纲要，进一步加大科技兴安的力度，营造优良的行业安全文化等。

4.3.2 安全管理理念的发展

改革开放后，中国民航经历了两次大的体制改革，不断扩大对外开放，目前已初步建立了与社会主义市场经济和国际趋势相适应的行业管理与运行机制。航空安全管理逐步趋向法制化、规范化和科学化，航空安全水平不断提高。当今的中国民航与改革开放初期中国民航已不可同日而语。

中华人民共和国成立以来，中国民航安全管理工作的历程，大体可以分为三个阶段，即摸索管理阶段、经验管理阶段和规章管理阶段。中国民航要在新世纪新阶段实现安全发展，就必须继往开来，与时俱进，开辟安全管理工作的新境界。进入新世纪以来，中国民航局提出了持续安全的新理念，并对树立持续安全理念、确保安全发展问题从理论上进行了系统的梳理和归纳，搭建起了持续安全理念的完整理论框架。

民航安全管理工作下一步的努力方向是人文内涵式管理，即伴随着社会进步，通过安全理念的创新，提高人的整体素质，促进人的全面发展，建设良好的安全文化，实现由"要我安全"向"我要安全"的更高级的安全管理层次转变，使安全管理变为人文需求与人文自觉。

1. 系统与系统工程

"系统"是当代科学中最基本的概念，系统"无处不有，无处不在"。构成系统的要素必须具备三个要点：一是系统由两个以上的要素组成，单一要素不能构成系统；二是系统具有要素在孤立状态下所不具有的新的整体功能；三是系统的各要素具有严格的结构性和不可分割的相关性。所谓结构性，是指在一定的时间和空间范围内，组成系统的内在形式，或者叫系统内部的组织、机制和排列秩序。所谓相关性，是指系统要素间的相互依存性和相互制约性。要素是系统的基础，系统是各个要素相互联系的发展和结果。系统的结构性和相关性是决定系统整体功能的关键。

在一般情况下，结构越合理，相关度就越大，其整体性功能就越好；反之，其整体功能性就越差。

系统的整体性是系统的核心。任何系统都不是简单的机械相加，而是有机结合，因而具有特定的整体性功能。整体性功能，一方面具有各个部分(要素)在孤立状态下不具有的新质；另一方面新质的出现使系统整体在特定量度上的功能增大，即整体大于各部分之和。当然，系统中各要素间如果组成彼此冲突的结构，其整体性功能必然小于各部分(要素)功能之和。

系统是作为过程而展开的动态系统，开放系统与外界有物资、能量和信息的交换，系统内部结构也可以随时间变化。一般来讲，系统的发展是一个有方向性的动态过程。

系统工程是以大型复杂系统为研究对象，采用现代数学理论，按一定的目的进行开发、管理与控制，以期达到总体目标最优的理论和方法。系统工程的研究对象除了物化的设备设施、组织机构、信息系统，往往还涉及人的价值观、行为学、心理学、主观判断和理性推理。因此，系统工程所研究的系统通常都比较大，要素多，结构复杂。只有采用定性分析与定量分析相结合，定性问题定量化处理的方法，才能实现系统目标。

2. 安全与系统安全

在人类的生存和发展过程中，以人类自身为着眼点，从保护人类生存和延续的角度出发，要求人们在进行生产、生活乃至生存的环境中或人类活动的一切领域中，没有任何危险和伤害，也不产生任何财产的损失，使人达到身心健康、舒适愉快并高效工作的境地。因此，安全不仅仅是指没有人员和财产这些有形的伤害与损失，而且包括那些无形的精神压力与伤害。然而，这种理想的安全是很难实现的，是人类为之奋斗的理想目标，也是安全科学研究和探索的课题。

民用航空在安全方面，一直稳步向前发展。多年来，民用航空在建立、完善规章，实现规范性管理，加强人员培训，技术改进等方面取得了令人瞩目的成绩，特别是在解决航空器的安全性和可靠性问题上非常成功，将航空器原因导致飞行事故所占的比率从 80%降低到 20%以下。所有这一切，都使旅客面临的风险可以保持在最低限度，使航空安全水平达到了公众可以接受的水平，实现了民用航空在生产目标和安全目标之间的平衡。

随着技术的进步和社会的发展，"组织事故""系统事故"反映了"社会技术系统"的特征，单从个人行为方面查找事故原因，不能解决航空安全问题。专家学者开始着眼于整个组织的安全体系，采用系统工程的科学方法，大大推进了安全研究。

然而，组织的安全与组织的其他功能是密不可分和互相依存的。1990 年英国曼彻斯特大学的李森(James Reason)博士提出系统安全状况的分层次模型。该模型认为，根据系统的分层次性特点，任何系统都可以根据其自身的属性分成不同层次，提出了安全防护层的隐性失效的概念。

同时，由于系统的动态特性，事物的发展必然带来许多新的问题，这也是存在缺陷之必然所在。然而，有缺陷并不一定爆发事故，只有当缺陷贯穿了各个防护层面时，事故才得以爆发。同时也说明，不爆发事故，并不能否认缺陷存在的客观性。该模型充分展示了系统安全的思想，并提出了民航安全中隐性失效的概念，为我们建立系统安全理论和建设安全管理体系奠定了基础。

系统安全理论是现代安全科学的基本理论思想，它从系统观点出发，采用系统工程的理论和方法，研究影响系统安全的各种要素及其相互联系，而不是简单地就事论事。它应用信息系统理论和方法收集、处理、分析系统的安全状况，规划安全信息的合理流动与充分利用系统资源，实现对系统安全的动态管理和优化，建设本质安全的系统，预防事故的发生。

3. 安全与人为因素

尽管在航空安全方面取得了显著成绩，但是，航空业也存在一些不尽如人意的问题。随着科学技术的发展以及对事故调查和分析的深入，研究结果表明：与技术因素相比较，人为因素已经上升为航空安全的主要方面，解决好人为因素问题是进一步提高现代航空安全水平的关键。

1976 年国际民航组织专门作出决议，要求各成员国重视人为因素重要性的宣传教育。

从 20 世纪 90 年代开始，国际民航组织又开始实施推动人为因素研究的十年计划，召开了一次又一次世界性研讨会。在这种强有力的推动下，今天人为因素已经成了世界航空安全领域的主旋律。

先进的技术装备固然为航空安全提供了坚实的物质基础，但设备是由人操纵的，严格的规章管理虽然为航空安全提供了有力的制度保障，但规章是人去执行的。因此，人的能动性的发挥对于航空安全起着决定性的作用。规章和标准是用来规范人的行为的，告诉人们为了保证安全应当怎样去做。然而人的素质、责任心和警惕性决定着工作的质量，因而人的能动性发挥的程度不同，规章和标准贯彻的质量就不同，结果也就不一样。

虽然人们很容易得出人为差错是与粗心或工作技能差有关，但这种说法并不准确。发生的事故或事故征候都是由一个事故链组成的，及早发现并纠正每一个发生事故的隐患，才能真正获得预防事故的效果。事故链中绝大部分环节是在组织的控制之下，组织中存在的各种问题是对航空安全的最大威胁，因此只有组织采取必要的措施才能使系统更加安全。

此外，再先进的设备也不可能绝对可靠，再详尽的规章也不可能绝对完善；何况新技术层出不穷，尚无相应运行经验的新设备新技术投入使用的事是常有的，因而只有依靠人的能动性的充分发挥才能弥补和堵塞那些难以预料的技术和规章方面的漏洞，把住安全的最后一道关口。只有技术、规章和人的能动性完美地结合起来才有望进一步地提高民航安全水平。

在航空业中，工作场所通常涉及一系列复杂的、相互影响的、可能影响人的行为能力的因素和条件。全面考虑人为因素对航空安全的影响显然是非常必要的。

在人为因素研究中，SHEL 模型用于采用简化方法来认识复杂系统。SHEL 模型于1972 年由爱德华兹教授提出，1975 年霍金斯提出修改框图，如图 4-16 所示。

S=软件(程序、符号表示法等)
H=硬件(机器)
E=环境
L=人件(人)

在此模型中，各方块之间(界面)配合是否得当与方块本身的特性一样重要。配合不当可引起人为差错。

图 4-16　SHEL 模型

SHEL 模型的名称来自其四个组成部分的英文首字母。

a. 人件 (L) (工作场所中的人)。

b. 硬件 (H) (机械与设备)。

c. 软件 (S) (程序、培训、支持等)。

d. 环境 (E) (L—H—S 系统其余部分的运行环境)。

这一模型根据传统的"人—机—环境"系统发展而来，它强调人及人与航空系统中其他组成部分之间的相互关系界面。SHEL 模型对于形象地描绘航空系统中各个组成部分之间的相互关系尤为有用。

在人为因素问题上，专家曾一度将运行人员作为解决航空安全问题的焦点，并为此采取了种种措施，客观地讲这些努力起到了积极作用。然而近 20 年来，事故率几乎是一条直线，并未大幅下降，因此要进一步降低事故率，解决民航安全问题必须寻求新的方法。

4. 风险

对风险的接受度可以从两个不同的角度来评价(分析)，第一个问题是面对风险，个体认为风险可接受吗？从这一方面制定的风险标准即为个体风险。

第二个问题是公众怎么看待这一风险？这关系到公众对事件的接受程度，从这一方面制定的风险标准即为社会风险标准。

1) 个体风险

个体风险标准根据对个体的风险设定和评价来建立。事件后果的严重性是以个体能够承受的危害程度来评价的，但不考虑给定事件受影响的人数。

事实上，每个个体都会利用自己的判断，给出他们认为可接受的风险水平。对风险，每个人的感受是相当不同的。

每个个体对风险的理解也会受到他对产生风险的事件的熟悉程度的影响。例如，一个不经常乘机旅行的人乘机时的不安程度较高，但他却在风险更高的驾车旅行时感觉相当轻松自在。人们对于愿意去做的事就肯承担更高的风险，反之则会产生抵触心理。

因此，基于个体风险的接受度标准，不能仅根据一个个体对风险评估的评价来确定，而是应当根据一个假设的个体代表的判断来确定。

在任意一年内，个体受到某种活动危害的风险取决于其与这种活动面对(接触 暴露)的程度。当使用年风险测度时，机组飞行面临的风险要比旅客大得多。在这种情况下，机组被认为是临界面临风险组。乘机公众的风险将根据假设典型旅客，如每年飞行 100 小时的商务旅客来确定。

个体风险标准一般是根据各种活动的死亡统计数据制定的。其中两个关键数据是公路交通事故死亡人数(率)和遭雷击死亡人数(率)。一般认为，任何风险大于公路交通事故死亡率的事件均是不可接受的，这一数据在国与国之间有很大差异，但在主要西方国家通常是每年 10^{-4} 次(万分之一)。遭雷击死亡可能性是每年 10^{-7} 次(千万分之一)，这是可忽略的风险。

2) 社会风险

社会风险标准用于说明什么是社会认为的可接受风险的问题。

在评价个体风险时，风险的严重性是根据一个后果的严重性而确定的。通常社会看待风险的方式受到由于特定事件的出现而危及人们的数量的影响。

对于一个危害后果严重性的评估也要考虑这一情况。

个体和社会对风险的容忍有明显差异是易于理解的，但这并没有解答什么是可以接受风险的这个问题。

一些国家颁布了在他们的社会中什么是可以接受的风险水平的标准。许多原始资料都来自核工业和化学工业，但这些标准仅可以作为与航空有关的事故指导材料。接受度标准一国与一国是不同的。

在航空中应用社会风险标准，要注意公众理解的风险是全体风险，而不是分各系统考虑。可以用于制定全球、地区的安全目标。然而，改变服务程序就不便于直接比较社会风险标准，因为它们只代表全部风险的一部分。

3)　安全绩效指标

安全绩效指标通常是用一些产生危害事件发生的频度来表示的。

这些风险测度只规定了发生的频度，但实际上风险和严重性有关。在这种风险测度中，严重性暗含在规定了发生频度的事件中。所以用事件次数来表示可接受风险水平将明显区别于用致命航空器事故表示可接受风险水平。

为了设计安全绩效指标，首先要确定合适的安全绩效指标，然后确定用什么代表可接受的安全结果。

ICAO 全球的空中交通服务安全绩效指标用事故表示。航空器事故是相当稀少的事件，但每年的发生水平都有起伏。而事故的年变化并不意味着内在安全水平的变化。

用一个机场或飞行情报区观察到的事故率来衡量安全指标没有多少用处。对于一个飞行情报区，航路发生事故的时间间隔可能超过 100 年，但这并不意味着没有潜在的可能，达到条件就可能发生事故。

发生某类事件的频率可以提供一个很好的"安全健康"指标。虽然这些事件并不导致致命事故，但它们可以揭示存在的缺陷和漏洞，只要条件稍有不同就可导致事故。这一类未发现的缺陷和漏洞叫作隐性失效。

5. 安全与安全管理体系

随着系统安全理论和方法的进一步发展和人为因素研究的不断深入，两者的研究成果丰富、深化、发展了系统安全理论，因而对于安全的新理解和管理安全的新方法已经逐渐形成。

国际民航组织在其《安全管理手册》中，将"安全"定义为一种状态，即通过持续的危险识别和风险管理过程，将人员伤害或财产损失的风险降至并保持在可接受的水平或其以下。通过国际民航组织对"安全"的重新定义，我们可以发现风险管理已经被引入民航安全管理领域中了。

风险管理以危险和隐患作为研究对象，其理论的基础是对事故因果的认识，以及对危险和隐患事件链过程的确认。将风险管理引入安全管理，就建立了对事故系统的超前意识流和动态认识论。

风险管理的思想是从事故的因果性出发，着眼于事故的前期事件的控制，对提高事故预防效果有着显著的意义和作用。现代安全管理方法正从纯粹的反应模式转向主动模式，安全管理体系正是这样一种模式。国际民航组织在其《安全管理手册》中，定义安全管理体系(SMS)是有组织的管理安全的方法，包括必要的组织结构、问责办法、政策和程序。

我国民航管理水平与世界发达国家相比仍然存在着一定差距，除了技术、设施差异以外，规章制度不健全，规范化意识淡漠，管理粗放等都是亟待解决的问题。

就民航安全管理而言，我国曾经长时间停留在经验型阶段，缺乏科学研究和有效的培训。而发达国家在这方面已经大踏步地走到了前面，有许多好的方法值得借鉴。

中国民航进一步提高安全水平将是一项艰巨的任务。既要在充分总结自己经验的基础上，积极吸取国外在民航安全管理等领域的新方法、新成果，跟上国际航空界迅速前进的步伐；更要尽快完善我们的规章制度，强化规范化、标准化的意识，严格监督检查，弥补我们在规章管理方面的缺陷；还要加强基础设施和教育科研基地的建设，改变我国在安全管理技术和基础设施等方面的落后现状。

正是在这样的国际国内背景下，进入新世纪之初，中国民航局提出了建设安全管理体系的任务。

4.3.3 持续安全举措

1) 完善安全运行规章与标准

中国民航局推动了一大批安全运行条例与规章的制定与发布工作。发布《民用机场安全运行管理规定》，制定了《民用机场航空燃油供应安全运行规定》，完成了《飞行标准管理条例》《航空器事故报告和调查条例》等规章的编写和修改工作。

通过全行业认真部署和富有成效地开展"规章落实年"等活动，加大安全规章的宣传和培训，加大对企事业单位规章制度符合性尤其是规章落实情况的审计和督查力度，并进一步修订完善安全规章标准，推动了规章标准在安全生产和安全监管工作中的贯彻落实。

2) 积极采用航空新技术提高运行安全水平

中国民航局已经发布了 PBN 实施路线图，并积极推进中国民航 PBN 的实施，开发了飞行标准监管系统(FSOP)，并在专业人员培训中广泛使用了高仿真模拟技术等高技术装备。

3) 安全管理体系(SMS)建设

中国民航安全管理体系建设工作从 2007 年启动，不断在全行业实施安全管理体系。目前，已经完成了对航空承运人、机场、空管等单位的安全管理体系建设指南。

4) 开展航空从业人员教育与培训，加强队伍建设

中国民航每年开展上千人次的监察员复训工作。同时，对各航空公司、机场安全责任经理和安全管理人员，按照规章要求进行培训，提高了航空从业人员的管理水平。

5) 建立中国民航的国家安全纲要

中国民航正在制定国家安全纲要的实施计划、里程碑、阶段性目标、政府基于绩效监管的考核指标体系等。中国民航当前的任务是建立国家安全纲要与企业安全管理体系的匹配关系。成功的国家安全纲要来自民航当局领导的支持、重视和参与，中国民航将通过国家安全纲要的建设，进一步完善局方监管。

6) 加大科技兴安的力度

科技是航空安全的第一推动力，中国民航将积极支持航空新技术的研发与应用。

7) 营造优良的行业安全文化

安全文化是安全管理的高级阶段，是通过提高人的安全意识、规范人的行为达到提高安全水平的目的。培育积极、优良的行业安全文化，是全行业确保持续安全的基础。

4.3.4 中国民航安全管理特点分析

在我国航空运输业持续快速增长的形势下，民航运输飞行事故率总体呈现不断下降的趋势。中国民航在快速发展的同时取得突出的安全业绩主要源于如下措施。

1) 领导重视，落实安全生产责任制

自中华人民共和国建立以来，无论是周恩来总理"保证安全第一，改善服务工作，争

取飞行正常"的重要批示精神，还是邓小平、江泽民、胡锦涛、习近平等中央领导同志有关民航工作的一系列指示精神，都反映了国家对民航安全的高度重视。

1980 年，中国改革开放的总设计师邓小平指出，民航一定要走企业化的道路。同年，中央决定民航改归国务院直接领导。1987 年，民航管理体制改革方案正式出台，民航体制改革的帷幕就此拉开。此后经过 5 年多时间的改革，政企基本分开，法制建设步伐加快，新的管理格局和运行体系初步形成，为我国民航的航空安全水平的提高打下了坚实的基础。

改革开放以来，民航不断改革管理体制，安全工作在改革中持续加强。2002 年，民航实施新一轮的体制改革以后，建立了"两级政府，三级监管"的行业安全管理格局。针对民航安全生产的新形势、新问题、新特点，民航局依据《安全生产法》和《民用航空法》，投入了大量精力，落实安全生产责任制。民航局提出企业作为安全生产的责任主体，其法定代表人要切实履行安全生产第一责任人的职责；民航地区管理局作为本地区安全生产的监管主体，其主要负责人是本地区安全生产监管工作第一责任人，负责层层落实监管责任和生产责任。民航局要求，民航各级领导部门的主要领导要把全副身心放在抓安全监管上，所有企事业单位的法人代表作为第一责任人要把主要精力放在抓安全管理上，分管安全的领导要把全部精力放在抓安全管理上，分管其他工作的领导要把足够的精力放在抓安全管理上。要将安全责任真正落实到安全生产的每一个岗位和员工身上，同时，按照"谁主管、谁负责"的原则，进一步完善安全责任追究和奖惩机制，在明确安全管理责任的同时，确保关键部门和岗位的安全生产责任落到实处。

2) 完善安全监管体制

经过多年改革，我国民航已建立起比较完善的安全监管体制。2002 年，民航实施了管理体制改革，政企彻底分开，机场下放地方，建立起了适合我国民航安全生产和持续发展的"两级行政机关，三级管理层次"的组织管理体系，即民航局—地区管理局—省(市、区)监管办。民航局和地方管理局具有执法主体资格，监管办作为地区管理局的派出机构，代表地区管理局进行执法。民航局主要通过立法决策统管指导行业安全生产工作；地区管理局的主要职能是组织实施各项安全法规规章和安全政策、措施；监管办的主要职能是监督检查安全规章、政策及措施的执行情况。目前，民航局机关实施安全管理的部门有航空安全办公室、飞行标准部、机场司、适航司、空管行业办公室和公安局 6 个司局，地区管理局机关实施安全管理的部门有航安办、飞标处、航务处、适航维修处、适航审定处、航卫处、机场管理处、空管办和公安局等部门，以及派驻各省(市、区)的安全监督管理办公室，各监管办机关实施安全管理的部门有飞标、航务、适航、机场、空管和空防等部门。

近年来，民航推进依法行政，不断加大安全监管力度，以促进企事业单位依法生产和安全发展。对民航运行单位，如航空公司、机场和空管单位等进行系统的安全评估和安全审计。其中，实施安全审计是推进政府监管部门进行安全监管的重要手段之一。2006 年，全行业适时启动了旨在提高安全运行水平并与国际接轨的安全审计和安全管理系统(SMS)建设。作为一项长期的综合安全监管工作，如今，安全审计已经得到了我国民航系统的广泛认可，航空公司、机场企业和空管单位积极部署，有力地促进了安全审计在全行业的开展。

3) 创新安全管理理念

行业安全管理理念的不断创新，保证了民航安全管理水平的稳步提升。从最初的"飞飞整整""八该一反对""四严一保证",到"关口前移""事前管理",在长期的安全生产实践中,民航系统积累了大量的安全管理经验,为全行业更好地实施安全管理、提高安全运营水平创造了条件。

2003 年,民航局党委提出了安全工作"五严"要求的理念,即抓民航安全工作,一定要在"严字当头"上下功夫,严在组织领导、严在规章标准、严在监督检查、严在教育培训、严在系统完善。

2008 年年初,结合民航发展需要,民航局提出了"持续安全"的理念,指出安全工作不能阶段性、运动式地抓,而要坚持不懈地抓、深入持久地抓,强调要抓好"四个体系"(理念体系、组织体系、规章体系和队伍体系)建设,落实"四个责任"(企业的主体责任、政府的监管责任、管理者的领导责任和员工的岗位责任),通过系统抓安全、过程抓安全、细节抓安全,夯实安全生产基础,提高行业安全水平,促进行业安全发展。目前,"持续安全"理念已经得到业界的广泛认可,成为指导行业安全发展的重要思想。

4) 初步建立规章标准体系

伴随我国民航事业的迅猛发展,民航局逐步加快了有关安全方面的立法工作,特别是近几年,相继出台了大量的法规、规章、管理文件及程序,逐步建成了比较完善的规章标准体系。这些法规、规章和程序为民航进一步做好安全工作提供了有力保障。同时也使中国民航的安全管理由粗放型逐步转向精细化。正是因为有了这些日臻完善的法律法规体系保驾护航,才促使中国民航的安全记录在快速发展的同时屡屡刷新。立法速度的加快,不仅为实施行业安全监管提供了依据,并且营造出按章办事、依法生产的安全生产环境,为促进民航安全工作提供了强有力的保障。

5) 依靠安全科技进步

依靠科技进步,有力地提升了中国民航的安全保障水平。随着我国民航机队规模的快速壮大,中国民航积极采用现代化的科技手段,提高航空安全的保障能力。首先,在全行业大力推进飞行品质监控工作。目前,我国民航对飞行品质的监控率已经超过了 99%,大大超过发达国家监控的水平;其次,在所有运输飞机上加装了防撞系统(TCAS)和增强型近地告警系统(EGPWS),并加快雷达管制的实施,提高空域保障能力;最后,积极采用 RNP 和区域导航等新技术,提高飞机在高原机场复杂条件下的起降能力和机场安全保障能力。

6) 加大基础设施投入

在 1978 年,全行业仅有各类中小型运输飞机 98 架,到 2018 年年底我国民航已拥有大型现代化运输飞机 3639 架。目前,我国民航不仅成功改善了机队结构,扩充了机队规模,逐步引进了世界最先进的机型,淘汰了老旧飞机,降低了机队平均年龄,提高了人员素质,加强了基础设施建设,而且还大大提高了我国航空运输的能力和运输质量,也使中国民航的安全运营水平得到稳步提升。

7) 思想政治工作与安全管理结合

长期以来,中国民航十分重视思想政治工作在安全管理中的重要作用。把树立牢固的安全理念作为思想政治工作与安全管理结合的出发点。引导从业人员树立"安全第一"的安全理念。把培育安全文化作为思想政治工作与安全管理结合的支撑点。党组织通过各种媒体宣传行业的安全生产形势,培育先进的安全文化。把增强安全管理实效性作为思想政治工作与安全管理结合的突破点。安全管理是行政方式，属于硬性约束，而思想政治工作坚持思想疏导方针，两者软硬结合，相互补充。面对新的形势，中国民航安全管理工作各环节要求越来越严格，一些从业人员往往难以理解，思想政治工作使从业人员树立起危机感和责任意识，使之自觉规范操作，提高安全技能，从而提升了企业的整体安全管理水平。

综上所述，在中国民航数十年发展过程中，在快速发展的同时，取得了优秀的安全记录，并总结发展了一系列拥有自身特色且实践证明行之有效的经验和做法。然而，随着社会进步和民航发展，中国民航的安全管理工作的目标和任务是持续发展的，管理安全的理念和思想方法、工作方法也必须与时俱进，开拓创新。

目前，骄人的安全记录是通过巨大的人员投入和资金投入换来的，随着中国民航运输规模的扩大，单纯依靠这种大量人力和财力投入来保障安全的行为将难以为继。

虽然我国民航近年的安全记录非常突出，但也应注意到近年来严重事故征候时有发生，如某航 B737 飞机在银川河东机场误把未启用的滑行道当作跑道，后在管制员提醒下复飞。再如某航 B737 飞机在大连机场起飞前滑行过程中，由于机组未按塔台指定的滑行路线滑行，未经塔台许可擅自进入被占用的跑道，与正在起飞的某航 A319 飞机发生冲突，幸亏某航机组中断起飞处置果断、及时，避免了地面相撞事故的发生。停止时，纵向垂直距离只有 16 米。此次事故征候性质极其严重，未酿成机毁人亡的恶性事故实属侥幸。

我国民航在安全生产责任制落实上取得了突出的成绩，政府人员和企业人员在安全管理上投入了大量精力。在运输量成倍增长的过程中，中国民航必须保持足够的安全监察和管理人员，而目前我国民航的安全监察人员在数量和素质上已经出现了短缺和不足。此外，大量安全管理人员的成本和他们所产生的安全效益之间的关系，也是必须考虑的问题。

中国民航机队平均年龄偏短，运行安全问题较少，这也是中国民航取得良好安全记录的一个重要因素。但随着机队年龄的增加，运行维护和安全管理都将面临更多的问题。如何应对这些问题，是今后中国民航发展必须解决的问题。

4.3.5　主要安全问题

目前，中国民航存在下述几方面的问题。

1)　从业人员素质不适应

(1) 从业人员管理理念跟不上。具体表现：首先，某些管理人员安全管理理念陈旧、落后，仍然停留在经验管理阶段；其次，某些管理人员对安全的基础性和重要性认识不足，不能正确处理安全与效益、安全与正常、安全与发展的关系；最后，某些管理人员不重视建立健全安全长效机制，在安全管理上缺乏长远规划。

(2) 从业人员的安全生产法制观念仍需加强。目前我国发生的事故和事件中，企业违法违规运行，以及从业人员违章操作的因素仍然占有相当大的比例，不同程度地存在有法不依、有章不循的现象，与发达国家相比，我国从业人员的安全生产法制观念有待进一步加强。

(3) 从业人员队伍整体素质与发达国家有差距。中国民航快速的发展与地域发展的不平衡，以及培训教育基础设施的不足、培训教育手段的落后，导致了目前一些生产企业内缺乏专业技术人员、科研机构缺乏高素质研究开发人员。

(4) 政府安全监管队伍数量不足，能力欠缺。例如，全国飞标类监察员仅 468 人，对国内 27 家 121 部航空公司的安全监管工作全靠这些人完成。相比之下，美国目前有 4758 名飞行标准监察员约是我国的 10 倍。

2) 规章标准体系系统性不够

我国民航的法规虽然在近年来得到了一定程度的完善，形成了较为完善的规章标准体系，但总体而言与民航发达国家相比仍然有差距。

(1) 规章标准体系缺乏系统性。现有规章有很大部分是直接引用美国联邦航空条例 (FAR)，自主的、基于中国民航发展产生的安全规范、标准较少，未形成与《安全生产法》《民用航空法》等法律配套的包括规章、标准、程序、手册，以及 AD、AC 的规章标准体系。

(2) 在行业标准的制定方面，还未形成制标、修标的完善体制。目前行业标准多为直接引入的欧美发达国家的标准，缺乏自主建立标准的能力和体制。这一软肋将严重影响未来我国民航在世界范围的话语权。

3) 安全监管手段落后

目前，我国安全管理手段已经形成了自身的特点，并取得了一系列的成功经验，如政府的行政命令管理安全、借助党组织作用管理安全等方法，近年来良好的安全记录证明了这一点，但是与发达国家相比我国的安全管理手段依然存在不足。

(1) 我国安全法规和技术标准体系还不完善。我国民航法规和技术标准体系在完整性与内容一致性方面与国际标准还有一定差距，还需要努力加快建设步伐。

(2) 安全监管体系不够完善。近年来，国际民航组织在对中国民航进行安全审计中提出了安全监管体系不够完善，监管人力资源不足的问题。尽管做了很大的努力，但由于监管队伍建设速度相对滞后于行业发展速度，在专业人才的数量和人员素质方面都出现了不足。

(3) 目前的安全监管手段已经不能完全适应中国民航发展和安全管理的要求。近几年，民航局推行安全审计和安保审计制度，启动了安全管理体系建设，这是安全管理方面的创新。但是，一些单位的管理人员对此认识不足，安全审计和安全管理体系建设不尽如人意。比如，安全审计不但要 "文文相符"，更重要的是"文实相符"，也就是落实规章制度，而后一点，却往往被许多单位忽视了。因此，尽管一些单位在安全审计中得了高分，但是安全问题还是不断发生，说明在"文实相符"上差距还很大。安全管理体系建设也是一样，进展不够平衡，应有的效果还没有发挥出来。政府的监管手段目前比较简单，类似美国那样先进的航空运输安全监管网络平台尚未建成，行业监管信息的整合和有效利用尚需时日。

(4) 安全管理模式需要完善。未来的航空运输系统将会成为世界上最安全的运输方式，为了实现这个目标，中国需要采用新的安全管理模式和方法。新的安全管理模式将从原来对个别系统进行测试、检查和认证，转变为在民用航空业内对整体安全管理计划的综合审定和定期检查。安全风险管理和设计保障责任将直接与航空工业项目相关联。

4) 基础设施相对薄弱

与欧美航空发达国家相比，我国安全保障基础相对薄弱，基础设施建设需要加强。民航的基础设施建设滞后，如机场作为重要的基础设施和运行保障平台，近年来发展建设虽快，但并不均衡，东部地区飞行繁忙，空域紧张，部分机场保障容量饱和，基础设施建设亟须上台阶；中西部地区机场和空管投资相对滞后，设施设备相对落后，管理水平相对较低。相对我国目前机队发展而言，航空公司的运控能力还不强。

鸟击、跑道侵入和机坪秩序等问题没有得到有效改善。此外，偏远地区的支线机场还存在飞行区等级低，设施落后，系统化、自动化程度低和运行条件差等问题。空中交通管理系统总体上自动化程度偏低，各分系统之间互联互通、信息资源集成、共享的程度不高，影响了空中交通的安全和效率。

5)　科技创新能力不足

中国民航在安全科技上投入不多，而且大多数是引进国外成熟技术，自主研发的技术非常稀少。对比国外航空发达国家，中国民航整体科研能力较弱，难以为民航的高速发展提供足够的技术支持和保障。科研成果应用推广工作不理想，科研经费不足，科研基础平台缺乏等问题造成中国民航科研规模难以形成，安全科技水平较低，难以适应中国民航的高速发展。

在民航安全领域，目前亟待加强安全理论、安全管理方法、航空人为因素、事件调查与分析、运行数据深入分析等方向的研究工作。

在向民航强国目标迈进的进程中，欲使中国民航的安全水平达到世界先进水平，必须向科技向技术要安全，建立我国民航的自主创新能力是一项重要的任务。因此，必须充分发挥民航科研院所的作用，加大科研投入、打造科研平台，进行重点关键技术攻关、研究，探索新安全技术、新安全管理方法。

以上问题表明，中国民航现在并将在较长的时间内处于成长期，特别是目前在数量上和质量上都还不能充分适应国家改革开放和经济社会发展的需要。21 世纪头 20 年，是中国民航发展的重要战略机遇期，随着我国民航业的飞速发展，目前安全管理状况和模式面对日渐增大的安全压力已逐渐力不从心，为了保障民航强国目标的实现，必须研究制定科学、系统和全面的民航安全发展战略。

4.3.6　未来面临的挑战

随着民航运输业在未来 20 年的快速发展，特别是在向民航强国迈进的进程中，中国民航将会发生很大变化，民航安全面临着重大的挑战。

第一，航空器数量和运输量将出现很大上升，航路、航线将呈现复杂性，空域将更加拥挤。第二，随着超大型航空器(如 A380)的投入使用，以及我国自行研发的支线客机 ARJ21 和干线客机 C919 的投入运营，将使民航运行、维修方面面临新情况，新安全问题将随之而来。第三，随着通用航空的发展，低空空域有可能部分开放，如何有效地实施安全监管将成为一个难题。

针对以上问题，中国民航应未雨绸缪，提早筹划相关规章标准、储备相关人才，并开展相关系统的仿真研究。

第 5 章

飞行安全

5.1 概　　述

　　民航飞行安全是指民用航空器在运行中始终处于一种无危险的状态，亦即航空器在运行过程中，不出现由于航空器质量和飞行机组操纵原因，以及其他各种原因而造成航空器上的人员伤亡和航空器损坏事件。飞行安全是一种系统安全。

　　不同国家和地区对民航飞行安全的运行范围有不同的界定，总体概括起来按照飞行阶段分类，有下述几种类型。

　　第一种是指航空器从跑道上起飞滑跑开始时起，到航空器在跑道上降落滑跑结束时止的时间内，不出现航空器上的人员伤亡和航空器损坏事件。

　　第二种是指航空器为了执行飞行任务从机坪滑行开始，到航空器在机坪上停止为止，不出现航空器上的人员伤亡和航空器损坏事件。

　　第三种是指航空器为了执行飞行任务从开车时起，到航空器结束飞行任务关车为止，不出现航空器上的人员伤亡和航空器损坏事件。

　　第四种是指从旅客和机组人员登机到旅客和机组人员走下航空器的时段内，不出现航空器上的人员伤亡和航空器损坏事件。

　　近期飞行事故按飞行阶段统计如图 5-1 所示，按类型统计如图 5-2 所示。

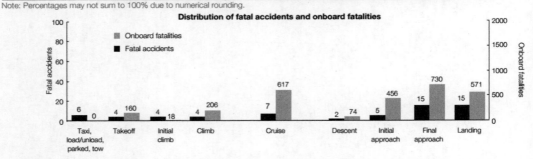

图 5-1　2007—2016 年全球商业运输喷气飞机致命事故率及死亡人数(按飞行阶段统计)

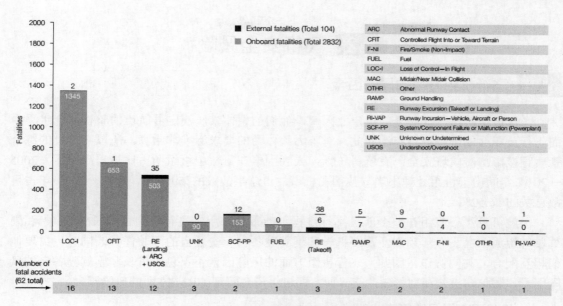

图 5-2　2007—2016 年全球商业运输喷气飞机致命事故

2014 年 1 月 16 日，中国民航局按照运行阶段和地面阶段进行了详细的划分[①]，本文采用此划分方式，如图 5-3 所示。

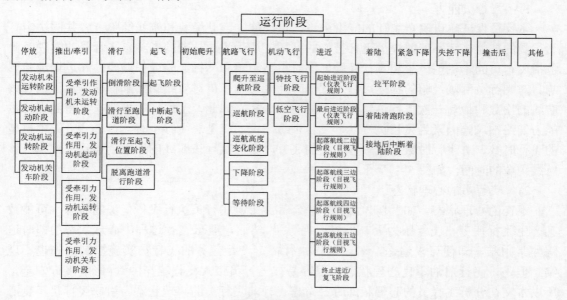

图 5-3　运行阶段

后文将对起飞、初始爬升、航路飞行、进近、着陆等关键阶段的风险因素进行详细分析。

---

① 中国民用航空局航空安全办公室于 2014 年 1 月 16 日发布咨询通告《运行阶段和地面阶段》(AC-396-AS-2014-06).

5.2 飞行安全风险

5.2.1 飞行机组方面的风险因素

飞行员是航班飞行安全的决定性因素，他们的整体素质决定着航班的整体安全水平。而飞行员职业属于高脑力劳动职业，对脑力和体力的要求标准非常高，所以飞行员的综合素质直接影响着航班安全。有资料统计，人为因素在事故中机组所占比重居高不下，2005—2014 年间由于机组处理不当导致的飞机事故占总事故数的 59.46%，2010—2015 年占事故总数的 56.52%[①]。

由此可见飞行机组在整个航班飞行过程中的重要作用。飞行机组由机长(正驾驶)和副驾驶等组成。在飞行活动中，需要机长和副驾驶各自负责各自的驾驶任务，同时也需要他们相互配合，共同协作。因此，飞行机组方面的风险因素不仅包含机长和副驾驶各自的风险因素，还包含机长和副驾驶的交界面，即机组资源管理(CRM)方面的风险因素。

1. 机长/副驾驶风险因素

机长/副驾驶风险因素归纳起来可分为三类：飞行员能力、飞行员的生理状态以及飞行员的心理状态。

1) 飞行员能力

飞行员保证航班安全飞行的能力由飞行员技能、驾驶经验和航线经验三者共同决定。飞行员的技能好坏不仅取决于飞行技能的好坏，还受沟通技能的影响。飞行员的驾驶经验包括飞行员的本机型经验和飞行经验，同时机型经验和飞行经验受长期经验和近期经验影响。对飞行员驾驶经验的描述可由飞行小时完成。飞行员对航线的熟悉程度取决于执行该航线的次数和最后一次执行该航线距今的时间长短。如此，层层向下推演，可得到飞行员能力的终端风险因素为飞行员资格、飞行训练情况、机型总飞行小时、过去 90 天本机型的飞行时数、总飞行时数、过去 90 天的飞行时数、执行该航线的次数、最后一次执行该航线距今的时间，如图 5-4 所示。

2) 飞行员的心理状态

不良的心理状态，如悲伤、激动、愤怒等会影响飞行员执行飞行任务的状态，可能致其产生飞行疲劳、飞行压力大、反应迟钝等[②]。然而，航班飞行过程中心理状态的即时追踪非常困难，即便可以追踪，对已起飞执行特定飞行任务的飞行员实施控制措施也不现实。但是，飞行前的不良心理状态却很容易被飞行员带入飞行工作中[③]，影响飞行安全，所以本文在分析飞行员的心理状态时只考虑飞行前飞行员的心理状态。引起飞行员不良心理的原因可分为内因和外因。内因即飞行员自身的人格/气质，良好而健全的人格使飞行员

---

① 中国民航总局航空安全办公室. 2015 年中国民航航空安全报告[R]. 北京，2015.

② 杨宇彤，刘晓鹏，洪威. 飞行人员的心理因素与飞行安全[J]. 中国疗养医学，2009，18(7)：636～637.

③ 王其荣，沈增圮，程明等. 飞行险情中飞行员失误的心理生理因素的研究与实践[J]. 中华航空医学杂志，1991，2(2)：114.

能缓解和消除不良的心理状态，不健全的人格可能导致飞行员盲目自大，过分压抑等，影响航班任务的安全执行[①]。外因即发生在飞行员身上的生活事件，研究表明重大的负性生活事件对人员的心理影响重大[②]，生活事件包括工作生活事件、家庭生活事件、社会生活事件；航班的压力也属于外因，航班延误时间过久、携带危险品都会一定程度地影响飞行员心理，使飞行员感到压力，同时不同的航班运行类型也会影响飞行员的心理状态，如图 5-5 所示。

　　3)　飞行员的生理状态

飞行任务虽然不是重体力劳动，但却是高脑力劳动，飞行员职业的特殊性要求飞行员要有健康的体魄和充沛的精力，以保证飞行中的高脑力劳动。正因为飞行员职业属于高脑力劳动职业，所以飞行员极易产生疲劳[③]。疲劳问题一直以来都是航空业关心的重要问题。疲劳可分为短暂疲劳和累积疲劳[④]。因此，飞行员生理状态方面的风险因素可分为身体健康状况、短暂疲劳状况，如图 5-6 所示，以及累积疲劳状况，如图 5-7 所示三类。

　　2. 机组资源管理(CRM)

　　CRM 是指充分、有效、合理地利用一切可以利用的资源保证飞行活动安全有效地进行。CRM 的内容包含质询与反应、机组搭配、决策、工作量控制、短期策略，以及交流与阐述六个方面。CRM 在航班飞行中扮演的角色不容小觑，根据事故统计资料，大量的民航事故和事件都与不合理的机组资源管理有关[⑤]。质询与反应、决策、工作量控制、短期策略，以及交流与阐述无法直接判断，但其优劣性受机组资源管理培训的影响。因此，对 CRM 的风险分析可以从机组搭配和 CRM 培训情况两个方面着手。机组搭配的合理性可用机长/副驾驶的职位经验、机长/副驾驶的飞行总小时差(职权梯度)，以及机组间的母语是否相同来衡量[⑥]。

---

① 李珠，孙景太，徐奎等. 用艾森克人格特征预测飞行员事故倾向[J]. 中华航空航天医学杂志，1999，10(4)：234～236.

② 张玲，谭麓湘，方幸初. 生活事件因素与机车乘务员心理健康状况相关的研究[J]. 职业与健康[J]. 2000，16(12)：16～17.

③韩文强，胡文东，文治洪等. 飞行疲劳的生理心理因素及对策[J]. 第四军医大学学报，2008，29(4)：379～381.

④ 罗晓利. 疲劳、睡眠缺失以及人体昼夜生物节律扰乱与飞行安全[J]. 西南民族大学学报，2003，11(11)：247～249.

⑤ 张鹏. 机组资源管理与飞行安全[J]. 航空安全，2012，(135)：45～47.

⑥ 陈宏. 浅谈飞行训练中的驾驶舱职权梯度[J]. 科技资讯，2012(19)：228.

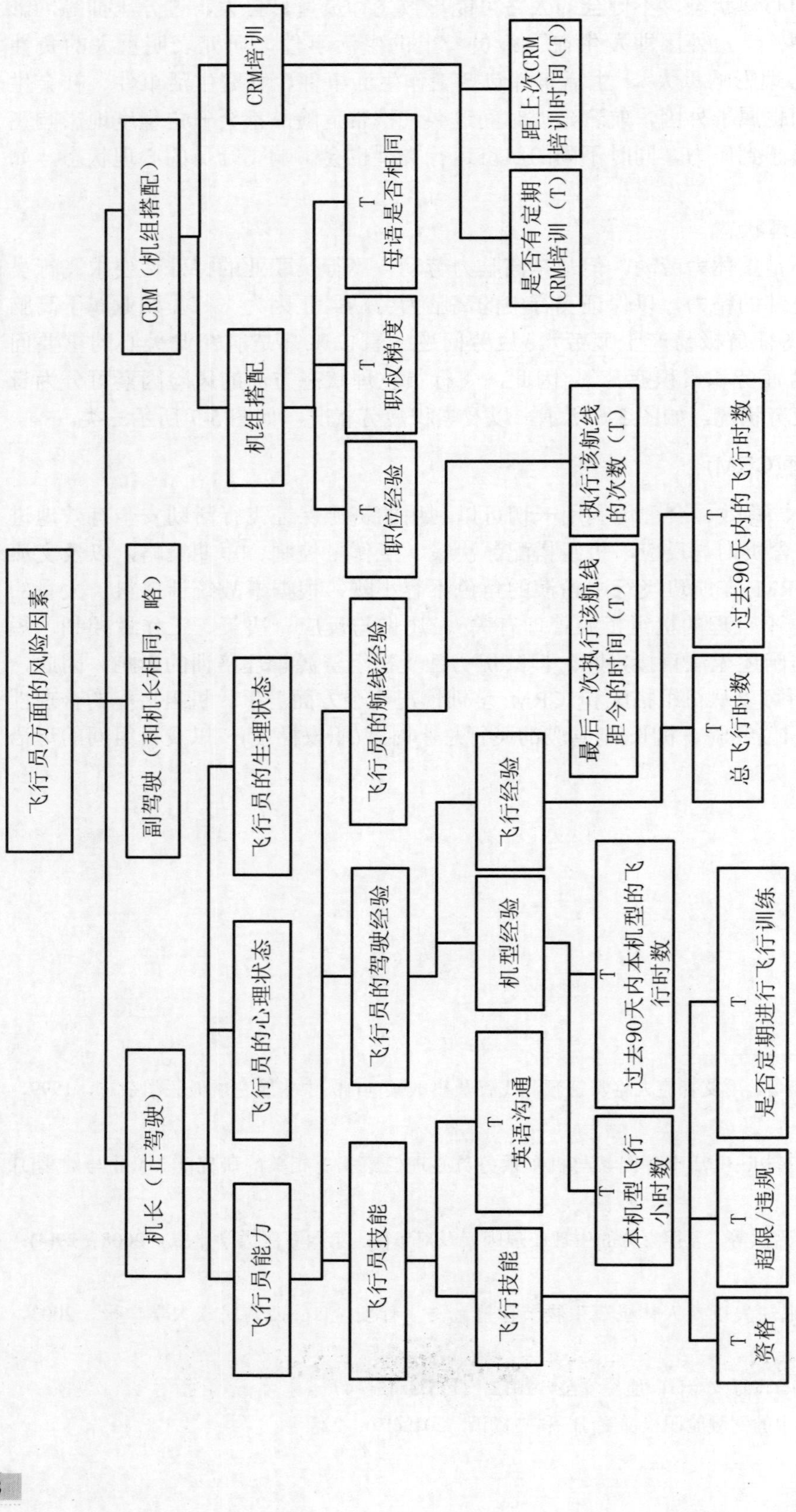

图 5-4 飞行员的风险因素

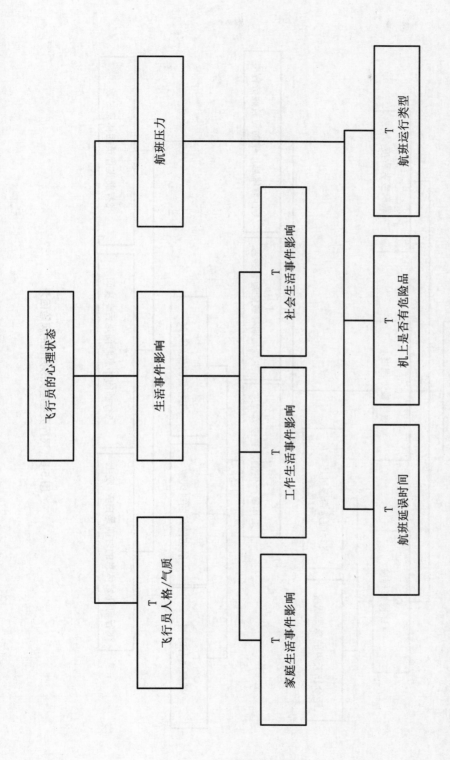

图 5-5　飞行员心理状态方面的风险因素

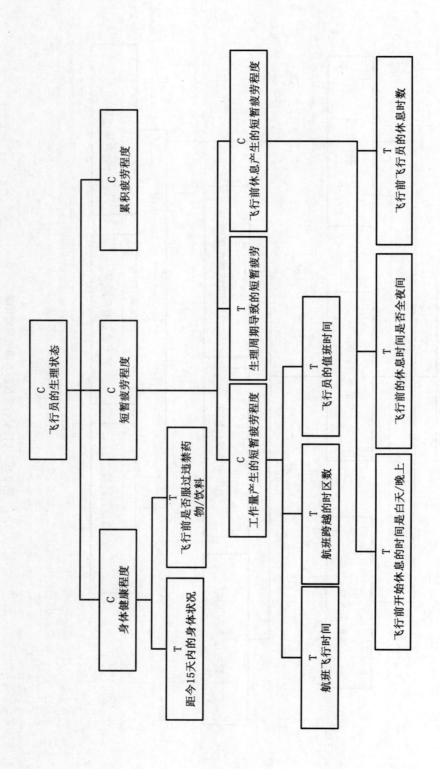

图 5-6 飞行员生理状态方面的风险因素

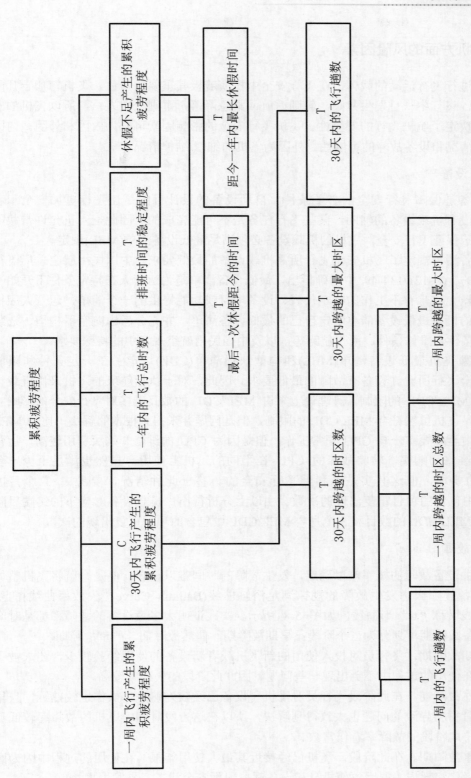

图 5-7　累积疲劳程度方面的风险因素

5.2.2 飞机方面的风险因素

飞机是进行飞行活动的载体，在飞行安全中扮演着极其重要的角色。飞机翱翔于几千米高的天空，飞行中一旦发生故障，轻则返航或紧急降落，重则机毁人亡，所以飞机的安全状况直接决定了航班飞行的安全性。飞机飞行安全的影响因素可分为内因和外因。内因指机载设备情况和设备故障的可能性；外因为飞机的维修/维护情况。

1. 机载设备

机载设备是保障飞行安全的必要条件。自动设备的设计目的是让飞行更加安全和容易。现今，没有机载设备的辅助，某些飞行任务是不可能完成的。因此，飞机允许带故障上天。但为了保证飞行安全，飞机的机载设备必须满足最低设备清单(MEL)规定。

最低设备清单规定了飞机安全飞行所需机载设备的最低要求。中国民用航空总局飞行标准司发布的 AC-121/134-49 中明确指出，最低设备清单是为运营人在特定条件下开始飞行时，航空器允许带有不工作的特定仪表、设备项目或功能提供的一个清单，运营人应根据现行有效的机型最低设备清单制定自己的最低设备清单，并充分考虑航空器构型、选装设备、运行条件、维修条件、所飞航路等，以及中国民用航空规章中的特殊要求。

公司各型飞机最低设备清单(MEL)和构型缺损清单(CDL)规定了在一定条件和限制下，飞机安全飞行所允许设备有故障的最低要求。因此，对于执行航班的飞机来讲机载设备不应少于 MEL/CDL 的限制，且理论上来讲 MEL/CDL 的数目越多对飞行安全的影响就越大。有时，飞机虽然符合 MEL/CDL 的限制，但是问题并未得到根本的解决，比如 MEL 上要求飞机中至少要有一套 CPU 正常工作，但是因为 CPU 的维修和购买费用较高，运营人可能放弃维修和购买，转将故障的 CPU 在不同的飞机上使用，虽然也满足至少一套 CPU 完好的要求，但这其实是不利于飞行安全的。鉴于此种情况，要考虑 3 个月内 MEL/CDL 中包含的项目重复出现的次数。由以上分析得出，机载设备对应下的终端风险因素为包含 MEL/CDL 的数目和 3 个月内 MEL/CDL 中包含的项目重复出现的次数。

2. 设备故障

飞机发生设备故障的概率难以确定，发生故障的时间难以掌握。但是，若将飞机整体看作一个设备，那么它发生故障的规律满足浴缸曲线(Bathtub Curve，失效率曲线)的要求，浴缸曲线又称"U"形曲线，如图 5-8 所示。实践证明大多数设备的故障率都是时间的函数，设备故障期可划分为三个阶段：早期故障期，偶然故障期，严重故障期。

(1) 早期故障期。飞行员对投入使用的新飞机或者新设备的使用经验较少，还未被飞行员适应，在使用的过程中不免出现一些问题，因此此阶段的失效率较高。

(2) 偶然故障期。在此阶段飞行员对飞机和设备已经较为熟悉，操作也较熟练，且早期由设计或者材料导致的问题也大致得到解决，所以在这一段时间，飞机的故障率较低且较稳定，可将此阶段的故障率看作常数。

(3) 严重故障期。在此阶段，飞机已经接近其最大使用年限，在使用的过程中因为磨损、疲劳、老化和耗损等原因致使机身和设备都呈现不安全状态，易发生事故。

因此在飞机的投入使用阶段，可根据飞机的使用年限来定性确定飞机发生故障的可能性，重点关注，保证航班飞行安全。

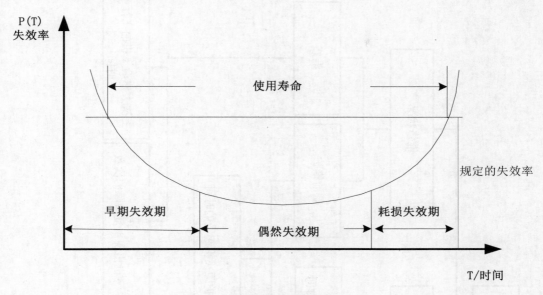

图 5-8　浴缸曲线

3. 维修状况

在航空设计与制造业发展的同时，飞机可靠性也得到了很大提高。据统计，由于飞机的机械原因导致事故的比重已从 80%降低到 20%。但是，根据资料统计，航空维修差错在近年却呈现上升趋势。飞机维修领域的研究表明，世界范围内 50%的航班延误、50%的航班取消、20%～30%的空中停车均由维修差错引起，研究同时指出，维修差错也是诱发或直接导致飞行事故的最重要原因之一[①]。民航飞机维修属于高风险行业，引发的严重后果不容忽视。

飞机的维修工作主要有航线维护和定期维修(包括特种维修)两类。其中，航线维护包括航行前维护、过站(短停)维护和航行后维护，各航空公司对航线维护的相关规定各不相同；定期维修是在经过一段时间的飞行后，对飞机进行的检查和修理，以及对飞机各系统进行检查和测试，定期维修的目的是为了发现和排除存在的故障和缺陷，使飞机恢复到原有的可靠性，用于完成下一个飞行周期的任务，如图 5-9 所示。

---

① 王鑫.民航飞机维修风险管理研究[D]［硕士学位论文］.南京：南京理工大学，2010：1～34.

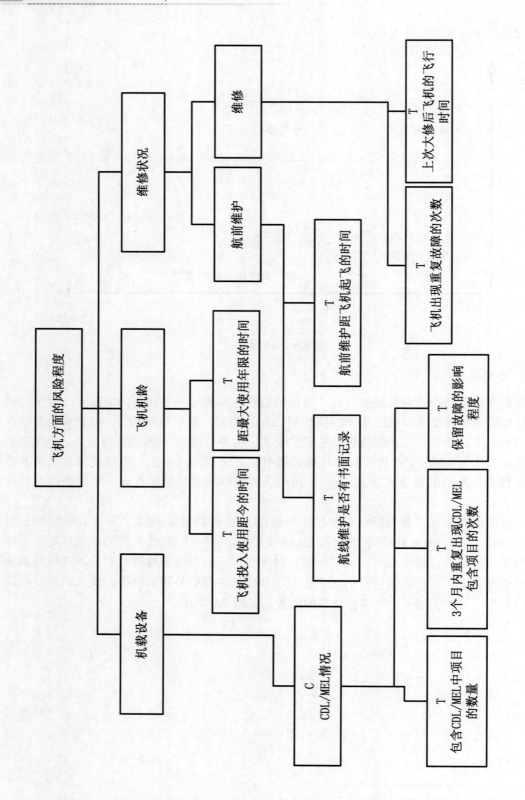

图 5-9　飞机方面的风险程度

5.2.3　运行环境方面的风险因素

按航班飞行的运行阶段划分，环境方面的风险因素可分为起飞机场、目的机场和航路环境三类。

1. 起飞/目的机场的环境

起飞/目的机场环境方面风险因素包括机场自然环境和运行环境两方面的风险因素。

1)　自然环境风险因素

天气是影响航班飞行安全的至关重要的因素。对 2005—2014 年飞行事故主要原因的统计发现，由于天气/意外导致的事故占 2.7%，对 2010—2014 年飞行事故主要原因的统计发现，由于天气/意外导致的事故占 4.35%，总体呈上升趋势。尤其是在对 2010 年和 2011 年导致事故征候的原因的分析发现，由天气/意外导致的事故征候数量达到 50%左右 (见图 5-10)。

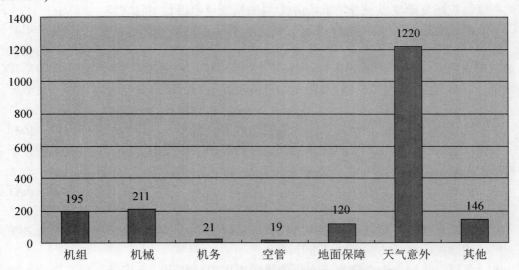

图 5-10　2005—2014 年飞行事故征候按主要原因统计

影响航班飞行安全的主要天气类型大致可分为以下几类[1]。

(1) 低能见度。能见度，是反映大气透明度的一个指标，航空界将其定义为具有正常视力的人能够看清楚目标轮廓的最大距离。能见度和飞行任务密切相关。低能见度是飞行中严重的视程障碍，会对目视飞行造成直接困难，更为甚者会危及航班安全。影响能见度的天气条件有降水、雾、风沙等，其中降水和雾对天气能见度的影响尤为重大[2]。

(2) 雷暴/紊流。雷暴是伴有雷击和闪电的局部对流性天气，通常伴随滂沱大雨或冰雹，冬季时甚至伴随暴风雪。大气紊流(湍流)按成因可分为"风暴湍流"和"晴空湍流"，前者是由空气受热产生的强上升气流所致；后者是由于空气流动时不同气团交汇而

① 中国民航局. 中国民航航空安全年报 2014[R]. 2014.

② 刘继新. 民航航行情报与飞行安全关系探究[J]. 江苏航空. 2009(3)：10～12.

成。雷暴和紊流严重威胁飞行安全，可能会使飞行处于危险的状态，造成飞行事故[①]。

(3) 风。飞机在起飞和降落时，风速太大会影响飞机的起飞或降落活动。这其中侧风和顺风，均可在起飞和降落时对飞行的安全构成极大的威胁。

(4) 温度。温度是表示大气冷热程度的物理量。气温变化对飞机发动机运行、飞机实际空速、最大起飞重量、升限及最大平飞速度、飞机的配载量和滑跑距离等许多性能指标都有影响。同时，温度能在一定程度上反映积冰、雷击、台风等恶劣天气现象。近年来，温度对飞行安全的重要性得到航空业越来越多的重视。

飞行员执行航班任务前需从签派处获取气象情报，掌握航线天气情况。但是，某些时候，气象情报显示飞行过程中天气可能会发生变化，但具体变化无法掌握，这时飞行员无法作出是否拒绝执行航班的决定，若执行航班可能会使航班飞行处于未知的风险之中，如图 5-11 所示。

2) 机场运行环境

机场运行环境方面的风险因素可概括为五类，即跑道危险指数、机场设备状况、机场繁忙程度、机场复杂度以及备降机场情况(目的机场风险因素中包含)。

(1) 跑道危险指数。飞机在跑道上起飞和着陆，跑道的制动作用会严重影响航班安全，湿跑道和污染跑道会严重影响跑道制动装置。飞机在起飞和着陆时对跑道的长度也有要求，不同机型的起飞/停止距离存在差异。跑道的灯光系统可为飞机的起飞和着陆提供目视参考，若灯光系统故障，飞行员就无法直接观察机场跑道位置，因而可以严重威胁飞行安全。

(2) 机场设备状况。机场的设备为飞机的起降提供服务。通信系统作为管制员和飞行员之间交流的媒介，可探测飞机位置为管制员的管制工作提供依据，若出现故障会严重威胁机场的航班安全。

(3) 机场繁忙程度。机场交通流量大，起降次数多，管制任务繁重，会加重飞行员和管制员的工作负荷，影响飞行安全。

(4) 机场复杂度。复杂机场会威胁飞机的起降安全。对机场复杂度可从是否为特殊机场、机场的海拔、机场的跑道数量进行描述。

(5) 备降机场情况。备降机场在目的机场不可用时使用，是保障飞行安全的一项备用措施，备降机场的复杂度也可能会影响飞行安全，如图 5-12 所示。

3) ATC/进近程序

航班在起飞和降落的过程中受管制员的管制，起飞机场和目的机场的管制情况会直接影响航班起飞和降落时的安全。飞机依靠进近程序在目的机场着陆，若无进近程序或进近程序复杂都会影响航班安全，如图 5-13 所示。

2. 航路环境

在航路阶段，飞行安全主要受自然环境的影响。气象的恶劣程度会对航班飞行产生不同程度的影响。天气越恶劣，危险越大；反之，越小。

[①] 朱乾根. 天气学原理和方法[M]. 北京：气象出版社，1981.

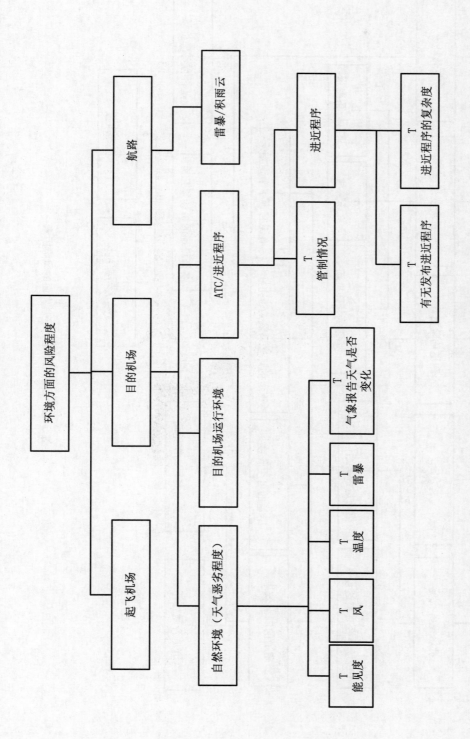

图 5-11　环境方面的风险程度

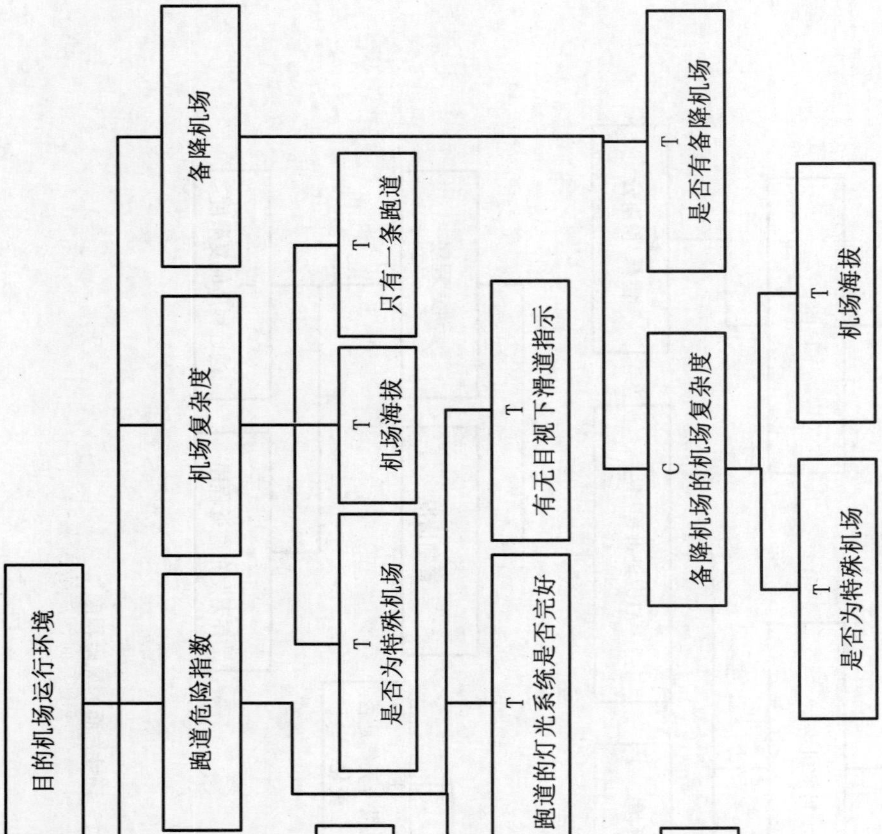

图 5-12　目的机场运行环境方面的风险因素

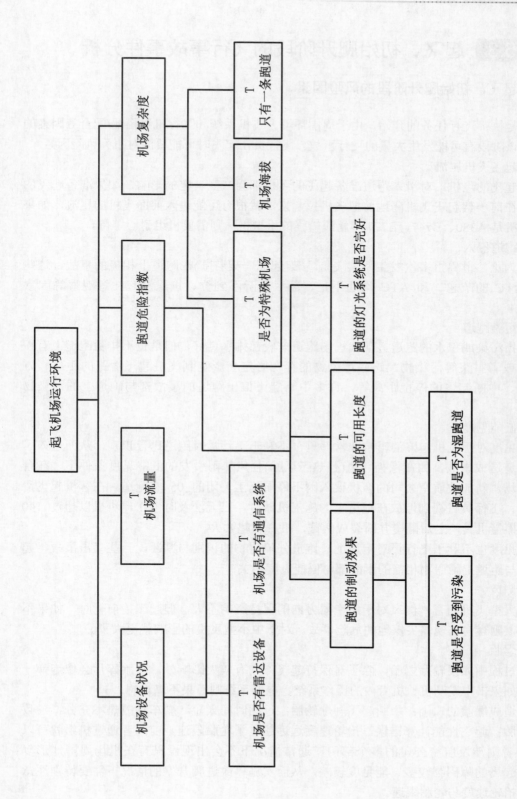

图 5-13 起飞机场运行环境方面的风险因素

5.3　起飞、初始爬升阶段的飞行事故事件分析

5.3.1　起飞、初始爬升阶段的风险因素

起飞是执行飞行任务的开始，由于周围环境、飞机系统和飞行机组搭配/配合等因素的影响，在该阶段有可能发生大量的飞行事故。飞行员在起飞时可能要面对下列风险因素。

1) 起飞飞机尾流

刚刚起飞的飞机，对滑入跑道准备起飞的飞机都会产生一定的影响，如果准备起飞的飞机不能在前一架起飞飞机离地前把飞机拉起来，就很有可能进入前面飞机的尾流，如果前面的飞机是 A380、B747、B777 等尾流较强的重型机，则需要机组耐心等待。

2) 跑道侵入

迄今为止，世界上多次发生两架飞机(一架起飞一架着陆)在跑道上相撞的事故，这些事故与 ATC 的疏忽、和 ATC 沟通不足、频率监听不到位、机组没有注意观察等因素相关。

3) 污染跑道

主要指污染或积水的跑道。现代机场跑道一般都排水良好，但是也不排除跑道上有积水、积冰或者雪浆等污染物，这些污染物的存在必定会影响到飞机起飞滑跑的距离、方向的保持、中断起飞的停止距离等，许多中断起飞偏出跑道的事故都与跑道上的污染物相关。

4) 低能见度

低能见度对于飞机起降的影响非常严重，不利于飞行员对跑道进行识别，从而进入了错误的跑道造成事故，如在像神台风(强热带风暴)强风暴雨引发的低能见度条件下，在台湾桃园机场，新加坡航空公司的客机误入因不停航施工关闭的 05 右跑道。在客机起飞滑跑加速后，飞行员目视到停放在跑道上的施工机械时，已无法及时停止，班机以超过 140 节的速度擦撞机具，之后翻覆并断裂成两截，机身燃起大火。

低能见度也不利于飞行员对跑道上、跑道外障碍物的识别与判断，一些鸟击事故、起飞过程中与跑道上障碍物相撞的事故都与低能见度相关。

5) 侧风

对于大型飞机而言，侧风对于航空器方向的保持影响不大，但起飞抬前轮时，如果不注意修正，则容易出现翼尖擦地的危险事故。对于中小型飞机的影响就更大了。

6) 爆胎

起飞过程中如果轮胎爆胎，除了对保持起飞方向有较大影响外，轮胎碎片会像炮弹一样锋利，如果击中发动机、机身内的操作系统、电器系统则后果不堪设想。

可能造成爆胎的原因：中断起飞刹爆轮胎；过站时间太短，刹车片散热不充分，导致起飞时爆胎；起飞性能计算错误，抬轮速度远远超过了轮胎限速。前两者通过机组就可以控制，后者则涉及航空公司的多个部门，通常情况下不会出现，只有在机场周围地形复杂、影响起飞的障碍物较多、能见度较差，从而实施"改进爬升"的情况下需要特别注意检查起飞抬轮速度与轮胎限速。

7)　鸟击

起飞时飞机的飞行速度较慢，若发生鸟击将导致发动机失效，可能导致严重的后果。一般而言，鸟击事件的发生取决于机场内及其周围的鸟类活动和飞机活动。在主要机场中，特别是当工作日高峰期——早晨和傍晚这两个时间段内，鸟击事件将严重影响这段时间的飞机飞行。在大部分鸟击事件中，鸟类被卷入飞机引擎的情况都涉及涡扇发动机。

8)　抬轮迎角过大

抬轮时使飞机保持正确的爬升率是非常重要的，如果为了追求大的爬升率而使迎角过大，飞机因为刚刚离地，受地面效应影响，可能不能获得足够的升力，很容易进入失速状态，或者使发动机超负荷运转。此外，如果抬轮时使迎角过大，还可能造成机尾擦地。

9)　小迎角爬升

起飞抬轮时飞机的迎角过小也同样危险，这样会很快超过襟翼限速，但是更危险的是如果飞机的爬升梯度达不到该跑道起飞离场规定的梯度，飞机就不可能安全飞越前方的障碍物，这种情况在我国的云南、西藏等高原或高原机场都需引起重视。

10)　中低空冲突

起飞离场飞机的活动区域与进近着陆的飞机活动区域相同，而且在绝大多数情况下，两者都要飞越同一位置点(走廊口或航路归航点)，由此可能会造成一些飞行冲突，因此要求飞行人员在起飞离场过程中必须注意监听周围的飞行活动情况，避免两机空中相撞事故的发生。

11)　发动机失效

起飞过程中最令机组担心的就是发动机失效，因为它可能会在任何时候发生。一旦发动机失效，当滑跑速度小于 V_1(决断速度)时机组可以中断起飞，但机组必须立即采取有效的制动措施，包括打开减速板、使用自动制动系统和最大制动力，以及使用反推等。当起飞滑跑速度超过 V_1 时，除非出现极其危险的情况，否则绝不能中断起飞，以免中断起飞冲出跑道。

12)　恶劣天气

航空事故的发生往往都伴随着恶劣的天气，天气恶劣时，机场周围总是伴有雷暴、风切变等危险天气，起飞的飞机一旦进入这些天气系统，受下击暴流的影响，飞机遭受风切变就会进入极度危险的状态，并很难改出，因起飞时航空器高度较低，此时容易发生事故。

恶劣的天气又往往使得机场航班大量延误，这样会使机组产生急躁不安的情绪，影响机组资源的正常发挥，甚至使 CRM 失效。因此，越是恶劣的天气，飞行人员就应越沉着冷静，保持一种平和的心态。

13)　系统失效

有许多系统可能会在起飞过程中失效，当注意到或观察到这些失效的警告信号后，往往需要飞行员作出决断——中断起飞还是继续起飞。如果这时飞机的速度小于 V_1，机组可以中断起飞，但是必须果断，而且实施正确的 RTO 程序。起飞滑跑后，由于各种原因，有时需要飞行员迅速作出是继续起飞还是中断起飞的决断。中断起飞事故与飞行机组的处置方式关系极大。

14) 飞机的重心位置范围

飞机的重心是指飞机重力的着力点，飞机的装载变化会引起飞机重心的变化，而飞机重心的变化又将引起飞机的稳定性和操纵性发生变化。

飞机重心前移，则使飞机的俯仰稳定性增强，俯仰操纵性减弱。为了保持飞机的俯仰平衡，重心前移时，飞行员需要增大升降舵上偏角。除了在巡航时会增大飞机阻力外，在起飞和着陆时，会使飞行员的拉杆量和拉杆力增大。如果重心太靠前，会出现拉杆到底，升降舵全上偏也不能保持飞机俯仰平衡的情况，危及飞行安全。因此，飞机的重心应有一个前限。

重心后移，飞机的俯仰稳定性变差。如果重心过于靠后，以至接近飞机焦点之后，飞机就会失去俯仰稳定性。因此，飞机的重心位置也有一个后限。

故此，为了保证飞行安全，飞机的重心必须位于飞机的重心前后限范围内，同时考虑飞行中燃油消耗对飞机重心变化的影响，合理配载。

航空公司应向机组提供飞机在滑跑和开始抬前轮起飞时可能会出现的配平错误标志细则，让机组了解其可能碰到的情况。此外，航空公司用模拟机对机组进行操作训练时，其训练内容应包括在起飞时遇到出乎意料的俯仰配平错误等特殊情况的操作训练。

确保转运公司、机场装运部门等货物装载或旅客装配载人员经过了必要的训练，其必修课应包括重量和平衡、货物装卸、物化固定、危险品的运输以及错误装载的危害。

综上所述，为了避免起飞事故的发生，机组起飞前有必要对起飞做好充分的准备，并适当建立起一定的风险意识，提高警觉，从而减小风险。在起飞之前，必须做好起飞前简述，完成机组分工，使机组成员充分认识当前的机场和跑道条件、周围环境；起飞检查单，是避免人的失误和遗忘的主要手段，是起飞前必不可少的一道程序，机组绝不能因为经验丰富或者对机场环境、机型条件等特别熟悉而忽视之。因此，有必要制定起飞前机组风险意识检查单，供机组在起飞前简述时使用。起飞前机组风险意识检查单(样例)，如表 5-1 所示。

表 5-1　起飞前机组风险意识检查单(样例)

风险要素	风险因素	风险等级
机组	长时间值勤(疲劳)	▲▲
	延误(情绪稳定)	▲▲
	应急准备和起飞前简述	▲▲▲
	起飞检查单	▲▲▲
机场和跑道状况	起飞离场程序复杂	▲▲
	机场没有雷达服务	▲▲
	跑道积冰、积雪或积水	▲▲▲
	侧风、阵风、风切变	▲▲▲
	能见度限制(黄昏、雾、霾、烟等)	▲▲
	机场鸟类活动频繁	▲
	机场交通流量大	▲▲

续表

风险要素	风险因素	风险等级
飞机	风切变警告系统故障	▲▲
	TCAS(机载防撞系统)故障	▲▲▲
	EGPWS(增强型近地警告系统)故障	▲▲▲

▲是风险警告标志，某个风险因素的▲越多，其造成起飞事故的风险就越大。而起飞事故往往是由多个风险因素综合作用造成的，所以不单要注意某个因素的风险大小，而且还要注意当时条件下综合所有风险的大小。

5.3.2　起飞、爬升初始阶段事件案例分析

1. 巅峰航空 CRJ2 在底特律起飞时遭遇跑道侵入

2009 年 12 月 4 日，一架美国巅峰航空公司 CRJ-200 客机载有 52 人，执行从美国密歇根州底特律机场飞往宾夕法尼亚州威尔克斯巴里的 9E-3720 航班。当时该机被放行从底特律机场的 21R 跑道起飞，并且已经抬前轮，这时一辆消防车在飞机前方沿着 F 滑行道横穿 21R 跑道。在消防车离开跑道 5 秒钟后，飞机离地并到达该跑道与 F 滑行道的交叉点，高度 150 英尺。飞机仍继续飞往威尔克斯巴里，其间没有再发生任何意外，最后安全着陆。

2010 年 6 月 4 日，美国国家运输安全委员会(NTSB)公布了此次事件的最终调查报告，总结这次事件的可能原因是，地面管制员没有监视消防车的行进过程，以确保消防车司机遵循规定的路线行进。其中的一个影响因素是这名地面管制员误解了消防车司机请求在机场内的目的地。

NTSB 称，在塔台允许 CRJ 飞机起飞后 3 秒钟，消防人员通过地面管制频率报告说，他们在 100 号消防站，希望经 F 滑行道(穿越 3L 跑道)到达该跑道的除冰区。地面管制员批准了消防车的请求。在消防车被放行穿越 3L 跑道后 50 秒，地面管制员又对其提出质疑"……你说的是 22R 跑道除冰区？"，消防人员对此进行否认说"不是，我说的是 03L 跑道"。

事件发生 20 秒钟后，塔台管制员指令 CRJ 飞机联络离场管制，并补充说"……我们感到很抱歉——我们将会关注这类问题"。机组人员回答说"……没关系"，随即将频率切换到离场频率。

在飞机被放行起飞 43 秒后，底特律机场的地面雷达探测到了这一冲突，并在消防车上跑道的前一刻响起了告警警报。7 秒后，消防车从另一侧离开跑道，又过了 5 秒钟后飞机到达该跑道与 F 滑行道的交叉口上空的 150 英尺高度处(机场图见图 5-14)。

航班机组人员报告说，他们被放行起飞，并正常拉起。当开始初始爬升时，他们看见一辆消防车恰好在他们的驰离地点外从右向左横穿跑道。他们不需要采取任何避让动作，爬升状态正常。

这名地面管制员是在 2008 年 8 月进入 FAA 上班的，还在见习期，正处于被该塔台的各个岗位接受审查阶段。就在事件发生的前一天，他来到这个发生事件的地面管制员席位接受检查员的审查，他感觉很好，很喜欢这个地面管制员的席位。

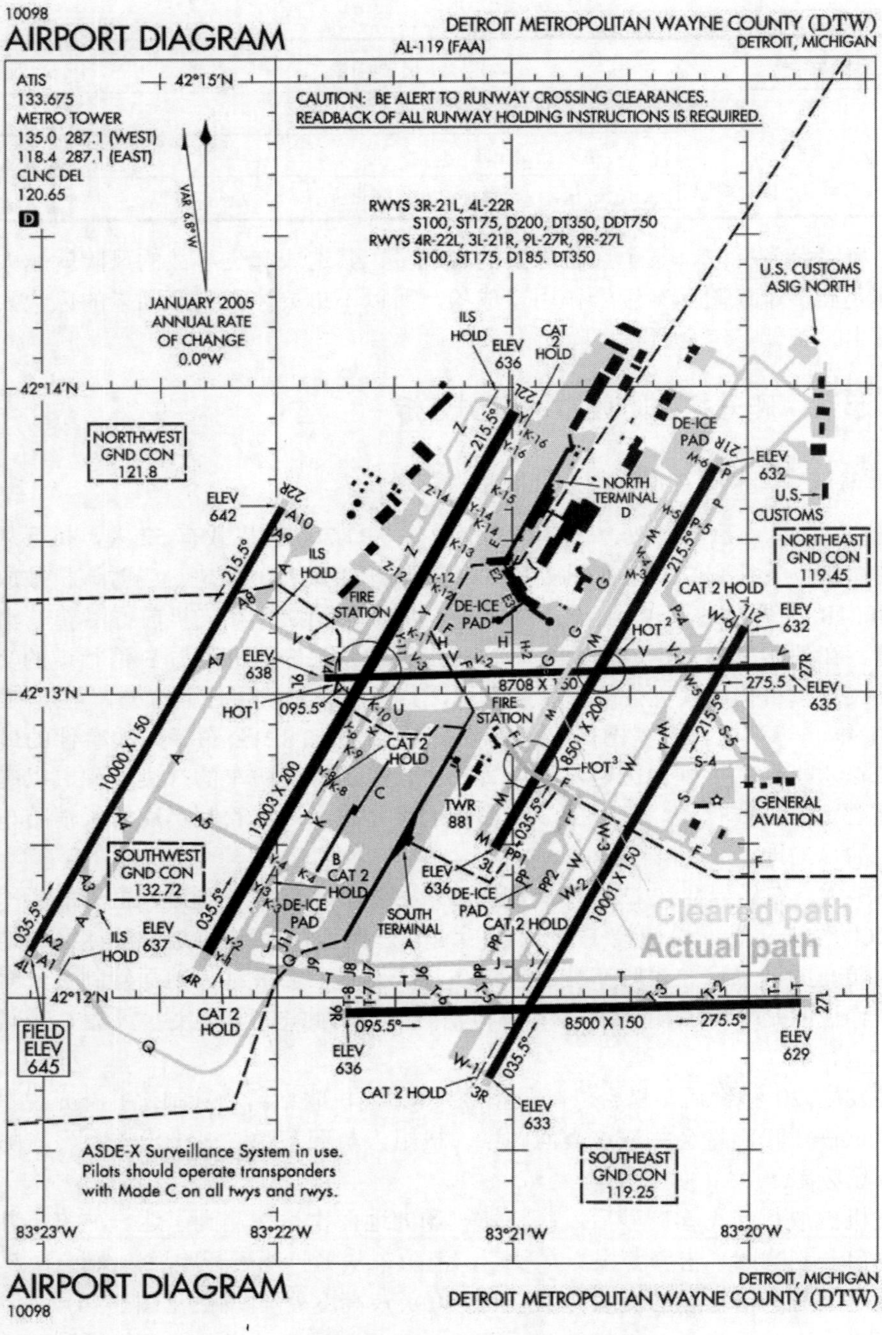

图 5-14　底特律机场

　　这名地面管制员说，消防车第一次传达的信息使他混淆，他看见消防车在靠近消防站的 F 滑行道上。当消防车重复请求许可时，这名地面管制员认为他已经理解了消防人员的意图：准备沿着 F 滑行道向 22R 跑道的除冰区开过去(注：不穿过跑道)，他批准了消防车的请求。然后他把注意力转移到正处于 M 滑行道上的飞机队列上。听到地面雷达的告警后，他抬头看见了跑道上的消防车和正在起飞离地的 CRJ 飞机。

他说，吸取这次事件的经验教训，他应该对消防车的监视再延长一些时间，以确保它按照规定的方向进行移动，也应该像指挥飞机一样向消防车发出较为精确的放行指令。

这名检查员说，"cleared as requested" 的指令不是很常见的，只适用于备忘录限定的针对车辆和飞机的特定放行许可。

她听见了警报，然后看见消防车在跑道上而 CRJ 飞机就正在消防车上方起飞爬升，随即传唤了两名替补管制员，接替地面管制员和塔台管制员的职务。随即打电话给有关部门对这起跑道侵入事件进行报告并填写相应的报告。空中交通管制的录音带被封存，她对于所发生的一切没有任何说明，当天也没有任何异常的外部环境。

培训教员评论这次事件的地面管制员说，在培训期间该管制员很敏捷，完成工作良好。

NTSB 事实调查报告地址：

http://www.ntsb.gov/ntsb/GenPDF.asp?id=OPS10IA003&rpt=fa

NTSB 最终调查报告地址：

http://www.ntsb.gov/ntsb/GenPDF.asp?id=OPS10IA003&rpt=fi

2. 克里夫兰空管人员造成跑道侵入事件

2009 年 6 月 3 日，一架美国 ExpressJet 航空公司的 ERJ-145 客机(注册号 N13965)执行 XE-2941 航班从克里夫兰飞往芝加哥奥黑尔机场的任务，机上有 44 名乘客和 3 名机组人员，一名见习管制员在监控下放行该机利用 06L 跑道全程起飞。几秒钟后，这名见习管制员又指令一架美国西南航空公司波音 737-700(注册号 N299WN)滑入 06L 跑道并等待，这架 737 执行 WN-1080 航班从克里夫兰飞往芝加哥中途岛机场的任务，机上有 111 名乘客和 5 名机组人员。然而，这架波音飞机当时是在滑行道 T 等待上跑道的，它上跑道的位置在 ERJ-145 起飞前方 500 英尺处。

2010 年 5 月 6 日，美国国家运输安全委员会(NTSB)发布了这起事件的事实报告和最终报告，在事实报告中 NTSB 指出塔台管制员负责 06R、06L 两条跑道及两条跑道间的滑行道。当时塔台上有一名本地管制员和一名见习管制员，见习管制员受本地管制员的监控。

通常从机坪到 06L 跑道起飞的滑行路线是地面管制员引导飞机沿着滑行道 L 到滑行道 N，在那里交接给塔台，得到塔台许可后沿着滑行道 N 穿过跑道 06R，再向左转沿 G 滑行道到达 06L 跑道头的等待点(机场图见图 5-15)。

在地面管制员向两架飞机都发出滑行至 N 滑行道的许可后，见习管制员指令 ExpressJet 航空公司的 ERJ-145 在滑行道 N 上 06R 跑道前等待，本地管制员指令在 ERJ-145 后面等待的美国西南航空公司波音 737 左转滑行道 L，到达滑行道 T 上 06R 跑道前等待。随即本地管制员放行 ERJ-145 从滑行道 N 穿越 06R 跑道。

当一架进场的波音 777-300 飞机越过 06R 跑道入口后，见习管制员放行美国西南航空公司的波音 737 从滑行道 T 穿过 06R 跑道，随即放行 ERJ-145 从滑行道 N 穿越 06R 跑道。

在指令 ERJ-145 穿越 06R 跑道大约经过 30 秒钟后，这名见习管制员又对 ERJ-145 发出指令："Jetlink 2941，1 分钟内起飞。起飞跑道 06L，向左转航向 360°，允许起飞。"

ERJ-145 确认收到指令。

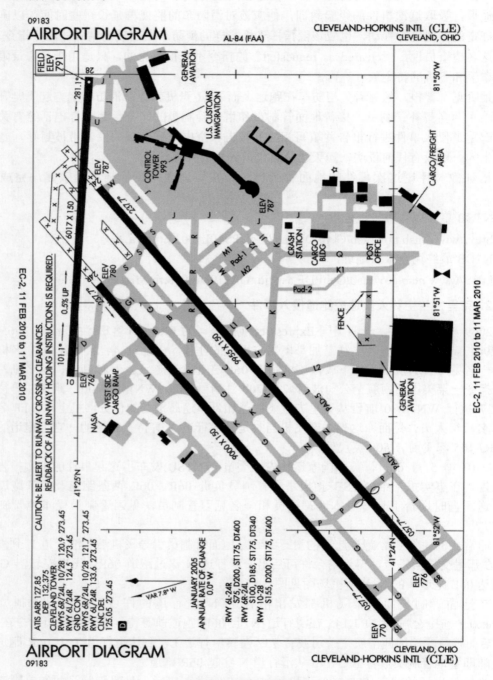

图 5-15　克里夫兰机场

　　在发出 ERJ-145 的放行指令大约 75 秒钟后，见习管制员指令仍在滑行道 T 等待的美国西南航空公司波音 737 到达 06L 跑道的等待位置等待，收到放行许可后，波音 737 滑行上了跑道。

这时 ERJ-145 的机组询问塔台："你好，塔台，这里是 2941 航班，我想我们可以起飞了是吗？"见习管制员辩解称他当时正在记录一架进场飞机的呼号，没有看到已经滑行到指定位置的 737 的滑行，本地管制员对 737 发出指令，"西南航空 1080，在 06R 跑道外等待，对不起，是在 06L 跑道外等待"。737 机组立即回复说"我们已经被许可滑到指定位置等待"。本地管制员立即指令 ERJ-145 原地等待，波音 737 转弯 180°退回滑行道 T，再右转到滑行道 G。在波音 737 离开跑道后，本地管制员放行 ERJ-145 起飞。

波音 737 机组人员再次质疑管制员称，他们已经被允许滑行至等待位置，对此管制员的回复说"是的，但不是在那个交叉点"。

美国西南航空公司的波音 737 经过短时间的延误后得以起飞。

在最终报告中，NTSB 总结事故的原因可能是，地面管制员没有根据 FAA 命令 7110.65 中的 3-7-2 章节的要求发出滑行指令，本地管制员没有根据 FAA 命令 7110.65 中的 3-1-12 章节的要求，在向西南航空 1080 航班发出滑行到位等待指令前扫视跑道。本地管制员没有根据 FAA 命令 7110.65 中的 3-9-10 章节的要求，取消 ExpressJet 航空公司 2941 航班的起飞许可。

NTSB 事实调查报告地址：

http://www.ntsb.gov/ntsb/GenPDF.asp?id=OPS09IA007B&rpt=fa

NTSB 最终调查报告地址：

http://www.ntsb.gov/ntsb/GenPDF.asp?id=OPS09IA007B&rpt=fi

然而事情并没有结束。

2009 年 6 月 26 日，一架美国 ExpressJet 航空公司 ERJ-145 客机(注册号 N24103)执行从俄亥俄州克利夫兰到密苏里州堪萨斯城的 XE-2426 航班，机上载有 41 名乘客和 3 名机组人员。在克利夫兰，该机被一名监控下的见习管制员放行从滑行道 S 穿越跑道 24L，以到达 24R 跑道起飞。

19 秒后，一架克穆特航空 DHC8-200 客机(注册号 N375PH)被该见习管制员放行在 24L 跑道起飞。该机执行从克利夫兰到哥伦布的 C5-8717 航班，机上载有 19 名乘客和 3 名机组人员。

ERJ-145 的机组看到了即将起飞的 DHC8，并建议说他们不能穿越跑道。DHC8 起飞离地的位置距离 ERJ-145 将要穿越跑道的位置大约 1500 英尺。

NTSB 称，此次事件中的见习管制员与 2009 年 6 月 3 日该机场发生的另一起事件中的见习管制员是同一个人。但 NTSB 没有说明，两起事件中，负责监控他的管制员是否为同一个人。

2010 年 3 月 8 日，NTSB 公布了此次事件的事实调查报告称，当时当班的是一名见习管制员，他处在一名有执照的本地管制员的监控下。

见习管制员放行 DHC8 滑行到 24L 跑道等待位置等待。

地面管制员指令 ERJ-145 经由滑行道 J 和 S 到达 24R 跑道起飞，穿越 24L 跑道前等待，并在那里移交给塔台。

在见习管制员放行 DHC8 滑行到等待位置等待 19 秒钟后，ERJ-145 在塔台的频率上报到并被放行穿越 24L 跑道。ERJ-145 建议说 DHC8 已经在等待位置等待了。20 秒钟后，见习管制员放行 DHC8 在 24L 跑道起飞，DHC8 的机组确认收到起飞许可。

见习管制员继续指令另一架飞机到达 24L 跑道指定位置等待起飞。ERJ-145 机组报告说，他们还在 24L 跑道外等待，虽然他们已经被放行穿越跑道。见习管制员没有反应，直到大约 10 秒钟后 ERJ-145 询问"你收到了吗？"对此见习管制员只是说"Jetlink 2426 请在原地等待"。

DHC8 机组人员说，他们已经注意到了穿过跑道指令并打算咨询管制员，而 ERJ-145 的机组人员已对此进行过咨询。直到 DHC8 机组人员看到 ERJ-145 已经在跑道外等待了，他们才实施起飞。

2010 年 5 月 6 日，NTSB 公布了此次事件的最终调查报告，总结事件的可能原因是，本地管制员没有扫视跑道，没有在给 DHC8 起飞放行许可前确认 ERJ-145 已经穿越跑道。没有确保两机的间隔，以及没有及时地取消 DHC8 的起飞放行许可。

NTSB 事实调查报告地址：

http://www.ntsb.gov/ntsb/GenPDF.asp?id=OPS09IA009A&rpt=fa

NTSB 最终调查报告地址：

http://www.ntsb.gov/ntsb/GenPDF.asp?id=OPS09IA009A&rpt=fi

3. 美国大陆航空 B735 飞机在丹佛机场起飞偏出跑道

事故摘要 2008 年 12 月 20 日，美国山区标准时间约 18:18，一架美国大陆航空公司波音 737-500 客机(注册号 N18611)，执行 CO1404 航班，在位于科罗拉多州的丹佛国际机场(DEN)起飞时从 34R 跑道左侧偏出了跑道，如图 5-16 所示。飞机撞击后起火，机长及 110 名乘客中的 5 人受重伤；副驾驶、两名乘务人员和 38 名乘客受轻伤；1 名乘务人员和 67 名乘客(其中 3 人为怀抱的小孩)没有受伤。飞机损坏严重。该机按照美国联邦法典第 14 卷 121 部的规定运行国内定期客运航班，计划从丹佛离港飞往位于得克萨斯州休斯顿市的乔治布什洲际机场。事故发生时，飞机处于目视气象条件下，并伴有从西面吹来的强劲阵风，该航班执行仪表飞行规则的飞行计划。

图 5-16 偏出跑道的飞机残骸

调查发现

　　机长和副驾驶均持有相应的执照，符合联邦条例，胜任在事故飞行中他们相应的职责，并且具备驾驶事故飞机的经验。没有任何证据显示飞行员发生了可能对其在事发时的表现产生任何不利影响的状况(医学的、行为的、毒物学的或疲劳相关的)。

　　事故飞机按照联邦条例规定取得相应的证书，并按规定装备和维护，依照行业惯例签派放行，并且符合载重和重心限制要求。

　　无任何证据显示飞机发动机、结构或系统(包括前轮转向系统)在事故发生前有任何故障。

　　开始紧急疏散时，乘务人员处理得当，因为飞机右侧起火，仅使用了飞机左侧出口。在大火蔓延进客舱以前，所有乘客均成功疏散。

　　尽管事故刚发生时关于事故发生的位置有些混乱，但在这次事故中应急响应的时间并不是重要问题。丹佛国际机场航空器救援和消防人员采取的灭火行动有效地抑制了飞机内部和外部的火势。

　　根据飞行员所掌握的有关风的信息，他们作出在 34R 跑道起飞的决定是合理的。

　　事故发生时存在地形波条件，导致非常强劲的局部西风，间歇性阵风的速度高达 45 节，大风吹过飞机起飞地面滑跑时的路径。

　　在丹佛国际机场(DEN)的机场终端信息服务中报告的风速为 11 节，丹佛机场管制员在向机组发布放行许可时提供的风速信息是 27 节，这两者之间的显著差异可能是由于观测时间、风传感器的位置和地形波导致局部风场变化引起的。

　　飞机偏出跑道前的 3 秒内，机长操纵前轮向右转到满程，其原因很可能是突发意外的威胁、对失去控制的感知和极度的时间压力使其产生的急性压力。

　　在起飞滑跑中，随着飞机加速遇到出乎意料的强劲突发侧风，致使在这次起飞中维持定向控制要比机长习惯执行的控制任务更为艰难；但是，如果在飞机继续做左偏转时，机长立即向右猛蹬舵，飞机将不会离开跑道。

　　由于机长忙于操纵前轮转向和向右压驾驶盘，而这两个动作对控制飞机转向均不起作用并且不恰当，因此耽搁了 2～4 秒才开始实施中断起飞。

　　如果空中交通管理人员和飞行员在位于多山地区顺风区域的机场执行任务时，能获取充足的有关由地形波和下坡条件引起强劲阵风的局部短暂特性的信息(见图 5-17)，他们可以作出更多有根据的跑道选择决定。

　　尽管丹佛国际机场的塔台管制员在起飞许可中向事故飞机的飞行员提供了 34R 跑道起飞离地端风势信息符合通行做法，但是他没有(他也没有被明确要求)向飞行员提供其带状显示终端(RBDT)上显示的极其不利的侧风情况；因此，飞行员没有意识到他们可能在起飞滑跑途中遭遇强风。

　　如果联邦航空局(FAA)要求的描述丹佛国际机场低空风切变警告系统(LLWAS)的传感器位置、运行能力和限制的函曾经向飞行人员发布，并且事故飞行员熟悉其内容，那么当飞行员在收到起飞许可前和/或开始起飞滑跑前发现在其离场路径上有云快速移动时，他们可能会要求获得更多的 LLWAS 传感器显示的风势信息。

　　尽管飞行员从丹佛国际机场塔台管制员获得的起飞许可中的离场风信息显示风向角超过 270° 风速 27 节(导致比预期强劲的速度为 26.2 的侧风分量)，但报告中的风势还是没有超出大陆航空公司的速度为 33 节的最大侧风指导，机长有理由认定，丹佛塔台 ATC 提供的那样的风势，没有超出他和事故飞机的侧风能力范围。

图 5-17　丹佛塔台 RBDT 风信息(非事故时间数据)

如果事故飞行员收到了可用的最不利风势信息(作为机场风的信息的一部分，显示在丹佛国际机场塔台管制员的带状显示终端上，为 35 节侧风伴有 40 节阵风)，机长很可能会决定推迟离场或要求换一条跑道，因为侧风分量超过了大陆航空 33 节的侧风限制。

丹佛国际机场的噪声控制程序对于事故飞机离场跑道的选定没有影响，因为 B737-500 不被认为是噪音严重的飞机。

目前，丹佛国际机场塔台跑道选择政策没有明确地对选择跑道配置时的侧风因素作出说明。

因为大陆航空的模拟器训练没有模拟地面干扰和常发生在跑道上或接近跑道道面的突发侧风，事故机长以前也不太可能曾经遭遇过类似事发夜晚碰到的突发地表侧风，所以机长没有为应对在这次起飞中遭遇的航向改变做好充分的准备。

因为对运输类飞机强侧风指导材料的制定没有标准，波音公司没有充分地考虑到波音 737 在强劲的突发侧风情况下起飞或降落时的动态操纵特性；很可能其他制造商提供的强侧风指导材料也存在类似缺陷。

美国航空公司有关遭遇强劲侧风分量的航班运营数据能够帮助 FAA 制定降低有关侧风导致飞机偏出跑道风险的新策略。

如果事故飞行员的座椅能够像其他飞机座椅一样，设计符合联邦法典第 14 卷 25 部 562 款的要求，他们受到的伤害可能会减少甚至不受伤。

乘务人员座椅的强度由于未检测出的金属疲劳而变弱，可能在比预期低的碰撞载荷下断裂，造成乘务人员受伤。而乘务人员需要履行接下来的关键安全任务，如疏散旅客。

事故飞机后厨房的插销板仅使用黏合剂固定，类似装备的飞机插销板不足以固定厨房抽屉或其他重量大的物品，因为它可能随着时间和/或与各种自然环境接触而失效。

可能原因推断

美国国家运输安全委员会(NTSB)确定这起事故的可能原因为，当飞机遭遇强劲突发侧风状况超出机长的训练和经验范围时，在飞机偏出跑道前 4 秒，机长中止了蹬右舵的操纵，而这对于维持飞机的方向控制是必需的。

促成事故的因素：①空中交通管制系统没有为向管制员和飞行员提供关键的可获取的风的信息提出要求或提供帮助；②由于模拟机阵风模型的不足，航空业侧风训练不足。

安全建议

对于类似丹佛国际机场这样的位于山地下风区机场(如位于或靠近科罗拉多州的科罗拉多斯普林斯、阿拉斯加州安克雷奇、犹他州盐湖城和内华达州雷诺市的机场)开展研究，并记录地形波和下坡条件的影响，识别出在那些机场与地形波相关的地面运行时的潜在危险，向飞行员和机场空中交通管制人员传播研究结果，为跑道的选择提供更多信息(A-10-105)。

将所有丹佛国际机场和其他有类似风势情况的机场低空风切变警告系统(LLWAS)的数据存档，并将数据用于后续的研究和可能的将来开发 LLWAS 侧风和阵风警告改进算法，该警告显示在空管塔台带状显示终端上(A-10-106)。

修改联邦航空局命令 7110.65，要求具有多来源的风的信息的机场的空中交通管制员向飞行员提供最大风分量数据，包括飞行中可能遇到的阵风(A-10-107)。

按照 FAA 命令 7210.3，审查所有装备低空风切变警告系统(LLWAS)的机场的塔台所要求的文件材料，确保给飞行员的函件被发布并容易获得。该函件中应描述 LLWAS 系统远程传感器的位置和名称，系统的性能及限制，以及在飞行员的请求下可用的 LLWAS 系统远程传感器的风的信息(A-10-108)。

要求塔台，在考虑怎样选择跑道更有运行优势时，开发并实施本地的成文的跑道选择程序，前瞻性地考虑目前的和发展中的风势状况，包括明确的侧风分量规定，包括阵风(A-10-109)。

收集美国主要机场(包括丹佛国际机场)在出现大风并且存在明显阵风的情况下的机场场面风的样本数据，并使用这些数据开发模拟现实的阵风侧风分布图，供飞行员模拟机训练程序使用(A-10-110)。

要求联邦法典第 14 卷 121 部、135 部，以及 91 部 K 分部运营人将作为安全建议 A-10-110 成果的阵风侧风分布图整合到他们的飞行员模拟机训练大纲中(A-10-111)。

一旦安全建议 A-10-110 要求的模拟现实的阵风侧风分布图被开发出来，开发一套包括人机闭环测试的标准方法，供运输类飞机制造商为运输类飞机确定基于经验的机型相关的考虑阵风的最大阵风侧风限制时使用(A-10-112)。

一旦安全建议 A-10-112 中要求的方法被开发出来，要求运输类飞机制造商确立基于经验的机型相关的考虑阵风的最大起飞侧风限制(A-10-113)。

待安全建议 A-10-113 中描述的行动完成，要求运输类飞机制造商向运营人提供考虑阵风的临时侧风起飞指导(A-10-114)。

与美国航空公司运营人一道，检查和分析航班运行数据，识别出促使飞机遭遇强烈侧风的因素，并且使用这些信息开发和实施额外的策略，以降低类似的与风相关的偏出跑道事故(A-10-115)。

要求于 1988 年前取得型号合格证的飞机，在新生产的飞机上安装的机组人员座椅符合联邦法典第 14 卷 25 部 562 款中包含的适坠性标准(A-10-116)。

要求运营人对 Burns Aerospace 2501-5 型乘务员座椅内部结构疲劳裂纹执行定期检查，如果发现疲劳裂纹需更换座椅(A-10-117)。

当飞机厨房插销或插销板仅用黏合剂固定时可能随时间老化，要求运输类飞机运营人必须增加机械固定件(A-10-118)。

事故调查报告下载地址：

http://ntsb.gov/Publictn/2010/AAR1004.pdf

4. 维珍航空 B744 型飞机起飞时疑因碾压异物爆胎

2009 年 10 月 28 日，一架维珍大西洋航空公司波音 747-400 型飞机(注册号 G–VROC)，执行从南非约翰内斯堡飞往英国伦敦希思罗机场的 VS-602 航班，机上载有 228 名乘客和 18 名机组人员。当其在约翰内斯堡的 03L 跑道上滑跑速度超过 V_1 时，机组人员听到了"巨大的重击声"，紧接着驾驶杆出现了中等强度的横向震动，方向舵脚蹬也有震动感。当飞机拉起升空收回起落架后，所有不正常的震动都停止了。机组人员认为可能出现了爆胎，要求检查跑道。其后，工作人员在跑道上发现了一块橡胶、一些蜂窝芯材料和一块金属片，如图 5-18 所示。飞机的轮胎压力指标没有显示出任何异常，机组人员与公司讨论后决定继续飞往伦敦。希思罗机场启动应急服务为飞机的降落做好了准备。飞机正常降落后离开跑道在滑行道上停止，应急服务人员检查后确认右主起落架前外侧的轮胎损坏。这架飞机在滑行道关车，然后被拖到停机坪。

图 5-18　希思罗着陆后的右主起落架

2010 年 11 月，英国 AAIB 发布了此次事件的调查报告，具体内容如下所述。

14 号轮胎是飞机起飞前在地面滑跑过程中，当飞机加速至大约 160 节的速度时爆裂的。证据表明，轮胎可能是在碾过一个异物时发生爆胎的，如图 5-19 所示。由于一些轮胎材料已无法找到，这个异物的类型还无法确定。

AAIB 报告称，飞行数据记录器显示当飞机加速超过表速 160 节/地速 177 节时(V_1=149 KIAS)的垂直加速度是-2.9G，而不是预期的 1G。2 秒钟后飞机开始抬头，以地速 189 节升空，大约比轮胎审定的最大速度低 15 节。

AAIB 分析，上述垂直加速出现的-2.9G 尖峰，持续了大约 1/8 秒，这可能是由于爆胎引起的碎片或者冲击波影响到了加速度计。

爆裂的 14 号轮胎是 2009 年 9 月 19 日新安装的，共使用了 57 个飞行循环。

轮胎的碎片使飞机的右内侧襟翼整流罩、右后缘襟翼底部及前缘受到轻微损伤。连接右主起落架减震支柱和外侧舱门的叉杆支架底部的前凸耳失效。连接外右侧主起落架舱门前门铰的一个连杆也失效了。

图 5-19　轮胎损坏情况

轮胎被从飞机上卸下，对轮胎所做的漏气检查未发现异常。结合两块在约翰内斯堡机场跑道上找到的橡胶碎片，以及一块仍未找到的碎片，可以确定这是一个典型的 X 形爆胎模式，显示出高压爆裂的迹象。一块从轮胎上分离出的部分显示几乎在所有轮胎保护套中间都有一道笔直的裂缝，好像被切了一刀一样。笔直裂缝周围的区域表明保护套表面在拉伸应力过载的情况下失效。

轮胎制造商已确定轮胎结构没有问题，无内部过热或内衬层起皱现象。由于没有找到 X 形爆裂的部分碎片，制造商无法确定爆裂的确切原因，但他们认为导致轮胎爆裂最可能的原因是异物撞击。笔直裂缝不在 X 形爆裂的旁边，所以它很可能是在轮胎爆裂后出现的。

对叉杆支架和失效的连杆进行的冶金测试表明，它们是因静态拉伸过载而失效的。没有裂纹进一步扩展的证据。

AAIB 认为可能是失效的凸耳造成轮胎爆裂。然而，凸耳虽因过载而失效，但没有裂纹渐进扩展的迹象，因此，更有可能的是轮胎碎片撞击到起落架舱门导致凸耳发生故障。

AAIB 经分析认为，机组人员作出继续飞行的决定符合机组训练手册。

事故调查报告下载地址：

http://www.aaib.gov.uk/cms_resources.cfm?file=/Boeing%20747-41R,%20G-VROC%2011-10.pdf

5. 摩洛哥皇家航空 B734 型飞机阿姆斯特丹遭遇鸟群撞击

2010 年 6 月 6 日，一架摩洛哥皇家航空公司波音 737-400 型客机(注册号 CN-RMF)执行 AT-685 航班从荷兰阿姆斯特丹飞往摩洛哥纳多尔，机上共有 156 名乘客和 6 名机组成员。从史基浦机场 18L 跑道起飞时遇到鹅群，发动机和起落架受到撞击，如图 5-20～图 5-22 所示。飞机返航，在起飞 17 分钟后于 18R 跑道安全着陆。飞机脱离跑道并停在滑行道上，应急服务部门对飞机进行了检查。乘客在滑行道上通过客梯车离开飞机。

一辆消防车赶到其待命位置时不慎翻车，没有人员伤亡，但消防车严重损坏。

图 5-20　左侧主起落架上鸟的遗骸

图 5-21　受损的左侧发动机

　　7 月 13 日，DSB 发布的一个简短的初步报告指出，飞机受到多重鸟(鹅)击，导致飞机严重损坏，左侧发动机的推力损失降低了飞机的性能，以至于飞机只能达到最大高度 730 英尺。飞机超重着陆，并在着陆过程中右侧主起落架轮胎爆裂。

图 5-22　发动机叶片损坏情况

2011 年 11 月 29 日，DSB 公布了这起事故的荷兰语版最终调查报告(英文版于 2011 年 12 月 7 日发布)，总结事故的原因可能如下所述。

原因因素

(1) 飞机起飞后不久，与鸟类相撞导致左侧发动机损坏，致使该发动机可用推力减少至约 45%。机组正确地决定返回阿姆斯特丹史基浦机场。

(2) 返航的实施不符合标准操作程序，偏差包括下述各点。

→　离地 280 英尺高度处以 37.5° 的倾斜角执行右转弯，而不是在起落架收回的情况下继续爬升至净构型高度。

→　起落架收回之后在很低的高度又再次放下。

→　将未受到损坏的右侧发动机的 N1 从 94% 降低到 83%，而不是使用其最大可用推力。

上述与标准操作程序的偏差意味着飞机只能获得有限的爬升率，无法爬升到所需的最低安全高度，机组控制飞机困难，并且受到因未完成的驾驶舱程序而引起的大量音响和视觉告警的干扰。

影响因素

(1) 两名飞行员之间的沟通和配合没有按照为航空公司飞行员制定的国际标准进行。

→　直接右转弯导致了剩余飞行性能裕度很小、更艰巨的任务和困难，以至于两名飞行员未能履行他们按照规定执行操作程序和检查单的职责。这引发了如不必要的告警和不稳定飞行轨迹这样的新问题。

(2) 摩洛哥皇家航空公司和阿特拉斯蓝航空公司的复训未能使飞行机组有效应对飞行中的多项功能失效。

→　在每一次复训之前，摩洛哥皇家航空公司和阿特拉斯蓝航空公司的飞行员会被告知将出现的特定失效。这种情况在飞行训练的实践中并不少见，然而这样做的结果就是飞行员没能学会怎样应对意外事件。

↪ 处理多项功能故障的培训仅仅在机长的初始培训中提供。

↪ 尽管飞行机组培训手册以及飞行机组操作手册包含了足以妥善处理在这次飞行期间遇到的故障的程序和检查单，但摩洛哥皇家航空公司和阿特拉斯蓝航空公司的机组和管理人员认为引发这起严重事件的独特情况在培训中不会考虑到。

(3) 庇基莫梅尔(Bijlmer)飞机失事(注：1992 年 10 月 4 日，以色列航空公司注册号为 4X-AXG 的波音 747-200 在阿姆斯特丹庇基莫梅尔的一栋公寓坠毁)后荷兰国会调查委员会提议对第三方风险进行调查，对这一调查后所采取措施的分析没有考虑到当飞机处在低于最低雷达引导高度以下的危险状态中所带来的风险。这些飞机被指令飞往史基浦管制区，然而管制员并没有该管制区内高障碍物的信息，造成了碰撞风险的不必要增加，特别是在非目视气象飞行条件下飞行时尤其如此。

↪ 在荷兰国会调查委员会对庇基莫梅尔坠毁事故提出建议后，荷兰空中交通管制的研究给出了一个政策框架来指导在城镇上空飞行时遇到紧急状况的飞机。根据这个政策框架，在发生紧急情况时由飞机的机长负责飞行运行，而空中交通管制员则负责向机长提供所有可能的援助，在可能的条件下，处于紧急状态的飞机必须使用现有的跑道进入离场航路，这会限制飞机飞越人群密集区域。尽管航空和海洋事务部部长同意这些政策，但空中交通管制员的雷达屏幕上并不能显示人群密集区域。

↪ 史基浦机场附近，聚集着众多的人口密集/高建筑物的居民区。在低于最低雷达引导高度进行机动飞行几乎是不可能的，尤其是在非目视气象飞行条件下。

↪ 事故中飞机达到的最大高度只有730英尺，这也低于1200英尺的最低雷达引导高度。

↪ 仅有 2 个障碍物被绘制在管制员的雷达屏幕上，然而，在管制区内有大量的障碍物对在低于最低雷达引导高度飞行的飞机形成风险，如果在非目视气象飞行条件下飞行尤其危险。

(4) 在一架飞机的飞行轨迹中有一只或一群重量大的鸟类存在，会造成安全风险，尤其是鹅，因为它们可观的重量且成群结队地飞行。大多数的鸟击发生在起飞和着陆阶段。

(5) 调查表明，控制史基浦机场野生动物的各责任方已经竭尽全力了。除了频繁地关闭跑道之外，其他各责任方还应进一步采取措施降低该区域内的鸟击风险。

(6) 所有相关的航空、农业、鸟类与环境保护组织都认识到了鸟击的风险和降低这种风险的必要性。尽管对这些必要性已达成共识，但在采取这些必要措施的成本收益比上却有着不同的观点。

(7) 由于飞行上的紧迫需求，使飞行员没有时间对可能的降低鸟击风险的备选控制措施进行评估，虽然这些措施可能在长时间以后产生效果。减少鹅的数量代表着最有效的短期控制措施，长期控制措施包括对鸟类种群栖息地的管理、鸟类探测和鸟类驱逐等，这些措施能够从总体结构上降低鸟击风险。

(8) 七个民间团体共同发出"Geese-7"倡议，近期提出了一个综合的国家和地区范围内的建议，倡议采取措施使各种类型的鹅的数量减少并稳定在一定规模。作为短期措施，这一建议的实施正等候经济、农业及创新部的决定，何时批复目前还不能确定。

(9) 作为对飞行安全负责的基建与环境部，没有足够的应对措施来减少鸟击的风险。

　　摩洛哥皇家航空公司的这架注册号为 CN-RMF 的波音 737-400 型客机载有 156 名乘客，4 名摩洛哥皇家航空公司的乘务员和 2 名阿特拉斯蓝航空公司的飞行员，机长(36 岁，持有航线运输驾驶员执照，总飞行小时数 7540 小时，具有 7200 小时该机型的飞行经验)作为驾驶飞行员，副驾驶(28 岁，持有航线运输驾驶员执照，总飞行小时数 2730 小时，具有 2308 小时该机型的飞行经验)作为监控飞行员，飞机从史基浦机场的 18L 跑道起飞，襟翼设定在 5°，发动机转速稳定在 93.8% 和 94.0% N1。飞机在抬前轮(机头向上 6°的姿态)期间加速超过 171 节指示空速(KIAS)并离地升空，在离地高度 16 英尺指示空速 175 节时选择收起起落架。那时，飞机与一群鹅相撞，这导致左侧发动机的推力立即损失，并且由于前起落架位置与所选位置不一致，导致前起落架指示不安全。6 秒后，飞机以 45.5% N1 和 93.8% N1 的发动机推力爬升通过 140 英尺，左侧发动机在之后的 4 分钟保持 45% N1 直至关闭。副驾驶喊道 1 号发动机损坏，然而并没有得到机长的回应。机长注意到飞机剧烈地抖动，并且难以控制。机长想弄清楚是否两台发动机都损坏了以致可用推力不足以维持飞行，但他没有与副驾驶分享他的想法，考虑到决定返航是显而易见的，所以他想立即返航。他在没有经过讨论的情况下指示副驾驶选择放下起落架，随后宣布进入紧急状态。

　　在 280 英尺的高度，机长开始右转。尽管起落架已经被放下，但前起落架仍指示不安全。副驾驶完成遇险呼叫的时候飞机已经达到了 21°的倾斜角，管制员察觉到了(飞机正在)右转，指示飞机在 330°方向改出，并等待引导至 18R 跑道落地。这架飞机达到了 37.5°(根据飞行数据记录器)的最大倾斜角，指示空速从 179 节降到 156 节。尽管使用自动油门，右发动机推力杆被手动降低到 83% N1，随后自动油门被断开。飞机继续缓慢爬升到离地高度 498 英尺，随后再次以小的下降率下降，GPWS 响起"Don't sink! Don't sink!(不要下沉！不要下沉！)"的告警声，空速持续下降至 145 节。开始转弯后 60 秒，飞机最终在航向 344°时将机翼改平。

　　机长随后要求副驾驶重复收到的空中交通管制指令，并注意到前起落架指示不安全，但讨论被乘务长报告左侧发动机起火的呼叫打断。机长忽略了该消息，反而指示副驾驶告诉客舱乘务员，他们正在返回史基浦机场。在接下来的 23 秒，空中交通管制员询问副驾驶是否能够保持高度，以及他们是否可以接受引导，机长正在和再次报告左侧发动机起火的乘务长通话，GPWS 多次告警提示促使机组向前推进右推力杆，直到发动机达到 101% N1，飞机再次开始爬升。副驾驶完成与管制员的通话后，机长要求重复该信息。飞机达到 352 英尺后又开始下降，GPWS 再次提示"Don't sink!"和"Too Low, Terrain!(太低，地形！)"。

　　乘务长进入驾驶舱内，副驾驶让他通过检视孔观察前起落架是否放下，随后回应管制员的无线电通话，ATC 将飞机转移到一个独立波道(一个没有其他飞机的频率)。乘务长证实前起落架已放下并锁定。

　　机长进一步向前推动右油门杆至仅低于最大推力的位置，飞机再次开始爬升，GPWS 告警停止但前起落架告警响起。在两名飞行员对新的告警进行讨论时，管制员给出了 350°航向加入 18R 跑道三边进近的指令，并询问飞机是否能够爬升，机组回答说不能。

　　当飞机以 380 至 500 英尺的高度飞越费维岑(Vijfhuizen)和哈勒姆(Haarlem)的居民区时起落架告警停止。当飞机在这些村庄以北时，管制员给出了一个 100°的新航向，并告诉他们距离接地点还有 4 英里。机长开始转弯，但是在 65°时改出，遵照执行记忆检查单

"发动机起火或严重损坏或脱离"左侧发动机被关闭,在执行记忆检查单时,管制员给出航向 160°,这个指令没有得到回应,也没有被执行。管制员给出航向 210°,这个指令再次没有被执行,仅在随后进行了微小的右转。在那个时候,机组已完成了记忆检查单,并发现飞机在机场以北越过了 18L 跑道的跑道中心线延长线。管制员给出航向 270°指令,使飞机转到 18R 跑道,机组完成了余下的关于左侧发动机的检查单,并完成了飞行管理计算机的编程,飞机转弯 110°,副驾驶向管制员询问航向,管制员再次指示转弯至航向 270°。机组询问是否可以在 18L 跑道着陆,由于不满足 18L 跑道以北的超障余度(索尼大厦)进近管制员不同意这个请求。机组讨论飞机难以控制,尽管发动机推力持续稳定,但空速在 160~170 节上下波动,当空速降低至 156 节时,副驾驶喊出速度。机长尝试调整右侧油门杆,但发现它已经处于最大连续推力位置,于是指示使用最大推力(103.9% N1)5秒钟。

机组看见了 18C 跑道,询问是否可能在 18C 跑道着陆,这个请求被批准,然而,机组重新考虑并决定按照原计划前往 18R 跑道着陆,飞机航向为 310°。管制员给出航向 215°的指令,副驾驶大声喊出这个指令,协助机长实施转弯并喊出。机长手动截获了航向并仍旧以 5°襟翼执行 ILS 着陆。在最终进近时,机长指示副驾驶通知客舱机组不要撤离,但要为重着陆做准备。副驾驶没有传递这个信息,因为飞机已处于短五边,副驾驶喊出速度和下降率以协助机长。主轮以 175 节指示空速接地后,副驾驶喊话自动刹车但没有接通,机长指示关闭这个系统,副驾驶建议尽可能久地保持飞机抬头,直到前轮安全接地。飞机滑跑时,机长再次指示除非起火,否则不要进行撤离。飞机在跑道上停了下来,右侧发动机被关闭。

应急救援服务部门报告说没有冒烟或起火,右侧主起落架轮胎瘪掉。乘客通过客梯车离机,在左侧主起落架、前起落架,以及电子设备舱内发现了 24 只鹅的遗骸。

对飞机的检查发现下述各种问题。

- 在飞机机头附近的机身底部有凹痕。
- 在垂直尾翼前缘有一处凹痕。
- 在左侧发动机的进气口前缘和内侧有凹痕和裂缝。
- 三个风扇叶片断裂,其余的风扇叶片中度损坏。
- 左侧发动机的低压和高压压气机、燃烧室、高压涡轮导向叶片、高压涡轮叶片、低压涡轮出口导向叶片、第一级至第四级低压涡轮都受到损坏。
- 左侧发动机的左侧有烟尘和油。
- 机身有油迹。
- 右主起落架刹车卡滞。

有报道称哈勒姆居民区被发动机的滑油污染,但是调查未能确定漏油的来源,这架飞机飞越地区也没有观察到或报告的被污染。

这架波音飞机起飞后,史基浦机场运行部门立即被告知在 18L 跑道上可能遭遇鸟击,随后在 18L 跑道附近的 06/24 跑道中线延长线附近找到 7 只死亡的加拿大鹅,重量大约在 3~5 公斤(6.6~11 磅)。

事故调查报告下载地址:

http://www.onderzoeksraad.nl/docs/rapporten/Rapport_Noodlanding_na_vogelaanvaring_

NL_web.pdf

6. 土耳其航空 B773 型飞机起飞阶段与 C525 型飞机伦敦上空危险接近事件

2009 年 7 月 27 日，一架泛航航空斯派尔公司注册号为 D-ITAN 的塞斯纳 C525 飞机搭载 2 名机组人员和 1 名乘客，在准备离开英国伦敦城市机场时，机组人员请求启动发动机，随后机组收到了发动机启动许可和起飞许可"Dover Four Tango Departure, maintain three thousand feet(Dover 4T 离场，保持高度 3000 英尺)"。五六秒后，机组人员重复"Four Tango Departure climbing four thousand feet(4T 离场，爬升至 4000 英尺)"。虽然管制员注意到缺少"Dover"，但是他没有注意到高度的复诵不正确。随后飞机在 27 号跑道起飞，并达到约 3300 fpm(英尺/分钟)的爬升率。当飞机爬升至 1300 英尺时，飞机由伦敦城市机场塔台移交给泰晤士雷达管制，并且在 48 秒后向泰晤士雷达管制报告高度在 3800～3900 英尺。

在同一时间，一架土耳其航空公司的波音 777-300 飞机(注册号为 TC-JJA)执行 TK-1991 航班从土耳其的伊斯坦布尔飞往英国伦敦的希思罗机场，机上载有 232 名乘客和 16 名机组成员。飞机正向 4000 英尺下降，并被引导以一个偏南的航向去截获希思罗机场 27R 跑道的航向道。机组人员收到了一个空中防撞系统(TCAS)的空中交通咨询(TA)并报告了这个咨询(TA)，但是在通信的过程中又收到了一个 TCAS 穿越下降的决断提示(RA，穿越下降：使飞机穿过冲突飞机当前的高度)。管制员回应道："Affirm, he bust his level,can you climb to maintain 5000 feet(没错，他已偏离他的高度层，你能爬升并保持在 5000 英尺吗)？"在此通信的过程中通话的机组人员又收到了一个 RA"增大下降率"，紧接着又收到一个相反的爬升 RA"立即爬升"。777 飞机报告，在爬升至 5000 英尺之前，飞机大致位于 4000 英尺的高度时和那架 C525 擦肩而过。

C525 的机组人员从未收到任何 TCAS 的警告，但看到 B773 及时地作出了规避动作。

这两架航向几乎相反的飞机之间的最小间隔曾减小到垂直方向 164 英尺，水平方向 0.5 海里。

2001 年 9 月，英国航空事故调查局(AAIB)公布了他们的报告。C525 的机长认为已获得许可爬升至 4000 英尺，但是他也意识到标准的离场航路要求他爬升至 3000 英尺。他解释说，他当时认为这个许可"是对外公布的非标准离场航路"。他认为，C525 的 TCAS 是可用的，机组人员并没有收到任何警告。

当 C525 爬升到 1300 英尺以上并右转脱离跑道中线延长线时，飞机交由泰晤士雷达管制指挥。48 秒后，机组人员向泰晤士雷达管制报告，而泰晤士雷达管制已收到一个短期冲突警告。当按照标准离场飞行时，由于要求较高的爬升率，这种警告并不少见。

3 秒钟后，C525 飞机处于高度 3800～3900 英尺，航向朝北，几乎与 B773 航向相反。在那一时刻 C525 在 B773 的西边大约 0.5 海里。C525 机组人员报告 TCAS 没有任何警告，因此泰晤士雷达管制员指示 C525 下降返回到 3000 英尺，机组人员遵照指令执行。1 分钟后，两架飞机冲突解除，泰晤士雷达管制允许 C525 回到 4000 英尺。

土耳其航空 B773 与希思罗机场的最后进近指挥取得了无线电联系，在机组人员告诉他们出现空中交通咨询(TA)之前他并不知道这次冲突。机组人员没有报告决断提示(RA)。管制员询问 B773 是否能够爬升到 5000 英尺，但是他意识到自己不应该给收到决断提示

(RA)的飞机发出任何指令。监控飞行的机长当时试图看到冲突飞机，后来机长回忆起有一个决断提示(RA)要求其下降，但是他从 TCAS 注意到冲突飞机是从他的 3 点钟方向飞过来并且在爬升，由此他判断下降可能会增加碰撞的危险。在收到第三个决断提示(RA)，也就是要求其爬升的决断提示(RA)后，他断开自动驾驶仪并且遵循决断提示(RA)操作飞机。B773 里唯一看到 C525 的人是在右侧观察席位的一个飞行员，他看到 C525 在他们下方 100～200 英尺从西边经过。

英国航空事故调查局解释说这架 C525 上安装有 TCAS I 系统，这种系统不生成 RA 只生成 TA。

C525 的机长填写了一份报告，报告中说他们获得许可爬升至 4000 英尺。他注意到了这个非标准的许可。他始终能看到 B773，最初他认为在穿越 B773 的航道之前，他们会远远高于 B773 所在的高度。随后他意识到在交叉点他们会离得特别近，因此他使飞机飞行方向向左偏转 30° 以便在 B773 之后穿过。他认为没有碰撞危险。

由于没有及时通知英国航空事故调查局且随后没有及时联系土耳其航空公司，B773 的驾驶舱语音记录和飞行数据记录已被覆盖。尽管快速存取记录器的数据不会被覆盖，但是由于一个系统故障，其中的数据也已经丢失。而那架 C525 则未被要求安装数据记录器。

因此，AAIB 开始研究从伦敦希思罗德布登雷达装置的 S 模式下行数据链获得的数据，尽管因为雷达扫描而造成了这些数据的延迟。B773 的信息内容显示他们的空中防撞系统错误地认为 C525 的应答机不是 S 模式的，但是雷达装置在这里接收到了 S 模式数据。管制员则无法获得 S 模式数据链获得的数据，如图 5-23 所示。

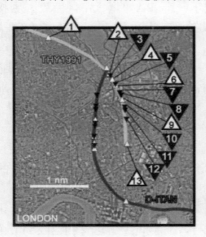

▲ Radio Transmission (RT)

▼ TCAS Resolution Advisoty (RA) downlink data from THY1991 - subject to radar sweep delay

1　THY1991 RT: TCAS "TRAFFIC" in the background
2　THY1991 RT: Reporting a traffic alert
3　THY1991 RA Downlink: crossing descend RA
4　THY1991 RT: "CROSSING DESCEND" in the background during transmission
5　THY1991 RA downlink: crossing descend RA
6　RT to THY1991: confirmed other aircraft bust its level and asked whether THY1991 could climb to 5000 ft
7　THY1991 RA Downlink: increase descend RA
8　THY1991 RA Downlink: increase descend RA
9　THY1991 RT: "FIVE THOUSAND FEET"
10　THY1991 RA Downlink: reverse climb RA
11　THY1991 RA Downlink: reverse climb RA
12　THY1991 RA Downlink: reverse climb RA
13　RT to THY1991: informed THY1991 that the traffic had passed behind

图 5-23　飞行航迹和 S 模式数据

从伦敦城市机场出发的 Dover 4T 离场航路是一个阶梯爬升离场航路，并且与向伦敦希斯罗机场 27L 和 27R 跑道做 ILS 进近的飞机的飞行航迹相交，如图 5-24 所示。因此，飞往希斯罗机场的飞机不允许飞到 4000 英尺以下，以确保和城市机场离场飞机的间隔。自 2004 年 1 月以来空管部门已经报告了 21 起城市机场的离场飞机突破他们的阶梯高度 3000 英尺的事件，其中 7 起事件导致飞机失去管制间隔。

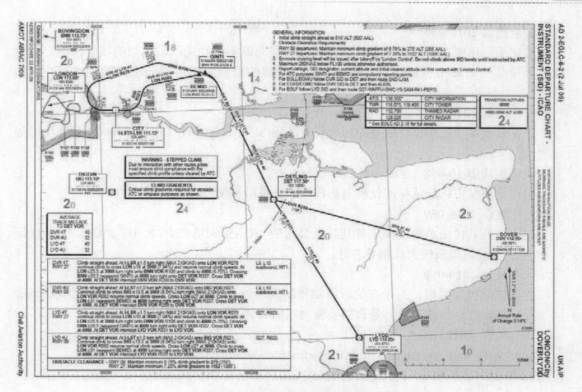

图 5-24　伦敦城市机场 4T 标准离场程序

AAIB 评论说 TCAS 空中交通咨询(TA)和决断提示(RA)往往不报告给管制员,或者报告给管制员时有很长的延时。这使管制员无法了解到正在进行的规避动作,管制员发出的许可可能会和空中防撞系统的建议相冲突。因此,AAIB 讨论管制员是否应该通过 S 模式下行数据链在他们的雷达屏幕上看到 TCAS 系统发出的警告。欧洲空管局(Euro Control)的研究表明管制员会在飞行员看到决断提示(RA)30 秒后也看到。管制员可能由于这种警告,以及干扰警告可能出现的频率而超负荷工作,这个研究引起了管制员工会的注意。尽管在原则上支持这个做法,但是他们要求明确法律责任。

自这次事件之后,通常的做法是起飞许可里不再包含高度许可,而是单独发布保持 3000 英尺高度的许可,并需要机组人员单独复读。已经建议运营人对他们的员工反复强调在 3000 英尺高度水平的重要性。

国际民航组织解释标准仪表离场(SID)许可说,许可爬升到一个更高的高度不能取消 SID 的垂直剖面限制,除非管制员明确取消。然而民用航空管理局(CAA)没有采纳这一用语,即在所有飞行阶段中,任何的爬升或下降许可都会取消之前的高度限制,除非这个限制在许可中被重申。

AAIB 针对伦敦城市机场离场航路提出了三条安全建议,另有一条建议要求在希思罗和城市机场交通相互影响的伦敦终端管制区内运行的飞机要装备 TCAS Ⅱ系统,还有一条对土耳其民航局的安全建议是用来确保土耳其航空的工作人员必须遵循 TCAS 的决断提示(RA)。

安全建议 2010-056

建议英国国家空中交通服务机构向民航管理局证明已经采取了适当的缓解措施，从而能显著降低伦敦城市机场离场飞机和在四边转弯的希斯罗机场着陆飞机发生水平冲突的风险。

安全建议 2010-057

建议伦敦城市机场修订所有的标准仪表离场(SIDs)程序，使飞机在 3000 英尺高度时停止爬升。

安全建议 2010-058

建议伦敦城市机场从标准仪表离场程序中去掉阶梯爬升程序。

安全建议 2010-059

建议土耳其民航总局确保土耳其航空公司的 TCAS 训练符合 ICAO PANS-OPS (Doc 8168)中的机载防撞系统训练指导方针。

安全建议 2010-060

建议民航当局考虑，对于在伦敦终端管制区内城市机场标准离场程序与希思罗机场着陆飞行交叉部分运行的飞机，是否需要强制它们安装 TCAS II。

调查报告下载地址：

http://www.aaib.gov.uk/cms_resources.cfm?file=/Citation%20525,%20D-ITAN%20and%20Boeing%20777%20300ER,%20TC-JJA%2009-10.pdf

7. 维珍兰航空公司 B737 发动机喘振

2009 年 8 月 20 日，一架维珍兰航空公司波音 737-800 飞机(注册号 VH-VOC)执行 DJ－1153 航班从澳大利亚塔斯马尼亚洲的朗塞斯顿(Launceston)起飞，飞往新南威尔士州的悉尼，机上共有 151 名乘客。当飞机处于初始爬升阶段时，左边的发动机突然发生喘振，并伴随有爆炸声和窜出的火苗。机组人员将发动机推力减小至慢车推力并返回至朗塞斯顿进行安全着陆。

2010 年 7 月 27 日，澳大利亚运输安全委员会(ATSB)公布了他们的最后报告，总结影响安全的因素包括下述各点。

- ↳ 第三级可变静子叶片(VSV)衬筒和内层防护罩的超前磨损加剧了运动和机械间的相互作用，导致发动机在运行过程中高压压气机(HPC)的一部分气压密封件脱落。
- ↳ 高压压气机(HPC)蜂窝结构密封件脱落后在压缩机内第 3 级叶片后缘边沿进入气道，对下游造成撞击损伤，致使飞机在朗塞斯顿起飞过程中出现压缩机效率损失，以及随后的压缩机喘振现象。
- ↳ CFM56-7B 发动机的设计使其易受可变静子叶片(VSV)衬筒和防护罩磨损的影响，这些磨损可能导致内部机械损伤和飞行中潜在的性能问题(次要安全问题)。
- ↳ 在运行一段时间之后，CFM56-7B 发动机衬筒和防护罩之间的磨损已经足够引起转子与定子的接触，而这一段时间比制造商确定的进行相关检查的最小时间间隔还要短，而进行检查的目的就是发现这样的问题(次要安全问题)。

据 ATSB 报告，在起飞后不久机组人员即多次听见有爆炸声同时伴有发动机喘振现象，这些现象促使机组人员将发动机推力减至慢车并呼叫"PAN"(意为飞机处于紧急状态)

寻求帮助。在确保飞机可以在朗塞斯顿的湿跑道上进行安全着陆后，这架飞机在离场起飞30 分钟后安全返回朗塞斯顿。

飞机返回朗塞斯顿后，机务人员在检查中发现左边机翼靠近后缘的襟翼上有轻微的鸟击现象。但在朗塞斯顿没有发现鸟的残骸，维修过程也没有检测到任何一台发动机有鸟吸入的证据或在发动机内发现有鸟的残骸。

飞机返回后对发动机进行了孔探检查，结果显示高压压气机(HPC)叶片和叶轮损坏。该发动机从飞机上拆除并送回制造商处进行深入分析。ATSB 要求从飞机上拆下飞行数据记录器和驾驶舱语音记录器并送往分析。

飞行数据记录器(FDR)显示，左边发动机的排气温度和燃油流量数值略高于右边发动机的数据。与以前左右两侧发动机的数据值几乎一致时相比，最后两次飞行的数据略高一些。

在这次飞行过程中，飞行数据记录器(FDR)显示发动机持续波动了 7 分钟，之后发动机功率减小了。

发动机在这次飞行前并没受到过任何已知故障的影响。自开始工作起它已经累计运转了 22978 小时。

该发动机在制造商处被拆卸。低压压气机显示没有损伤现象，而且也没有外来物体碰撞/吸入的迹象。然而，高压压气机转子却显示第 3 级和之后一级叶片有损坏，这些损坏与硬物碰撞造成的损坏一致。而叶片却没有断裂或丢失，所有定子叶片都存在一定程度的损伤，高压压缩机如图 5-25 所示。

图 5-25　高压压缩机

经进一步检查发现，该高压压气机的第 1、2 和 3 级的内层防护罩松动，衬筒表现出严重磨损现象，如图 5-26 所示。所有的径向销钉都可以说明，尽管出现松动，但第 1 和 2级的内层防护罩依然没有受到损伤，蜂窝式封严件也没有移出指定位置。然而，第 3 级位于 9～12 点位置的蜂窝式封严件却丢失了，在 12～3 点位置的蜂窝式封严件则被移动了大约 4 英寸。在发动机中找到的碎片中发现了与丢失的蜂窝式封严件相符的两小块碎片。在

9 点和 3 点位置的防转销钉有严重磨损现象。

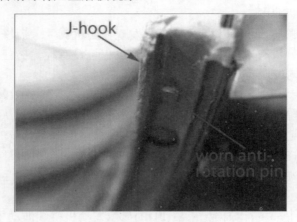

图 5-26　磨损的防转销钉

发动机制造商表示，在事件发生时，转子与定子接触已是一个已知的问题，一些服务通告也已经发出，要求每运转 24000 小时就对发动机进行检查并采用新的发动机零部件。

制造商得出事件发生的先后次序如下所述。

→　可变静子叶片(VSV)衬筒和内层防护罩的磨损为封严件和内层防护罩部分之间相互运动提供了可能。

→　这又引起封严件防转销钉的严重磨损。

→　可变静子叶片(VSV)衬筒/防护罩的磨损和封严件防转的失效，共同导致了封严件与高压压气机(HPC)转子的级间封严件之间相互接触。

→　3～9 点的封严件在内层防护罩上进一步旋转，并将相邻的封严件抬起。

→　封严件能够进一步接触转子，这使其完全从内层防护罩上脱落，并进入压缩机气体通道。

→　脱落的封严件部分向之后各级移动，造成对随后各级的严重损伤，并导致压缩机效能的损失，以及随后机组人员所报告的压缩机喘振现象。

排气温度(EGT)和燃油流量的提高，与高压压缩机(HPC)内形成的损伤是相符合的。

这一事件中的发动机并没有更换新的部件，而它的工作时间也还没达到 24000 小时，因此不需要接受额外的检查。

事故调查报告下载地址：

http://www.atsb.gov.au/media/1538377/ao-2009-053.pdf

8. Flybe 航空 DH8D 飞机伦敦发生电力故障

2009 年 12 月 21 日，一架 Flybe 航空公司 DH8D 型飞机(注册号为 G-JEDI)，载有 72 名乘客和 4 名机组成员，执行从伦敦盖特威克机场(英国)飞往杜塞尔多夫机场(德国)的航班。当飞机离开盖特威克机场爬升至 6000 英尺高度时，机组人员注意到下列警告灯几乎同时出现：左交流总线、右交流总线、左变压整流组件、右变压整流组件、1 号交流发电机、2 号交流发电机，并伴随着许多相关系统故障。当飞机朝许可的 FL120 爬升时，机组人员请求下降，以离开结冰环境，因为防冰设施不可用。当飞机下降到 FL110 但还没有离开结冰环境时，机组宣布"PAN"(飞机进入紧急状态)并请求返回盖特威克机场。飞机下降到 FL100 时离开了结冰环境，随后按照公司在结冰条件下的有关程序，飞机使用襟翼 35°以及较大的参考速度在盖特威克机场安全着陆。

2010 年 8 月，英国航空事故调查局(AAIB)发布了他们的公告，其中报告说：事发后维修部门开始分析故障情况并决定执行一次地面运行以评估这一事件。当右侧发电机被选择为联机时，听到响亮的金属声，左右侧发电机都不能联机。随后左右侧发动机的发电机控制单元被交换。当工程师们交换左右侧交流(AC)发电机时，他们发现左侧发电机软轴已被切断了。右侧交流发电机随后为左侧发动机工作，然后仅依赖左侧发动机开始地面运行。然而，当发电机联机后，却听到另一声响亮的金属声，并且该发电机的软轴也断了。

工程师随后进行线路检查，发现左侧机翼中部后缘内的线束起火并受到过热损坏。证据显示电线之间出现过电弧，电线和靠近线束支架的机身结构之间也出现过电弧，这些支架被固定在机翼下表面。

用于保护线束不受支撑板损坏的塑料支撑板和玻璃纤维带已和线束脱离，用于连接支撑板和机翼下表面的塑料支撑架也已经融化。线速支架如图 5-27 所示。

实验室的分析表明，线束的 22 条导线中有一条已因为和锋利物体摩擦受到局部机械损伤。锋利物体被确定为一个铆钉头，它负责将线束支架固定在机翼下表面。线束和支架的相对运动首先使支撑板被磨破，随后线束也被磨破。磨损破坏了电线的绝缘性，一条电线和铆钉之间发生短路并产生电弧，最终导致局部过热。

问题首先出现在左侧交流总线上，导致左侧交流发电机被断开，并且总线也被关闭，造成右侧交流发电机可以为左侧交流总线供电。然而，由于左侧交流总线的导线本身已受损，导致右侧交流发电机控制单元检测到故障并关闭右侧发电机。两个发电机都断开后，再没有发电机为左右交流总线供电。配线损坏及电弧的痕迹如图 5-28 所示。

AAIB 分析认为，飞机着陆时，左侧交流发电机软轴仍完好无损。但在随后的维修工作中，当工程师尝试启动系统时，软轴被切断了。

发电机的制造商对两个发电机都进行了测试——除了被切断的软轴——发现它们完全是可以使用的。

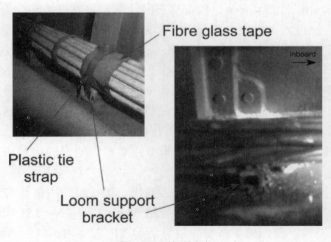

图 5-27　线束支架

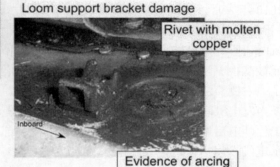

图 5-28　配线损坏及电弧的痕迹

驾驶舱语音数据记录器被读出，但发现进行维修工作期间驾驶舱语音数据记录器(CVR)还在继续运行，因此飞机在飞行阶段的数据已被覆盖。飞行数据记录器则既保存了飞行阶段的数据也保存了维修时的数据。

左右两侧交流总线都发生故障，意味着在皮托管、螺旋桨和发动机上的用于防冰的加热装置没有可用的电力。而大多数系统需要的是直流电源，所以能保持正常功能。

飞机制造商向运营人发布了一项改装内容，用实心铆钉代替空心铆钉，并检查导线绝缘套管损伤情况。加拿大运输部已采用了这项改装技术，将其作为一条适航指令。

事故调查报告下载地址：

http://www.aaib.gov.uk/cms_resources.cfm?file=/DHC-8-402%20Dash%208,%20G-JEDI%2008-10.pdf

9. 维珍大西洋航空 A340 伦敦起飞时配载平衡错误事件

2009 年 12 月 12 日，一架维珍大西洋航空公司的 A340-600 客机(注册号 G-VYOU)搭载 282 名旅客和 16 名机组人员，执行从英国伦敦希思罗机场飞往美国加利福尼亚州洛杉矶机场的 VS-23 航班。飞机正准备起飞时，无燃油重量在最后时刻发生变化，这促使机组要求一份新的飞行计划。机组在收到更新的飞行计划之后，错误地使用估计的着陆重量而不是起飞重量来计算他们的起飞数据，同时飞机计划使用减推力起飞。

负责操纵的飞行员注意到在起飞滑跑过程中的加速比正常情况下慢，但没有考虑到加速度异常。飞机抬头有些迟钝，机头偏重。飞机没有达到 V_2 速度，这促使飞行员压低机头并以 500～600 英尺/分钟的速率爬升。襟翼按计划收回。

后来转入(航线)飞行后，机组重新检查舱单并意识到他们的错误。飞机继续飞往洛杉矶机场并安全着陆。

2010 年 7 月，英国 AAIB 发布最终报告指出，该机组使用估计的着陆重量 236 吨代替实际的起飞重量 322.5 吨计算起飞性能，导致 V_r=143 节，V_2=151 节，而正确的应该是 V_r=157 节，V_2=167 节。较低的重量也导致灵活起飞的温度为 74℃，而正确的灵活温度应该是 63℃。机组对异常高的灵活温度感到困惑，但是却没有重新检查起飞数据。无燃油重量和燃油重量正确地输入了飞行管理和引导系统中，这说明总重量是正确的。

AAIB 注明，在起飞和初始爬升过程中一直没有选择全推力。

该航空公司估计，最后时刻无燃油重量的变化给机组带来的时间压力致使该错误发生。着陆重量是可接受的起飞重量。由于时间压力机组没有自己计算估计的起飞重量，也没有与飞行计划里的数据进行对比。机组之间的交叉检查也没有发挥应有的效果。

调查报告下载地址：http://www.aaib.gov.uk/cms_resources.cfm?file=/Airbus%20A340-642,%20G-VYOU%202007-10.pdf

5.3.3　进近、着陆阶段的风险因素

1. 机组资源管理(CRM)

在载人飞行的百年历史上，飞机从飞行员的手动操纵发展到自动化，飞行机组从多人制机组发展到双人制机组，对飞行员能力的要求也经历了几个阶段：第一阶段要求机组有较好的目视飞行能力和简单的仪表飞行能力；第二阶段要求飞行员具备基本的自动驾驶飞机能力和较强的仪表飞行能力；第三和第四阶段，飞行员要从飞机操纵者向管理者过渡，必须具备很强的飞行管理能力和机组交流决策能力。飞机越来越先进显著降低了事故率，但对飞行员提出了更高的要求。

飞行员的综合飞行能力不仅是我们平时说的飞行基本驾驶技术，而且还包括飞行人工操纵能力、飞行自动操纵管理能力、程序执行能力、对知识的掌握运用能力、沟通交流能力、解决问题与决策能力、情景意识能力、疲劳管理能力和团队管理能力九种能力。

飞行员的非技术能力可以被统称为机组资源管理(CRM)能力。事实上，业界对飞行员CRM 能力的要求是从飞机发展的第三个阶段开始的。随着航空安全的发展，CRM 自 1979年首次被提出后，历经几十年一直发展到第四代和第五代机组资源管理，即机组整合程序化和差错管理。对飞行员非技术能力的要求同样体现在各种飞行训练中，它更强调机组的情景意识、飞行简令，以及机组资源管理的联合训练。

CRM 是指充分、有效、合理地利用一切可以利用的资源来达到安全有效飞行运行的目的。CRM 的对象包括软件、硬件、环境和人四个方面及其相互关系。从狭义上讲，机组指飞行机组，包括机长、副驾驶、观察员、客舱服务人员；但从广义上讲它还包括空中交通管制员、飞行签派员、地面维修人员，以及运行控制人员等一切与飞行相关的人员和乘客。机组资源管理的基本技能，如图 5-29 所示。

事故统计资料已经证实，事故和事件的主要原因是由于机组不能有效地对飞行进行恰当的管理。在整个飞行过程中，没有恰当的管理技能，机组就可能会很少进行任务分工，也就可能造成驾驶舱工作负荷不平衡，也就不会积累机组的智力资源以解决各种问题。

驾驶舱的管理技能=知识+积极的态度

错误是人的行为的普遍特征，而航空又是人的活动，因此在任何时候都保持"安全意识"是非常重要的。在实施进近的过程中，尤其是在危险天气、恶劣环境条件下的进近中，安全性降低的时候，机长应该明确无误地知道自己的安全底线，并充分利用所有可用的资源，识别并纠正一些危险态度的现象和表现。如果机长在不知不觉中以安全作为代价时，机组成员应该采取行动以确认机长是否建立了安全底线。

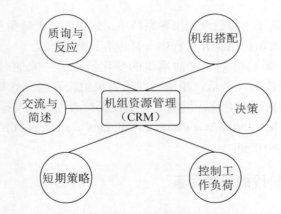

图 5-29　机组资源管理的基本技能

例如，我国曾经发生"8·24"飞行事故，作为机组在天气条件恶劣、飞行程序特殊的情况下，都没有能够建立明确的情景意识，突破了安全底线，引发了事故。

飞行事故与事件的研究也表明"质询与反应"是现代驾驶舱交流中最薄弱的环节。实际上，检查单就是一种正式的质询与反应形式，它有助于对正常与异常的情境作出良好的定义。从驾驶舱的实际情况出发，质询与反应可分为陈述观点、进行质询和进行反应。

短期策略是机组资源管理的一项基本工具，通过短期策略，飞行员或者机组不但可以对即将发生的驾驶舱变化作出有针对性的计划，同时也有利于提高整个机组的处境意识水平，从而使飞行员或者机组的驾驶舱状态处于适宜的水平，使其工作负荷得到合理的分配。

机组的合理搭配，将有助于安全水平的大幅提高。在进行机组搭配时要充分考虑机长的权威性与副驾驶的直陈性，以及机长和副驾驶的管理风格、技术和经验水平。我国发生的几起飞行事故，都与机组的搭配不当，机组整体技术水平较低或整体管理风格不利于安全飞行有关。

机长的权威性与其他机组成员直陈性之间的平衡将会给驾驶舱带来最安全的处境，如图 5-30 所示。机长应该协调驾驶舱活动以便使机长的权威与机组成员的直陈之间能够达到一种较好的平衡；当机长的权威性和机组成员的直阵性之间的平衡关系遭到破坏时，应该提供正确的管理行为。

图 5-30　权威性与直陈性示意

机组成员应该寻找使直陈与权威之间达到较好平衡的途径；当机长的权威性水平太低，以至于影响到飞行安全时，机组成员就应该增加直陈的水平，以便完成必要的任务和作出必要的决策；如果机长的权威性水平太高，以至于使机组成员感到紧张和工作负荷增大时，机组成员为了避免人际关系冲突，在飞行安全没有受到威胁的前提下，可以降低自己的直陈水平。

在飞行中，特别是在特殊情况下，需要机组及时作出决策，如天气变坏时的改航、不稳定进近时的复飞、中断起飞、系统故障处置等。

现代驾驶舱中飞行员的任务已变成监控飞机系统状态、获取信息、评估信息，以及对信息作出反应，决策的普遍性和重要性相应增加。连续捕获的系统信息及其评估后所作的决策对飞行安全变得十分重要，因为它可以引导飞行员下一步所采取的动作。实际上，恰恰是这些决策和相应的动作影响了飞机系统，进而影响飞机的性能和飞行安全。决策的过程就是解决安全问题的过程。

决策过程是一个非常复杂的过程，它受到很多因素的影响。航空公司应采取一些有力的措施保护机组，制定一些有利于机组作出良好决策的政策，为机组创造一个宽松的环境，以便机组可以从容作出合理的决策。

2. 驾驶舱工作负荷

把飞行员所面临的飞行任务视为若干个组块，如操纵任务、空间定向任务、陆空通话任务和执行检查单任务等。很显然，任务数越多，飞行员的工作负荷就越大。工作任务的难度越大或者越重要，那么它的价值和权重也就越高，给飞行员造成的压力也就越大，其工作负荷就越高。与此类似，在特定的环境中飞行员能够用于完成任务的时间越短，飞行员的工作负荷也就越高，所承受的压力也会越大。因此，我们可以把驾驶舱的工作负荷视为若干个工作组块乘上任务的价值或者权重后再除以可用的时间，即

$$驾驶舱工作负荷=任务数×任务价值(权重)/可用时间$$

对工作负荷进行平衡以便使工作负荷在所有的飞行时间里和所有的机组成员之间得到较好的分配，不至于出现过高或者过低的工作负荷状况，既是机长的一项重要的管理职责又是飞行安全的重要保障。每一个机组成员必须接受分配给自己的工作负荷，并使机长成为整个工作负荷的备份，使他能够有精力对驾驶舱内的工作负荷进行全面的平衡。

根据叶克斯道森的倒"U"形曲线，如图 5-31 所示，中等强度的工作负荷水平为正常工作负荷状态。在正常的工作负荷范围内，机组成员的觉醒或者激活水平处于适宜的状态，主要表现为思维清晰、反应敏捷及情绪稳定，飞行工作的效率和准确性高并且机组的驾驶舱氛围良好。

偏低和过低的工作负荷状态虽然程度不同，但都属于低工作负荷状态，如图 5-32 所示。通过计划和检查可以降低这种状态的负面影响，提高机组警惕性和克服盲目乐观的危险局面。

较高的工作负荷多出现在起飞和进近着陆阶段，如图 5-33 所示，尤其在恶劣的天气、执行紧急任务等条件下的进近飞行。也可能出现将自己的注意力固着在某些紧急任务上，却忽略对其他任务的监控，飞行员或者机组的首要任务是识别出这种状态的危险信号。在识别出自己或者机组已经处于这样的状态时，机组成员应该将注意力集中在重要的任务(如简述)上，停止无关的交谈，并对任务进行合理地分配和计划，由此降低工作负荷。

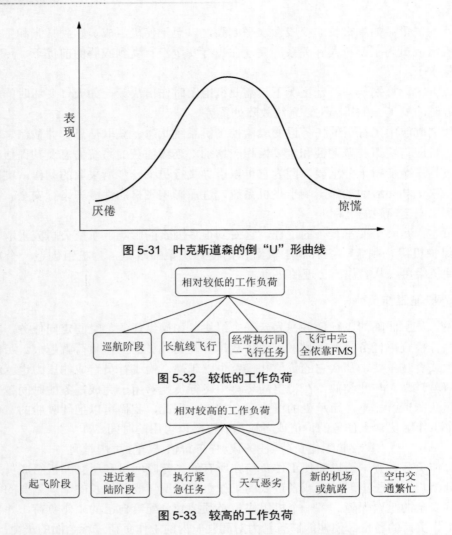

图 5-31　叶克斯道森的倒"U"形曲线

图 5-32　较低的工作负荷

图 5-33　较高的工作负荷

　　飞行前简述和飞行自动化是对工作负荷进行合理分配的重要方法，也是将驾驶舱工作负荷状态控制在适宜范围内的有效途径。通过飞行前简述，可以使机组提前预料整个飞行活动中工作负荷的变化情况，并作出有针对性的计划。而利用驾驶舱内的自动化设备则有利于使机组将机器能够完成的工作交给机载设备，从而达到降低驾驶舱工作负荷的目的，使机组能够将主要的精力用于处理亟待处理的问题。但必须注意的是，如果机组过分依赖机载自动化设备，有时也会带来意想不到的副作用，实际效果却增加了飞行机组工作负荷，若处置不当也易引发飞行事故。

　　使用交流和简述、质询与反应，以及短期策略等驾驶舱资源管理基本工具也是使驾驶舱工作负荷保持在正常状态的一项最有力的措施。

3. 进近程序

　　进近程序与飞行安全密切相关，实施精密进近(ILS 进近)的飞机，在进近着陆阶段发生的重大死亡事故约占比 25%，重大进近着陆阶段其他 75% 的事故均发生在没有或没有使用精密进近着陆设备的进近着陆中。由于飞行人员对进近程序的理解不够或者忽视严格遵守进近程序的重要性，从而导致飞行事故经常发生。

在进近程序的各个阶段(包括复飞和等待)，为保障飞行安全，在进行仪表飞行程序设计时，都要为飞行航迹确定有一定宽度的安全保护区。

一方面，每个仪表进近程序中公布的最低安全高度(MSA)，是紧急情况下在规定扇区内可以使用的最低的安全高度。如果飞机已确定其在扇区范围内，则可以下降到最低扇区安全高度或进场航线高度，但是不允许偏离规定的进场航线。尤其在紧急情况出现，需在机场附近作机动飞行时，一定注意当地 MSA 的数值。

在确定航段飞行高度时如果只考虑了保护区内的障碍物，当因为地形等因素限制，而飞机起始进近高度又不可能太高时，这个保护区就可能有所缩减，这时就必须对飞机的进近速度进行限制，以防止飞机在转弯过程中飞出安全保护区，而飞机一旦飞出安全保护区，就失去了安全保障。

在发生失误，误解、缺乏通信与交流时间、避让或飞机出现紧急情况时，由于飞行员不明确自己的位置，或者为保持能见飞行，飞行员有意或无意地降低到最低安全高度(MSA)以下，这是造成可控飞行撞地(CFIT)的一个重要原因。

在整个进近过程中，只要正常沿航路进近、严格遵守进近航路上的高度限制是用不到 MSA 的，因此这个高度限制往往会被机组忽视。

另一方面，飞机的速度。即使进近中的飞机不需要转弯，也需要控制速度，以便为最后进近着陆创造良好条件。

在仪表进近过程中，只有严格执行仪表进近程序才可能避免落错机场、飞错或严重偏离进近航迹，避免可控飞机撞地等重大飞行事故的发生。有些飞行员可能自恃飞行技术高超、目视飞行能力强，便不顾仪表进近程序中规定的最低安全高度、飞行航迹和进近着陆标准等，强行下降高度欲出云寻找地标，或者擅自转弯以节约进近时间等，然而不幸却在瞬间发生。

仪表进近阶段是一个飞行速度不断减小、高度不断降低、机动性能逐渐变差、飞行操作复杂、供机组处置时间短暂的飞行阶段，而进近与着陆是密切相关的，没有一个好的进近就不可能有一个好的着陆，所以在这个飞行阶段飞行人员必须严格按照仪表进近程序实施仪表进近，这样才能更好地避免飞行事故的发生，保证航空飞行的安全、正常和效率。

1) 精密进近和非精密进近

稳定进近是指飞机在进近过程中，其航迹和下滑轨迹平滑、飞机构型和姿态稳定、进近速度和进近高度适宜。例如，飞机保持稳定的下降率、沿大约 3° 下滑角进近、下滑道与跑道交点距跑道入口 305 米、飞越 FAF 之后的飞机处于着陆构型，而且空速、推力设置、配平及下降率都合适并稳定，且处于规定的下降剖面上等。通常稳定的进近构型应在高于场面 305 米以上取得，如果在距地面 152 米(500 英尺)时仍没有建立稳定进近，应立即复飞。

不稳定进近是造成进近着陆事故的主要因素。不稳定进近的后果可能会是超过最低限度、低于最低安全高度、可控飞行撞地(CFIT)、拉平开始晚或早、小速度或大速度着陆、短距滑跑着陆、远距滑跑着陆、冲出跑道、偏出跑道、失控和飞机接近地面时，在俯仰、功率、压坡度方面出现过量动作，甚至导致航空器失事。

非精密进近没有固定的下滑线，其五边各阶段的高度和下降率等由飞行员根据航图的指示计算得到，在飞越 FAF 前后，其下降剖面通常是阶梯式的，如图 5-34 所示为非精密进近下降剖面示意图。飞行员要不断改变推力和进近姿态，以及设置进近着陆构型，在较大的工作负荷下易使其丧失状态意识、错误理解航图的高度限制、降低了飞行员对离地高度的了解等，因此经常造成下降速度过大、飞机离地面高度过高或过低、飞机着陆构型晚等。许多进近着陆事故剖面图表明，飞行员在非精密进近着陆中错误降低高度或在进近航路的错误点降低高度，从而降低了自身的超障余度是造成进近着陆事故的主要原因。

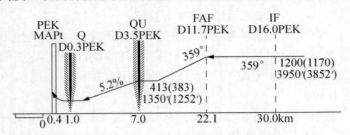

图 5-34　非精密进近下降剖面示意

此外，由于非精密进近没有提供下滑道引导，最后进近中的飞机是否处于正常的下滑坡度，很难判断，在暗光线条件或低能见度条件下，更容易使飞行员产生错觉。

精密进近的下降自始至终都由下滑台向航空器提供下滑引导，如图 5-35 所示，飞行员只需根据仪表的指示，切入下滑道，沿着下滑道下滑至决断高(DH)，然后再实施目视着陆，没有非精密进近复杂。而且 DH 比 MDH 低得多，后续的目视着陆更为容易。实施精密进近的飞机所发生的事故，绝大多数与飞行员没有遵守相关的规章和没有及时复飞有关。

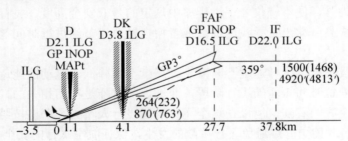

图 5-35　精密进近下降剖面示意

2)　目视盘旋进近

由于地形障碍物等因素的影响，使直线进近的航迹对正、航段长度和梯度超过了规定的标准时，须建立目视盘旋进近。目视盘旋进近是紧接最后进近的仪表飞行部分之后，在着陆前转绕机场所作的目视机动飞行。

在目视盘旋进近的整个过程中，没有任何地面导航设施能够给飞机提供航迹引导，飞机的位置和高度控制全部取决于飞行员的目测，飞行的精度和准确度都较低，所以目视盘旋的操作难度更大，安全余度更小。

但是由于训练和历史的原因，中国民航在目视盘旋过程中因为过早下降高度，或者没有进行速度限制飞出目视盘旋区而失事的事故已发生多起。为保护目视盘旋的航空器，在机场周围划设有目视盘旋保护区，实施目视盘旋的航空器如果飞出该保护区，即使保持了目视盘旋进近中规定的最低安全高度，也会失去安全保护。

例如，2002 年 4 月 15 日，中国国际航空公司 B767-200/B-2552 号飞机执行北京—釜山航班任务，飞机于北京时间 08:40 从北京起飞，韩国时间 11:21:17(北京时间 10:21:17)在向韩国釜山国际机场 18 右跑道盘旋进近时撞山坠毁，机上 166 人(其中空勤组 11 人)，死亡 129 人，伤 37 人(其中空勤组 3 人：机长和 2 名男乘)。本次事故除了管制上的错误外，飞行员在釜山机场作反向盘旋着陆时违反了目视飞行规则，三边飞行时间延长，以致飞出目视盘旋区域，于最后目视盘旋阶段，在目视已失去着陆跑道、进近引导设备指示、地面参照物的情况下，即使在副驾驶提醒"必须复飞"的关键时刻，仍然操纵飞机盲目飞行，最终导致飞机撞山失事。

3)　复飞

50%以上的进近着陆事故是没有及时复飞造成的。造成复飞的可能原因主要包括跑道被占用、飞机位置不合适、进近速度不对、着陆构型或形态不对、自动工作状态错误和在规定位置和高度上没有取得必要的目视参考。

在非精密进近过程中，如果机组下降到最低下降高度/高(MDA/H)可以保持 MDH 继续进近至复飞点复飞。精密进近时，进近中的飞机下降到了 DH，而飞行员还没有取得目视参考，则应立即复飞。无论是非精密进近还是精密进近，在确定 MDA/H 或 DH 时，都应充分考虑最后进近航段和复飞航段内对障碍物的超障情况，如果在 MDA/H 或 DH 没有取得着陆所必需的目视参考，而不及时果断复飞，却继续盲目进近下降高度的话，那么以后再想复飞飞机就不能满足复飞航段的超障要求，在复飞航段与障碍物相撞；或者受飞机性能的影响而彻底失去复飞的机会；或者在下降的过程中造成可控飞机撞地；或者侥幸看到跑道却因剩余的跑道长度不够而冲出跑道；或者飞机重着陆。

很多情况下，机组可能没有足够的信息认识到复飞的必要性。另外也许是机组认识到复飞的必要性，却没有正常执行复飞程序，这是因为公司或局方常把复飞视为飞行员的能力不足或者操作问题，以前公司也会因其执行了复飞而要求其提供相关的技术报告，并说明复飞理由。重新认识复飞对飞行安全的意义，局方应从规章上保障，公司应从安全理念上支持，飞行员应更新观念，使复飞成为保证飞行安全的重要手段。

航空公司的飞行操作手册和培/复训教材中应包括不稳定进近的定义和参数，其内容至少应包括但不限于：预期飞行轨迹、速度、发动机工作状态、高度、下降率、飞行状态和机组准备状态等。所有的飞行都必须在高于接地高度 100 英尺时建立稳定进近。如果飞机在进近期间变得不稳定，必须复飞，无论是在日常训练中还是公司规章中都应对此进行强调。

很多情况下没有认识到需要中断进近着陆是造成进近着陆事故的一个主要原因。因此在公司的规章中和训练时应该详细说明进近着陆的复飞范围，至少包括开始进入最后进近定位点或外指点标之前，对能见度最低限度的要求和对机组准备状态的要求、飞机可下降的最低高度。

4)　PBN 程序

PBN 是指在相应的导航基础设施条件下，航空器在指定的空域内或者沿航路、仪表飞行程序飞行时，对系统精确性、完好性、可用性、连续性，以及功能等方面的性能要求。

传统的导航系统是利用地面导航台信号，通过向台或背台飞行实现对航空器的引导，航路划设和终端区飞行程序受地面导航台布局和设备种类的制约，如图 5-36(a)所示。

与传统飞行程序不同，PBN 不再依赖于传统导航信号源 VOR/DME 和传统导航设施，而只需要在飞机上完成导航设备改装，飞行员就能使用卫星导航系统，让飞机在任意两点之间沿着精准定位的航路飞行。

基于性能的导航(PBN)是在整合区域导航(RNAV)和所需导航性能(RNP)运行实践和技术标准的基础上所提出的一种新型运行概念，如图 5-36(b)和图 5-36(c)所示。PBN(基于性能的导航)包含 RNAV(区域导航)和 RNP(所需导航性能)两类基本导航规范。RNP 有机载性能监控和告警功能，而 RNAV 没有。

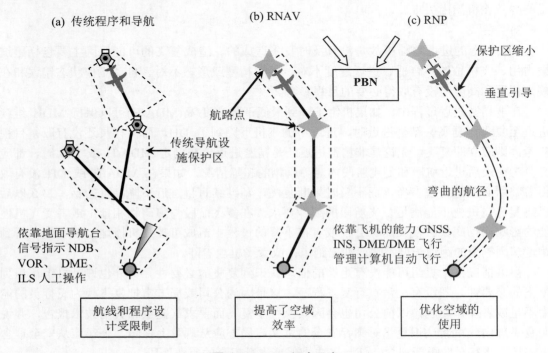

图 5-36　PBN 概念示意

PBN 是国际民航组织在整合各国 RNAV 和 RNP 运行实践和技术标准的基础上，提出的一种新型运行概念。PBN 导航规范如图 5-37 所示。

根据 2009 年发布的《中国民航 PBN 实施路线图》的规定，中国民航 PBN 实施将分为 3 个阶段，即近期(2009—2012 年)、中期(2013—2016 年)、远期(2017—2025 年)。近期实现 PBN 重点应用，中期实现 PBN 全面应用，远期实现 PBN 与 CNS/ATM 系统整合，其已成为我国发展"新一代航空运输系统"的基石之一。

PBN 的优点如下所述。

↪　不依赖陆基导航设备。

↪　航迹选择灵活，飞行航迹准确。

↪　降低高原和复杂机场运行最低标准，提高航班的正常率。

↪　减少飞行时间、节约油量。

↪　降低飞机对地面的噪音影响。

- 增加空域容量。
- 空域的四维管理成为可能。
- 减少飞行员的操作动作，减少差错，保证安全。
- 具备垂直引导下降。
- 具有一台发动机失效的保护。
- 具有导航信号失效的保护。
- 复飞是按一台发动机失效复飞设计。
- 增加飞机的业载。

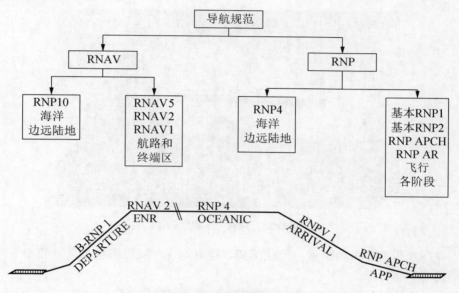

图 5-37　PBN 运行标准

4. 机载设备

机载设备与进近着陆事故密切相关，在机组发生失误的时候，如果航空器上安装了相关的机载设备，而且机组能够正确理解并执行了正确的修正操作规范，那么将会很大程度上降低事故发生的可能。

1) 增强型近地报警系统(EGPWS)

近地警告系统(Ground Proximity Warning System，GPWS)可以减少可控飞行撞地(Controlled Flight Into Terrain，CFIT)事件的发生，美国国家运输安全委员会研究表明，安装 GPWS 之后，可控飞行撞地事故率降低了 75%。1974 年，FAA 开始对在美国空域飞行的航班上的 GPWS 进行强制安装要求，此后 CFIT 事故急剧减少。1985 年后，CFIT 事故每年仅发生 1～2 次，而强制要求安装前每年发生 7～18 次。

近地警告计算机中存储了各种警告方式的极限数据，这些数据与其他系统输送来的飞机实际状态数据进行比较，如来自无线电高度表的高度信号；来自大气数据计算机的气压高度和变化率；来自惯导的惯性垂直速度等，如果这些数据超出了某一种警告方式的极限值，近地警告计算机就会输出相应的语音和灯光警告信号，警告飞行员目前飞机处在危险状态，直到采取了适当的措施而脱离了不安全状态后灯光和语音警告信号才能被终止。

通过监视无线电高度表给定的飞机离地高度，传统的 GPWS 可大大减少 CFIT 事故。在出现不良趋向时，GPWS 的计算机会一直监视无线电高度表的读数和其他飞行信息，并发出音频告警信号，如下滑角比预定的小、低空倾斜角过大、下降速度过大、地形净空不足、起飞后因疏忽而下滑、近地速度过大等。

GPWS 的不足之处如下所述。

(1) 依赖于无线电高度表，只有"下视"功能，不能了解前方的地形状况，如果前方是陡峭的悬崖或垂直的峭壁，无法及时提出警告，如图 5-38 所示。

图 5-38　只有"下视"功能

(2) 存在"无警告"的因素，当起落架、襟翼均在着陆形态且正常下降率下降时，为了避免干扰而抑制告警。

正是由于上述缺陷，ICAO 提出了安装地形提示和警告系统(TAWS)来弥补 GPWS 的不足。这也就是目前民航业使用的增强型近地警告系统(EGPWS)。在 GPWS 的基础上，增加了地形预测能力，即前视地形警戒功能，警告依据地形数据库和目前位置，而不是无线电波束的反射，EGPWS 可以避免飞机进入危险地形区并使机组有足够时间用于执行机动飞行。迄今为止，全世界已经安装 EGPWS 设备的飞机没有发生过一起 CFIT 事故。

EGPWS 使用了一个数字式地形数据库，如图 5-39 所示。

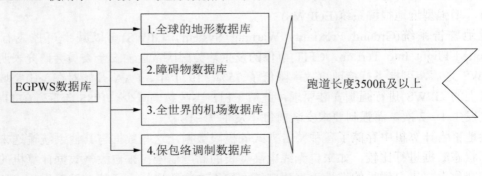

图 5-39　EGPWS 数据库

(1) 世界范围内的地形数据库：拥有不同的分辨率，机场附近分辨率较高，机场之间航路飞行阶段分辨率较低。

(2) 障碍物数据库：包含人造的、100 英尺或更高的物体。

(3) 世界范围的机场数据库：跑道长度 3500 英尺及以上。

(4) 记载有关于机场的进场和离场的配置文件信息的包络调制数据库(An Envelope Modulation Catabase)，以支持包络调制功能。

在数据库中，地形数据库包括主要机场附近的详细地形数据，以及机场与机场之间区域范围内的概括性数据。

地形显示由包含在 GPWS 计算机中的数据库产生并和 GPS 位置相关联。机场气压高度 2000 英尺之内的地形在导航显示上显示。前视地形报警基于飞机的位置、气压高度、垂直飞行轨迹及地速。对人为制造的 100 英尺及以上的障碍物提出警戒和警告报警。

由于使用了地形数据库，所以 EGPWS 可比 GPWS 更早地发出预警信号。警戒报警大约在潜在地形冲突前 40～60 秒发布，如图 5-40 所示，警告大约在冲突前 20～30 秒发布，如图 5-41 所示，若 7 秒内机组未作出响应，系统将再次发出警告。

图 5-40　警戒：40～60 秒前

图 5-41　警告：20～30 秒前

在 EGPWS 中，计算机沿着飞机的预定航迹连续搜索数据库，这样可使系统具有虚拟的前视能力。飞机直飞、平飞或机动飞行时均可采用预警的工作方式。若飞机正在下降，计算机会沿下滑航迹进行搜索；若飞机正在转弯，则沿转弯航迹搜索。如果 EGPWS 认为飞机的航迹在某处与地形太近，它会提前 1 分钟以上发出音频和视频告警信号，要是计算机认为时间还需提前的话，则会更早发出告警的信号。

因此，当出现 DGPWS/GPWS 告警时，飞行员应立即毫不犹豫地核实告警，按照公司程序的建议立即拉升，除在昼间、目视气象条件下，飞行机组能迅速明确确认假告警外，其他任何情况都应遵守该程序。

2) 空中交通警戒与防撞系统(TCAS)

对于空中交通警戒与防撞系统(TCAS)，波音称之为 Traffic Alert and Collision Avoidance System(TCAS)，空客称之为 Airborne Collision Avoidance System(ACAS)，但其功能是相同的。

空域中飞机密度不断增大，飞机间的水平/垂直间隔随之减小，飞机之间出现危险接近的情况时有发生。TCAS 设法监视本架飞机周围空域中其他飞机的存在、位置及运动状况，使飞行员明了本机邻近空域交通状况，主动地采取回避措施，防止与其他飞机危险接近。

机载防撞系统(TCAS)是一个咨询系统，用于警告机组飞机与同一空域飞行的装备有应答机的其他飞机之间存在潜在冲突。TCAS 系统由 TCAS 计算机(发射、接收组件)、TCAS 天线、ATC 应答机/TCAS 控制板、座舱显示器和 S 模式应答机组成。

在我国境内，除经局方批准外，在中华人民共和国登记的最大起飞重量超过 5700 千克或批准旅客座位数超过 19 的涡轮动力飞机必须安装机载防撞系统。

目前正在使用的 TCAS 系统有两种：TCAS Ⅰ 和 TCAS Ⅱ。

TCAS Ⅰ 仅仅提供交通咨询(TA)，用于帮助飞行员目视搜寻闯入飞机，该类设备主要安装在小飞机上，如图 5-42 所示。

图 5-42　TCAS Ⅰ 的目视信息

TCAS Ⅱ 提供交通咨询(TA)和决策咨询(RA)，但决策咨询仅仅是垂直机动。此外，TCAS Ⅱ 系统可以和其他 TCAS Ⅱ 系统或更高级别的 TCAS 系统交换数据以对 RA 进行协调，这样就防止了装备有 TCAS II 的两架飞机执行相同的避让机动指令。

TCAS II 计算机通过询问和接收来自应答机的应答信号去检测和跟踪闯入者。按照接收的高度和时间，TCAS II 计算机可以计算闯入者的高度变化率。利用以上这些信息，TCAS II 可以跟踪和连续评估闯入者对自身飞机的潜在冲突。

TCAS II 依靠其他飞机的应答机来显示它们的存在，提供的保护等级由对方飞机所带应答机的类型确定。如果本机是装有 S 模式的应答机，则具有下述各种功能。

(1)　对方飞机带有 A 模式应答机：仅提供 TA。

(2)　对方飞机带有 C 模式应答机：提供 TA 和 RA。

(3)　对方飞机带有 S 模式应答机：提供 TA 和 RA。

(4)　对方飞机无应答机或应答机不工作，无法提供 TA 和 RA。

入侵机相对距离方位以及威胁等级所显示的视觉信息，如图 5-43 所示。

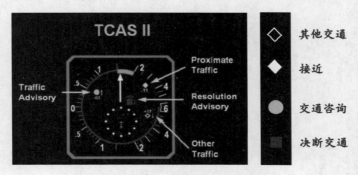

图 5-43　TCAS II 的目视信息

实践证明，TCAS 确实是一种防止和避免空中相撞事故的有效设备，已经多次避免了可能发生的空中相撞。因为 TCAS 提供了一种探测空中交通环境的手段，由此在飞行时，不仅有 ATC 为其提供安全可靠的间隔距离，还可使用 TCAS 发现附近的飞机，主动避免可能出现的危险。

TCAS 提供的保护水平取决于目标航空器携带的应答机类型，TCAS 不能为没有应答机的航空器提供保护。2002 年在德国上空两架飞机相撞，一个重要的原因是两机的 TCAS 没有给机组留下足够的应急时间，因为地面二次雷达电源故障，导致的 TCAS 在地面二次雷达局部失效的情况下没能有效工作。

为了避免空中相撞，如果 TCAS 发出的避让指示与 ATC 的指令相矛盾时，应以 TCAS 的指示为准实施避让。

3)　HUD

HUD(Head Up Display)系统用于航空业可以追溯到 20 世纪二三十年代，最早用于军用飞机上。在 20 世纪 80 年代，美国阿拉斯加航空公司将这套军用飞机上的 HUD 技术用于民用航空干线飞行领域，解决了在复杂地形和天气条件下的航路及机场的飞行安全问题。经过 20 余年的发展，HUD 被越来越多的航空公司认可和选装，波音公司与空客公司都把 HUD 作为驾驶舱必备设备分别安装在波音 787、空客 A380 飞机上。

HUD 是一种可以把飞行数据投射到飞行员正前方透明显示组件上的系统，使飞行员保持平视姿态获取飞行信息。典型的 HUD 由显示组件、控制组件、传感器、计算机和电源等组成，可接收机载导航系统或飞行指引系统的信息。它的工作程序，首先是有效接收机载导航系统或者飞行指引系统的信息，然后利用计算机将已接收的信息数据进行处理并生成符号显示，最后再通过飞行员头部后上方的投影设备，将飞行信息符号投影到飞行员视野正前方的显示屏上，与外部视景相叠加。

这些信息包括主飞行显示(PFD)和导航显示(ND)上显示的飞行信息、飞机的空速、地速、姿态等内容，HUD 可使飞机飞行航迹、惯性加速度、人工地平仪等各种符号，与外部视景的相应特征保持一致。HUD 通过显示组件，将所显示的飞行航迹符号同飞行员透过飞机前挡风玻璃看到的视景结合在一起。HUD 界面如图 5-44 所示。

图 5-44　HUD 界面

HUD 利用自身计算机处理和生成一些其他重要的飞行数据和指引信息，显示一些传统仪表无法显示的符号和数据，包括空中防撞、风切变改出、剩余跑道长度、防擦机尾、加减速度提示等。HUD 系统在向飞行员提供飞行指引的同时，已成为安全运行的"保护伞"。

在世界民用航空运输系统发展过程中，航行新技术将在飞行安全和运行效益方面起主导作用。近年来 PBN、ADS-B、EFB、HUD/EVS(增强型目视系统)等航行新技术，逐渐在民用航空飞行运行中得到广泛应用。HUD/EVS、EFVS(增强型飞行视景系统)、SVS(合成视景系统)等技术的应用，可降低机场运行最低标准和提高飞机在低能见度条件下的运行能力，进一步提升飞行安全品质和运行效率。

HUD 的优势包括下述各点。

- 增强飞行情景意识。
- 减少飞行技术误差。
- 有助于实施稳定进近。
- 减少重着陆和擦机尾事件的发生。
- 为空中交通防撞系统、风切变及非正常姿态等状况提供识别和改出指引。
- 改善全天候运行和航班正常性。
- 提高对能源状况的感知能力，改善能源管理。

↠ 提供着陆减速信息，减少制动组件磨损。

↠ 精确预测接地点，提供擦机尾警告、非正常姿态改出信息，改善飞行品质。

增强型目视系统(EVS)通过图像传感器获得外部景象电子实时图像，将信息显示在 HUD 上，或独立使用，向飞行员提供跑道特征(如跑道灯光)，以及周围地形和障碍物特征的图像，提高夜间和低能见度条件下飞行时的情景意识。

EVS 能够显示真实外部实景的视频图像，该图像由红外(IR)传感器(或同类图像传感器)产生，传感器安装在航空器的前部(可捕获前方外景的清晰视野)。

提供增强的视觉图像的目的，是为了提高飞行员夜间和低能见度条件下情景意识。，随着增强型飞行视景系统(EFVS)的安装，图像传感器和 HUD 的运行优势正在确立。FAA 已批准在使用 EFVS 运行时，只要飞行员可清晰辨识某些目视参考，直线进近时可以下降到决断高度(DA)或最低下降高度(MDA)以下、接地区标高(TDZE)100 英尺以上，而不是通过使用 II 类或 III 类进近方式来实现。在接地区标高(TDZE)以上 100 英尺处，目视参考必须以自然视线进行确认。此外还规定，当飞行员使用 EFVS 时，不允许降低决断高度(DA)或最低下降高度(MDA)，只允许减少跑道视程(RVR)。

同时，HUD 支持合成视景系统(SVS)。SVS 视景在飞机航电设备内部产生，以飞机的位置和姿态为基准，并以存储的地形、跑道、障碍物数据库为基础。SVS 图像覆盖了飞行员通过 HUD 看到的真实世界，也会提高飞行员夜间和低能见度条件下的情景意识。

HUD 作为主要飞行信息显示的一部分，重复显示了航空器机载飞行控制系统(FCS)提供的飞行指引信息。利用 HUD 上显示的航空器飞行控制信息时，也包括对类精密进近程序在内的 PBN 运行数据的监控，以确保航空器持续保持 PBN 运行精度要求。

飞行指引仪及与精密进近(APV)运行相关的信息，以引导提示的形式出现在 HUD 上，而该引导提示的设置也考虑了飞行航迹符号。HUD 也显示飞行指引和自动驾驶工作状态，包括从 APV 过渡模式到捕获模式。与 PFD 上的显示方式相同，在 HUD 上也能显示与 APV 相关的警告信息(如偏离正常轨迹)。

HUD 提供内部产生的飞行指引命令，允许 III 类条件下的进近、着陆、滑行。目前这些飞行引导命令利用的是 ILS 导航信息，然而也可以将 HUD 配置成利用 GBAS 着陆系统(GLS)信息实现其指引功能。

HUD 与自动着陆系统，机载电子系统增加了飞机运行能力，可降低着陆和起飞最低天气标准。与可靠的 ILS 和低能见度运行程序相结合，经局方特殊批准允许航空营运人在 I 类仪表着陆地面设施上实施特殊批准的 I 类、II 类、III 类运行。

目前，我国绝大多数机场都具备 I 类运行能力，仪表着陆系统(ILS)和助航设施符合 I 类运行要求，飞行程序、机场净空和运行最低标准符合航空规章要求。对于这类机场在完成适用 HUD 运行要求评估后，即可满足飞机使用 HUD 实施特殊 I 类运行要求。

标准 I、II 类机场的导航和助航设施，能满足相应类别运行的要求。现代机型新增加的 HUD 机载设备，提高了飞机的运行能力。新的机载系统加上现代可靠的仪表着陆系统(ILS)，与低能见度运行程序相结合，经中国民航局的特殊批准，可在原先支持 I 类(CAT-I)基本运行的跑道上实施 II 类(CAT-II)运行，实现降低标准的可能。

综上所述，必须减少进近着陆事故的发生，增强机组的风险意识，减少进近着陆阶段的事故发生。进近着陆风险意识检查单(样例，如表 5-2 所示)。

表 5-2　进近着陆风险意识检查单(样例)

风险要素	风险因素	风险等级
机场服务和设备	长时间值勤(疲劳)	▲▲
	单人制机组飞行	▲▲
	没有进近雷达服务或机场塔台服务	▲▲▲
	没有最新的目的地机场气象报告	▲▲
	不熟悉的机场或不熟悉的程序	▲▲
	没有进近灯或跑道灯	▲
	国外机场——存在通信/语言障碍问题	▲
进近程序	非精密进近——特别是有梯级下降的程序 盘旋进近	▲▲▲
	黄昏时目视进近	▲▲
	近期可能发生跑道变化	▲▲
	未公布标准仪表进场程序	▲
环境	丘陵或山区	▲▲
	能见度受限——黄昏、雾、霾、烟等	▲▲
	易产生错觉——倾斜地形、湿跑道、雪等	▲▲
	风况，如侧风、阵风、台风、风切变	▲▲
	跑道状况——积冰、积雪、积水等	▲▲
	低温效应——真高比指示高度低等	▲▲▲
机载设备	GPWS/EGPWS(故障)	▲▲▲
	无线电高度表(故障)	▲▲▲
	风切变报警系统(故障)	▲▲
	TCAS(故障)	▲▲▲
	HUD(故障)	▲

"▲"是风险警告标志，某个风险因素的"▲"越多，其进近着陆事故的风险就越大。进近着陆事故往往是由多个风险因素综合作用造成的，因此除检查某个风险因素的"▲"多少外，还应检查所有存在的风险因素总的"▲"的多少，虽然单个风险因素的"▲"不多，但加在一起就严重了，此时机组应提高警惕准备必要时执行复飞程序。在开始进近之后，如遇下列情况应执行复飞程序：机组分工混乱或配合不好；对当前的环境认识不清；没有按规定的时间执行检查单或机组超负荷工作；飞机的任何故障威胁进近的成功完成；高度、空域、下滑道、航迹或形态有偏差；遭遇风切变；GPWS/EGPWS 报警；ATC 指令的改变将导致匆忙和非稳定进近；在 DH 或 MDH 无法取得足够的目视参考。

5.3.4　进近、着陆阶段事件案例分析

1. 印度快线航空公司 B738 客机在芒格洛尔冲出跑道坠毁

2010 年 5 月 22 日当地时间 06:05(00:35Z)，一架印度快线航空公司注册号为 VT-AXV

的 B737-800 客机，执行从阿拉伯联合酋长国迪拜飞往印度芒格洛尔的 IX-812 航班，机上载有 160 名乘客和 6 名机组人员，在芒格洛尔 24 号跑道着陆时冲出跑道，撞到航向信标台天线，冲出机场围栏，沿着陡峭的路堤向下坠入峡谷。飞机起火，158 人在此次事故中遇难，8 名不同程度伤势的幸存者迅速被送往当地医院。

执行此次飞行任务的机长 55 岁，塞尔维亚人，拥有航空运输驾驶员执照(ATPL)，作为机长的飞行时数为 10215 小时，该机型飞行时数为 2844 小时。同事们都说他是一个很友善的人，他经常给副驾驶提供专业知识帮助，他很"自信"，并常常表示他总是对的。

副驾驶 40 岁，印度人，ATPL，总飞行时数为 3620 小时，该机型飞行时数为 3319 小时，他是一个沉默寡言并且一丝不苟执行标准操作程序的人。他曾对一名外籍机长提起过投诉，因此，公司指示排班人员在进行咨询辅导(在坠机事故发生之前一直没有实施)之前不要将他们两个安排在一起。

印度快线航空公司强制要求在芒格洛尔的起飞和着陆操纵必须由机长来完成。

机组人员执行 IX-811 航班出境到迪拜，然后执行 IX-812 航班返回芒格洛尔。迪拜机场地勤人员报告说，两名飞行员都表现正常、健康。在从迪拜返回之前的 82 分钟内，他们离开飞机去了候机楼和免税商店。根据地勤人员的观察，机组人员进行了离场前的所有检查。飞机于迪拜当地时间 01:15(21:15Z)，芒格洛尔时间 02:45 离场，预计于芒格洛尔时间 06:30(01:00Z)到达。

飞行数据记录器记录的数据与空中交通管制录音显示，飞机在起飞、爬升和巡航阶段都很正常。

驾驶舱语音记录器的容量为 125 分钟。在所记录的前 100 分钟内两名飞行员之间没有交流，然而，所有的无线电通信都是由副驾驶来完成的。机长麦克风偶尔记录有深呼吸和微弱的打鼾声，之后有清嗓子和咳嗽的声音。

副驾驶在 FL370 飞越 IGAMA 航路点时向芒格洛尔区域管制中心作了报告，请求雷达识别编码，此时他却被告知芒格洛尔的雷达失效(自从 2010 年 5 月 20 日起)。大约 5 分钟之后，距离芒格洛尔 130 海里，副驾驶请求预期进近方式，被告知采用在 24 号跑道 ILS DME 弧线进近，机组要求下降，然而 ATC 拒绝了下降请求，因为此时只有程序管制可用，并且指示 IX-812 航班到达芒格洛尔 VOR MML 径向线 287°DME 80 海里时进行报告。

在 IGAMA 上空报告约 9 分钟之后——冲出跑道约 25 分钟之前——机长麦克风记录了机长的第一次语音通信"什么"。

在飞越 IGAMA 上空约 13 分钟后，副驾驶在径向线 287°DME 80 海里时报告，并且收到下降到 7000 英尺的指令，距离芒格洛尔 VOR 77 海里时开始下降。

当飞机下降穿越 FL295 时，执行了一个不完整的进近简报，没有执行标准的进近简报。在下降阶段(报告中没有给出确切时间)，减速板手柄被设置在飞行挡中，减速板相应地放出。

在距芒格洛尔 25 海里时，飞机下降穿越 FL184 飞行高度层，仍然远高于下降剖面，此时空管人员允许飞机下降到 2900 英尺。

飞机随后被移交给芒格洛尔塔台，塔台要求机组一旦确定 DME 10 弧线进近就要进行报告。大概就在此时，副驾驶的麦克风记录了打哈欠的声音。

当机组报告建立弧线进近时 ATC 要求在建立 IIS 之后报告。很显然，机长那时已经意识到飞机进近的高度太高了，在下降通过 8500 英尺时他减小动力，减速板依然放出。

飞机依然很高，截获了航向后，捕捉了错误的下滑道波束，两倍于正确进近角度(6°而不是 3°)。没有针对实际高度/高和机组使用的进近图表中提供的下降剖面进行交叉检查。

襟翼打开到 40°，减速板依旧放出。

在距离接地带 2.5 海里的最后进近阶段，无线电高度表显示为 2500 英尺，副驾驶对于听觉信息"太高了"和"跑道直向下"作出反应，机长回应"噢，我的天啊"。机长断开自动驾驶，增加了下降的速率，达到了 4000 英尺/分钟的下降速率。副驾驶问"复飞？"机长回应说"错误的、航向、下滑轨迹"，如图 5-45 所示。COI 分析说，这表明机长已经意识到了错误，他后续的纠正行动显示他不是没有能力。

图 5-45 发生坠机事故的山坡

减速板被收起。

副驾驶再一次说"复飞！不稳定！"，然而，副驾驶却没有采取进一步的动作来实施复飞，尽管公司的程序规定，在副驾驶提出两次复飞请求之后可以控制飞机进行复飞而不必遵循机长的意见。

机长继续增加下降的速率，减速板再次打开直到接地前 20 秒。

在这个进近阶段，EGPWS 发出了数遍声响警报("下降率""拉起来")。

飞机以指示空速 160 节 200 英尺的离地高度越过了跑道入口，而不是目标值 50 英尺 144 节，大约在跑道 4500 英尺处接地，反弹后又在跑道 5200 英尺处接地，只剩下 2800 英尺的跑道道面。着陆后不久，机长开启反推，将自动刹车设置为 2 级水平。使用刹车约 6 秒，反推开启之后机长宣布"复飞"(违反了波音公司的标准操作程序，在选择反推之后不允许进行复飞)，刹车压力减小，反推装置返回原位，推力杆已经推到底，减速板收回并保持收回状态，发动机转速加大到 77.5/87.5%N1。飞机离开跑道道面，右翼撞上航向信标台天线，然后穿过机场边界围栏，掉进峡谷，摔成三截并起火。没有收到求救信号，除了 8 名乘客以外的其他人员全部遇难。

幸存者从座位上站起来，听到并看见了相当多的乘客解开安全带，但由于火势的迅速蔓延，他们无法逃脱。所有幸存者从机身裂缝逃出。7 人受重伤，1 人受了轻伤。

波音公司后来确定，如果机组人员在第二次接地之后使用最大手动刹车，飞机就可能在距跑道入口 7600 英尺处停下，这就意味着飞机可能在跑道道面上停下来(跑道长 8033 英尺)。

调查结果

(1)　在芒格洛尔空难中，印度快线航空 IX-812 号航班的机长和副驾驶有适当的执照，有能力完成这次飞行任务。

(2)　机组没有经过飞行前体检。但是根据在本次及上次飞行(该飞机执行 IX-811 号航班从芒格洛尔起飞到迪拜，然后再执行 IX-812 号航班从迪拜返回芒格洛尔)前见过该机组人员的证人的陈述，没有迹象表明该飞行机组人员的身体状况或者行为状况不良。

(3)　依照飞行计划表，飞行机组在本次飞行前有足够的休息时间来进行充分的休息。

(4)　本次事故中的波音 737-800 型飞机(注册号 VT-AXV)有现行有效的适航证书。该飞机按照要求的维修计划接受过各种检查。

(5)　没有迹象表明该飞机的发动机、机身或者其他任何飞机系统早已存在故障。这架不幸的当日往返航班(Quick Turn Around，QTA)在由迪拜返回芒格洛尔之前，根据最低设备清单(MEL)仅有两处较轻微的故障，一处故障涉及 25C 号乘客座椅，另一处涉及该飞机从迪拜机场起飞时的右侧机尾标志灯。

(6)　数字式飞行数据记录器(DFDR)显示飞机在真正坠毁前的整个飞行过程中运行完全正常。根据驾驶舱语音记录器(CVR)的录音，机组也没有报告过任何不可用状况。

(7)　驾驶舱语音记录器的总录音时长为 2 小时 5 分钟，在最初 1 小时 40 分钟的记录中可以听到机长断断续续的鼾声还有深呼吸的声音。这很可能导致了睡眠惯性和判断力减退。

(8)　通常自 FL370 飞行高度层下降是在距离 MML(Mike Mike Lima，芒格洛尔)DME 约 130 海里处开始。然而，由于区域雷达(Area Radar)不可用，管制员不得不采取程序管制来确保飞机与其他飞行物之间的安全间隔。

(9)　机组人员没能计划好下降剖面以便在正确的高度切入仪表着陆系统(ILS)进近。副驾驶在内部通话系统中对机长说"雷达不可用，而我不知道该怎么做"。这表明他可能不知道雷达不可用时的操作程序，也不知道在这种情况下，如果没有得到区域管制的许可，该如何计划下降和进近才能使飞机下降到距 DME(测距仪)某一特定距离。

(10) 如果机组人员疲劳，在昼夜节律低谷(Window of Circadian Low，WOCL)期间飞行，或者有其他不利因素时，使用自动驾驶仪下降以便达到 ILS 进近所需的合适高度本来会更好。

(11) 芒格洛尔是一个有特殊要求(Special Qualification)的桌面机场(Table Top Airport)，机长是负责操纵飞机的驾驶员(PIC)，着陆及事故发生时在操纵飞机。

(12) 副驾驶曾经正确判断出飞机的"进近不稳定"。他还三次向机长提出过复飞建议。

(13) 在最后进近距 DME 大约 1.7 海里时，机长意识到飞机飞得太高了，他断开自动驾驶仪，增加下降率，希望重新建立 24 号跑道的目视剖面。机长的这些操作都表明他在主动操纵飞机。这证实了机长在各个方面都没有失能。

(14) 机长没能对高度及相应的进近距离进行交叉检查。虽然多种警告提示终止进近，但是机长坚持进近和着陆。飞机不仅接地太晚，而且机长没有恰当地使用刹车。此外，PIC 在开启反推后又试图"复飞"，这种行为在波音公司的标准操作程序(SOP)中是绝对禁止的。

(15) 着陆时能见度是 6 千米，地面静风。跑道表面干燥。

(16) 没有证据显示飞机遭遇过鸟击。

(17) 没有证据表明这次事故是由蓄意破坏造成的。

(18) 没有证据显示便携式电子设备(Portable Electronic Device)，如移动电话和手提电脑对地面或者机载电子设备造成干扰。

(19) 没有证据显示该飞机在撞击前发生过故障或者在飞行中发生过火灾。

(20) 该飞机冲出跑道包括跑道带和跑道端安全区(RESA)。然后它撞到仪表着陆系统航向信标台天线(Localiser Antenna)的混凝土支架结构上，坠入峡谷。由于撞击及坠机后火灾，152 名乘客和全部 6 名机组成员遇难。此次事故有 8 人生还。

(21) 事故调查理事会发现尽管这个桌面跑道周围地形受限，救援和消防行动还是得到了全面开展。

直接原因

事故调查理事会认定造成此次事故的原因是机长没能终止"不稳定进近"，以及他不顾副驾驶的 3 次"复飞"建议和数次增强型近地警告系统(EGPWS)的报警，一味坚持着陆。

事故的影响因素

(1) 虽然在本次航班之前机长有足够的休息时间可用，但在飞行过程中他还是睡了很长时间，这可能导致他出现了睡眠惯性。因此，在他醒来到飞机进近的这段相对较短的时间内，就有可能导致决策失误。这一点在昼夜节律低谷期的飞行中可能会变得更加严重。

(2) 由于芒格洛尔区域管制雷达(MSSR)不可用，管制员指示该飞机在与正常情况相比距 DME 较短的距离上开始下降。然而，机组人员没有计划好适当的下降剖面，导致飞机在进近时仍处于较高的高度。

(3) 可能是由于在各种指导材料中关于授权"副驾驶"实施"复飞"的描述模糊不清，所以副驾驶多次喊话建议复飞，但实际上却没有接管操纵来终止这次有问题的进近。

事故调查报告下载地址：

http://www.civilaviation.gov.in/MocaExBanner/content/conn/MyTutorialContent/path/Contribution%20Folders/NewsUpdates/MangloreCrashReport.pdf

2. 澳大利亚东部航空 DH8C 最后进近阶段抖杆

2008 年 12 月 26 日，一架澳大利亚东部航空公司(Eastern Australia)德哈维兰冲 8-300 型(de Havilland Dash 8-300)飞机(注册号 VH-TQL)，执行快达航空 QF-293 航班从澳大利亚新南威尔士州(NS)的墨利(Moree)飞往悉尼，在向悉尼机场的 34L 跑道 ILS 最后进近阶段天气处于仪表气象条件，34L 跑道如图 5-46 所示。当飞机提前到达指定高度 2000 英尺时，把杆的机长决定推迟设置飞机的最后进近构型，加大推力保持 185 海里/小时(KIAS)的速度直到起始进近定位点(IAF)。

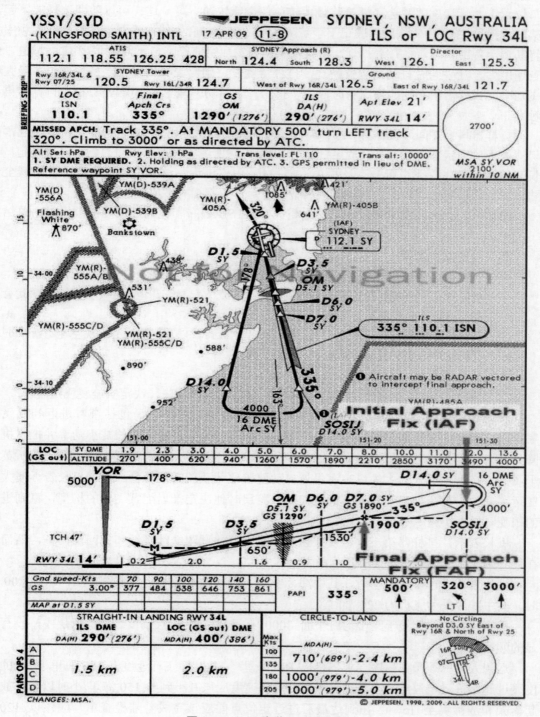

图 5-46　34L 跑道 ILS 进近图

负责监控的副驾驶进行了数次无线电通信，当飞机在最后进近定位点前 0.5 海里截获下滑道时，飞机开始低头向下，速度增加到 195 海里/小时。因此机长收回油门杆到飞行慢车位置，并且让副驾驶选择螺旋桨最大转速使空速快速下降，这样可以随即选择放下起落架及将襟翼放至 15°。副驾驶记下了着陆许可，将第二套无线电设置为悉尼的地面频率并将其调至备用状态，打开滑行灯，检查仪表。他发现空速已降至 120 海里/小时就喊道"检查速度"，几乎同时自动驾驶仪断开，抖杆器触发。副驾驶喊话复飞，机长使用了最大起飞功率，抖杆器由于他的操纵暂时停止了抖动。之后功率减至约 50%，4 秒后抖杆器再次触发。

抖杆器抖杆期间飞机保持 1160 英尺的海拔高度，空速下降到 108 海里/小时，起落架仍然处于放下状态而且襟翼被放至 10°。机组再次使用了最大起飞动力，起落架收起，机长开始实施复飞，飞机爬升。此后再次向 34L 跑道进近，这次进近很稳定，飞机安全着陆，在到达最后进近定位点前起落架放下并锁定，而且襟翼被放至 15°。

2010 年 6 月，澳大利亚运输安全委员会(ATSB)公布了他们的最终调查报告，总结如下所述。

起作用的安全因素
- 进近过程中，关于飞机构型和位置飞行机组之间缺乏沟通。
- 机组意识到飞机在到达最后进近定位点之前没有配置好构型，但是并没有按照运营人的标准操作程序的要求实施复飞。
- 飞机构型的最新变化增加了飞行机组的工作负荷，以致他们没有发现空速不断减小。
- 飞机性能恶化至抖杆器触发。

其他安全因素
没有按照运营人的标准操作程序实施抖杆触发改出程序，决定实施复飞过晚。

澳大利亚运输安全委员会报告说机组完成了进近前的简令，包括查看进近和复飞程序，以及额外的限制和要求。该飞机获准下降到 2000 英尺后，机长减小功率并把飞机下降到 2000 英尺，此时距跑道入口大约 14 海里，飞机正在切入航向道。飞机在 2000 英尺平飞后，在距跑道入口大约 13 海里处自动驾驶仪截获航向信标台。后来机长告诉澳大利亚运输安全委员会，当飞机提前到达 2000 英尺时他决定推迟配置飞机的构型，直到进近的稍晚时候再实施。

机长表示，抖杆器第一次触发并恢复正常之后他试图继续进近和拉回油门杆，然而就在他开始实施复飞时抖杆器却再次触发。

机长累计飞行 14450 小时，其中冲 8 系列飞机为 9300 小时。副驾驶累计飞行 2100 小时，其中冲 8 系列飞机为 220 小时。

机组报告说他们处于距平均海平面 3000 英尺和 700 英尺高度之间的云层中，没有明显的颠簸。

运营人的标准操作程序要求飞机以 180 海里/小时(实际飞行速度为 185 海里/小时)的速度飞过起始进近定位点。飞过这一点之后飞机速度应该减小到约 150 海里/小时以容许放下起落架和放襟翼至 15°。在到达最后进近定位点前应该完成着陆检查单，应该以 120～130 海里/小时(实际飞行速度为 195 海里/小时)的目标速度飞过最后进近定位点。

运营人的标准操作程序(SOP)可以通过下列标准来定义稳定的 ILS 进近。

↷　只需要稍微作航向或俯仰的调整，飞机就可以保持飞行航迹。

↷　下降率不大于 1000 英尺/分钟。

↷　发动机功率设置适合飞机构型。

↷　下滑道或航向道偏差不超过 1 个点。

↷　指示空速(IAS)介于 Vref+5 海里/小时和 Vref + 20 海里/小时之间。

如果这些标准中任何一条没满足，按照定义此次进近就是不稳定的，根据标准操作程序要立刻复飞。

抖杆器触发的标准操作程序要求如下所述。

↷　喊话"抖杆"。

↷　油门加大至最大起飞功率的 10% 以内，然后调节到最大起飞功率。

↷　如果襟翼是放至 35°，改放 15°。

↷　保持正的爬升率收起落架。

↷　当指示空速大于襟翼收起速度时选择收襟翼。

澳大利亚运输安全委员会分析，以一个不适当的飞机构型截获下滑道造成机组工作量的意外增加，这妨碍了机组监控飞机性能。要是机组能适当地监控恶化的飞行性能，他们就能够避免抖杆器的触发。同时，要是机组按照标准操作程序的要求实施复飞，抖杆器触发也可以避免。

经过此次事件调查，运营人对他的训练大纲作出了一些调整，强调进近时构型变化的失稳效应，而且突出了在多机组成员环境中良好沟通的重要性。

运营人采取下述各种安全措施。

↷　已经向飞行机组介绍了构型变化对飞机稳定性的影响，预先计划的重要性，以及进近时任务的监控和优先次序。

↷　现在飞行机组年度培训计划和周期性训练演习包含一项威胁与差错管理(Threat and Error Management，TEM)计划。

↷　考核和训练机长正在进行 TEM 培训以确保 TEM 能力要求和飞机的性能标准，培训期间保持差错管理和机组支持。

↷　飞行机组进行了 TEM 培训、额外的航线培训和航线考核。

事故调查报告下载地址：

http://www.atsb.gov.au/media/1566648/ao2009001.pdf

3. 老虎航空 A320 型客机在墨尔本降至最低安全高度以下

2011 年 6 月 7 日，一架澳大利亚老虎航空公司空客 A320-200 客机(注册号 VH-VNG)，执行从澳大利亚布里斯班飞往墨尔本的 TR-5207 航班。飞机向墨尔本 27 号跑道 ILS 进近，在转入四边的时候飞机下降至 2000 英尺，低于 2500 英尺的最低安全高度，随后爬升回 2500 英尺，此时已经转入五边。飞机最终安全着陆。

2011 年 7 月 7 日，澳大利亚运输安全局(ATSB)发布了第一份调查报告指出，该航班已经被授权执行 Arbey One Alpha 进场程序，机长是操纵飞行员。在随后的进近程序简令中，机长暂时把飞机的控制权交接给副驾驶，然后他通过阅读 MCDU 上的进近详情来作进近简令，副驾驶则对照纸质的进近图来核对这些细节。机组人员并没有注意到进近程序的最低下降高度为 2500 英尺，而此时在飞行管理系统 MCDU 上显示的导航数据库中该数据是 2000 英尺。程序简令完毕后机长重新操纵飞机。随后飞机开始从 FL380 下降，在三边时高度 2500 英尺。当从三边转向四边时机长通过查看 MCDU 上显示的高度来检查飞机高度，MCDU 显示 2000 英尺，他在飞行控制单元(FUC)选择 2000 英尺的高度，副驾驶也确认高度为 2000 英尺。当飞机下降到 2000 英尺时，副驾驶对 FCU 上设置的高度表示怀疑，机长再次查阅了 MCDU。当飞机接近 2000 英尺时，ATC 指示他们应该在 2500 英尺以上，并命令机组人员爬升至 2500 英尺。调查结果证实，FMS 已经更新并使用了最新的数据库，该数据库中墨尔本机场 27 号跑道 Arbey One Alpha 进场程序的最低下降高度为 2000 英尺，而不是正确的 2500 英尺。

2012 年 11 月 19 日，ATSB 发布了此次事件的最终调查报告，总结事件发生的原因如下。

- 飞机的飞行管理和导航系统数据库中 Arbey One Alpha 进场程序及 27 号跑道 ILS 进近程序的数据有错误，增加了机组在进近时可能下降到低于公布的最低安全高度的风险。
- 飞行机组人员下降前程序没有识别出飞机的飞行管理导航系统中错误的飞行剖面。
- 飞行员设置下降高度限制是基于多功能显示和控制组件所显示的不正确的下降剖面数据，而不是按照空中交通管制员(ATC)提供的下降许可，没有把 ATC 的指令作为安全防护。
- 航空运输承运人的安全管理体系没有持续应用于识别和纠正数据库异常，以及没有持续向机组人员通报这些异常情况，这些都会增加飞行机组人员因疏忽而没有按公布的进近程序运行的风险(重大安全问题)。
- 航空运输承运人没有意识到，数据提供商假设航空运输承运人已经实施了 DO-200A 航空数据处理标准，而该标准在澳大利亚还没有强制实施，这就意味着数据的质量没有得到保障(重大安全问题)。

其他重要调查结果

空中交通管制干预并提醒飞行机组人员他们的飞行高度低于最低标准，让他们回到许可的飞行高度。

涉及老虎航空数据库的内容。

虽然没有发现关于 1 类提供商提供的数据库有组织性或系统性的问题，但是航空运输承运人已经联合数据库供应商对导航数据库进行了修订。该修订将确保飞机在墨尔本机场按正常模式及标准运行程序运行，在执行 Arbey One Alpha 进场程序及 27 号跑道 ILS 进近程序时，在截获 ILS 下滑道信号之前，不会下降至低于 2500 英尺高度，如图 5-47 所示。

航空运输承运人安全管理系统的非持续应用(重大安全问题)。

航空运输承运人的安全管理系统没有持续运用于识别和纠正数据库的异常，以及没有持续向机组人员通报这些异常情况，这些都会增加飞行机组人员因疏忽而没有按公布的进近程序运行的风险。

数据完整性(重大安全问题)。

航空运输承运人没有意识到，类型 1 的数据提供商假设航空运输承运人已经实施了 DO-200A 航空数据处理标准，而该标准在澳大利亚还没有强制实施，这就意味着数据的质量没有得到保障。

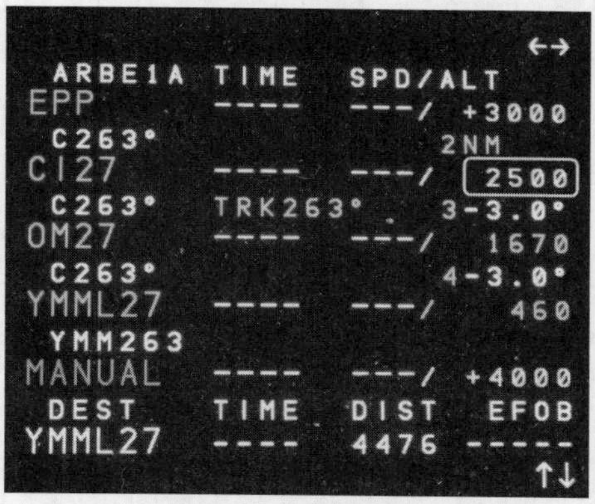

图 5-47　多功能控制和显示单元(黄色框表示所显示的限制高度)

老虎航空公司采取的措施。

针对这些安全问题，运营商已经针对数据管理强化了其安全管理系统。这些可审查的加强措施包括下述几点。

- ↰　引入了控制系统，并指派管理人员来确保飞行机组人员对数据异常识别的情况进行持续报告。
- ↰　要求对数据异常报告进行实时管理，并通知所有飞行机组人员。
- ↰　建立异常纠错程序，对数据异常进行记录并通知数据供应商。
- ↰　要求在使用之前，必须确保所有更新的数据库已经生效。
- ↰　确保纠正数据异常，以及将这些通报给飞行机组不需要承担责任。

ATSB 对回应/措施的评价。

老虎航空公司所采取的措施将会很好地解决这些安全问题，对此 ATSB 很满意。

事故调查报告下载地址：

http://www.atsb.gov.au/media/4041214/ao2011070_final.pdf

4. Flybe 航空 DH8D 飞机伦敦着陆时机尾擦地

2009 年 11 月 1 日，英国 Flybe 航空公司一架德哈维兰冲 8-400 型飞机(注册号 G-ECOZ)，执行 BE-461 航班从英格兰纽卡斯尔(Newcastle)飞往伦敦盖特威克(Gatwick)机场，机上载有 42 名乘客和 4 名机组人员。该架飞机在阵风条件下向盖特威克机场 08R 跑道进行 ILS 进近，接地时主起落架支架和机尾都重重地撞地。

2010 年 7 月，英国航空事故调查处(AAIB)公布了事故最终调查报告，结论如下所述。

进近是在很困难的条件下进行的。在(着陆前的)平飞段，襟翼位置 15°只能提供很小的俯仰角操作余度，而且"俯仰角 6°"("pitch six")的命令可能来得也太晚了，无法阻止碰撞的发生。在这种情况下进近的关键环节是下降率，虽然该下降率对于进近是正常的，但是着陆前的平飞却没能使下降率减小。就在开始平飞前，在 40 英尺的高度上功率被降低到 8%扭矩，这导致机翼升力迅速减少。

这一升力的减少没能通过加速平飞抵消，最终导致飞机在跑道上重着陆。

AAIB 报告称，天气预报已经在英国全境发出，说当天有强风和阵风。机组在盖特威克机场接收到的天气报告是风向 170°，风速 17 节，风向在 140° 到 210° 之间变化，这比预期的风速要小，而据报告其他周边地区报告的阵风速度为 25 节或者更大。

机长使用自动驾驶仪进行 ILS 进近，目标襟翼设置为 15°。在截获航向台后，机组注意到有 40 节的顺风。随着进近过程越来越颠簸，机组发现指示空速出现巨大变化。由于颠簸，自动驾驶在 700 英尺高度时断开，机长继续手动进近，目标航速为 120 节。当飞机下降通过 500 英尺(离地高度)时，得到着陆许可，塔台报告风向 190°，风速 12 节，阵风 24 节。在 500 英尺以下，机组观测到指示空速(IAS)在 115 节到 135 节之间变动。在离地 300 英尺时，机长开始完全目视跑道，飞机下降略低于下滑道，机长增大推力以纠正和下滑道的偏差。

飞行数据记录器显示，飞机下降通过离地高度 40 英尺时，指示空速为 137 节。因此机长降低动力，使飞机指示空速稳定在 120 节，下降速率大约维持在 600 英尺/分钟。而在离地 25 英尺时，下降率突然增加，促使机长在 3 秒钟内把平飞的俯仰角度从 2.5° 提升到 7.5°，飞行数据记录器显示，飞机此时处于强顺风中(地速比空速大 10 节)。平飞并没有减小下降率，飞机的主起落架支架和机尾都重重撞地。机组在驾驶舱内收到"接触跑道"("Touched Down")的显示信息，依照规定执行紧急情况检查单，检查单只要求在下一次飞行前联系机械师并把飞机滑行到停机坪就行，最终乘客在停机坪正常下机。

在跑道上发现了 2 米长的擦痕，大约在跑道中心线右侧 1 米。擦痕宽约 0.75 米。飞机下表面受到了磨损，有些区域的蒙皮完全被磨破。机身框架明显变形。

AAIB 分析说，在飞机接地前 2 秒，俯仰角向上增加了 5°。监控飞行员有时间提示调整俯仰角，并让操纵飞行员调整。

襟翼设置在 15°(唯一可用的更高的襟翼设置是 35°)是该航空公司的标准操作程序(SOP)。AAIB 分析说，这一设置/SOP 是盖特威克机场制定的，该机场希望最大限度地提高跑道利用率。而机组更希望把襟翼设置在 35°，但考虑到当时报告的天气状况，非标准的着陆无法得到保障。

AAIB 发布安全建议，要求更改飞机使用手册(AOM)中接触跑道的紧急情况检查单，在其中增加"通知空管部门"的项目。

事故调查报告下载地址：

http://www.aaib.gov.uk/cms_resources.cfm?file=/DHC-8-402%20Dash%208,%20G-ECOZ%2007-10.pdf

5. B732 型客机拉塔昆加附近可控飞行撞山

2008 年 8 月 31 日，一架委内瑞拉 Conviasa 航空公司波音 737-200 客机(注册号 YV-102T)，载着 3 名机组人员执行从委内瑞拉加拉加斯/西蒙·波利瓦尔国际机场飞往厄瓜多尔拉塔昆加的调机任务。当地时间 02:56，在离拉塔昆加机场大约 30 公里时，地面失去了该机的无线电联络和雷达信号，事故是在预期着陆前大约 5 分钟发生的。

飞机残骸被发现的地点海拔大约 4000 米高(13120 英尺)，如图 5-48 所示，在 400 米的范围内散落着，离拉塔昆加机场大约 30 公里(18 海里)，在 LOTOA 航路点附近(LOTOA 处于南纬 0°46′23，西经 78°52′20)，机上 3 名机组人员全部遇难。

2010 年 5 月 14 日，厄瓜多尔民航总局(EDGAC)发布了西班牙语最终事故调查报告，总结造成事故的原因可能为机组人员没有遵守公布的拉塔昆加 4 号仪表进近程序中关于飞机构型、速度和坡度的要求开始初始转弯，致使飞机被错误地置于保护区之外，导致其与高海拔山区地形的碰撞，进近如图 5-49 所示。

图 5-48　坠机地点

促成事故的因素是机组人员在进近时不了解当地情况，以及缺乏管理不定期航班(特殊航班)的文件。

当时使用的是 18 号跑道，飞机被放行执行 4 号仪表进场程序，而且被告知期望实施到 18 号跑道的 ILS 进近。空中交通管制让飞机下降到高度层 FL190，按程序确认飞机位置后放行该机下降到 15000 英尺，飞越拉塔昆加 VOR 导航台上空。

在 01:55，机组人员报告飞越该 VOR 导航台，随即被放行下降到 13000 英尺，并在程序转弯时报告。飞机在三边时，塔台报告了一个新的高度表拨正值，机组人员确认收到。飞越 VOR 导航台 5 分钟后，机组人员报告说他们开始程序转弯，塔台回应说"建立(盲降)报告"，机组人员复诵道"建立(盲降)报告"。这是地面同该机的最后一次通信联络。

3 分钟后，塔台反复试图同该机联系，但再也没有收到任何回复。

第二天，飞机在海拔 13100 英尺的地方被发现，3 名机组人员在撞地过程中全部遇难，飞机全损，撞击后没有发生火灾。该机机长(男性，32 岁)持有运输类飞机飞行执照，是波音 737-200 和 737-300 的飞行教员，共有 9018 小时的飞行经验，其中驾驶波音 737 系列共 5915 小时。副驾驶(男性，48 岁)具有商用仪表等级飞行执照和波音 737-200 机型执照。他有 3000 小时的飞行经验，其中驾驶波音 737-200 共 989 小时。

该飞机在其 59682 次起降中累计飞行时间共 51540 小时，但 EDGAC 并不能证实这些数据。除了发动机外，EDGCA 不能从以前的维修检查中获得维修日志，发动机的日志没有任何问题。

对仪表着陆系统进行了检查，发现它运行正常。

驾驶舱语音记录器的信息表明，机组人员对 5 号仪表进场程序(没有直角航线的直接进场程序)进行了简令，尤其是在基多到拉塔昆加的巡航过程中研究了复飞程序。

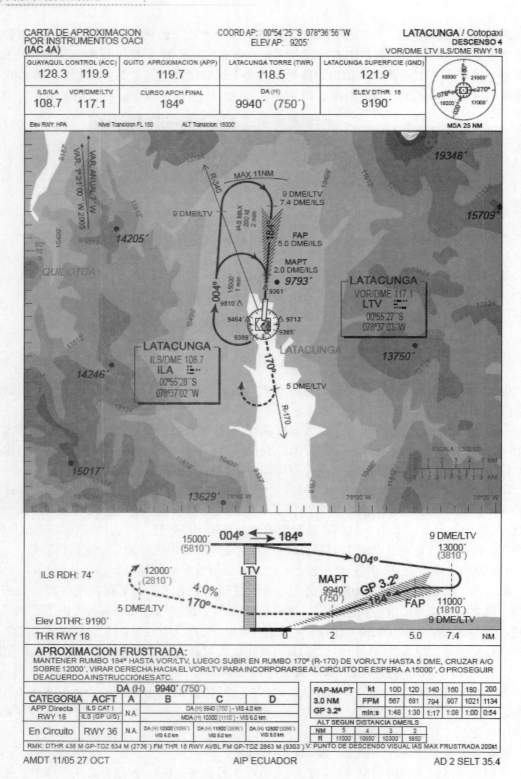

图 5-49 进近程序

当机组与拉塔昆加塔台联络时，他们被放行执行 4 号仪表进场程序，这使机组感觉有点意外。在向 15000 英尺下降过程中，机组对 4 号仪表进场程序进行了简令。在飞越拉塔昆加 VOR 导航台时，飞机还保持净构型，机组一直忙于设置直角航线的径向方位，在自动驾驶仪上选择 13000 英尺。在通过 VOR 导航台 1 分钟后，机长说航迹看起来似乎不对，但是他能看到城市的灯光，随后，机组开始处理塔台传递来的新的高度表拨正值，然后继续下达简令进近。在通过 VOR 导航台 4 分钟后，副驾驶说他不能看到城市或机场的灯光了。45 秒后，机长选择 5° 襟翼，并在速度窗口输入 180 节。又过了 40 秒，近地警告系统发出警告"呜！呜！地面！"机长回应道"废话！"近地警告系统再次提醒"呜！呜！拉起！"副驾驶请求复飞，近地警告系统在接下来的 22 秒内继续发出警告，直至飞机撞地。

飞行数据记录器显示，飞机是以校正空速 210 节的速度通过拉塔昆加 VOR 导航台的，随后转弯 180° 加速到校正空速 225 节。风的影响、速度过高，以及只有 22° 坡度等因素使飞机向西偏离 VOR 导航台 7 海里，而要求是最大不超过 4 海里。风的分量不能被精确地确定，但在三边时，顺风估计最小 50 节，尽管较高的顺风分量不能被任何气象原始资料证实。

在撞地前大约 65 秒，基多的雷达在其监测范围内失去了飞机的信息，此时，飞机距离地面高度 13100 英尺，距离拉塔昆加 VOR9.5 海里，径向方位 312°，航向 358°，距离跑道中心线延长线 7.3 海里。通过对收集到的发动机残骸进行复原检查发现，撞地时两台发动机都在高功率运转。

EDGAC 分析说，直到撞地时，飞机是完全正常工作的，天气不构成事故因素。机长是第一次向拉塔昆加进近，尽管文件上记载说这是他的第二次进近了。EDGAC 确认，在 1999 年 6 月，当他本应该飞往拉塔昆加时，他错误地落在厄瓜多尔安巴托。但是机场和地形的概况对于在拉塔昆加安全飞行是非常关键的。

错误的飞机构型(在通过 VOR 导航台时，应该展开襟翼 5°)，速度过高，坡度过低使飞机处于保护区以外。机组知道三边最长 9 海里，他们一直在监测无线电磁导航仪，在通过拉塔昆加 VOR 径向方位 340° 时，开始转弯进入第五边，但是他们并没有发现自己正飞离得更远。机组的确意识到飞机正处于错误位置的提示，但忽视了这一提示。如果机组在第三边 9 海里的位置转弯，他们仍然能安全地建立最后进近航线。然而，当他们达到径向方位 340° 时再开始转弯，他们离火山 Illiniza 太近了。

如果机组一收到近地警告系统的报警就采取行动，飞机本可以超越地形爬升到安全高度。然而机组认为他们正处于进近的保护区内，因此忽视了警告。委员会相信，在飞行的这一阶段，由于最初进入直角航线时的错误，致使机组丧失了情景意识。

委员会还认为，机组不了解该机场的自然特性和地形概况，运营人本应有义务向机组提示这些对安全进近至关重要的标准。

事故调查报告下载地址：

http://www.dgac.gov.ec/Espa.ol/Seguridad%20de%20Vuelos/08%20B737-200.pdf

6. 法航 A319 型客机巴黎复飞险些失败

2009 年 9 月 23 日，一架法国航空公司空客 A319 客机(注册号 F–GRHU)，执行从俄罗斯莫斯科谢列梅捷沃机场飞往法国巴黎戴高乐机场的 AF-2545 航班，机上共有 85 名乘客和 6 名机组人员。机场附近地形如图 5-50 所示。

图 5-50　机场附近地形

　　飞机正在雾中向戴高乐机场的 27R 跑道执行 I 类仪表着陆系统(ILS)进近，在 200 英尺高度的疏云和 300 英尺高度的碎云下能见度为 3000 米，自动油门处于接通状态，而自动驾驶仪在 3000 英尺高度处捕获到航向台和下滑道信号。自动驾驶仪和自动油门随后都断开，飞行指引仪一直接通为进近模式，机长(负责操纵的飞行员)手动操作飞机进近。

　　飞机下降通过 2170 英尺高度时起落架放下并将襟翼全部展开。当飞机下降到离地(AGL)400 英尺时，飞行指引仪变为着陆模式，空速为 132 节(KIAS)(进近速度 Vapp 为 128 节)，俯仰角为机头向上 0.7°。在到达离地(AGL)200 英尺的决断高时，机长没有看到前方的跑道并决定复飞。当飞机以 132 节的速度下降到离地 150 英尺时，油门杆推到灵活/最大连续推力(FLX/MCT)位置，发动机转速在 5 秒内从 45%加速至 85%，飞机机头向上 5.6°，襟翼位置选择为 3、4 秒钟后，俯仰角减为 4.6°机头向上，1 号自动驾驶仪接通——自动驾驶仪仍为着陆模式——起落架收起。此时，飞机已在离地高度 170 英尺处，速度为 145 节。

　　5 秒钟后，油门杆被推到爬升(CLB)位置，飞机仍在离地 170 英尺高度而空速为 161 节，机头向下 0.6°。2 秒钟后，飞机高度降低到 127 英尺速度为 169 节，飞机姿态达到机头向下 3.9°。自动驾驶仪断开，近地警告系统发出"下降率(Sink Rate)"警告。与此同时，机组人员向塔台传达他们的复飞决定，管制员指示飞机继续沿跑道方向爬升至 3000 英尺高度。机组开始没有复读指令，塔台又重复了两遍指令才收到复读。

　　飞机进一步下降到 76 英尺高度，速度为 182 节，飞机抬头向上角度为 8.1°，产生了 1.65g 的垂直加速度，飞机开始爬升，近地警告随后停止。1 秒钟后，机头向上角度达到 9°，空速为 184 节，可能由于超出了最大襟翼速度(185 节)触发主控制告警。油门杆推至接近慢车推力位置，而飞机在爬升通过离地高度 650 英尺时，记录的最大速度为 192 节。15 秒后自动驾驶仪接通，机头俯仰角降至机头向上 2.5°，油门杆置于爬升推力位置，然后自动驾驶仪再次断开而由驾驶飞行员把杆飞行。

13 秒钟后，油门杆置于慢车推力位置，监视飞行员在主控制面板上选择 4000 英尺高度。当飞机爬升通过 1600 英尺高度时，驾驶飞行员要求接通自动驾驶仪飞行并将油门杆推至爬升推力位置。自动驾驶仪再次使飞机俯仰角下降且 2 秒后断开。现在襟翼位置选择为 1，飞行保持稳定。机组随后进行三类仪表着陆系统进近并安全完成着陆。

2010 年 9 月，法国事故调查局(BEA)公布了此次事件的最终调查报告(法文版)，认为这起严重事件的原因可能包括下述各点。

➯　不恰当地使用自动驾驶仪。

➯　由于油门杆被置于错误位置使复飞模式未被激活。

➯　机组人员缺乏对俯仰角的监视。

其诱导因素包括下述两点。

➯　该程序文件的措辞不准确。

➯　对运行程序限制的偏离。

机长(53 岁)飞行小时达到 14230 小时，该机型飞行小时为 3800 小时，其中作为机长的飞行小时为 3627 小时。他持有 III 类仪表进近的执照。

副驾驶(42 岁)飞行小时达到 4176 小时，该机型飞行小时为 684 小时。他也持有 III 类仪表进近的执照。

BEA 分析称，自动驾驶系统一直处于着陆模式，因为油门杆从未被推至起飞/复飞(TOGA)位置。只有推到 TOGA 位置才会取消之前的模式并激活复飞模式。

因此，自动驾驶仪模式致使飞机继续下降，而推力设置的变化提升了速度。机长接通自动驾驶仪的愿望表明他想减少他的大量工作负荷。运营人的建议也提议使用自动驾驶仪。在正常运行期间，TOGA 位置很少使用。在油门杆从接近慢车推力位置推至FLX/MCT 位置后(BEA 诠释这经历了很长一段时间)，随着自动驾驶仪被激活，发动机按照预期作出反应，然而机组人员对飞机的反应感到诧异。很可能是机组的注意力集中在速度和即将发生的襟翼超速方面，而没有注意飞行模式指示。机组曾三次试图接通自动驾驶仪，但飞机都处于错误的飞行状态。

根据空客公司的飞行机组操作手册规定，在手动驾驶情况下执行复飞，需要将油门杆推至 TOGA 位置并进行相应的飞行操作输入。一旦建立正俯仰角爬升，机组应读取飞行模式指示并核实飞行模式。

运营人的手册中没有提到应当读取并核实飞行模式指示，但一般准则都要求应该大声说出飞行模式指示的每一次变化。

BEA 分析说，在复飞阶段因为驾驶飞行员更关注飞行轨迹和工作检查单项目，因此降低了其核实飞行模式指示的能力。监视飞行员应该更容易注意到这些变化，标准操作程序没有考虑到机组成员的工作负荷和能力而进行合理的任务分配。

澳大利亚发生过另一个类似的事件，事故中机组将油门杆置于灵活/最大连续推力(FLX/MCT)位置而不是起飞/复飞推力(TOGA)位置。

事故调查报告下载地址：

http://www.bea.aero/docspa/2009/f-hu090923/pdf/f-hu090923.pdf

7. Jet2 航空 B733 型飞机尚贝里 EGPWS 告警

2010 年 2 月 7 日，一架英国 Jet2 航空公司的波音 737-300 型飞机，注册号为 G–CELC，执行 LS-451 号航班从英国利兹飞往法国尚贝里，机上共有 103 名乘客和 6 名机组人员，在向尚贝里进近时本打算 ILS 进近到 18 号跑道，但却绕飞降落到 36 号跑道上。

在此期间副驾驶操纵飞机，当飞机通过初始进近定位点时，ATC 通知机组风向 360 风速 7 节，并询问机组是否可以接受在 18 号跑道着陆。机长回答说，如果风保持现状他们可以在 18 号跑道着陆。随后飞机被允许进近。在仪表气象条件下，飞机离开初始进近定位点处 6500 英尺高度的等待航线，在自动驾驶仪接通后，按照公布的进近程序飞行。

像大多数进近时那样，选择 CY VOR 后，机长选择 CY ILS 并发现指示正常，指示 DME13 海里。在 DME12 海里时，高度 5000 英尺，自动驾驶仪捕获到定位信标，在 DME11 海里时自动驾驶仪的垂直速度(VS)模式激活，飞机开始以 2200 英尺每分钟下降。机长注意到他的电子姿态指示仪(EADI)上仪表着陆系统信息的缺失，并朝副驾驶方向观察他的指示是否仍然存在。看到副驾驶位置指示正常，因此他又向下看了看 AUTO/MAN(自动/手动)导航频率选择开关以确定是否设在正确频率，并反复按动开关，仪表着陆系统指示恢复。

ATC 联络飞机发出一个频率更改指令，机长确认收到，但在完成频率转换之前，他发现这架飞机低于下滑道，并以超过 2000 英尺每分钟的速度下降。机长询问副驾驶"你还好吧"（"Are you happy"），副驾驶回答说不好，并准备复飞。这时 EGPWS 发出"地面！地面!拉起!"的警告。机长喊话向上爬升，起落架被选择收起，飞机机头向上以大于 20°的俯仰角和 110 节的指示空速爬升穿越 6000 英尺。副驾驶向前推杆以加速，机组不能确定他们的位置和他们其他导航系统的可靠性，所以调整航向飞往 CY NDB。机长询问 ATC 关于 ILS 的适用性，并确定 ILS 可用。机组随后进行第二次进近，并安全着陆。

2010 年 12 月，英国航空事故调查局(AAIB)发布的此次事件公告称，营运人已提供了尚贝里机场一个简括，包括"谨防可能的下滑道虚假指示，在到达 CY DME12.1 海里以内前，下滑道都不应被使用"。

该机安装了一套没有 GPS 的飞行管理系统。安装了一套 EGPWS 自身提供 GPS 源。在低于 1000 英尺无线电高度并且起落架展开的情况下，下滑道警报会启动。

一般情况下 ILS 进近使用自动驾驶仪在进近模式下飞行，然而，如果 ILS 进近后接着盘旋，制造商推荐使用 VOR / LOC(横向)和 VS(垂直)模式。营运人已将这个建议作为标准操作程序。

调查人员获取了完整的飞行数据记录器的记录和地形警报 EGPWS 的记录，但是能存储 2 小时的驾驶舱语音记录，在返程期间被覆盖。

飞行数据记录器的记录表明，自动驾驶仪在 ALT 和 VOR / LOC 模式下，飞机在 5000 英尺改平，温和转弯后自动驾驶仪从右侧捕获到定位信标，在 DME11 海里时垂直通道改为 VS 模式，在该点飞机约在下滑道以下 850 英尺，随即开始以 2000 英尺每分钟速度下降。10 秒钟后，机长的定位信标和下滑道短暂地显示没有计算的数据，表明原始数据不可用或不可靠，DME 显示 10.5 海里是准确的。在进一步下降的过程中，短时间内又有两次机长的定位信标和下滑道显示没有计算。进近程序和记录器数据如图 5-51 和图 5-52 所示。

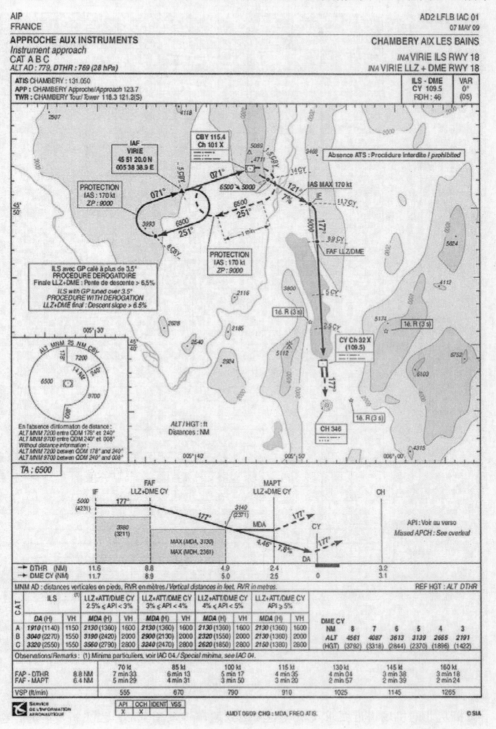

图 5-51　进近程序

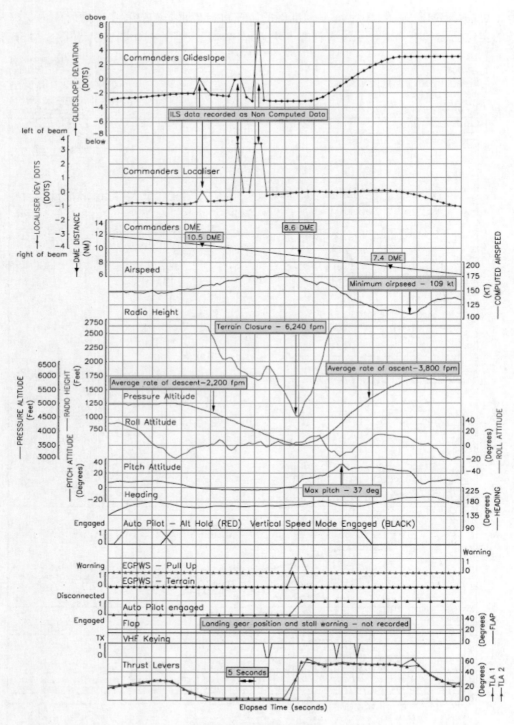

图 5-52　记录器数据

　　飞机从北向机场进近要求飞机飞越高山到达布尔歇湖东部。当飞机下降时，接近地面的速率逐步上升到 6000 英尺每分钟。当飞机下降通过 1125 英尺时，EGPWS 2 级地形警报启动。同时，自动驾驶断开并开始实施复飞——由于记录的速度不确定复飞是在 EGPWS 警报开始之前还是之后。最小离地高度是 1112 英尺。EGPWS 警报响起后不久，飞机达到最大抬头姿态 32.7°，最小空速为 109 KIAS，飞机以 3800 英尺每分钟的爬升率稳定爬升。

在随后的进近和着陆期间，没有进一步的定位台、下滑道和 DME 数据的异常记录。

在飞行后的访谈中副驾驶报告称，这架飞机已充分截获定位信标，但他也注意到在 ILS 上 DME 是断断续续的。襟翼被设定为 15°并且起落架放下。他看到下滑道指针迅速向下移动刻度，作为回应他选择 VS 模式并计划选择 1200 英尺每分钟的下降率。他回忆说，机长提到"它的运行与感觉相反"，他却把它理解为航向指示。他扩大了 VOR/ILS 显示，发现指针轻微偏移。副驾驶评论说，这项操作短暂地分散了他监控下降剖面的注意力。

副驾驶回顾称，他通过云隙瞥到山区，发现飞机正在下滑道以下以很大的下降率下降，他听到机长说"Are you happy"，随即断开自动驾驶仪并开始手动复飞，他没有选择 TOGA，因为他认为他们当时高于 2000 英尺 TOGA 不可用。当他听到 EGPWS 响起时，他尽可能增加俯仰角。当飞机爬升穿过云层后，他将飞机改平并加速，然后继续爬升至 FL090。他表示，操纵杆需要一个强大的推力，以恢复飞机的水平飞行。

在飞行后的访谈中机长称，一旦建立目视着陆跑道就被确定。在选择了 ILS 频率后，他看到飞机通过缓慢瞄准中心线截获航道，他喊道"DME12 海里，在 8.9 海里时下降"，旨在提醒副驾驶下降点。在通过 DME11.7 海里后，他的 ILS 指示都不见了，ILS 故障旗出现，没有 DME 指示。他检查了副驾驶仪表，指示仍在。然后，他循环使用 AUTO/MAN 开关，ILS 和 DME 指示再度出现。随后他的注意力返回到飞行仪表，他发现飞机以一个较高的下降率下降，并且在下滑道以下。他对副驾驶提出质疑，作为回应副驾驶实施了复飞。

AAIB 分析称，没有任何信号中断或 CY ILS 及 DME 故障的证据。在着陆后的测试中发现，飞机的导航设备可用。对于机长位置的定位信标、下滑道和 DME 指示首次缺失的原因无法确定。因此，第二和第三次"无计算"信号，可能是由于机长循环使用 AUTO/MAN 开关的操作造成的。

当机长的注意力转到仪表着陆系统显示问题上时，副驾驶实施了一次下降率过大的操作，直到飞机到达最后进近定位点。机长一直没有意识到下降剖面的问题，直到他把注意力转移回来。他对位置提出质疑，问题得到了认可，副驾驶实施了复飞。离地高度一直没有降到 1100 英尺以下。

事故调查报告下载地址：

http://www.aaib.gov.uk/cms_resources.cfm?file=/Boeing%20737 - 33A%20G CELC%2012 - 10.pdf

8. 穿越航空 B712 应对 TCAS RA 不当导致颠簸

2009 年 10 月 26 日，一架美国穿越航空公司(AirTran)波音 717-200 客机(注册号 N935AT)，执行从佛罗里达州奥兰多飞往纽约州韦斯切斯特县的 FL-669 航班，机上载有 117 名乘客和 5 名机组人员。当时飞机正在朝着韦斯切斯特县下降，突然发生颠簸，1 名乘务员受伤。随后飞机在韦斯切斯特机场 16 号跑道安全着陆。FAA 报告称，该乘务员受伤严重。

2009 年 11 月 13 日，美国国家运输安全委员会(NTSB)发布初步调查报告称，发生颠簸机组从 35000 英尺向 33000 英尺下降，但是由于空中防撞系统(TCAS)决断咨询(RA)必须中止下降。

飞行机组发布了颠簸的信息，但就在几秒钟之后有一名乘务员从飞机厨房的前部被甩到厨房的台面上，另一名乘务员从她的座椅上被甩到了天花板上。两名乘务员都表示，她们感觉飞机当时像在坠落。当时，后部洗手间里有一名 10 岁的男孩正准备离开，也被甩到了天花板上。另一位乘务员刚准备坐到座椅上，就看到该小男孩，于是她决定把小男孩带到他的座位上固定好后再坐回去。发现小男孩和乘务员摔倒在那里后，乘客们按动了呼叫乘务员的按钮，想让在飞机前部的两名乘务员到飞机后部。机上一名退休的医生为他俩提供了急救，小男孩的母亲也在旁协助。小男孩和这名乘务员被送往医院，乘务员伤势严重，小男孩只受了轻伤。

2011 年 7 月 8 日，NTSB 发布了此次事故的事实调查报告，补充说那名 10 岁男孩的前额和膝盖处有挫伤，乘务员住院，并在医生的照顾下度过了 48 小时以上。

在仪表气象条件下，飞机已经在距北卡罗来纳州金士顿东南 35000 英尺的高度飞行了大约 100 海里，一直是"轻度颠簸"，系好安全带的指示灯也已经关闭。之后，颠簸开始增强，出现了一些"中度颠簸"，然后转化为"持续稳定的强度较大的周期性颠簸"。因此机长(飞行经历共计 9145 小时)打开系好安全带的指示灯，并且要求副驾驶向管制员询问他们前方位置的飞行员报告。管制员建议他们 29000 英尺及其以下的颠簸较小，机长请求降至 31000 英尺。管制员允许飞机降至 33000 英尺，机长选择 33000 英尺并开始下降。

飞机刚开始稳定下降，机长向乘客播送广播，也就在这时 TCAS 发出 TA 告警。机长中断了广播，并将双手放到操纵轮上，观察到在他们下方 1 点钟方向的另一架飞机。机长降低下降率，然而 TCAS 发出了一条"监视垂直速度"的决断咨询。飞机从云层中出来，他们识别出是一架波音 737 或者空客 A320 从他们下方 1 点钟方向穿过向右飞去。飞机在 33000 英尺改平，重新接通自动驾驶，继续在航线上飞行，得到下降到 31000 英尺的指令，并由另一名管制员接管。

飞行数据记录器(FDR)显示，TCAS RA 是在巡航下降阶段收到的。大约 1.5 秒后，记录器显示垂直加速度为 1.6g，又过了 1 秒后，FDR 记录的垂直加速度为-0.2g，颠簸过后为 1.4g。

2011 年 9 月 20 日，NTSB 发布了此次事故的最终调查报告，总结造成该事故的原因可能有下述几点。

机长为了应对 TCAS 警告，对飞机过度操纵，导致 1 名乘务员严重受伤。承运人对 TCAS 培训和指导不足也是这起事故的促成因素。

飞行数据记录器的分析显示，机长为了应对 TCAS RA 的操纵导致了垂直加速运动。虽然运营商知道 TCAS RA 需要机组在 5 秒内作出反应，垂直加速度不能超过±0.25g，并且已经在公司机队每一种类型的飞机上都配了相关文件，但是其 B717 飞机的指导和培训材料中并没有包含该文件。

NTSB 事实调查报告地址：

http://dms.ntsb.gov/aviation/GenPDF.aspx?id=ERA10LA041&rpt=fa

NTSB 最终调查报告地址：

http://dms.ntsb.gov/aviation/GenPDF.aspx?id=ERA10LA041&rpt=fi

9. 土耳其航空 B738 阿姆斯特丹进近中坠毁

2009 年 2 月 25 日，当地时间 10:27(世界协调时间 9:27)，一架土耳其航空公司波音 737-800 型飞机(注册号 TC-JGE)执行从土耳其的伊斯坦布尔阿塔图尔克机场飞往荷兰的阿姆斯特丹斯希普霍尔机场的 TK1951 航班，机上有 127 名乘客和 7 名机组人员。

这次航班是"教员带飞"，在驾驶舱内有 3 名机组人员，即担当教员的机长，在航路上为获得经验而在监督下飞行的副驾驶，以及一个负责观察飞行的飞行安全员。

在阿姆斯特丹斯希普霍尔机场的 18R 跑道进近期间，飞机坠毁在距离跑道入口约 1.5 公里的农田里，机身断成三截。这次事故中有 4 名机组人员遇难，其中包括 3 名飞行员；还有 5 名乘客遇难，另有 3 名机组人员和 117 名乘客受伤。残骸分布情况如图 5-53 所示。

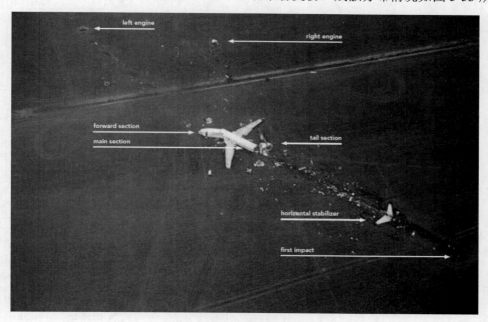

图 5-53　残骸分布情况

事故发生后不久的初步调查结果表明，左侧的无线电高度表系统给自动油门系统传递了一个"−8"英尺的错误的高度读数。荷兰安全委员会对此在 2009 年 3 月 4 日向波音公司提出警告，要求波音公司对波音 737-800 的"签派偏离指南"给予更多的关注。这是一本在航空器飞行前机务和飞行员都要查阅的关于附加程序和警告的手册。2004 年加入的一条警告规定，在无线电高度表不工作时，相关的自动驾驶仪或自动油门不得用于进近和着陆。该委员会要求波音公司调查此程序是否也应适用于飞行期间。关于"签派偏离指南"的内容，波音公司回应说，像这样的条款本身并不包含在快速参考手册的缺陷检查单中，快速参考手册中包含飞行阶段正常和不正常程序的检查单。一方面因为非正常检查单必须基于一个容易识别的故障，是由一个告警或故障预警来识别，而无线电高度表的故障并不属于这种情况。另一方面由于故障的复杂性，开发一个能解决所有问题的非正常检查单是不切合实际的。此外，在快速参考手册中加入该程序将不必要地减少飞机的系统功能。意思就是，一个航空器有两个相同的系统，一个系统是另一个系统的备份。当签派放行之前这些系统之一不工作且没有备份系统可用时航班不应该被放行或系统不应该被使用。然而，如果在飞行期间系统中的一个失灵，则备份系统将接替它的工作。进近过程描述如图 5-54 所示。

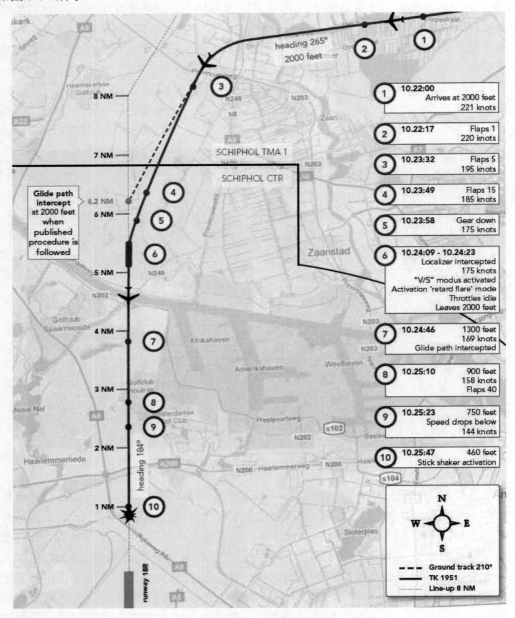

图 5-54 进近过程描述

这时如果不再使用这一系统，那么对运行来说将是一个很大的限制。在同一天，也就是 2009 年 3 月 4 日，经与荷兰安全委员会协商，波音公司已给所有使用波音 737 飞行的公司发出了关于飞行事故情况的通告，内容仅限于他们当时已知的。

快速参考手册可能并不适合成为包含这一程序的媒介。委员会仍然认为，当该警告在 2004 年被添加到"签派偏离指南"中时，相关信息就应该已经传达给运营人，特别是飞行员。比如，波音公司可能通过发布"运行手册通告"的方式作出回应。这通常是当飞机系统的运行方式与预期的情况相反时才这样。这些信息之后本该已加入到飞行机组操作手册中。在调查期间，波音公司不能解释他们为什么没有在 2004 年就该问题继续发布警告。

2009 年 4 月 28 日，运输安全委员会公布了初步报告，其中包含初步调查结果。后续调查特别关注机组和空管部门采取的行动，以及自动油门系统和无线电高度表系统的运行情况。

2010 年 5 月，荷兰安全委员会发布了他们的最终报告，总结事故的主要结论如下所述。

在此次飞行事故中，当右侧自动驾驶仪接通并使用仪表着陆系统执行进近时，左侧无线电高度表系统在左侧主飞行显示器上显示了错误的高度"−8"英尺。这个"−8"英尺的错误值激活了自动油门的"阻燃"模式，双发推力被减小到最小值(进近慢车推力)从而为着陆的最后阶段做好准备。由于管制员提供给机组的进近高度和航向，以及航向台信号在距跑道入口 5.5 海里处截获，导致飞机只能从上方截获下滑道信号。这一情况掩盖了自动油门已进入阻燃模式的事实，此外，还增加了机组人员的工作负荷。当飞机通过 1000 英尺高度时还未建立稳定的进近，所以机组本应该开始复飞。右侧自动驾驶仪(使用来自右侧无线电高度表的数据)跟随下滑道信号。随着空速持续下降，飞机的俯仰角不断增加。机组人员直到开始抖杆时都没有意识到空速降低和俯仰角增大的情况。接着进近失速改出程序又没有正确地执行，导致飞机失速坠毁。

此外，荷兰安全委员会还得出下述结论。

技术方面：多年以来，波音 737-800 飞机无线电高度表系统的问题已影响到多家航空公司，其中就包括土耳其航空公司，而波音公司和美国联邦航空局早已知晓这一问题。包括土耳其航空公司在内的多家航空公司把无线电高度表系统存在的问题当作是一个技术问题，而不认为会对飞行安全构成威胁。因此，并没有告知飞行员这个问题。很明显，包括土耳其航空公司在内的多家航空公司现有的程序、测试以及惯例都不足以解决无线电高度值错误所引起的问题。该调查没有找到导致无线电高度值错误的唯一原因。

测试表明，罗克韦尔柯林斯公司的增强型数字飞行控制系统(EDFCS)使用的无线电高度数值的属性是"非计算"(不可使用)，而这一属性本应能阻止这一危险的发生。设计用来比较两个无线电高度表系统的操作软件无法应用到所有波音 737NG 系列的飞机上，因此无法依靠引入具有比较能力的软件而完全解决阻燃模式意外启动的问题。

并非所有通过审定的波音 737 飞机自动油门和飞行控制计算机使用的操作软件版本都会按照相同的方式对错误的无线电高度信号作出响应。这种情况是我们不希望看到的，尤其是航空公司正在使用不同版本的软件，且各版本的响应不同，而飞行员也不了解此情况。

报告：尽管波音公司和美国联邦航空局已经意识到多年来许多问题都是由无线电高度表系统引起的，并且该系统还影响了其他系统的运行，但一直没有将这种情况定为安全风险。众多报告涉及无线电高度表系统的问题，而波音公司没有解决，这说明对无线电高度表系统和其他相关系统进行分析是非常重要的。波音公司和美国联邦航空局本应认识到无线电高度表系统所造成的问题,特别是可能激活自动油门的阻燃模式,这已构成了安全风险。

有关无线电高度表系统的大量问题都没有被报道出来。如果制造商收到更多的报告,则波音公司就有可能意识到重新分析报告的必要性。

所有无线电高度表元件(天线、电缆和无线电高度表计算机)都要依据相应的标准进行适航审定。

对于特殊飞行阶段条件下的相关适航认证,如进近阶段,基于处在该飞行阶段的时间而不是总的飞行时间来计算风险的大小可能会很有帮助。这可能使对实际风险的评估更加准确。

空中交通管制:没有证据显示在 TK1951 航班之前着陆的波音 757 飞机产生的尾流对 TK1951 航班发生的一系列事件产生影响。TK1951 航班在距跑道入口 5~8 海里的地方开始排队,在这之前机组没有收到指令,而且也没有收到指令要求其下降到低于 2000 英尺的高度。这不符合荷兰空管使用的规定和指南,这些规定都是基于国际民航组织的指导文件制定的。向该条跑道进近的飞机中有超过 50% 是按照这种方法进行排队的。转弯后,在距跑道入口 5~6.2 海里的地方截获航向台信号,没有指令要求下降到一个低于 2000 英尺的高度,这不符合国际民航组织的规定,规定要求在截获下滑道之前,飞机必须在其最后进近航向上保持平飞。

操纵:由于航向台信号在距跑道入口 5.5 海里,2000 英尺高度处截获,所以只能从上面截获下滑道。因此,机组被迫执行一系列额外的程序,导致更大的工作负荷。这也导致着陆检查单在进近过程中执行的时间比标准操作程序规定的晚了一会儿。驾驶舱机组人员没有关于左侧无线电高度表系统和自动油门系统运行之间相互影响的资料。在所有可用的指示和告警信号中,只有一项单一的关于自动油门模式的指示,也就是在主飞行显示器上的"阻燃"报告。当时在他们所掌握的知识范围内,机组人员并没有理解这些指示和告警信号的实际意义,而且未能正确地预计即将发生的风险。

在土耳其航空公司中,飞行员队伍并不清楚需要对飞行模式进行喊话,然而已经证明,这样的喊话可以提高飞行员对自动飞行系统状态的认识。

由于从上面截获下滑道信号,使机组没有及时发现自动油门的错误运行。依照土耳其航空公司的标准运行程序,如果在 1000 英尺的高度时还没有建立稳定的进近,那么就应该停止进近并复飞。但是,这一程序却没有执行。尽管驾驶舱中出现提示,但直到进近失速警告响起机组人员才注意到空速的急剧降低。

由于机组人员,包括安全飞行员,正在完成着陆检查单,没有人把注意力放在首要任务上:监视飞行航迹和飞机的空速。由此可以得出结论,TK1951 航班上的安全飞行员及其安全保障系统并没有发挥有效的作用。

从开始抖杆到油门推到最大推力位置的总时间为 9 秒。模拟机测试表明,如果机组在抖杆开始后立即将油门推杆推到最大推力位置,将此作为失速改出程序的一部分,那么本可以从失速中改出并继续飞行。

这架飞机在进入失速状态时自动驾驶仪处于接通状态。自动驾驶仪是在离地 400~450 英尺的高度时被切断的。

由波音公司飞行试验数据和随后的数据分析表明,当飞机失速后选择最大推力从失速状态改出，总共会损失 500~800 英尺的高度。而当飞机失速时剩余的 400~450 英尺高度是不足以改出失速状态的。

事实上，油门杆没有按照失速改出程序的要求立即推到最大推力位置，表明机组没有接受充分的训练，因而缺乏处理这类情况的技能。

快速参考手册中关于失速改出程序中使用自动驾驶、自动油门以及所需的配平的信息，既不清晰也不充分。

进近期间机组的资源管理和机组的交流也不符合土耳其航空公司有关驾驶舱交流的标准操作程序。

土耳其航空安全计划。

根据"联合航空规章——操作 1"的要求，土耳其航空公司有一套预防事故和强化飞行安全的方案。作为质量保障方案的一部分，土耳其航空公司已经制订了一项内部审计计划。直到事故发生的时候，审计也没有得出任何关于遵循操作手册中描述的标准操作程序或应用机组资源管理程序的结论。

2008 年，飞行安全部门收到 550 份来自驾驶舱机组人员的航空安全报告。

这些报告中没有关于无线电高度表系统的问题，也没有与起落架有关的无故告警，近地警告或自动油门在进近时指示"阻燃"模式的问题。

飞行安全部门每年进行约 15 次不安全事件调查，但调查从未涉及有关无线电高度表系统的问题。

土耳其民航局。

"联合航空规章——操作 1(土耳其航空公司遵循的)"和"联合航空规章——飞行机组执照"中对失速训练的要求很有限。这种有限的训练量是不足的，因为自动飞行系统和程序不能始终确保机组不会遇到失速的情况，所以从失速状态中改出也应该列入复训计划中。

运输及水面管理监察部。

运输及水面管理监察部对荷兰航行资料汇编中公布的程序是否符合国内和国际规章进行了检查。由水上运输管理监察部门进行的审计也没有提供对空中交通管制员个人行为是否符合空中交通管制规则和指令的深刻见解。运输及水面管理监察部也没有对空中交通管制规则和指令中设置的程序是否符合国际民航组织的规定进行评估。

飞机残骸方面。

探索性的研究获得了足够大的数据量，这可确保适航审定当局和/或波音 737-800 的制造商在有关飞机残骸方面作进一步的研究。

安全建议

技术方面：调查显示，一个不正确的无线电高度表数值可以对相关系统产生深远的影响。委员会就此明确提出以下建议。

给波音公司。

波音公司应改善无线电高度表系统的可靠性。

给美国联邦航空局(FAA)和欧洲航空安全局(EASA)：

美国联邦航空局和欧洲航空安全局应确保对自动油门和飞行管理计算机由于无线电高度表值不正确引起的不良反应进行评价，还要确保自动油门和飞行管理计算机依照设计说明书进行改进。

调查显示，在驾驶舱内获得的指示和告警不足以确保驾驶舱机组人员在早期便意识到速度大幅降低。委员会就此明确发出以下建议。

波音公司，美国联邦航空局和欧洲航空安全局应对使用听觉低速警告信号作为警告机组的一种方法进行评估，如果这样的警告信号被证明是有效的，应授权其使用。

操纵方面：调查揭示了在失速状况下拥有一个适当的改出程序的重要性以及定期复训的重要性。委员会就此明确发出以下建议。

波音公司应回顾和自动驾驶仪、自动油门，以及所需配平有关的"处理失速情况的"程序。

土耳其民航局，国际民航组织，美国联邦航空局和欧洲航空安全局应修改他们的规章，使航空公司和飞行训练机构在他们的复训计划中加入在进近过程中从失速状态改出的训练。

报告方面：调查显示，有关无线电高度表系统出现问题的报告是有限的，这种情况不仅仅限于土耳其航空公司。没能报告这些问题使现有的安全方案的有效性受到了局限，这可能导致航空公司和飞机制造商都不能准确地进行风险评估，从而限制了他们的风险管理能力，委员会就此明确发出以下建议。

联邦航空局，欧洲航空安全局和土耳其民航局应(重新)努力使航空公司意识到报告的重要性并确保报告程序得到遵守。

波音公司应(重新)努力确保所有运营波音飞机的航空公司意识到报告的重要性。

土耳其航空公司应确保其飞行员和维修技术人员意识到报告的重要性。

安全管理方面：调查显示，土耳其航空公司已有一套防止事故和改善飞行安全的方案，但这一方案在实践中表现出一些不足之处。委员会就此明确发出以下建议。

根据这次调查中发现的不足，土耳其航空公司应调整其安全方案。

空中交通管制方面：调查显示，航空器排队等候进近的方式掩盖了自动油门没有正常运行的问题并增加了机组的工作负荷。委员会就此明确发出以下建议。

荷兰空中交通管制部门应对其航空器排队等候进近的程序与国际民航组织的程序进行协调，如着手调整其空中交通管制规章和指令。荷兰空中交通管制部门还应确保空中交通管制员遵守空中交通管制规章和指令。

运输及水面管理监察部应监督荷兰空中交通管制部门切实遵守国内和国际空中交通管制法规。

事故调查报告下载地址：

http://www.onderzoeksraad.nl/docs/rapporten/Rapport_TA_ENG_web.pdf

5.4 航路飞行阶段

5.4.1 航路飞行阶段的风险因素

1) 晴空颠簸

晴空颠簸(Clear Air Turbulence，CAT)，是由大气不规则地流动所引起的，发生时常常无明显的天气现象，颠簸区和无颠簸区没有明显的边界，故难以察觉。同时，引起颠簸的湍流，含有水汽量较少，机载气象雷达也难以探测。

它所导致的飞机颠簸，严重时，飞机可能会短暂失控，是威胁航空安全的一种极端危险性天气。通常晴空颠簸会发生在 7000 米以上的高空，此时飞机常处于航路飞行阶段。

由于高空探测资料，特别是晴空颠簸观测资料的不系统、不精确，以及人们对湍流认识的局限性，实现晴空颠簸区精确预报的难度依然很大。国内外的航空气象专家研究了飞行颠簸的客观预报技术，对于飞行颠簸预报有很好的指导意义，但是距离航空安全的现实需求尚有一定的距离.

2) 飞行中的火灾

飞机飞行过程中驾驶舱、客舱或货舱一旦冒烟或发生火灾，若不及时处置可能引发后续更加严重的事件。统计数据显示，航路飞行阶段，此类事件发生较多。

3) 失压

2018 年 5 月 14 日，四川航空公司由重庆飞往拉萨的 3U8633 航班，高空驾驶舱玻璃脱落，发生快速减压事件，并伴随低温，机组立刻发布 7700 紧急情况代码，并成功备降成都，充分体现了航班驾驶员高超的技术和专业素养。此类高空快速失压事件并不多见，但通常的飞机客舱失压，尤其是在高空客舱加压的情况下，容易出现减压症，影响飞行机组的操作和判断能力，可能引发严重后果。

4) 发动机空中停车

发动机空中停车(In Flight Shutdown，IFSD)是指飞机因某些特殊原因(如机械故障或鸟击)引起的发动机空中停车事件。对于飞机来说发动机空中停车后，若无法重启，此时飞机发动机推力不均，需要调整飞行姿态，同时安全性将受到一定的影响，应尽快降落，若机组人员处置不当，再加上恶劣的天气等其他因素的叠加，可能会造成严重的后果。

5) 积冰

飞机积冰是指飞机机身表面某些部位聚集冰层的现象。飞机积冰多发生在飞机外凸出的迎风部位。空中结冰的形成需要有两个关键条件——存在液态水滴和冰点以下的温度。积冰将破坏飞机的空气动力性能；降低动力装置效率，甚至产生故障；影响仪表和通信，甚至使之失灵。

当一架飞机穿过含有这些过冷却水滴的云层时，便形成结冰。通常过冷却水滴非常小——大约是一粒粉尘大小。但在实际上，结冰条件也会产生更大过冷却水滴的现象。过冷却大水滴，常常处于两种结冰类别中：冻毛毛雨(FZDZ)——直径达 0.5 毫米(0.02 英寸)，冻雨(FZRA)——尺寸可能会扩大 5 倍，甚至更大。

飞机若长时间在冻毛毛雨环境中飞行，即使开启防冰设备，副翼上部除冰带后侧结冰堆积，也将远远超出飞机的结冰范围，从而导致飞机不可控。

5.4.2 航路飞行阶段事件案例分析

1. 澳航 A330 客机在婆罗洲附近遭遇湍流

2009 年 6 月 22 日，澳洲航空公司一架注册号为 VH-QPI 的空客 A330-300 客机执行 QF-68 航班从香港(中国)飞往珀斯(澳大利亚)，机上有 206 名乘客和 13 名机组人员，飞机起飞 4 小时后在婆罗洲哥打基纳巴卢(马来西亚)附近上空 38000 英尺飞行高度层遭遇强湍流，并偏离了指定高度。在遇到湍流后安全带提示灯亮起。飞机继续飞往珀斯，并安全着陆。13 人被送往当地的医院。

在遭遇强烈湍流时，乘客、机组人员和手推车在客舱内"飞了起来"，一名乘客说。机长报告说，有两个头顶面板及两个氧气面罩被损坏。

澳航称这一事件完全是天气的原因造成的，认为意外与计算机系统问题无关，在遭遇强烈湍流时，飞机高度下降了 800 英尺。尽管乘客报告他们看到闪电，但在发生颠簸时飞机并没有穿越雷暴。机上一名医生照顾伤者，并告知机组，没有备降的必要。6 名乘客和 1 名机组人员受轻伤。

2010 年 6 月 30 日，澳大利亚运输安全委员会(ATSB)发布最终报告，结论如下。

相关安全因素。

↱   机组未通过视觉或雷达检测到对流湍流区域(云)。

↱   飞机穿越强烈对流湍流区域。

↱   飞机穿越的对流湍流区域中包含冰晶。

↱   飞机雷达探测包含冰晶的云的能力有限(次要安全问题)。

其他安全因素。

↱   飞行员的飞行资料库显示当驾驶舱舱门打开且遇到湍流时驾驶舱中存在着潜在的风险(次要安全问题)。

↱   湍流会导致驾驶舱门的手动门锁锁死，阻碍驾驶舱通道(次要安全问题)。

ATSB 报告，当飞机进入强烈湍流区域时处于 38000 英尺的高度层，在飞往哥打基纳巴卢(马来西亚)的航路上已飞行了约 2 小时 10 分钟。6 名乘客和 1 名机组人员受轻伤。受伤的那些人在遭遇湍流时都没有在座位上。机长与 Medlink(新西兰一家医疗公司)和签派协商后决定继续飞往珀斯。在珀斯着陆后伤者被送往医院并于当天的晚些时候出院。

飞机内部受到轻微损坏。

在遭遇湍流期间，第二副驾驶(该机型飞行时间达 1041 小时完全具备副驾驶资格)坐在右边座位作为驾驶飞行员，机长坐在左边座位监视飞行。此时，副驾驶在机组休息区。

机组报告说，在遭遇湍流前，他们的机载气象雷达并没有显示任何对流(云或湍流)活动。飞行后检查显示气象雷达运行正常。他们在晴空中飞行并能够清晰辨认地面上婆罗洲的城市包括哥打基纳巴卢和其他沿海城市。

在飞行准备阶段，机组就已经收到由香港气象办公室发来的重要天气情报(SIGMET)，报告说在哥打基纳巴卢地区包括飞机计划飞行航迹所在地有积雨云和雷暴。然而该 SIGMET 在飞机预计飞越该地区前 1 小时失效。

在作飞行简报时飞行员还收到了两张气象图，这两个气象图都显示哥打基纳巴卢天气晴好并且没有任何危险天气。

在飞越婆罗洲时正是夜间，但月亮低于地平线，基本上没有一点光，因此无法看清前方的云。

红外卫星图像显示婆罗洲东北部上空大部分地区包括哥打基纳巴卢附近存在对流活动。

机组报告，飞机一进入云团就发生颠簸。由于噪声、-50℃的环境温度，以及频闪灯光下云的反射，机组认为云中只包含冰晶。

飞行数据记录器显示，遭遇湍流的情况持续了约 20 秒，飞机经历了从-0.49g 到 1.59g 的垂直加速度，风速在 5～38 节变化，同时风向在真方向 50°～200° 之间变化。在湍流期间环境温度从-51℃变化到-46℃，并在湍流后再次稳定在-52℃。

ATSB 分析，在缺少水滴的情况下气象雷达探测不到对流活动。在环境温度为-46℃～-51℃的情况下，水只能以冰的形式存在。事实上，机组成员能够目视识别婆罗洲沿海城市，而且气象雷达在各个扫描角度都没有探测到前面的云，这些情况都说明云延伸得不够低，所以不可能存在水滴。

安全措施

飞机运营人：飞机雷达性能。

↳　安全问题：飞机上的雷达探测由冰晶组成的云的能力有限。

↳　飞机运营人采取的安全措施：飞机制造商已确认罗克韦尔科林斯公司的 4 号服务通告在空客 A330 型飞机上使用时具有相同的效力。飞机运营人更换了所有这种类型的机载雷达以获取在完全多扫描模式下运行的能力并执行了服务通告的内容。

↳　ATSB 对措施的评估：ATSB 认为飞机运营人采取的措施完全解决了安全问题。

使用电子飞行包替换飞行文件。

↳　安全问题：当驾驶舱门打开且遇到湍流时飞行员的飞行文件在驾驶舱中存在着潜在的风险。

↳　飞机运营人采取的安全措施：飞机运营人建议于 2010 年 5 月在每架 A330 型客机上安装第一个电子飞行包(EFB)，并于 2010 年 7 月安装第二个。一旦安装好，机组对 EFB 的使用将受限，除非该航班所有的机组成员都接受过培训。所有 A330 飞行机组正在接受 EFB 的使用训练。运营人还未从飞行驾驶舱移除任何手册，但将在几个月后尝试。

↳　ATSB 对措施的评估：ATSB 认为飞机运营人采取的措施完全解决了安全问题。

驾驶舱门手动门锁。

↳　安全问题：湍流会导致驾驶舱门的手动门锁锁死，阻碍驾驶舱通道。

↳　飞机运营人采取的安全措施：运营人发布了一个飞行指令，通知所有 A330 飞行机组新的程序，以确保驾驶舱门备用锁装置的正确装载。运营人将修订适当的运营手册以在下一个修订周期中反映新程序的要求。

↳　ATSB 对措施的评估：ATSB 认为飞机运营人采取的措施完全解决了安全问题。

事故调查报告下载地址：

http://www.atsb.gov.au/media/1571470/ao2009029.pdf

2. 捷星航空公司 A330 客机在太平洋上空驾驶舱起火

2009 年 6 月 11 日，一架澳大利亚捷星航空公司空客 A330-200 客机(注册号 VH-EBF)，执行 JQ-20 航班从日本大阪关西机场飞往澳大利亚黄金海岸(2009 年 6 月 10 日起飞)。飞机起飞后约 4 小时，当地时间 2009 年 6 月 11 日 01:38(世界协调时 2009 年 6 月 10 日 15:38)，机组人员发现驾驶舱右侧有烟冒出，于是他们戴上了氧气面罩。过了一会儿，高温的驾驶舱右侧玻璃起火，机组设法使用灭火器将火扑灭。飞机宣布进入紧急状态，并决定改飞关岛，当地时间 02:13(世界协调时 6 月 10 日 16:13)，飞机在关岛安全着陆并滑行到停机坪，事件中没有人员受伤。

2009 年 8 月，ATSB 发布了一份初步调查报告指出，航班上搭载了 182 名旅客，4 名飞行机组人员和 13 名客舱机组人员。飞行机组人员发现驾驶舱内有橡胶燃烧的气味，紧接着表明驾驶舱右侧风挡加热系统故障的两个告警信号出现，之后出现一声巨响并闪出一道光，随后在右侧风挡玻璃的右下角出现了烟雾和火焰。所有机组人员都戴上了氧气面罩，按照检查单使用耐热手套灭火的几次尝试都失败了，之后，副驾驶使用 BCF 灭火器成功将火扑灭，但直到落地时飞机上的烟雾还很明显。

飞行后的检查表明，剧烈的燃烧导致右风挡玻璃接线盒发生融化，遮光罩和扬声器线路周围的导线管出现了轻微损坏。电插头被牢牢地固定在终端插头上，没有松落的迹象。所有断路器都处于关闭状态，风挡玻璃加热系统的接线没有电弧放电或热损坏的迹象，如图 5-55 所示。

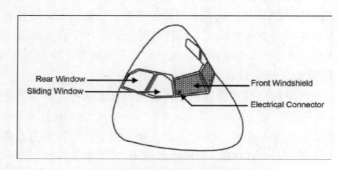

图 5-55　A330 驾驶舱风挡

利用 X 射线对接线盒进行无损检测显示，接线盒内部线路出现局部严重损坏，如图 5-56 所示。

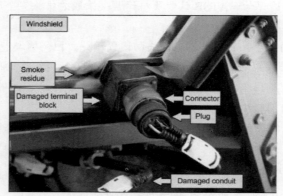

图 5-56　接线盒

作为一个紧急的安全措施，捷星航空公司对所有 A330 系列飞机的电气风挡玻璃接线进行了一次检查，没有发现异常。

2011 年 10 月，ATSB 发布了此次事件的最终调查报告，总结如下所述。

自日本大阪飞往昆士兰州黄金海岸的空客 A330 航班(注册号为 VH-EBF)由于驾驶舱右

侧风挡加热系统电气故障引发驾驶舱起火。

从目前掌握的证据来看，以下是有关飞行中起火的原因，并且不应该解读为把错误和责任归为任何特定的组织或个人。

→ 风挡玻璃的端子接线盒装置中含有聚硫密封胶(PR1829)，认为由于其可能出现过早超温故障而最终会导致局部起火(次要安全问题)。

→ VH-EBF 航班右侧风挡玻璃电气端子接线盒的接头在制造时使用了 PR1829 密封剂填充。

→ VH-EBF 航班右侧风挡玻璃电气端子接线盒装置出现了电气过热故障，这可能引起驾驶舱起火。

ATSB 报告称，为了防止水汽和冷凝水进入，聚硫密封胶(PR1829)在 2007 年 1 月到 2008 年 10 月期间被用于约 1500 个风挡玻璃端子接线盒的制造中。

已经有 19 块风挡玻璃出现了电气故障，这些风挡玻璃都使用了 PR1829 进行密封。

详细的检查结果表明，部分密封剂已经渗入两股电线中间的电线压接区，压接工艺要求将不同股的电线压缩在一起来固定连接器和电线位置，并且建立一个低阻抗的冷电路径。

ATSB 表示："接线管脚和铜丝漆包线已经压接好，留出了足够的空间让 PR1829 移动到两股线的缝隙中。"

PR1829 侵入电线间的缝隙使电阻增大，控制器则增加电压来达到必要的加热，这就导致了局部过热和电弧。

ATSB 分析，机组人员采取的行动是恰当的。

2010 年 5 月，空客公司召回了 2007 年 1 月到 2008 年 10 月期间制造的风挡玻璃并对其进行了更换。

事故调查报告下载地址：

http://www.atsb.gov.au/media/2500357/ao-2009-027%20final.pdf

3. 芬兰航空 A330 型客机在莫斯科附近发生客舱失压

2010 年 12 月 22 日，一架芬兰航空公司 A330-300 型客机(注册号 OH-LTS)，执行 AY-1968 航班从泰国甲米飞往芬兰赫尔辛基，机上载有 286 名乘客和 15 名机组人员。飞机在 11600 米高度巡航，经过俄罗斯莫斯科南部约 130 海里时飞机处于极度寒冷的空气中，此时飞机左发引气系统发生故障。机组执行了相关的检查单并启动了辅助动力装置(APU)。当 APU 启动后，右发的引气系统也发生了故障。机组要求下降高度，并得到下降到 5400 米的许可。试图重新启动左发或者右发的引气系统但并没有成功，机组戴上氧气面罩，过了一会儿座舱高度告警响起(当座舱高度大于 9500 英尺时会响起)，随即机组实施了紧急下降。当飞机下降通过 6900 米时，机组选择了 APU 作为引气源。在失压过程中座舱高度没有达到过 14000 英尺，因此乘客的氧气面罩并没有释放。大约在右发引气系统失效 7 分钟之后，飞机在 5400 米的高度改平。又过去 7 分钟之后，飞机决定爬升到 6600 米并继续飞往赫尔辛基，在降落到赫尔辛基之前机组恢复了两侧的引气系统。最终，飞机安全地在赫尔辛基着陆。

2012 年 7 月，芬兰事故调查委员会(AIBF)将此次事件与一起较早发生的事件合并发布了最终调查报告，总结事件发生的原因可能有下述几点。

两起严重的不安全事故都是由于发动机引气调节压力传感器(Pr)故障引起的。故障是由于积存在引气调节压力传感器的压敏元件孔的水遇冷凝固造成的，压敏元件孔的设计是完全密封的。

由于传感器故障，其提供给引气监视计算机(BMC)的压力信息是错误的。因为错误的信息 BMC 关闭了两侧发动机的引气系统，这导致了座舱失压，也就是座舱气压高度增加。

由于航路上极低的气温持续时间过长导致了压敏元件孔结冰。

此外，在航路上相对快速增加的环境温度也可能对发动机引气系统的失效产生了影响。

AIBF 的报告中说，在 1997—2010 年，空客已经确定出 58 起双发引气系统失效的事件，其中 16 起是由于压力过高导致的(通过对注册号为 OH-LTS 和 OH-LTO 两架飞机调查确定的失效模式)。这种失效模式第一次是在 2008 年出现的，空客在 2009 年年底找出了原因。2009 年 10 月向运营人发布了第一份技术信息，2010 年 2 月又发布了第二份。

调查指出 1 周之后发生的另一起相似事件由中国台湾"飞航安全委员会(ASC)"调查，参见《世界民航事故调查跟踪》第 35 期"事件调查报告：长荣航空 A332 辛非罗波尔附近客舱失压"，并且注释说 AIBF 接收了来自 ASC 的材料以辅助他们自己的调查。

AIBF 同时还指出，另一个由芬兰航空注册号为 OH-LTN 的飞机执行的航班 2012 年 12 月 11 日在相同的区域，在 OH-LTO 1 小时之后也经历了一次单侧的引气失效事件，该事件也是由相同的原因导致的。

AIBF 分析了所有 4 个航班，四架飞机注册号分别为 OH-LTO、OH-LTS、OH-LTN 和 B-16312，都装有 CF6-80E1 发动机并且在航路上飞行超过 5 小时，其中超过 3 小时都在比正常温度要低的气团中，此外，就在引气系统发生故障之前温度又升高了。所有 4 架飞机都是在高于 A330 最低运行温度的情况下飞行的，如图 5-57 所示。

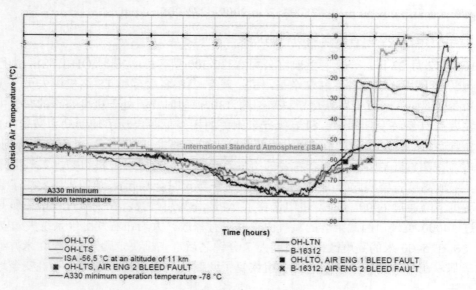

图 5-57　四次事件中外界温度随飞行时间变化

AIBF 继续指出：所有发生事故的飞机上安装的 Pr 传感器都是第 2 版(Version 2)的，该版本的传感器是最容易因其狭小的压敏元件孔非常容易受水结冰的影响而出故障的。传感器被安装在暴露于可结冰的位置并且没有任何加热设备。因此，调查委员会认为在极地区域，极低的环境温度导致传感器的压敏元件孔内的水结冰。在发动机引气系统故障前，相对快速的温度上升也对此起了促成作用。

空客称 Version 3 的传感器设计得更好，能够承受更为寒冷的条件。

AIBF 在报告中称：OH-LTS 的机组已经通过芬兰航空机队主管发布的公告得知早些时候 OH-LTO 发生的类似事件。因此，预计到可能发生第二次引气故障，他们启动了 APU 作为引气的备用补充。AIBF 经过分析认为：机组采取的措施能够保持足够的舱压以保持座舱高度低于 10800 英尺。然而 AIBF 称他们本应该把换班的正在休息的副驾驶叫回驾驶舱，这样全部机组就可以都在驾驶舱共同处理紧急情况了。

2010 年 12 月 25 日，芬兰航空公司采取了直接的措施更换了他们 A330 机队的传感器，然而，却依旧是以前的版本(即 Version 2)。2011 年 9 月空客建议所有左发传感器要更换成 Version 3 版本的传感器，芬兰航空公司立即执行了该建议。拆下来的压力传感器如图 5-58 所示。

图 5-58　拆下来的压力传感器(注意左下角的水滴)

已经落实的安全建议

2010 年 12 月 16 日，空客建议芬兰航空公司在其 A330 机队进行 3A 检时(2400 飞行小时)检查发动机的引气压力传感器并且排干感应线周围存在的水分。

芬兰航空报告称截至 2010 年 12 月 25 日，他们已经更换了 A330 机队中所有件号为 ZRA380-00 的发动机引气系统压力传感器。所安装的压力传感器和更换掉的版本是相同的(件号为 ZRA380-00)。

2010 年 12 月 28 日，芬兰航空决定开始检查 A330 机队所有发动机引气系统压力传感器并且在 1A 检时(800 小时)对它们的感应线进行干燥处理。

2011 年 9 月，空客发布了服务通告 SB A330-36-3039，该通告适用于所有装有 GE CF6-80E1 发动机的 A330 飞机。服务通告建议更换掉安装在 1 号发动机(左侧)吊架上老型号的引气调节压力传感器(Pr)，并且从 2011 年 12 月开始换装新的件号为 ZRA691-00 的传感器。

截至 2011 年 12 月 1 日，芬兰航空已经对其运营的 A330 机队所有安装在 1 号发动机吊架上的传感器进行了更换，安装了件号为 ZRA691-00 的传感器。

2011 年 1 月 4 日芬兰运输安全局要求芬兰航空公司提交关于 A330 飞机增压问题的报告，内容包括这次严重不安全事件发生后已经和计划采取的措施。报告程序还包括撰写报告，以及芬兰航空负责人和芬兰运输安全局代表之间召开会议。

此外，在 2012 年 1 月 27 日进行的一次公司检查时，芬兰运输安全局检查了已经实施的和文件中描述的包括在芬兰航空事故防治和飞行安全计划(OPS 1.037)中的措施。措施整体上令人满意。

新安全建议

(1) 调查表明即使当 A330 机队执行航班在其允许的飞行温度范围内飞行时，装有 GE CF6-80E1 发动机的 A330 飞机的件号为 ZRA380-00 的压力传感器在这种环境下仍会提供错误的信息。

建议欧洲航空安全局(EASA)要求空客公司将装有 GE CF6-80E1 发动机的 A330 飞机上的件号为 ZRA380-00 的压力传感器更换为件号为 ZRA691-00 或等效的传感器，这样 A330 机队在相应的环境下压力传感器就能正常发挥其功能。

(2) A330 与一台发动机引气故障有关的非正常操作程序会显示在电子中央监视器(ECAM)上。但是，双发引气失效(DBL)相关的非正常操作程序只是打印在快速检查单(QRH)上。同一系统的非正常操作程序来自两个相互没有联系的系统是不符合逻辑的。此外，这样做将使非正常操作程序如何放置在正确的地方变得更加困难。

建议 EASA 要求空客公司将双发引气失效的非正常操作程序也加入 A330 的 ECAM 措施中。

(3) 从安全调查的立场来说，在事故或不安全事件中，驾驶舱语音记录器(CVR)的记录在调查机组(对于紧急情况)的处置措施和机组成员之间的合作是很有价值和非常关键的。如果航班持续的时间要比 CVR 所能记录容量的时间要长，CVR 在前一阶段的航班记录就被覆盖了。

建议 EASA 和国际民航组织(ICAO)大幅延长 CVR 设备记录的时间，这样就可以让记录覆盖航班的全部航程了。

(4) 空客的技术跟踪(TFU)主要是提供给工程部的，因此，运营人的 ADVICE 部门对于运行通告的分发并不是必要的媒介。确切地说，他们应该通过通信渠道分发至需要的运行部门。

建议空客公司改进其发布运行通告的程序，通过通信渠道将它们分发到需要的运行部门。

提议

注册号为 OH-LTO 的飞机其机组在事件发生后没有迅速地执行非正常操作程序。在其机组训练中，芬兰航空应该强调非正常操作程序的重要性，并且在培训中应采取迅速、足够的措施。

注册号为 OH-LTS 的飞机在事件发生后，第三位机组成员在发生严重不安全事件时，并没有被召唤回到驾驶舱。调查委员会认为在紧急情况下，如在遇到突发事件和工作负荷增大时，机组应该共同发挥其全部能力(一起处理紧急事件)。

调查委员会认为机组应该发布国际求救信号(Mayday, Mayday, Mayday)，并宣布紧急下降。在其机组训练中，芬兰航空应该强调当需要的时候，在紧急情况下使用求救信号的重要性。

评论

空客已经通知 SIA 关于 DBL 程序已经进行了简化并且他们将要在 2012 版的快速检查单中发布。新的 ECAM 关于 DBL 情况的措施将会在 2013 年年初引入。

在事件飞行中，飞行机组接收到了足够的天气信息简报。营运人应该制作航路天气图表，以及其他可能的更加有用和易于辨识的资料，这其中，应该通过使用不同的颜色来描述不同的温度。

压力传感器都经过了 ESTERLINE 公司按照空客批准的简化部件维修手册(ACMM) 36-11-08 Rev. No. 2 的测试。如果在测试过程中出现电压波动或者浪涌，压力传感器将会被放入 100℃的烤箱中进行至少 4 小时的测试。调查表明，Esterline-Auxitrol 测试从事件飞机上拆下来的压力传感器时并没有按照手册要求执行，从事件发动机上拆卸下来的压力传感器只进行了 2 小时的加热，而并非手册中要求的 4 小时。

事故调查报告下载地址：

http://www.turvallisuustutkinta.fi/Satellite?blobtable=MungoBlobs&blobcol=urldata&SSURIapptype=BlobServer&SSURIcontainer=Default&SSURIsession=false&blobkey=id&blobheadervalue1=inline;%20filename=Investigation%20Report%20C11_2010L.pdf&SSURIsscontext=Satellite%20Server&blobwhere=1342015889383&blobheadername1=Content-Disposition&ssbinary=true&blobheader=application/pdf

4. 大韩航空 B738 型飞机在北京附近发动机空中停车

2010 年 9 月 3 日，一架大韩航空公司波音 737-800 型飞机(注册号 HL7786)，执行从俄罗斯伊尔库茨克飞往韩国首尔的 KE-2984 航班，机上载有 36 名乘客和 8 名机组人员。飞机在北京西北 320 海里处 FL330 巡航时，1 号发动机(CFM56)自动停车，飞机改航北京机场安全着陆。

2011 年 11 月，韩国航空和铁道事故调查委员会(ARAIB)发布了此次事件的最终调查报告，总结此次事件发生的可能原因如下所述。

在不知道方形驱动轴的接头孔中有外来金属物的情况下，在进行孔探检查(BSI)时施加了轴向的过载(这样做是为了准确地在方形驱动轴的接头孔中安装一个用于 BSI 的工具)，这导致附件齿轮箱 4 号轴承(Line 4)损坏。轴承的损坏造成了一个与齿轮轴偏置有关的错位问题，由于滚珠轴承的损坏导致了齿轮轴的错位，从而导致了高压压气机转速(N2)的波动，最终发动机电子控制(EEC)检测出 N2 的波动并关闭了发动机。

ARAIB 认定的调查结果。

(1) HL7786 航班的飞行机组是有资格和持有执照的，并且在飞行前符合规定的休息时间。同时，也没有找到任何可能影响飞行的身体方面的因素。

(2) HL7786 航班持有有效的适航证件，相关飞行都在载重平衡限制范围以内。

(3) 外来物(铝合金，AU2GN)被挤压并留在手摇曲臂的方形驱动轴接头孔的角落里。据推测，(外来物)在交付到航空器运营人手中之前就已经存在。

(4) 滚珠轴承的外圈有两个挤压痕迹,如图 5-59 所示。据推测,这是由于在方形驱动轴的接头孔中连接一个用于进行孔探检查(BSI)的工具时施加了过大的轴向负载导致的。

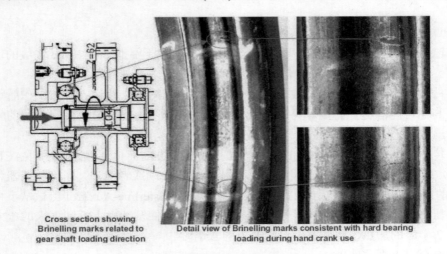

Cross section showing Brinelling marks related to gear shaft loading direction

Detail view of Brinelling marks consistent with hard bearing loading during hand crank use

图 5-59 滚珠轴承外圈

(5) 当齿轮高速旋转时,滚珠轴承表面与外圈的压痕摩擦造成损坏,并且轴承罩和内圈被损坏的轴承破坏成许多碎片。

(6) 高压压气机转速(N2 RPM)的波动,是由于滚珠轴承的损坏造成的齿轮轴错位导致的。发动机电子控制器(EEC)检测到 N2 波动并关闭发动机。

(7) 从附件齿轮箱脱落下的金属碎片没有被事故发生前 138 小时所进行的磁性碎片检波器检测发现。

(8) 在航空器交付运营人之前应首先由制造商进行孔探检查,在交付运营人之后,大韩航空在 2010 年 4 月 11 日首次进行的孔探检查是在 2451 飞行小时之后。但是并不能确定其中某次孔探检查是执行不当的。

给大韩航空的安全建议。

完善工作程序,首先应保证能够确认方形驱动轴接头孔中是否有任何外来物,其次应保证在连接用于孔探检查(BSI)的手摇曲臂工具时不应施加过大的负载(AIR1008-1)。

2011 年 1 月 21 日大韩航空在检查卡(CL 卡 5535) 中插入第一步要确认的内容是当使用手摇曲臂工具进行孔探检查(BSI)时,是否有任何外来物在方形驱动轴接头孔中,在连接工具时不要施加过大的负载,并且已经通知 BSI 检查员使用已修订的程序进行孔探检查(AIR1008-1)。

给发动机制造商(CFM 国际发动机公司)的安全建议。

完善工作程序,首先应保证能够确认方形驱动轴接头孔中是否有任何外来物,如图 5-60 所示,其次应保证在连接用于孔探检查(BSI)的手摇曲臂工具时不应施加过大的负载(AIR1008-2)。

事故调查报告下载地址:

http://araib.mltm.go.kr/LCMS/DWN.jsp?fold=airboard0201&fileName=Aircraft+Serious+Incident+Report_AIR1008_111114.pdf

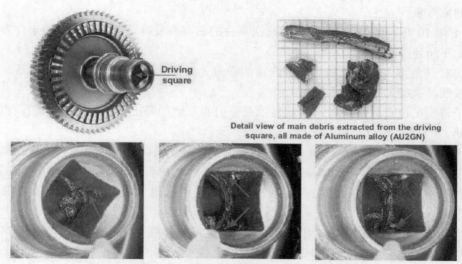

Detail view of main debris extracted from the driving
square, all made of Aluminum alloy (AU2GN)

Complementary views of metallic debris found in driving square

图 5-60　方形驱动轴接头孔

5. AT42 型飞机在空中遭遇严重紊流和结冰且气象雷达失效

2008 年 5 月 11 日，一架法国艾尔连航空公司(Airlinair) ATR-42-500 客机(注册号 F-GPYB)，执行从法国贝济耶飞往巴黎的 A5-96 航班，机上搭载了 44 名乘客和 3 名机组人员。当飞机正在克莱蒙费朗西南方向的 FL180 高度层巡航时，机组人员观察到飞机前方有积雨云簇，此时空速为 220 节。通过使用气象雷达，机组人员找到了一条穿过积雨云区域的通道。

因为天气的原因，机长打开了"系好安全带"指示灯，指示乘务人员坐在自己位置上，并向 ATC 发出了偏离指定航路的请求。4 分钟后，机组人员发现结冰严重并开启了除冰系统。又过了 2 分钟，飞机进入了一段严重的紊流区域，73 秒后，主警告响起，机长发现他的 VOR 接收机、姿态航向参考系统(AHRS)已经全部失效，1 号自动驾驶仪也已经断开。机长把驾驶权转交给了副驾驶，副驾驶的仪表系统仍然能够正常工作。

在出现故障 4.5 分钟后，机组人员检查发现气象雷达也出现了故障，30 秒后，紊流加剧，导致飞行高度产生了从向上 350 英尺到向下 450 英尺的偏离，空速在 228 节上下波动。尽管运行手册上指出遭遇紊流期间最大的空速为 180 节，但对于严重积冰，检查单要求发动机转速达到最大连续推力，并且要求飞机采用更大的速度。

故障发生 11 分钟后，机长发出 PAN PAN 的警报，报告失去了气象雷达显示，请求尽快回到目视飞行气象条件下。然而，该飞机当时已被移交到下一个区域扇区频率上。在向下一个管制员报到时，管制员刚刚确认交接，没有指出他已经收到 PAN PAN 的通知，就指示飞机直接飞往 MOU，紧接着就一直与另外两架飞机进行通话了。

在新管制员处报到 2 分钟后，ATR 机组人员终于重新与管制员取得了联系并报告他们又获得了目视气象条件并处在飞往 MOU 的航线上，他们取消了紧急情况的警报，管制员回复称他并不知道机组人员曾呼叫过 PAN。故障出现 15 分钟后，自动驾驶仪又重新连接上了，飞机随后稳定飞行在 FL181，空速为 208 节，直到安全在巴黎奥利机场着陆期间都没有其他危险事件发生。

2011 年 10 月，法国 BEA 发布了此次事件的法文版最终调查报告，总结事件发生的可能原因如下所述。

在面对气象雷达失效，并且伴有严重的紊流、结冰的情况下，机组人员很难制订一个计划并依照其执行。

由于管制员没有办法使对流区域显示在他们的雷达屏幕上，这使他们不能(向机组人员)提供帮助。

BEA 分析指出，严重的结冰与严重的紊流条件致使机组人员难以抉择，无法制订一个计划，使其既与运行要求一致同时又适用于与之矛盾的检查单(在遭遇紊流时要求减速，在结冰条件下要求加速)。短时间内连续的故障阻碍了机组人员与管制员关于飞机故障的沟通。

机组人员如果能更早一些发出 PAN 呼叫的话，也许能够防止在(管制员)交接时出现通信中断的风险。第一位管制员因为雷达显示屏上缺少天气信息而没能采取任何帮助措施，这也阻碍了他引导飞机通过最快途径飞出云层。但如果早点发出 PAN 呼叫，可能会改变第一位管制员当时采取的措施。BEA 作出注解说："相对于高空管制中心的管制员来说，低空管制中心的管制获取气象信息要更加困难。"

在失去气象雷达显示之后，机组丧失确定积雨云位置的信息。机长只记住了雷达屏幕上的最后一个图像信息，凭借着记忆驾驶飞机飞向了一片较小的紊流区域，最终飞机飞回平静的气流中。

事故调查报告下载地址：

http://www.bea.aero/docspa/2008/f-yb080511/pdf/f-yb080511.pdf

第 6 章

机 场 安 全

安全是民航永恒的主题，提高安全水平是保障我国民航事业健康发展的基本条件。

随着科学技术的发展和社会的进步，我国民航事业迎来了前所未有的发展机遇，与此同时安全工作也面临着巨大的挑战：航空运输量大幅增长，若事故率保持现有水平不变，事故总量将不断增加。现有的安全管理模式着眼于符合规章，发生事故后进行事故调查并采取改正措施，为保障民航安全起到了巨大作用。但这种事后的、被动的安全管理模式已不能适应当前民航发展的需要。

为改善这种状况，引入新的安全管理模式势在必行。这种模式应当从系统安全的角度出发，在法规管理的基础上，将安全政策、机构建设、安全文化、安全管理程序和内部的监督审核结合起来，通过风险管理的手段，预防事故的发生。安全管理体系正是为适应世界民航安全管理发展趋势而提出的一种在新形势下有效降低事故率、提高民航安全水平的管理方法。安全管理体系真正实现了从事后到事前、从开环到闭环、从个人到系统、从局部到全局的安全管理。

建立和实施安全管理体系，其主要目的是通过适当的组织和有条理的方式对机场安全进行管理，其重点是运用风险管理的手段对机场运行进行系统化的综合管理。安全管理体系是对法规管理的促进和补充，通过文件化和系统化的方法实现安全水平的全面提升。

民用机场是民用航空安全的一个重要环节，建立和实施我国民用机场安全管理体系是一项重要的战略决策。

国际民航组织在附件 14 中明确提出：自 2005 年 11 月 24 日起，缔约国机场应使用安全管理体系对机场实行安全管理。中国民用航空局非常重视安全管理体系的作用，21 世纪之初就在全国推广并完成了安全管理体系的建设。

虽然中国民航的安全水平在不断提高，机场的安全管理也在不断加强，但随着我国国民经济的快速发展，以及国际、国内大环境的变化，安全基础相对薄弱的问题仍然十分突出。因此，民航局引入安全管理体系的概念，是探索安全工作规律，更新安全理念，创新管理方法，加快与国际接轨的需要；也是贯彻国家安全战略，增强安全基础，构建长效机制，建设民航强国的需要，具有积极的现实意义。

(1) 建立和实施 SMS，将完善法律规章，促进遵守规章，进一步健全安全管理的组织机构，强化从高级管理者到普通员工的责任心，真正理解安全管理的本质和原则，并制定恰当而易于理解的安全方针、政策、程序，有利于增强整个机场的安全管理能力。而对于机场安全而言，执行规章是安全的基础，安全管理体系不是忽视基础，而是从源头上增强基础。

(2) 建立和实施 SMS，将安全工作的重点放到造成重大损失的风险上，全面地查找危险源，构建危险识别和风险评估、应对、控制、持续监控的程序，改善危险和差错信息的沟通渠道，更加合理地分配资源，及时采取预防措施，防范潜在的差错，确保差错不会导致事故征候或事故。

(3) 建立和实施 SMS，倡导和营造积极的安全文化，激励员工积极参与 SMS 的建设，勤于学习思考，善于沟通信息(尤其是主动报告)，积极主动工作，有利于把安全管理的方针、政策、程序、标准变成全体员工的价值观和行为方式，落实"安全第一、预防为主、综合治理"的方针。

(4) 建立和实施 SMS，制定内部定期监控、评估、审核制度，促进安全管理的闭环运行和持续改进，有利于更好地履行机场主体的安全责任，健全自我监督、自我审核、自我完善的长效机制。

中国民航各机场规模相差甚大，职能不尽相同，组织机构也各异，机场安全管理体系适应性体现为具有一定的灵活性，各机场可以结合自身的实际情况，建立安全管理体系；体系的科学性、全面性、主动性体现在能够客观真实地反映机场安全状况，识别安全隐患，应用风险管理思想管理安全；可操作性是决定机场安全管理体系运行效果的关键性因素。

建立和实施安全管理体系，要坚持"安全第一、预防为主、综合治理"的方针，深入学习领会国际民航组织倡导的安全管理理念和要素，认真总结机场运行保障的经验教训，不断改进、创新安全管理的方法，建立符合国际民航组织要求和民航规章的安全管理体系，融入机场的日常运行，确保机场始终处于安全、稳定、协调、持续的可控状态，并适时通过民航主管部门的审核批准。

6.1　民航机场安全管理发展趋势

当前机场发展正面临着新的机遇，安全管理方面也面临着新的挑战。新技术、新问题的出现，将对机场安全管理模式和方法发展产生较大的影响。为了正确处理改革、发展和民航机场运输安全的关系，保障机场安全生产，世界民航不断地总结安全管理中的宝贵经验，并探索安全管理的新理念和新方法。

6.1.1　国际发展状况

1. 国际民航组织(ICAO)

2004 年，国际民航组织提出机场安全管理体系的概念和时间表。国际民航组织在附件 14 中明确提出：自 2005 年 11 月 24 日起，缔约国机场应使用安全管理体系对机场实行安全管理。同时国际民航组织在其 DOC 9859 号文件安全管理手册中描述了安全管理体系的概念及相关内容，其中第 18 章机场运行描述了机场安全管理中应涉及的内容，同时在其机场使用许可证颁发手册(DOC 9774)[①]中对机场安全管理体系提出了具体的十项要求。

2. 美国

美国是世界上航空运输量第一位的国家，也是先进民航安全管理水平的代表。安全管理体系概念提出之初，美国民航业并未立刻积极响应这个新的概念，但是实际上长期以来美国民航业安全管理的具体做法与安全管理体系概念所描述的内容在理念上是完全一致的，完全符合主动事前管理的理念。

20 世纪末，联邦航空局(FAA)发布了以系统安全为核心理念的系统安全手册(System Safety Manual)。系统安全手册是为联邦航空局(FAA)的员工们编写的，也提供给整个 FAA 系统中涉及应用系统安全政策和程序的其他实体，其主要任务是为 FAA 在广泛的活动领

---

① 国际民航组织(ICAO). DOC9774 AN/969，机场使用许可证颁发手册.

域中开发和应用安全技术和程序提供指导。1998 年 6 月 28 日，联邦航空局局长发布命令 8040.4，旨在建立联邦航空局安全风险管理政策。该政策要求所有 FAA 业务部门必须制定并执行正式的风险管理程序。

近年来，美国联邦航空局(FAA)也逐渐开始关注安全管理体系，并鼓励飞行部门建立安全管理体系。2006 年 6 月，FAA 发布的咨询通告 120-92(Advisory Circular 120-92)向航空承运人介绍了安全管理体系的理念和内容。

咨询通告 120-92 描述 SMS 的组成部分包括安全政策与目标、安全风险管理、安全保障和安全改进等。

该咨询通告描述了构建 SMS 在安全和利润两方面的益处，指出 SMS 应强调过程管理和持续改进，并解释了安全管理体系理念。FAA 指出整个 SMS 的内容包括两部分，一是安全管理体系，其中安全是指基于风险管理的安全；管理是指运用质量管理技术确保安全；体系是指一种系统化的方法。二是安全文化建设是整个 SMS 的重要组成部分。

FAA 在咨询通告 120-92 中将 SMS 的建设分为两个层面：航空运输服务提供人员的 SMS(称为 SMS-P)和局方监察的 SMS(称为 SMS-O)，并在该咨询通告中给出了 SMS-P 的相关标准。2006 年 10 月 11 日，FAA 发布了 8700.49 公告(Notice 8700.49)为 FAA 的检查员和全体民航从业人员提供建设安全管理体系的相关指导，包括咨询通告 120-92 的使用，初次评估过程中安全管理体系可能引起大量法律问题，建立安全管理体系所获得的显著效益等。

2007 年 2 月 28 日，美国联邦航空局(FAA)发布咨询通告 150/5200-37(Advisory Circular 150/5200-37)——机场营运人安全管理体系介绍。该文件详细介绍了机场运营人安全管理体系(SMS)的概念、安全文化、机场安全管理体系的要素、安全风险管理的方法及其应用案例等内容，为机场运营人建立安全管理体系提供了指导。

3. 加拿大

加拿大是 SMS 的倡导者和先行者，已在安全管理体系概念的提出、体系化和实施等过程中，做了大量的研究和实践工作。在《飞行规划 2005：加拿大民用航空安全框架工作》中，加拿大运输部(TC)承诺在民用航空单位中实施安全管理系统。安全管理是保障良好的航空管理基本要素，也是实现《飞行规划 2005》中提出的降低事故和事故征候，提高公众对加拿大航空运输系统的信任度等目标的主要因素。建设 SMS 的目的是通过主动管理而不是被动遵循规章要求来改善安全状态。

加拿大运输部提出 SMS 的组成部分包括安全管理计划、文件、安全监察、培训、质量保障、应急预案等，并在其相关文献中进行了详细阐述。[①]

---

① 加拿大运输部，TP13739——安全管理系统概论——航空安全管理参考资料 1 号.

加拿大运输部，TP13881——安全管理系统实施指南(适用于飞行运行和航空器维修单位)，航空安全管理参考资料 2 号.

加拿大运输部，TP14343E——安全管理系统实施程序指南，航空安全管理参考资料 3 号.

加拿大运输部，TP13095——民航风险管理与决策，航空安全管理参考资料 4 号.

加拿大运输部，TP14326——安全管理系统评估指南，航空安全管理参考资料 5 号.

加拿大运输部提出 SMS 的实施过程分阶段来进行是较为合理的方法，并为各单位提供了可遵循的、易于管理的一系列步骤。加拿大运输部明确了 SMS 四个实施阶段，每个阶段包含特定的 SMS 组成和要素的引入。同时，加拿大运输部完善了涉及机场安全管理体系的相关规章，并且在 2005 年 10 月，率先在该国的多伦多机场初步建立了安全管理体系。

4. 澳大利亚

早在 2000 年，澳大利亚民航安全局(CASA)就开始鼓励机场运营人以自愿的方式建立 SMS，并根据自身的状况和国外相关资料编写了一系列的指导材料。

澳大利亚民航安全局在其咨询通告 AC 139－16(0)中已经提供了一些有关安全管理体系的有关材料，也以电子版的形式为机场的运行人员提供了更多的具体信息以帮助他们制定一个安全管理系统手册并由民用航空安全局进行评估。

澳大利亚提出的 SMS 组成部分包括高层管理者的承诺、安全管理体系的政策和目标、安全工作者、安全委员会、风险管理过程、报告系统、培训与教育、运行审核、事故及事故征候调查、文件控制系统和安全管理体系评审等。

澳大利亚民航局已在全国大部分机场推行风险识别、分析评估和应对系统，同时建立了安全综合数据库，成立了由安全执行官或安全经理领导的专门组织机构，对机场可能出现的各种风险、事故征候进行分析、统计和跟踪。

同时其安全管理体系在线版是在 2004 年 11 月举办的澳大利亚机场协会年度会议上开始使用的，之前经过了一个企业使用者小组的试用。其安全管理体系在线 2.0 版包括以下内容。

(1) 手册管理和组织结构包含一个正式的文件管理系统，此系统允许手册在需要的时候独立存在。

(2) 安全管理体系是使用安装器安装一个安全管理体系手册的工作部分。这一部分包含用于建立机场安全管理体系的所有内容和所有表格。安装器的一个重要的设计特点是"灵活性和适应性"，其基本意思是可以建立一个与机场的规模和复杂性相适应的安全管理体系手册。这个特点是通过安装器中每一部分的指令性、建议性或可选性的"状态"来帮助完成的。这部分手册的结构是建立在 AC139－16(0)号文件排版布局的基础之上的。

5. 德国

欧洲是机场安全管理体系最初的发起者和实践者。2003 年 2 月 22 日，在德国举办了关于机场使用许可制度的研讨会，会议由国际民航组织和国际机场协会主办，德国、法国等国家提出了实施机场安全管理系统的框架(国际民用航空公约附件 14 中规定建立机场安全管理体系的要素主要来自这两个国家的建议)，在建立机场安全管理系统的过程中抽调国家情报部门人员参加，并在几个主要的机场初步完成了系统的安装。

德国机场管理者提出"没有安全就没有机场"的观点。机场安全管理主要体现在《机场运行手册》中，即机场公司通过对《机场运行手册》的编写、审定、完善和贯彻执行来实现对机场安全的统一管理，保障进出机场的客流、物流的畅通无阻，这种标准化管理符合国际民航组织对机场要求与建议实施的附件，是符合国际公认的 ISO9000 系列标准的先进管理体制。

在《机场运行手册》中，机场公司对于安全责任区、飞行活动区、站坪区、候机楼隔离区、商业区、候机大厅的安全运行、人员培训、安全观念、防范措施、危机管理等各个环节以文件的形式在手册中加以明确，即使是机场内从事经营活动的公司的安全责任协议也在其中。德国民航当局按照手册的内容，通过运行合格审定对机场安全进行行业管理，合格者发放初始运行合格证。运行合格审定后，德国民航局还要进行定期和不定期的检查，要求机场公司随时随地能找出手册中关于所查部门或地点的安全记载，一旦发现实际操作程序与手册不符，将根据情节轻重加以处罚，对于存在严重隐患的机场公司要暂停运营。

因此，机场公司要对在机场内从事经营活动的公司安全负责，对这些公司也要采取审定方式达到可靠的安全水平。机场的原则是"不遵守标准就不是机场客户"，对不符合安全规定的公司采取终止经营合同的措施。机场公司在编写手册过程中十分重视可操作性、科学性、规范性，使安全责任在每一个部门、每一个岗位得以贯彻落实。德国民航局对机场的安全监察，从接受机场许可申请到《机场运行手册》的执行、修改、变更等实现了安全监察制度化。

在德国，由柏林科技大学航空航天区域飞行指导和控制/空中交通研究所和慕尼黑机场运行部共同合作编写了一部手册，设计和构建了一套可在各机场通用的安全管理体系(SMS)的结构和程序，通过分析机场各项工作流程中存在的风险，实现了安全管理体系与机场运行的紧密结合。

6. 英国

英国[①]是较早提出 SMS 理念的国家，对机场安全管理体系十分重视。英国民航局在理论研究和实践投入上的力度都是巨大的，其中全球最大的机场管理公司"英国机场管理公司"有 35%的员工直接从事与航空安全有关的工作，英国民航管理部门特别注重对于安全信息的收集、整理、分析和利用。

英国民航局在其《商业航空运输运行安全管理体系》(CAP712)中提出 SMS 的组成部分包括全面的企业安全方法、执行安全标准的组织工具和安全监督系统等。

但是在应对最近发生的"炸机未遂"事件过程中，造成大量航班被取消或者延误，一定程度上也反映出了英国机场管理部门在安全管理工作上的混乱，从而表明安全管理体系的建立已经势在必行。

此外，国际上各个航空组织也在积极地推进着安全管理体系的相关研究和发展。

7. 其他

国际商务航空理事会(IBAC)在 2004 年就提出了一个 SMS 的模型，明确将安全风险的管理作为 SMS 的核心。

国际商务航空理事会最近发布了一项商务飞机运行国际标准。该标准由 IBAC 及其成员国和地区组织经过两年开发完成。该标准允许营运人将他们所在国家的民航法规与世界范围内商务航空资源的实践经验相结合。该标准的核心是公司的安全管理体系(SMS)。

该标准将为商务营运人提供以下几个方面的指导：管理结构、培训程序、运行程序和

① 英国民航局，CAP712——商业航空运输运行安全管理体系，航空安全管理参考资料 6 号.

运行手册。IBAC 认为近年来已有大量关于安全管理体系的书籍问世，但是在航空界，SMS 是一种渐进式的发展而不是一种革命性的发展。该标准的要素结合了传统的飞行安全程序和管理实践，即使对于规模很小的飞行部门也能够协调其实际的飞行安全。实际上，它非常灵活，一架单座小飞机或者拥有多种大型航空器的飞行部门都能够有效地使用。IBAC 所提出的安全管理体系其内容包括公司安全风险状况图、安全政策、安全管理策略、技术管理系统、危险识别和跟踪系统、改变管理过程、安全管理审计、运行安全检查。

国际航空运输协会(International Air Transport Association，IATA)开发了安全管理体系(SMS)，该体系给航空公司提供了组织结构、资源、政策和程序，这些都是用来识别和减低与飞机运行、相关地面操作、航空器的维修和维护有关的风险。其 SMS 包括了安全数据管理分析(SDMA)、质量管理和风险管理三个系统，而成功的 SMS 还需要贯穿整个组织，对安全承诺的安全文化。SDMA 提供了识别重要趋势的信息和影响运行安全的问题；质量管理确保了 SMS 可以获得预期的效果，同时，风险管理确保了对运行风险的识别和制定有效控制策略。

国际机场理事会(Airports Council International，ACI)也提出了 SMS 建设内容与实施的相关步骤，并制订了培训计划。

6.1.2　国内发展状况

中国民航历来非常重视飞行安全问题，在航空安全科学理论、民航安全管理、航空中的人为因素、安全技术等方面进行了深入的研究，并取得了大量成果。

多年来，中国民航所采取的大量行之有效的措施，对改善和提高民航安全水平起到了显著作用。中国民航先后在全行业开展了安全评估、安全审计和专项整治等卓有成效的工作，并不断关注着民航安全领域的新理念、新方法、新技术和新进展。

安全管理体系推出之初，中国民航迅速认识到了其优点并在业内迅速开展了相关研究工作。目前对于安全管理体系无论是在理论研究，还是实践环节上都已经具备了一定的基础。中国民用航空总局非常重视安全管理体系的建设，中国民航机场安全管理系统建设已步入重要时期。

机场安全运行涉及机场、航空公司、油料公司、空管部门等多个单位和部门，只有通过各相关单位的通力协作，才能保证整个机场系统的安全运行。机场的安全运行管理水平与国内航空公司、空中交通管理等其他民航运行保障单位和部门相比较为落后，但机场安全管理的系统性最强、机场运行的复杂性最高。

因此，若想提高机场安全运行管理水平，必须引入安全管理体系的理念，建立安全风险管理机制，将有限的安全资源进行合理的分配，提高机场安全管理水平。

机场建设安全管理体系，目的在于提高机场飞行保障能力，确保机场运行安全，在对机场运行的大量资料和数据进行系统分析的基础上，建立具有中国特色的基于安全绩效管理和风险管理的机场安全管理体系。

机场安全管理体系的建设工作应结合我国民航机场的实际情况，从系统安全的理念出发，既充分汲取西方安全管理的长处，又注重中国"以人为本"传统文化因素。

机场安全管理体系应当从系统安全的角度出发，在法规管理的基础上，将安全方针政策、机构建设、安全文化、安全管理程序和内部的监督审核结合起来，通过风险管理的手段，预防事故的发生，真正实现从事后到事前、从开环到闭环、从个人到系统、从局部到全局的安全管理。

目前，在民航局机场司的大力支持下，课题组已经完成《中国民航机场安全管理体系建设指南》的编写工作，为机场安全管理体系在全国民航的迅速推广提供了理论和实践方面的指导。

随着中国民航局推行安全管理体系工作的深入，虽然一些机场已经对安全管理体系有了一定认识，但仍处在初步尝试和探索阶段。

长沙机场和南京机场积极开展了机场安全管理体系的试点的准备工作，并编制了培训教材，对机场员工进行了有关培训。

首都机场组织了机场安全管理体系的研讨会，就机场安全管理体系的具体内容进行了相关的研究。

2005 年 11 月，武汉天河机场制定了《武汉天河机场安全管理系统手册总册》，武汉天河机场安全管理系统由安全目标体系、组织体系、制度体系、监察体系、信息体系、文化体系、风险控制体系、评估改进体系八个子体系构成，采用"统一筹划，分步实施，持续改进"的原则和方法进行。

2006 年 7 月，在西安召开的民航安全工作座谈会上，民航局副局长王昌顺指出：应继续推进安全管理体系(SMS)建设。2006 年和 2007 年为 SMS 建设的准备和筹建阶段，在试点单位经验的基础上，进一步完善有关规章和操作手册，并对航空企业进行培训和差异评估。下半年，要进一步加大 SMS 的建设力度，举办有关研讨会和 SMS 建设试点单位的经验交流会。按照总局 SMS 建设领导小组的部署，完成相关工作。

原香港民航局负责机场保安的执行官、现香港机场管理局机场管理学院潘汉志副院长目前专门从事机场安全管理体系课题的研究工作，他指出：机场安全管理体系最重要的是四个方面的建设。一是机构设立，二是风险预测，三是风险防范，四是提高抗风险能力。他强调风险管理是整个机场安全管理体系的核心。香港机场的安全管理体系是从 1998 年开始建设和实施的，通过实施"职业安全健康管理体系 OHSAS18001""质量管理体系 ISO9001"和"环境管理体系 ISO14001"，同时结合香港机场实际情况，建立了以风险管理为核心的机场安全管理体系。

安全管理体系建设(SMS)是中国民航安全"十一五"规划的工作重点之一，从民航局到民航各个企事业单位都在进行积极的试点和推进。然而，SMS 毕竟是"舶来品"，如果一味地生搬硬套，难免就可能水土不服。由于东西方文化本身所具有的巨大差异，如果 SMS 的推进不注意和国情相结合，盲目照搬国外的做法，就有可能造成"两张皮"的结果。

6.2　我国机场安全管理现状和问题

6.2.1　安全管理现状

2018 年，我国境内民用航空(颁证)机场共有 235 个(不含香港、澳门和台湾地区，下同)，其中定期航班通航机场 233 个，定期航班通航城市 230 个。

2018 年我国机场主要生产指标继续保持平稳较快增长，全年旅客吞吐量超过 12 亿人次，完成 126468.9 万人次，分航线看，国内航线完成 113842.7 万人次，(其中内地至香港、澳门和台湾地区航线完成 2872.7 万人次)；国际航线完成 12626.1 万人次。

完成货邮吞吐量 1674 万吨。分航线看，国内航线完成 1030.8 万吨，(其中内地至香港、澳门和台湾地区航线完成 99.3 万吨)；国际航线完成 643.2 万吨。

完成飞机起降 1108.8 万架次，(其中运输架次为 937.3 万架次)。分航线看，国内航线完成 1015.6 万架次(其中内地至香港、澳门和台湾地区航线完成 19.7 万架次)；国际航线完成 93.3 万架次。

根据旅客吞吐量的不同机场可分为三类：年旅客吞吐量在 1000 万人次以上，一类机场；年旅客吞吐量在 200 万～1000 万人次，二类机场；年旅客吞吐量在 200 万以下，三类机场。

各类机场中，年旅客吞吐量 1000 万人次以上的机场达到 37 个，完成旅客吞吐量占全部境内机场旅客吞吐量的 83.6%。首都机场旅客吞吐量突破 1 亿人次，北京、上海和广州三大城市机场旅客吞吐量占全部境内机场旅客吞吐量的 23.3%。年旅客吞吐量 200 万～1000 万人次的机场有 29 个，完成旅客吞吐量占全部境内机场旅客吞吐量的 9.6%。年旅客吞吐量 200 万人次以下的机场有 169 个，完成旅客吞吐量占全部境内机场旅客吞吐量的 6.9%。

国内各地区旅客吞吐量的分布情况是华北地区占比 14.9%，东北地区占比 6.2%，华东地区占比 29.5%，中南地区占比 24.1%，西南地区占比 16.2%，西北地区占比 6.4%，新疆地区占比 2.7%。

中国内地盈利的机场基本都是大型机场。目前的经营状况是：75%左右的机场经营亏损；年旅客吞吐量在 200 万以下的机场，90%亏损；年旅客吞吐量在 50 万以下的机场，全部亏损。

各类机场因客货运输量的巨大差别，导致机场自身综合实力也存在巨大差别，因而在安全管理的问题上也存在不同的问题。

这些不同主要是体现在各机场管理部门在安全管理机构的设置上。

(1)　一类机场安全管理机构通常是由机场安全委员会、专职的安全监察机构、各生产单位的安全领导小组、部门(班组)安全员组成相互传递/反馈安全信息的四级安全管理网络，如图 6-1 所示。四级安全管理网络横向覆盖股份公司的所有二级单位和直属部门，直达与公司外业务相关单位的界面，纵向深入到基层班组或岗位。网络各节点之间安全信息是双向流动的，既可上情下达，也可下情上传。

一类机场人力物力资源充足，在安全管理上的投入相对较多，但安全管理方法与理念仍然与国际先进水平有较大的差距。这主要体现在运输量巨大，运行复杂程度高，运行管理难度大，并且未能全面引入主动式的安全管理模式进行风险管理，未能完全实现安全管理的科学化、精细化。无论是硬件还是软件与民航发达国家的大型机场尚有一定差距。

(2)　二类机场的安全管理机构通常是由机场安全生产委员会、专职的安全监察部门、专职安全监察人员、部门(班组)的兼职安全员组成，如图 6-2 所示。

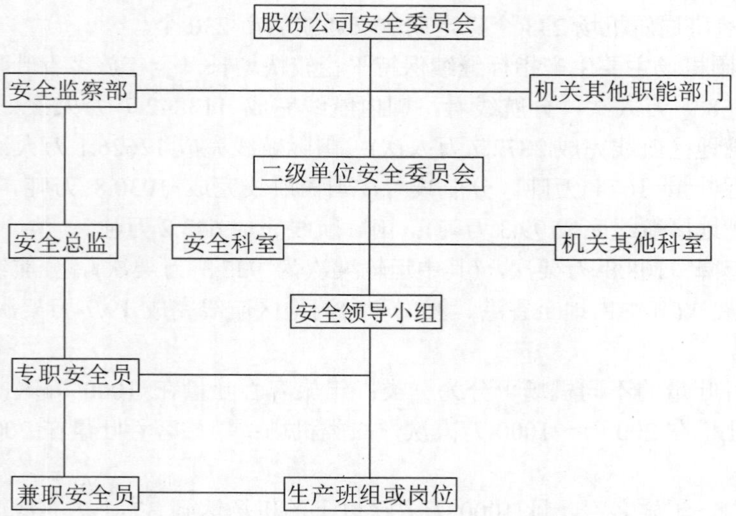

图 6-1　四级安全管理网络结构

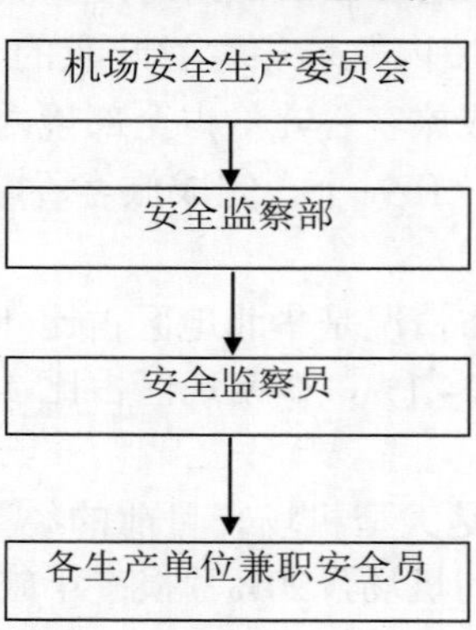

图 6-2　二类机场安全管理结构

　　这类机场安全管理机构设置较为合理，但其履行安全管理功能的效果却不容乐观。这类机场由于其业务量目前存在逐渐增长的趋势，其安全管理部门所承担的安全职责与其所配备的人员和设备不成比例，普遍存在安全投入不足、人员老化、设备陈旧等问题。

　　(3)　三类机场大多数是支线机场，由于其本身业务量较小，其组织机构如图 6-3 所示，通常未设立独立的安全管理部门，各保障部门分别履行相关的安全管理职能。

　　航务科履行机场的管制指挥、通信导航、气象、机务维修、电台、总机的安全管理职能。

　　机场科履行机场飞行区、航站区、机场净空及鸟害防治、助航灯光系统的安全管理职能。

　　办公室履行全站内部协调、车辆保障方面的安全管理职能，以及生活区房屋维修、环境绿化、供排水和外部供电保障等。

　　营运科履行机场地面服务方面的安全管理职能；公安分局履行机场的空防安全、治安综合治理方面的安全管理职能。

　　安检站履行机场的安全检查、飞机监护方面的安全管理职能。

开发公司履行机场客货代理及广告代理方面的安全管理职能。

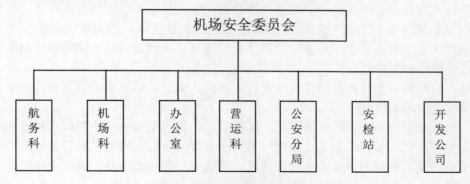

图 6-3　三类机场安全管理结构

三类机场普遍经营状况较差，生存和发展都相当困难，所以在安全管理上的投入就非常有限了，更谈不上系统化的安全管理了。三类机场不同程度地存在着条块管理职责不清、责任不明、政令不畅、保障不力等现象，其安全管理工作无论是管理方法，还是管理效果都与安全管理体系的要求有较大差距。

从以上的情况可以看出，各类别的机场在安全方面的投入、安全管理的水平、安全管理组织机构、安全管理具体职责和日常安全管理工作等方面都存在差异，因而在机场安全管理体系的建设过程中应区别对待，并根据实际情况建立适合自身规模和特点的机场安全管理体系。

6.2.2　存在的问题

中国民航目前处于高速发展的特殊时期，运输量快速增长，但安全管理水平并未同步提高，机场安全管理水平与发达国家相比仍然存在一定的差距。

近年来，机场市场化改革不断深入，机场属地化管理后，随着民航的快速发展，运输量不断上升，在机场的运营管理上逐渐显现了各种各样的矛盾和冲突，而机场安全管理机制中原本存在的问题也逐渐暴露出来，这已成为机场安全水平提高的阻碍。

(1) 机场属地化调整引起的体制转型方面的问题。机场属地化改革使机场员工也被一同划归地方政府管理，其涉及人事调整和利益再分配等问题，改革后对员工内心冲击很大。因此，在安全管理方面也必须优先考虑安定人心的问题，通过合理地调配资源和系统的管理方法，将员工的注意力吸引到安全上来，而不能采取激进的措施，以免造成相反的效果。

机场应在安全管理和生产经营上进行合理的平衡，保证安全与生产同步增长、同步发展，减少追求企业效益所带来的安全隐患，使机场自身的安全水平符合机场的发展规划，推动机场良性健康地发展。

(2) 机场安全管理人员素质和数量不足的问题。在管理人员方面，机场专业安全管理人员人才总量不足，结构不合理，分布不平衡，关键岗位缺员等现状在属地化改革后没有得到彻底的改善。

在机场安全管理人员结构上，要进一步充实安全管理机构和专职管理人员，确保安全管理工作在机场改革与发展中得到切实加强。

现阶段正是处于整个民航业高速发展的阶段，专业技术人员短缺的现象还将持续一段时间，但是机场方面应为安全管理部门配备足够的人力资源，加大在安全培训方面的投入，提高广大员工的安全意识和安全管理技能，通过建立高效的基于绩效和风险的安全管理方法提升机场安全管理水平。

此外，应明确安全管理部门在机场管理中的具体职能，制定简洁明了的安全质量管理流程，将安全防范关口前移。

(3) 机场安全管理模式转变的问题。随着以法人管理结构为核心的现代企业制度的逐步建立与完善，机场实现了企业化管理。机场应转变安全管理模式，将目前被动的事后安全管理模式转变为主动的事前安全管理模式，实现安全关口的前移，将安全风险控制在可接受的范围内。

同时，机场的安全管理部门必须考虑着手改进现有的工作方法和流程，将安全责任进行明确。

目前，通常的做法是将安全管理的责任放在某一个主管安全的领导和安全部门上，安全部门基本上是救火队，发生问题全是安全部门的事，而且往往注重去追究导致事故或事故征候发生环节中的最后一环。

目前，我国大多数机场公司中安全管理部门(国内机场该部门也有其他名称，如安全监察部、安全质量部、质量安全部、安全质量服务部等)都是重要的一个职能部门，但由于在安全管理上仍然存在职能交叉、职能分属几个部门的问题，安全管理部门履行职责往往只是事后性的安全问题处理，根本还谈不上系统化主动式地管理机场安全。

要改善这种现状必须对原有安全管理部门、企业管理部门、人力资源部门、现场指挥部门的相关职能进行分析、优化、整合，尽可能减少职能上的交叉。通过组织机构的合理调整和业务流程的重组来再造安全管理流程，建设主动、系统、集中、规范、高效、方便易行、符合我国国情的机场安全管理体系。

(4) 政府安全管理职能转变的问题。机场方面与当地政府、航空安全办公室在具体安全管理工作中存在大量需要协调磨合的地方。

从政企分开以后，如何在中国民航企业内实施安全管理，还缺乏一套完整的安全管理体系。从目前民航机场的安全管理现状来看，虽然有安全管理机构，但安全管理的理念还有一定的差距。

政府部门应完善法律法规的建设，加强监管力度，引导企业建立先进的安全文化，建立畅通的安全信息渠道。

随着我国航空业的持续发展，要进一步提高当今的航空安全水平就必须采取更有效的措施。其中一项重要的举措就是鼓励各机场建立安全管理体系。

6.3 机场安全管理体系

6.3.1 机场安全管理体系结构框架

机场安全管理体系是为保障机场安全运行而运用风险管理的手段对机场进行系统化综合管理的体系，是对法规管理的有力补充，涉及机场的人员、技术、设备设施、环境和组织等。

与机场其他的体系类似，首先机场的安全管理体系需要机场管理层在政策上作出保障，提供所需的资源，这是整个体系正常运行的首要条件；其次体系的运行应有具体的内容，不能是简单地检查和监督整个机场的运行安全，应有一系列的工作程序对机场的安全状况进行监控，全面掌握机场的安全状况和危险源，并针对具体问题进行合理化处置，同时应将有限的安全资源进行最合理的分配；最后通过内部的监督和绩效考核，使整个体系运行效果一目了然。

因此，本研究在吸取国外理论经验并结合中国民航的实际情况的基础上，提出机场安全管理体系包括以下三大模块，如图 6-4 所示。

- ✈ 机场安全管理体系基础：为安全管理程序和安全监督的执行提供所需的各种资源。
- ✈ 机场安全管理程序：负责控制和管理机场的日常运行安全。
- ✈ 机场安全监督与审核：负责监督检查机场日常运行、考核安全绩效，并不断通过内部安全审核完善机场安全管理体系。

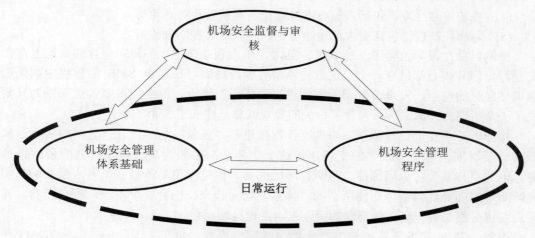

图 6-4　机场安全管理体系的结构

其中，机场安全管理体系基础是完成机场安全管理程序和机场安全监督这两部分所需的政策支持、文化氛围、人力资源和文件系统，具体包括安全政策、安全目标管理、组织机构及职责、安全教育与培训、文件管理 5 项要素。

机场安全管理程序是机场安全管理体系在日常运行中的体现，包括安全信息管理、风险管理、不安全事件调查、应急响应 4 项要素。

机场安全监督与审核，包括对机场日常运行进行安全监督、安全绩效考核和内部安全审核。

以上三大模块包括 10 项要素，它们相互联系，相互影响，构成了一个有机整体，使整个机场安全管理实现了系统化闭环管理。

这三大模块相互联系、相互影响、相互促进，构成了一个有机整体。整个体系中明确了负责机场安全管理的工作人员、工作内容和工作方法。

机场安全管理体系的建立将实现从传统的基于事后、被动的安全管理模式到事后、事前相结合、主动的、系统的安全管理模式的转变。同时，安全管理体系的建设将改变传统的安全观念，由"要我安全"向"我要安全"转变，被动到主动的改变，将有力地提高安全管理的效率和安全资源的利用率。

机场安全管理体系具体内容详见文件 3——机场安全管理体系建设指南。

6.3.2 风险管理

风险管理与传统安全管理在研究对象和目标体系上存在差异，其理论体系包括下述各点。

(1) 系统分析理论包括故障树分析理论(FTA)、事件树分析理论(ETA)、安全检查表技术(SCL)、故障及类型影响分析理论(FMFA)等。

(2) 安全评价理论包括安全系统综合评价、安全模糊综合评价、安全灰色系统评价理论等。

(3) 风险分析理论包括风险辨识理论、风险评价理论和风险控制理论等。

(4) 系统可靠性理论包括人机可靠性理论、系统可靠性理论等。

(5) 隐患控制理论包括重大危险源理论、重大隐患控制理论等。

虽然目前在国际上美国、加拿大、英国、澳大利亚等国在 SMS 包含的要素上存在一定差异，但其核心都只有一个，这就是风险管理。然而，在建设 SMS 的过程中如果过分强调 SMS 的机构、人员设置和所谓的"框架体系"建设，就会使很多人员误以为只要建立了一个所谓的"体系"，包含了相关的要素就算是建成了 SMS。

实际上，"安全管理体系"与风险管理建设是"表象"与"内在"之间的关系，风险管理需要"安全管理体系"的支持，但这个"体系"必须为实现风险管理的最终目标服务，因此"体系"可以因国情、组织、环境而异，但是不论具体形式如何，都要能够实现风险管理的功能。否则，即使所谓的"体系"建立起来，也会表里不一，有名无实，其结果最终也必然是说一套、做一套的两张皮，走走过场而已。

因此，SMS 也并不需要建立一个所谓的统一模式，事实上国际民航组织(ICAO)在其DOC9859 号文件《安全管理手册》中也表明："绝对不存在某一个适合于所有组织的简单的模型。企业的规模、复杂度、运营方式、安全文化和运行环境等特性影响着适合于某一具体组织及其特有的状况的安全管理的结构。"

安全管理体系的建设应该重点关注相关安全管理功能的实现，而非只是简单的"体系"框架建设。

机场安全管理体系的核心应是风险管理。简而言之，风险管理包括风险识别、风险评估、风险方案的制定、实施风险控制和持续监控五个阶段，是一个闭环的过程。

风险管理并不是一个独立的要素，应综合运用机场安全管理体系中的各个要素才能提高安全管理体系抵御风险的能力。因此，机场的安全管理活动中，以风险管理为中心，安全管理涉及各项工作内容。

机场风险管理流程图如图 6-5 所示。

风险管理方法已在核工业、化学工业等很多行业的安全管理中应用了几十年，而对航空安全管理而言，它也并非一种新的安全管理理念，因为在民用航空器制造领域风险管理早已有广泛应用，现代航空器的安全性越来越高，其中也有风险管理应用的功劳。

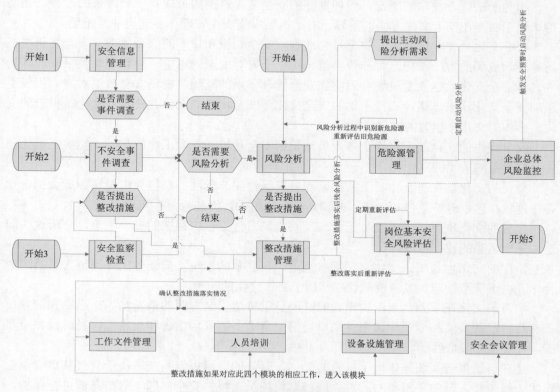

图 6-5　机场风险管理流程

SMS 的核心是风险管理，但风险管理本身是有局限性的，在整个风险管理过程中都是人的主观活动，从风险识别来讲，尽管已经发展出很多种系统识别风险的方法，但目前还没有一种方法能确保一次性将一个系统所有的风险都识别出来，因此风险识别是一个持续不断的过程。从风险评估来讲，无论是定量的还是定性的分析方法，也都有其局限性。尤其是风险发生的可能性，所谓"不可能"或"极不可能"发生，只能说明事件发生的概率很低，并不代表一定不会发生。

墨菲定律告诉我们"If anything can do wrong, it will."，即人们做某一件事，如果存在着一种错误做法，迟早会有人按照这种做法做。这表明并不是建设了机场安全管理体系，实施了风险管理就一定不会发生事故了，因此在机场安全管理体系中也应包括应急处置的内容，将事前管理和事后管理结合起来可以最大限度地保障安全。

6.3.3　安全文化

安全文化关系到从业人员的工作态度、作风及思想认识，关系到机场决策层对安全与效益的认识与评价，关系到与企业文化的对接与融合。因此，安全文化是建设适应我国国情的安全管理体系的集中体现。

以往的很多例子表明，由于东西方文化的差异，很多在西方运行良好的管理制度或方法，引入中国后却收效甚微。

相对于法律、规章的制定，一种良好的安全文化氛围的形成是一个漫长的过程。正确地认识东西方在安全文化方面的差异，对于机场实施安全管理体系建设非常重要。

安全文化是安全价值观、安全行为准则、安全知识和技术的综合体现。安全文化在机场体现为机场的每一部门、每一个班组、每一个人对安全的态度、思想理念及采取的行为方式。安全文化的建立是机场有效实施安全管理体系的基础。机场安全政策对建立积极主动的安全文化作出承诺，积极主动的安全文化是安全优先的文化、公正的文化、报告的文化、协作的文化、学习的文化。

安全优先的文化在于机场全体人员认识到安全是机场各项工作的基础，能够正确处理安全与效益的关系。

公正的文化旨在对全体员工的奖励和处罚保持同一标准；严格要求机场各级员工自觉遵守规章；区别对待差错和违章，差错是可以理解的，而违章是不可容忍的。

报告的文化重点在于鼓励员工主动反映机场日常工作中存在的安全隐患，分析这些隐患并采取适当的控制措施。

协作的文化也是团队文化，民用航空是一个复杂的系统，需要各工作岗位人员的通力合作。机组资源管理、签派资源管理都属于协作文化的一种。

学习的文化在下列几点：管理者能够向员工传达安全方面的最新知识；鼓励和培养员工熟悉自己的技能和专业知识来提高机场的安全水平；安全信息和报告能够及时反馈给员工，使之从中吸取经验。

建立自愿报告系统是体现了报告的文化，有效的自愿报告系统取决于直接从事安全工作的一线工作人员的积极参与。首先应鼓励机场员工报告安全问题，对信息源进行保护，对于"无惩罚"的界定应清楚明了，绝不能让员工认为自愿报告系统是逃避责任的方式，或者是用来打小报告的系统。

在民航企业中，一线工作人员是指飞行员、空中交通管制员、地面维修保障人员和能够提供关于航空安全问题及潜在解决办法的关键信息的其他人员。要鼓励这类人员主动报告并与他人共享航空安全问题的信息，就必须营造一种有助于大家积极参与、乐于报告的良好氛围——这便是目前国际上称之为"just culture(公正文化)"的概念。而目前很少有员工提出安全建议，因为没有哪个部门受理，或者受理单位没有能力解决，也得不到回复，尤其是跨部门的安全建议或问题，时间长了就没有人再提安全建议了。

自愿报告系统是机场安全管理体系的一个重要组成部分，但在相当长的时间里，强制报告仍将是安全信息的渠道，不能放弃。

机场建立积极的安全文化需要一个积极宽松的氛围，需要全体人员的支持，需要人与人之间的相互信任。

机场建立积极主动的安全文化是保证安全运营的有效方法。安全文化与安全管理体系的其他方面之间也有很大程度的相互依存性。积极主动的安全文化对于安全管理体系的有效运作来说是必不可少的。因此，对于机场而言不能等到完全建立起理想的安全文化后，才着手引入安全管理体系，而是在安全管理体系建设的过程中逐渐形成机场自身的安全文化。

由于安全文化建设涉及机场的各个部门，具体建设要点往往不够明确，尚缺乏对安全文化的监督和测量的有效工具，无法掌握机场安全文化的建设情况。而目前虽然每个机场都已经形成了各具特色的安全文化，但是这些安全文化是否符合机场安全管理体系所倡导的那种安全文化呢？这两者之间还有何差距呢？

表 6-1 给出了积极主动的安全文化的要点，可供机场对安全文化建设情况进行检查。

表 6-1　安全文化建设要点

项　目	解　释
管理者的承诺	机场法定代表人承诺提供机场安全管理体系所需的资源，并见诸行动
效益和安全	机场高层至基层员工对效益和安全的看法一致：效益和安全不矛盾
危机意识	机场高层经常关注影响机场运行的各种因素
接受挫折	机场高层理解员工会犯错误，并对员工进行培训，避免类似问题的出现
例行会议制度	机场安全委员会的会议将安全隐患作为议题，而不是发生不良后果才讨论
惩罚政策	惩罚政策建立在可接受行为和不可接受行为之间区分清楚的基础上。机场对差错和违章区别对待：差错是不可避免的，违章才是需要严肃处理的
承认差错与改进措施	机场愿意承认自身存在的组织因素。发生意外事件后，机场主动采取措施，防止类似事件发生
事件回顾与分析	机场安全委员会的会议仔细研究以往的安全事件，并和外部单位及时沟通安全信息和其他安全问题
改进措施	发生不安全事件后，机场高层的首要目标是识别事件的原因，采取改进措施，而不是推诿相关人的责任
组织健康程度检查	机场高层对安全管理的态度是积极主动的，即采取下列这些措施：识别重复发生的差错的原因，并减少差错；尽力改善可能造成差错的工作环境和组织因素；定期对已知的能够引起不良后果的组织因素进行检查审计
识别组织层面的因素	机场高层积极识别引起差错的组织因素
文件管理	机场建立了文件管理系统，并能够对文件进行有效控制
员工安全会议	机场不同级别的员工均有机会参加安全会议和讨论
专职安全人员	机场的专职安全员设置合理
鼓励报告	机场鼓励员工报告安全信息，不将员工提交的报告作为惩罚依据，并建立机场内部安全信息报告系统
信任机制	机场安全管理体系的建设建立在对员工信任的基础上，特别是安全信息报告系统
质量保障	机场安全政策对安全信息报告系统的建立作出承诺，这表明了机场对安全的态度。收集安全信息的目的，不是为了惩罚，而是为了查明事件发生的潜在原因
非技术的能力	一线的管理者鼓励他们的员工进行非技术的训练，如鼓励员工识别可能的差错，并预想可能的措施。这样的非技术方面的准备工作对于个人和组织来说，都是高可靠度的一个重要体现
反馈机制	机场能够及时对各种内部和外部信息作出反应

因此，通过定期进行安全文化建设成果的测量，将有利于安全文化的建设，而且可以指明机场安全管理的薄弱环节，有利于机场安全管理体系的进一步完善。

6.4 机场安全管理体系建设与实施

6.4.1 总体要求

建立并实施安全管理体系是机场管理机构的责任(ICAO，DOC 9859)。

机场管理机构应致力于建立完善的安全管理长效机制，探索安全管理体系融入日常安全运行保障的方法、途径，有计划有步骤地推进安全管理体系建设。

各机场的安全管理体系至少应满足本指南中安全管理体系 10 个要素的相关要求。

机场法定代表人应积极支持和领导安全管理体系的建设，为机场安全管理体系提供各种必需的人力、财力、设备设施等资源。

为了保证机场安全管理体系建设符合相关的要求，应对机场安全管理体系建设和运行过程进行质量控制。通过建立并保持质量控制程序，详细记录整个实施过程中每一项工作和机场 SMS 的内部安全审核结果。记录应字迹清楚、标识明确，并可追溯到对应工作。该记录的保存和管理应便于查阅，避免损坏和遗失。

6.4.2 机场安全管理体系启动

1. 成立 SMS 工作组

机场应成立推进安全管理体系领导小组，由法定代表人担任组长或任命负责安全运行的领导担任组长，下设办公室，并由机场法定代表人或者机场负责安全运行的领导负责机场安全管理体系的具体建设工作。

工作组至少应包括 3 名专职工作人员。工作组成立之后，机场法人应在全机场范围内召开 SMS 启动会议，向机场员工宣贯 SMS 的建设背景和基本理念等内容。成立 SMS 工作组并召开启动会议标志着安全管理体系建设工作的正式启动。

SMS 工作组负责配备机场安全管理体系建设所需的各种资源，全面负责机场安全管理体系的建设工作。SMS 工作组在机场安全管理体系启动之后，将对机场现有安全管理体系进行细致的全面分析，并制定详细的安全管理体系建设方案。

SMS 工作组各成员的职责权限、会议和工作应形成文档记录。成立 SMS 工作组和召开启动会议的过程和结果应予以记录并交由安全经理存档。

SMS 工作组在机场安全管理体系建设初次内部安全审核完成后，即完成工作使命。机场安全管理体系的持续运行由机场负责安全运行的领导来负责。

2. 差异分析

机场安全管理体系的建设工作启动之后，SMS 工作组应组织成立差异分析小组并任命组长，组长负责 SMS 差异分析的整个过程。差异分析小组的组员应熟悉 SMS 的基本原理和组成并具有机场运行方面的经验。小组可由机场内部人员和机场委托的第三方共同组成。其中第三方人员应至少 2 人，有利于保证机场安全管理体系与建设指南的一致性，本机场工作人员至少 1 名，以协调差异分析小组与机场之间的工作。

差异分析的具体工作内容是，将机场现有的安全管理状况与本手册的要求进行对照，识别其中的差异，明确安全管理体系的哪些要素已经存在于机场，哪些要素需要进行建设，逐项对照，对其中的每一项予以回答"是"或"否"。"是"表示机场已经符合该项的要求；"否"表示机场不符合机场安全管理体系的要求。对于前者，机场应提供文件以证明这些要素存在于机场；对于后者，机场应按照本手册的要求予以建设。

差异分析小组应重点分析机场安全管理程序：安全信息管理、风险管理、不安全事件调查与处置、应急响应等，应明确由谁来运行安全管理程序、具体做什么、如何做、完成之后如何反馈等问题。

差异分析结束之后，差异分析小组组长应及时向 SMS 工作组提交分析报告，报告内容应包括差异分析范围、内容、起止时间、小组成员、过程和结果，以及建议措施。

在差异分析期间，应针对机场各类人员，提供机场安全管理体系培训课程，以保证各级员工理解安全管理体系的核心内容、工作职责和义务，实施正确的安全管理方法和工作程序。

差异分析过程、结果及其他相关工作应形成详细记录，并存档。

3. 制订实施计划

差异分析结束之后，负责安全运行的领导应根据差异分析小组提交的报告，召集机场各部门，制订实施计划，并交由 SMS 工作组审核批准。

实施计划应包括下列内容：不符合的要素、所在部门、实施负责人、实施期限、监督人员、预期目标等。实施计划的修改应由 SMS 工作组审核批准。实施计划得到批准后，各相关部门应严格按照实施计划执行，样例如表 6-2 所示。

表 6-2 机场安全管理体系实施计划样例

不符合的要素	所在部门	预期目标	实施负责人	实施期限	监督人员
机场没有制定安全信息管理制度	安全管理部	制定该制度，明确安全信息收集的内容、渠道	安全管理部的主管	XXXX－XX－XX	安全经理
机场没有将机场内所有与安全有关的设备设施及其运行和维护记录制成计算机管理系统	各相关部门	识别机场内与安全有关的设备设施有哪些，将其运行和维护记录制成计算机管理系统	各部门主管	XXXX－XX－XX	安全经理和安全管理部
定期审核 SMS	无	1.制定定期审核 SMS 的程序 2.修订文件	安全经理	XXXX－XX－XX	安全委员会

实施计划及其他相关工作应由各相关部门记录存档。

6.4.3 机场安全管理体系建设与运行

1. 机场手册修订要求

如何处理机场安全管理体系与现行机场各种手册之间的关系？例如，《机场使用手册》《机场运行手册》《机场规范化管理手册》《机场质量手册》等手册应与机场安全管理体系相互结合，特别是对于《机场使用手册》，应将机场安全管理体系的内容充分融入其中。而其中的关键是将机场安全管理体系的理念和精髓在岗位手册中进行体现，这样做才能把安全管理体系贯彻到实际工作中。

机场管理机构应将安全管理体系的理念融入《机场使用手册》中。

《机场使用手册》在有关"安全管理体系"的章节中至少应包含本指南安全管理体系10个要素的核心内容。

《机场使用手册》其他涉及安全运行的章节应体现安全管理体系的理念，突出系统管理、闭环管理、风险管理和信息管理的特点，使安全管理体系的理念、要素贯穿于机场所有运行保障文件，并落实到岗位和业务工作的每一个环节。

《机场使用手册》修订完成后，机场管理机构应组织全面的评审，评审通过后由法人签署并按民航局156号令要求报批。

在机场使用的其他手册中，如有涉及安全管理体系的内容应与本手册要求保持一致。

CCAR-139CA-R1《民用机场使用许可规定》第三十四条规定"有下列情况之一时，机场管理机构应当及时修改手册"，其中第四款"(四) 手册规定的内容不利于保证机场安全运行或者存在安全隐患的"和第六款"(六) 手册规定的内容不能全面反映安全运行管理要求的"，这两款都对机场使用手册作出基于安全因素进行修改的规定。因此，在 SMS建设之初，就要着手对机场使用手册按照 SMS 的要求进行修订，将机场安全管理体系融入机场使用手册中。

机场应制定和发布机场的安全政策、安全目标和安全管理程序并融入机场使用手册中。

CCAR-139CA-R1《民用机场使用许可规定》对安全管理体系有以下要求。

1. 第一章

第八条　机场管理机构应当按照本规定的要求，建立民用机场安全管理系统并接受监督检查。

2. 第二章 第二节

第十九条　申请民用机场使用许可证的机场，应当具备下列基本条件：

(十)满足机场运行要求的安全管理系统；

3. 附录三：描述机场安全管理系统，主要包括：

→ 机场安全管理体系要求的组织机构、人员及其各自的管理职责；

→ 机场安全管理的方针政策；

→ 机场安全运行的信息管理和报告制度；

→ 促进安全和预防事故的措施，包括涉及飞行事故、事故征候、投诉、缺陷、差错、差异、故障的分析和处理，以及安全隐患的持续监控措施；

- 机场安全管理的各项制度、计划，以及机场内部安全检查和审查制度；
- 机场内所有与安全有关的设备设施及其运行和维护记录，制成计算机管理系统，便于查询和检索；
- 员工的培训与资格认证，包括员工接受的培训、复训，以及员工能力的考核评估办法；
- 对驻场单位人员进入机场飞行区的管理原则。

机场对使用手册的修改应体现这三点。机场应在机场 SMS 启动过程中的差异分析结束之后，按照差异分析的结果，完善机场使用手册中的不符合要素。

修订手册的工作由安全经理直接负责，由安全管理部统筹安排，修订后手册须经机场法人签署并上报民航局审批方可生效。

机场应在对机场工作人员完成 SMS 培训之后，启动修订机场使用手册的工作。安全经理应制订详细的修订计划，明确需要修订的内容、修订的负责人和修订依据。机场应聘任专家和资深的工作人员，共同完成该项工作。

安全经理应随时掌握机场使用手册修订的情况，及时检查修订进度并向机场法人和负责安全运行的领导反馈修订信息，并针对手册修订中的疑难部分，组织专家和工作人员评议解决。

手册修订完成后应由安全经理和安全管理部对修订部分的内容进行全面的评审，评审通过后交由法人签署并上报民航局审批。

2. 体系建设

在对机场使用手册进行修改的同时，机场应按照差异分析结果制订 SMS 实施计划，逐步建立和完善 SMS 的要素，并最终建成具有各机场特色的安全管理体系。

(1) 岗位基本安全风险评估。对工作岗位进行风险分析是机场 SMS 体现积极主动的安全管理的重要内容。机场在启动 SMS 建设之初，就应该分部门分业务启动该程序。

机场应对工作岗位从人员、设备、环境、工作程序四个方面进行风险分析，确定相应的控制措施并持续监控。

该过程结束后，应填写岗位基本安全风险评估档案工作单。由于机场工作岗位繁多，在分析过程中，应充分利用计算机工具，进行详细记录和存档，动态的管理岗位基本安全风险评估档案将成为机场安全管理体系的关键和重要的组成部分。

(2) 工作程序修订。岗位的标准工作程序是实现运行安全的基础。岗位基本安全风险评估结束后，往往需要对工作程序进行修订。

修订后的工作程序应至少包括以下内容：程序名称、最近更新日期、程序编号或文件号、负责人及其具体部门、工作岗位、联系方式，程序依据的相关规章，包括国际国内的要求，如 ICAO、ACI、CAAC 的要求，工作程序过程的具体描述，潜在的风险及应对措施，现有的应急程序等部分。

修订负责人应熟悉我国民航法规体系，熟悉机场适用的规章和技术标准。负责人的工作内容包括召集与工作程序有关的部门和人员，根据机场发生的事件、安全管理部发布的安全信息、国内外其他机场的有关信息等，识别其中的漏洞，制定初步的修订方案；召集相关的文件执行人协商、讨论初步的修订方案，形成较成熟的修订方案；然后将修订方案提交其所在部门的主管和安全经理，由两者共同核查后，上报机场法定代表人批准，之后发布新的文件。

修订机场工作程序所需要的步骤，如图 6-6 所示。

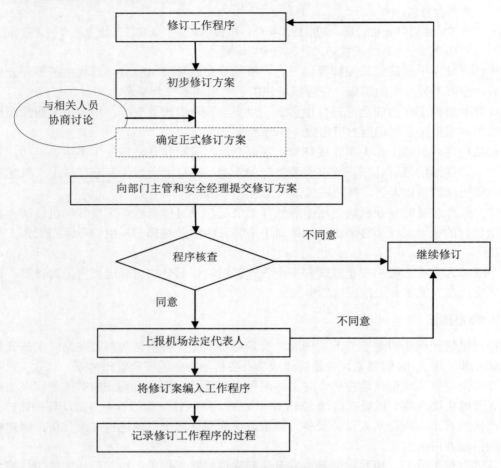

图 6-6　修订机场工作程序步骤

机场工作程序数量较大时，修订工作应由各保障部门完成，安全经理负责监督修订的效果。每个部门应制订修订工作程序的计划，包括修订负责人、修订依据、修订时限等内容。

工作程序的修订过程应形成记录，包括原始文件、修订依据、修订负责人、修订时限等。各部门应将修订之后的工作程序录入计算机，以便于查询和检索。

3. 体系持续运行

安全管理体系的建设与实施是一个学习研究—实际运行—实践总结—持续改进的动态过程。机场管理机构不仅应在文件、制度上满足安全管理体系的要求，而且更重要的是将其落实在机场的日常运行中。

机场管理机构应不断地加强教育培训，系统全面地掌握安全管理体系的全部内涵，致力于建设公正的、报告的、学习的安全文化，持续改进安全管理体系。

机场的安全管理过程是一个不断改进完善的循环过程，如图 6-7 所示，具体如下所述。

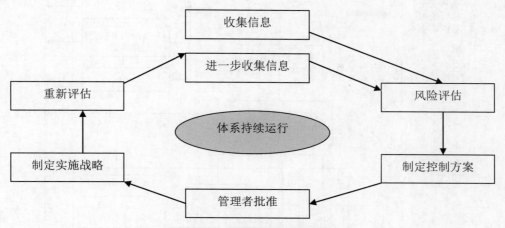

图 6-7　机场安全管理体系持续运行过程

(1) 收集信息。安全管理过程的第一步是获取与机场相关的安全信息。在这一过程中，安全管理部应收集前文所述的各种安全信息，包括内部信息和外部信息，收集渠道包括 6 个信息源。

(2) 风险评估。安全信息收集结束后，安全管理部应分析所有信息，按照安全信息的处理流程，明确对于哪些事件需要成立风险管理小组进行风险评估，哪些事件需要进行调查，确定风险可能造成潜在后果的可能性、严重度，以及处理各种风险的优先次序。对那些构成最大风险的危险因素，应优先进行成本—效益分析，制定相应的安全措施。

(3) 制定控制方案。安全管理部对各种风险的初步分析完成后，应从最高优先风险开始处理，考虑多种风险控制方案，将这些方案与确定的标准和权重相对照，得到相应权重分数，选出其中一至三种较优的方案。

(4) 管理者批准。安全管理部确定的几种较优方案应首先上报安全经理，由法定代表人或者负责安全运行的领导选取一种最优方案并批准。

(5) 制定实施战略。确定最终的实施方案后，需制订实施计划，包括控制方案、资源分配、负责人、时间安排、监督措施等。实施计划应得到法定代表人或者负责安全运行的领导的批准。

(6) 重新评估。任何控制方案都有可能造成残余风险，机场应对残余风险和控制方案的效果进行重新评估，并制定进一步的改进措施。

(7) 进一步收集信息。根据重新评估的要求，机场可能需要新的信息收集和重复整个过程，以提高安全措施。

机场安全管理体系日常运行的流程如图 6-8 所示。

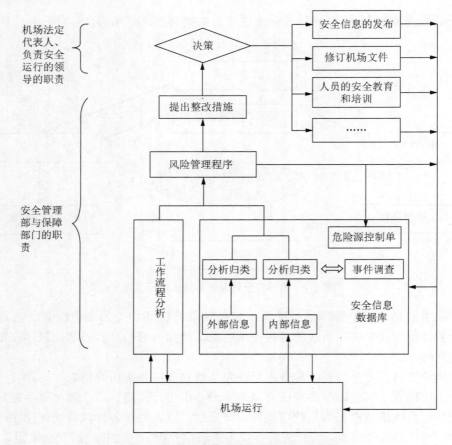

图 6-8　机场安全管理体系日常运行流程图

<h3>6.4.4　重点关注的问题</h3>

安全管理体系建设(SMS)是中国民航安全规划的工作重点之一，从民航局到民航各个企事业单位都应积极地推进。

安全管理体系的理念是系统安全，实现安全管理工作从事后到事前、从开放到闭环、从个人到系统、从局部到全局的四个转变。在这一体系内部，企业的主动安全管理取代了被动的安全管理，在强化政府监督企业效能的同时，督促企业建立了一套自我审核、自我监督、自我纠正、自我完善的机制，可以有效地解决民航事业发展过程中所带来的信息跟踪和处理问题，准确把握整个民航系统的安全管理脉络和状况。

SMS 毕竟是"舶来品"，如果一味地生搬硬套，难免会产生水土不服现象。由于东西方文化本身所具有巨大差异，如果 SMS 的建设不注意和国情结合，盲目照搬国外的做法，就有可能脱离实际。

在建立和实施 SMS 的过程中，必须紧密结合国情和一个组织的具体情况，既要积极推进，也要充分考虑干部职工的接受能力，将 SMS 的各要素进行必要的分解，条件成熟的，可以马上实施；而那些条件不成熟的，则要积极创造条件，待条件成熟时再逐步实施。如果盲目地生搬硬套，只会造成员工思想上的混乱，反而可能危及安全。

因此，在机场安全管理体系实施的过程中，必须关注下述几个问题。

1. 国外安全管理体系理念与中国国情的结合

国外安全管理体系理论是我国机场安全管理体系的理论基础。然而，我国民航从业人员对国外的这些理论中很多观点的接受和转变需要一个渐进过程，绝对不能采取否定一切、抛开一切的做法，脱离我国民航业的实际情况和普遍价值观，盲目地生搬硬套国外的做法。

例如，传统的安全观常常等同于无事故，而在安全管理体系中"安全"被重新定义，安全是一种状态，即通过持续的危险识别和风险管理过程，将人员伤害或财产损失的风险降至并保持在可接受的水平或其以下。(ICAO，DOC 9859－AN/460，安全管理手册，2006年第 1 版)。这样的定义使安全的含义更加具体，将风险管理与安全相结合，指明了安全管理工作的核心内容是风险管理。"可接受的水平"是一个组织综合了国家规范、社会容忍度和成本等因素后所自我确定的一个标准。

2. 正确认识我国目前的机场安全管理水平

国际民用航空安全管理的发展大致可分为三个阶段，第一个阶段是 20 世纪 70 年代以前，这个阶段的安全管理的主要特点是完善规章和提高设备的可靠性，随着规章的完善和设备可靠性的提高，事故率显著下降。第二个阶段是 20 世纪 70 年代到 20 世纪 90 年代初，随着规章的完善、技术进步和设备可靠性的提高，"人为因素"逐渐为人们所认识，由此开展了大量的人为因素研究，并形成了很多管理方法，如"驾驶舱资源管理"等。第三个阶段是从 20 世纪末到现在，安全管理进入安全管理体系的时代，通过研究人们进一步认识到了很多时候"人为因素"的产生，归根结底是由于"组织因素"的作用。这个阶段标志性的成果是 Reason 模型，它表明事故的发生原因不仅取决于一线的当事人和环境状况，更深层次的原因还在于组织层面的失效。

因此，要从根本上提高安全水平，必须消除企业内部的组织层面的失效问题。在这样的背景下，安全管理体系的概念逐渐成熟起来。

我国的民航安全管理的发展也可以大致分为三个阶段。第一阶段是 1990 年以前约 40 年的经验管理阶段，经验与行政命令相结合的管理方式。第二阶段是 20 世纪 90 年代中期逐渐规范化的管理过程阶段，在经验与行政命令管理方式的基础上逐渐引入了规章管理，使安全管理水平有了一定的提高。第三阶段是 20 世纪 90 年代末到现在，经营管理已经逐渐退出了历史舞台，替代的虽然是更加规范化的管理，但行政命令和规章依然起着重要的作用。

总之，我国民航总体的安全管理水平还与发达国家有一定差距，无论是硬件设备、软件管理或是人员素质上都有不小的差距，还存在大量的规章需要完善，设备需要更新，而人员故意违规的现象就更为突出，所以安全管理的基础还要进一步加强。

目前，有些人认为 SMS 是灵丹妙药，机场建立了安全管理体系后，以前的管理方式都应该放弃了，如法规管理，这是对安全管理体系认识的一种偏差。法规始终是我国民航安全管理的基础，首先要做到遵章守纪，机场安全管理体系是对法规管理的合理补充。以上所述的西方发达国家民航安全发展状况中，他们的情况是早已制定了完善的规章体系，而设备维护水平、管理水平较高，其人员素质也普遍较高、遵守规章自觉性强。因此，其建立安全管理体系的基础要好于我国，我国还有一些安全管理上的问题亟待解决。

当然也不是说要坐等这些问题都解决后再去推行 SMS，要实现中国民航的跳跃式发展，两者必须同步推进，不能有所偏废。同时完善法规管理是建立 SMS 的基础，否则，SMS 也就成了虚无缥缈的空中楼阁。

机场安全运行虽涉及机场运行的各个方面。但是对于安全管理来说，应有主次之分。

首先机场需要理顺内部各单位安全管理关系，明确机场安全责任，落实责任主体。

其次应进一步加强机场飞行区管理，杜绝跑道侵入事件；规范机坪运行秩序，防止地面车辆与飞机相撞事件；加强对进入机场控制区人员、车辆证件的审核和定期清理；加强空防安全工作；充分发挥公安、空警、安检、护卫、消防等部门的作用，加强对安检设备的检查，加强空警队伍建设，做好处置各种应急事件的预案及演练，提高对突发事件的处置能力。

最后还应建立完善的安全审计和监察制度，建立安全风险评估和危机处置体系，适时分析面临的威胁，有针对性地采取防范措施。因此，机场的安全管理是一种系统化的管理。

3. 机场安全管理体系与质量管理体系的区别

安全管理体系是一套有组织的管理安全的方法，包括所需的组织结构、职责和程序。其功能一是识别实际和潜在的安全危害，主要的方法是风险管理；二是为了维持可接受的安全水平，确保实施必要的纠正措施，具体包括建立良好的企业安全文化、强制报告系统、自愿报告系统、安全调查、安全分析与研究等；三是对所达到的安全水平进行持续监督和定期审计，具体措施是建立正规的安全监督系统，包括组织内部的安全审核、外部的安全审计等。

机场安全管理体系和质量管理体系有很多的相似之处，如两者都有一个识别、处理问题，持续评审和改进的过程；在体系的构成要素上也有很多相同点，都有目标、政策、统计、分析和改进等。

因此有人认为，质量管理体系就是安全管理体系，机场建立了质量管理体系之后，就不需要建立安全管理体系了。实际上，这两个体系之间存在很大的差别，并且这些差别体现在机场运行中的多个方面，两者根本无法互相替代。而两者的差异主要体现在以下几点。

首先是所处的层次不同。

机场由于其本身的特殊性，安全占有非常重要的地位，而仅依靠质量管理来保障安全是远远不够的，质量管理体系无法替代安全管理体系的作用。质量管理体系只是保障机场运行安全的方法之一，为机场安全管理体系服务。因此，虽然两个体系相对独立，但机场安全管理体系在整个机场管理体系中所处的地位应高于质量管理体系。

其次是关注的重点不同。

质量管理体系产生于 20 世纪 60 年代，那个时候人们对于现代的人为因素、组织因素的认识还非常有限。质量保障的先驱者们常常把涉及人的因素方面的问题认为是"粗心"。因此，质量管理体系和安全管理体系一个重要的区别就在于安全管理系统更为关注人和组织因素，这是因为正是人和组织以各种方式控制着系统中的风险。对于机场而言，其安全管理体系是一种系统化的安全管理方法，而质量管理体系仅仅关注于质量控制。安全管理体系中质量管理是一个重要的方面。两者是企业管理的两个子系统，虽然其侧重点不同，但是它们之间仍然存在交叉的关系，相互影响。

再次是处理问题的逻辑方式不同。

质量管理体系首先可以建立一套严格的质量保障的规范，然后通过严格实施这个规范实现组织的质量目标，这是一种正向处理问题的方式。而对于机场的安全管理体系而言，先要分析机场方面存在哪些危险源，通过评估确定其风险程度，然后再制定和实施缓解风险的措施，从而消除或减小风险对于机场安全运行的威胁，确保机场组织安全目标的实现。这是一种逆向处理问题的方式。这种逻辑上的差别，注定了两者工作方式上的诸多不同。

最后是作用不同。

质量管理体系有改进自身管理的作用，可通过一套规章和措施，提高整个机场的质量管理工作。安全管理体系是系统化的安全管理方法，包括所需的组织机构、职责、政策、工作程序、监督和考核等。

4. 正确处理安全投入与效益的关系

安全是需要投入的，同时安全也为企业带来了效益。研究表明，航空安全和成本之间的关系是呈指数上升的，如果假定要达到 95% 的安全指标，成本为 1 的话，96% 对应的就是 2，那么要达到 99% 的安全程度，成本就要攀升到 32(2 的 5 次方)。过分强调安全投入，就有可能会影响企业的效益，这是企业方面不能忍受的，反之，过分减少安全投入，可能导致发生事故造成企业效益的损失，所以必须在投入和效益之间找到一个平衡点。

一方面科技兴安，采用技术革新的手段可使民航系统更加安全、高效、经济。另一方面，通过采用先进的管理方式，有效分配安全管理资源，可降低成本，提高效益，保障民航系统安全、高效、健康、稳定地运行和发展。

5. 人员组织与培训

机场应组织一支既了解专业技术，又熟悉安全和运行的工作队伍，完成机场安全管理体系实施的具体工作。工作队伍可由从事机场安全管理体系研究的专家，机场内部安全管理部门的有关人员，运行管理部门的有关人员，企业管理、人事部门、标准化等部门的有关人员，具有专业技术及管理理论和实践经验的管理和技术人员组成工作队伍(或称工作小组)，其主要工作任务包括下述各点。

- ↱ 制订 SMS 的工作计划。
- ↱ 进行与 SMS 相关的培训、教育。
- ↱ 进行本机场安全管理体系的总体设计。
- ↱ 编制文件。

目前，很多机场将建立安全管理体系的重点放在了理念、概念宣传，这些问题经过前一阶段的集中培训和学习，对安全管理体系理念和重要性的认识已将不再是问题，而更关键的是告诉广大员工如何具体实施。

因此，在机场安全管理体系建设之初，培训的重点不应该在概念的学习上，而应该对所有员工开展安全管理体系的初始培训。初始培训应分级进行，即分为管理层、执行层、基层员工、安全专家等。不同级别应接受不同的培训内容。培训结束后，安全经理负责考核培训效果。

机场还应根据安全管理体系实施过程中发现的各类问题，对员工进行特定培训，并将相关的培训内容充实到员工的培训档案中。其中关键的内容是风险管理，指导员工在风险的识别、分析、评估和制定风险消除和控制方法的过程中，发现目前工作程序存在的某些缺陷，在这个基础上建立起来的安全管理体系才是高效的和切合实际的。

此外，通过风险的分析，能够使员工看到机场安全管理体系实实在在的作用，这样才能更好地使员工主动积极地参与到机场安全管理体系的建设中去。

6. 修改机场使用手册

机场管理机构应将安全管理体系的理念融入《机场使用手册》中。这是将机场安全管理体系与机场实践相结合的重要工作内容。

《机场使用手册》中的"安全管理体系"章节中应描述包含机场安全管理体系全部要素的核心内容。

《机场使用手册》其他涉及安全运行的章节应体现机场安全管理体系的理念，突出系统管理、闭环管理、风险管理和信息管理的特点，使机场安全管理体系的理念、要素贯穿机场所有运行保障过程中，并层层落实到岗位操作程序和业务工作流程每一个环节。

《机场使用手册》修订完成后，机场管理机构应组织全面的评审，评审通过后由法人签署并按民航局法规要求报批。

机场使用的其他手册中涉及安全管理的内容应与《机场使用手册》中的要求保持一致。

6.5 跑道安全

机场跑道既是飞机运行的起飞点又是归来点，它是个活动相当密集的区域也是不安全事件多发的场所，对于它的管理直接关系到飞机在其上的运行安全。对于机场跑道的有效管理是世界各国所面临重要问题，如何保证飞机在跑道上的运行安全、增大跑道的接收能力是跑道运行管理的最终目标。

世界上任何地方任何一个繁忙机场上典型的一天，每小时都有几十、甚至几百辆(架)车辆和航空器穿梭在现用跑道上。多数情况下，它们都能够顺利到达各自的目的地。但是，在偶然情况下也会有人犯错误——也许是一个首次来到某一不熟悉的机场的飞行员，也许是一个为了抄近道而横穿一条看似是停用的跑道的训练不足的汽车驾驶员，或者可能是一个忙碌的空中交通管制员一时忘记了某一架航空器。任何一个这类错误都会导致跑道侵入——一种严重影响机场安全，容易导致灾难性碰撞和人员伤亡的事故。

值得注意的是，世界上最惨重的航空事故是发生在地面上，原因正是跑道侵入。1977年西班牙特纳里夫，两架满载乘客的747飞机在一条浓雾笼罩的跑道上准备起飞离场时遇到了灾难。正如经常发生的一样，这起因为能见度差而引起的事故涉及两个主要因素，即通信错误和丧失了监控周围环境的能力。这次灾难夺走了583名乘客和机组人员的性命。再次发生类似事故的可能性并没有消除。尽管直到前不久由于缺乏一个全世界通用的"跑道侵入"定义阻碍了相关数据的收集，但是根据各种说法，事故征候和几乎碰撞的报告数量已明显增加，其主要原因是全世界的空中交通量急剧增加。事实上，根据加拿大运输部的一项研究，一个机场的交通量增加 20%将使跑道侵入可能性增大 140%。

6.5.1　跑道侵入事件概述

国际民航组织把跑道侵入定义为"在机场发生的任何航空器、车辆或人员误入指定用于航空器着陆和起飞的地面保护区的情况"。保护区还包括滑行道位于适用的跑道等待位置和实际跑道之间的部分。

FAA 定义的跑道侵入事故是指任何发生在机场跑道上的由航空器、车辆、人或其他地面上的物体导致的飞行冲突或飞行事故，或者导致起飞航空器、将要起飞的航空器、着陆航空器或将要着陆航空器之间的间隔小于所需规定的事件。

FAA 根据跑道侵入的严重程度，将跑道侵入分为 A、B、C、D 4 类，如表 6-3 所示。

表 6-3　FAA 对跑道侵入事件的严重程度分类

类别	严重程度
A	间隔不足，且参与者作了最后努力，勉强避开飞行冲突或已造成飞行冲突
B	间隔不足，且有重要的潜在飞行冲突
C	间隔不足，但有足够时间和距离以避免潜在飞行冲突
D	很小概率或不会发生飞行冲突，但已达到跑道侵入标准

FAA 把跑道侵入事件分为 3 种类型：运行错误/偏差、飞行员偏差，以及车辆/行人偏差。运行错误/偏差是因空中交通管制员的缘故造成航空器间/障碍物间隔少于最低间隔标准或在对该航空器关闭了的跑道上起降，一起运行偏差事件的原因可归于为了维持可用最低间隔，而航空器、车辆、设备或人员未先得到许可而侵入起降地带。飞行员偏差是指飞行员的操作违反现行法规，而造成跑道侵入的发生，如飞行员没有听从 ATC 指令而穿越正在使用的跑道。车辆/行人偏差是指车辆、行人或其他物体妨碍飞行操作或没得到 ATC 准许而在活动区域内活动。

2000—2003 年，纳入美国国家跑道计划体系的大约 490 个机场里，总共进行约 26800 万次起降(约每天 18 万次起降)，出现了 1475 起跑道侵入事件，相当于每天发生一起跑道侵入事件。但是，此 4 年中这 490 个机场里有 401 个没有发生跑道侵入事件或不多于 5 次，多数事件发生在其余 89 个机场内。其中的 C 类和 D 类事件占总共 1475 件中的 1285 件，A 类和 B 类事件占总数的 12%，平均 7 个 A 类跑道侵入事件导致了一个冲突。

运行错误/偏差的跑道侵入事件有 339 起，占总数的 23%。FAA 指出为减少运行错误/偏差必须注意的因素有下述各点。

(1) 管制员暂时性地忘却先前给航空器、车辆发布的许可，或者跑道关闭信息。

(2) 管制员、飞行员和车辆驾驶员在通信上的错误，如复诵错误和听复诵出错。

(3) 塔台管制员之间不能在管理跑道上的航空器时很好地协调。

(4) 管制员错误判断航空器间的间隔。飞行员偏差造成的跑道侵入事件是最常见的跑道侵入类型。

FAA 通过一系列措施，如加强培训教育、改善飞行程序和机场道面设施等以减少此类事件，并取得了较好的效果，飞行员偏差造成的跑道侵入事件发生数量和发生率持续地下降。FAA 发现飞行员偏差的发生主要跟以下几个因素有关。

(1)　飞行员正确地复诵了管制员的指令，但没有遵从该指令执行。

(2)　飞行员没能在跑道外等待点停止并等待，而是滑行进入跑道或穿越跑道。

(3)　飞行员接收了发给其他人的许可。车辆/行人偏差型的跑道侵入事件在上述案例中发生了 291 起，约占总数的 20%。

车辆/行人偏差主要相关因素有下述两个。

(1)　行人或车辆驾驶员没有得到空中交通管制员的许可而在活动区域活动或进入跑道区域。

(2)　行人或车辆驾驶员口头上复诵了管制员发出的在跑道外等待点等待的指令，但实际上却进入了跑道。

交通流量通常被认为是影响跑道侵入数量的首要因素。然而，交通量并不是决定跑道侵入的唯一因素，机场设计和布局、目视助航系统、运行程序、空管、标准的滑行路线、跑道环境等因素的交叉影响都会导致跑道侵入事件的发生，这些因素可以用来防止人为错误。空中交通管制员、飞行员，以及道面上运行车辆间无障碍、清晰地交流和顺畅地协调有助于跑道安全和有效的运行。

6.5.2　跑道侵入事件的种类

按照跑道侵入事件的发生形式，跑道侵入可以分为由飞机造成的跑道侵入和地面人员车辆造成的跑道侵入。

1)　飞机跑道侵入

飞机的跑道侵入原因涉及机场的目视助航引导设施的规范、机场标准滑行路线、ATC 指挥和通信、机组资源管理，以及天气方面的影响等。FAA 对于跑道侵入事件有如下统计信息，用于说明跑道侵入问题。

(1)　在所报告的跑道侵入事件中，98%的侵入事件不是由天气原因造成的。

(2)　未经许可飞机驾驶员误上跑道或者滑行道占整个跑道侵入事件的 62%。

(3)　飞行时间低于 100 小时的飞行员占整个跑道侵入事件的 32%。

(4)　未经许可，飞行员实施着陆或起飞的占整个跑道侵入事件的 24%。

(5)　不熟悉空中交通管制程序或者语言的飞行员占整个跑道侵入事件的 22%。

(6)　不熟悉机场的驾驶员占整个跑道侵入事件的 19%。

(7)　飞行员分心占整个跑道侵入事件的 19%。

(8)　方向不明或者丢失方向的飞行员占整个跑道侵入事件的 12%。

(9)　落错跑道的飞行员占整个跑道侵入事件的 10%。

(10)　飞行时间高于 3000 小时的飞行员占整个跑道侵入事件的 10%。

(11)　单发通用飞机占整个跑道侵入事件的 56%。

值得一提的是，在我国由飞机造成的跑道侵入事件比较少见，但这并不意味着我国飞行员水平高或者机场管理水平高，这种情况是由我国现阶段机场构型比较简单决定的。

2)　地面人员或车辆跑道侵入

地面人员、车辆等造成跑道侵入事件的案例全国乃至世界范围内每年都会发生许多起，是航空器机场安全运行的一个重要影响因素。造成其跑道侵入的影响因素非常繁杂，其中包括机场运行程序、机场规划设计、机场制度建设、机场周边环境等多种因素。下面通过几个案例说明地面人员车辆跑道侵入问题。

案例一　一架 B757 飞机在某机场由北向南着陆过程中，在 7~10 米的高度上，突然发现"T"字灯前 200 米处有一辆面包车正在由北向南行驶，飞机在距地面 3 米的高度上从汽车顶部拉起，复飞后安全着陆。

该机场航班量很少，在这个时刻通常没有航班飞行，这几乎已经形成一种惯例，这个时间通常也是场务部门上跑道检查的时间，所以当天场务工作人员从外面回来就直接上了跑道，既没有携带对讲机等通信设备，也没有询问航班动态，更没有取得塔台的许可，而恰好当天有一架加班飞机。

类似情况在全国范围内发生过若干起，它的发生不是偶然的，只要机场没有关闭，任何时候上跑道、进入机场机动区，都必须遵守跑道巡视检查规则，携带对讲机，取得塔台许可，并与塔台保持通畅的双向联系。机场管理当局必须建立合理的跑道巡视制度，使机场工作人员养成一种良好的遵守制度的习惯和较强的安全意识。

案例二　某机场地区连续下雪，经除雪宣布某跑道开放运行之后，机场管理处领导发现有一条滑行道仍不太干净，让一辆吹雪车再去吹一下。本次除雪时，由于车辆警示灯工作时间太长而失效，在吹雪车吹完撤离过程中与一架从快速脱离道脱离的 B747 飞机发生刮碰。

(1) 机场除冰雪程序中应有检查确认程序。机场道面除冰雪完成后，应对所有道面是否适用进行检查，并将检查情况通报塔台。而当时机场先向塔台进行了通报，之后又发现道面除雪不净，由此造成了工作环节的错位。

(2) 既然已经宣布跑道开放使用，就不应再有车辆进入机场机动区。

(3) 进入机场机动区的作业车辆都应安装警示灯，并保持其正常工作状态。引申到机场工作人员，所有进入机场活动区进行作业服务的工作人员都应穿着带有反光条和警示标志的服装，以提高机场运行的安全余度。有时可能由于任务紧迫、工作忙碌而忘记对这些警示装置进行检查，而许多机场不安全事件恰恰又是由于时间紧迫、工作忙乱而忽略了许多重要细节所导致的。

案例三　一架 MD90 飞机预计某日 23:57 在某机场着陆，由于该机场指挥处值班人员未认真核对航班计划，漏掉该机动态，也未与塔台联系，就指挥巡道车上跑道检查，致使飞机在 00:29 落地滑跑过程中，右襟翼与巡道车顶部照明灯碰撞，飞机右翼轻微受损，巡道车顶部照明灯被撞坏。该航班本应在当晚零时左右结束，但因故延误，巡道车在上跑道检查前与外场指挥中心联系时，外场指挥中心认为此时航班已经结束，因此也就没有核对航班计划。巡道车在进行跑道检查时发现车后有灯光，将车辆向跑道外侧打的过程中被飞机刮中。

表面上是工作人员没有核对航班即允许巡道车上跑道，而根本原因应归结为跑道巡查程序不合理，上跑道的车辆应与塔台直接、顺畅地联系，不应通过任何中间渠道。目前国内很多中等规模的机场都成立有外场指挥中心，建立了"场务—外场指挥中心—塔台—外场指挥中心—场务"的工作联系流程，由此增加了工作环节，不便于现场工作人员取得第一手资料，信息沟通太慢，渠道不畅。

案例四 一架 B737 型飞机在某军民合用机场降落时，因驻场空军一辆消防车突然进入跑道，造成飞机复飞。

官方的原因分析包括两个方面，一方面驻场空军单位在民航飞行期间没有履行人员车辆进入跑道的请示报告制度，部队执行《地面保障协议》不到位；另一方面民航站的道口监控人员擅离岗位，造成道口无人值守。

军民合用机场本身就要为各单位之间的协调付出很多努力，做很多附加的工作，因此此类机场更应特别注意制度建设，对于机场运行和安全管理，一方面军民双方要签订职责明确的协议，协议内容不应存在任何异议或含糊不清；另一方面对协议的执行情况要进行有效的监督，尤其民航一方要特别关注军方对协议的执行情况，以适当的方式进行适当的监督和检查，发现问题及时沟通通报，及时查漏补缺。

案例五 某机场进行跑道除雪后吹干作业时，一架飞机正在向该跑道实施着陆，扫雪车内人员在高噪声情况下未能及时领会巡视车公安人员要求撤出的喊话及车载灯光信号令其撤出跑道指令，机场通知塔台指挥飞机复飞。

一方面是该机场在进行道面除冰雪时，没有按要求落实除冰雪工作预案，参见案例二；另一方面在进行除冰雪作业时，未能实施实时、有效的通信和指挥，导致扫雪现场指挥失效和配合失误。目前国内机场使用的除雪车多由轰五发动机改装而成，其工作时的噪音高达 90～100 分贝，通常的通信手段在这种作业环境下很难发挥作用。该案中机场公安向扫雪车打灯光、喊话时，除雪人员认为是雪不干净，要求其继续除雪。因此，在这种作业环境下要充分考虑合理、有效的通信手段，利用手语、旗语或者灯光的方式实现通信，同时应有专门人员监控塔台或其他人员发出的信号。

案例六 某机场修建科两名职工在 22:40 驾驶场道巡查车进入跑道驱鸟，听到飞机声后，试图脱离跑道，但汽车熄火，此时飞机已落地，飞行员发现后紧急刹车，在距汽车200 米处停下。

上跑道的职工可能没有与塔台联系，此时可能通常也没有航班，但只要机场没有关闭，任何时候上跑道都必须取得塔台的许可，并与塔台保持无线电双向联系。

国内许多机场在检查跑道时也发现和处理了许多影响飞行安全的问题。按照国际民航组织的要求，繁忙机场的跑道其检查每天不应少于 4 次，繁忙机场的跑道检查通常安排在航班间隙，塔台允许进入跑道就能马上进入跑道，塔台要求退出跑道就能马上退出跑道，因此所配备的巡道车必须性能稳定可靠，同时使用单位要对车辆做好定期的维修、保养和检查，防止类似事件的发生。

案例七 某日下午，某机场一名戴有机场禁区通行证的党群工作人员，为拍摄候机楼全景照片，未经塔台准许，进入机场机动区，沿着一条滑行道朝跑道方向行走，并最终进入跑道范围，在此期间多个航班受到影响。

机场管理机构各级领导及其周围的人可能都会持有进入机场活动区的证件，但是机场当局是否对持证人员进行了相关培训应予以充分重视，必须使证件持有人明确知道哪些区域不能随便进入，如果进入要履行什么样的程序。对非生产保障人员的证件还应严格控制。

机场证件管理不应太粗放，机场的证件管理应当做到分区管理，除对停机坪、候机楼等进行大的分区外，还应再对活动区本身再作分区，如分成跑道、滑行道和停机坪等。这种证件管理包括车辆的证照管理。

案例八　某机场由于连日降雨，基土流失，导致因施工搭设的临时围界挡板底部形成空洞。某日，一拾荒者钻过该空洞进入隔离区并走上跑道，致使某航班复飞。

一次偶然事件的发生，可能会影响周围其他事物也随之发生变化，机场内的施工可能使机场系统很多因素发生变化，如原有的围界、道路和运行区域等的变化，各类管线可能会被挖断，因此要从系统的角度思考问题和处理问题。在此案中，临时围界发生了变化，机场管理机构应当就此变化，设想到可能影响运行安全的种种可能，并采取相应的应对措施。

不下雨时，土面区是否平整比较难判断。雨后积水或阴湿的土面区必然是洼的，对此位置进行标注，晴天后马上进行回填、修整。这样经几年的工夫，飞行区很快就会变成一个平整的场地。场地的平整，一方面不容易积水，有利于土面区的密实度，可以更好地保障飞行安全，另一方面在飞行区进行割草等工作时便于作业车辆工作，不会对作业机械造成损伤，再者不容易形成水土流失，土地越平整，水的径流越舒缓，不容易形成冲刷。形成的冲刷可能会导致野生动物的进入。很多围界下面没有地梁，由此很多过水地面都容易形成冲刷，除定期检查外，雨天后还应马上进行检查，防止人和动物进入，因为小的冲刷带来动物进入机场的案例也非常多。

案例九　某军民合用机场，军方施工。某日，当飞机处在最后进近高度 60～100 米时，机组发现有 2 人正在穿越跑道，飞机复飞。同时塔台通知机场护卫到现场对穿越跑道的人员进行控制，飞机复飞至一转弯后，塔台又发现有 3 人在上述穿越路线穿越跑道，管制员再次通知机场护卫一并进行控制处理，飞机三转弯后，管制员得知穿越跑道人员已被控制，第二次发出落地许可。当飞机再次开始最后进近时，管制员又发现 1 人正在快速穿越跑道，随即指挥复飞，但机组申请落地，管制员见穿越跑道的人已过跑道，重新发出落地许可，飞机安全着陆。

穿越跑道的人员是刚到施工单位不足 3 周、且未办理机场内施工通行证的民工。当日施工单位安排 5 名工人去跑道东侧施工点施工，平时施工人员统一由拖拉机沿巡场路接送，但这次没安排。施工人员为抄近路，在施工单位负责人告诫不能上跑道的情况下，擅自从施工区域沿挖开的电缆沟位置，扒开临时隔离围网并 3 次穿越跑道。

军民合用机场，部队的施工通常与机场当局没有太多关系，但是机场当局与部队之间应签订关于所有施工人员进入飞行区必须进行培训的协议，并关注培训效果和军方的有关保障措施的切实落实。

3)　动物跑道侵入

某日，某机场塔台发现跑道中心圆附近有一条狗，立即指挥一航班地面等待、另一航班复飞，另两个航班空中等待，后场务队将狗击毙，跑道恢复正常。动物跑道侵入包括机场围界内外的野生动物，如狗、兔等进入跑道，运输货物中的动物在装卸过程中逸出跑道等。野生动物管理，尤其是狗的管理是民航安全管理的一项重要内容，目前动物尤其狗的跑道侵入造成飞机复飞的案例每年都发生很多起，狗在跑道上被飞机压死的也有好多起。狗通常不是从围界缝隙里进来的就是从大门里进来的。围界栅栏的间隙有时人进不来，但动物能进来，在这种围界下面应加一些高度约 1 米的密封丝条，防止其他动物的进入。围界周围排水的沟篦子过宽、没有沟篦子或者沟篦子没有加锁等，也容易造成动物侵入。此外，机场应采用没有间隙的推拉门，或者用塑料板或铁板做成合页，展开后将整个门都封住，以防止动物的进入。

6.5.3 跑道侵入的防止

作为国际航空界的主要机构，国际民航组织在该领域，包括在研究、组织召开会议和跑道安全研讨会方面也起到了领导作用。研究发现，跑道侵入事件的发生主要受到以下四个方面的影响：①空中交通管制；②飞行运行；③机场和地面助航设备；④管理责任。

1) 空中交通管制

跑道侵入是全世界机场上和机场附近发生事故的主要类别之一。很好地了解跑道侵入事件发生的原因将有助于找到减少，最好防止跑道侵入事件发生的方法，进而大大减轻与机场和跑道运行相关的风险。

(1) 空中交通管制程序就空中交通管制角度而言，通过执行现有的国际民航组织标准、建议措施和程序，加上对相关的人的因素原则的认识理解，跑道侵入事件是可以防止的。在管制塔台里工作的空中交通管制员需要对机场上和机场附近的所有飞行运行活动，以及机动区内的所有车辆和人员保持连续监视。这种监视主要是利用目视观察来实现，在低能见度条件下，可使用雷达或其他改进型地面活动引导和控制设备来增强监视能力。车辆和航空器不得在比适用的跑道等待位置更靠近跑道的地点停放等待。因为有时也会有动物或鸟群等意外闯入者出现在机动区内，妨碍跑道或滑行道的使用。

经常复习当地机场相关机构制定的机场运行指令对飞行员和管制员熟悉"滑行"和"对准跑道"技术都会有很大的帮助。此外，管理部门必须有一套切实可行的安全管理制度，确保各级管理部门都要强化安全意识。一项安全政策的正确落实，除了其他效果外，主要体现在所有当地机场运行指令的执行，以及所有管制员使用适当的标准用语。

此外，培训手册必须及时更新，任何时候都应使用诸如升降带标记和标记在升降带的位置之类的记忆唤起教程。

规范跑道和滑行道运行是一种减少跑道侵入事件的有效的方法。在机场图上公布从机场一点到另一点的滑行线路可有助于尽量减少经常出入机场但又不熟悉机场情况的飞行员的混乱。如果给飞行员一条公布的从停机位到跑道的标准线路，他/她对即将滑行的道路便可做到心中有数。这些线路应使用适当的识别号码明确标示。尽管优选和公布的滑行线路是最佳选择，但根据机场上其他车辆和航空器的活动，这些滑行线路并非总能使用。在使用非标准滑行线路时，应该依据机场图上的相关点，向飞行员发出滑行指令，并提供任何其他需向其传达的相关信息。

将航空器从其停机位引导到现用跑道是地面管制员的职责。该管制员不仅要负责对航空器的管制，还要对行人和车辆进行管制。在机动区内的任何活动都需要得到管制塔台的许可。在任何时候，在机动区内的车辆和行人都必须给航空器让道，但对遇险航空器实施救援的应急设备除外。在这种情况下，管制员应尽可能暂停所有其他地面交通活动，直至确信应急车辆的活动不会受到妨碍时为止。

在确定了航空器的出发点和到达点后，管制员应立即用简明的指令发出滑行许可，包括航空器为了避免与障碍物或其他航空器相撞要走的滑行线路，并确保航空器不会误入跑道。

当滑行许可包含有超越一条跑道的滑行极限时，该许可应明确地包含"穿越"或"在该跑道前等待"指令。在某一条跑道前等待的意思是，航空器或车辆应该在一条跑道的指定的跑道等待位置以外等待。

为了加快交通流量，只要不会对其他航空器造成延误或构成危险，可允许航空器在正在使用的跑道上滑行。特别是在夜间或低能见度条件下，应避免在一架航空器已经对准跑道等待起飞许可时，允许另一架航空器在一条正在使用的跑道上滑行。同样地，管制员应避免过早地让跑道上的一架离场航空器对准跑道中线。如果预计离场时间大于 2 分钟，该航空器最好应等待在滑行道上指定的跑道等待位置上。当可适当确保一旦航空器开始起飞能够有适当的间隔时，方可向该航空器发出起飞许可指令。当起飞前需要空中交通管制许可时，在空中交通管制许可已经发出，且相关航空器已经确认收到后，方可发出起飞许可指令。应在航空器已经做好了起飞准备，位于或正在接近起飞跑道，并且交通状况允许的情况下，发出起飞许可。为了减小误解的可能性，起飞许可必须包括起飞跑道的代号。

在可适当确保航空器在飞过跑道入口时与跑道上前一架航空器有规定的跑道间隔的情况下，可允许该航空器着陆。但是，还应注意到，国际民航组织的程序每次只允许跑道入口外的一架航空器着陆。

除非由于能见度低，从管制塔台上无法看到跑道，作为管制员，要养成在发出起飞或着陆许可之前，先对跑道状况进行观察的习惯。在跑道运行正在进行时，必须密切注视机动区内的活动情况。

有时机场上会出现管制员从塔台上无法观察到的"盲点"。如果管制员无法通过目视或雷达确定一架要离开或穿过跑道的航空器是否已经确实脱离了跑道，应请求飞行员在其航空器完全脱离跑道后向塔台报告。只有在整个航空器完全离开跑道后，飞行员才可向塔台发出报告。

由于天气情况难测，空中交通管制员应与支持机场运行的气象部门合作，监视整个机场较大范围内的天气情况的变化。在机场地区的天气情况变坏时，管制员和飞行员都必须保持高度的警惕。在低能见度运行的条件下，管制员可以采取若干措施帮助飞行员保持警惕和掌握最新的天气动态。

在低能见度运行条件下，使用改进型地面活动引导及控制系统是十分有用的。这种设备可使管制员了解航空器和车辆在机场的准确位置和活动情况。由于大多数此类设备都具有相关的音响预警接近报警装置，不管天气条件如何，只要对其进行监测，确保其始终处于"接通"状态，便能够防止许多跑道侵入事件的发生。特别是对于管制塔台不容易看到的机动区，这种设备可能更为有用。

黑暗中运行是管制员、飞行员和车辆驾驶员关注的另一个问题。管制员通常位于高于机场的塔台内，这为他们提供了最佳观察条件。从这个高度上，较之于地面更容易将航空器和车辆从在机场上的其他物体中辨别出来。鉴于航空器和车辆在黑暗中寻找道路更加困难，因此，从傍晚到拂晓这段时间内，空中交通管制员在管制航空器和车辆时必须特别小心。当我们从有着高度优势的塔台上走下来，我们会发现随着我们越来越接近地面，观察目标的清晰度也越来越差。为了排除辨认失误的可能性，各个机场都会以标准方式对机场进行照明。

在管制员发现跑道侵入的情况时，应立即取消离场航空器的起飞许可，或者指示着陆航空器执行中断进近和复飞程序。在这种情况下，必须向相关飞行员通报可能的侵入相对于跑道的位置。

(2) 陆空通话。通信是一种利用词语有效地传递信息或思想的艺术和技术。在陆空通话中应用尽可能最简明的方式，最少的词语和尽可能短的"发射时间"向飞行员传递指示和信息，同时仍确保接收者能够完全理解并按接到的信息行动是至关重要的。

国际民航组织编写了标准用语，旨在避免信息在传递过程中引起混乱的可能性，从而确保空中和地面运行的安全。国际民航组织还为飞行员和管制员之间的通话制定了语言能力标准。一旦我们掌握了这些空中交通管制用语，我们就能够把这些信息传递给相关的飞行员。在同一个无线电频率上常常会有多架呼号听起来几乎相同的航空器。在这种情况发生时，在与这些航空器通话时，必须使用呼号的全称。

有时有些航空器的呼号虽然不同，但在无线电通话中"听起来"却非常相似。只要存在这种可能性，即当两架或多架航空器的呼号相似到可能造成混淆的程度时，为了保证飞行安全，管制员可指示一架航空器临时改变其无线电呼号的种类。当使用不同的呼号类型时，有必要用适当的方法在飞行进程显示带上做出标记。

与特殊用语一样，呼号还需要使用某些关键词。例如，在涉及跑道和滑行道活动时，"cleared(可以)"一词只能和起飞与着陆许可一起使用，不得作为横穿一条跑道或滑行道的指令使用。同样地，"take-off(起飞)"一词通常只在诸如"cleared for take-off(可以起飞)"或"take off immediately(立即起飞)"用语中使用。仔细选择通话用语，可大大减小引起误解的可能性。

虽然我们非常希望国际民航组织标准用语能够得到普遍使用，但是，目前各国在这方面确实存在着差异。注意到这一点是很重要的。例如，让一架航空器对准跑道中线的国际民航组织标准用语是"line up(对准跑道中线)"或"line up and wait(对准跑道中线并等待)"，但在某些国家则使用诸如"position and hold(停到位并等待)"或"taxi to position and wait(滑行到位并等待)"等其他用语。在国际民航组织的标准用语中，"taxi to holding position(滑行到等待位置)"表示在跑道前等待位置上等待。由此可以很容易地看出这些差异可能引起的混乱，因此，国际民航组织目前正在采取积极的措施来统一这些用语。

在发出有条件的许可时，需要特别小心，以避免产生任何误解。除非相关的管制员和飞行员双方都看到了目标航空器或车辆，否则，在影响到现用跑道的活动中，不得使用诸如"behind landing aircraft(跟随着陆的航空器)"或"after departing aircraft(跟随离场的航空器)"之类的用语。在任何时候都不应向车辆发出涉及现用跑道的有条件的许可。

有条件的许可应按以下顺序发出：航空器呼号、条件、许可、条件的简单重复。例如，"AIR CANADA 453，BEHIND BAE 146 ON SHORT FINAL，LINE UP，BEHIND(加航 453 号，在短五边上跟随 BAE 146 号，对准跑道中线，跟随)"管制员经常使用精心组织的正确用语向飞行员发出指令，而只需要飞行员回答"Roger(明白)"即可。然而，对于某些指令，飞行员则必须予以复诵，以验证该指令的准确传达。与跑道运行相关的这些指令包括进入跑道、在跑道上着陆、从跑道上起飞、在跑道外等待、穿过跑道，以及滑回跑道等的许可和指令。这里指的是任何一条现用或非现用跑道。多花一点时间，确保完全理解一条指令的含义，将会使运行更加安全。

既然我们已经确定了使用正确用语和复诵指令的重要性，我们需要把重点集中到因为通话误解导致的另一种类型的错误上：复诵和复听错误。管制员自始至终认真收听复诵许可和指令是很必要的。复诵错误指的是，当空中交通管制员向飞行员发出许可或指令时，飞行员向管制员错误地复述了他接到的指令。注意听下面的通话，看你是否能够发现错误。

听清楚了吗？这一指令是要求飞行员"TAXI TO RUNWAY ONE THREE VIA TAXIWAY PAPA AND NOVEMBER·HOLD SHORT OF RUNWAY TWO THREE(经过滑行道 PN，滑行到 13 号跑道。在 23 号跑道外等待)"。当飞行员复诵这条指令"OK，TAXI RUNWAY ONE THREE VIA TAXIWAY NOVEMBER，HOLD SHORT OF RUNWAY TWO THREE(明白，经过滑行道 N，滑行到 13 号跑道。在 23 号跑道 外等待)"时，他或她遗漏了指令的"滑行道 P"部分。如果你没能听出这个复诵错误，你已经犯下了另一个我们即将讨论的错误，即复听错误。

在这种情况下，已经听错了飞行员复诵指令的管制员会说"correct(正确)"对不正确的指令进行确认。这是一个复听错误的例子。管制员可能"以为"他或她已经听到了正确的复诵，但实际上，是认可了一个错误。

应特别注意人们通常说的"期望性偏倚"，即我们常常听到或至少我们以为自己听到了期待听到的东西。这种错误在飞行员、管制员、车辆驾驶员或任何参与无线电通话的人的身上都可能发生。

作为一个实例，考虑这样一种情况：在一个大型国际机场上，一架 B737 和一架 Cessna 210 飞机都被允许在两条不同但交叉的跑道上对准跑道中线并等待。737 得到起飞许可，机组人员也进行了确认。不幸的是，正在期待听到为他发出的"cleared for takeoff(可以起飞)"指令的 Cessna 飞行员在没有完全理解传达的指令的情况下开始实施起飞。管制员没有听到来自两架不同飞机的同时回答的指令确认。两架航空器在交叉点上遭遇，737 飞行员只能危险地提早抬起前轮，从而避免了两架飞机相撞。差距仅有 30 米。

即便所有目视助航设备都能正常工作，逐步发出滑行指令的渐进滑行方法，尽管可能耗费时间，但仍被证实是一种实用的防止跑道侵入的方法。

通话时保持一种平稳和始终如一的语速是非常重要的。为了将纠正含糊不清或过快的管制员指令所需的解释时间降至最短，管制员通话时每个单词的发音必须清晰。还应注意麦克风的位置，以使话音清晰而不受阻。使用正确的用语，澄清发音相似的呼号，以及知道有什么易犯的错误并知道如何避免这些错误，这些都有助于增强空域和航空器在机场运行环境下的安全。使用好本节介绍的这些简单而有效的技术，航空运行便能够既有效又安全。

(3) 空中交通管制设备。作为空中交通管制员，在工作时，总是置身于一个电子设备世界，如通信设备面板、雷达监视器、飞行进程单、计算机和打印机、气象监视器，还有数不胜数的各种其他设备。在接班之前，应对所有设备进行检查，以确认所有设备都处于良好工作状态。这些检查应包括确认所有可用的照明设施和通信设备工作正常。如果管制塔台装备有地面活动雷达或其他改进型地面活动引导和控制系统，也应对它们进行检查，以确保这些设备和系统都是适于使用的。最好能在此时发现设备的故障，不要等到出现困难或发生事故的时候。

在完成了接班前的设备检查后，应将所发现的问题都登记到维护登记簿上，以便采取纠正措施。这一基本制度经实践证明是一种向相关的修理部门通报故障，以便对故障进行修理的行之有效的方法。

在正常的情况下，管制员需要使用各种设备，以便能够在机场上和机场附近安全地对航空器实施引导。特别是在低能见度条件下运行时，如果机场上没有装备改进型地面活动引导和控制系统或该系统不能正常使用的话，记住应采取以下行动。

在低能见度条件下运行时，如果机场上没有装备改进型地面活动引导和控制系统或该系统不能正常使用的话，所有航空器和车辆在离开现用跑道时都必须报告。这可以解释为，只有在所有车辆或航空器都通过了相关的跑道等待位置后，该跑道才能被认为已经被腾空。在得到航空器离地报告后，管制员方可确信航空器已不在现用跑道上。这可使管制员准许下一架航空器对准跑道中线，准备起飞。

工作场所应用工效学设计，即将工作场所的设备放置到最佳位置，既便于操作人员快速接近，而在不需要时又不会构成障碍，由此收到极其显著的效果。在这种情况下，每个管制员都能确定其工作需要的每个设备的适当位置。可移动的计算机监视器、触手可及的电话机，以及一个方便于使用者的工作环境，所有这些均会使员工工作效率更高和更安全。

(4) 空中交通管制中的人为因素。作为管制员，在其整个工作期间，任何时候都应保持高度的监控周围环境的注意力或在其脑海中始终有一幅全局交通画面。这就需要知道你所管制的所有航空器和车辆的具体位置和意图。在保持完整的监控周围环境的能力的同时，还需要了解机动区内存在的所有危险。丧失监控周围环境的能力一直是酿成许多航空器灾难的一个因素。

丧失监控周围环境的能力，加上无线电通话中的误解，使飞行员"相信"他已经得到起飞许可，而实际上并没有允许他起飞。他开始起飞滑跑，在他提前抬起前轮后，便与另一架还没有脱离跑道的航空器相撞了。

出于安全考虑，要以清晰简明的标准用语及时向机动区内或附近的任何航空器、车辆或人员发布指令和信息。这有助于收听你的无线电频率的所有人员保持和提高监控周围环境的能力。此外，工作场所还有其他一些让人分心的事情有可能影响我们监控周围环境的能力。

交通量急剧增大或交通高峰任何时候都不得导致管制员超负荷工作。管理部门有责任确保管制员的工作负荷始终保持在不会导致他们丧失监控周围环境的能力的范围内。但是，正如工作负荷过大有可能使一个管制员丧失监控周围环境的能力一样，经验表明相反的情况，即交通量过低，也会使管制员变得心烦和丧失监控周围环境的能力，这是因为在这种情况下，管制员的注意力已经转移到管制职责以外的其他活动上了。

在有多名管制员的管制塔台上，作为一个团队密切配合工作是十分重要的。在这种环境下，没有一个人是一个孤立的自我。每个管制员及助手都应了解其他人的工作和责任，并应随时准备好在有需要时在他们的专业技能范围内向同事伸出援助之手。

诸如飞行进程表之类的助记工具可帮助管制员保持高度的监控周围环境的能力，如先前向一架航空器发出的在现用跑道上"lineup and wait (对准跑道中线并等待)"的指令。随着工作负荷的不断增大，这些辅助工具在协助管制员安全调度航空器或车辆方面变得更加重要。

正如驾驶舱环境下出现了"隔离驾驶舱"概念一样，意思是在机场上或机场附近的运行过程中，不允许有其他分散飞行员注意力的事干扰航空器的运行，也应强调"隔离管制塔台"的重要性。管制员必须保证在执行调度任务期间，不做分散自己注意力的与工作无关的其他事情，如看报或看电视等。

疲劳可导致一个人思维停顿，即使出现短暂的思维空白，也会让管制员丢失"全局画面"。对于一个感觉疲劳的人而言，一旦丧失了监控周围环境的能力，将需要几分钟的时间才能完全恢复正常。

在接受全面的情况介绍后，接班的管制员对要管制的所有航空器和车辆有所了解。如有问题，可提问澄清。应特别注意任何不寻常的情况，包括设备的机场维护工作，因为它可能涉及大量的车辆交通或设备故障等。此后，监控周围环境的工作便可转交给接班的管制员。

所有管制员都应接受经常性的培训，这是维护跑道安全的一个关键性因素。一项好的培训计划将有助于安全意识的养成。

另一个能够保持和改善安全运行的训练措施是在休息室里设置一块公告牌，利用宣传画和图片来提醒管制员重视跑道安全问题。还应在公告牌上开辟一个专区，用来张贴航行通告(NOTAM)和程序更改通知，这可能有助于有效执行新程序。

在更新老设备和安装新设备时，制订培训计划，让每个管制员都有机会走出日常工作环境，以便学习如何使用新设备是很重要的。要确保设备的安全使用，必须对每个管制员进行全面的设备知识的培训，最好包括某些基本的设备故障检修技术。

大多数有家庭和全职工作的人都过着一种可被称为双重人格的生活。在这一方面，空中交通管制员与任何其他人没有什么不同之处。然而，应记住的是，管制员始终工作在紧张的氛围中，并且常常需要轮班工作，他们必须保证私生活不会占用开始工作前充足休息的时间。否则，轮班工作固有的紧张，加上个人生活中的外界压力，很可能成为灾难的诱因。

紧张可被定义为由不良的外部影响引起的精神上或情绪上的失常状态。这种症状包括心率加快、血压升高、肌肉紧张、易怒和抑郁。所有人都有紧张问题，而某些特殊工作本身就具有紧张的性质。空中交通管制工作就是这类工作之一。大多数管制员为了完美地平衡机场运行这一"管弦乐队"，整个工作日都处在高度紧张的状态中。

当一个人在其个人生活中处于精神上极度苦恼或承受巨大压力时，他或她应仔细考虑，以这种状态履行工作职责是否合适。在极度苦恼或巨大压力条件下工作的后果可能真的是非常严重的。

找到适合自己兴趣和生活方式的消除紧张的途径是成为一名成功的管制员的关键之一。重要的一点是在工作之前得到充足的休息。这有助于一个人在工作中更好地集中精力，非常便于保持监控周围环境的能力。

最后，全面熟悉工作环境是任何航空工作的关键，在机场运行方面更是如此。在机场上，所有运行的航空器相距很近，管制员需要时刻监视和了解周围环境。

2) 飞行运行

初看起来，滑行到跑道和从跑道滑行回来似乎是飞行中最简单的动作。毕竟，滑行速度很慢，而且通常会有一名空中交通管制员对滑行进行监控。但是，如果出现错误，即使一个最简单的程序也会变得很危险。横穿不该横穿的跑道，或者在错误的跑道着陆，或者从错误的跑道上起飞确实都是非常严重的错误。在某些时候，仅仅是因为知识欠缺，或者缺少培训。但许多错误，特别是导致跑道侵入的错误，是由于没有或没能保持良好的"监控周围环境的能力"。简而言之，"监控周围环境的能力"就是要有三"R"的问题，即掌握 Right(正确的)信息，在 Right(正确的)时间并作出适当的 Reacting(反应)。如果我们掌握了所有我们需要的信息并执行适当的程序，安全地到达目的地和从目的地返回就不是一件困难的事情了。

良好的"监控周围环境的能力"意味着飞行员知道其当前所处的位置、前往目的地的理想航路和途中的所有障碍物、危险或需要遵守的规则。在有管制塔台的机场上，管制员的意图和飞行员对其意图的理解应完全一致。否则，飞行员或空中交通管制员都不可能获得良好的"监控周围环境的能力"。研究结果表明，以下几个因素往往是导致"监控周围环境的能力"降低的主要原因。

- 对通话内容没有完全理解或误解了通话内容。
- 缺乏计划。
- 峰值工作负荷。
- 注意力分散。
- 目视地标丢失。导致错误的监控周围环境的能力差的最重要原因是通话问题。通话困难最常见的原因有以下一个或两个：使用非标准用语；语言能力差。通话缺陷的后果是，飞行员不能很好地理解管制员的意图，或者管制员不能很好地理解飞行员的意图。

建立和改进为提高监控周围环境的能力所需的"共享思维画面"，清晰、准确和及时的通话非常重要。以下是几种用来确保通话内容被完全理解的方法。

- 请求和应答确认时，都使用标准用语。
- 使用滑行指令复诵，包括正在被使用的跑道，要进入、着陆、起飞、在外面等待、横穿、滑回的任何跑道，以及所有等待指令。仅仅使用"Roger(明白)"或"Wilco(照办)"等单词并不构成复诵。
- 使用完整的呼号。
- 有疑问时，在执行指令前应使用驾驶舱通信设备与空中交通管制部门联系问清楚。
- 如果管制员和飞行员使用的母语不同，使用通用语言通话时，应尽量确保相互理解，做到讲话慢而清楚。
- 在没人管理的机场上，应始终在公用频率上监测和发布意图。
- 如果对机场不熟悉，应写下滑指令，并在活动过程中随时参考机场图。
- 虽然国际民航组织标准用语能够得到普遍使用，但是，事实上目前各国在这方面确实存在着差异。例如，让一架航空器对准跑道中线的国际民航组织标准用语是"LINE UP(对准跑道中线)"或"LINE UP AND WAIT(对准跑道中线并等待)"，但在某些国家则使用诸如"POSITION AND HOLD(停到位并等待)"或"TAXI TO POSITION

AND WAIT (滑行到位并等待)" 等其他用语。在国际民航组织标准用语中，"taxi to holding position(滑行到等待位置)" 表示在跑道前等待位置上等待。由此可以很容易地看出，这些差异可能引起的混乱，因此，国际民航组织目前正在采取积极措施来统一这些用语。

→ 类似的呼号也可能产生混淆——应多加小心。

→ 应避免人们通常说的"期望性偏倚"，即我们常常听到或至少我们以为我们听到了自己期待听到的东西。作为一个实例，考虑这样一种情况：在一个大型国际机场上，一架 Boeing737 和一架 Cessna210 飞机都被允许在两条不同但交叉的跑道上对准跑道中线并等待。737 得到起飞许可，机组人员也进行了确认。不幸的是，正在期待听到为他发出的 "cleared for takeoff (可以起飞)" 指令的 Cessna 飞行员在没有完全理解指令的条件下开始实施起飞。两架航空器在交叉点上遭遇，737 飞行员只能很危险地提早抬起前轮，从而避免了两架飞机相撞。两架飞机相交时的间隔距离仅有 30 米。

→ 即便事先获得横穿跑道的许可，如果发现停止排灯亮了，也应停下来等待。空中交通管制可能发生了无线电故障，或者你的航空器可能出现同样的问题。

→ 监听空中交通管制与其他航空器的通话，想象其他航空器的位置和活动情况是保持良好的"监控周围环境的能力"的一个重要的组成部分。这样做会费力，但这么做很有必要。当在空中或在地面时，都应特别注意收听向你发出的许可指令。这一原则同样适用于在没人管理的机场上，根据飞行员自己的报告目视判断航空器的动作。从飞行角度讲，记住一定要在航路放行许可已经传达到相关机组人员并得到相关机组人员的确认后，方可向离场航空器发出起飞许可。

随着机场的不断扩大和复杂性的增加，滑行线路也变得更加复杂，以美国芝加哥的 O'Hare 国际机场为例，该机场共有 14 条不同的滑行进出跑道，通常每条跑道有几条滑行线路。机场有两个不同的地面控制频率。显然，这里事先进行了有序的准备和规划，但不太繁忙的机场也是一样。首先最基本的步骤是，在滑进和滑出过程中手中都应有一份现成的机场图。

没有这一简单措施，监控周围环境的能力会迅速减弱。在停机位上或在下降之前，应该复习并熟悉该机场的布局和可能的滑行线路选择。复习应包括"航行通告"和机场交通信息服务(ATIS)信息，并应通告所有机组人员。特别是了解滑行线路沿线的所有跑道。认清平行跑道，确认你使用右边的、左边的，还是中间的。通报潜在危险地点，即以前有机组人员曾经在此出现过错乱并导致跑道侵入的地点。有些机场会在机场图上标明这些地点，但不是所有机场都是这么做的。

适当利用这些规划措施，将有助于减少下一类型的"监控周围环境的能力"的障碍，即峰值工作负荷问题。每个飞行员都知道，如果工作负荷过大，他监控周围环境的能力便会下降。这种情况通常会出现在空中，如在仪表进近时，飞行员的工作量水平一般都会很高。但是，在地面滑行时，飞行员的工作负荷同样也很大。时间紧迫感，以及公司和空中交通管制的要求造成的压力等，都会削弱我们对我们在机场上所处的位置或其他航空器在进行什么活动的准确判断能力。其结果虽然不一定立即造成事故，往往也会导致我们非故意地进入或横穿一条跑道，或者违反机组的运行程序。

解决的方法，除在滑行前最大限度地做好计划和准备工作外，就是不受危及安全的要求的影响。我们都想做好配合，以便能够取得机场运行的最大效率，但不得以牺牲运行安全为代价。飞行教员和空勤检查员也应该好好判断，避免把工作量提得过多，以至于增大跑道侵入的可能性。

所有飞行活动，包括地面运行，都不可避免地存在注意力分散的问题。通常，注意力分散是能够控制的，但如果发生在不适当的时候，而且又足够严重，则可能引发事故。几乎每个飞行员都曾经历过这种情况，即由于驾驶舱发生了某种变化分散了他的正确操纵航空器的注意力，结果航空器向上或向下飞出了规定的高度范围。

在地面上也会发生同样的问题，但结果不是飞出规定的高度范围，而是飞行员在没有得到许可的情况下横穿一条跑道。在滑行过程中，采用"隔离驾驶舱"程序可将注意力分散的程度降低到最低——这就是停止一切与安全飞行无直接关系的对话和行动。但是，有些注意力分散问题是我们无法控制或预计的。例如，空中交通管制或公司询问、注意指示灯或警告灯、机舱乘务组优先请求等。

在这些情况下，我们需要对机组成员的职责做好分工，避免驾驶舱的所有人员都关注某一突然发生的事情，从而将其影响程度降低到最小。根据产生问题的原因，可让相关人员或机构稍候，直至航空器的占用位置被确定。应提请注意的是，甚至一些重要信息，如线路许可，也可能分散你正在努力寻找安全到达指定跑道的道路的手头主要任务的注意力。在有多名飞行员的航空器内，必须始终保证有一名机组成员"俯视"；如果只有一名飞行员，应将航空器停下来收听除最简单的许可指令外的其他任何指令。

最后，采取"隔离驾驶舱"原则，将自身的注意力分散现象减少到最低程度。填写飞行记录本、吃东西和无关人员谈话都会分散执行任务的注意力。

尽管大多数跑道侵入发生在能见度好的条件下，但一些严重的典型事故都是发生在目视地标丢失或因黑暗、浓雾、尘土或降雨而很难看清楚的时候，或者面对处于较低角度的太阳的时候。

在低能见度条件下运行，需要采取特殊的预防措施，因为几乎毫无例外，监控周围环境的能力都会有所降低。我们能够做些什么？首先，就是在你无法确定你的位置时，一定要停下来，寻求帮助。空中交通管制员更愿意为你提供更详细的滑行指示，而不希望看到一架航空器意外地停在一条跑道上。在必要时，在许多机场上，还会调遣一辆"跟随我"引导车为你引路。

适当地使用灯光，让你的航空器更加显而易见。在不熟悉的机场，指派一名机组人员在滑行图上提供航空器滑跑前进的最新校正数据。到达跑道后，应检查罗盘和航向陀螺仪。此外，在起飞和着陆时，都应使用防撞系统来提高监控周围环境的能力——在低能见度条件下运行时，这样做尤为重要。

除上述用来帮助获得和保持监控周围环境的能力的各项程序外，以下措施也是应该在所有的滑行活动中使用的很好的操作程序。

- 首先、最后和总是——始终注意有无危险接近，并随时做好应对的准备！即使是最有经验的管制员有时也会犯错误。用心观察往往是避免灾难的最后一道防线。
- 沿着机场图规定的线路前进——如果可能，指定一名机组人员作为一项主要任务这样做。
- 着陆后，在确保安全的前提下，尽快滑离现用跑道。

→　如果在滑行时出现迷路情况，不要停在跑道上，滑离跑道并请求空中交通管制进行引导。

→　在横穿现用跑道时，使用所有外部灯。

→　当位于"对准跑道中线并等待"位置时，使用除频闪灯和着陆灯外的所有灯。在开始起飞滑跑时，打开着陆灯和频闪灯。

→　始终使用好的"机组资源管理"程序——使用所有可用资源，合理分配工作负荷，并确保所有机组人员都能自由地大声说话。

→　在没有管制塔台的机场上，注意使用不同跑道的航空器。

→　如果你已经在跑道上对准了跑道中线，等待起飞许可的时间超过了 2 分钟，特别是在夜间或在低能见度条件下，向管制员提出询问。管制员有可能因为一时疏忽忘记了你。

→　避免有"终于到家了"的想法——这种由急于到达某地或取得某个目标的强烈欲望产生的想法会严重影响你作出正确判断和决定的能力。这可能是如字面所表示的，赶快回到家中，但也可能是强烈地希望赶快着陆、横穿一条跑道、起飞离地或完成任何其他机场运行。在任何时候，当你感觉到"必须"做某件事情时，检查一下你的动机——如果你没有把安全放到首要位置，说明你作出了错误的决定。

飞行员还可以做一些其他工作减少跑道侵入的可能性，但以上讨论的这些措施经实践证明，对增强跑道安全性的确是非常有效的。要经常复习这些措施，确保尽力采用这些措施。前述内容以对各种跑道标志牌和标志已经能够相当熟练地理解为基础。

3)　机场地面助航设备

机场的地面助航设备指机场道面标志、机场助航灯光、机场滑行引导标记牌和任何其他用来协助引导机场的使用者安全使用机场的装置或物体。它还包括大型和较繁忙的机场上使用的较新和更复杂的装备，如地面监视系统和改进型地面活动引导及控制系统等。对机场上的所有目视助航设备进行经常性检查，以确保它们工作正常和明显可见，是十分重要的。

跑道等待位置由强制性指令标志牌和跑道等待位置标志指明，在某些情况下，由跑道警戒灯和停止排灯补充指明。标志牌、标志和指示灯有助于看清滑行道和跑道之间的边界和标定不得侵入的关键区域。

当今航空所面临的跑道侵入问题大部分都与机场地面助航设备的正确设计、管理和使用有着密切的关系。这些助航设备安装在机场的重要位置，用于协助该系统的所有使用者更好地管制航空器和车辆的活动，使运行更加安全。

机场助航设备的服务对象包括飞行员、机械人员、维护人员、保安人员，以及行李装卸人员、航空器清理工和地勤人员。所有上述人员都有进入跑道的可能性，且各自都有自己独特的弱点和局限性。本部分内容不仅仅是针对飞行员和空中交通管制员的，也同样适用于在正常或非正常情况下可能使用和接近机场地面助航系统及其各个部件的所有人员。此外，值得一提的是，现在某些机场采用的新的先进技术设备可能和仅仅位于几个飞行小时距离以外的其他机场的简陋状态形成巨大的反差。这种现象反映了系统用户之间的明显培训差距，突出说明飞行员和地面人员不应停留在机械地学习理解所有机场地面助航设备及其功能的阶段。

跑道侵入的一个主要原因是对机场及其布局不熟悉。地面车辆驾驶员需要有现场培训经历，以便熟悉机场标志牌、标志和灯光设施的布局。同样重要的是在允许一名飞行员作为机长飞往某一繁忙机场之前，该飞行员必须有过多次在该机场滑行的经历。

一个在滑行或机场活动时导致混乱的非常常见的问题是，常常让标志牌和标志受到严重风化的影响而褪色。此外，标志牌和标志有时也有放置错误的时候。而事实证明机场标志和目视助航设备方面发现的问题是影响跑道安全的一个主要问题。标志褪色或放错位置的主要原因是维护安排不当和检查不到位或不经常造成的。重要的是所有机场都必须制订一个严格的，在部件发生故障时仍能保障正常工作的地面维护计划。该计划应包括一份随时更新的检查单。应进行经常性的和随机性的检查，以对任何地面助航设备维护计划的有效性进行评估。恶劣天气可导致能见度显著降低，使重要的机场地面助航设备模糊不清，进而出现跑道侵入问题。正确了解恶劣天气的限制将有助于防止发生人为错误。雪、雪浆、冻雨或尘土都会遮挡标志牌、标志和灯光。以前就有飞行员和地勤人员在此种天气条件下工作时发生过严重错误。当标志牌、标志和指示灯被遮挡或变得模糊不清时，至关重要的是限制、甚至停止所有机场运行。人类由于监控周围环境的能力降低导致的行为能力局限性很大。疲劳、机体节律紊乱，以及失眠是导致人的行为能力降低的一些常见因素。适当的休息和睡眠是避免这类人的行为能力出现问题的必要条件。

所有需要进入机场环境的人员都应遵守与其工作相关的作息制度和工作时间制度。所有机场地面运行培训计划都应包含这一与系统的各使用人员相关的内容。理解机场标志牌、标志和灯光的正确含意对地面安全运行十分重要。适用于机场地面助航设备的标准及建议措施是在 1951 年由国际民航组织理事会首次通过的，并在国际民航组织公约的附件 14 中作了详细介绍。在附件的表 A 中列出了每次修订的全面记录。《空中航行服务程序——空中交通管理》(PANS-ATM)第 7 章列出了其管制下的航空器空中交通管制程序，以便在地面上实现安全、有序、快速的交通流动。

地面助航设备旨在让飞机驾驶舱的人而不一定是让行人或机动车驾驶员能够最好地判读。有时这会给非航空人员带来感知困难，因为他们必须在较短时间内由他们所熟悉的道路标志牌转而适应机场标志牌。因此，对所有使用系统的人员——不仅仅是飞行员和管制员，进行适当的培训是非常重要的。

4) 管理责任

虽然管理者不直接向在机场上滑行的飞行员发布指示，也不亲自滑行航空器；他们不亲自培训车辆驾驶员或对被风化侵蚀的标志牌重新刷漆，但是管理者可以做操作人员不能做的事情，如获取资源和提供培训；管理者可以制定有效的方针政策和规章制度；管理者有全面纠正错误的权力；管理者可以雇用合格的人员；管理者可以确定机构的优先事项和特征。如果做得好，这些措施总会对跑道安全以及总体安全带来积极的影响。

管理者可以做操作人员不能做的事情。最主要的一点是担当机构及其安全和保安的辩护人。好的管理者在需要对跑道安全进行改进时，能够利用事实和数据提出有教育意义的和令人信服的论据。这些改进建议可包括引进新设备，加强培训，甚至是改善保安人员的条件，更有效地阻止未经许可的人员进入跑道。管理者可以努力保护安全计划不受不可避免的预算削减的影响，因为他们知道最昂贵的安全计划成本也要比一次跑道相撞事故的代价低得多。

管理者可以制定有效的方针政策和规章制度。在运行层面上，个人有责任执行各项政策，他们可能执行得很好，但是，各项方针政策的真正价值来自管理者的创造性点子。简而言之，管理者应为操作人员提供工具和框架，让他们能够根据自己建议的规则、方针政策和规章制度作出好的决定。航空领域较高层次的主管部门已经制定了许多必须执行的规章制度，所以，我们的意图不是再增加一层卡人的限制；而是管理者有机会来精心设计出直截了当、简单易行的方针政策，解决机场上存在的特定安全问题。这是良好管理的精髓。

管理者有全面纠正错误的权力。例如，管理者可要求对被风化侵蚀的标志牌重新涂漆，并找到资金来完成这项工作。管理者可重新设计滑行线路，以降低跑道侵入的可能性，甚至能够成功游说铺设新的滑行道。管理者可使用收集到的数据和统计结果，提出可能不易被空中交通管制员发现的问题。还有许多其他例子说明，管理者能够找到解决一般雇员无法解决的许多问题的方案。

管理者可以雇用合格的人员。许多管理者通过多年的经验已经注意到，如果能够雇用有积极性的高度胜任工作的人员，许多棘手问题便会迎刃而解。在很大程度上，没有哪个管理者比为他工作的人(包括他的下级管理者)更优秀。管理者必须确保他们的员工具有献身精神，工作积极主动并遵守相关的安全规章和制度。这显然是每个管理者可以大显身手的领域。

管理者可以确定机构的优先事项和特征。这是一个管理者必须当好领头人的领域。如果你能够通过你的语言、行动和政策向下属表达你对跑道安全问题是认真对待的，你的下属便很可能也会认为安全是重要的，并采取相应的行动。反之也是一样，在安全问题上如果你没有起到表率作用，必定会在安全上出问题。

糟糕的系统设计等于人为错误，等于事故征候和事故。尽管有些错误确实是由于个别人的疏忽或不当行为造成的，但在绝大多数情况下，是工作系统本身有缺陷。在具体工作层面上的那些人，无论是飞行员、空中交通管制员还是车辆驾驶员，通常都在尽力而为，但是，无论怎样努力，有时也会犯错误。许多时候，这可以追溯到运行或培训的某些不足之处，是这些不足导致人们经常犯错误。虽然个人总是必须对他们的行为负责任，但真正的解决办法是找出错误的根源，并予以纠正。在某些情况下，这可能仅仅是需要把常常被实施滑行的飞行员忽视的难以辨认的标志重新涂一遍漆，使其更加显眼。或者对驾驶员的培训大纲作一些更改，以解决教学中的某一个薄弱点。一个指导原则就是不要仅仅把目光放在对犯了错误的具体个人进行的惩罚上，而是首先要解决诱发错误的系统中的缺陷。

为了跑道安全的实现，机场应建立"安全管理系统"。这是一个牵涉运行和管理各个方面的重大的综合性安全管理计划。如有要求，可参考适当的国际参考资料，如附件 11、14 和《空中航行服务程序——空中交通管理》(PANS-ATM)、《机场认证手册》《航行情报服务安全管理手册》及地区或国家的具体要求。如果已经存在高级安全计划，应检查确认其所有基本结构、政策和程序是否符合国际民航组织的要求。

在较低层面上，成立一个当地跑道安全小组是很重要的。该小组应由来自航空公司、通用航空部门、空中交通管制部门、机场运行部门，以及任何其他雇用大量驾驶员在机场上工作的单位的代表组成。他们是在日常工作中发现问题，而且往往位于可以探讨问题原因和提出解决方案的岗位上的人。他们都是机场管理者的宝贵财富，应该得到充分利用。跑道安全委员会的一个最直接的作用是发起跑道安全知识宣传运动，并经常提供新的资料和方法给此项运动注入新的活力并给人以新鲜感，防止其逐渐走向僵化。

作为知情人，管理者应及时掌握能够减少跑道侵入可能性的不断发展的新技术。尽管许多技术对你们来说可能不胜负担或不适合，但至少有一些是可以负担得起的或适合的。只有通过调查、学习和研究，你才能为适合你们的技术大声叫好和筹措经费。这可由跑道安全小组的一个成员主要负责。

大部分管理工作涉及监督，包括对个人、运行和基础设施的监督。某些工作往往需要通过审阅记录资料和报告来完成，但大部分工作可以直接去做。你上一次坐上一辆机场车辆并亲自驾驶车辆通过一道安全防护线是在什么时间？你在夜间或恶劣的气象条件下检查过标志牌和标志的可见度吗？或者，和飞行员和管制员谈过话，询问过他们哪儿是跑道侵入可能发生的地方，并问过为什么吗？亲自询问过某一位驾驶员是否了解正确的运行程序，以检查训练工作是否恰当，是否规范吗？这些工作及其他类似的工作可体现你对安全的关注，可从中得到额外的信息和获得第一手的直接印象。你会经常发现需要引起注意的事情。采取及时行动，如如果标志牌需要重新涂漆或更换，立即就做。随后应检查落实情况。

管理的一项最有用的功能是收集数据、事故征候、事故和动态资料。确保你的定义是符合国际民航组织要求的(如跑道侵入等)，收集的信息准确及时。这是有效安全管理的基础。一个好的例子是，找到 G 机场"热点"，即在过去最容易发生跑道侵入的交叉口。必须让使用者得到这些信息，这可以通过各种不同的方式来实现。一张标出所有"热点"的机场图(如比利时的布鲁塞尔国家机场图)就是一件极好的教育工具。可以以膝上地图夹的形式发放到飞行员手中，也可以用招贴画的形式张贴在墙壁上，或者在安全会上进行宣讲。

收集的数据也能成为重大改革(如滑行线路更改，甚至是铺设一条让飞行员更好使用的新的滑行道等)的依据。我们应该牢记，不只是驾驶员和飞行员进入跑道，有时候未经许可的行人也可能闯入跑道。抛开对航空运行带来的明显的安全危害不谈，对行人(常常是儿童)也极其危险。保证使机场不发生此类跑道侵入是一项基本的管理责任，违规闯入跑道不应要求飞行员或管制员采取特别行动来避免灾难的发生。营造一种良好的安全氛围也是管理者的责任。这包括依据上述糟糕的系统设计容易引发人的错误这一原则，制定一套"无可指责的"政策。同时还应建立一套安全报告系统，以保证人们能够以秘密方式从而使有关人员感到一切都是自觉自愿的。此种系统早已被证明是宝贵数据和建议的来源，并且对机构而言，成本(如果有的话)也极其低廉。

最后，管理者影响训练。他们批准或要求培训，批准培训大纲，评测培训效果，作必要的更改。在很大程度上，培训工作的好坏简直可体现一个机构本身的好坏。某些人员，尤其是飞行员和管制员，尽管已经接受过管理部门规定的培训，但仍然需要接受当地的附加指导。此外，其他人员，如车辆驾驶员，几乎全部由当地培训。为了保证培训的效率，培训必须根据用户群体具有针对性，如针对驾驶员的驾驶员培训、针对飞行员的飞行员培训等。然而，有时也应组织联合培训，特别是在那些诸如跑道侵入等总是出现共同问题和产生相互影响的方面。管理者必须审核确定何时和如何实施培训可收到更好的效果。无论采取何种形式，培训必须标准化，以便使每个培训班都能获得相同的培训质量，使受训人员都能获得他们需要的知识。必须对教学质量进行评估，必须保持教学的连续性，必须证实经过培训的人员的合格性。保证培训计划的完整性是管理者义不容辞的责任。在实施新的国际民航组织标准，提高了对飞行员和空中交通管制员的语言能力的要求的情况下，这变得更加重要。

一些国家和国际组织正在努力提高跑道安全性。它们在致力于防止事故和事故征候的努力中，谋求从过去的事故中吸取经验和教训。因此，在发生任何跑道侵入事件后，管制员、飞行员和车辆驾驶员积极提交事故征候报告是非常重要的。这可为未来预防事故和事故征候的工作奠定基础。

此外，跑道安全运行的其他问题包括道面杂物、道面污染、道面破损等。

(1) 道面杂物。主要有飞机上的零、部件坠落；空军训练的遗留物品；道面的砂、石、碎片；飞机试大车或强风暴吹到道面上的砂土；维修灯光或跑道时遗留的金属零件；机务维修飞机后误将工具遗留在起落架上，后掉在跑道上；起落架舱门、轮胎散热器罩、尼龙带、轮胎碎片、铝片、铝合金夹、整流板、金属圈、消音板、螺钉、铁丝、死亡的鸟类、动物等。

2000 年 7 月 25 日法航一架协和飞机在巴黎国际机场起飞时，压上跑道上的金属物，导致飞机轮胎爆裂，爆裂的轮胎碎片击中飞机油箱和发动机，导致燃油泄漏起火，发动机毁坏，飞机坠毁，机上 113 人全部遇难。

2001 年 10 月 15 日晚，首都机场塔台报告，西跑道南端有一大块黑色不明物体，场务在西跑道 1500 米处发现两块轮胎外皮，首都机场运行指挥中心迅速通知国航、新华航和机场机务部门对本场所有飞机的轮胎进行彻查，结果未见异常。同时，指挥中心联系塔台，查清 1 小时内所有使用西跑道起降的航班，通知管调及签派对已起飞的航班予以监控，确保所有机组得到通知并采取措施。

2001 年 10 月 16 日夜，国航签派通知首都机场 TMCC，其一架飞机于 20:18 离港，23:54 在三亚落地后发现左主轮内侧轮胎外皮全部脱落飞机安全着陆。16 日晨场务对西跑道再次进行检查时，在 1500 米处西侧道肩又发现两块轮胎外皮。

(2) 道面污染。跑道道面污染将严重影响航空器在起飞着陆滑跑过程中的加速减速性能。道面污染的形式包括橡胶积存物、燃油/润滑油/液压油、积水/积雪/积冰等。

(3) 道面破损。道面破损的形式有板块破损，板块断裂，块角断裂，板边、板角破损，表面剥落，表面网裂及裂缝，补丁松动、破碎，道面变形(轮辙积水)，板间错台，板块松动，表面光滑，等等。

6.6 机 坪 安 全

机坪是飞行区内供飞机上下旅客、装卸货物或邮件、加油、停放或维修使用的特定的区域。

机坪事故，亦称发生在机坪上的航空地面事故，是影响民航安全的主要问题之一。近年来，在我国的一些机场发生了多起机坪事故，造成重大的经济损失，有人甚至失去了生命。民航局也将"停机坪撞飞机"列为影响民航安全四大问题之一。

6.6.1 国际统计数据

国际机场协会(ACI)将机坪事故分为如下七类。

(1) 机坪主要设备因操作不当对停放飞机造成的事故。机坪主要设备包括旅客服务设备、飞机装卸设备和飞机服务设备。旅客服务设备包括廊桥、客梯车和摆渡车等；飞机装卸设备有行李牵引车、行李拖斗、升降平台车、叉车、传送带车、食品车、清扫车等；飞机服务设备有清水车、污水车、油车、管道车、飞机拖车、拖巴、电源车、维修平台车、可升降飞机除冰车等。

(2) 机坪设备因操作不当对移动中飞机造成的事故。

(3) 飞机尾喷流对机坪设施设备损坏造成的事故。

(4) 机坪设备对机坪设备造成的事故。

(5) 机坪设备对机场设施造成的事故。

(6) 机坪飞机或设备因油料泄漏造成的事故。

(7) 以上六类事故和其他事故对机坪人员造成的伤亡事故。

ACI 对国际上每万架次飞机的机坪事故发生率的统计数据如表 6-4 所示。根据国际航协(IATA)的最新统计，停机坪事故的发生率与起飞次数相比是 0.67‰。如果把停机坪事故的发生次数换算成商用飞机年飞行次数(1460 万/年)的话，每年大约要发生 1 万起事故。据 SAS(斯堪的纳维亚航空公司)早些年的统计，每起事故的直接费用为 18500 美元，再加上间接费用，总费用为 74000 美元/起。飞行安全基金会副主席罗伯特·范登 2003 年 11 月 13 日在飞行安全基金会第 56 届国际航空安全研讨会年会上指出，由于停机坪上的航空器及其他设备和设施的损坏给承运人和社团/公务航空器运营人造成的损失超过 50 亿美元。

表 6-4　国际上每万架次机坪事故统计数据

事故类型	万架次率
由地面设备对停放飞机造成损害的事故	0.9
对移动中飞机造成损害的事故	0.33
由飞机尾喷流造成损害的事故	0.07
机坪设备对机坪设备造成损害的事故	1.49
机坪设备对机坪设施造成损害的事故	0.48
合计	3.27

在 1986 年 8 月—1992 年 12 月期间，波音公司只有 291 起地面事故报告。当要求 11 家经营者提供他们的地面事故的记载数据时，其报告总数为 2241 起事故。来自报告的这些数据概括了发生停机坪事故的具体原因、最大和最小百分点的范围及事故总数如表 6-5 所示。在范围栏中，最小的数字表示事故发生类型的最低百分比，而最大数则是最高百分比。有 1/3 强的报告中事故原因不明，各航空公司应全面改进事故统计方式，对事故采取预防措施。

表 6-5　波音公司对机坪事故的统计分析

损坏原因	范围(%)	事　件
空调车	0.93～1.79	32
行李车	1.33～12.20	127
带式装载机	0.41～9.66	122
货运车	1.2～22.58	50
配餐	2.67～8.85	137
集装箱	2.65～9.55	44
除冰	1.06～2.07	22
应急滑梯	1.06～13.33	26
燃油	0.01～5.33	33
地面电源	1.06～2.07	30
旅客廊桥	1.61～23.34	246
盥洗室水源	0.03～6.02	66
装货	5.57～9.92	101
维修	0.53～9.73	86
旅客登机扶梯	0.88～10.84	25
溢出	1.33～20.97	18
滑行—牵引	0.83～0.94	52
拖拉牵引杆	1.33～5.37	57
其他	12.00～43.35	194
不明原因	9.02～45.87	773
总数		2241

一些安全手册将事故归纳为三种类型：①自然行为占比 2%；②不安全条件占比 10%；③不安全行为占比 88%。

6.6.2　机坪运行特点

与机坪运行有关的人员包括旅客、空管人员(指挥飞机到机位)、航空公司签派人员(放行)、飞行人员(驾驶飞机)、现场指挥中心人员(分配机位、地面引导)、机务人员(含机务指挥及电源、气源车，清、污水车驾驶)、廊桥操作/客梯车(摆渡车)驾驶人员、货物装卸人员、加油人员、配餐及航空器垃圾清理人员、道面保洁人员，以及其他人员(如接送人员等)。

在机坪停(摆)放的设施设备包括飞机、廊桥/客梯及摆渡车(用客梯车一般有摆渡车)、电源、气源、空调车、油车(加油车或管线加油车)、牵引车、拖棒及其他机务维修设施、消防设施、清污水车、配餐/垃圾清运车、其他车辆(如机组车、VIP 车、地面服务人员接送车等)。

因此，机坪运行的特点可以概括为下述三点。

(1) 涉及人员多(旅客、工作人员、其他人员)。

(2) 涉及的运行保障单位非常多，而且大部分单位之间无隶属关系。

(3) 运行的车辆种类和数量多；从安全管理角度看，机坪是机场中非常拥挤而且非常危险的区域。

6.6.3 我国机坪保障常见的主要问题

停机坪运行管理常见问题有飞机与飞机相撞、飞机与设施设备相撞、机坪车辆与飞机相撞、恶劣天气对机坪安全造成影响、机坪保障其他问题，以及机坪旅客伤亡问题。

1) 飞机与飞机相撞

飞机与飞机相撞的主要原因包括指挥不当、飞机停放不当、机组观察不周、机务操作不当、飞机尾流影响、恶劣天气影响、道面标识影响、机坪尾喷流事故。

1996 年 4 月，洛阳机场因西安、郑州天气原因备降飞机较多，轮挡不够用，其中一架备降飞机没有挡轮挡，地面人员也没有采取进一步的措施，而机组也没有使用停留刹车。突然，一阵强烈的阵风，把该机吹向了另一架飞机，导致两架飞机地面相撞。

2001 年 4 月 10 日早，国航一架飞机从首都机场 232 机位推出后，在滑行转弯过程中，尾流将停在 231 机位的 CA1609 航班飞机向西南方向吹偏 30°，前起落架距停机线 2.4 米，机头翘起与廊桥相撞，廊桥左侧顶棚被划破约 15 厘米，该机前舱门受损，无法关闭，廊桥可正常使用，航班取消，无人员受伤。

2006 年 8 月 27 日，在北京首都机场停机坪滑行道上，东航一架正在拖出停机位的飞机与南航一架刚降落正在滑行的飞机相撞，东航飞机的尾翼和南航飞机的大翼严重受损。

2) 飞机与设施设备相撞

飞机与设施设备相撞的原因有设施设备操作或停放不当，设施设备或标志设置不当，引导飞机不当，飞行员操作失误，泊位信息错误，机务操作不当，施工管理不当。

1993 年 4 月 22 日，国航 707 飞机在天津机场着陆后向货运中心滑行过程中，与货坪边界施工的围栏铁架子相刮，飞机被刮伤一条 50cm 长和 30cm×10cm 的洞一个。

1993 年 6 月 13 日，国航 747 飞机在乌鲁木齐机场着陆后滑向机坪，在引导车引导下，机组按线滑行，滑向第二灯塔杆时，左翼碰灯塔杆，损坏翼尖外侧 20 多 cm，机坪滑行黄线距灯塔杆只有 29.4m，而 747 飞机单翼展为 29.84m，必然造成机翼与灯塔杆相撞。

1996 年 6 月 14 日，国航 747SP 飞机在斯德哥尔摩机场着陆后，滑向 17 号停机位，未到停机线时，左机翼与廊桥相撞，经查，机翼距机身 2m 处被撞一个洞，面积为 1.5m×0.5m。原因是地面指挥员将 747SP 机型误为 747COMB 机型输入显示器。直接损失 51.5 万美元，构成重大航空地面事故。

2000 年 7 月 24 日，国航大连机场将一架 B747-200 的飞机误发成 B733，机场运行管理部将该机安排在 219 机位，飞机到达后，机长看到 737-300 机型，与塔台联系后，显示屏改为 747-200 机型，但没有进机位的引导指示，机组往里滑时，被机务发现，及时制止，飞机滑过停机线 5m，向右偏移 0.5m，机身距前廊桥不到 3m。

2002 年 12 月 7 日，长安航机务为长安航 DH8 飞机排故过程中，机务在湿道面、气温接近结冰条件，道面摩擦性能下降，不具备试车的条件下强行试车，紧急处置失误，飞机向前滑动，压过轮挡，冲过新候机楼的施工隔离围栏，撞在未启用的 17 号廊桥立柱上，人员安全，飞机严重受损。

2004 年 12 月 12 日，国航一架 B737-800 飞机备降贵阳龙洞堡机场，飞机由滑行道向北进入北停机坪，国航机务人员指挥飞机机头向东停放(该停机坪按规定飞机机头只能向西停放)，在没有滑行标识的情况下，引导车盲目引导飞机滑行。滑行过程中，飞机左机翼前缘撞在高杆灯柱上，高杆灯向北倾倒，飞机左翼前缘距翼尖 123cm 处受损，构成地面保障和机务原因事故征候。

3)　机坪车辆与飞机相撞

机坪车辆与飞机相撞的主要原因有车辆停放不当、车辆故障、车辆操作不当等。

1996 年 4 月 23 日，东航一架 FK100 飞机停放在首都机场北坪 36 号位，航食公司某司机正在北坪与一号航站楼中间的沥青岛休息打盹，12:20，一工作人员上车让其开车去北坪，该司机在头脑尚不清醒的情况下，开车未按行车路线向北行驶，驶近 FK 飞机时，该工作人员突然发现前方飞机，急叫停车，因司机处在尚不清醒状态，情急之下一脚踩在油门上，车辆撞在飞机右翼上，飞机向左偏斜，造成飞机右翼撞坏，副翼和襟翼损伤，机上 1 名飞行员头部受伤，2 名乘务员腰部受伤。直接损失 666.5 万元。

1996 年 11 月 1 日 6 时，国航飞机在首都机场从 4 号坪经 B 滑行道拖向停机位途中，当拖到 J 滑行道转弯处，拖巴安全销被剪断，飞机在惯性作用下向前与拖车相撞，2 号发动机吊架 221、90 中梁以下严重变形，发动机整流包皮 5 点钟位被撞坏，拖车发动机后盖板被刮掉，直接损失约 200 万美元。经初步检查原因是前轮转弯销未起作用、机务和拖车司机配合不好(没戴耳机)。

4)　恶劣天气

恶劣天气可对机坪安全造成严重影响，机场和航空公司应对突发性灾害天气保持较高的警觉，并制定飞机风害防范预案，采取防范措施。

2000 年 4 月 5 日，东航通用公司米 8 直升机在沈阳机场过夜，天气大风、沙尘暴，在大风作用下，旋翼长时间挥动，系留绳拉断，直升机严重损坏，损失 141.1 万元。

2003 年 7 月 24 日，一架 B737-300 飞机在包头机场过夜时，因机场突发强暴风雨，造成飞机移动与机场廊桥相撞，飞机雷达罩、机身蒙皮和机身左侧隔框等受损，直接损失 96.28 万元。

5)　机坪保障其他问题

机坪保障其他问题有机坪地面杂物造成飞机损坏、机坪飞机内动物逸出、机坪飞机加油不当造成燃油泄漏、机坪设备或车辆故障漏油、飞机上货物泄漏造成装卸人员中毒、飞机在机坪放水排污(造成冬季结冰)、机坪消防问题、无关人员登机问题、相关人员违章操作等。

1997 年 8 月 9 日，北方航空 A300 飞机从机位推出，外场维修分部外航维修科朱关春、机械员丁燕京和国航地服拖车司机共同执行任务，丁燕京在飞机左侧(戴耳机)，当飞机推出 20 多米时，丁面朝下摔倒，前起落架左轮将其左臂及左腿压断，随后送医院抢救无效死亡。

2000 年 11 月 11 日，邮航运 8 飞机载运的邮件内的化学品破损、泄漏，10 名工作人员受到污染住院治疗。原因是在邮航收寄、交接、运输航空邮件中违反规定、违章操作。造成一般航空地面事故。

2001 年 4 月 23 日，停在 403 机位的 WH2156 航班、2717 号飞机经塔台同意后，在机位上试慢车，20:20 第二次试慢车时，超过试慢车范围(推力 60)，且缺少机务人员看护，将 20:30 从飞机后经过的国航机上服务队职工×××吹倒，双手表皮多处搓伤，西北航代办将其送医院治疗。

2002 年 3 月 4 日 20:20，CJ6582/B2315 航班 36R 落地后，在滑入首都机场 237 号机位时因轮胎抱死，导致轮毂摩擦生热起火，消防部门及时到场对轮胎喷水降温后，险情消除。因该飞机无法拖动，导致接飞的 CJ6112 航班被迫取消，237 机位停用。

2002 年 4 月 16 日，停首都机场 227 号机位的一架飞机故障漏液压油约 30m^2。

2004 年 11 月 10 日，一只小老鼠在东航飞机停落新加坡机场时钻进客舱被带回上海，后发现该机出现故障，估计飞机上一些管线已被老鼠咬断，而人们费了九牛二虎之力仍未使这只小老鼠"归案"。老鼠是啮齿类动物，要天天啃咬硬物，老鼠上了飞机十分危险，完全存在咬破管道、咬断线路可能。而这种可能一旦成为现实又没被及时发现、补救的话，造成机毁人亡的空难就只是时间问题。

2005 年 1 月 20 日，厦航 B737 飞机在某机场机坪机组启动发动机准备滑行时，左发吸入道面修补后脱落的小水泥碎块，多个叶片被打坏。

某日，南京禄口机场，汉莎食品公司为新加坡航空公司一架 B777 航班配餐，食品车停靠前右客舱门。配餐员从舱门外敲门，见客舱内无人应答，便由登机桥进入客舱，违章操作从舱内打开前右客舱门，应急滑梯随即放出，致使航班延误 50 分钟。

6) 机坪旅客伤亡事故

2002 年 8 月 19 日，南航 737 飞机执行香港—北海航班任务，21:34 旅客在北海机场下机时，舱外正下雨，一名盲人旅客在同伴的搀扶下走出舱门，打开雨伞，由于风大，两人被迅速吹落客梯车平台右侧，先后从栏杆摔下，造成重伤。事故原因是旅客自身存在视觉障碍，在大风作用下迅速失位，且难以保持平衡，在慌乱中翻下客梯车，构成一般航空地面事故。

2003 年 1 月 16 日，首都机场 BGS 摆渡车(A0350)送远机位 ZH890 航班旅客去西卫 15 号登机，在西卫 14 号机位，为避免与飞机抢行而踩刹车，摆渡车后厢扶手架从根部整体断裂，造成 1 名女士右肩轻伤，其余 28 名同团旅客未受伤，但拒绝登机，经机场医院检查无问题后，改乘 ZH802 航班 1720 离京。

第 7 章

空管安全

7.1 空中交通服务安全管理概述

近年来，我国民航运输业快速发展，运输总周转量多年保持世界第二，成为航空运输量仅次于美国的航空大国。在有限的空域资源条件下，空域流量的激增致使空中交通日趋拥挤，这也给空管系统安全运行带来了前所未有的压力。

空中交通管制活动作为民航运营服务的主体之一，其安全运行的水平对飞行活动的安全程度有很大影响。风险评估是认识空中交通管制系统安全水平的重要工具，风险测量是实现风险评估的核心内容。我国空中交通管制系统庞大，各个地区的管制方式、管制运行环境、管制设备等都有差异，因此有必要构建一个分析框架，通过自下而上的风险量化方法反映我国空管运行系统的整体安全状况和水平。

风险管理是安全管理体系的核心内容，是一种积极的、主动的事前安全管理方法，它包括风险识别、风险评估(衡量)和风险控制三部分。根据 ICAO《安全管理手册》中的定义，安全是用风险来界定的，风险是描述系统危险程度的客观量。风险作为抽象概念在进行风险管理时需要借助一定的方法或工具转化成易于与人们可接受的安全目标相比较的量化值，即风险评估(衡量)。风险评估(衡量)时对于抽象概念的风险如何量化为反映实际风险状况的具体、直观的量化值，是空管运行单位在开展风险管理工作时遇到的普遍问题，它成了制约建立安全管理体系的瓶颈。因此，开展风险评估(衡量)理论和方法研究，对保障空管系统安全目标的实现和提高空管安全管理水平具有重要意义。

2003 年在第 11 次国际航行会议上，俄罗斯联邦向 ICAO 提交的《在全球和国家层面对空中交通安全水平进行评估的问题》中提到，不同国家的空中交通安全目标水平及其评估方法可能不相同。将不可避免出现建立一个安全水平的全球指标问题，获得各国的安全水平评估，以及将它们与全球指标相联系等问题。因此，ICAO 有必要在总体上制定单一的、标准化的空中交通安全指标，明确指标的确定方法及其以后的实际应用。其总体内容旨在呼吁 ICAO 建立一套统一的指标体系以便于各个国家执行。在这种情况下，各国的任务就是要使本国的指标转向全球总体指标和全球总体指标转为本国的指标成为可能。

2004 年，美国联邦航空管理局《国家航空研究计划》有关空中交通管理系统部分中明确指出：要积极开展空中交通管理系统、人为因素、系统性能和评估办法、安全数据分析、工作负荷管理和分配，以及通信、导航、监视等数据的搜集和发布等方面的研究；开展航空安全分析方法的研究，开发更加有效的方法来确定安全等级，从而降低系统差错造成的后果。

空管安全指标体系的建立问题和数据收集工作同样也出现在我国对空管风险的研究过程中。

目前，国外对于空管风险测量方法的研究主要有两种不同趋向：一种方法是 ICAO、FAA，以及英国民航局颁发的《空中交通管理安全管理体系》，其中推荐的风险测量方法是风险矩阵法。风险矩阵法从事件发生的可能性和后果严重性两方面，按照划定的风险等级定性地将风险量化。这种方法比较简单，便于实际操作，但是由于划分的等级范围大，定性的成分居多，测量的准确性比较低；另一种方法则是基于数理统计的理论研究，通过严格的数学理论证明，建立风险量化的理论模型。主要代表是 Milan Janic 的泊松模型[①]，以及 Huan-Jyh Shyur 针对泊松模型进行参数修正后的模型[②]。基本思想是通过统计事故样本，对事故发生的数量进行指数处理，按照推导公式计算相关参数，最终计算出事故发生的概率，严重程度是通过死亡率来表示的。泊松模型假设事故的发生是相互独立的，Huan-Jyh Shyur 则认为航空业各种因素是嵌套在一起的，人员、技术、环境及组织因素都影响着系统安全，事故之间并不是完全独立的。因此，从泊松模型的基本公式出发，对涉及的相关参数进行了修改，使之更符合实际。然而，这种方法虽然使风险的量化有严格的数学理论支撑，但正因为其严密的推理过程致使该方法的操作过于复杂。

国内对于风险测量方法的理论研究较少，主要有曾亮提出的采用模糊综合的方法，丁松滨、徐松林等将灰色多层次模糊综合、证据理论应用在空中交通管理安全评价中。这几种方法在涉及风险指标量化时，采用了模糊、灰色或者证据理论，但其量化过程也是专家参与打分或者按照隶属等级进行划分，但比风险矩阵法的量化方法细化和准确。张元对民航定量风险评价模型进行了研究，其基本思想来源于其他行业的概率风险评价模型(PRA)，并针对该方法的不足进行了改进。万健、夏洪山、李敬对空管灾害诱因进行分析并建立了指标体系，基于统计方法对指标进行了量化，该方法结合管制实际运行状况，并利用了运行中的安全信息。中国民航大学民航安全研究所 20 世纪 90 年代末开发了空中交通安全管理安全评估系统，其主要目的是确定空中交通管理系统的安全程度。该评估系统对促进空管系统安全目标的提高起到了极大的推动作用。

7.1.1 我国空管运行系统

空中交通管制工作直接关系民航飞行安全和航班正常运转。其主要职责是负责拟订飞行计划，承办飞行审批，组织各种勤务保障；对飞机从起飞到着陆的全过程实施监督和管理；维护空中交通秩序，提高飞行时间和空间的利用率。

我国长期实行"统一管制，分散指挥"的空中交通管制体制，即在国务院、中央军委空中交通管制委员会的领导下，由空军负责实施全国的飞行管制，军用飞机由空军和海军航空兵实施指挥，民用飞机和外航飞机由民航实施指挥。根据《中华人民共和国飞行基本规则》的规定，民航飞机及交由民航保障的其他部门航空器的飞行，是在空军统一管制的原则下，由民航负责实施具体管制服务。民航各级管制部门按照民航管制区域的划分，对在本区域内飞行的航空器实施管制。

1. 空域划分

根据民用空域使用和管理内容的不同，民用空域分为飞行情报区、空中交通服务空域、禁航区、限制区和危险区。上述空域以代码或地理名命名。

飞行情报区是在其内可提供航行情报和告警服务的划定范围。目前，我国共划设了 11个飞行情报区，即沈阳、北京、上海、武汉、广州、昆明、兰州、乌鲁木齐、三亚、香港

---

① Janic, Milan. Air Transport System Analysis And Modelling[J]. Crc Press, 2000.

② Shyur H J. A quantitative model for aviation safety risk assessment[J]. Computers & Industrial Engineering, 2008, 54(1):34～44.

和台北。

我国管制空域分为 A、B、C、D 四类空域，对按照仪表飞行规则的飞行和按目视飞行规则的飞行提供空中交通管制服务。

A 类空域为高空管制空域，在我国境内 6600m(含)以上的空间，划分为若干个高空管制空域，在此空域内飞行的民用航空器必须按照仪表飞行规则飞行，接受空中交通管制部门的管制。

B 类空域(中低空管制空域)，在我国境内 6600m(含)以下，最低高度层以上的空间，划分为若干个中低空管制空域，在此空域内飞行的民用航空器，可以按照仪表飞行规则飞行，如符合目视飞行规则的条件，由机长申请，经中低空管制室批准可以按照目视飞行规则飞行。

C 类空域(进近管制空域)通常在一个或者几个机场附近的航路汇合处划设管制空域。它是中低空管制空域与塔台管制空域之间的连接部分。其垂直范围通常在 6000m(含)以下最低高度层以上；水平范围通常为半径 50km 或走廊进出口以内的除机场塔台管制范围以外的空间。在此空域内飞行的航空器，可以按照仪表飞行规则飞行，如符合目视飞行规则的条件，由机长申请，经进近管制室批准可以按照目视飞行规则飞行。

D 类空域(塔台管制空域)通常包括起落航线和最后进近定位点以后，以及第一等待高度层以下、地球表面以上的空间和机场机动区。

2. 管制单位

中国民用航空局空中交通管理局管理民航七个地区空管局，空管局下属民航各空中交通管理分局及空中交通管理站，形成了中国民航空管系统现行行业管理体制民航局空管局、地区空管局、空管分局(站)三级管理；运行组织形式基本是以区域管制、进近管制、机场管制为主线的三级空中交通服务体系。

塔台管制服务的范围是机场起落航线、第一等待高度层(含)及其以下地球表面以上的空间和机场机动区。管制内容包括航空器在机场管制区的空中飞行，航空器的起飞和降落，航空器在机坪上的活动，防止航空器与地面车辆、地面障碍物或其他航空器发生碰撞。较大的机场塔台通常把任务分为两部分，分别由机场地面交通管制员和空中交通管制员负责。塔台管制员在程序管制中的一般工作内容为塔台管制室值班员首先了解天气情况，检查通信、导航设备，校对时钟，检查风向风速仪、校正高度表等，并开放本场通信导航设备、清理跑道。接下来对航空器进行放行，指挥航空器按照规定路线和离场程序进入跑道和起飞，并将起飞时间通知空中交通服务报告室，最后将航空器移交给进近或区域管制室。

进近管制的范围称为进近管制区，它下接机场管制区，上接航路管制区。由于交接的需要，这几个区域之间有重叠的部分，进近管制的范围大约在机场 90km 半径之内，高度为 5000m 以下。主要负责飞机的离场进入航线和进近着陆，进近管制必须做好塔台管制和区域管制之间的衔接。进近管制的工作程序为航空器预计进入进近管制空域前，了解最近的天气实况，检查通信、导航设备，校对飞行预报和计划，填写飞行进程单，安排进、离场次序。之后开始守听，按时开放导航设备，向塔台管制室取得航空器着陆程序和使用跑道；开机守听，将离场程序通知塔台管制室；指示航空器按照程序飞行，最后通知航空器转换频率与塔台或区域管制室联络进行移交。

区域管制所提供的服务主要是针对飞行高度 6000m 以上的在大范围内运行的航空器。区域管制室管制员一般工作程序为审理各空中交通服务报告室申报的飞行预报和计划，及时给予批复，并将批准的飞行预报通知有关的管制单位和当地军航管制室。首先，要校对军航和民用航空器的飞行预报，阅读航行通告，拟定管制方案，听取天气讲解，研究航路、备降机场的天气实况和预报；待航空器起飞后，按照飞行计划电报各位置报告点的预计时间，填写飞行进程单，配备管制间隔，调配飞行冲突；之后开始守听，开放并利用通信、导航设备及航空器的位置报告，准确掌握航空器位置，监督其保持规定的航路和间隔标准飞行，最后与进近管制进行任务移交。

3. 管制程序

空管管制方式可分为程序管制和雷达管制。

程序管制方式对设备的要求较低，不需要相应监视设备的支持，其主要的设备是地空通话设备。管制员通过飞行员的位置报告分析、了解飞机间的位置关系，推断空中交通状况及变化趋势，向飞机发布放行许可，指挥飞机飞行。航空器起飞前，机长必须将飞行计划呈交给报告室，经批准后方可实施。飞机计划内容包括飞机航路(航线)、使用的导航台、预计飞越各点的时间、携带油量和备降机场等。空中交通管制员将批准的飞行计划的内容填写在飞行进程单。当管制员收到航空器机长报告的位置和相关资料后，立即同飞行进程单的内容进行比较，当发现航空器之间小于规定间隔时，立即采取措施调配间隔。

雷达管制则是雷达管制员根据雷达显示，了解管制空域雷达波覆盖范围内所有航空器的精确位置。20 世纪 70 年代初计算机技术和雷达结合实现了航管雷达的全自动化。这种系统把一次雷达和二次雷达的数据都输入数据处理系统，计算机接收来自三个方面的数据，第一次雷达的雷达信息、第二次雷达来的信标信息，并把它转换成数字码，第三次由航管中心输入的飞行进程数据，即飞行计划的各种数据。这个系统跟踪一架飞机时，如果它的飞行计划已经报告给航管中心，这时计算机中已经存储了有关数据，在显示屏幕上就会把这架飞机的下一步预计的位置和高度显示出来，管制员就可完全脱离进程单，直接在雷达屏幕上得到飞机的全部有关数据。这个系统极大地改善了空中管制环境，提高了管制效率。

我国民航采用的管制方法主要有三种，即程序管制、雷达监控下的程序管制和雷达管制。目前，我国民航空管系统积极推进雷达管制的普及，截至 2005 年年底，北京区域/进近、天津进近、济南区域、上海区域/进近等地区均实施了雷达管制，实现了由线到面的阶段性突破，此外，很多管制单位仍采用程序管制，或者雷达监视条件下缩小间隔的程序管制。

4. 管制设备

为了完成管制任务，管制设备主要包括通信、导航、监视，以及气象保障系统等。

空管通信系统从业务上可分为航空固定业务(平面业务)和航空移动业务(空地通信)，航空固定业务包括报文通信和直通电话，用于交换和传递飞行计划和飞行动态，移交和协调空中交通管制。航空移动业务指航空器电台与航空地面对空电台之间或航空器电台之间的无线电通信业务，该业务包括甚高频/高频(VHF/HF)语音通信和数据通信、卫星通信。目前，甚高频地空通信已成为管制主要地空通信手段，在机场终端管制范围内，甚高频通信可提供塔台、进近、航站自动情报服务、航务管理等通信服务。在航路对空通信方面，随着在全国大中型机场及主要航路(航线)上的甚高频共用系统和航路甚高频遥控台的不断建设，实现了我国东部地区 6000m 以上空域和其他地区沿国际航路 6000m 以上空域甚高频通信覆盖，在一些繁忙航路上达到了 3000m 以上的甚高频通信覆盖。

导航系统的任务是航线导引、着陆进港导引和其他导引。目前常用的导航方式为无线电导航、惯性导航及磁导航等。

目前，我国机场在终端区和航路无线电导航方面已经具备了一定的规模，提高了终端区和航路的导航精度。并在主要机场配备了仪表着陆系统，减少了因天气原因造成的航班延误。并且，为推动卫星导航在空管服务中的应用，进行了航路卫星导航监测试验工程。

监视设备是为了实时掌握航空器动态，以便引导航空器在责任区内正常飞行。其主要由雷达设备来完成，分为一次雷达和二次雷达。一次雷达中包括机场监视雷达，主要是塔台管制员和进近管制员使用；航路监视雷达，设置在航管控制中心或相应的航路点上，管制员用来对航路飞行的飞机实施雷达间隔；机场地面探测设备，主要用于繁忙机场的地面监控，塔台管制员用来控制地面车辆和起降飞机的地面安全。二次雷达可使管制员知道飞机的编号、高度、方向等参数，使雷达由监视的工具变为空中管制的工具。我国雷达监视系统已初具规模，在省会和干线机场基本上都装备了空管二次雷达，在主要机场都装备了空管一/二次雷达系统。

塔台管制主要靠目视来管理飞机在机场上空和地面的运动，近年来，机场地面监视雷达的使用使管制员的工作质量和效率有了很大的提高。进近管制的对象是按仪表飞行规则飞行的飞机，因此进近管制是依靠无线电通信和雷达设备来监控飞机。区域管制员依靠空地通信、地面通信和远程雷达设备来确定飞机的位置，按照规定的程序调配飞机间隔。

气象保障方面，民航气象台室应按照规定将现行气象报告和天气预报等气象资料提供给所在地的航空固定通信电台，发送给有关的管制单位。目前，我国各机场配备了气象观测和预报设备，包括气象数据库和卫星传真广播网、自动气象观测设备、气象雷达等设备，及时为航班飞行提供所需的气象资料。

5. 管制人员设置

空中交通管制工作由空中交通管制员负责实施，为了便于管制工作安全有序进行，管制员席位设置，以及席位布置方式在《中国民用航空空中交通管理规则》(CCAR-93TM-R2)及《民用航空机场塔台空中交通管制设备配置》(MH/T 4005-1997)中都有说明。按照管制方式的不同，管制员可分为程序管制员和雷达管制员；按照管制的技术水平可以分为主任程序(雷达)管制员、程序(雷达)管制员和助理程序(雷达)管制员。

在进近管制室中设立的席位包括进场管制席和主任席位，根据起落架次设置离场管制席。不能设置进近管制室的，可以在塔台管制室里设置进近管制席位。区域管制涉及飞行计划的审批、飞行间隔的控制，以及和军航活动的协商。必须设立的席位包括程序管制席、雷达管制席、主任席、飞行计划编制席，以及搜寻援救协调席，同时根据起落架次设立通报席、流量管理席及军方协调席。

在塔台管制室中根据任务不同设置了不同的席位，塔台席位可以分为塔台(机场)管制席、助理管制席、飞行数据处理和放行许可席、地面管制席、通报协调席和主任管制席。塔台管制席负责管制所辖范围内航空器的飞行。助理管制席协助管制席监视、管制航空器。飞行数据处理和放行许可席负责处理飞行数据、放行许可。地面管制席负责管制、监视在机场场面活动的航空器和车辆等。通报协调席负责向各部门通报信息、协调事务。主任管制席监视、管制各席位设备运行状态和各管制员的工作情况，负责应急协调。每个塔台管制室均应设置机场管制席及主任管制席，其余席位的设置则可视机场年起落架次而定。

如图 7-1 所示说明了塔台管制室所包含的席位，以及每个席位在实施管制工作时所需的管制设备，此外，塔台控制台上一般还会配置气象雷达显示器、灯光监视器、风速风向显示器、跑道视程/跑道能见数值显示器、气压值显示器、导航监视器等设备。

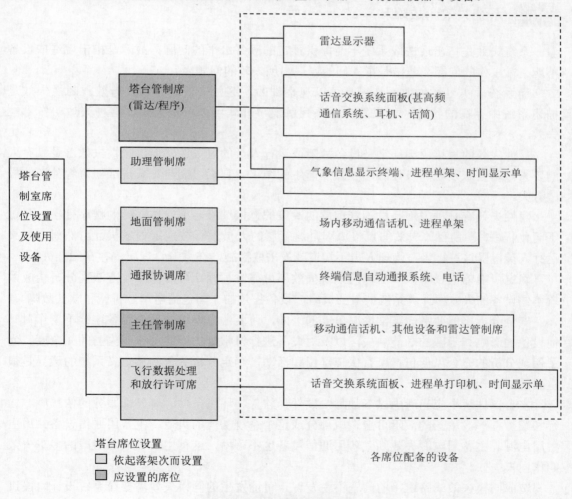

图 7-1　塔台管制室席位设置

7.1.2 空中交通服务安全管理的范围

在空中交通管理体系的各要素中，空中交通服务安全管理系统只能通过控制在空中交通服务系统内部产生的危害，或者控制以空中交通服务系统的要素为成因的危害来开展工作。

空中交通服务系统不能直接了解因航空器系统故障而产生的紧急情况。然而，重要的是处置飞行中紧急情况的空中交通管制程序不要使紧急情况发展成为事故。

空中交通服务系统包括提供空中交通服务需要的所有的人员、技术和程序，以及他们之间的接口。在一些特殊情况下，如图 7-1 所示的功能不一定在空中交通服务提供者的直接控制之下。对整个系统的安全的评估必须考虑外部服务对安全造成的影响。

7.1.3 系统失效、故障和差错

系统失效是指出现造成系统不能提供预定的服务水平的问题。故障是指出现造成设备不能正常工作的问题。差错是指人们的表现出现失效的问题。

当系统确实已经失效，结果是可以观察到的，这种失效叫作显性失效。隐性失效是描述系统中存在的状态，如果发生一系列触发事件就可以引发失效，这种失效叫作隐性失效。

显性失效的直接原因通常是设备故障或运行人员的过失。然而，隐性失效总是具有人的要素。这是未发现的设计缺陷和漏洞产生的结果，它们可能与正式批准但未经验证的程序有关。

隐性失效有几种表现是机构管理层的决策的直接结果。不能按正确的程序行事；与过于简化程序(捷径)有关失效的直接原因是运行层的人员没有按规定程序执行。然而，如果运行人员接受这种行为，管理人员不知道或没采取措施，在系统管理层就存在隐性失效。

确定可能的由设备故障引起的系统失效属可靠性工程。可靠性工程方法用分析构成系统单件设备的失效率计算系统失效的概率，设备失效的原因包括电子、机械和软件故障。

安全分析不但要考虑正常情况可能的失效，还要考虑系统的部分设备连续不工作对其他设备的影响和隐匿的功能缺失，以及对设备进行日常维护不能工作而失去的冗余度。为了保证分析的充分以便包括所有保障部门和活动，确定分析的范围和定义系统的边界是很重要的。

安全评估至少应当考虑以下故障：硬件、软件、环境条件、对外部服务的依赖度、运行和维护程序。单一的故障可能造成部分或整个系统功能的失效；主备用通信设备共用主备用电源。主备用电源失效则主备用通信设备也不可用，这种由一个故障造成的多重失效叫作同模失效。

造成同模失效线路连接的问题不易发现，可能发生的同模失效需要在系统设计阶段进行详细的排查。

7.2　空管风险因素识别

要理解风险的概念，首先要澄清安全和危险的概念，以及它们之间的关系。在系统安全管理中，安全被定义为在生产过程中，人或物遭受损失的可能性在可接受范围的状态。在航空运输业中，国际民航组织在《安全管理手册》(SMM，DOC9859-AN/460)中将安全定义为一种状态，即通过持续的危险识别和风险管理过程将人员伤害或财产损失的风险降至并保持在可接受的水平及其以下。

安全和危险是一对矛盾体，即不安全就等于危险。而风险是用来描述系统危险程度的客观量，风险被定义为某一特定危险情况发生的可能性和严重性的组合。风险因素是指可能导致人员伤害或者财产损失事故的潜在不安全因素，空管风险因素识别是指对可能影响空管系统安全运行的不安全因素辨识的过程。风险因素识别作为风险量化和风险评估的基础内容，识别的风险因素是否全面、准确将直接影响风险评估的可信度和有效度。

7.2.1　空管风险构成

在进行风险因素识别时，首先要熟悉研究对象，明确风险识别范围，并按照一定的规则或模型进行识别工作，以确保重要的风险因素不被遗漏。同时，由于风险评估的目标不同，风险预警的灵敏度要求不同，风险识别的详略程度也不同。因此，首先要明确塔台风险因素的识别范围，这项工作是在风险因素识别之前展开，其目的是了解系统的构成。

ICAO 在其《空中交通服务安全管理手册》中指出，空管安全管理范围包括人员、技术及程序。其中人员包括管理人员、管制人员、工程技术人员和一些助理员；技术包括通信、导航、监视、情报各方面的技术支持；而程序则包括运行程序和维修程序两部分。如图 7-2 所示，图中把空管复杂的运行系统条理分明地进行归类，这样的模式有助于了解空管运行过程。

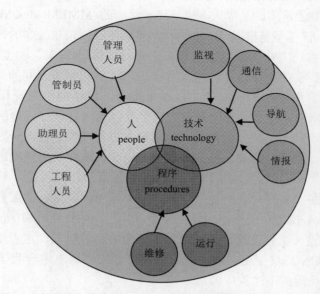

图 7-2　ICAO 空中交通服务安全管理范围

FAA 在《联邦航空局安全管理手册》(针对国家空域管理系统使用)中对空管运行系统风险构成进行了分析，FAA 称其为"5M"(Man/Machine/Management/Media or Environment /Mission)模型，如图 7-3 所示。FAA 认为，在风险识别阶段要尽可能考虑所有会导致系统失效的因素，而这些取决于系统的本性和考虑的范围。在"5M"模型中管制范围包括设备(软件/硬件)、运行环境(包括客观环境条件、空域和航路的设计)、运行人员、人机界面、运行程序、维修程序，以及管制单位与外部相联系的其他服务。

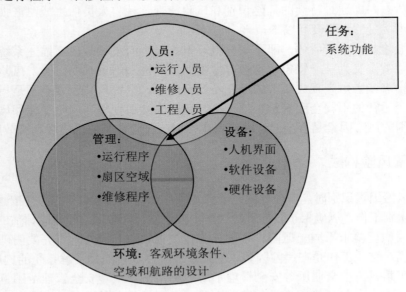

图 7-3   FAA 风险管理"5M"模型

通过对比，虽然 ICAO 与 FAA 模型的分类方式、界定的研究范围各不相同，但对于空管系统描述和认识所起的作用是相同的。

目前，我国民航业常用的是"人—机—环—管"的 MMEM(Men/Machine/Environment/Management)模型，该模型是根据 20 世纪 40 年代美国康奈尔大学的怀特提出的人、机、环境的观点，以及纽约工业学院堪提里等人建立的以管理(规章、制度)等作为边界的人、机、环境之间的关系模式发展而来。与 ICAO 及 FAA 模型所不同的是，我国只提出了空管"人—机—环—管"模型的二级构架，却未指明二级模型在空管行业所特指的三级因素，例如 FAA "5M"模型中管理因素在空管行业包括运行程序、扇区空域、维修程序。这种情况往往导致研究人员需要根据自己的研究内容对模型进行再研究，因此，目前在空管行业还未形成统一的模型构成。其次，这种差别也表现在对模型概念和内涵的理解上，在 MMEM 模型中，一般认为管理因素是高于其他因素的外围因素，而"5M"则认为环境因素会对人员、设备及管理产生一定的压力，因而环境因素是其他因素的外围影响因素。此外，ICAO 和 FAA 模型中的管理因素主要是对运行程序和空域扇区的管理，而我国则偏向于对规章制度建设、文件管理、人员培训等方面内容的研究，这点是对模型认识上的最大差别。通过对 ICAO 及 FAA 空中交通管理理念的理解，结合我国空管的实际运行情况，可以得出空管风险的下述构成因素。

(1) 人员因素主要是指区域管制、进近管制、塔台管制、报告室等管制运行人员。

(2) 设备因素主要包括通信、导航监视、气象设备的软件和硬件设备。

(3) 环境因素主要指影响管制运行的内部和外部环境。外部环境主要是指机组原因、恶劣天气、机场的鸟击意外、升空物体，以及发生在机场范围内的突发事件和空域(扇区)、航路、流量等对空管工作造成的影响；而内部环境主要指管制员在管制室内所处的工作环境。环境因素虽然不是管制自身问题，也不在可控范围之内，但这些因素可以增加管制人员的工作压力与管制设备的工作负荷，是空管系统正常运行潜在的安全隐患。

以前，我们将"人—机—环—管"模型中的管理更多地理解为对规章、文件和人员的管理，但作为民航局下属的各管制单位，规章的下发、组织结构等的管理是基本一致的。因此，实际运行中对于管制程序的计划、组织及实施应作为管理的重点来考察，而且，一旦管制程序出现错误，就有可能导致不安全事件或者航空事故的发生。因此，管理因素指运行中管制程序的计划、组织及实施是否合理。空管的塔台管制负责向机场安全服务部门提供告警服务，因此机场管制的应急处置程序是否缺失也应考虑在内。

这种分类方法具有下述优点。

(1) 从构成系统的最基本要素出发，从事故的根本原因着手，因此具有普遍意义。

(2) 充分体现安全是一项全员、全要素、全过程的活动。

(3) 管理中重点体现了空管运行系统独有的程序系统，同时，以管理作为控制、协调手段，协调其他要素之间的相互关系，并通过反馈作用将系统状态的信息反馈给管理系统，从而不断优化安全系统。

7.2.2　风险因素识别途径

风险因素是指可能导致人员伤害或财产损失的潜在的不安全因素，对风险因素的识别过程是风险管理人员运用有关知识，系统、全面和连续地发现单位运行中面临风险的过程。风险识别工作主要是收集有关风险因素、风险事故和损失等方面的信息。风险识别作为风险评估和风险预警的基础内容，识别得是否全面、是否准确直接影响着风险评估的可信度和预警的有效性。从而，要从不同途径收集相关信息资料，全面地分析系统运行中潜在的风险，本文主要从以下三个方面进行信息收集，并针对不同的信息来源采取了不同的分析方法。

(1) 对单位运行的历史数据进行分析，主要是历年空管单位运行中的不安全事件。

对已经发生的事故进行成因分析是识别风险的最直接、最有效的途径，事故潜在的不安全因素在日常运行中不是偶然形成的，征兆在事故发生前通常都会存在，只是未被管理者察觉或者一线工作人员长期这样操作。因而，事故调查可以暴露出单位运行中的安全隐患。但是，这种方法是一种被动的和代价高昂的改进安全的方法。早在 1969 年进行的行业安全研究表明，每 600 个报告的没有造成伤害或损失的事件，会有大约 30 个造成财产损失的事故征候；10 个造成严重伤害的事故；1 个造成重大致命伤害的事故。海因里希的 1∶29∶300 的事故致因理论及"冰山理论"都蕴含着相同的道理。同样地，对我国民航所作的初步分析表明，大约每 35 次事故征候，就有 1 次二等以上的事故。这些数据都表明调查不应只着眼于那些很少发生的事故，导致此类事故发生的因素可能存在于大量的事故征候和不安全事件中。航空事故发生的概率很小，而运行中的不安全事件却时有发生，通过对大量的不安全事件的研究也可暴露出空管运行单位的安全隐患。大量的不安全事件数据分析是认识单位安全状态的有力说明，对风险识别具有积极作用。

(2) 综合应用风险识别工具，对空管运行过程进行风险辨识。

通过历史数据分析识别的风险因素，只能作为单位安全状态的参考。由于每年的安全投入、安全改进措施、安全方针等的差异，导致单位安全水平差别较大，而这些只能从单位的日常运行中体现。因此，需要对空管单位的日常运行过程进行分析来进一步辨识风险。目前，空管行业还没有指定的或统一的风险识别工具，大部分是综合运用安全系统工程中对系统安全进行分析的方法和工具。ICAO、FAA 以及我国在空管行业的安全管理手册中都推荐了常用的识别工具，包括安全检查表(Safety Checklist)、预先风险性分析(PHA)、事件树(ETA)和事故树(FTA)等。FAA《联邦航空局安全管理手册》(针对国家空域管理系统使用)中介绍了 23 种风险识别工具，推荐的比较适合空管系统运用的识别工具有"what if…"、运行分析工具(The Operations Analysis)及 SPT 工具(The Scenario Process Tool)等。而且空中交通管制工作是严格按照各项程序要求展开的，如管制移交程序、跑道程序等，一旦程序中某个环节出现错误，就可能导致其指挥的航空器出现飞行事故。因而对工作流程的分析可以清晰地展示出运行环节，以及工作接口的风险，同时能够全局、系统地辨识运行过程中的风险因素，弥补了事故分析只能针对性地突出部分风险的缺陷。

(3) 对空管单位进行的安全审计和安全评估结果进行分析。

目前，我国民航空管系统建立的安全信息系统(ASIS 系统)采用的风险分析模型是基于空中交通事件的故障树分析法，并结合 SHEL 和 Reason 模型，对空管系统的风险因素及形成机理达成了共识。ASIS 系统对每起空中交通事件的分析可分为五层：第一层是事件的基本信息，包括事件发生的人、设备伤害和事件发生环境等基本信息；第二层是对事件发生过程进行描述，即按照时间顺序记录事件涉及的航空器动态和有关人员的行为；第三层是事件的差错及其原因分析，即利用 Reason 模型分析导致事件发生的各种可能性和确定性原因，这些原因正是空管系统运行过程中的风险因素；第四层是事件的深层次差错诱因分析，利用 SHEL 模型对导致每个差错的所有可能的系统缺陷进行查找和分析；第五层是措施层，针对每个差错诱因制定预防措施和提出建议。分析的基本框架如图 7-4 所示。

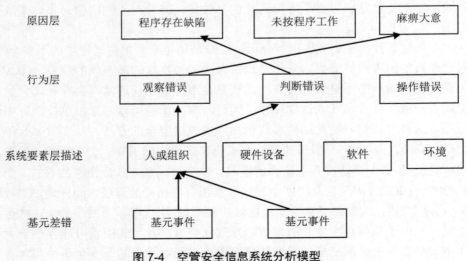

图 7-4 空管安全信息系统分析模型

民航局空管局对下属单位进行的安全检查、安全审计等是对单位整体运行安全状态的评价，是业内专家采用安全审计表、安全检查表的形式进行的现场评审，检查的是单位"文实相符"的水平，即对规章的执行力。因此，可以作为风险识别的补充项加以利用。

7.2.3　风险分类

我们主要的安全目标是尽可能合理地降低引起飞机事故的风险。为了确定什么是合理可行的，我们需要能够把风险分类。在空中交通服务中不像在其他行业中那样明显。

这一章介绍了基本的风险评估和讨论了两种方法。第一种是监视能直接影响飞机安全的空中交通服务系统失效而引起的危险。第二种是用 UKNATS 监视影响控制安全检查系统的能力的系统不工作的情况，在这种情况下引起的事故不容易被发现。

风险分类和评估的程序是要素安全管理的工具。一旦风险被分类和被评估以确定哪些是或哪些不是可以接受的，我们有评估 ATS 系统安全和在有关安全情况下显示评估程序的最终结果的基础标准，安全评估和安全情况是接下来章节所要讨论的目标。

1. 风险分类

安全评估、风险评估和危险分析都是在评估风险程序中用到的术语，以便它们能被很好地管理。有各种不同的风险和危险的定义。为了在 ATS 中应用，一个非常有用的对危险的定义是，能引起飞机事故或安全事件的情况或事件。风险能被定义为可能性和引起的危险的预计结果。用零和非零来表述可能性：非零代表完全确定可以发生危险；零代表完全不可能发生危险，也就是说，将来有一天我总会死去的可能性为 1，我将来成为总主教的可能性为 0。硬币的正反面的可能性是 0.5。一个事件的可能性按照经验可以被表述成

$$可能性(P)=事件发生的总数/试验的总数$$

例如，如果记录表明，在过去的 6 年里(大约 52560 小时)一个机场里的监视雷达有 2 次损坏，可以假设雷达损坏的可能性为

$$P=2/52560=0.000038/工作小时$$

数字 0.000038 通常被表示成 3.8×10^{-5}，或更方便一些的方法 3.8E-5。

当危险的严重性已经被评估和引起危险的可能性已经被估计出来了，就可以作出决定具有危险的后果可以被接受。如果不能接受，我们通常对可能性的因素采取一些措施以减少引起危险的变化到可以接受的程度。怎样做呢？假设通过图标解释的方法，我利用重要的、次要的和可以忽略的简单的术语来描述不希望发生的事件(危险事件)的结果的严重程度。为了代替*描述可能性的数字，我们利用像频率、偶然和未必会等描述性的术语。危险的影响是结果的严重程度和发生危险的可能性共同引起的，并且我们能决定危险的可接受性。通常情况下指定高发生率的不希望发生的事件的重大影响是不可接受的，然而如果事件发生的可能性非常低，虽然是不希望发生的，但是可以容忍这样有重要影响的危险。如果消除经常可以忽略的事件的代价超过了得到的更高的可靠性带来的益处，我们也可以接受这个事件。这是判断危险可容忍性的程度，结果如表 7-1 所示。

表 7-1　危险容忍度

可能性的定性	安全等级		
	重要的	次要的	可忽略的
经常	不可接受	不可接受	不可接受
偶然　未必会	不可接受	不可接受	可接受
	可接受	可接受	可接受

被确定为参与和进一步所需的任何证据；如有必要，再接受本地员工。如果单独管理调查正在进行，必须统筹这方面尤其；以及不考虑任何单位和参与面试(例如航空公司当地承包商、机场工作人员)。

我们已经明确职权的危害、概率和风险可以不同程度的，只有估计概率一个危险性发生的都是我们在立场来判断的可接受性或者可承受性由此导致风险避免出现混乱对术语、名词的危害分析将用作的过程中查明危害的情况，评估它们严重性，并估算的概率风险系数的评估将用作的过程中决定承受性的风险期间查明的危害安全性分析的评估将被用来形容所有进程用来评估某一个输入优才计划至评估是否风险得以减轻尽量在合理实际风险。

2. 按机场系统分类

最危险的行业采用最严重的事故或伤害行为作为灾难严重等级分类的基准。这种进近也同样被用在我们所说的机场系统。例如，地面进近着陆辅助设备 ILS 和 DME，或者为飞行员提供信息的系统跑道视程测量仪表系统。当出现一个失败的系统时，对这种系统的影响和危险程度分析已确定系统全部失效、部分失效和异常反应对飞机或者其占有者的影响，这种危险能够被评估或者基本符合安全要求或者危害被缓解。欧洲适航标准文件 JAR23.1309 对这种影响的严重性和概率之间的关系和标准进行了表述。概论以每飞行小时或者在仪表进近下每次着陆来衡量。

JAR25 大系统被看成一个整体，系统失效、人为因素、外部环境和系统内部及系统之间的相互作用应该被考虑在内，如图 7-5、图 7-6 所示。

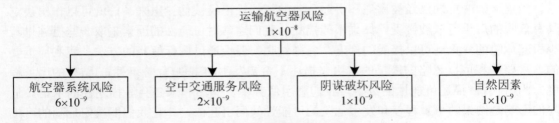

图 7-5　运输航空器风险概率

因此，为了达到在容忍限度以内的安全要求或目标，不仅必须考虑系统地面部分的性能和可靠性，而且还要考虑航空电子设备的稳定，如指示失效、飞行程序(复飞或改航)。

飞行阶段和系统可以在怎样的环境中使用。因此，影响和严重性分析需要在相关的航空电子设备和飞行特殊情况相关联时开展。

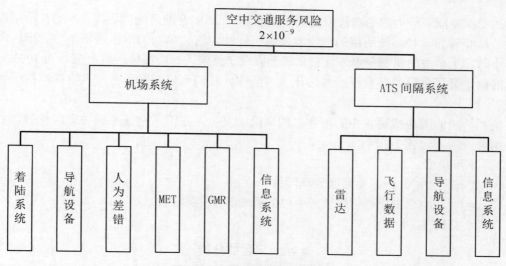

图 7-6　空中交通服务风险概率

3. 按 ATS 间隔分类

空中交通服务常常为飞行信息系统提供、操纵和维护地面设备。空中交通管制系统的另一个不同目的，如监视雷达。后者帮助大部分民航空管员保持安全的飞行间隔。问题是空中交通管制的缺失或降级对航空器和其占有者的影响是很难预知的，除非在清楚界定的环境中，因为这其中有太多变化。最坏的情况(悲剧性的)明显是两架航空器相撞。但是很少有为避让而作机动或者在最后进近着陆阶段复飞导致旅客受伤或者飞机机身过应力。除了难以预报这种空管的缺失或降级，飞行事故或事故征候的可能性也很难量化。这是因为分配给每架航空器的空域都设计得足够大——减小自由相撞的可能性，允许航空器仪表和雷达有误差，并且给空管员或飞行员一些反应时间来改变这些事。

保持航空器间隔标准对于安全的空中交通管制服务来说是最基本的——因为依赖管制员或飞行员在最后时刻作出反应是不可取的。如果失去空中交通管制或者由于设备失效，最低间隔标准将不能被保持，突然全部失去空管能力是最糟糕的情况，尽管一次空中相撞可能发生也可能不发生。这就是英国 NATS 空中交通管制系统灾难危险程度分类的途径的基础，并支持实现保持航空器间的安全间隔的功能。危险被按照对空中交通管制的危害程度来划分，并且还把处于危险中的时间、是否有后备支持系统和随危险而来的管制员的工作压力增大以至于达到使他出现错误的现象都考虑在内。下面关于空管系统危险最高等级的定义阐明了这个基本原理。

一级危险的定义是，管制区内一个或几个扇区(或者是与其相当的空域划分)在持续相当长的时间内突然丧失了管制能力。换句话说，管制员没有任何可能的手段来管制航空器，航空器的间隔也会改变。最显而易见的例子就是在一个临界时间段内管制员和航空器之间的联系完全中断。这个临界时间的确定依靠很多因素：扇区内预期的交通密度、空域结构、所使用的飞行程序、所提供的管制服务的类型等。并且它可能从几秒钟到几分钟不等。临界时间段成为通信系统的安全要求。

在 NATS 分析中还有三种比较轻的等级，根据对航空器的管制能力的降低程度和随之而来的对保持间隔能力的影响程度而定。虽然基于 JAR25 的可能性等级，NATS 所用的可能性区域和评估这种系统所用的危险容差是不同的。这些单元的单位是每个空管扇区每个工作小时发生事故的概率——并且它是基于假设在英国飞行情报区内整个空域为 100%。

前面定义了危险的严重程度并估计了可能性，我们可以判断所造成风险的可接受性和容差。

更加严重的潜在威胁较小的可容忍的风险的发生，在国家空域系统中有四种等级的类型被结合应用，如表 7-2 所示。

A：不可接受。

B：不被期望的——需要高级管理同意。

C：运行当局(空中交通管制服务单位的管理者)可接受的协议。

D：可接受的。

表 7-2　风险的分类

每部分每运行小时的时间发生可能性		分类			
		Ⅰ 类	Ⅱ 类	Ⅲ 类	Ⅳ 类
经常的	$> 10^{-3}$	A	A	A	C
可能的	$10^{-3} \sim 10^{-4}$	A	A	B	C
偶然的	$10^{-4} \sim 10^{-5}$	A	A	C	D
需要很长时间间隔的	$10^{-5} \sim 10^{-6}$	A	B	D	D
不可能的	$10^{-6} \sim 10^{-7}$	B	C	D	D
极不可能的	$< 10^{-7}$	C	D	D	D

表 7-3 指出了有关在每个扇区每小时的特殊危险可以被容忍的可能性。在一些情况下，特别对于第四类事件，可被容忍的失效可能性来自对安全的看法，这种来自安全的看法是出于在经济考虑中是不可能接受的。如果在这些情况中有更高的可靠性和实用性的等级是被需要的，一个财务的成本效益分析在决策是会被应用——不是一个无法决策的安全需要——或者正确地制定显著的"亡羊补牢"的过失。

表 7-3　可能性分类

可能性种类	定性的定义	定性的数值(每个扇区每个工作小时发生事故的可能性)
经常	可能会时常发生	P > 0.001
可能	在系统寿命期内可能会发生很多次	P = 0.001～0.0001
偶然	在系统寿命期内可能会发生几次	P = 0.0001～0.00001
很少	不会发生，但是存在可能	P = 0.00001～0.000001
不可能	很不可能发生	P = 0.000001～0.0000001
绝不可能	极其不可能，如果发生了很难以置信	P<0.0000001

可容忍的分类 A 到 D 是以经验为主而决定的，这就是为什么在可接受和不可接受的

事件上有一些自由范围。如果需要它们将会根据经验被修订，但是它们形成了一种适用的一般基础，为了获得对于新的空中交通服务系统的与功能等级相关的安全需要，不可能去估计来自 ATC 失效或降级导致的事故，近进也是相似的。

以上讨论了两种风险分类的方法——第一种可以称为机场系统，而第二种则是为了支持空中交通管理中保持飞机间安全间隔的任务。而这之中最重要的一点是视这一系统为一个整体，而这也就是对其进行分类的功能。例如，可以设定在繁忙的空域里陆空通话失效时间不超过 15 秒的等级 1。这并不意味着需要指明系统的某组成部分的失效概率要低于百万分之一，而这一概率也是不大可能达到的。我们可以进入为某个扇区的整个通信系统，并且把其设计成关键部件具有重复性冗余性(如有主系统、备份系统和紧急送受话机)或者多样性(即和相邻扇区之间相互覆盖信号)，并设计可运行的 ATC 程序来降低风险。在这种情况下就可以保证某一扇区通信的高度可靠性，而不用专门考虑某一组成结构的不切实际的可靠性。也就是说，通信失效的风险由整个系统组成部分来共同分担。安全评估程序也证明这是可以达到的。

7.2.4 空管风险因素识别过程

通常情况下，空管单位没有足够的损失或者事故资料来识别单位面临的风险，为了更好地识别风险，风险管理者往往首先获得具有普遍意义的风险管理资料，其次运用一系列具体的风险识别方法，发现单位面临的风险。本文识别空管运行中的风险因素是对来源于不同途径的资料，采用有针对性的识别方法，最后，对这些不同层面识别的风险进行分析和综合。需要说明的是，由于空管行业有些数据的保密性，以及数据普遍比较匮乏，收集的是空管行业运行中重大差错以上且强制上报的不安全事件。这些数据反映了空管行业普遍存在的问题，因而分析结果具有代表性和普遍性。

1. 不安全事件分析

空管局人为因素工作小组收集了 1992－2001 年全国 119 起空管原因造成的不安全事件，这些上报的事件是指管制严重差错以上的不安全事件，在《中国民用航空空中交通管理规定》中对空管事故、事故征候、差错进行了定义。在这 119 起空管原因的不安全事件中，全国各地区的统计情况如表 7-4 所示。

表 7-4 1992—2001 年我国各地区空管不安全事件统计

管制区	共 计	责任单位	小 计	责任管制室	发生次数
东北	7	沈阳	2	塔台	1
				区域	1
		大连	4	塔台	2
				区域	2
		长春	1	塔台	1

管制区	共 计	责任单位	小 计	责任管制室	发生次数
华北	18	北京	16	塔台(含进近)	8
				区域	8
		呼和浩特	1	区域	1
		天津	1	塔台	1
华东	32	上海	10	塔台(含进近)	2
				区域	8
		合肥	3	区域	2
				塔台	1
		常州	1	塔台	1
		南昌	5	区域	5
		青岛	1	区域	1
		烟台	1	塔台	1
		景德镇	1	塔台	1
		福州	4	区域	4
		黄山	1	塔台	1
		厦门	3	区域	3
		济南	2	区域	2
中南	42	广州	19	塔台(含进近)	6
				区域	13
		汕头	1	区域	1
		桂林	2	区域	2
		长沙	4	区域	4
		武汉	3	区域	3
		郑州	9	区域	8
				塔台	1
		深圳	1	塔台	1
		海口	1	塔台	1
		珠海	2	塔台(含进近)	2

续表

管制区	共　计	责任单位	小　计	责任管制室	发生次数
西南	13	成都	4	塔台	3
				区域	1
		昆明	1	区域	1
		重庆	3	区域	2
				塔台	1
		贵阳	4	区域	4
		万县	1	塔台	1
西北	7	西安	7	区域	5
				塔台	2
总计	119				

下面列举几起典型的由于管制问题导致的不安全事件，并对其发生的原因进行分析。

(1) 1998 年，广州进近管制室值班管制员指挥两架相对飞行的飞机，一架飞机上升到标准气压高度 2100m，另一架下降到场压 1800m。直到其中一架飞机的飞行员询问相对飞机高度时，管制员才意识到指挥错误，指挥两机各自右转避让。事后经雷达证实，两机在预料上空相遇时，高度差仅 150m。在这起事故中，管制员应负主要责任。经对事件过程进行分析，管制员的工作状态是影响这起事件发生的主要原因。广州进近管制区飞行架次多，流量大，管制员心理处于高度紧张的状态。当出现这种需要过度关注的飞行调配状况过多时，管制员无法合理地分配和转移注意力。

(2) 2000 年 5 月某航班进场下降，另一航班离场爬升，管制员准确判断了可能的冲突，下达了该航班下降到 2400m，另一航班上升到 2100m，保持了 300m 高度差的指令，而后又处理了几个问题就忘了此事，最后该航班下降到 1800m，两机在相遇时小于间隔。这起不安全事件是由于管制员遗忘造成的，除了人自身的记忆因素外，管制员的违规操作也是造成遗忘的原因，管制员提前将进程单移交下一席位，允许飞机提前脱波等都使管制员更容易忘记管制区内的飞机。

(3) 1999 年 9 月某区域发生一起空管原因的事故征候，此时整个区域内只有 3 架飞机，而值班管制员一直在写通信报道。同月另一区域发生事故征候时整个区域也只有 6 架飞机。FAA 的研究表明管制员人为差错大都发生在低负荷状态，低负荷使管制员烦闷、单调，降低了警觉性使监控能力下降。在管理中往往只重视管制员的能力能否胜任流量高峰期的管制工作，而忽略了管制员在工作量较小时麻痹大意的潜在危险。航空医学研究结果表明，低工作负荷会使管制员觉得单调、厌倦，如果要求在低工作负荷下工作 1 个小时以上，即使是受过良好训练的管制员也容易注意力分散，而被环境中其他无关事物吸引。

(4) 1996 年 2 月，某区域管制室因管制员睡着，造成大韩航空公司 924 航班在北京与大连的交接点附近盘旋等待 17 分钟；1998 年 5 月某区域管制员值夜班时打瞌睡没听到移交电话铃声和飞机的呼叫，导致区域管制失控，两架外航飞机盘旋等待 10 多分钟；1999

年 6 月 23 日，某区域管制室管制员因睡着，造成某航班 17 分钟无人指挥；2001 年 9 月 16 日，某区域管制室由于管制员过度疲劳并在管制席位上睡着，导致在 20 分钟内 6 个中外航班无法与该区域管制室建立通信联系。这些重复的事件都是由于管制员的疲劳造成的。

(5) 2006 年 8 月，在首都机场三号停机坪 Z6 滑行道上，一架东航 MU5178 出港时，机翼与一架进港南航客机 3101 尾翼在机场 311 登机口处发生刮蹭，东航客机垂直尾翼和南航客机右大翼受到不同程度损坏，事故被定性为重大航空器地面事故。经民航局调查结果显示，除了机务和机组的原因外，北京塔台地面管制员对两机冲突的监控不力，未能及时向两机通报信息避免冲突也是这起事故发生的主要原因。

通过对收集的不安全事件进行原因分析，人为因素课题组分析了 37 种导致空管事故的差错原因，如表 7-5 所示，表中各因素的差错原因按照发生次数由多到少进行排序。

表 7-5　空管不安全事件原因分析

因　　素	差错原因	差错次数
人 为 因 素	1. 注意力分配不当	29
	2. 个人违规操作	28
	3. 特情处置能力差	20
	4. 小流量，思想麻痹	16
	5. 未认真收听飞行员复诵	11
	6. 业务知识掌握不牢	11
	7. 管制员口误，言不由衷	5
	8. 技能有限，在大飞行量的情况下，管制混乱	5
	9. 疲劳上岗	4
	10. 漏发放行指令	1
	11. 地空通话用语不规范	1
	12. 失去雷达监控条件，管制员不适应	1
	13. 提供错误场压	1
	14. 未戴耳机	0
人 与 人 之 间 的 因 素	1. 未实施有效监控	30
	2. 班组配合不当	17
	3. 教员对见习管制员放手量过大	16
	4. 管制移交协调不够	12
	5. 提前进行管制移交(协调管制员未干预)	3
	6. 未掌握航行情报资料	1
	7. 交接班有误	1
	8. 双语通话	0

续表

因　素	差错原因	差错次数
设备因素	1．雷达标牌未自动相关或相关错误	1
	2．航空器未安装二次雷达	1
	3．设备布局不合理	1
	4．雷达虚假信号或信号丢失	0
环境因素	1．室内噪音大	1
	2．能见度差	0
	3．地空通信频率严重干扰	0
管理因素	1．未执行双岗制	17
	2．规章制度不合理	7
	3．值班过程中脱岗，领导督促检查不力	7
	4．飞行计划错误	7
	5．工作程序不对	5
	6．值班时做与管制无关工作	5
	7．进程单填写不规范	5
	8．排班不科学，管制员超时工作或疲劳工作	2

　　上面是对 1992—2001 年空管不安全事件的分析结果，该报告从全国范围内横向地分析了不安全事件的差错原因。在此基础上，本文根据民航局空管局编制的 2002—2007 年空中交通事件报告汇编、历年的航空安全报告等资料，进一步对上报的不安全事件进行原因分析统计，以更全面、更准确地辨识管制运行中的风险因素。同上面的数据相似，2002—2007 年的空管不安全事件也是全国范围内的空管行业数据。2003—2007 年空管不安全事件统计如表 7-6 所示。

表 7-6　2003—2007 年空管不安全事件统计

	2003	2004	2005	2006	2007
不安全事件数量	40	93	271	147	294
飞行时间	198.2	254.64	291.6	342.36	396.91
飞行架次	127.99	154.78	170.82	221.86	221.86

　　对统计的数据按照不安全事件类型分类，更便于对不同类型事故进行原因分析。空管不安全事件类型统计表如表 7-7 所示。

表 7-7　空管不安全事件类型统计表

	2002	2003	2004	2005	2006	2007	总　计
小于间隔标准	39	22	43	19	60	38	221
陆空通信失效	17	11	13	31	52	43	167
ATC 设备故障	0	0	0	30	59	64	153

续表

	2002	2003	2004	2005	2006	2007	总 计
鸟击造成返航	2	0	0	7	29	36	72
偏离航线	6	4	7	16	11	8	52
跑道侵入	3	0	6	7	4	17	37
无线电干扰	0	0	0	2	20	7	29
飞错高度	7	2	1	7	3	7	27
滑行错误	5	1	4	4	4	5	23
ACAS 虚警	1	0	1	6	0	1	9
其他	2	0	8	18	27	67	122
总计	82	40	83	167	269	293	934

据互联网上的数据显示，2008年空管局收到194起空管原因不安全事件报告，主要原因包括机组原因、机载设备虚警、陆空通信失效、设备故障、升空物体、无线电干扰，以及其他因素影响。对 2002－2007 年数据按照不安全事件类型逐项进行分析原因如下所述。

1) 小于间隔标准

小于间隔标准是指由于主客观原因导致空中航空器之间的间隔(包括垂直间隔、水平间隔及横向间隔)小于相关法规和条例所要求的间隔距离，该类事件是导致航空器空中相撞的潜在威胁，甚至可导致空中相撞事故。罗晓利教授对来源于航空安全数据库的 152 起小于间隔标准的事件利用 Reason 模型分析了原因。其中，由空中交通管制原因造成的事件其数量占比 74.3%，经过事故分析管制原因主要包括下述各点。

- ↪ 管制员违反管制程序。
- ↪ 管制员对飞机飞行动态监控不力。
- ↪ 管制员之间协调问题。
- ↪ 管制员指令不清楚或者不正确。
- ↪ 管制员未能识别出机组错误。
- ↪ 管制员未确认机组复诵。
- ↪ 管制员忘记、错记调配高度而发出错误的高度指令的记忆障碍。
- ↪ 教员对见习管制员放手过大、见习管制员经验不足原因造成的小于间隔标准事件。

2) 跑道侵入

FAA 定义的跑道侵入(Runway Incursions)是指在机场跑道环境内涉及地面航空器、车辆、人员或物体对正在起飞或者准备起飞、正在着陆或准备着陆的航空器产生碰撞危险或导致丧失所需间隔的所有事件。而我国的定义是指机场发生的任何航空器、车辆或人员误入指定用于航空器着陆和起飞的地面保护区的事件。近年来，我国跑道侵入事件频发，其中有两起典型的跑道安全事件。

(1) 2005 年 10 月，由于某机场塔台管制员工作疏忽，在允许机场场务车辆进入西跑道检查后，又指令某架 B777 进入该跑道起飞，造成该飞机在跑道上与车辆对头行驶不能正常起飞，车辆与飞机最接近时距离 35m。

(2) 2008 年 4 月大连机场，厦门航空公司 MF8052 航班机组错误滑入 E 滑行道，之后又误入跑道，发生跑道侵入事件，造成南航飞机中断起飞，冲突停止时两机直线距离 35m，纵向距离 16m，属于一起严重飞行事故征候。

跑道侵入事件的频繁发生促使民航局空管局加强了塔台管制的运行，要求在无线电通信方面，严格按照规定使用标准无线电通话用语，使用航空器完整呼号，使用规定的复诵程序，发布简洁明确的管制指令；在管制运行方面，发布穿越任何跑道的管制许可中应清晰明确地包括该跑道编号，发布在任何跑道外等待的管制指令中应清晰明确地含有该跑道的编号，发布的滑行指令中不得含有可以穿越跑道的暗示，使用标准的滑行路线。跑道侵入事件的原因一般可归结为运行失误 (Operation Error，OE)，即空中交通管制员的错误行为、飞行员偏差及车辆/行人的偏差。其中，导致跑道侵入的管制员其操作失误主要有以下几种情形。

暂时遗忘航空器、车辆或一项已发出的起降许可或跑道关闭指令；同时使用该机场航空器与管制员的无线电通话频率相同，如果管制员语速快、发音不清晰，就会导致飞行员不能辨别出发布给自己航空器的指令，或者对指令理解错误；在机场场面滑行的航空器，要求地面管制员目视观察航空器的位置，在发布指令时要先确定航空器的位置，并保持持续跟踪；管制员之间交接班时，前面管制员没有为接班的管制员提供该航空器的必要的信息等。而导致这些错误的原因被归咎为以下几个因素。

- 设想航空器/飞行员会按预期操作，未对航空器的动态保持持续跟踪。
- 发布指令时语速太快、未使用标准用语、未使用航空器完整呼号、指令不够清晰简洁。
- 未确认驾驶员复诵是否正确、是否明白指令含意。
- 机场较繁忙导致塔台管制员工作负荷大，指挥混乱。
- 工作时走神、遗忘。
- 管制员交接班时信息说明不全，交接不清。

上述两种典型的空管不安全事件的发生主要是由于管制员人为原因造成的，而其他类型的事件，如 ATC 设备故障、鸟击造成返航、无线电、升空物干扰等都会对管制员指挥形成压力，是影响正常管制运行的外部环境因素。这些因素属于空管运行的安全隐患，可以通过一些预防措施减少其发生。

2. 运行风险分析

运行风险分析是指对塔台管制运行过程进行全面分析，对其中各个环节逐项分析其可能隐伏的潜在风险。FAA 在《联邦航空局安全管理手册》中也推荐使用运行分析(The Operations Analysis，OA)法对空管运行程序进行危险因素分析。FAA 在手册中介绍的 OA 也称为流程图法(The Flow Diagram)，这种方法在可能的条件下直接来源于空管的运行计划，即按照时间顺序列出运行中的主要事件，也可以按照任务和开展的活动将运行程序分解为多个时间段。它比较适合于把运行中风险较高的因素分解为详细的低风险模块进行分析。我国的流程图法多用于生产企业的工艺流程风险识别，民航企业中只有南航贵州公司对空防安全保障系统采用流程图分析法识别风险。

流程图法是识别风险管理单位风险的重要方法。流程图分析法是将风险主体按照生产经营的过程、活动内在的逻辑关系绘成流程图，针对流程中的关键环节和薄弱环节调查风险、识别风险的办法。因此，这种方法的首要任务是了解管制的运行过程，本文在理解《中国民用航空空中交通管理规则》基础上，围绕指挥一架离场航空器的机场塔台各管制部门活动展开，以塔台管制为例说明流程图法的应用。塔台管制运行流程如图7-7所示。

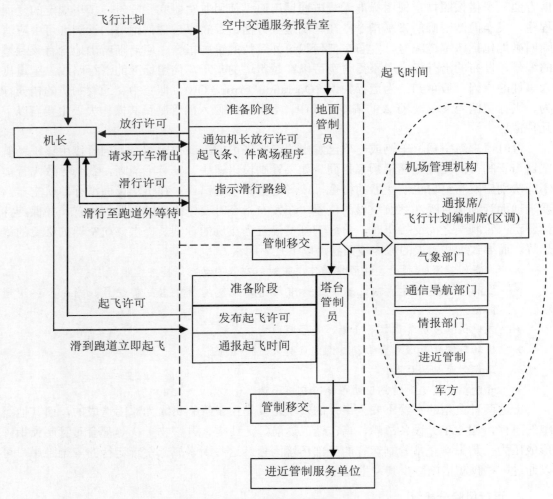

图7-7 塔台管制流程

　　地面管制员负责指挥机场的所有地面交通，包括飞机由停机位向起飞跑道滑行、飞机由着陆跑道向停机位滑行。地面管制在准备阶段的工作包括了解天气、检查风向等信息收集，之后要开始守听并填写飞行进程单，了解航空器的停机位，向进近或区域管制室索取航空器的离场程序等事宜。当地面管制员确认一切就绪后，通知机长放行许可、起飞条件和离场程序，而一般这些内容是由机场塔台管制室的放行许可席发布的。此时，机长请求开车滑行，地面管制员根据飞行预报、其他航空器的活动情况发出滑行许可、指示航空器滑行路线，航空器便可开车、拖离停机位、滑行至跑道外的等待点等待。航空器即将滑到等待位置时管制员应通知机长转换频率联络塔台管制员，并将飞行进程单移交给塔台管制员，完成管制任务。在地面管制过程中，地面管制员需要保持目视或地面雷达系统跟踪监控航空器的活动，并通过无线电通信向飞行员发出指令。

塔台管制员负责地面管制移交的航空器，直到起飞后移交给进近管制室为止。塔台管制员还需要对指挥的航空器做准备工作，包括检查通信、导航、雷达设备，了解天气等，需要开放本场的通信、导航设备，之后与航空器取得联系。塔台管制员根据跑道和起落航线航空器活动情况等，在保证安全条件下允许航空器进入跑道并发出起飞许可。得到飞行许可后，飞行员确保可以安全起飞，飞机将沿跑道加速起飞。此时，塔台管制员需要向空中交通服务报告室或其他空中交通服务单位通报飞机的起飞时间，最后向进近管制服务单位进行管制移交。具体步骤如图 7-8 所示。

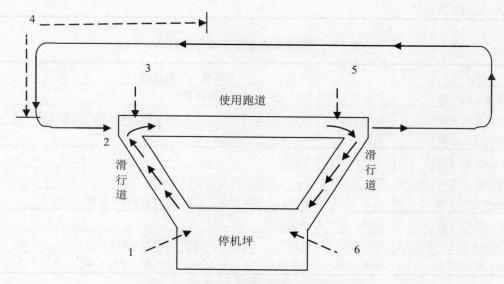

图 7-8　机场塔台管制看航空器的关键位置

航空器在起落航线和滑行路线的下列位置，一般是航空器收到机场管制塔台许可的位置，管制塔台在航空器接近这些位置时应密切关注。

位置 1：航空器主动呼叫，要求起飞前滑行。此时，应发出使用跑道的情况和滑行许可。

位置 2：如有与其发生冲突的航空器，应要求准备起飞的航空器在此等待并在此试车。

位置 3：如不宜在位置 2 发出起飞许可，应在此发出起飞许可。

位置 4：在此发出着陆许可。

位置 5：在此发出到机库或停机区的许可。

位置 6：必要时，在此发出停机指示。

塔台管制员在绘制出塔台管制运行流程图后，应通过分析其过程识别风险，这时可以采用流程图简表(见表 7-8)来帮助对过程的分析和风险识别。

表 7-8 可以对塔台运行程序进一步细化讨论，如地面管制员在准备阶段需要进行以下几个方面的准备：了解机场当时的天气等有利于起飞的信息；按规定时间对航空器进行不

间断的守听；填写飞行进程单；了解航空器的停机位置等。在这些步骤中，若有一步由于管制员粗心或者存在侥幸心理没有按规定实施，在航空器的运行中就可能产生风险。而流程图简表可以对每一步骤中存在的风险进行分析，如用流程图简表对准备阶段进行风险分析，如表 7-9 所示。

表 7-8　流程风险识别简表

阶段	
可能发生的情况	
导致事故发生的原因	
可能产生的后果	

表 7-9　地面管制准备阶段流程风险分析

阶　　段	地面管制准备阶段
可能发生的问题	地面管制员未按要求对航空器进行不间断守听
导致问题发生的原因	机场繁忙导致遗忘；违反规章；侥幸心理；工作能力不胜任大流量
可能产生的后果	航班延误；干扰其他航空器正常运行
可能发生的问题	飞行进程单填写不规范
导致问题发生的原因	管制员粗心大意；工作量大没有足够时间填写
可能产生的后果	由于飞行信息错误而滑错滑行道，或者填写时间有误导致不正常飞行
可能发生的问题	未确认航空器停放位置
导致问题发生的原因	指挥繁忙、工作量大；一直这样，习惯性违章；凭经验直觉
可能产生的后果	指挥错误，干扰其他航空器，与车辆、航空器运行发生冲突

按照运行分析或者流程图分析的思路，从机场塔台运行程序中识别的差错表现主要有下述各点。

- → 　未按时守听。
- → 　飞行进程单填写不规范。
- → 　未确认航空器停放位置。
- → 　未发现航空器滑行过程中的错误。
- → 　地面运行车辆指挥混乱。
- → 　未对航空器运行过程进行持续监控。
- → 　通话不规范、模糊容易误解。
- → 　错、忘、漏发布指令。
- → 　未确认飞行员复诵是否正确。
- → 　管制席位协调有误。
- → 　过早移交航空器。

上面的管制差错是塔台管制日常运行中隐伏的潜在风险，从中可以看出，对于设备、环境等突发的、非正常条件下的运行该方法未加以分析。因此，这些方法要综合运用，相互补充才能尽可能详细、准确地识别风险。

3. 识别的风险因素

风险测量的对象是各管制单位，因此，以管制单位即塔台、进近和区域为研究对象，把它们相似的或相联系的研究内容一起进行识别，其中包括管制设备状况、管制之间的运行程序及运行环境。其不同之处在于管制人员工作的内容。通过对不同途径识别的风险进行归纳总结，分析出空管单位主要的风险因素。

塔台管制人员管制的对象不仅包括航空器在机场范围内的活动，还包括地面服务车辆的运行路线。因此，塔台管制员容易出现的工作差错有地面车辆指挥路线有误，航空器滑行的跑道与飞行计划的不一致或者称为跑道入侵。对于进近与区域管制员的工作主要任务是对航空器的间隔进行调配，因此航空器间隔调配失当为其主要风险。对于管制单位相似的差错表现有未按规定进行守听、戴耳机，飞行进程单填写不规范，未对航班动态实施有效监控。

对于管制设备主要应考查通信、导航、监视及气象设备等的软件和硬件的配备情况，因为各地区的设备配备差异对管制效率和管制的安全性有很大影响。管制设备的维修、维护情况，主要的表现还有这些设备在日常运行中的不正常或者失效记录。同时，航空器设备故障及机场设备，如跑道灯光故障也会对管制运行造成安全隐患。

管理中主要应考虑运行程序的协调问题，对于一架航班的正常管制程序是空中交通服务报告室将航空器的飞行计划报告给区域管制单位，由区域管制的飞行计划编制席审核批准飞行计划，并回复给报告室。报告室将审批的飞行计划传发给塔台管制室，塔台管制室根据飞行计划对航空器发出放行许可和离场指令，航空器便可根据指定路线进行滑行，而后由塔台管制室管制员发出起飞许可，航空器根据指定跑道和离场程序准备起飞。其后，塔台管制室与进近进行管制移交，进近和区域主要负责对航空器实施间隔调配，对整个管制的程序过程所涉及的部门之间、席位之间的协调和配合。因此，运行程序中容易出现的差错是由于部门协调问题或者管制员遗忘等原因造成管制程序出现差错；或者在管制部门任务衔接时，即进行管制移交时出现差错。

环境因素虽然不是造成不安全事件或者事故的直接原因，也不是空中交通管制单位可以控制的因素，但环境因素通过作用于管制人员或者管制设备可以间接地影响管制安全。因此，在 FAA 的"5M"模型中把环境因素作为一种外围的影响因素。管制主要涉及的环境影响因素有航路结构、空域的划分、军航活动的影响、特殊天气及大流量对管制活动的影响。现将以上的内容总结为如表 7-10 所示的管制风险因素识别表。

表 7-10 管制风险因素识别表

	差错表现
人 为 差 错	1.未按时守听
	2.未掌握航行情报资料
	3.进程单填写不规范
	4.未对航空器位置进行确认
	5.机场繁忙，地面车辆指挥混乱

	差错表现
人 为 差 错	6.未识别出机组错误，如擅自改变高度、滑错跑道等
	7.未确认机组复诵是否正确，是否明白指令含意
	8.未对航空器运行保持持续跟踪、监控
	9.扇区内航班量大导致管制员遗忘航空器
	10.发布指令时语速太快，未使用标准用语、航空器完整呼号，不清晰简洁
	11.运行条件低于放行标准要求，管制员仍对航空器放行
	12.管制席位协调不妥
	13.管制员过早进行管制移交(协调管制员未干预)
	14.未按交接班规章要求交接，交接班沟通信息不全，交接不清
	15.紧急情况下，管制员惊慌失措，处置不当
	16.当班期间过于疲劳打瞌睡
	17.班组搭配不当
	18.流量较小，管制员思想涣散、麻痹，做与管制无关的工作
	19.管制员双语通话能力差
	20.错、漏、忘发布指令
	21.失去雷达监控，管制员不适应
设备 原因	1.设备陈旧、更新缓慢导致管制效率低，工作负荷大
	2.雷达天线失效、导航台不工作、陆空通信失效
	3.规章要求的例行设备检查不到位
	4.设备异常的维修程序不规范
环 境 因 素	1.跑道灯光不正常工作等机场设备故障
	2.座舱失压、发动机故障等航空器设备故障
	3.机组偏离航线、飞错高度，违反管制员指令等机组原因
	4.军航飞机误入民航空域、军航飞行训练等军航原因
	5.雷暴、风切变等恶劣天气因素
	6.劫机等非法突发事件
	7.陆空通话出现无线电干扰等电磁干扰现象
	8.气球等升空物体干扰
管 理 因 素	1.未执行双岗制、值班过程中脱岗、值班时做与管制无关的工作
	2.管制人员搭配不合理，排班不科学
	3.航路交叉点太多，航线结构不合理
	4.航路距空军空域过近，空域划设不合理
	5.管制席位间的工作程序不合理或者常出错，管制协议不合理
	6.管制移交不及时、移交协调不够，信息管理不顺畅
	7.要求加强航班动态监控，但副班忙于协调疏于监控，管理决策没有效执行
	8.应急处置程序缺失，规章制度不适用

7.3　空管风险测量方法

在识别了管制运行的风险之后，无论是采用定性的还是定量的方法都需要对风险加以衡量，以确定空管单位的风险量值，为风险评估模型和预警提供输入数据。目前，在空管风险评价和风险预警中，风险衡量还没有形成统一的方法，这一部分也成了制约风险评价应用的瓶颈。本文在研究了保险业采用的风险衡量方法、民航安全管理体系中采用的风险衡量方法、国外风险量化的研究成果后，在普遍的安全系统工程风险量化的基础上，将风险衡量的方法大致归纳为两大类，一类是基于风险原始定义而展开的计算，另一类是在对风险的认识和分析基础上而采用的基于风险指标的量化方式。

7.3.1　基于定义的风险衡量方法

风险是用来描述系统危险程度的客观量，常被定义为某一特定危险情况发生的可能性和严重性的组合，用公式表示为

$$R = P \times S \tag{7.1}$$

式中：P——某一事件发生的概率；

$\quad\quad S$——该事件后果的严重性。

要量化风险值主要在于如何计算出事件发生的概率，以及事件发生后造成的损失。对于概率和严重度的计算主要可分为两种，一种是在数据统计的基础上，借助数学统计模型计算事件发生的概率、估计损失严重程度，另一种则是凭借业内专家的风险矩阵法，计算事件发生的概率、估计损失严重程度。这种定性的方法在民航风险管理中应用较广。

1. 数理统计方法

基于数理统计方法的风险计算方法，在保险业中研究得较为详细和成熟。其中的风险概念和一些统计模型对于民航业的风险管理具有借鉴作用。这种方法对于数据的收集要求比较严格，只有在大量的原始数据支持下，才能对数据的分布和数理模型进行研究。这种方法基于风险定义，因此需要对事件发生可能性和损失程度进行估测。

事件发生的可能性一般用发生概率来表示，在民航业中一般是没有时间限制的平均概率或者频率，而保险业中常计算的是一年或者特定时间段内事件发生的次数，通过估测每年事件发生的次数再确定事件发生概率。损失事件发生的次数可使用二项分布、泊松分布等统计模型来估计。二项分布是在设定一定的条件下才成立的，其中假设同一风险单位在一年中发生两次以上事故的可能性极小，这项假设一般是很难实现的。因此，我们借助于泊松分布对风险事件次数进行估测。假设有 n 个风险单位，每年估计平均有 λ 个风险单位发生事故，每一风险单位发生事故的概率相同，则一年中发生 X 件该事故数服从参数为 λ 的泊松分布。分布律为

$$P\{X = k\} = \frac{\lambda^k e^{-\lambda}}{k!} \quad\quad (k = 0,1,2,\cdots,n) \tag{7.2}$$

上述表达式的关键问题是计算 λ 的值，而 λ 可通过历年的统计资料进行估计。例如，某机场塔台管制，由于地面管制员未对航空器运行保持持续跟踪，约两年会导致一次车辆

与航空器剐蹭或相撞事件，对该管制塔台发生相撞事故次数的分布状况作如下计算：X 为一年中事故次数，事故年平均次数为 0.5，因此 X 服从参数 $\lambda=0.5$ 的泊松分布，按照公式 (7.2)计算，如一年中不发生该事故的概率

$$P\{X=0\}=\frac{0.5^0 e^{-0.5}}{0!}=0.6065$$

同理，计算一年中发生次数概率如表 7-11 所示。

表 7-11　事件发生概率表

次数 $X=k$	概率 $P\{X=k\}=0.5^k e^{-0.5}/k!$
0	0.6065
1	0.3033
2	0.0758
3	0.0126
4	0.0016
5	0.0002
6	0.0000

事故发生的严重程度则多用财产损失和人员伤害程度来表示。相对于事件发生概率计算，严重程度较容易进行实物财产损失的估计，因此，大部分学者比较注重对事件发生概率模型进行研究。

国外学者对于航空业的风险评估模型也进行了深入研究。其中 Milan Janic 在《航空安全风险评估》一文中，风险量化采用严格的数学理论推导、设置假设条件并建立风险量化理论模型。Huan-Jyh Shyur 在《航空风险评估量化模型》中，认为 Milan Janic 建立的泊松模型中一些假设条件和实际的运行情况不太符合，因而对模型中的一些参数作了修正。Milan Janic 的风险量化也是从两方面着手计算事故率(the accident rate)和死亡率(the fatality rate)，并着重对事故发生概率计算模型进行研究。这种方法主要由两个步骤来完成，一是对过去发生的事故数量和死亡数量进行统计，二是对统计的事故用符合数学模型处理，常用的是泊松序列。

这种模型认为航空事故的发生是随机的，而且除了空中相撞事件，发生事故的航空器彼此之间是相互独立的。在泊松序列中，事故间的时间段服从于指数分布，指数分布的特点之一即是过程的无记忆性，这表明将来事件发生与否不依赖于当前事件的发生，他认为这种逻辑推导符合航空器事件发生的特点。算法上，T 表示任意两个相邻事件之间的时间，为一服从于指数分布的随机变量，在时间 t 内没有事件发生的概率为

$$P(T>t) \cong P(X_t=0)=e^{-\lambda t} \tag{7.3}$$

其中：X_t——时间 t 内航空器事故发生的数量；

λ——平均事故率。

相似地，在时间 t 内至少一起事件发生的概率为

$$P(T \leqslant t)=1-P(T>t)=P(X_t \neq 0)=1-e^{-\lambda t} \tag{7.4}$$

为了证明这种处理方法的可行性，以 1965—1998 年的 259 起事故样本为例进行计

算。首先将事件之间的时间段按指数分布处理，平均事故率约等于 $\lambda \cong 7.818$ 起事故/年或者 $\lambda \cong 0.020$ 起事故/天。用泊松序列来处理计算结果如图 7-9 所示。

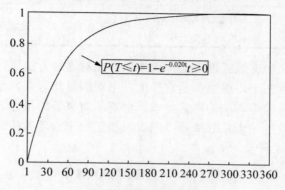

$$P(T \leqslant t) = 1 - e^{-0.020t}, t \geqslant 0$$

图 7-9　事故发生概率

图中显示的是在时间 t 内至少发生一起飞行事件的概率。横轴表示直到航空事故发生的时间，纵轴表示在时间内至少发生一起事故的概率。

数理统计方法的优势在于有严格的数学逻辑推导，如果航空业的风险分布特点符合数学模型假设的条件，则计算结果能较真实地反映风险状态。从上面计算来看，两种方法采用的是同一数学理论即泊松分布，但出发点和结论各不相同，前者的计算结果侧重对一年中事故发生次数概率的计算，而后者则是以至少发生一起事故对应时间点上的概率。因此，显现了数理方法在实际运用中不利于风险管理者掌握的特点。此外，这种方法的准确性是建立在对历史数据收集的基础上，而且历史数据不一定能真实反映目前的风险水平。

2. 风险矩阵法

风险矩阵法(Risk Matrix)最早是由美国空军电子系统中心(Electronic Systems Center, ESC)采办小组在 1995 年提出的，ESC 的大量项目都采用风险矩阵方法对项目风险进行评估。为了改进风险矩阵方法，美国的 MITRE 公司还开发了一套风险矩阵应用软件。在民用航空业中，国际民航组织(ICAO)、美国联邦航空局(FAA)、英国民航局(UK.CAA)及我国的空管安全管理体系文件中对风险管理都推荐使用风险矩阵法进行风险评估。风险矩阵法把风险分为可能性(Likelihood)和严重性(Severity)两部分进行量化，借用风险可能性分类表(见表 7-12)和严重性分类表(见表 7-13)把识别的风险分级量化。

表 7-12　可能性分类表

	极不可能的	罕见的	偶然的	经常的	频繁的
定性描述	发生可能性几乎为零	百年不遇	一年发生不到一次	每年发生数十次	每年发生上百次
定量描述 (次/飞行架次)	$<10^{-9}$	$10^{-7} \sim 10^{-9}$	$10^{-5} \sim 10^{-7}$	$10^{-3} \sim 10^{-5}$	$1 \sim 10^{-3}$

注：定性描述按照年保障 10 万架次计。

表 7-13　严重性分类

	可忽略的	轻微的	严重的	危险的	灾难性的
定性描述	几乎没有影响	工作受到影响但并未造成不良后果	造成工作差错	造成事故征候	造成事故

英国民航局在《空中交通管理安全管理体系》中对这种方法进行了较为详细的说明，与我国的量化方式差别在于，虽然都是定性的、主观的量化方式，但对识别出来的风险逐项赋值，并且遵循了风险矩阵法的格式要求，保留了对风险的描述、目前降低风险措施，以及在风险量化后如何进一步采取措施，同时说明了对于这项风险的责任。以违反维修程序为例说明，如表 7-14 所示。

表 7-14　英国民航局风险量化

风险属性	风险描述	降低风险当前的措施	风险率			进一步降低风险措施	责任
			L	S	NO		
人为失误	违反维修程序	1.最小的能力要求 2.有效的安全文化 3.有效的任务计划 4.合理的程序 5.工卡上的程序要求简洁 6.循环培训 7.人为因素培训	5	4	20	1.引进监视 2.有效的监督包括工作遵章评估 3.能力评估 4.遵守规章的维修政策	质量部门 工序管理者 维修管理者

注：L= Likelihood 可能性；S= Severity 严重性。

风险矩阵法之所以被民航业界普遍采用，其优点主要体现在实际操作中，方法思路比较简单，便于工作人员操作，是一种比较实用的风险量化工具。其不足表现在对于识别的风险逐项量化时的可能性、严重性表，虽然 ICAO、FAA 等在手册中都有推荐数值，但是，各国的实际运行情况和安全水平差别较大，空管单位应该根据自己的实际情况进行制定，但等级标准却没有参考标准，所以划分的标准不能统一。此外，这种方法过多地依赖于专家对于风险因素的认识和感觉，主观性较强。因而，全部采用主观而且定性的方法进行量化，其结果的准确性往往比较低，只适用于一些较小的风险，对于航空业中那些发生概率小、后果严重、损失巨大的风险来说，该风险量化方法难以满足风险管理的要求。

7.3.2　基于指标的风险衡量方法

所谓指标是指根据研究对象和研究目的，用来反映研究对象某一方面情况的特征依据。每个指标都是从不同侧面刻画研究对象所具有的某种特征，指标体系是由一系列相互联系的指标所构成的整体，能够综合反映出研究对象各个方面的特征。目前，像金融业、保险业等对风险敏感的行业对风险测量的研究较为成熟，除了一些数学模型量化外大部分仍然采用的是指标量化方式。佘廉教授在《航空交通灾害预警》中，对于航空公司、机场、空管单位构建的预警体系采用预警指标的方式实现，很多业内学者也开始对多指标的风险评估进行研究。

　　首先需要解释的是风险和指标的关系，在识别出的风险因素中，很多因素表现的可能是同一潜在的风险，如管制员疲劳，可能有很多种表现方式，如管制员注意力不能集中、管制过程中打瞌睡、特殊情况处置反应慢而错过最佳时机等，如果直接对这些风险表现方式进行量化，则风险值可能有很多重叠、交叉部分，而假设对这些风险因素再进行分析，找出共同的隐患点，用指标一一表现出来进行量化，这样计算出的风险值更能体现系统的安全状态。一般情况下，指标量化方式可分为定量和定性两种，下面分别讨论这两种指标的量化方式。

1. 定性指标的量化方式

　　定性指标是一些难以用数量确切表达的指标，或者指标的数据不易获取，但为了使风险状态有量的概念，需要对指标进行人为的处理。常用的定性方式是基于专家经验的基础上，采用打分的方式，有的还会对打分值进行一些后处理以消除专家的主观判断，如采用模糊、证据理论和灰色等方法，有时也称为半定量方式。目前空管行业的风险管理处于初级阶段，缺少对指标的监测数据的收集。因此，风险量化多采用定性的处理方式。下面以模糊数学对数据处理为例说明专家法的应用，如表 7-15 所示。

表 7-15　风险指标量化

等级 指标项	高	较高	正常	低
F_1	n_{11}	n_{12}	n_{13}	n_{14}
F_2	n_{21}	n_{22}	n_{23}	n_{24}
…	…	…	…	…
F_i	n_{i1}	n_{i2}	n_{i3}	n_{i4}

　　(1) 不论是专家打分法还是采用模糊、证据理论等方法首要的是划定评判指标的评价集，这是评判专家打分的依据。例如，将塔台运行风险化为高、较高、正常、低 4 个等级状态，这四个状态对应 4 个风险等级的隶属度 $A=(1, 0.75, 0.5, 0.25)$，化分隶属度的含意是表明评判指标所对应的风险状态的阈值。

　　(2) 一组专家通过对塔台单位实际走访，对相关法规、运行手册等进行审查，并结合经验感受对指标进行评判，这步是指标量化过程的数据基础和核心内容。因此，专家的来源和组成起着关键作用。假设有 n 位专家对指标进行评判，其中，n_{ij} 表示 F_i 指标符合该评判等级的人数，$n_{i1} + n_{i2} + n_{i3} + n_{i4} = n$。

　　(3) 建立单因素模糊评判矩阵。

$$\overline{R} = \begin{pmatrix} r_{i11} & r_{i12} \cdots & r_{i1m} \\ \vdots & \ddots & \vdots \\ r_{n11} & r_{n12} & r_{n1m} \end{pmatrix} \quad (i=1,2,3,4)$$

其中，r_{ijk} =评判人员认为因素 F_i 属于 $A_k(k=1, 2, 3, 4, 5)$等级的人数 n_{ij}/评判人员总人数 n。所以说，r_{ijk} 是一种隶属度，其含义为全体评判者认为因素 F_i 属于 A_k 评判等级的程度。$\bar{R}$ 的行数 n 取决于因素集 F 中元素的个数，$\bar{R}$ 的列数 m 取决于评价集 A 中元素的个数。

(4) 计算指标风险值。

指标的风险值等于模糊评价矩阵与隶属度矩阵的乘积

$$R = \bar{R} \times A^T = \left[\frac{m_1}{n}, \quad \frac{m_2}{n}, \quad \frac{m_3}{n}, \quad \frac{m_4}{n} \right] \times (1, 0.75, 0.5, 0.25)^T$$

经上面的计算，安全评价指标便可一一量化。

模糊定性的量化方式不舍弃已有信息，体现了集体的意见和作用，评价结果客观公正、可信度高，而且该方法使用方便、可操作性强。然而，专家的全权参与也暴露了这种方法的不固定性。

2. 定量指标的量化方式

定量指标是指可以用数量确切表达的指标项。目前，民航业以及其他行业定量的量化方式，一般是先对指标反映研究对象的内容进行说明或者定义，然后采用一定的数学工具如数学公式进行表达，最后利用收集的数据通过数学模型计算指标风险值。例如，对航空公司预警指标量化方式中定义机组操作违规率，该项指标可以衡量机组对航空法规、证件法规、证件纪律、飞行限制，以及公司运行手册数据和飞行标准执行情况，是重要预警指标。

操作违规率=(违规操作事件次数/飞行航班次数)×100%

指标定量量化方式的优势主要体现在：首先，这种方法鼓励空管单位有针对性地收集日常运行数据，为后续的风险管理和预警奠定了数据基础，使风险评价结果和预警准确性更具有说服力。同时，这种方法容易和计算机相结合，形成数据收集平台和信息处理功能，实现对管制单位运行状态的动态监控和预警检查，是指标量化研究的一种趋势。然而，这种方法是建立在对风险识别和深入分析的基础上，建立的指标和量化表达式要能够确切地反映出指标所需要表达的含义。目前的研究大致有两个趋势，一种是研究的指标和量化方式几近相同，另一种是从另外的角度建立指标和表达式。因此，如果这种方法在风险分析和指标构建方面能形成一致，则该方法具有更广阔的应用范围。

通过对各种方法特点的分析，本文采用指标构建和量化的方式对风险状态预警，为预警提供较为准确的输入数据。因此，指标构建也成为该方法的核心内容之一。

7.4 空管风险指标体系的构建

所谓指标是指根据研究对象和研究目的，能够确定地反映研究对象某一方面情况的特征依据。每个评价指标都是从不同侧面刻画对象所具有的某种特征。而指标体系是指由一系列相互联系的指标所构成的整体。它能够根据研究对象和研究目的，综合反映出对象各个方面的情况。指标体系不仅受评价对象和评价目标的影响，而且受评价人主体观念的制约。

空管风险指标体系应该客观、全面地反映空管运行系统中的风险状况。辨识的风险因素，为了方便测量、直观比较，应该设计一系列的指标来表现这些风险。指标体系中指标要素如何设计、指标数量怎样筛选都是我们需要解决的问题。

7.4.1　构建原则

为了使设计的风险指标能够真实、准确地反映空管运行过程中风险的特性，在设计指标时主要应遵循以下几项原则。

1)　科学性

科学性以系统科学原理为指导，对所收集的信息进行筛选，并采用数据统计的形式，借助空管事故的历史数据，辨识出空管运行中的风险。风险指标的设计要能科学地反映这些风险的不同侧面，而且各个指标的概念尽可能不交叉、不重复。

2)　可操作性

设计的指标是为了进行空管运行系统的风险测量，因此，要充分考虑指标在实际运行中的可操作性。一方面，用尽量少的指标来反映空管运行的风险状况，指标不能设计得过于细化，过于烦琐，即指标的覆盖性与概括性相结合。另一方面，指标的统计数据要能利用现有的统计渠道，辅以抽样调查获得，便于实施和考核。

3)　综合性

管制作为一个多部门保障的服务单位，它主要包括塔台、进近、区调室、情报室、航站，还涉及设备保障部门，并且机场有的部门的运行情况也会对管制产生影响，并且各个部门的工作性质差异又很大。因此，选取的指标在构成指标体系时，既要反映各个部门的特性，又要综合反映整体的特点。

上面几项原则在设计指标时具有导向作用，在实际选取时，还要综合考虑其他要素，如指标可不可以量化、指标与其他指标的关联性、与其他指标的可比性等。

7.4.2　风险指标构建方法

目前，对于构建民航安全指标体系方法的研究较少。参考其他行业，实际中应用较多的方法有专家的评定和比较判定、基于数理和统计数据的方法。

第一类方法适用于资料有限、主要依据专家经验知识来确定指标的被评价对象；第二类方法适用于具有定量评价指标的被评价对象。

该方法主要把评价要素集与评价指标集之间的关系、构建指标体系的原则转化成数学公式，具有一定的数学理论基础，但是对于基础的评价指标集建立却涉及很少，而这部分内容正是研究重点和亟待解决的问题。另有适用于复杂系统综合评价指标体系建立的方法，其基本思路是利用德尔菲法提出影响因素，专家对影响因素进行打分，通过聚类方法对打分的数据进行处理，得出初步的指标体系，然后进行优化建立最终的指标体系。这种方法综合了专家打分法和数理方法的优点。

本文在初步建立指标体系时主要是统计了理论研究中涉及的空管指标、民航局交通管理文件以及现行做法中使用的指标统计 3 种具有代表性的指标；结合对空管风险因素的识别，初步构建评价指标体系。这种方法是比较务实的、常用的方法。在实际操作中，若有安全方面、空管方面及运行方面专家参与，则用德尔菲法初步建立影响因素，再通过简单的数学工具对指标数量进行优化，也是一种较好的思路和方法，如表 7-16 所示。

表 7-16 空管指标统计

	指标项	次数		指标项	次数
人为因素	操作违规率	4	环境	非法行为发生次数	2
	空管指挥失误次数	4		机场鸟害程度	2
	技术考核不合格率	3		气象误报率	2
	不安全事件发生率	3		航路空域环境状况	1
	管制组配合默契程度	4		天气影响值	1
	航行情报失真率	1		空域与导航环境状况	1
	天气预报失误率	1		空管中应对天气状况	1
	管制人员知识技能	1		空管中室内环境	1
	空管人员责任心和安全意识	1		空管中天气预报情况	1
	空管人员的语言与交流沟通能力	1		机场设备故障率	1
	空管人员的身心状况	1	管理	关键人才流失率	4
	生理状况、心理状况、思想情况	1		不公平感	4
	培养新管制员程序	1		部门冲突频度和强度	4
设备	设备维修失误率	3		组织结构合理性	3
	设备维护质量未达标率	3		群体凝聚力	3
	技术标准失察率	3		管理标准失察率	4
	空管设备可靠性	2		员工违纪率	3
	设备原因不安全事件发生率	2		人事变动率	3
	空管设备设施完好程度	1		工作满意感	3
	空管设备设施维护和保养状况	1		信息沟通失真率	3
	空管备用设备设施建设状况	1		指令失效率	2
	设备失灵次数	1		空管原因航班延误或取消次数	2
环境	运行期间天气恶劣程度	2		制度体系的合理性	2
	飞行期间天气突变次数	3		安全方针制定情况	1
	航空公司风险指数	3		空管内部日常状况监控	1
	机场安检失误次数	2		技术培训管理情况	1
	机场风险指数	2		机构职责关系合理性	1
	机场管理失误次数	3		规章、制度、标准的品质和效能	1

7.4.3 风险指标选取的方法

一个研究对象可以设计很多反映其特性的指标。而且，通过事故分析、归纳出的指标涉及的面很广，即指标很多，该如何来筛选，如何系统地将这些指标整理成体系，也是我们应该解决的问题。目前多指标选择的方法很多，概括起来可分为定性和定量两种。

1. 定性分析选取指标

定性分析选取评价指标的方法就是运用系统思想，根据评价目的，对评价对象的结构进行深入的系统剖析，把评价对象分解成不同的侧面，在对每一个侧面的属性进行深入分析的基础上提出反映各个侧面的衡量指标，这些指标组合起来即可构成指标体系。

层次分析法是定性分析的典型代表。其基本思想是利用人对复杂问题逐步简化的逻辑思考能力，将复杂问题分解成几个大的方面，然后将每个方面进一步分解成更细小的方面，如此层层递进，直至分解成可以利用数据直接描述的层次。

这一方法要求分析人员对评价对象有深入的了解，要熟悉评价对象内部运作模式，将评价对象分解成不同的侧面，针对这些侧面选取最合适的衡量指标。不同的人由于掌握的知识不同、思维方式不同以及一些难以说清的主观因素的影响，对同一评价对象、同一评价目的往往有不同的分解方法，选取的指标也不尽相同，这是这一方法的主要缺陷之一。但这种方法的最大优势在于厘清了指标与指标之间的逻辑关系，指标体系能完整地反映评价对象的全貌。

2. 定量分析选取指标

定量分析选取指标的方法就是根据指标间的数量关系，运用数学的方法筛选出所需指标体系的方法。该方法一般包括三个基本步骤。

1)　建立综合评价预选指标体系

在定量分析之前，先根据评价对象的概念，初步地分析出与评价目的相关的一些指标，构成预选指标集。预选指标集是定量分析的基础。定量分析就是对预选指标的数量特性进行分析，从而在预选指标集中选择特性较好的指标构成指标体系。

2)　对指标特性进行分析

这一步骤是采用特定方法量化分析各个指标在多大程度上反映了评价对象的状态。常用的方法有隶属度分析、相关分析、主成分分析、因子分析、聚类分析等。

3)　确定阈值，筛选指标

根据第二步采用的方法确定一个阈值，保留阈值以上的指标，即可获得一个基本反映原指标集包含的信息量，但指标数量少于原指标集的指标体系。

有时，采用一种方法得出的指标体系仍然过于庞大时，可以采用另一种方法，对指标进行筛选。

根据上述介绍，定量分析的优点在于可以根据指标的客观统计值作出判断，排除了主观因素的干扰。此外，指标的筛选方法在数学上有严密的论证，理论基础可靠。但这种方法也有明显的制约性，该方法的基础依赖于庞大的初始统计指标数据，指标去留的关键在于数据的质量，一般的单位很难有针对性地收集指标需要的数据。因此，收集数据和数据质量成了制约该方法的关键所在。

有鉴于我们需要建立一套可应用于实际操作的空管风险指标，加上收集数据的限制，我们应采用定性的方法对指标进行选取。而对于定性分析方法的缺陷应尽量减少，采用不同的人对同一指标展开充分的讨论的方式，充分吸收不同方面的意见，直至指标达成一致。

7.4.4　空管风险指标体系的建立

　　风险指标体系建立的基础是对风险因素的分析，在人的因素中，风险因素项主要体现在管制员的生理和心理，如疲劳、思想麻痹、注意力不能集中；管制员的业务知识和技术水平，从理论和实际操作中体现了管制员的专业水平；管制员的经验能够体现出在特殊情况下管制员娴熟的指挥能力；同时人的因素中也能反映出管制员的岗前准备情况、标准通话等存在缺陷。同理，设备因素、环境因素和管理因素反映的问题如表 7-17 所示。

表 7-17　空管风险指标体系

	指　标	反映内容
人为因素	技术水平	衡量空管相关人员知识技能、专业素质情况
	操作违规率	人员的思想状态、安全意识、责任心及对法规的执行情况
	空管人员标准通话	衡量管制人员发布指令的能力
	空管人员健康水平	体现管制员生理现状，承受工作负荷的能力
	管制经验	体现管制员在特殊情况下的处置能力
	岗前准备情况	反映管制员是否严格按照流程来准备岗前工作
	管制组配合默契程度	衡量双岗制人员搭配情况，以及席位之间配合情况
设备	空管设备设施完好程度	反映陆空通信、导航台、灯光以及雷达等设备使用的可靠性
	设备的配备更新状况	衡量空管设备配备差异对管制人员工作的影响
	设备维护质量未达标率	反映空管设备设施维护和保养状况
环境因素	运行期间天气状况	综合反映天气恶劣程度，以及突变次数
	航空公司影响值	综合反映机组、维修、航空器等异常状况对管制工作的影响
	机场影响值	包括鸟害、升空物、机场安检，以及非法干扰等突发事件的影响
	军航活动频度	衡量军航活动对于管制调配、飞行计划等管制活动的影响
	航路空域	以管制航路交叉点、距军航空域距离反映空域结构的合理性
	管制区域内流量情况	以工作期间指挥的起落架次衡量流量对管制工作的影响
	管制的工作环境	衡量管制员工作的室内环境
	航班延误	反映航班延误给管制员造成的工作压力
管理因素	管制移交出错次数	衡量管制程序、管制协议是否合理
	规章制度效能	规章制度执行情况
	员工安全培训管理	衡量员工开展业务技能、安全知识的培训情况
	部门/席位之间信息通报情况	反映管理部门对部门/席位之间的组织结构和部门管理情况
	应急处置程序	反映空管中出现应急事件、特殊事件时是否有完备的应对措施
	军民航管协调情况	在军民航发生冲突时，两者的协调情况

　　指标量化方式的定性指标和定量指标应两者结合，并尽可能进行定量量化，如参照空管安全审计相关体现项的评分值和评分标准。

技术水平情况，该指标可以衡量空管航业人员及相关人员的职业素养和业务水平。可用

$$空管指挥的准确性=[1-空管指挥失误次数/民航总的起降架次]×100\%$$

来衡量。

标准通话情况，该指标反映了在对话过程中是否采用了标准用语；可以通过安全审计手册中(AT.4.85-93、301-309、535-542)指标的符合率求平均来量化。

健康水平情况，该指标可以反映人的生理现状和承受高负荷工作量的能力。可以通过

$$定期体检通过的合格率=体检合格人数/参加体检总人数×100\%$$

来衡量。

管制经验，体现管制员在特殊情况下的处置能力，分为管制员和见习管制员，管制员经验是指从取得管制执照到目前的工作时间，见习管制员经验则指在管制教员监督下的管制时间，以小时表示。

岗前准备情况，该指标反映了管制员是否严格按照流程来准备岗前工作；可以通过安全审计手册中(AT.4.09-15、221-227、458-463)[6]各个部分指标的符合率求平均来量化。其中上述编号分别代表空管的区域、进近、塔台这 3 个部分。

$$单个指标的符合率=(区域的该指标的符合率+进近的该指标的符合率+$$
$$塔台的该指标的符合率)/3×100\%$$

$$岗前准备情况的符合率=各指标的符合率$$

管制组的配合默契程度这一指标可以通过定性的方式进行量化。

在设备影响因素中，指标量化方式如下所述。

设备完好状况，该指标考查了设备的性能、功能是否满足要求；可以通过设备完好率来量化。

$$单台设备完好率=(A-B)÷A×100\%$$
$$综合设备完好率=(\sum 单台设备完好率)÷设备台数×100\%$$

其中 A 表示本设备应工作时间，B 表示本设备故障时间。

设备更新情况，该指标考查了更新换代的情况，可以用新型设备配备数目/全部设备的数目来进行量化。

设备维护质量未达标率反映空管设备设施维护和保养状况。

$$设备维护质量未达标率=(维修失误次数/维修作业总时间)×100\%$$

运行期间天气情况，该指标衡量在复杂气象条件下(雷雨、雪、结冰、颠簸、风切变、低能见度等)对管制员的影响，可以通过 2008 年旅客吞吐量前 35 位机场的复杂天气占整个这段时间的比例来衡量，即考查期内以下机场的复杂气象的天数/考查期的天数。

管制区域流量情况，以工作期间指挥的起落架次衡量流量对管制工作的影响。

管制工作环境情况，该指标反映了管制室内的值班环境的好坏；可以通过安全审计手册中(AT.3.010)[6]指标的符合率求平均来衡量。

航班的延误，该指标反映了航班的延误情况，并因为延误给管制员带来的工作压力。

$$航班延误率=(延误和取消的总架次/飞行的总架次)×100\%$$

航空公司影响值，以及机场影响值根据运行的具体情况，由专家判断。

军航活动频度，一年之中军航飞行活动次数/天数。

航路空域，以管制航路交叉点、距军航空域距离反映空域结构的合理性。由专家判断。

管理要素指标的量化方式如下所述。

管制移交出错频数，衡量管制程序、管制协议是否合理。

管制移交出错频数=管制移交出错次数/移交次数×100%

规章制度效能，反映各管制单位规章制度的执行情况，可以用管制员违规操作率来衡量。

规章制度效能=(违规操作事件次数/上岗小时总数)×100%

部门/席位之间信息通报情况，反映管理部门对部门/席位之间的组织结构和部门管理情况，按部门和席位之间分开计算，席位之间信息沟通失真率/月指挥架次×100%，部门之间信息通报失真率/沟通次数×100%。

应急处理程序，该指标反映了空管中出现应急事件、特殊事件时，是否有完备的应对措施；可以通过安全审计手册中(AT.1.061-064、4.122-124)[6]指标的符合率来衡量，也可以通过符合率来量化。

军民航管协调情况，该指标反映了在空管中当军民产生矛盾时，两者的协调情况；可以通过安全审计手册中(AT.4.184-187)[6]指标的符合率来衡量。

7.5 空管指标数据的处理

7.5.1 指标的无量纲化处理

在风险评价时，由于各指标计量单位不同，不能直接进行评价，需要对指标进行无量纲化处理。所谓无量纲化处理，即通过数学变换消除原始指标单位及其数值数量级影响的过程。指标无量纲化后的值称为指标评价值，那么无量纲化就是指标实际值转化为指标评价值的过程，无量纲化方法就是如何实现这种转化，从数学角度讲就是指标评价值依赖于指标实际值的一种函数关系式。在指标综合过程中发现，有的指标是指标值越大越好，如管制人员的身心状况，而有的指标值越小越好，如操作违规率等，为了使指标在评价时能进行综合，以及指标无量纲化过程的简洁，在转化之前先要对指标进行一致化处理。

1. 指标的一致化处理

按照指标的变化对空管风险的不同影响，可将指标分为正指标、逆指标和适度指标。正指标是指标值越大，表明空管运行的安全性能越好；逆指标是指标值越大，表示空管运行过程中潜在的风险值越大；适度指标可以看作是正指标和逆指标的组合，即指标值不应过大也不能过小。在指标变动区间内有一个适度点，指标达到适度点之前是正指标，到适度点之后即成为逆指标。由于存在着这几种不同的指标类型，在进行综合之前就必须将指标的类型作一致化的处理，一般的做法是将逆指标和适度指标转化为正指标。为了处理过程的简单明了，指标的转化方法不宜过于复杂。

逆指标转换为正指标时，假设逆指标为 x_i (设有 n 个样本值)，y_i 为转换后的指标，可选用的简单变换公式为

$$y_i = \frac{1}{x_i}$$

在空管风险指标体系中没有负指标，因此这种转化公式是成立的。同时该指标体系暂时没有涉及适度指标，故暂且不对适度指标的转化进行讨论。

2. 指标的无量纲化处理

指标无量纲化一般有三种处理方式，即直线型无量纲化方法、折线无量纲化方法和曲线无量纲化方法。下面对这三种方法作一简单介绍，并结合空管运行实际选择合适的方法。

1) 直线型无量纲化方法

直线型无量纲化方法是将指标实际值转化为指标评价值时，假定二者之间呈线性比例关系。其常用的方法有阈值法、比值法及标准化法。

(1) 阈值法亦称临界值法，是用指标实际值 x_i 与该指标的某个阈值相比，从而得到指标评价值的无量纲化方法。阈值往往采用指标的极大值、极小值、满意值、不允许值等。其衡量的是研究对象发展的一些特殊指标。

(2) 比值法是将指标的实际值转化为它在指标值总和中所占的比重。公式为

$$y_i = \frac{x_i}{\sum\limits_{i=1}^{n} x_i}$$

(3) 标准化方法。按照统计学原理对实际指标借助于标准化的方法来消除数据量纲的影响。标准化公式为

$$y_i = \frac{x_i - \overline{x_i}}{s_i}$$

其中：y_i——指标评价值；

x_i——指标实际值；

$\overline{x_i}$——指标实际值的算术平均数，$\overline{x_i} = \dfrac{1}{n}\sum\limits_{i=1}^{n} x_i$；

s_i——指标实际值的均方差，$s_i = \sqrt{\dfrac{1}{n-1}\sum\limits_{i=1}^{n}(x_i - \overline{x_i})^2}$。

前两种方法能实现对数据的无量纲化处理。但通过比较，标准化处理的优势在于通过标准化处理的数字，可以客观地体现不同评价对象对于某一指标实现的努力程度。

2) 折线无量纲化和曲线无量纲化方法

折线无量纲化方法适合于研究对象发展呈现阶段性，指标值在不同阶段变化对研究对象的影响是不同的。构造折线无量纲化与直线型的不同在于必须找到研究对象发展转折点的指标值并确定其评价值。常用的有凸折线、凹折线及三折线型。

有的研究对象发展阶段性的分界点不明显，而各时期发展情况又不相同，也就是说指标变化对事物研究对象总体水平的影响是逐渐变化的，这种情况下曲线无量纲化比较合适。

3. 无量纲化方法选择

直线型无量纲化方法最大的特点是对数据处理过程简单、直观，在实际应用中容易实现。但其假定指标评价值与实际值呈线性关系，即研究对象发展的各个阶段指标值相同的变化量引起评价值的变化量是相同的。而这一点与事物发展变化的实际情况不太符合。折线型或者曲线型相对于直线型更能模仿研究对象的发展特点，而处理过程的精确度是建立

在合理选取曲线形状及参数的基础上，但这些参数的确定是比较困难的。

通过比较这些方法各有优缺。通过查阅资料，很多的案例往往采用易于实现的直线型无量纲化方法，原因在于评价值本身就是对被评价事物发展水平的相对描述而不是绝对描述，而且这种方法易于实现。结合空管运行实际，空管各运行单位，如塔台、区调、航站等在横向比较时都可以采用直线型的处理方法，相对来说也能体现运行单位风险值的比较。

在直线型无量纲化的三种方法里，阈值法衡量的是研究对象的一些特殊指标值。标准化法和比值法相比较而言，更合理地描述了不同指标风险转化后，对总的评价结果的影响程度。因此应选用标准化的处理方式。而它对指标的个数和分布有一定的要求，在评价个数较多的时候才可应用，因为该方法要求原始数据成正态分布时转化结果才可靠，亦即要求有足够多的数据。

4. 空管指标的无量纲化处理

根据标准化无量纲化的思想，下面以空管塔台管制室为例说明其处理过程，其他管制单位如进近、区调、情报室、航站，以及设备保障部门等对风险数据的处理过程类似，如表 7-18 所示。

表 7-18 塔台指标的无量纲化处理

指 标	原始风险测量值					无量纲化结果		
	塔台 1	塔台 2	塔台 n	均值 $\bar{x}$	标准差 s	塔台 1	塔台 2	塔台 n

为了便于计算及减小误差，可以将[0，1]分布的原始风险值数据转化成百分制，假设操作违规率为 0.25，则转化为 25。处理后可多保留几位小数而不会影响计算结果。无量纲化的处理过程按上述步骤进行计算。

经过无量纲化处理，指标值分布在零的左右有正有负，为了综合结果直观比对，以 60 分作为基点，转化公式如下

$$y_i = 60 + \frac{x_i - \bar{x}}{10s} \times 100$$

标准化的无量纲化处理后，便能显现出实现不同指标的难易程度，即体现了各指标的"含金量"。

7.5.2 指标权重的确定

对于评价目标而言，评价指标之间的相对重要性是不同的。评价指标之间相对重要性的大小，就用权重系数来描述。权重系数刻画的是指标对总目标的贡献程度，是用来反映指标在评价对象中价值地位的系数。在评价目标和评价指标确定的情况下，评价结果依赖

于权重系数。因此，权重系数确定的合理与否关系到评价结果的可信度。

1. 层次分析法确定权重的基本原理

层次分析法是由美国著名运筹学家、匹兹堡大学萨蒂教授首先提出来的。其基本原理是将研究目标分解为它的各个元素，把这些元素按一定的逻辑关系整理成树状递阶层次结构，对同一层次各个元素相对于上一层次指标两两比较其重要性，并将这些重要性按 1～9 标度法数值化，最后通过数学方法对这些数值矩阵进行计算以确定指标的权重系数。层次分析法一般可分为以下几个步骤。

1) 建立递阶层次结构

建立递阶层次结构就是运用系统分析的方法对复杂问题进行分解，形成一个层次分明的树状结构图。空管风险指标体系的建立过程便是层次分析法递阶层次结构的建立过程。

2) 构造判断矩阵

通过指标体系的建立，指标层之间的隶属关系便得以确定。假定上一层指标 B_i 所支配的下一层元素为 $C_1, C_2, \cdots, C_n$，构造的 B_i 判断矩阵即对 C 层的 n 个元素根据 1～9 标度重要度进行两两比较并对其赋值。1～9 标度的具体含义如表 7-19 所示。

表 7-19　1～9 标度的含义

标度 C_{ij}	含 义
1	i 元素与 j 元素同样重要
3	i 元素比 j 元素稍微重要
5	i 元素比 j 元素明显重要
7	i 元素比 j 元素强烈重要
9	i 元素比 j 元素极端重要
2，4，6，8	介于以上两相邻判断中值
倒数	若 j 元素与 i 元素比较，得判断值 $C_{ji} = \dfrac{1}{C_{ij}}$，$C_{ii} = 1$

有了数量标度，按照指标两两指标比对的重要度，从指标体系的最底层开始，构造成下面的判断矩阵 B

$$B = \begin{bmatrix} c_{11} & c_{12} & \cdots & c_{1n} \\ c_{21} & c_{22} & \cdots & c_{2n} \\ \cdots & \cdots & \cdots & \cdots \\ c_{n1} & c_{n2} & \cdots & c_{nn} \end{bmatrix}$$

3) 判断矩阵的一致性检验

判断矩阵是专家根据自己的经验和知识对于指标定量的过程，在两两指标比较过程中，为了避免人为的逻辑错误，需要对判断矩阵的一致性进行检验，其基本步骤如下所述。

根据矩阵理论，需要计算判断矩阵的特征值和特征向量。

$$B \times W = \lambda_{\max} \times W$$

其中：B ——判断矩阵；

$\lambda_{\max}$ ——B 的最大特征值；

W——对应 λ_{max} 的特征向量。

计算一致性指标 CI 公式为

$$CI = \frac{\lambda_{max} - n}{n - 1}$$

CI 值越大，表明判断矩阵偏离完全一致性越严重。一般而言，判断矩阵的阶数 n 越大，则指标之间的关系就越难达成一致性。因此，需要对一致性指标 CI 进行修正，用平均随机一致性指标 RI 进行修正，修正值如表 7-20 所示。

表 7-20 平均随机一致性指标 RI 值

n	1	2	3	4	5	6	7
RI	0.0000	0.0000	0.5149	0.8931	1.1185	1.2494	1.3450
n	8	9	10	11	12	13	14
RI	1.4200	1.4616	1.4874	1.5156	1.5405	1.5583	1.5779

当 n 小于 3 阶时，判断矩阵完全一致。当大于或等于 3 阶时，将判断矩阵一致性指标 CI 与同阶平均随机一致性指标 RI 的比值，称为随机一致性比率 CR。

$$CR = \frac{CI}{RI}$$

一般规定，当 $CR<0.10$ 时，判断矩阵具有满意的一致性。否则，就认为初步建立的矩阵需要重新赋值，直到建立完全的一致性。

4) 计算相对权重并进行排序

层次单排序：就是下层相对于直接隶属层的权重。利用判断矩阵计算权重的方法采用的是和积法。和积法计算的思路是，将判断矩阵按列相加归一，然后按行相加除以矩阵的维数 n，即得到各指标的权重。

层次总排序：就是底层的指标相对于评价目标的权重。其计算方法就是从最底层依次乘以其相邻层的相对权重直至总目标。

通过以上四步，用层次分析法就可计算出各指标的权重，为评价目标打下基础。

2. 空管风险指标的权重计算

空管风险指标权重的计算方法是层次分析法。下面主要介绍我国空管风险指标体系层次在计算权重时应考虑的因素。

对于指标体系中的二级指标，为了衡量我国空中交通管制的整体状况，是按照我国空中交通管制的七大管制区划分的，即华北管制区、东北管制区、西北管制区、华东管制区、中南管制区、西南管制区及乌鲁木齐管制区。由于七大管制区所属管辖范围内地形、天气等外界自然条件的影响，使得各管制区管制工作对于全国空管的整体水平的影响各不相同，即体现在权重的差异上。在进行权重计算时，主要考虑的是七大区域中对管制影响较大的气候特点及地理特点。例如，中南管制区位于我国南方属亚热带气候，因此，天气变化比较频繁，如暴雨、雷暴天气及台风天气等。而东北管制区则属于中温带大陆性季风气候，大雪、结冰及大风天气比较频繁。同时，南北方的地形差别也比较大。这些外界自然条件对于管制工作有比较大的影响。因此，在计算二级指标的权重时应考虑气候及地理特点。

三级指标是衡量管制区下属各机场的塔台、进近，以及区域管制的风险因素，在计算权重时主要考虑各机场的流量，流量的差异造成机场管制室管制员工作负荷和工作压力的差异。一个管制区下属有很多机场，主要计算一年内吞吐量或者起落架次较大的机场，其余的则可以赋予较小的权值或者计算出结果后进行修正。例如，华北管制区中北京机场 2007 年客运吞吐量为 5331 万，而天津滨海国际机场的客运吞吐量为 386.1 万。十倍多的差异对于管制工作的影响是截然不同的，因此，在权重计算时，吞吐量或者起落架次比较高的机场要赋予较高的权重。最下一层的指标即为管制运行中的风险因素，它们对于空管风险的影响主要通过层次分析法来确定。

7.6　影响空管运行安全的关键因素分析

空中管制对民航的安全作用毋庸置疑是重要的，民航灾害和事故的发生有一定的偶然性，但偶然中也包含了诸多可以加以控制的必然因素，如管制员的违规操作、管制人员的失误、空管设备的失效、电磁环境的干扰和管理上失误等。这些看似细小的差错若不加以及时修正和控制，就会一点点聚集和放大，最终难以控制而导致灾难的发生。

空管安全管理的历史证明，它必须适应人(管制员、飞行员)、机、(航空器、空管设备系统)、环(天气、工作环境等因素)系统中的状况和要求，它必须符合各国(地区)的具体情况和要求。因此，每个时期的安全管理，各个国家(地区)的安全管理，都会有它的特色，都会形成各自的模式。但是，在大家对这种客观需要和存在的安全管理模式还没有取得深刻的、系统的认识时，空管各级领导只能根据对安全管理的局部认识和积累的一些感性经验，来进行空管安全管理，而要想使安全管理完全符合它的发展规律和外部环境是不可能的。传统的观点认为，错误只存在于事故发生之时、存在于事故的责任人(管制员)身上。我们必须研究建立一个全新的观念：管制员生存于、工作于错误或缺陷之中，但错误和缺陷本身并不一定会导致事故，关键的因素是必须探讨建立空管安全管理理论模式，对错误、对风险实施有效的管理。

不安全事件上升的趋势和飞行环境，也就是飞行时间和飞行架次的趋势相同，都是逐年上升的趋势。下面我们详细分析不安全事件上升趋势与这两种趋势之间的关系。

不安全事件发生的架次概率和飞行时间概率均随着架次和飞行时间的变化而变化，当飞行架次和飞行时间增加时，概率值(比值)也相应增加，也就是说飞行架次和飞行时间继续增加时，不安全事件的增长速度将同步增长，甚至加速度增长。而根据我国经济发展的大趋势和各种预测报告显示，我国航空飞行器的飞行时间和起降架次在未来若干年将大幅增长。

7.6.1　人为因素

空管中的人为因素是航空人为因素的重要分支，它可以通过了解人的能力和局限，使人与系统的设计及要求匹配，指导人与系统在要求相互矛盾时正确处理相互之间的关系，从而改善系统的安全性，防范可能出现的事故。空中交通管制是一个复杂的有机系统，它的目的在于使飞行流量得到安全、有序和快速的调配，在这个系统中人与机器相互作用，共同完成系统功能。

空管人为因素通过研究与人构成界面的各要素之间的关系，人自身的优势和局限，以寻求各要素与管制员的最佳匹配，使航空系统的整体效益达到最佳，从而保证空管安全，防止事故的发生。空中交通管制中人为因素的研究范围主要涉及以下五个方面，即管制员与硬件的关系、管制员与软件的关系、管制员与环境的关系、管制员与其他人的关系、管制员个体的生理心理学问题等。

空管中人为因素的研究范围主要涉及以下四个方面。

(1) 管制员与硬件之间的关系，研究管制员与硬件(如无线通信机、雷达显示器)之间的相互适应问题，硬件怎样设计才符合管制员的特点，管制员怎样操纵硬件才能保障安全，特别重要的是硬件设备如何发挥其系统潜在的预警提醒功能。

(2) 管制员与"软件"之间的关系，研究合理的管制程序、应急程序，以及标准通话语言等，以便简化管制工作，减小管制员的工作负荷，不致使管制员出错。

(3) 管制员与环境之间的关系。

探索外部硬环境：研究特定工作环境对管制员的影响，管制员对特定环境适应过程和适应规律，以便促进管制员与环境界面的相容。

研究内部软环境：组织安全思想，空管安全文化等方面的规律，以便促进管制员与软环境界面的相容。

(4) 管制员与其他人的关系，特别是研究管制员之间班组内的交流和班组间的交流；管制员与飞行员之间的人际关系；管制员个体的生理、心理学问题等。

空管人为差错主要表现形式有下述各点。

(1) 个人违规操作：管制员忽视和违反规章、程序和标准的工作行为。

(2) 注意力分配不当：管制员在管制过程中注意的分配、注意的范围、注意转移的速度和方式等方面具有缺陷。

(3) 小流量情况下，思想麻痹：管制员在低交通负荷状态下过于松弛，实际工作能力在无意识中被弱化。

(4) 疲劳上岗：管制员在心理、生理疲劳情况下工作，造成其工作能力严重下降或完全丧失，不能胜任管制工作。

(5) 工作技能低下：管制员技术不娴熟、思路狭窄，技术应变能力差，导致管制工作准确性差、效率低下。

(6) 业务基础知识掌握不牢：管制员空管理论知识的广度、深度不够，不具备全面和稳固的专业基础知识。

(7) 特情处置能力差：管制员没有熟练掌握特殊情况处置程序，应变能力及心理承受能力差。

(8) 管制员口误：管制工作中粗心大意、心不在焉、言不由衷，导致指令错误。

(9) 未认真收听机组复诵：管制员忽视飞行员对指令的复诵，未能及时发现机组对指令的误解。

(10) 班组配合不当：班组成员职责不明确、搭配不合理、工作不协调、交流不充分(包含咨询、劝告及倾听等方面)和交叉检查不力等现象。

(11) 教员对见习管制员放手量过大：由于管制教员对学员能力估计不足、监控不力，以致无法纠正学员操作错误，导致管制工作失控。

(12) 对飞行动态未实施有效监控：管制员忽视对相关飞行动态的监控或监控方法不当，造成对飞行动态的错、漏、忘。

(13) 两个管制区之间协调不够：相关管制单位间管制移交协调规定不完善。

(14) 协调不及时、不准确，甚至未按规定进行移交协调。

7.6.2 设备因素

空管运行中使用的保障设备主要有航管自动化系统设备、监视设备、通信设备和导航设备等。

1) ATM 系统

ATM 系统设备主要包括航管自动化系统、气象系统、航行情报系统等信息处理系统。

航管自动化系统是一个以计算机工作站为核心，集计算机、通信及显示设备于一体，包含多种软、硬件功能的综合网络系统，其软件功能主要包括雷达数据处理、航行情报信息处理、飞行计划信息处理、显示处理、人机对话及气象数据处理等。

目前，我国航管自动化系统主要由 ACC(区域)模块，TMA(进近)模块，TWR(塔台)模块及 TEB(培训)模块组成。ACC 主要的处理功能：雷达前端处理/练习系统处理，雷达数据处理与安全网络监控辅助处理，雷达旁路处理，飞行计划冲突检测，飞行数据处理，地空数据处理，录音处理，空域状况重放，通信数据处理，空防数据处理。TWR 主要的处理功能：通信数据处理，塔台管制，助理管制，程序管制或搜救管制等。TMA 主要的处理功能：录音处理，空域状况录音重放，通信数据处理，多雷达跟踪业务，安全网络与监控辅助处理。TEB 主要的处理功能：雷达前端处理/练习系统处理，雷达数据处理与网络安全监控辅助处理，飞行计划冲突检测，飞行数据处理，地空数据处理，录音处理，空域状况重放。

2) 监视设备

在空中进行的高速飞行活动已远远超出了人的直觉感知范围，因此，空中交通管理者必须借助监视系统才能掌握空中交通活动信息。监视设备可用来帮助管制员监视空中飞机的各类飞行动态信息，还具有冲突告警和低高度告警等功能。

我国空管监视设备有航管一次、二次雷达，场面监视雷达，自动相关监视系统。

3) 通信设备

通信设备系统是实现管制工作一个重要组成部分，主要完成航空话音和数据的通信功能，包括内话系统、VHF 系统、DMHS 系统和数据通信网络等几大部分。

实施空中交通管制最关键的环节之一就是语音地空通信。也就是说，地面管制员通过 VHF 无线电与空中飞机进行联络。进行地空联络的设备就是语音交换和控制系统(Voice Switching and Control System)，国内称内话系统。内话系统不但提供了地空之间的通信，还包括管制员与控制系统，以及地面上的一些话音服务。内话系统作为空中交通管制的核心部分，对其系统的可靠性与稳定性有着很高的要求。

甚高频遥控通信系统为区域管制中心提供远程 VHF 地空通信，用于民用航空地面电台与航空器电台之间交换空中交通管制、飞行动态、航务管理等情报，以及完成对空广播通信等任务。甚高频遥控通信系统由主控中心、远端甚高频遥控台、传输系统、监控系统组成。VHF 遥控通信系统的传输方式为有线链路、卫星链路和微波链路。

DMHS 航空电报和信息交换系统是专为中国民航系统设计的，遵循国际民航组织附件(ICAO ANNXl0)及国际航空电信协会 SITA 的电报处理程序标准(Operating Procedures for Message Handling)。它是一个功能强大的 AFTN 与 SITA 电报及数据自动交换的通信系统，采用存储/转发方式，由计算机自动处理，无须人工操作即可自动地将 AFTN/SITA 电报及数据转至一个或多个目的地。

数据通信网络有有线通信网络、卫星通信网络和微波通信网络三种方式。

4) 导航设备

导航技术是保障空管安全运行必不可少的信息技术，它对航空安全起着重大的作用。随着导航技术的发展，导航系统的种类越来越多，我国当前使用导航系仪表着陆系统(ILS)、甚高频全向信标(VOR)、无方向信标台(NDB)、.测距机(DME)等。

空管设备故障的主要表现如下所述。

(1) 航管自动化系统(包括情报、气象)影响空管运行安全主要表现在管制席位死机、RDP 模块故障(雷达信号中断、调变、闪屏)、FDP 模块故障、网络出现中断、转报系统故障、气象系统故障、电源问题等方面。

(2) 监视系统影响空管运行安全主要表现在雷达老化且需检修、雷达常常遭雷击无法正常工作、雷达通道无法正常运行、雷达信号不能正确输出、雷达天线故障、电源问题等方面。

(3) 通信系统影响空管运行安全主要表现在传输线路中断(施工、挖断现象常见)、光端机故障、VHF 遥控台或控制板故障、内话系统不能正常工作、卫星通信链路无法正常链接、电源问题等方面。

(4) 导航系统影响空管运行安全主要表现在导航台 VOR/DME 出现故障系统关机、仪表着陆系统不能提供服务、导航台遭雷击出现故障、天线故障、电源问题等方面。

7.6.3 环境因素

空管环境因素包括空中管制区域内的地形地貌、管制室的环境状况，管制过程中的自然环境、法律法规因素，以及机场和航空公司的运行环境等。这些环境因素对管制员的工作有较大的影响，管制员只有时刻掌握周围环境的变化，才能作出正确的管制决策，杜绝危机产生。影响空管运行安全的环境因素还包括航空器运行的环境，即空域。

1) 空域环境

空域合理性要求，飞行程序、航线、空域管理、空中交通流量等对空管安全的影响。

2) CNS 环境

包括电磁环境因素，电磁环境干扰因素(人为、广播电视)；管制工作通信环境的要求(有无通信盲区)；管制工作导航环境的要求(有无导航盲区)；管制工作对监视环境的要求。

3)　自然环境

自然环境是影响航空器安全飞行的一个重要因素，对机组有很高的要求，同时，对空管的安全也提出了新的挑战。自然环境因素包括气象环境、地形环境、地理环境对管制工作的影响。

4)　工作环境

设备运行与管理对管制工作的影响(包括设备维修、保养，设备定检、测试，设备备份、应急等)。

5)　人文环境

组织内外人际关系对管制工作的影响(包括机组满意度等)。

7.6.4　管理因素

管理是安全体系的基本保障，管理层出现漏洞，就会在诱因层和行为层产生漏洞。现代空中管理需要管理手段和方法向着细节化、法制化、规律性的方向靠拢。如果管理体制不健全，就会导致松懈、怠工现象发生，而这恰是空管工作的大忌。对航空事故及灾害的研究表明，航空事故的发生导因与人、机、环、管四个方面因素相关。

空管的安全管理包括以下几个方面。

1)　安全监察管理

安全监察是贯穿整个空管安全工作的一条主线，在保障空管安全方面有着十分重要的作用。目前，我国空管安全监察工作刚刚起步，管理水平有待进一步提高，在安全管理制度落实不力、安全培训和教育不到位和不安全事件收集等方面存在问题。

2)　班组资源管理

班组成员是管制工作中最活跃的因素，管制员的素质和其组合的优劣直接影响着管制工作的质量。我国空管单位在实行班组资源管理过程中，存在以下几个方面的问题。

(1)　配合不当。在管制工作中，班组成员各行其是，互不协调，缺乏必要的沟通，容易导致失误。

(2)　搭配不合理。班组成员在性格、年龄、技能、资历等方面存在搭配不合理现象，导致整个班组不能形成有效的团队，管理效率低下。

(3)　监督不力。班组成员之间虽然有明确的分工，但副班管制员对主班管制员的监督落实不到位，没有形成一个防错、纠错机制。

3)　人力资源管理

我国空管单位在人力资源管理方面存在着激励制度设计不合理、考核制度不完善、培训不到位、人员配置不合理、人员选拔不规范等问题。上述问题致使一线人员工作热情不高、缺乏工作自豪感，对空管安全造成了较大的威胁。

4)　技术设备管理

目前，空管主要以雷达管制为主，技术设备是空管安全管理的基础。我国空管技术设备管理也存在较大的安全隐患：未掌握有关技术设备的可靠性，空管技术设备的自动化程度越高，越会导致管制员依赖设备；对技术设备的监控、维护不够；对技术设备本身存在的问题重视不足。

综上所述，影响空管运行安全的因素总体上可分为四类，即人为因素，设备因素，环境因素和管理因素。通过对空管系统运行状态和不安全事件的分析，结合对一线工作人员和管理人员的调查，可得到影响空管运行安全的关键因素："管制员疲劳上岗和违规操作"是人为因素中最重要的因素，内话系统和雷达系统故障是设备因素中最重要的因素，空域环境是环境因素中最重要的因素，安全监察管理和人力资源管理在管理因素中影响最大。

第 8 章

运行安全管理

安全是民航永恒的主题。2014 年马来西亚航空 MH370 航班失联、中国台湾复兴航空空难、亚联航空空难，2015 年德国之翼航空坠机事件，一系列空难都给我国民航安全管理建设敲响了警钟。

航空事故造成的损失惨重、影响巨大，因此世界各国都十分重视航空安全。保障航空安全的两个方面安全技术和安全管理，也随着航空安全水平的不断提高而不断得到改进和提高。航空安全管理经过航空界长期的摸索和实践，从早期的以事故调查分析为重点的被动的安全管理，逐步过渡到以事件分析、风险管理为重点的主动、超前的安全管理；从传统的纵向单因素安全管理过渡到现代横向、综合的安全管理。我国民用航空规章 CCAR-121 部《大型飞机公共航空运输承运人运行合格审定规则》中明确要求承运人应对他们的运行控制负责。这既符合我国民航运输发展的实际情况，同时也对各航空公司的运行控制工作提出了具体的要求。当今航空公司是由高度专业化的各个组成部分和职能部门所组成的一个系统。涉及航空公司的各种资源，即机队、程序、人员、基础设施和技术支持工具等。只有把这些资源以最佳的方式来使用，才能使航空公司在提高安全水平的同时，获得最大经济效益。

航空公司作为民航运输业的主体，担负着民航运输的主要生产和经营任务，是民航运输业的龙头和驱动国民经济发展的重要动力。航空公司的运行安全直接影响着旅客的人身及财产安全、经济效益、航空公司声誉以至于生存。近年来，航空公司每年的运输业务量急剧增加，航线网络结构更趋复杂，运行安全压力加大。

此外，客户要求越来越高，航空事故的发生将会对航空公司运营和社会产生广泛的负面影响。

《国际民用航空公约》附件 19 及《航空运营人安全管理体系的要求》中明确阐述风险管理是安全管理体系的核心，是安全管理体系内的重要过程。运行控制人员与飞行员共同承担航班的安全责任，通过对影响签派放行工作各种因素的有效风险评估和控制，能大幅降低航空公司运行过程中的风险，从而提高航空公司的运行效率，达到降低事故率的目的。

运行控制工作涉及的单位多、人员广、难度大，处理加工信息繁多复杂，工作综合性强。如不能有效使用信息化技术对现有风险评估手段和机制进行根本性改造，航班的安全压力将难以承受。为持续提高飞行安全水平，有必要从气象、航路、机场、飞机、机组等方面对影响航空公司航班安全的各种风险进行系统分析，开发自动化的运行控制风险评估系统。

民用航空业肩负着国家交通运输的重任，具有技术密集、资金投入大、运行风险高的特点。而航空公司是民航业重要的组成部分，在旅客周转、带动经济发展等方面具有重要的作用，处于航空安全工作的前沿。近几年，民航局和各航空公司已经认识到运控风险管理的重要意义，制定了有效的风险管理的措施并取得一定的成绩。风险时刻伴随着签派放行的全过程，需要管理者与一线签派员认清各种影响运行控制的风险因素，并制定行之有效的风险应对策略，进而规避风险，这样才能保证航空公司健康发展。

8.1　运行安全发展状况

当今航空公司是由高度专业化的各个组成部分和职能部门所组成的一个系统。涉及航空公司的各种资源，即机队、程序、人员、基础设施和技术支持工具等。只有把这些资源以最佳的方式来使用，才能使航空公司在提高安全水平的同时，获得最大经济效益。目前，我国各航空公司运行控制职能系统安全状况呈良好、向上的发展趋势，但还存在以下两个薄弱环节：首先，目前我国航空公司运行控制管理决策的能力与效率与当前国内航空业的发展态势相比，呈现出滞后性；其次，现有运行管理模式的分权决策水平也极为不足。因此，提高运行控制能力、保障运行控制安全并对其进行合理有效的安全风险管理，对航空公司的效率、安全、发展和机制的优化起着至关重要的作用。

航班运行风险评估系统(FORAS)是对每一航班飞行的进近与着陆事故征候、紊流诱发的伤害等风险进行主动评估的量化管理系统。因该系统是针对航空公司风险因素而量身定做的，且制定出只适合本公司使用的风险因素权重、风险等级及风险分类，所以便于进一步追踪风险因素的趋势和制定改善措施；它为机组人员、签派人员以及安全管理人员提供了辅助决策和提示工具；当某项风险因素超过标准值时，还可以自动建议安全管理人员或飞行员采取有效措施，从而保障飞行安全。

FORAS 的系统模型主要是由数学模型和风险分析两大部分组成。该系统采取的是模糊专家系统(Fuzzy Expert System)的数学模型，对凭借专家们的安全经验和专业知识定义出的一系列风险因素采用层次分析法(Analytical Hierarchy Process，AHP)进行逐层分解，确定风险因素之间的相互关系，并在由专家定义的一系列用于描述可能输入和期望输出之间关系的归属函数和规则库的基础上加入模糊理论，使风险因素权重的分配更加合理。风险分析系统是一个对每一航班都能给出实际的相对风险指标的计算机程序。它将每一航班运行的数据，包括各种变量作为模型的输入，给出一个单一的、在 1～10 间隔范围内的正则化的相对风险评估值，并指明主要的风险因素，以便机组人员在飞行前可以得到简报。

在航空公司，航班运行风险评估工作过程如下。风险评估小组将根据所汇集的飞行资料评估出事件发生的原因；将各个风险事件按其严重程度和再发生概率分析出其风险等级、风险权重后，汇编为风险评估表，并根据 FORAS 给出其相对的风险值，对风险值高的事件进行调度与改善；再将风险评估表汇集到资料库中，通过 FORAS 进行统计分析和趋势分析，作为该期飞行安全的风险指标；最后将风险评估表、风险评估趋势分析、风险评估小组提出的改善建议等资料制作成"风险评估报告"，按期向公司主管汇报，以事先预防该类风险的发生，保障飞行安全。

8.2　民航业应用状况

8.2.1　航空公司运行系统简介

FOC 系统是航空公司为了提高航班运行效率，加强运行管理，保障飞行安全而开发的一套计算机管理系统。当前不管国内还是国外，各航空公司都对运行管理模块进行了电子化操作改革。国外民航发展较早，各项技术运用较成熟，因此在运行监控信息管理方面较为先进，但民航资源涉及保密等协议，因此只有通过外籍交换飞行员了解国外航空公司运行监控现状，以及运行监控信息系统的利用情况。据了解，目前发达国家的航空公司的航班运行监控系统覆盖率接近 95%。由于国内民航起步较晚，国内各航空公司的运行监控水平较为接近，目前国内使用的 FOC 系统主要由航班计划、机务维护调度、运力排班、地面服务、航行情报、飞机性能、航班运行三级事件监控等组成。各子系统的主要功能介绍如下。

- → 航班计划子系统：制订和发布航班计划，并可根据市场状况和公司飞机实际运力调整航班计划。
- → 机务调度子系统：对飞机的维护工作和机务工作人员的排班进行管理。
- → 机组排班子系统：根据已制订的航班计划，安排适当的飞行员去执行航班。
- → 乘务排班子系统：根据已制订的航班计划，安排适当的乘务员去执行航班。
- → 飞行签派子系统：对航班运行的信息进行实时的管理。
- → 商务调度子系统：在航班运行中对公司外各相关单位进行信息传递与调度管理。
- → 空警排班子系统：根据已制订的航班计划，安排适当的空警(空中安全员)去执行航班。
- → 飞行技术子系统：管理飞行员的技术等级与技术培训。
- → 节油奖励子系统：计算每个航班的节油量，按月汇总每个飞行员各自的节油奖励金额。
- → 配餐管理子系统：根据航班计划与实际旅客人数，配备机上餐食。
- → 地面服务子系统：管理地面值机服务信息。
- → 航行情报子系统：管理航班运行中的各种航行情报。
- → 飞机性能子系统：管理每架飞机详细的性能数据。
- → 航班运行监控子系统：处理航班运行监控数据，按需进行统计和发布。
- → 货运子系统：处理航班货物运输有关数据。

8.2.2 民航的安全需求

国际或国内的航班量都将会有大幅的增长，在航空客运量急剧增加的趋势下，与飞航安全相关的议题也更受重视，根据 Aviation Safety Network 的安全数据统计，2002—2011 年期间，全球发生的重大民航飞行事故有 301 起，共造成 7590 人伤亡。

根据 ICAO 近十年事故率的趋势统计，每百万个航班中发生重大事故的航班约有 3.49～4.47 次[1]。

国际空运协会(International Air Transportation Association，IATA)将民用航空器事故发生的原因分成人为因素、机械因素、环境因素及组织因素，如表 8-1 所示，其中人为因素占比 31%，机械因素占比 15%，环境因素占比 28%，组织因素占比 24%，不明原因则占了 2%，可以看出除了部分天气因素的影响而没有办法完全通过人为控制以外，大多的隐患是可以通过妥善的安全管理和监控来降低造成事故的可能性。因此，航空公司要主动研判，

---

[1] International Civil Aviation Organization, Global Accident Rate.
http://www2.icao.int/en/ism/iStars/Pages2/ Global%20Accident%20Rate.as px, accessed 2012/3/9.

找出民航运行与作业过程中各方面的风险因素并加以有效控管，以降低安全风险，保障安全目标的实现。

表 8-1 IATA 风险因素分类

分 类	项 目
人为因素(H)	H1：应察觉而未反应 H2：无意间而未反应 H3：技术不良 H4：失能
技术因素(T)	T1：发动机重大故障、无法维持正常推力或失火 T2：发动机故障，发生火警 T3：起落架、轮胎 T4：飞行操控系统 T5：结构损坏 T6：火警、冒烟(客、货舱) T7：工厂维修、服务(包括人为失误) T8：电子系统 T9：设计、制造 T10：其他 T11：系统故障 T12：自动驾驶
环境因素(E)	E1：天气 E2：航管、通信、航路冲突 E3：地勤人员、客舱组员、旅客 E4：鸟击、外物损伤 E5：机场设施 E6：地面支持(政策、处理程序、训练) E7：导航设施 E8：危险物品 E9：安全 E10：其他 E11：主管机关管理监督
组织因素(O)	O1：员工挑选与训练 O2：不完善的标准 O3：行政疏失 O4：潜在问题 O5：监督不周 O6：目标不明确 O7：沟通不良 O8：其他

　　随着经济的发展，航空业也从逐步摸索的状态迎来了高速发展及扩张阶段，并且随着全球经济一体化，我国航空企业的生存环境也发生了很大的变化，航空公司面临着日益加重的市场竞争。

　　将航空公司和运行相关的不同业务综合为一个系统运行控制中心是国外一些先进航空公司经过多年的运营经验累积认为最有效的控制手段。AirTran 航空公司是美国一家低成本运行航空公司，目前的机队规模 83 架飞机，包括 77 架波音飞机，经营飞往 43 个城市的航线。公司的系统运行控制中心(SOC)共有 20 几名工作人员，负责全公司所有飞机的维修控制、维修计划、机组排班、签派、航路管理等业务，工作效率很高。由飞行签派人员统一协调指挥，收集各方面信息和资料，作出有利于公司的决策。

　　目前，大多数航空公司使用的运行控制的主系统来自两大巨头 Sabre 系统及 Lido 系统，其优点是有许多先进的航空公司使用，成熟且服务好；缺点是需要大笔费用，该笔费用还包括后期的升级换代的费用；依赖性强，因需要使用其系统，出于对知识产权的保护，使航空公司只能一直依赖其系统进行工作。

　　当然，集中的运行控制模式可能带来不必要的干扰，建立 SOC 中心，固然有着许多优点，但是我们还是要看到其不足之处。在不同的席位之间产生不必要的干扰是最大的问题，这样有可能影响员工之间的工作效率，使运行控制中心的工作更加纷繁复杂。这是因为随着企业规模的扩大，职能机构划分越来越细致，各部门的协调和沟通将会越来越难。

　　目前，大部分航空公司的运行控制模式还是较为传统的依据飞行签派员人工分析获取到的相关运行信息，评估航班运行状态。从现状来看，较容易受到人为主观因素的影响，无法量化运行风险到每一次航班运行上。运行控制主要存在以下问题。

　　1)　人工干预过多

　　因为运行控制的过程实际上就是信息的汇总处理过程，在目前的航班运行控制中，更多的还是依赖签派员人脑去判断航班的具体情况。航空公司的手册规定航班运力调整应符合如下的原则。

　　(1)　先 VIP 航班。

　　(2)　先国际(地区)后国内航班。

　　(3)　先长航线后短航线航班。

　　(4)　优先考虑有机旅客等。

　　在实际操作中上述几条原则之间常常会出现矛盾需要动态席位签派员根据自身经验平衡调整。个人考虑角度的不同可能使调整航班的结果也不尽相同，因此如何实现航班调整结果的相对一致性是一个需要解决的问题。

　　2)　签派员队伍梯队建设不足

　　因为航空业的迅猛发展，飞机数量的激增，必须建立一定规模的签派中心以符合民航局的规定，这也就导致了签派员的极度短缺，一个成熟的签派员的培养时间需要 10 年，而国内民航业发展也就 20 年，因此目前中国民航签派员趋于年轻化，不能得到较好的历练，缺少经验，以及临场处置事件的能力。

　　3)　系统集成度不高

　　虽然 Sabre 系统和 Lido 系统已经能够高度集成航班所需数据，但是随着民航业的发展，对于系统的要求越来越高，目前系统需要集成的数据包括航班动态，飞行计划，配载，地面服务，市场订座，以及目前监控航班动态更重要的 CDM 系统及 ACARS 报文。只有通过这些数据，签派员才能够更好地分析航班目前所处状态，作出经济效益最高、安全裕度最大、最迅速的决策。

8.2.3 运行风险控制系统在我国的应用状况

为了解决运行控制存在的问题，已有多家航空公司建立了相应的运行风险控制系统，且获得了较好的效果。

1) 东方航空公司

2004 年，中国东方航空公司成立了自己的运行控制中心(AOC)，同时东航将分子公司的运行控制权集中到其 AOC，实施东航 AOC 集中控制、分子公司分散实施的签派放行模式。东航在发展中逐渐壮大，运力不断增加，截至 2016 年年底，东航拥有近 600 架飞机在运行，东航的发展越来越显示出集中运行、统一协调、安全控制的重要性。

东航于 2014 年 8 月开始了东航运行风险控制系统(MU Operation Risks Control System，MORCS)的建设。MORCS 是一个能自动给出航班地面放行前，地面放行后起飞前，飞行过程中(包括爬升、巡航、进近着陆)等不同阶段风险程度，并指导相关运行人员依据航班风险程度采取措施降低航班风险程度至可接受范围内的系统。

MORCS 系统并不是一个判断航班是否能执行的放行系统，它是一个具有解读功能、分析功能、计算功能、建议功能的系统。MORCS 的建立是为了提高公司的安全运行水平，增强运行控制的应变能力和工作效率，保证公司航班运行顺畅。

MORCS 项目的设计面向全东航的航班运行。它的主要用户是运行人员，包括飞行员、签派员、机组排班人员、机务人员等，贯穿于运行各个环节，如图 8-1 所示。

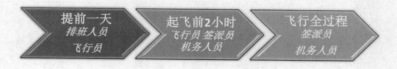

图 8-1 MORCS 项目的设计思路

MORCS 通过对人、飞机、环境的分析，明确航班运行全过程的终端风险因素，而据此建立的相关因素动态数据库是整个系统的基础。为了得到每个航班的风险值，必须将大部分表述性的信息进行量化转换并进行相应的计算。在参考了已有做法后，东航确立了以树状图为基础的架构，并召集了公司内所有业务部门，最终精练地绘制出了包含有 53 个终端风险因素与 43 个组合风险因素的 MORCS 风险树。

计算就需要通过公式，而如 MORCS 这样的系统，则要应用复杂庞大的计算模型，如图 8-2 所示。

基于全概率公式，

↱ 输入：
- ◆ 终端风险因子的分值(1～10)；
- ◆ 条件概率 P(父因子|子因子)。

➔ 计算:
◆ 最终根节点的风险值(1~10);
◆ 输出影响最大的终端风险因子。

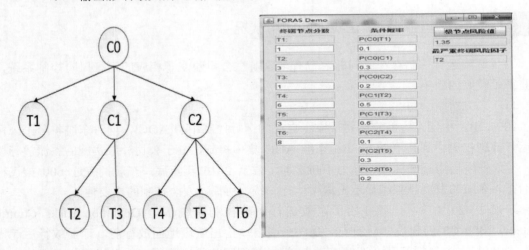

图 8-2　MORCS 项目的计算模型

公司计划最终将 MORCS 系统与多套生产系统连接,使最终风险值可通过网络传递并展现在监控系统、运行网、飞行网、机务系统等多个界面中,以方便不同用户的查阅与使用,如图 8-3 所示。

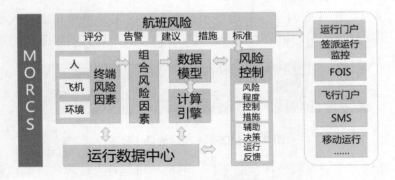

图 8-3　MORCS 项目的数据传递

2)　海南航空公司

海航运行风险管控系统(Hainan Airlions Operation Risk Control System,HORCS),是海航基于风险管理理念设计和实施的,以签派放行平台为基础,将签派放行时人工评估的所有内容按照机组、飞机、机场、天气等风险因素进行分类和分解,通过建立风险评估量化模型,自动计算每个航班起飞和着陆的风险以实现量化评估,协助飞行员和飞行签派员综合掌握每个航班的风险点和严重程度,大幅降低人为评估疏漏和经验缺失导致的风险。

HORCS 系统:监控安全运营 6 大核心风险。

海航监控危险天气、机场运行限制、国际运行、合规标准运行、系统流程缺陷、载量控制 6 大运行控制核心风险,开展风险动态评估和管控。引入风险管理快报的模式,每周对核心风险点进行 TOP10 排名并及时下发告警和落实动态更新，共引入核心风险点 82 项，风险点涵盖了部门 6 大核心风险。风险管控率达到 100%。

2012 年，海航成功开发出集风险量化、风险监控、风险抑制、智能辅助决策功能于一体的 HORCS(海航运行风险管控)系统，并且具有自主知识产权。该系统的后台数据库中包含了影响每一个航班安全的各种因素，包括天气、飞行员能力、搭配、机场条件等，在海航每一个航班起飞前，系统都会结合这些因素自动发出预警，根据预警信息海航运控部签派人员将采取有效的措施，降低航班运行的风险。这套系统贯穿于航班运行的整个过程，通过对运行相关的超过 200 项要素进行研究和分析，模拟量化航班运行风险，实现航班风险的告警、监控、抑制、辅助决策等功能。通过系统化、数字化、集成化直观显示，为签派员及飞行员实时决策提供较为客观的依据，同时提高了人员工作效率，降低了人为差错的发生。此外，这套系统还可以提供后续的风险趋势分析，根据分析出的结果，为航空公司在安全政策上的修订提供参考。

HORCS 上线后，海航所有正在执行的航班情况全部显示在该系统中。它对每一个航班的起飞及着陆阶段进行分析，实现航班运行过程中的实时风险评估、告警、监控与抑制。签派控制员的经验需要时间积累，HORCS 系统的作用在于将虚拟技术和人工技术相结合，将所有风险汇总，减少了人为疏漏；同时相当于为安全链条加了一层安全保障。

HORCS 系统的核心是事前预警和辅助决策。系统后台将航路天气、机组资质、机场限制等与运行相关的 100 多个因素收集起来，通过建模分析，量化每个航班的运行风险，最终产生一个可供参考的数值。在每一个航班起飞前，系统都会自动发出预警，以供参考。

每位签派员在放行系统里都会有一个对话框，HORCS 系统会针对每个航班总结出相应的"风险值"。风险数值由 1 到 10，根据数值大小分成红、黄、绿三种不同状态。其中，8 以上是红色告警，意味着签派员需对此航班密切关注，不能马上放行。

HORCS 系统的二期已经于 2015 年 7 月 31 日试运行上线。在马航 MH370 客机失联事件发生后，民航局特别指出，国内航班必须保证从起始到终止都在监控范围内。因此，相较于一期系统，HORCS 二期将加入全流程监控，侧重关注动态、实时变化的风险，在飞行过程中不间断地提供告警。HORCS 项目界面如图 8-4 所示。

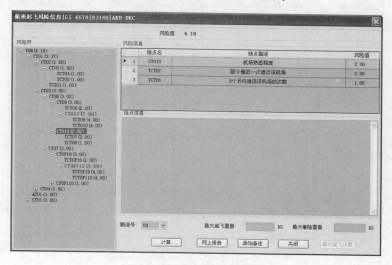

图 8-4 HORCS 项目界面

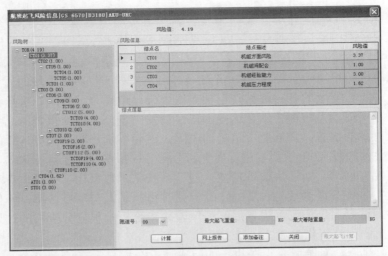

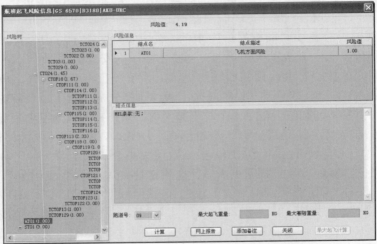

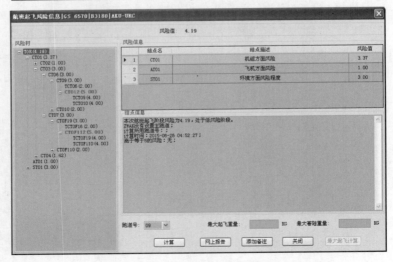

图 8-4　HORCS 项目界面(续)

此外，HORCS 系统还可以提供后续的风险趋势分析，根据分析结果，为航空公司在安全政策上的修订提供参考。实现从准备—放行—预警—监控—后续分析—持续改进的闭环管理。

3)　中国国际航空公司

国航飞行监控在体系建设上做了大量投入。国航目前正在积极打造以 AOC 为核心覆盖各分公司、基地、飞行部队及各运行航站的三级监控体系。

国航监控体系建设的总体思路是，以 AOC 监控室为主体负责国航全部航班的总体监控，西南分控中心、华东分控中心、欧洲分控中心、北美分控中心负责区域监控，各分公司、基地、飞行部队、航站负责辅助监控。

国航监控体系建设通过推进三级监控体系，在航班运行监控领域实现多部门参与，协同合作，互相弥补，多重覆盖，最终形成国航覆盖全球的精准的、完整的监控网络。

国航是中国民航第一家引进 FE 监控系统、ADS-B 系统的航空公司。

FE 监控系统最初是 Flight Explorer 公司于 1997 年推出的实时飞行跟踪产品，如图 8-5 所示，很快受到市场认可，成为主流的实时飞行跟踪与管理系统。2008 年 9 月被 Sabre 收购，Sabre 是世界领先的航空公司与机场一体化技术与服务供应商。被收购后，FE 监控系统的功能一直在增强和改进，现在已经发展成为全球领先的飞机状态显示系统，具备卓越的航班追踪与航空区域监控能力。

到目前为止拥有 900 多个客户，7000 多用户终端，85%美国市场和 50%北美的航空公司在使用该产品：United, Virgin America, Jet Blue, Air Canada and Delta；四大货运航空公司：FedEx, UPS, Airborne Express and DHL 等；主要应用机场：Chicago O'Hare, New York, LAX, Miami 等。

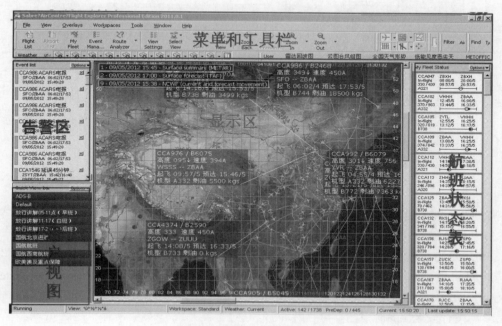

图 8-5　国航 FE 监控系统

FE 不仅仅是一个飞行跟踪系统，它还可提供多种数据源、多种动态天气叠加、丰富的告警服务，以及天气预测和交通流量预测等功能。其应用包括下述四点。

(1) 通过对飞行轨迹的跟踪，实时了解飞机所处位置和飞行中各种参数。

(2) 对于特殊运行的航班监控(极地、二次放行、ETOPS)提供更加直观的显示。

(3) 通过系统的告警功能实现对航班运行中出现的不正常情况进行监控和处理。

(4) 通过航线和气象信息的叠加实现起飞前的航路分析，以及在航班运行过程中遇到的危险天气及时提醒和告知机组。

4) 南方航空公司

南方航空 Lido/Flight 签派管理系统于 2015 年 8 月第一阶段功能模块投入试运行，2016 年年底，第二阶段模块升级工作完成。

Lido/Flight 签派管理系统整合了南航的放行系统、配载系统、航班动态系统、机组系统、机务系统等运行控制系统，具有完善的数据支持和强大的自动化处理能力。其数据源包括气象、导航、航行通告、其他基础数据、公司数据等。该系统可根据飞机性能、高空风、航路限制计算最优的航路；根据火山灰、台风的预报信息，避开火山灰、台风影响区域；根据预设条件，自动制作飞行计划。其基于航班的精确告警功能，如图 8-6 所示。

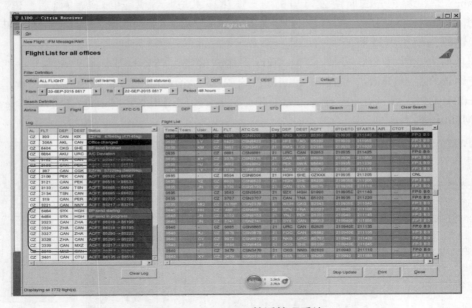

图 8-6　Lido/Flight 签派管理系统

航班运行监控(IFM)功能如图 8-7 所示。

5) 长荣航空

2005—2007 年，长荣航空(EVA)即与美国海军人因工程实验室合作，耗时两年半的时间，共同研发完成飞行作业风险评估系统(Flight Operations Risk Assessment System，FORAS)，并成为全世界首家成功导入该系统之航空公司，该系统可有效地掌握每一航班可能影响飞行安全之风险因子，并加以防范，对于提升飞行安全具有卓越之贡献。"飞行作业风险评估系统"系利用即时气象资料、导航设施、飞行装备等相关资讯，以计算机进行系统化的分析，提供飞行组员即时之飞行风险评估。同时也评价飞行组员之飞行时数、时差、生理时钟等资讯，提供最适当的任务派遣管理，以确保组员在执行飞行任务时，能保持最佳之生理及心理状况，并在特殊的状况下可以作出最正确的判断和处理。长期而言，此系统更可充分掌控公司飞行作业的整体风险，有效提升航空公司整体的飞行安全。

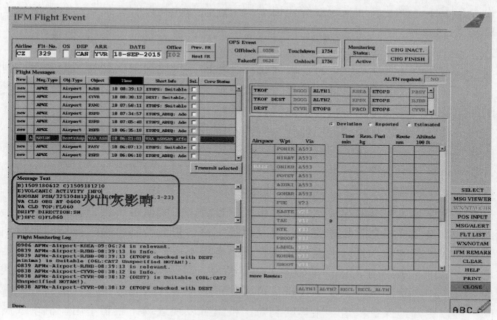

图 8-7　南航航班运行监控(IFM)

EVA 航安部门目前与淡江大学航天所合作进行 FORAS 的深入研究。另亦与成功大学航天所合作开发 FDERAS (Flight Data Events Risk Assessment System)，除了与人因工程有关，也可以评估目前运行风险，以找出危害因子，作实时的预防。

8.2.4　发展的愿景

BILL SAPORITO 在《时代》杂志中对于 AA 航空公司，有过这样的一段话："对于AA 航空公司来说，是谁要在愤怒和绝望的旅客中间，对一个航班是继续执行任务还是取消作出决定呢？在 2014 年，这样的决定是由一个软件的算法决定的——由运行控制中心的员工输入一系列参数——然后尝试计算出哪个航班可以继续执行，以保证航空公司的计划尽可能完整地执行。"

AA 航空的员工给这个软件起了个外号——"取消者"。跟两三年前相比，这是一个巨大的变化，那时签派员只能根据自己的经验来取消航班。今天，一旦航班计划发生变化，签派员就可以从"取消者"软件的结果中找到方案，或者对"取消者"生产的方案进行调整，或者对迅速变化的环境作出反应。

在不远的未来，中国民航所需要的运行控制模式将是由计算机控制的系统——更少的人工干预、更合理的排班、更迅速的反应。

1)　更少的人工干预

目前大多数航空公司其运行控制仍然保持着没有变化的手工方式，在航班数量激增的现在，仍然依靠简单的人工方式进行航班调整，难免出现顾此失彼和考虑不周的情况。未来理想的模式正是由系统主宰的世界，人工更改航班的运行毕竟是一个从脑到手的过程，需要反应时间。而未来，签派员们需要做的就是用鼠标点击"yes or no"，这并不表示签派员没有在工作，而是表示系统已经作出了反应，作为计算机的主宰者，签派员只是在授权计算机执行。

2) 更合理的航班计划编排

当前航空公司编排航班计划时，以"排完、排满、飞机利用率最高"为航班计划编制的目标。但是，航空公司真正需要的是一个收益最大化的航班计划。然而，由于缺乏技术和算法的支持，目前很多航空公司的航班计划编排并不能实现"收益最大化"这个目标。因此，一个具备收益优化模型的航班计划编排系统成为航空公司的迫切需求。当然，这个系统的研发并不容易。如果要围绕收益最大化来编制航班计划，需要非常丰富完整的信息输入，其中包括每架飞机运行的成本，需要建立优化模型和算法，需要大量的复杂计算来输出最优解。

排班不仅仅是飞机串的排班，还包括机组的排班，中转旅客的排班，以及重点关注的航班的排班，是结合了空管流控信息，以及机务维修信息后能够给出的最佳的航班预计关门时间。目前大家的做法是靠人脑来判断航班到底等不等中转旅客；判断航班需要延误 2 小时还是 3 小时，这个在流程的基础上，全靠经验。而经验如果不及时更新的话，就有可能变成失误，用更新的系统来实现排班，可以尽可能地减少人为差错，且给出最准确的关门时间；可以更好地保护机组、旅客的利益，机组可以晚进场，旅客不用在机场或飞机上空耗等待的时间，从另一方面来说，不需要去安抚旅客，也减轻了地面服务部门的压力。

3) 更迅速的反应

在中国大多数航空公司中，大部分公司虽然在一个集中控制的模式中工作，但是各自的系统却并不统一，各职能单位自成体系，不重视信息的横向沟通，工作易重复，造成效率不高；职能部门缺乏弹性，对环境变化的反应迟钝。在未来，各相关部门一起用同一个集成各种信息的系统，关于航班的各种数据也被存储在一起，形成所谓的"大数据"。航班的信息共享，避免了中间传递环节有可能造成的时间浪费和信息传递失误，航班执行的指令直接布置给各单位，在各单位执行的过程中，由计算机记录其工作效率。此方法不仅可以加强航班的执行力，而且可以依赖"大数据"系统分析航班数据，分析各部门的工作效率。

4) 不正常航班处置

在航空公司的运营中，不正常航班是最为让人头疼的。导致不正常航班的原因很多，如天气原因、机械故障原因、空中交通管制原因等，这些原因都可使原计划的航班无法正常服务。在不正常航班发生之后，航空公司需要做两方面的处置：一是飞机的处置，核心是如何通过调配飞机以最快的速度整体恢复公司航班的正常运行，这里不仅要考虑飞机资源，还需要考虑机组资源；二是旅客的处置，核心是如何尽可能地让旅客尽早成行。当同时考虑公司收益需求时，这两方面的处置方案的制定颇为复杂，如一批旅客是安排到其他航空公司航班上飞走还是在始发地安排住宿，次日早晨乘坐本航空公司航班飞走，这需要考虑到地面保障的成本。目前，在不正常航班处置方面，行业尚未出现出类拔萃的系统供应商。

5) 机组排班的最优化

航空公司的机组排班是一个很有挑战性的需要智商的工作。机组排班包括飞行员和乘务员资源的排布。当然，飞行员和乘务员资源完全可以分开排班，两者之间并没有强关系。在飞行员排班的模型中，典型的输入项有飞行员数量、飞行员资质、飞行员常驻地、航班计划等，通过排班模型，需要输出最优解，既满足执飞航班的需求，又能够最大限度地利用飞行员资源，同时还需确保飞行员的飞行小时满足相关监管要求，如果进一步考虑到飞行员驻外的成本时，则还要复杂一些。乘务员资源的排班与上述需求相似。目前，有一些 IT 公司已经研发出具有一定算法的软件，但是航空公司可能需要更加优化的系统解决方案。

未来，运行控制的核心任务将从一个执行者真正变成决策者，运行控制的工作也将更加科学化，以及更加适应消费市场和行业安全的需求。

8.2.5 存在的问题

目前，国内外对航班运行风险的分析、建模和预测等研究内容主要集中于航班运行系统及模型、过程和资源的优化算法、基于历史数据的运行模式和安全风险的统计分析等。现有运行控制安全风险计算模型在实用性方面还存在一些不足，主要体现在以下几个方面。

(1) 基于历史数据的运控系统安全风险评估模型对运控系统的实时安全状况预测没有实质意义。用数理统计或是数据挖掘的方法对航空公司运行历史记录进行分析，得到航班的安全风险趋势，但这些统计模型是基于静态历史数据而得到的安全风险统计特性，不能反映单个航班的动态性，因此对于运行控制的最小单元——航班的安全风险状况预测没有任何意义，预测结果误差很大。

(2) 基于确定性因素的航班安全风险评估模型不能反映航班运行过程的随机性。航班安全风险计算模型大都属于确定性模型，其输入变量在一段较长的时间内是确定性的，如直接将航路的正常天气情况或恶劣天气情况作为预测参数设定。然而，航班实际运行过程具有很强的动态性和随机性。这些模型未考虑航班运行过程的随机性和观测过程的随机性，预测精度和可靠性有待提高。

(3) 不能实时动态地反映航班运行过程中面临的风险。未能将民航领域的运行数据实时全面地接入预测系统中，运行控制安全风险的预测只能使用静态的或有限实时数据进行，使航班安全风险预测和现实的航班运行状况不能形成并行、共生、统一的有机体，预测结果与真实状况存在较大差异。

(4) 模拟结果难以验证和优化。现有能用于航班风险预测的模型，由于缺乏动态数据输入，预测结果的验证只能在预测全部运行结束后进行，不能实现预测过程中的实时验证、修正和优化，难以实现预测精度的逐步提高。

因此，本项目希望在借鉴已有成果的基础上，结合国内航空公司的实际需求，利用航空公司运行数据建立运行控制安全风险评估指标体系，并开发针对航班运行的安全风险评估工具，以期为运行控制安全风险评估提供一定的支持，同时管理者可将其纳入 SMS 工具箱中，为公司安全管理服务。

8.3 运行控制风险评价指标体系

8.3.1 评价指标体系

评价指标的选取和建立是架构评价体系的基础，指标建立得恰当与否直接决定着评价结果的信度和效度。因此，航班飞行安全风险评价指标的选取必须符合下列原则[①]。

(1) 科学性原则：在选择指标及选取数据计算权重时必须秉承科学性原则，以自然科学为依撑；要遵循系统学理论，系统分析研究对象，弄清各要素之间的潜在关系。

(2) 客观性原则：评估的宗旨是探究研究对象真实的状态属性，若背离客观性，研究就失去了意义。建立指标时要客观地分析研究对象的内部逻辑和隶属关系，最大限度地排除主观性。

(3) 完备性原则：航班飞行安全风险评价指标体系需呈现航班的真实风险，所以评价指标应全面系统，不可偏废、遗漏重要指标，否则航班风险无法准确表现，评估工作就失去了意义。但是，这并不意味着所有的风险都要囊括其中，需要删减反映研究对象枝节的指标，以保证指标体系的实用性和可操作性。

(4) 可行性原则：可行性原则要求指标涉及的信息易于获取，且使用可行为化、操作化和具体化的语言描述指标，避免模糊性和笼统性的语言描述。文章采用层次分析法的原理，所以在确定指标体系时，同一层的指标不可过多，一般要求不能超过九个，否则易引起专家思维混乱。同时指标的层次也不宜过多，否则会削弱最底层指标的风险贡献程度。

为了能有效地评价航班飞行安全风险，本文将秉承科学性、客观性、完备性和可行性原则，全面分析航班飞行安全风险，建立一个具有高信度、高效度的航班飞行安全风险评价指标体系。

根据航空公司航班飞行安全风险因素分析结果，实地调研各航航班运行情况，并采用德尔菲法(MD)征集专家意见，得到运行控制风险评估指标体系(见图 8-8)。需要指出的是，本指标体系是在航班满足民航规章条例的前提下所建立的风险评估指标体系。

航班飞行安全风险因素可分为"人、机、环"三类，采用层次分析法的原理层层向下探究人、机、环的风险因素，在探究的同时将组织管理对其影响也纳入考虑范围，直至找到终端风险因素，得到风险树状图。终端风险因素为可根据航空公司内部资料量化的因素。根据风险树状图建立运行控制风险评估指标体系，末级指标来自对终端风险因素的量化。探究可量化的终端风险因素并据此形成指标的好处有四点。

(1) 为形成航班运行控制风险评估指标体系提供可行性支撑。指标体系的项目必须为可操作化、具体化和行为化的条目。发掘指标体系可量化的终端风险因素形成可测量的末级指标，为检查单的建立提供可行性支撑。

(2) 方便确定指标风险值。由终端风险因素量化形成的指标位于指标体系的末层，只需确定指标在不同表现形式时的风险值就可以根据数据资料获得指标风险值，避免每次评估都需要专门人员进行评估的弊端，节省人力和时间。

---

① 赵龙. 基于改进的 AHP—模糊综合评价法的高速公路路线安全性评价研究[D]. 华南理工大学，2011.

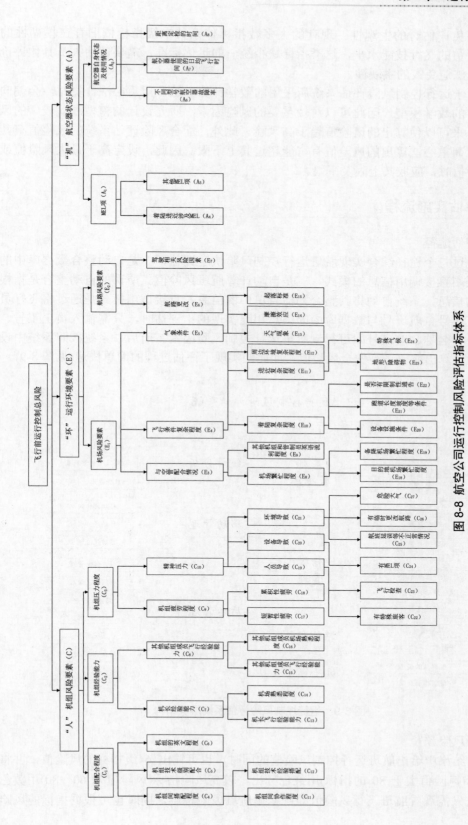

图 8-8　航空公司运行控制风险评估指标体系

本系统设定：0～2 为可接受风险；2～6 为缓解后可接受风险；6 以上为不可接受风险，必须采取控制措施

(3) 避免评估时的主观性。现存的大多数指标体系其末级指标依旧存在模糊性的语言，如飞行员的飞行技能水平，这类指标缺少统一的量化标准，需要评估人员具体评价，操作过程无法避免人的主观性。

(4) 对于运行控制风险评估系统所采用的数学计算方法，用重心法计算时，会偏向涵盖面积较广的数学模型，因此可以对较重要的风险因素，研究设计的模型涵盖较广的风险值，如此一来可以使算出的风险值趋于高风险。此外，配合风险评估系统的风险值有其上下限存在，而重心法算出的风险值有可能超过其上下限。因此，设定高于最大风险值或低于最小风险值时，应取其上限及下限。

8.3.2　评估实施流程

1) 评估途径

系统通过三个途径综合实现航班运行控制风险快速评估，一是自动整合数据库中的数据，二是采用直接调用信息的模式，三是自动计算航班风险值。所谓的自动整合是指根据数据库中的信息，系统自动将其整合为检查单中的信息。直接调用模式是通过将飞行员的工号、飞机尾号、航班号与数据库中的信息相连实现的；评估时，只需输入员工工号、飞机尾号、公司名称、航班号即可得到航班运行控制风险因素。而后，系统按照系统中设定的算法自动计算出航班飞行安全风险值。如此便实现了评估过程的简单快速(见图 8-9)。

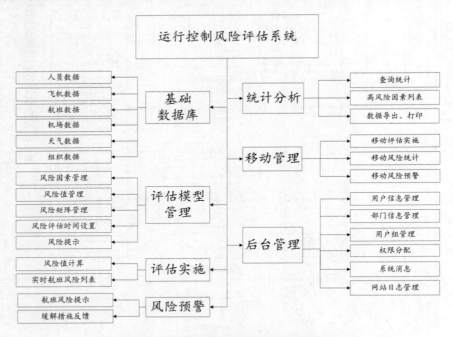

图 8-9　运行控制风险评估系统层次结构

2) 高风险预警

在评估结果中给出航班运行控制风险值的同时，也可输出 6 级指标的风险值，并将高风险的指标(风险值大于 80 的指标)用红色标出，较高风险指标(风险值为 60～80)用黄色标出，运营人只需观看航班飞行风险值即可掌握航班风险程度，同时也可根据指标的风险程度提醒飞行员提高警惕或对高风险因素采取风险控制措施。

　　系统评估模型管理中的评估模型管理(见图 8-10)、风险计算(见图 8-11)、风险查看(见图 8-12)三个主要的流程如下所述。

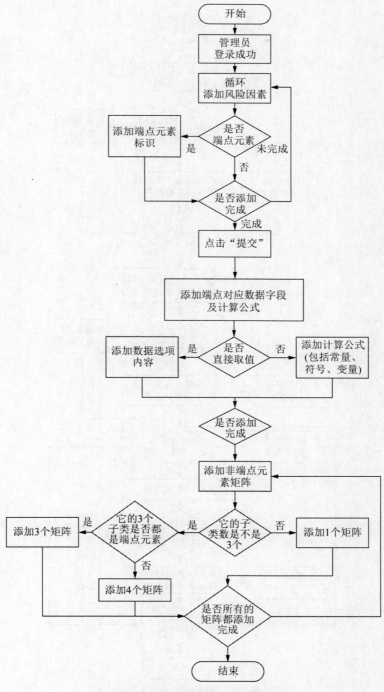

图 8-10　评估模型管理流程逻辑

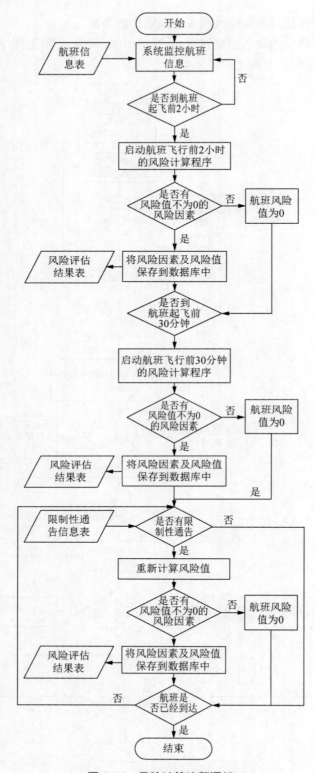

图 8-11　风险计算流程逻辑

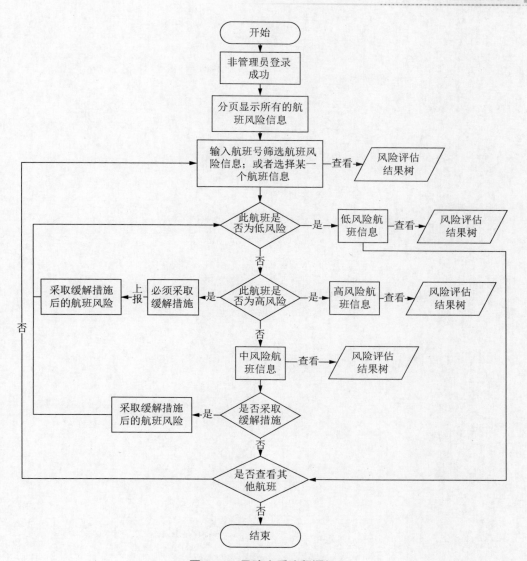

图 8-12　风险查看流程逻辑

第 9 章

民航安全管理理念及应用

9.1 航空安全管理及其发展

9.1.1 安全和安全管理定义

在人类的生存和发展过程中，以人类自身为着眼点，从保护人类生存和延续的角度出发，人们希望在进行生产、生活乃至生存的环境中或人类活动的一切领域中，没有任何危险和伤害，也不产生任何财产的损失，从而达到身心健康，舒适愉快并高效工作的境地。因此，安全不仅仅是指没有人员和财产这些有形的伤害与损失，而且包括那些无形的精神压力与伤害。这种理想的安全始终是人类为之奋斗的最高安全目标。

在航空运输领域，用得最普遍的安全定义来自国际民航组织《安全管理手册》，该手册将"安全"定义为一种状态，即通过持续的危险识别和风险管理过程，将人员伤害或财产损失的风险降至并保持在可接受的水平或其以下的状态[1]。

所谓安全管理，是人类在各种生产活动中，按照安全科学所揭示的客观规律，对生产活动中的安全问题进行计划、组织、指挥、控制和协调等一系列活动的总称[2]。

9.1.2 安全管理的发展

一直以来，随着人类对安全本质认识的不断深入，安全哲学和安全管理思想也不断发展。从远古祖先们祈天保佑、被动承受到学会"亡羊补牢"凭经验应付，到近代人类树立起"预防"之旗，直至现代社会全新的安全理念、观点、知识、策略、行为、对策等，人们以安全系统工程、本质安全化的事故预防科学和技术，把"事故忧患"的颓废认识变为缜密的安全科学；把现实社会"事故高峰"和"生存危机"的自扰情绪变为抗争和实现平安康乐的动力，最终创造人类安全生产和安全生存的安康世界。在这人类历史进程中，包含着人类安全哲学——安全认识论和安全方法论的发展与进步。

工业革命前，人类的安全哲学具有宿命论和被动型的特征；工业革命的爆发至 20 世纪初，由于技术的发展使人们的安全认识论提高到经验论水平，在对待事故的策略上有了"事后弥补"的特征，在方法论上有了很大的进步和飞跃，即从无意识发展到有意识，从被动变为主动；20 世纪初至 50 年代，随着工业社会的发展和技术的不断进步，人类的安全认识论进入了系统论阶段，方法论上能够推行安全生产与安全生活的综合型对策，进入了近代的安全哲学阶段；20 世纪 50 年代到 20 世纪末，由于高新技术的不断涌现，如现代军事技术、宇航技术、核技术的利用，以及信息化社会的出现，人类的安全认识论进入了本质论阶段，超前预防成为现代安全哲学的主要特征，这样的安全认识论和方法论大大推进了现代工业社会的安全科学技术和人类征服意外事故的手段和方法。

现代安全管理综合运用现代自然科学、社会科学和管理科学的成果，对安全生产实行最佳的管理。良好的安全管理是安全问题与生产目标之间达到现实的平衡，提升安全管理水平。促进现代安全管理理念的融入就是要变传统的纵向单因素安全管理为现代的横向综

① 国际民航组织(ICAO).DOC 9859－AN/460，安全管理手册，2006 年第 1 版.
② 彭冬芝，郑霞忠. 现代企业管理安全管理[M]. 北京：中国电力出版社，2003.

合安全管理；变传统的事故管理为现代的事件分析与隐患管理(变事后型为预防型)；变传统的被动的安全管理对象为现代的安全管理动力；变传统的静态安全管理为现代的安全动态管理；变过去企业只顾生产经济效益的安全辅助管理为现代的效益、环境、安全与卫生的综合效果的管理；变传统的被动、辅助、滞后的安全管理程式为现代主动、本质、超前的安全管理程式；变传统的外迫型安全指标管理为内激型的安全目标管理。

9.1.3　航空安全管理的发展

人类飞上蓝天到现在不过 100 余年的时间，但是其发展速度之快，安全水平提升之迅速，无疑得益于安全认识论和方法论的积淀和改造自然能力的增强。随着人们对航空安全问题的研究和认识的不断深入，人们从最初重点关注航空器、航空及机场设备设施等硬件问题逐步过渡到关注人为因素问题，现在开始关注系统和组织对安全的影响。航空安全管理有其发展的特点，从时间进程上看，大致经历了以下三个阶段[①]。

第一阶段，航空运输业发展的初期，技术不成熟，飞行器及地面保障设备可靠性差，通信导航设备不完善，事故频发，造成大量机械故障。这一时期安全管理主要关注的是"机械故障"。通常是在事故发生后，进行事故调查和分析，找出事故原因后，改进设计和制造技术。随着社会的进步，人们在技术改进上取得了很大的成就，飞行变得越来越安全，空中交通管理慢慢成熟起来，二战后很多军事技术转为民用，航空技术快速发展，事故率逐步降低。

第二阶段，航空运输量的空前增长，促使人们努力去规范这个行业。1944 年《芝加哥公约》的签署和 1945 年国际民航组织的成立标志着对航空业的管理进入了新的时期。在 ICAO 的推动下，形成了相对统一的规章制度和行业标准，各个国家对此高度重视，纷纷建立健全本国的制度和标准体系，并成立了庞大的政府机构来监督规章的落实，行使监察职能。完善的规章制度及落实成为航空安全管理的重点，这也使航空比其他运输行业达到了更高的安全水平。这个阶段安全管理更多关注的是人的因素，在严格遵守规章的前提下，规范人的行为。技术的进步和规章的完善共同对航空事故率的降低作出了贡献，但是到了 20 世纪 70 年代以后，事故率虽然一直在降低，幅度却很小。

第三阶段，20 世纪 70 年代中期以来，航空界将更多的目光集中到软系统，开始了大量的人的差错方面的研究。进入 90 年代人们慢慢意识到人只是事故链上的最后一环，管理层比一线操作人员更能影响安全，保证安全是一个系统的行为，不能简单地把事故的发生归结为人的粗心和能力不足。保证系统安全需要整个组织采取行动，以全面系统的方式来管理来自方方面面的风险。因此，渐渐形成了"系统事故""组织事故"等概念，并开始重视组织文化的影响。

进入新世纪，现代的安全管理和安全监督活动日益倾向于过程控制的系统方法，而不是仅仅依靠对最终结果开展检查和采取补救措施。运用系统方法管理安全可以使航空组织通过科学地制定政策、目标，清楚地界定安全责任，鼓励全员参与，实施风险管理、安全保障、安全促进，有效地配备资源，在满足规章的基础上，不断提高运行水平。

---

① 袁乐平. 安全风险评估在空管系统中的应用研究[D]. 中国民航大学学位论文，2005.

9.2 国际航空安全管理

随着航空业的发展，为满足航空运输更高的安全运行目标，国际民航组织，以及各国的管理当局、航空部门采取了一系列空中交通安全管理举措，通过这些重要的安全管理举措可以明确地看出近年来国际航空安全管理理念的前进方向。

9.2.1 国际民航组织

国际民航组织(ICAO)是联合国系统中负责处理国际民航事务的专门机构，其宗旨和目的在于发展国际空中航行的原则和技术，并促进国际航空运输的规划和发展。

国际民航组织始终致力于满足世界航空运输业的需求，协调全球的各项安全规划。

国际民航组织在制定航空安全发展战略方面起到了无可替代的作用，引领着国际航空运输业的发展。2003 年第 11 届空中航行会议(ANConf/11)强调安全是空管系统总体绩效中最重要的要素，提出了多项有关空中交通管理安全的建议(如第 2/1 和 2/2 号建议)，其中包括安全框架、安全管理、共享空管事故和事故征候信息、保护安全资料的来源、正常运行时对安全的监督、安全认证、航空安全和保安的协调一致，以及空中交通管制员对空中紧急情况的反应措施。会议制定了建立一个全球协调一致和无缝隙的空中航行系统的战略，其核心部分是世界范围空中航行服务共同运行概念。这一概念在 25 年内及其后的实施，将确保全球空中交通管理系统产生最佳的安全和效率。

制定全球安全路线图，力求建立一个统一的安全框架来指导各成员国采取的安全举措。国际民航组织在安全措施的制定方面给各成员国提供指导，提出制定全球航空安全路线图，建议以该路线图为基础，建立一个综合一致的安全策略基本框架，其中界定的 12 个领域阐述了包括空中交通管理在内的安全管理体系的统一实施，同时制订计划将其融入审计程序中。

2008 年全球民航业取得了较好的安全成绩，这主要得益于国际民航组织普遍安全监督审计计划的推行，但该计划实施已多年，将逐步退出历史舞台。目前，国际民航组织正在考虑推出连续监测的做法，以提高 ICAO 进行实时监督和改进安全水平的能力。

国际民航组织提高航空安全的措施之一是完善每个成员国的监管框架，促使各成员国全面实施和执行国际民航组织的标准、程序和指导材料，全面推进安全文化建设，推行安全管理体系(SMS)等。未来，国际民航组织将特别强调保护安全数据收集和处理系统，并致力于减少跑道侵入，解决技术人员的缺乏等诸多问题。

国际民航组织于 2006 年 11 月在附件 6——《航空器的运行》第 I 部分——《国际商业航空运输—定翼飞机》及第 III 部分——《国际运行—直升机》、附件 11——《空中交通服务》和附件 14——《机场》第 I 卷——《机场设计和运行》中提出了国家安全方案(SSP)和安全管理体系(SMS)的要求。国家安全方案(SSP)适用于各缔约国；安全管理体系(SMS)适用于全部航空器营运人、机场和空管单位及维修机构。

1) 全球航空安全计划(GASP)

国际民航组织全球航空安全计划(GASP)是于 1997 年通过对空中航行委员会与业界之

间的一次非正式会议拟定的一系列结论和建议进行正式化而制定出来的。该计划用于对本组织的技术工作方案进行指导和优先排序，并直到 2005 年一直定期更新，以确保其持续相关性。

2005 年 5 月，在空中航行委员会和业界之间举行的另一次会议上，阐明了有必要有一个更广泛的计划，不仅为国际民航组织而且为所有利害相关方提供一个共同的参照框架。因此，对全球航空安全计划进行了修订，并随后得到 2007 年 10 举行的第 36 届大会的 A36-7 号决议的承认。

为促进全球民航安全持续改进，2005 年 ICAO 成立行业安全战略工作组 ISSG，开展改进民航安全的战略研究，并于 2006 发布了《全球航空安全路线图》。

2007 年 7 月，国际民航组织发布了一项战略性文件《全球航空安全计划》。该计划是在业界的密切配合和参与下制订的，为确保地区、国家和单个组织的安全举措得到协调，为建设一个协调统一的、安全的和高效的民用航空体系，提供了一个共同的框架。国际民航组织航行委员会审议了第 37 届大会技术委员会议程项目和关于国际民航组织全球航空安全计划的报告。

《全球航空安全计划》的目标是通过向所有利害相关方提供共同的参考框架，以便对航空安全采取更加积极主动的做法，并帮助各利害相关方在全世界协调和指导安全政策和举措，从而减少民用航空的事故率。在国际民航组织层面，《全球航空安全计划》提供了实施国际民航组织安全战略目标所需要的方法和工作重点。各成员国应使用《全球航空安全计划》来对安全举措进行优先排序和规划，并衡量其影响。

2)　国家安全方案(SSP)

根据国家安全方案，安全规则制定以国家航空体系的综合分析为基础；安全政策的拟定以查明危险和安全风险管理为基础；安全监督则着重于重大安全问题或高安全风险领域。因此，国家安全方案提供了一种手段，使国家在安全规则的制定、政策的拟定和监督方面，能够把指令性的做法和以绩效为基础的做法结合在一起。

引入国家安全方案(SSP)的要求是由于越来越多地认识到，安全管理原则影响到民用航空当局的多数活动，包括安全法规的制定、政策制定和监督。根据国家安全方案，安全法规制定是基于对国家的航空体系的综合分析；安全政策是在查明危险和在安全风险管理的基础上制定的；安全监督着重于重大安全关切领域或更高的安全风险。因此，国家安全方案提供了一个手段，在国家安全法规制定、政策制定和监督方面，规定性做法和基于绩效的做法结合在一起。

3)　地区航空安全组(RASGs)

目前，各地区是通过各国和业界伙伴自己建立的各种机制来处理飞行安全问题的。例如，2008 年泛美国家组建了泛美地区航空安全组。此外，非洲印度洋综合实施方案(ACIP)及其指导委员会正在监测和协调非印地区的 GASP/GASR 的实施。然而，在其他地区，COSCAP/RSOOs 机制更着重于安全监督问题，而且并不包括所在地区的所有国家。

因此，认识到现有的地区机制不足以处理和使地区飞行运行安全问题协调一致，建议成立新的后续机构，称为地区航空安全组(RASGs)，小组将监测进展，协调各国和业界伙伴的行动，并向国际民航组织提出建议，以便促进实施全球航空安全计划(GASP)和相关的全球航空安全路线图(GASR)。

2006 年 3 月，全球航空安全战略民航局长会议(DGCA06)欢迎全球航空安全计划的发展，并建议国际民航组织在全球航空安全路线图(GASR)的基础上制定一个安全举措的综合方法，为安全政策和举措的协调提供一个全球框架。随后，国际民航组织理事会于 2007 年 7 月接受了一个新的全球航空安全计划，国际民航组织大会第 36 届会议指示国际民航组织(A36-7)向大会未来届会报告全球计划的实施和演变情况。

随着国家安全方案(SSP)概念的出现，以及安全管理体系(SMS)的概念正在经历深入审查、标准化和进一步发展，2007 年 7 月出版的新的全球安全计划有了发展。从逻辑上说，现有的航空安全计划反映了总体安全管理理念，但没有充分反映出在国家安全方案/安全管理体系的作用原则和做法方面的最近发展情况。对全球航空安全计划进行更新似乎应是及时的，以便使其内容与国家安全方案/安全管理体系的作用、原则和进程一致，而不一定实际上修改实际内容。

与更新全球航空安全计划有关的最重大的发展是国家安全方案和安全管理体系作为根本性的管理系统的概念，以及管理体系与执行方案之间的差别。管理体系的决定性特点是其在支持战略性的、基于数据的高层次决策方面的作用。而另一方面，执行方案是实施战略决策的管理体系的下属组成部分。显然，国家安全方案和安全管理体系是分别支持国家和业界组织的高层安全决策进程的管理体系。一旦在国家/组织一级作出安全决策，就通过作为国家安全方案/安全管理体系一部分的具体安全方案予以实施。这一概念性的区分在国际民航组织国家安全方案和安全管理体系框架中作了明确说明。鉴于全球航空安全计划的性质是"……提供规划方法的战略性文件，将实现全球安全领域的协调一致"，建议在遵循 A36-7 号决议的指示时，对全球航空安全计划的更新应着重强调该计划作为一个管理体系，并对其内容作出安排和适当更新后制定执行方案，并采用国际民航组织国家安全方案和安全管理体系框架的组成部分和要素的结构形式。

4) 附件 19——《安全管理》

国际民航组织在提高空中交通安全方面作出了不懈的努力，建立和完善了空管相关的标准和建议，如国际民用航空公约附件 11《空中交通服务》、国际民航组织《空中交通管理》(DOC4444)、《安全管理手册》(DOC9859)等。

2016 年 3 月 2 日，国际民航组织第 207 届理事会第 8 次会议审议通过了附件 19——《安全管理》第 1 次修订的提案。此次修订的主要内容包括下述三点。

(1) 整合国家安全监督(SSO)系统的关键要素(CES)和国家安全方案(SSP)的规定。

(2) 加强安全管理体系(SMS)的规定和扩大安全管理体系的适用范围。

(3) 保护安全数据、安全信息及其相关来源。

5) 普遍安全监督审计计划

为了促进国际民航组织标准建议措施的落实，国际民航组织从 20 世纪 90 年代开始开展了普遍安全监督审计计划(USOAP)，对各国进行安全审计。同时安全审计的范围不断扩展，1997 年 11 月召开的国际民航组织民用航空局长会议建议，"ICAO 安全监督计划应该在适当的时候扩展到其他的技术领域，先期应包括空中交通服务等领域"。USOAP 是一种全面系统的审计方法，可以全面审查所有相关的标准、建议措施、组织过程、程序和方案。目前国际民航组织已对 187 个国家开展了 USOAP 审计工作。

2006—2014 年年底，普遍安全监督审计计划已查明全球 32 个国家共有 53 项重大安全关切问题。其中，通过相关国家采取立即行动(在 15 天内)解决了 9 项重大安全关切问题，并通过采取纠正措施解决了 30 项重大安全关切问题。目前，还有 14 项未解决的重大安全关切问题，牵涉 12 个国家(有 2 个国家具有多于 1 项未解决的重大安全关切问题)。

普遍安全监督审计计划持续监测做法自 2013 年 1 月全面实施后，各项工作都取得了进展。

(1)　在线框架(OLF)。

(2)　访谈问题(PQ)。

(3)　异地核实。

(4)　强制信息要求(MIR)。

(5)　重大安全关切问题(SSC)。

(6)　更新指导材料。

(7)　开发新模块。

(8)　质量管理体系(QMS)。

综上所述，ICAO 未来将对全球航空安全计划进行修改，以确保其连续性，同时通过持续实施国家安全方案和安全管理体系，不断扩大其分析成果。这样通过在国家和地区层面不断推广安全风险管理和安全保障措施，全球航空安全计划将能够纳入措施，并作为战略决策工具继续发展。

9.2.2　欧洲

欧洲在改善空中交通安全上作出了不懈的努力，单一欧洲天空计划对欧洲的空中交通管理的统一性和协调性提出了更高的要求。在过去十几年时间，Eurocontrol 积极参与改进欧洲空域的运行安全，并做了许多工作，包括尽最大可能进行空域结构优化，研究空管程序和引入新技术以加强空管安全等。欧洲在安全管理上积极倡导风险管理，重视安全文化建设，同时开展了很多安全相关项目，如欧洲安全战略行动计划(SSAP)、欧洲安全项目(ESP)等。

1)　采取多项安全计划，推动空中交通安全水平的提升

加强安全信息的收集和利用是欧洲提升空中交通安全水平的手段之一。1998 年 Eurocontrol 关于空管绩效的一份报告强调，要想达到领先的航空安全水平，必须有效利用协调一致的实时报告和评估计划。协调一致的计划可以加强对安全事件及其原因的更系统化的调查和分析，通过合适的整改措施不断完善空管系统进而提高其安全水平。

2003 年在欧洲民航会议(ECAC)范围内进行的调查表明，成员国安全框架的成熟水平不均衡，需要加强安全管理。因此，Eurocontrol 商定了一个欧洲安全战略行动计划(The European Strategic Safety Action Plan, SSAP)。该计划指出了为加强空中交通安全而必须最优先采取的行动(包括资源、报告、跑道、规章、研究和开发及技术问题)，制定了优先事项，给出了实施时间表，并指出了利益相关者的责任和义务[①]。同时 Eurocontrol 与欧洲委

---

① 国际民航组织. 加强空中交通管理(ATM)安全监督的能力，欧洲民航会议成员的 41 个缔约国提交，第 35 届会议工作文件。

员会和各国共同努力，处理更广泛的空管安全问题，如事故征候报告和空管安全风险信息的传播和共享等。

2004 年，SSAP 项目继续扩大，作为战略安全行动计划的一部分，Eurocontrol 对导航服务供应商提供支持(SASI)。SASI 活动包括制定切实可行和因地制宜的安全政策，贯彻执行安全报告、调查和资格认证的基本原则，以及最后逐步地引入安全评估和调研。这是在 ECAC 领域加强空管安全的一项基本步骤。SASI 项目包括一系列的工作会议，以及在导航服务提供商各自的环境内，在欧盟专家支持下进行为期 16 周的现场实施。

2006 年 2 月 28 日欧盟在成功实施 SSAP 的基础上，又启动了欧洲安全项目(European Safety Programme，ESP)，为了增强欧洲空中交通管理(European Air Traffic Management，EATM)安全，从不断增长的空中交通流量预测情况来看，确保空中交通安全和机场安全还需采取更实质的行动来降低安全风险。ESP 着重从五个方面着手，即制定和执行安全法律和规章、安全事件报告制度和数据共享问题、风险评估和努力减轻日常工作压力、系统安全预防、强化安全管理。

2) 实施主动的安全管理战略

Eurocontrol 将现代安全管理理念应用于空管系统安全管理中，实施主动的安全管理战略。在立法上通过 ESARRs(Eurocontrol Safety Regulatory Requirements)建立了安全管理体系和风险管理的基本框架，制定《EATMP 安全政策》阐明了建立安全管理体系采取的路线和具体措施。同时 Eurocontrol 还制定了《空中交通安全评估方法》(Safety Assessment Methodology, SAM)等材料来指导具体程序的操作。

此外，Eurocontrol 与欧洲各国一起努力，处理更广泛的空管安全问题，颁布了航空不安全事件报告的条例，并建立了按该条例规定收集信息的数据库，将这些信息作为识别风险、评估风险和管理风险的依据，并建议成员国修订其国家的立法框架。

3) 实施"单一天空"计划

欧洲是民航发达地区，但由于许多国家区域局限性，民航业发展严重不平衡，安全水平差别很大。为促进民航发展，欧洲实施了"单一天空"计划，建立 JAA 和 EASA 等一系列举措。

2001 年 10 月，欧洲委员会提出了一套全面的立法与合作行动来实施欧洲"单一天空"计划。该计划的目的是改善欧洲的安全，重新规划欧洲空域，增大空域容量，提高运行效率。欧洲单一天空立法由 4 部规章(框架规章、服务规定规章、空域规章和互用性规章)组成，这 4 部规章涵盖了无缝隙的欧洲空中交通管理系统的要素。欧洲委员会还制定了一些更详细的执行规定，作为对这 4 部规章的补充。这 4 部规章为技术改进提供了一个平台，使得在 ATM 市场集中研发协调一致的产品成为可能。

2004 年 11 月，欧洲"单一天空"计划正式开始实施。2004 年 11 月 19 日，欧洲委员会和欧洲航行安全组织联合启动了名为欧洲单一天空实施计划(SESAR)工业项目，整个投资将达到 500 亿欧元，并成为伽利略卫星导航系统的首批实际用户。该项目将涉及环境保护、提高航空管制基础设施能力、航空管制安全性等内容。

SESAR 分三个阶段实施。

第一阶段：定义阶段(2005—2007 年)，其主要目标是制定路线图和整个项目的组织框架。

第二阶段：开发阶段(2008—2013 年)，工作将主要包括开发路线图所确定的关键性技术等。

第三阶段：部署阶段(2014—2020 年)，部署设备设施，包括系统的实际应用。

此外，欧盟为了协助各国及其运输部门收集、分享和分析安全信息，改善公共交通安全，建立了欧洲协调中心航空事件报告系统(European Coordination Center for Aircraft Incident Reporting System，ECCAIRS)。ECCAIRS 发展路线图如表 9-1 所示。

表 9-1　ECCAIRS 发展路线图

时　间	阶　段	关注问题
1991—1994	ECCAIRS-FP3	可行性研究
1995—1998	ECCAIRS-FP4	开发应用环境
1999—2002	ECCAIRS-FP5	根据 ICAO 的事件分类重新设计报告系统
2003—2006	ECCAIRS-FP6	实施 ECCAIRS 航空数据交换网络
2007—2013	ECCAIRS-FP7	在多种运输方式中应用 ECCAIRS

在 FP5 和 FP6 中，ECCAIRS 的应用已经为世界航空安全改善作出了贡献。按照欧盟(2003/42/EC)号指令的要求，各个成员国已经把欧洲发生的事件数据进行了收集。该系统实施的原则是本地收集，集中整合和全面分析。在 FP6 结束后，ECCAIRS 已经建立起整合事故和事故征候相关信息的数据交换网络。在这个网络中，部分功能和监测方法仍有待开发和分析，因此在实际运作中，还将联合研究中心(JRC)的继续努力。在 FP7 中，ECCAIRS 的两个主要目标是分析方法的实施和运用，以及 ECCAIRS 功能在其他公共交通领域的延伸使用。

目前，欧洲建立的"黑名单"制度，提高了欧洲大陆地区的民航安全水平。

欧盟管理航空安全的一项有力举措就是建立不安全航空公司"黑名单"制度。欧盟于2006 年 3 月首次公布不安全航空公司"黑名单"，此后每 3 个月更新一次。欧盟建立"黑名单"的目的是为了防止黑名单上的航空公司的飞机发生事故危害到欧盟成员国领空的飞行安全和一旦发生意外所带来的损失等。如果航空公司能证明飞机有适当的检修，就可以申请从黑名单上除名。在黑名单上的航空公司机队如果有欧盟国家航空部门确认航空器安全水平通过欧盟的标准后就可以划归到例外的范围内，但是航空公司其他的航空器一样不可以进入欧盟成员国领空。

欧盟成立以来就一直力图建立一个类似于美国联邦航空局(FAA)的航空安全机构，以负责起草并制定全欧盟的民用航空安全和环境方面的规定，使其达到较高的安全水平，并在整个欧洲实施统一的航空管理和监控实施机制，将其提升到世界级水平。1990 年，欧盟决定正式成立联合航空局(JAA)，其主要职责就是制定和完善联合航空规则(Joint Aviation Requirements，JAR)。其内容涉及飞机的设计和制造、飞机的运营和维修，以及民用航空领域的人员执照等，并进行相关管理和技术程序的制定。JAA 的成立，保证了成员国间的合作，使各成员国之间的航空安全水平达到一个较高的水准。

JAA 开展了一项安全战略项目(JSSI)。该组织的未来航空安全小组(FAST)将基于对民航业界与技术相关变化领域的研究，分析未来可能出现的风险。JAA 的 JSSI/FAST 方案和FAA 的商业航空安全小组(CAST)方案实现了高度一体化，并且在全球航空安全领域发挥了重要作用。

JAA 的另一项职责是同世界上在民用航空领域有影响力的区域或国家航空当局进行交流与合作，并通过缔结国际协议，促使世界范围内的民用航空安全标准和要求达到 JAA 的安全水平。但是 JAR 的所有要求对其成员国都不具有法律效力，各国的航空当局还会根据自己国家的情况或高或低地制定自己的航空法规，欧洲各国间的航空规则标准不能完全统一，这不利于欧洲区域一体化的进一步的发展，也不能满足欧洲航空领域未来的需要。因此，客观上就需要一个拥有更大权力的、对成员国具有约束力的组织来统一管理欧洲的航空领域，这就是欧洲联盟领导下的欧洲航空安全局(EASA)。

2002 年 6 月，欧盟(EU)决定成立欧洲航空安全局(EASA)，EASA 将接替所有联合航空局(JAA)的职能和活动。EASA 的主要职责是起草民用航空安全法规，它还将给欧盟提供技术上的专家，并对有关的国际协议的结论提供技术上的帮助，此外，该机构执行与航空安全相关的运行颁证工作。

2006 年，欧洲航空安全局启动欧洲安全战略方案(European Strategic Safety Initiative，ESSI)。随着安全责任从联合航空局(JAA)转移到欧洲航空安全局(EASA)，发起 ESSI 就是为了取代联合航空局安全战略项目(JSSI)。ESSI 是 EASA、各国民航局、EUROCONTROL、运营人、制造商和研究机构等基于加强欧洲和世界范围航空安全的考虑自发成立的，目前已有 150 多个国家和组织加入其中。ESSI 目前有三个安全小组，分别是欧洲商业航空安全小组(European Commercial Aviation Safety Team，ECAST)，欧洲直升机安全小组(European Helicopter Safety Team，EHEST)，欧洲通用航空安全小组(European General Aviation Safety Team，EGAST)。ECAST 是直接针对商业航空安全管理的部门，下设安全管理体系工作组、分析工作组，并在 2009 年增加了地面安全工作组。

ECAST 将其安全工作分为三个阶段。第一阶段：识别安全问题。通过建立欧洲地区公共的安全问题表单，寻找恰当的解决方案。第二阶段：安全问题分析。运用安全绩效矩阵对表单进行深入分析。第三阶段：实施行动。针对每项安全问题研究符合成本效益的解决方案，对方案进行评估、分析和实施，并通过持续监控获取方案的实施效果，以确定是否需要采取新的安全措施。ECAST 第一阶段的工作已于 2006 年 4 月开始，2007 年已获得了首批工作成果。

欧洲航行安全组织(EUROCONTROL)对于欧洲航空安全起着重要的作用。它的目标是建立一个统一的欧洲空中交通管理(ATM)系统，完美地体现欧洲"单一天空"的理念。从欧洲空中交通管理(ATM)系统中获益，建立更安全，更环保的欧洲航空。近年来，EUROCONTROL 在安全管理方面采取了一系列的措施。

(1) 安全框架完备性测量(Safety Framework Maturity Measurement)。这一项目的目的是定期对空管系统进行调查，查看安全管理和安全法规的完善情况。该项目开始于 2002 年，于 2010 年结束。

(2) 欧洲安全项目(European Safety Programme)。欧洲安全项目涵盖了空管系统安全方面的所有内容，包括立法，风险评估，基于地面的安全网络和安全管理体系。该项目的目标是提高横跨大陆的空中交通管理安全的水平，并在 2008 年年底，完成安全框架 70%的工作。该项目是由多个机构和组织共同参与，包括欧洲委员会、国际民用航空组织、飞行安全基金会、EUROCONTROL、服务提供商、空域使用者和供应商等。

(3) 公正文化(A Just Culture)。公正文化建立的目标是获得尽可能多的航空事件和运行数据的报告，而在这种文化中，如果报告中没有应受处罚的事件，报告可以是保密的、免责的。为了促进"公正文化"的发展，EUROCONTROL 与所有相关各方举行了研讨会，并发布了指导材料。2006 年 8 月，EUROCONTROL 与航空公司合作，推出了空中交通管理自愿和保密事件报告系统。收集的数据存储在 EUROCONTROL 开发的 TOKAI 软件工具中，用来帮助技术人员分析主要的安全趋势及其原因，同时为 EUROCONTROL 调整其他的安全项目提供数据支持。

(4) 系统安全防御(System Safety Defences)。EUROCONTROL 正在为一系列的安全网络制定标准和指导原则。其中的一项就是 FARADS(Feasibility of Airborne Collision Avoidance Systems (ACAS II) Resolution Advisory (RA) Downlink Study)。该项目研究结果表明，对地传输对于避免防撞确实有好的效果，但是需要有更多的监视数据。这一方面的问题正在研究解决的方案。同时，EUROCONTROL 制定了短期冲突警告的规范，并要求服务提供商在 2008 年年底前满足这一规范。此外，EUROCONTROL 还正在制定最低安全高度警告、进场航线监视和区域近地警告的规范。成体系的规范已于 2008 年年底完成。目前该项目正在做一项重要的工作就是协调空中和地面的安全网络。各种不同的方法的作用使得这两类安全网络的性能和相互作用更加清晰。

(5) 安全管理体系(Safety Management Systems)。EUROCONTROL 在遵守自身的规章体系的同时，还拥有贯穿于整个机构的安全管理体系。EUROCONTROL 不但建立了安全监察指导委员会和用于安全管理人员进行定期会晤、交换意见和最佳做法的网络，而且还有一名专门的安全服务经理负责更新安全政策、识别风险和提出缓解风险的措施。

(6) 安全管理体系实施的支持项目(Support for Safety Management System Implementation)。EUROCONTROL 在 2004 年 9 月推出了"支持空中导航服务供应商的安全管理体系实施"的项目。每年通过召开会议，听取服务提供商的需求，然后再通过研讨会和培训班的形式进行沟通。到 2006 年，所有参与项目的服务提供商已经完成了该项目50%以上的工作，EUROCONTROL 的目标是到 2008 年年底达到 70%。

综上所述，当前世界民航安全发展趋势如下所述。

1) 加强全球安全战略合作

全球各地区、国家和组织加强了安全举措的协调，希望通过共同的安全框架，实现全球民用航空体系的协调统一、安全和高效。

2) 大力研发新航空运输系统

民航安全水平的重大进步必定伴随着新技术的广泛应用，科学技术是保障安全的重要因素。欧美都在积极研发各自下一代的航空运输系统，其发展思路是通过系统的革新和新技术的应用在世界民航发展中抢得先机。

3) 研究新安全管理方法

不断探索新的安全管理模式和方法是航空安全管理能力提高的重要途径。各国家和组织非常重视安全管理方法和模式的探索。国际民航组织所制定的国家安全方案(SSP)和安全管理体系(SMS)就是对安全管理方法进行变革的一项重要举措，该举措对于世界民航安全的积极作用已经取得了全球的共识。

4) 重视安全信息的综合与利用

国际民航组织、美国联邦航空局和欧盟航空安全局历来非常重视安全信息的收集与利用。在目前安全信息来源、数量和种类迅速丰富的现状下，各国和组织纷纷启动了针对综合安全信息和深入分析的研究，并已经取得了重要的成果。

5) 持续完善安全监管体制

安全监管体制是保障民航安全的重要手段之一，对于这一点世界民航业内早已达成共识。各国现行的安全监管体制在民航发展的过程中已经逐渐暴露出了一些问题，例如监管人员缺乏。各国和国际组织在完善现有监管体制的基础上，已经着手寻找新的监管方式和技术，以适应世界民航的发展。主动式、关注风险管理和安全绩效的监管方式将是未来的发展趋势。

9.2.3 美国

美国是航空大国和强国，2008—2017 年运输航空(按照 121 部运行)严重以上事故率为百万飞行小时 0.11。作为世界上航空运输量第一和安全水平较高的国家，美国在国家层面上采取了一系列全面和有效的措施。美国联邦航空局(FAA)是美国监督和管理民用航空事业的政府机构。其主要任务是保障民用航空的飞行安全，促进民航事业的发展，但不直接经营民航企业。联邦航空局的机构设置分总部、地区机构和地方机构三级。FAA 总部设在华盛顿，是国家的行政立法机构，负责制定民用航空的政策、规划和颁布规章制度、处理国际民用航空事务、领导本系统各地区和地方机构的工作。地区机构是管理本地区民用航空业务的工作机构，负责审查、颁发本地区民用航空领域内各种合格证件和技术业务人员执照，对所辖地方机构实行技术指导和管理。

美国的航空安全管理由局方即 FAA 负责制定相关政策、规章和指令等法律性文件。美国的空管组织 ATO 隶属于 FAA，属于政府部门，负责具体执行和实施。FAA 负责监督和管理 ATO 实施空管的具体效果。在 FAA 的组织架构中，由 1 名负责航空安全的局长助理负责管理与安全相关的事务，下设 8 个办公室，管理包括事故调查、航空医学、飞行标准、航空器认证、空中交通监督、质量整合、规章制定、航空安全分析等工作。其中，空中交通监督办公室专门负责建立安全标准并对 ATO 实行独立监督。

空中交通监督办公室负责的监督工作主要包括以下内容：规范 ATO 实施空管工作的规章；参与开发和协调空管的国际标准；提供空管安全管理体系的规章督导；在引入新的间隔标准或调整现有间隔标准运行程序的情况下，确保 ATO 的安全运行；改进新的标准，废弃和修改现行标准；参与 ATO 的运行审核和相关的信息分析。

FAA 对 ATO 的管理方式包括审计、监视、调查、检查及与其他 FAA 安全服务间的合作等多种形式。

除 FAA 对 ATO 实行的外部监管外，ATO 组织内部也设立安全办公室，管理内部的安全事务。ATO 安全办公室(AJS-0)负责安全管理和实施，包括 SMS(AJS-2)，安全保障(AJS-3)，跑道安全(AJS-4)，运行服务(AJS-5)，商务、计划和分析(AJS-6)，专门项目(AJS-8)，行政(AJS-9)7 个安全管理项目。ATO 还设有空中交通服务委员会，直接由 FAA 局长任主席；FAA 副局长也是该委员会成员。FAA 对 ATO 进行独立的空中交通服务的安全监督，开展运行过程审计，对 ATO 提出安全改进的要求等。FAA 和 ATO 的组织机构如图 9-1、图 9-2 所示。FAA 安全管理的组织机构如图 9-3 所示。

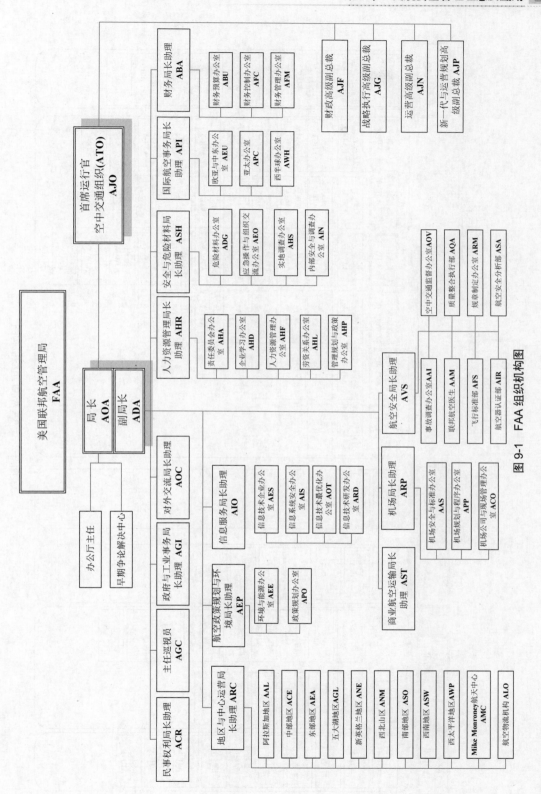

图 9-1 FAA 组织机构图

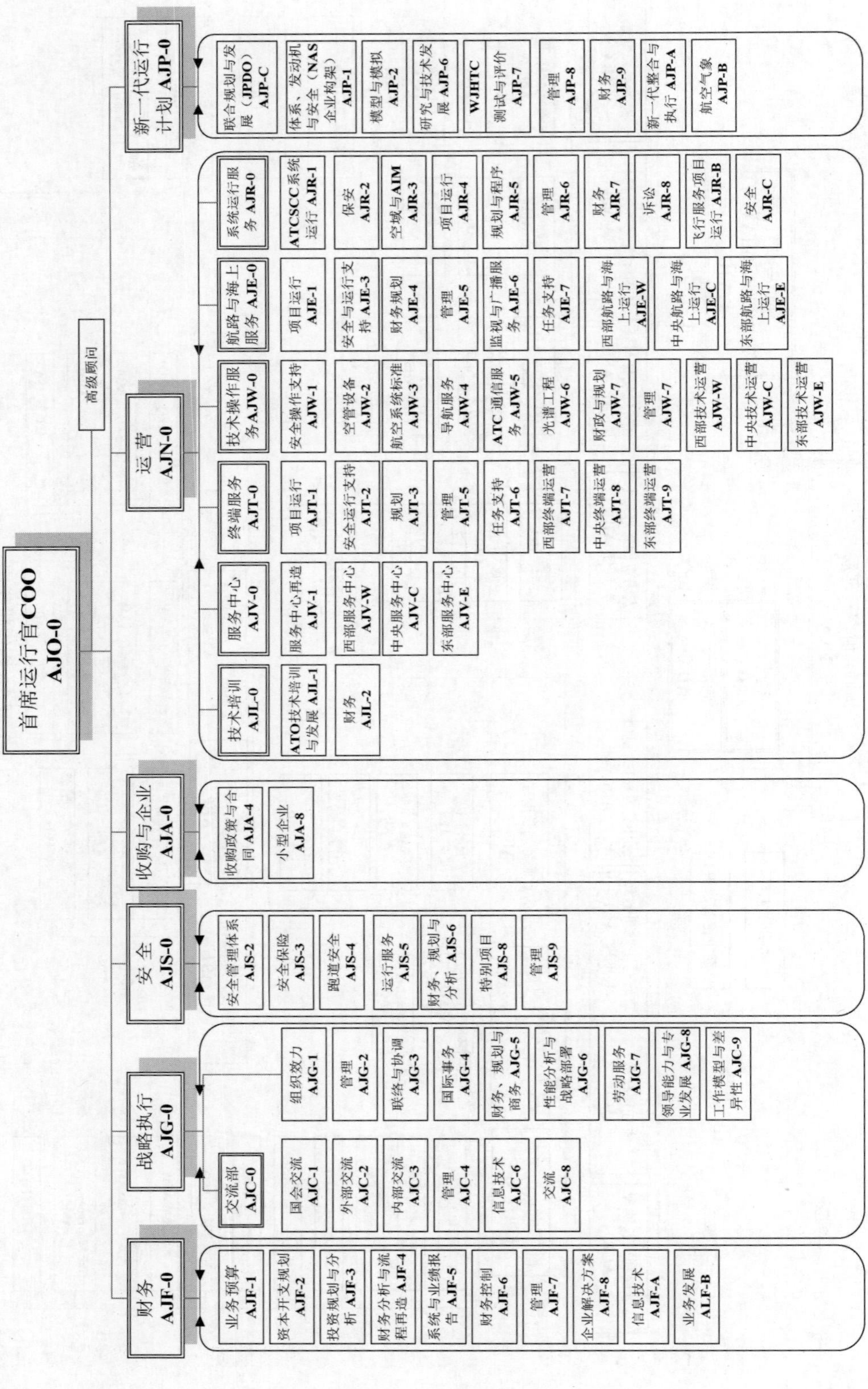

首席运行官COO
AJO-0

高级顾问

财务 AJF-0

- 业务预算 AJF-1
- 资本开支规划 AJF-2
- 投资规划与分析 AJF-3
- 财务分析与流程再造 AJF-4
- 系统与业绩情报 AJF-5
- 财务控制 AJF-6
- 管理 AJF-7
- 企业解决方案 AJF-8
- 信息技术 AJF-A
- 业务发展 ALF-B

战略执行 AJG-0

交流部 AJC-0
- 国会交流 AJC-1
- 外部交流 AJC-2
- 内部交流 AJC-3
- 管理 AJC-4
- 信息技术 AJC-6
- 交流 AJC-8

- 组织效力 AJG-1
- 管理 AJG-2
- 联络与协调 AJG-3
- 国际事务 AJG-4
- 财务、规划与商务 AJG-5
- 性能分析与战略部署 AJG-6
- 劳动服务 AJG-7
- 领导能力与专业发展 AJG-8
- 工作模型与差异性 AJC-9

安全 AJS-0

- 安全管理体系 AJS-2
- 安全保险 AJS-3
- 跑道安全 AJS-4
- 运行服务 AJS-5
- 财务、规划与分析 AJS-6
- 特别项目 AJS-8
- 管理 AJS-9

收购与企业 AJA-0

- 收购政策与合同 AJA-4
- 小型企业 AJA-8

运营 AJN-0

- 技术培训 AJL-0
  - ATO技术培训与发展 AJL-1
  - 财务 AJL-2
- 服务中心 AJV-0
  - 服务中心再造 AJV-1
  - 西部服务中心 AJV-W
  - 中央服务中心 AJV-C
  - 东部服务中心 AJV-E
- 终端服务 AJT-0
  - 项目运行 AJT-1
  - 安全运行支持 AJT-2
  - 规划 AJT-3
  - 管理 AJT-5
  - 任务支持 AJT-6
  - 西部终端运营 AJT-7
  - 中央终端运营 AJT-8
  - 东部终端运营 AJT-9
- 技术操作服务 AJW-0
  - 安全操作支持 AJW-1
  - 空管设备 AJW-2
  - 航空系统标准 AJW-3
  - 导航服务 AJW-4
  - ATC 通信服务 AJW-5
  - 光谱工程 AJW-6
  - 财政与规划 AJW-7
  - 管理 AJW-7
  - 西部技术运营 AJW-W
  - 中央技术运营 AJW-C
  - 东部技术运营 AJW-E
- 航路与海上服务 AJE-0
  - 项目运行 AJE-1
  - 安全与运行支持 AJE-3
  - 财务规划 AJE-4
  - 管理 AJE-5
  - 监视与广播服务 AJE-6
  - 任务支持 AJE-7
  - 西部航路与海上运行 AJE-W
  - 中央航路与海上运行 AJE-C
  - 东部航路与海上运行 AJE-E
- 系统运行服务 AJR-0
  - ATCSCC 系统运行 AJR-1
  - 保安 AJR-2
  - 空域与AIM AJR-3
  - 项目运行 AJR-4
  - 规划与程序 AJR-5
  - 管理 AJR-6
  - 财务 AJR-7
  - 诉讼 AJR-8
  - 飞行服务项目运行 AJR-B
  - 安全 AJR-C

新一代运行计划 AJP-0

- 联合规划与发展（JPDO）AJP-C
- 体系、发动机与安全（NAS 企业构架）AJP-1
- 模型与模拟 AJP-2
- 研究与技术发展 AJP-6
- WJHTC
- 测试与评价 AJP-7
- 管理 AJP-8
- 财务 AJP-9
- 新一代整合与执行 AJP-A
- 航空气象 AJP-B

图 9-2　FAA ATO 组织机构图

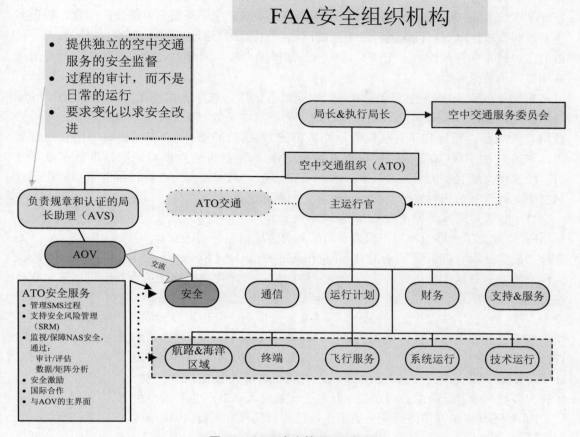

图 9-3　FAA 安全管理组织机构

　　美国航空安全管理处于全球领先地位，FAA 在此方面提供的空中交通服务的安全绩效数十年来堪称模范。一直以来，美国都致力于发展和实施其"系统安全"战略，倡导以积极主动的方式进行安全管理、防范事故。

　　1996 年 VALUJET 航空公司的坠机事件，使 FAA 开始重新审视传统的安全管理体系，并逐渐引入了系统安全思想。美国系统安全战略是多方位、多手段融合的航空安全管理策略，其中风险管理是系统安全的重要工具。

　　美国民航学习军方经验，在 FAA ORDER8040.4 中提出了风险管理要求，并发出了《系统安全手册》具体指导风险管理的实施，手册中详细描述了风险管理的实施程序。

　　美国民航实施风险管理的形式是多种多样的，不仅针对系统引入过程中实施采购管理，对运行过程中也研究了相应的方法进行风险管理。

　　在安全管理方面，美国形成了完善的航空安全规章和标准体系，建立了较完善的监管架构、程序和工具。当通过检查、合作计划或其他方法发现有违反规章的行为后，FAA 有一系列的执行手段来进行反制，包括行政行动和法律制裁行动(如罚款、吊销飞行员执照或其他 FAA 颁发的执照)。

　　20 世纪 90 年代，在 FAA 的资助下，德克萨斯大学人为因素研究小组和美国大陆航空公司在危害与差错管理模型(Threat and Error Management，TEM)基础上共同开发出航线运行安全审计(Line Operations Safety Audit，LOSA)系统，用于观察正常航班的运营。经过多年发展和改进，LOSA 已成为一种系统的航线观察方法。通过 LOSA 观察可以了解飞行机组的飞行技术和管理能力、空中交通管制的指挥能力等，同时为航空运行趋势分析及信息共享奠定了数据基础[①]。

航线运行安全审计的经验应用到空中交通管制中，被称为常规运行安全调查(Normal Operations Safety Survey，NOSS)。NOSS 调查的意图是为空中交通管制领域提供一种能够获得有关威胁、差错和不良状况的原始数据的方法。NOSS 建立在威胁与差错管理框架上，结合其他手段(如事故征候报告方案和事件调查)获得的数据对这些标准数据进行分析，给空中交通管制的管理者提供一种可行的方法，从而把安全改进过程的重点放在那些对空中交通管制系统的安全系数最有破坏性的威胁上。

1) 积极推进系统安全战略

FAA 建立了一些系统用于检查和监督各类客运航空公司的安全。1998 年，FAA 开始实施"航空运输监督系统" (Air Transportation Oversight System，ATOS)，ATOS 是 FAA 应用系统安全和风险管理原理推出的一种结构化、程序化、网络化的全新航空运输监察系统方法。ATOS 的目标是对所有商业客运和货运航空公司进行监督。ATOS 强调的是系统安全方法，改进了依靠个人的技术和管理知识去识别、分析和控制危害和风险，对航空公司的规章符合性进行阶段性检查的做法。例如，按照 ATOS，检查员根据数据分析和风险评估，为每家航空公司制订了监督计划，并根据检查结果对这些计划进行调整。经过实践证明，ATOS 是高效、可靠的监察系统，有助于将重大事故率降低 80%。到目前为止，已经有大多数商业客运航空公司和航空货运公司被纳入 ATOS 进行安全监管。

FAA 还开展了许多改善安全的工作项目和研究项目。自 1990 年以来，飞行操纵品质保证计划(Flight Operation Quality Assurance,FOQA)等；开展人为差错分析与预防综合框架(Human Factors Analysis and Classification System，HFACS)研究、航线运行安全审计(Line Operations Safety Audit，LOSA)等。目前，美国联邦航空局(FAA)认为应该通过全球数据共享提升安全，如通过商业航空安全小组(CAST)、航空安全信息分析及共享(ASIAS)、机坪检查数据(Ramp Inspection Data)等项目进行合作，从而提升了安全水平。

2) 重视安全信息的有效收集和利用

有效利用安全信息是实施系统安全战略的重要基础。早在 20 世纪 70 年代，美国开始建立自愿报告系统，后来发展成为全球最早实行的航空安全报告系统 ASRS(Aviation Safety Reporting System)，并取得了很大成功。

安全信息的收集对于识别潜在危险有重要作用。1996 年 5 月，FAA 提出建立一个全球分析和信息网(GAIN)，将使用全球范围内广泛多样的航空数据源及综合分析技术，帮助航空公司识别新出现的安全问题。1999 年 1 月，在 GAIN 指导委员会会议上一致同意开始执行全球安全信息共享的计划。

20 世纪 90 年代，FAA 推出了一些行业合作计划，鼓励航空运输的有关方面(如航空公司和飞行员)自己报告违章行为，以便帮助其确认安全缺陷，这样可以减少罚款和其他法律

---

① 杨琳. LOSA——航空安全管理的新方法[J] .飞行安全，2003(3).

制裁。例如，自愿报告计划(Voluntary Disclosure Program，VDP)、航空安全行动计划 (Aviation Safety Action Program，ASAP)、航空安全报告系统(Aviation Safety Reporting System，ASRS)。

3)　研究下一代航空运输系统

在对未来的规划中，FAA 于 2008 年 6 月拟定了《Flight Plan 2008—2012》草案。该草案定期更新，是对美国新一代航空运输系统(NextGen)的指导和技术要求。NextGen 的关键工作之一就是提高安全水平。要达到安全目标如下所述。

(1)　解决安全问题，扩大有成本效益的安全监督和调查，继续深入研究造成事故的原因所在。

(2)　努力促进和扩大安全信息的共享，加强包括 FAA 在内的各组织的合作，加强信息交流，进一步形成以数据驱动的安全管理，更有效地在事故发生前识别和处理风险。

在草案中，FAA 整合其空中交通组织(ATO)、航空承运人、航空器和航空器部件生产商等的安全管理体系，最终将提供一个共同的框架，为国家空域系统中可接受的和不可接受的安全风险提供基准，并在此基础上在整个航空运输系统内进行安全风险评估和管理。

近年来，美国率先开展的未来航空运输系统的研究已经完成了战略研究，制定了战略计划，并专门成立了 Joint Planning & Development Office(JPDO)负责航空系统 2025 年的远景规划和下一代航空运输系统(Next Generation Air Transportation System，NGATS)的执行计划。NGATS 在安全方面的战略构想是建立综合、积极主动式的安全管理体系，综合考虑重大的变革、新技术和程序的应用等情况。

JPDO 研究表明，实现 NGATS 的目标需要航空运输界在安全管理的方式上有根本转变。在向 NGATS 过渡期间，必须采用一些增强安全性的措施和系统，以提高从设计到实现整个过程的安全性。NGATS 概念必须着手解决当前的安全问题，以及新的运行概念带来的风险。安全管理是一个持续的改进过程，它涉及航空系统的所有方面，贯穿整个生命周期。在安全管理方面主要涉及以下四项内容。

(1)　运行改进：实施国家航空安全战略计划，该计划为实现提高安全性、向 NGATS 转型和实现运行保障能力提升等方面提供了明确的目的、目标和战略。

(2)　实现工具：强调采用一种综合的、系统化的途径，通过实施正式的安全管理体系来进行安全风险管理。为了支持 NGATS 的发展，这些 SMS 中纳入了安全数据分析程序，增加了安全可信度、运行程序和训练等能力。

(3)　研发活动：NGATS 目标的实现有赖于一整套保障所有空中交通安全运行的新政策、程序、操作及先进技术。与安全相关的研究与开发隐含在本计划所述的所有能力的相关应用研发之中。为了采取更安全的措施，需要就薄弱环节进行研究，并开发支持 NGATS 航空安全信息分析与共享(ASIAS)能力的工具。

(4)　安全政策：许多安全管理实现的手段需要战略性的决策或政策性的决定作为支撑。这些政策有助于设计、引导与支持 NGATS 构想的实现。NGATS 的政策部分提供了一套初始的、与安全管理实现手段配套的政策。安全风险必须在进行 NGATS 规划时就考虑进去，并将安全需求融入 NGATS 的运行改善及其性能评估之中。

JPDO 下属的 Safety IPT 工作组主要负责其安全领域研究工作。目前 Safety IPT 工作组下设 4 个工作小组，分别是航空安全战略计划小组(ASSP)、航空安全信息共享与分享小组

(ASIAS)、安全管理体系小组(SMS)和框架结构工作小组。而安全管理体系小组又下设研究组、安全管理体系标准项目组、安全风险分析项目组、综合安全管理体系(ISMS)指南项目组、安全文化项目组。

Safety IPT 的组织框架结构如图 9-4 所示。

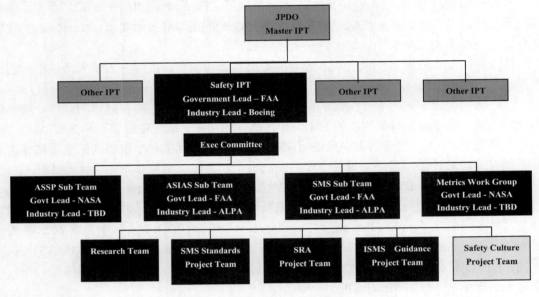

- **ASSP** = 航空安全战略计划小组
- **ASIAS** = 航空安全信息共享与分享小组
- **ISMS** = 综合安全管理体系小组
- **SMS** = 安全管理体系
- **SRA** = 安全风险分析

图 9-4 JPDO Safety IPT 组织框架结构

JPDO 安全管理研究的重点是"确保 NGATS 在致力于增加其他系统容量的同时，能够稳定地、成比例地减少风险"。其近期任务包括下述各点。

- 发布新的确保 NAS 安全的"国家航空安全政策(National Aviation Safety Policy)"。
- 发布新的 NAS 安全管理标准"国家安全管理标准(National Standards for Safety Management)"。
- 开展数据合并实验。航空安全信息分析与共享(ASIAS)综合数据系统将提供个案研究。这些个案所提供的是以前带有地理信息的事故或突发事件的数据(包括地理志和地面设施布局)、环境条件(天气、能见度等)、空中交通、航空器，以及人的工作能力数据。
- 采用个案研究法，对 2009 年的 NAS 系统执行数据进行合并。连续的空中交通数据观测资料与 ASIAS 的基础信息相结合，可以预见系统级的风险趋势的走向。
- 开展初始的系统级的综合评估。评估现行系统和未来系统的趋势，重点是对安全、容量和环境的各个方面的影响。

9.3　安全管理体系

现代的航空安全管理是一项系统工程,它将航空活动中的各个环节作为一个整体。同时航空活动的动态特点决定了航空安全管理又是一个动态的管理过程,因此应该从科学、系统、预防和发展的角度看待航空安全。通过对航空组织和航空发达国家航空安全举措进行分析研究,归纳以下国际航空安全管理的先进理念。

(1) 安全第一。从国际民航组织,以及相关国家政府管理部门、运行单位等直接以保证航空安全为职能的组织和机构,到安全理论工作者和实践工作者都围绕航空安全这一课题,孜孜探索而形成的航空运输安全政策、安全管理程序、安全法规和标准等安全管理成果,都映射出"安全第一"的理念。

(2) 主动预防。主动预防强调在危险的事件发生并对安全绩效产生不利影响前就通过危险识别,并采取措施来预防的方法。航空安全管理采取的很多举措都期望在事前尽可能多地识别危险,做到防患于未然。航空发达国家航空系统都倡导风险管理,制定并实施了危险识别、风险管理、安全评估/审计的相关办法和程序。

(3) 规范化管理。法规标准的深入和落实也造就了航空运行层面规范化、程序化的管理模式,今天操作和运行过程中遵守标准操作程序已经成为共识,规范化管理已经成为航空安全管理的重要基础,法规、标准、程序的有效执行是航空运行安全的重要保障。

(4) 系统安全管理。国际航空界开展安全管理活动通常依照预先确定的计划,并以统一的方式在整个组织进行,把安全管理对象作为一个系统来看待,全面识别系统的危险,而不是把它看作多个孤立的安全管理模块。

(5) 重视安全信息。积极收集、分析和共享正常及非正常情况下的安全数据和信息,积极有效地沟通,及时反馈,利用数据进行发展趋势预测,以期更主动地识别危险,更有效地进行风险管理。

(6) 倡导积极的安全文化。倡导和营造积极的安全文化,激励员工勇于承担责任,勤于学习思考,善于沟通信息(尤其是鼓励有效进行事故征候和危险报告的无惩罚环境或正义文化)。积极主动工作,有利于把安全管理的方针、政策、程序、标准变成全体员工的价值观和行为方式。积极的安全文化,能够激发员工的积极性、主动性和创造性,能够凝聚人心、激励进取,通过合理的激励措施,促进航空行业的全面发展。

(7) 全球合作。航空业是国际性较强的行业,需要加强各国各地区之间的合作,为此相关各组织应建立统一的法规标准体系,有力地推动全球航空一体化。

在人类防范意外事故的认识过程中,安全科学的理论体系在不断发展和完善。经历了从宿命论到经验论,从经验论到系统论;从无意识地被动承受到主动对策,从事后型的"亡羊补牢"到事前预防型的安全管理;从单因素的就事论事到安全系统工程等过程。近年来,国际民航界正在大力推广实施的安全管理体系就是现代安全理论的具体体现,是系统安全管理的重要实践。

在安全管理体系(SMS)中引入现代安全理论,完善安全管理体系将进一步提高航空安全水平。我国民航应该如何建立和实施安全管理体系,如何规范安全管理体系建设是首要问题。

9.3.1 国际民航组织安全管理体系要求

民航是高技术、高风险、高投入的行业，具有很强的国际性特征；民航事故又具有突发性、国际性、损失大及难以预测的特点。因此，尽管民航事故发生率较低，事故数也很少，但各国政府、国际组织对民航安全的关注度一直很高。长期以来，民航业主要是根据局方制定的航空规章进行安全管理，取得了很好的成果，全球民航事故大大减少。然而，近 20 年来事故率下降的历史趋势逐渐减弱，回归曲线渐趋平缓，民航安全面临巨大挑战，如何进一步提高航空安全水平成了全世界关注的焦点。正是在此背景下，国际民航组织(ICAO)和各国政府提出并要求民航领域全面实施安全管理体系。

安全管理体系是新世纪国际航空界为提高航空安全水平而采取的重大举措，各国及国际组织纷纷将安全管理体系立法作为重要手段推动安全管理体系的实施。国际民航组织(ICAO)已经将安全管理置于前所未有的、相对独立且显著的地位。2001 年 11 月，国际民航组织修订了附件 11，要求缔约国为空中交通服务系统建立完整的安全管理体系；同年，国际民航组织将影响力极大的空中交通服务权威性文件——PANS-DOC4444 更名为《空中交通管理》(DOC4444—ATM/501)，首次将安全管理作为单独章节，并进一步按照附件 11 的要求，阐述了空中交通服务系统建设 SMS 的具体要求。2003 年 9 月，国际民航组织依据附件 11 和 DOC4444—ATM/501，首次发布了《空中交通服务安全管理手册(初稿)》。2006 年 1 月，国际民航组织发布了航空安全管理的权威性文件《安全管理手册》(DOC9859 AN/460)，将安全管理体系作为重要内容进行了描述。2009 年，又发布了 9859 第 2 版，进一步明确了安全管理体系相关的概念、框架、核心、规划、运行等具体内容。

SMS 是一种新的理念，是一种从组织角度出发，积极主动的事故预防方法，是基于安全绩效与数据驱动实现系统的安全管理方法。

为实现在全球范围内减少事故的目标，国际民航组织要求全部合约国建立并实施 SMS。ICAO 对安全管理体系的定义如下所述。

安全管理体系(SMS)是有组织的管理安全的方法，包括必要的组织结构、责任制落实、政策和程序。9859 第 1 版(2006)中，SMS 涵盖了四大组成部分，即安全政策、安全文化、安全审核和安全促进，以及相关安全管理要素。在第 2 版(2009)中将上述四个组成部分调整为安全政策和目标、安全风险管理、安全保障、安全促进(激励)，提高了 SMS 中风险管理的地位和作用。各个组成部分又进一步划分成下列要素，分别是管理委员会和职责、安全责任和义务、指派关键安全人员、协调应急响应计划、SMS 文件；危险识别、风险评估和消除；安全绩效监控与测量、变化管理、SMS 的持续改进；教育与培训、安全信息交流。

ICAO 公约附件 6、11 和 14 规定，各国应规定航空运营人、维修组织、空中交通服务提供者和机场经营人实施国家认可的安全管理体系。此种安全管理体系至少应包括下述各点。

(1) 确定实际和潜在的安全危害。

(2) 为了缓解风险/危险，确保实施必要的纠正措施。

(3) 对所达到的安全水平进行持续监督和定期评估。

因此，在民航企事业单位实施安全管理体系不仅是适应国家航空安全发展的需求，也是满足国际民航组织对于安全管理体系的基本要求。

9.3.2　国际民航界安全管理体系建设

1. 美国

美国很早就开始探索安全管理体系的建设，其早期倡导的安全管理理念与安全管理体系倡导的做法有相似之处。

1998 年 6 月，联邦航空局(FAA)发布 8040.4 号令，旨在建立联邦航空局安全风险管理政策，提出了一个五步安全风险管理办法，即制定方案、隐患识别、分析、评估和决策。要求所有 FAA 业务部门制定并执行正式的风险管理程序。

同时，FAA 发布了以系统安全为核心理念的《系统安全手册》(System Safety Handbook，SSH)，从系统角度出发讨论安全管理，对 FAA 在广泛的活动领域中开发和应用安全技术和程序提供指导，把其一贯提倡的"系统安全"推向了新的高峰。

2000 年，FAA 开始专门组织人员研究空中交通服务的安全管理体系问题，并把安全管理体系的设计、发展和实施作为未来发展航空安全的重要内容。在 2003 年的《FAA 飞行规划(2004—2008)》中要求设计、开发和实施与国际民航组织要求相一致的安全管理体系，以提高空中交通服务的安全性。在随后的几年中，FAA 一直对空中交通服务组织中的重大改变实施安全风险管理。

2004 年 5 月，FAA 出台了《安全管理体系手册(SMS Manual)》(第 1 版)，为航空产品和服务提供者制定了 SMS 标准，其中包括航空器运营人、航空器制造商，以及 FAA 的空中交通管理机构组织(ATO)。该《安全管理体系手册(SMS Manual)》是美国探求 SMS 的一个里程碑，正式为 SMS 的建立提供了标准的手册。

FAA 在《安全管理体系手册(SMS Manual)》中指出，安全具有最高优先级，SMS 应包括安全保障和评估、安全责任和义务、安全数据的跟踪和分析、安全宣传、安全监视、安全复查和培训等内容，并倡导积极的安全文化，鼓励在某个特定范围内共享安全信息，传播和学习经验教训非常重要(学习文化)，鼓励积极报告文化。

FAA 在 SMS 标准中明确指出，SMS 是用来识别、评估、确定和管理安全风险的各项过程、程序、政策和方案的一体化组合，其风险管理的对象是美国国家空域系统(NAS)中的空中交通管制 (ATC)和导航服务。这四个要素共同侧重于支持、制定和实施缓解安全风险的战略。

FAA 认为 SMS 是一种安全战略，是制定当前安全战略和远期行动计划的参考；是制定航空运输安全政策、标准、程序的依据；是由专家、资深管理人员和有安全管理经验的人员组成的安全管理体系。SMS 承担安全战略制定与实施、审计制度的建立和应用等职责，是实现安全目标管理、安全监督审计和检查纠错的指南。

在第 1 版 SMS 手册中，SMS 主要由以下 4 个部分组成(见图 9-5)。

(1) 安全政策：包括 SMS 对系统功能的要求、SMS 的职责和问责制，以及安全监督。

(2) 体系结构：包括安全风险管理(SRM)应用对象过滤、指导和文件。

(3) 安全保障：包括安全保障和评估，以及安全数据跟踪及分析。

(4) 安全推广：包括 SMS 培训、组织机构，以及安全文化和安全经验学习。

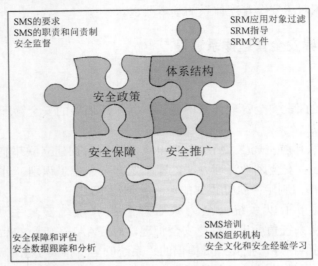

图 9-5　美国安全管理体系构成要素(来源 FAA，SMS 手册，2004)

经过多年的研究与实践，FAA 于 2008 年进一步明确了风险的可接受性，认为风险管理是 SMS 的核心，所以对 SMS 进行修改，将其划分为安全政策(Safety Policy)、风险管理(Risk Management)、安全保障(Safety Assurance)和安全促进(Safety Promotion)。上述两版 FAA 安全管理体系构成要素的对比如表 9-2 所示。

表 9-2　FAA 设计的 SMS 组成部分

组成部分	要素(第 1 版)	要素(第 2 版)
安全政策与目标	SMS 的要求	SMS 指令
	SMS 的职责和义务	SMS 实施计划
	安全监察	SMS 手册
安全风险管理(体系结构)	描述系统	危险源识别
	识别风险	
	分析风险	风险分析、评估和缓解及风险监控计划
	控制风险	
安全保障	安全评估	安全审计
	安全评审	评估
	质量保障	事件调查
	安全数据跟踪和分析	数据分析
安全改进	建议安全措施	安全文化行动
	安全培训	教训吸取学习
安全改进	安全文化建设	安全交流
	传播安全文化	SMS 培训/会议/小组讨论

2. 加拿大

加拿大是最早提出安全管理体系并开展实践的国家之一。加拿大空中导航服务机构 NAV CANADA 是率先在加拿大航空业开发并实施 SMS 的部门。NAV CANADA 从 1997 年开始就致力于开发安全管理体系，并在其公司范围内实施。1998 年，加拿大运输部 (Transport Canada)在其《飞行 2005：加拿大民航安全工作框架》中，承诺将在航空组织中实施安全管理体系。1999 年加拿大倡导把实施安全管理体系作为一种积极的管理方法，管理由于空中交通活动的增长而导致的航空器事故征候和事故的增加，该举措随后得到 ICAO 的支持。

从 2000 年开始，加拿大运输部着手制定 SMS 法规方面的建议修正案通告(NPA)并对航空法进行了修订。2001 年加拿大运输部发布了指导文件《SMS 介绍》(TP 13739)，阐述了其概念、特点和建立的必要性。之后，加拿大运输部修改了建立 SMS 的方法。

2004 年，加拿大运输部发布了《SMS：加拿大运输部实施计划》，介绍了 SMS 基本的组成部分，提出 SMS 的实施过程应该分阶段进行，并提出 SMS 四个实施阶段，每个阶段包含特定的 SMS 组成和要素的引入，为各航空组织提供了可行且易于管理的一系列步骤。

加拿大运输部还发布一系列指导手册，旨在指导 SMS 的建立，包括《安全管理系统实施程序指南》(TP14343E)、《民用航空的风险管理和决策》(TP 13905)、《安全管理系统评估指南》(TP 14326)等。

加拿大运输部关于 SMS 的定义如下：SMS 是通向安全的途径。它是一种系统的、易于理解的、综合性的管理安全风险的程序。和所有的管理体系一样，安全管理体系提供了目标设置、计划和性能测量。安全管理系统渗透在组织的各个层面。它是文化的一部分，是人们工作的方式方法。

加拿大的观点认为"安全管理体系是一项有条理的安全举措"，安全管理体系是对安全风险进行系统、明确和全面的管理过程。在加拿大运输部颁布的《安全管理系统介绍》(TP 13739)中提出 SMS 的 4 大组成(4 个 p)：管理哲学(指导思想，philosophy)、政策(policy)、程序(procedures)、实践(practices)；12 个构成要素：高层管理者的承诺、安全政策、安全信息、把安全视为核心理念、设定安全目标、隐患识别和风险管理、建立安全自愿报告系统、安全审计和评估、事故及事故征候报告和调查、安全导向和定期培训、应急反应预案、安全文件。

根据加拿大航空规则(CAR)的要求，一个安全管理体系框架应该包括下述各点。

(1) 基于系统的安全政策。

(2) 设立提高航空安全性目标的方法及测量实现这些目标的方法。

(3) 识别航空安全危险，以及评估和管理相关风险的方法。

(4) 保证人员受到培训并有能力完成他们职责的方法。

(5) 内部报告和分析危险、事故征候和事故，采取纠正措施预防其重复发生的方法。

(6) 一个包含所有安全管理体系方法的文件，即使所有人员都能意识到自身责任的方法。

(7) 对安全管理体系及安全事故引发原因进行定期审查和审计的方法。

加拿大的 SMS 不仅要求对问题、危险、事故征候和事故进行报告，而且还要求对有关风险进行分析并采取适当行动。加拿大强调责任主管人员的重要作用，目的在于强化适当的"安全"文化提供所要求的领导和示范作用，并为成功管理本组织所固有的风险提供足够的资源。

加拿大运输部于 2008 年 8 月发布了 AC800-001(版本 2)《空中交通服务运行持证单位实施安全管理体系的程序》，其中明确了 SMS 的组成和要素，并明确了 SMS 实施的各个阶段。

加拿大 SMS 的基本特点和理念如下所述。

(1) 加拿大通过规章的形式强制要求建立 SMS，明确组织的领导者对组织的安全性所负有的责任和义务；同时，允许公司在有可能出现违规现象时进行内部的安全调查，在安全调查的基础上，公司将采取纠正措施，如果加拿大运输部满意公司的后续措施，那么管理当局将结束文件且不对当事人或公司进行惩罚，这样实际上实现了有意义的具体的安全改进。

(2) 强调了组织安全文化建设和员工积极参与的重要性，这是 SMS 成功的关键。同时强调高级管理者对于 SMS 建设的作用，他们的态度和承诺对安全文化建设起着决定性的作用。

(3) 在 SMS 中，安全管理的责任发生了转移，由局方转向了各个航空运营人，将实施 SMS 的细节问题留给运营人，航空运营人作为自身安全管理的责任主体，对企业内的安全管理和安全绩效负责。

3. 欧洲航行安全组织

2000 年 7 月，欧洲航行安全组织(EUROCONTROL)提出了针对空中交通服务的系统性安全管理要求(USE OF SAFETY MANAGEMENT SYSTEMS BY ATM SERVICE PROVIDERS，ESARR 3)；2001 年 4 月又提出了针对空中交通管理系统的安全风险管理要求(RISK ASSESSMENT AND MITIGATION IN ATM，ESARR 4)。

EUROCONTROL 提出了在空中交通管理体系内实现 SMS 的方案，通过颁布的安全管理体系手册给出了 SMS 的实现结构、组织构成、关键元素和核心活动，并对它们分别进行了详细的描述。同时建议参与欧洲空中交通管理服务提供商(EATMP)的服务提供者应该采纳一种程式化的、清晰的、主动的策略来实现空中导航服务，实现安全管理的系统化。

ESARR3 和 EAM3/GUI1 中将实施 SMS 作为强制要求，要求在每个 ATM 服务提供单位都要实施，并明确指出 SMS 不仅包括 ATM 组织空中交通管制服务，其他支持性服务(如 CNS)等也要纳入 SMS 管理范围。

EUROCONTROL 关于 SMS 的定义是，SMS 是一种系统的、清晰明确的安全管理方法，这种安全管理是组织为实现可接受或容忍的安全状态而采取的行动。将 SMS 要求分成四个部分，即安全政策(基本要求)、安全成就、安全保证、安全促进。

安全政策(基本要求)包括安全管理、安全责任、安全优先权和 ATM 服务安全目标。

安全成就要求分成两类：第一类为管理安全所需的最低组织构成，包括能力、SMS 文件、安全管理职责、外部服务；第二类要求确定系统的行动以满足高等级安全标准，这些行动是实现组织安全目标的关键工具，包括安全水平量级、风险评估与消除、安全事件。

安全保障要求也分成两类：第一类是系统监察活动(SYSTEMATIC SURVEILLANCE ACTIONS)，包括安全调查、安全监控；第二类要求记录活动和变化的过程，包括安全记录、风险评估和监控文件。

安全促进要求包括安全教育和传播及安全改进。具体层次关系如表 9-3 所示。

表 9-3　EUROCONTROL SMS 的组成和要素

组成部分	要　素	
安全政策	安全管理	
	安全责任	
	安全优先权	
	安全目标	
安全成就	组织	资格
		SMS 文档
		安全管理责任
		外部服务机构
	系统功能	安全水平
		安全事件
		安全评估和缓解
安全保障	安全调查	
	安全监控	
	文件变更&系统功能	安全记录
		风险评估和监控文件
安全促进	安全教育和传播	
	安全改进	

EUROCONTROL 安全管理体系的基本特点和理念有下述各点。

(1) 当局很重视 SMS，提出：SMS 与公司的生存息息相关，其应受到和运行系统同等程度的重视。SMS 与企业中的其他系统是同等重要的，而不是可有可无的，它直接关系到企业能否正常运行；同时，SMS 不是孤立存在、独立运行的，它与企业中的其他部门和系统相互作用、相互影响。

(2) 建立 SMS 的基本要求为发挥各级领导和员工的作用，落实他们的安全责任，建立积极的安全文化。

(3) SMS 并不是要重新建立一套全新的安全管理体系，而是要在现有程序和部门的基础上建立 SMS，没有必要更换那些运行良好的程序和过程。

(4) 建立 SMS 采取从上到下的顺序，从公司的高级管理者开始，然后逐步延伸到下面各个部门和各个层次上的相关人员。这既指出了高层管理者在 SMS 建设中的决定性作用，也指出了安全文化和所有员工的积极参与对于建立 SMS 的重要性。

9.3.3 我国民航安全管理体系建设

近年来，我国民航运输量增长迅速，安全水平也有了长足进步。早在 20 世纪 90 年代即开展了安全评估工作，进入 21 世纪后进一步开展了民航安全审计和安全管理体系的研究工作。为进一步提高我国民航空管的安全水平，顺应国际民航安全发展的新形势，2005 年 1 月，在民航总局召开的全国民航航空安全工作会议上，明确提出了"推进目标管理，建立和完善企业'自我监督、自我审核、自我约束和自我完善'的安全管理体系和机制"的要求。将安全管理体系作为今后安全管理的重要工作进行推广，并开始着手相关政策和规范性文件的起草，将实施安全管理体系列入国家和中国民航"十一五"规划，旨在将安全管理从被动模式转向主动模式，提升航空运输的安全管理水平。2007 年，民航局颁布了《中国民用航空安全管理体系(SMS)建设总体实施方案》，勾画了安全管理体系基本框架和实施步骤。

1. 机场安全管理体系

2007 年，民航局颁布了《民用机场运行安全管理规定》，作为指导民用机场安全工作的基本依据，其中第二章机场安全管理将民用机场安全管理体系作为重要内容进行了描述。2008 年民航局机场司针对机场如何建设安全管理体系专门下发了咨询通告《机场安全管理体系建设指南》(AC-139/140—CA-2008-1)，就机场安全管理体系的结构和组成，安全管理体系的建设和实施进行了说明。机场安全管理体系由 10 个要素构成，分别是安全政策、安全目标、组织机构及职责、文件管理、安全教育与培训、安全信息管理、风险管理、不安全事件调查与处置、应急响应、机场安全监督与审核等。

2. 航空公司安全管理体系

2008 年，民航局飞标司颁布了《航空运营人安全管理体系要求》(AC-121/135-FS-2008-26)，提出了航空公司建设安全管理的要求，并准备将安全管理体系纳入航空公司的补充合格审定。

在要求中，航空运营人安全管理体系有政策、风险管理、安全保障和安全促进四大组成部分，以安全政策作为运行基础，将风险管理和安全保障作为 SMS 的核心运行部分，通过风险管理将主动、实时的安全管理贯穿于整个运行系统实施过程中，将积极的安全文化作为重点进行建设，促进安全的改进。

该要求强调了安全管理标准化的必要性、可审核性，并对安全管理体系结构和组成提出具体要求。主要构成要素如表 9-4 所示。

3. 空管安全管理体系

民航空管方面，民航局空管办近年来经过多方调研，整理并编写了《中国民航空中交通管理安全管理规则(草案)(以下简称《安全管理规则》草案)》，作为规范和指导我国民航空管安全管理工作的纲要。《安全管理规则(草案)》对空管运行单位建立和实施空管安全管理体系提出了明确要求，对安全管理体系包含的要素及要求进行了规定。2009 年，作为《安全管理规则(草案)》对民航空管安全管理体系的进一步解释和细化，民航局空管办颁布了管理文件《民航空管安全管理体系建设要求》(MD－TM－2009－003)、《民航空管安全管理体系指导手册》(MD－TM－2009－004)作为民航空管安全管理体系建设的指导性材料。

表 9-4　航空运营人 SMS 主要构成要素

组成部分	要　素
政策	安全政策
	质量政策
	安全策划
	组织机构及职责
	与法规和其他要求的符合性
	程序与控制
	应急准备和响应
	文件及记录管理
风险管理	系统和工作分析
	危险源识别
	风险分析
	风险评价
	风险控制
安全保障	系统描述
	信息获取
	数据分析
	系统评价
	预防和纠正措施
	管理评审
	持续改进
安全促进	安全文化
	沟通与获知
	人员能力要求
	培训
	安全经验教训

民航空管安全管理体系建设指导手册(第 2 版)指出，SMS 是系统的管理安全的方法，包括必要的组织结构、政策、制度和程序。空管 SMS 至少应当包括安全管理的组织机构、人员及其职责，安全管理的方针、政策和目标，安全管理的标准及规章制度，安全监督和检查机制，安全评估制度，安全审计制度，安全教育和培训，安全信息的报告制度，安全风险管理机制，安全奖惩机制，安全问责制度，以及文档管理等。

空管 SMS 包括管理承诺与策划，安全管理程序，监督、测评与改进三部分，具体内容如下所述。

(1) 管理承诺与策划，包括安全政策、安全目标，以及开展安全管理所需的各种资源、组织构架、制度、文件等。

(2) 安全管理程序，为实现预期安全目标而持续开展的各项安全管理活动，包括安全信息管理、安全评估、风险管理、事件调查与处置、安全教育和培训、应急保障程序等。

(3) 监督、测评与改进，为促进空管 SMS 持续改进，对空管运行单位自身的监督、检查和总结，包括内部安全检查、安全绩效管理、内部安全审计、管理评审。

9.3.4 安全管理体系共性分析

各国/组织对 SMS 的定义和描述虽然不尽相同，如 FAA 侧重于对政策、风险管理、安全保障和安全促进的整体作用，关注对所有变化的风险管理；加拿大侧重于对系统明确的、全面的风险管理，注重指导思想、政策、程序和实践的共同作用；EROCONTROL 重视安全政策的引导和安全优先权地位的确立。但是，各国都认为 SMS 是一种高效的、系统的、综合的、事前的管理安全的方法，都注重指导思想和安全政策的引导，注重从日常运行和监督着手，注重安全文化氛围的建设与形成，是一种全面、主动、以日常管理监督数据为驱动管理安全的新方法和手段。

从组成要素来看，各国的 SMS 虽然在具体的表现形式上不尽相同，但是在整体框架上是一致的，存在很多共同之处。各国的 SMS 都包括以下部分：安全管理的政策和目标、安全管理人员的职责和任务、风险管理、安全培训和训练、安全审计、安全评估等。除了这些共同部分外，各国的 SMS 还分别涉及如下一些组成部分：安全监察、沟通和交流、文件系统、安全调查和分析、应急预案、安全评价、安全信息报告系统、质量保障。

具体分析有如下几个共同点。

(1) 重视风险管理。各国在建立和实施 SMS 的过程中都十分重视风险管理，将风险管理作为安全管理的一项重要内容，特别强调对新系统和变动的风险管理。例如，EUROCONTROL 将风险评估和消除作为安全实现的重要内容，ICAO 的《安全管理手册(SMS)》第 2 版中都特别将安全风险管理作为 SMS 的核心之一，并给出规范化的风险管理流程，提供可参考的风险评估工具。由此可见，因为风险管理充分体现了事前预防型的安全管理理念，并通过科学的系统分析、识别危险源、风险评价和控制消除风险等步骤有效地实现了风险控制，因而成为现代安全管理的重要核心。

(2) 重视系统行动的文件记录。SMS 的一个特征是重视文件和记录的管理，如要求对 SMS 的整个运行过程都要进行记录，要求建立 SMS 文件，要求对风险评估和消除的过程进行记录，等等。分析其主要原因在于，文件和记录是安全信息的重要来源，是进行系统分析、风险管理的重要基础，同时也是考察安全管理行动落实的重要依据。因此国内外的 SMS 都对文件和记录提出了专门要求。

(3) 强调过程控制和管理，强调对过程的安全监督和检查。对比各国的 SMS 要素发现，各国在实施 SMS 的过程中都重视过程管理，如加拿大的安全监察中包括对安全管理的被动和主动过程的监察；FAA 的安全保障就是围绕整个运行过程而展开，通过实施审计、评估、事件调查和数据分析等进行过程管理和控制。

(4) 重视安全文化和领导者的作用。研究发现国际的 SMS 都很重视安全文化的建设，并强调领导者对安全管理的重要作用，以及对安全文化的影响，强调领导者特别是高层管理者的态度对安全的影响，并指出 SMS 是一种自上而下的安全管理。例如，ICAO 的《安全管理手册(SMS)》第 2 版中指出高层管理者对于建立良好的组织文化、形成运行人员的安全报告程序和做法起到重要作用；欧洲、美国、加拿大也都将安全文化建设作为提升安全管理水平等重要举措，深入进行相关研究，自上而下推进。

(5) SMS 是对现有程序的综合、梳理与系统化。对国外 SMS 的实施效果研究发现，普遍的观点认为 SMS 是对现有的安全管理程序、方法的系统化和整合，而不是要倡导革旧布新的安全管理。ICAO 的《安全管理手册(SMS)》第 4 版特别指出在实施 SMS 前要进行系统差异分析，目的之一是发现现有系统的缺陷和差距，其次也是在现有的基础上运用 SMS 的原理方法和手段进一步完善现有的安全管理，以实现更高的安全目标。FAA 也特别强调 SMS 是对现有系统程序、方法的整合。

(6) 强调国家的监管作用。研究还发现目前国际上的 SMS 都已经明确在建立和实施 SMS 的过程中国家和企业各自的职责和义务，即企业建立并实施 SMS，实施安全管理，企业对自身的安全管理和安全状况负责，国家(局方)实施监督和管理的职能，对企业的安全水平和 SMS 的实施情况进行监督和审核。

综上所述，在国际民航界，虽然在实施 SMS 的过程中，一些细节和具体侧重点略有不同，如加拿大注重高级管理人员对安全的认识和所有员工安全意识的培养；美国更侧重于 SMS 与现有体系的整合和一体化；欧洲注重实施要求的实现等。但是 SMS 所包含的内容主体是一致的，都是以动态的风险管理为核心，以安全政策为指导，以日常运行、安全监督、信息的收集利用为主线，注重组织机构建设和安全文化建设，实现最终的安全目标。在实施 SMS 的过程中也都十分重视高层管理人员对安全的重要领导作用和对良好安全文化的引导作用。

从上述我国民航机场、航空公司、空管各系统实施的 SMS 的要素和构成来看，虽然模块和要素的个数不一致，但 SMS 的核心内容是一致的，具体分析具有如下几个特点。

(1) 强调安全政策的导向作用，都将安全政策作为 SMS 建设的重要部分。

(2) 重视安全管理核心活动的建设与完善，包括风险管理、信息管理、不安全事件调查、应急保障等。

(3) 重视日常数据信息的收集和分析，强调过程管理和目标控制。

结合我国民航实际，注重与运行实际相结合，重视安全文化建设，特别是主动的、报告的、公正的文化建设。

9.4　民航安全评估

现代安全管理与传统的管理方法的主要区别是由过去单纯的事故后管理发展成为事故后管理与事故前管理相结合的管理方法。过去单纯的事故后管理，主要是针对发生的事故，进行分析找出事故的原因，制定防止再次发生同类事故的措施。分析事故的原因，制定预防措施，这些对于预防事故，提高安全水平是非常必要的，也是必须做的工作。然而，仅仅是在事故发生后才去采取措施，那就太不够了，代价也太昂贵了。头痛医头脚痛医脚不能达到标本兼治的目的，不能从根本改变系统的安全状况，更不可能从本质上提高民航安全水平。因此，必须增强安全生产的事故前管理，及时发现隐患，采取措施，预防事故的发生。事故前管理的基础是对安全状况作出正确的评估，安全评估是现代安全管理科学的一个重要组成部分。

9.4.1 安全评估概况

安全评估(评价)是由保险业发展起来的。20 世纪 30 年代，保险公司为投保客户承担各种风险，从而收取一定费用。这个费用收多少合适呢？当然应当由所承担的风险大小程度来决定。这个衡量风险程度的过程就是当时美国保险协会所从事的风险评价。现在，世界各国各行业所从事的安全评估几乎都是由风险评价原理发展而来的。现在，定量评价已在工业发达国家的许多工程项目中得到广泛的应用，并在许多行业制定了技术标准。一些国家还立法规定，工程项目必须进行安全性评价。日本劳动省规定化工厂必须作安全性评价；英国规定新建企业凡没有进行安全性评价的都不许开工；我国对新建、改建、扩建工程项目也发布了"三同时"评审规定，强调安全性措施(项目)必须与主体工程同时设计、同时施工、同时验收投产。安全评估已成为当代安全管理中最有成效、正在逐渐完善的极为重要的方法。

国外的安全评估有美国商用核动力事故风险评价法、英国帝国化学公司蒙德评价法、美国道化学火灾爆炸指数法。其中以美国商用核动力事故风险评价法最具代表性。1972 年美国原子能委员会委托麻省理工学院拉斯姆教授对核反应堆进行安全评价。该评价采用故障树方法，对系统经过详细分析后指出：风险的原因是放射性物质大量释放，从而产生对人员的伤害和财产的损失；事故的起因是堆芯溶化导致放射性物质释放；冷却系统故障及地震、洪水、台风等是堆芯溶化的诱因，并用概率统计方法计算发生事故的概率，以及事故对人员、财产的损失程度。国外的安全评估是对单一的设备、设施或危险源的风险评价，没有考虑人的因素，没有计及安全管理的作用。应该指出，危险等级高并不等于安全度差；反之，危险等级低也不意味着安全度高。

我国的安全评估以机电部《机械工厂安全性评价》为代表。该评价标准由机械电子部于 1987 年制定，1988 年 1 月 1 日开始颁布实施。它包括两方面的评价：其一是企业固有危险性评价，即企业危险程度等级。危险程度分级根据机械工厂使用的设备(设施)及物品的种类，通过对我国机械行业 1986 年重点企业 35 年的事故统计分析，鉴于可能发生事故的概率及发生事故后的危险程度，确定了用 16 种设备(设施)及物品的拥有量来衡量企业的危险程度；其二是企业安全管理状况的评价，即企业安全性评价。这种评价不涉及企业固有危险性的大小，实际上是对企业安全管理水平的评价，其中包括一般行政管理、技术管理和环境管理三个方面的评价。继机电部《机械工厂安全性评价》之后，我国冶金部、化工部、航空航天部、核工业总公司等部门也相继开展了针对该行业的安全评估方法研究和实际评估。

安全评估主要是对所研究的对象、系统进行安全分析评测，它是一种事故后管理与事故前管理相结合的现代管理方法。根据出发点和侧重点不同，许多学者分别给出了自己的定义，以下是有代表性的描述。

其一，安全评估是对系统存在的危险进行定性和定量分析，得出系统发生危险的可能性及其程度的评估,以寻求最低事故率、最少的损失和最优的安全投入效益。该定义包含三层意思:第一层是评估手段,指通过什么手段测定系统存在的危险性;第二层是危险性的度量,指根据测定和分析的结果与规定的标准比较,得出系统发生危险的可能性及其程度;第三层是评估的目的,是指寻求最低事故率、最少的损失和最佳的安全投资效益。

其二,安全性评估,或者危险(风险)度评估,它是综合运用安全系统工程方法对系统的安全性进行预测和度量。它不同于安全评比,也不同于安全检查。进行综合的安全评估可使宏观管理抓住重点,分类指导;也可为微观管理提供可靠的数据,为实现现代化科学管理奠定基础。

其三,安全评估是以达到系统安全为目的,按照科学的程序和方法,对系统中的危险因素、发生事故的可能性及损失和伤亡程度进行研究和分析,从而评估系统总体的安全性,为制定预防和防护措施提供科学的依据。

通过安全评估,可以对系统的安全性给出客观的评价,同时发现隐患和薄弱环节,进一步完善系统,对提高系统的可靠性——安全性具有重要意义。

9.4.2　安全评估的意义与作用

安全评估体现了“安全第一,预防为主”的方针,通过预测、预防,控制和消除事故隐患,避免危险事故的发生。长期以来,我国大多数企业的安全管理,基本上采用传统管理方法,主要凭经验管理,即以事故发生后再处理的“事后过程”为主。通过安全评估,科学地分析企业的安全现状,及时掌握安全工作的信息,全面地评价系统及各部分的危险程度和安全管理状况,使企业领导能够作出正确的安全决策。体现了从被动到主动,从事后到超前预测,从经验到科学的安全管理方法,这也是安全关口前移的具体表现。

民航安全现状直接影响民航事业的发展,民航当局、地方管理局和航空公司的许多决策是根据民航安全现状作出的。客观、科学、全面地认识和评价民航安全现状是进行正确决策的基础,如何正确、客观、全面评估民航安全是民航安全管理的重要课题。民航是一个复杂的“人、机、环境”大系统,虽然事故的发生具有一定的偶然性,但是,从事故致因理论分析可以看到,任何事件的发生都是有原因的,事故是“人、机、环境”系统存在不完善、不协调,存在缺陷和遭受破坏的体现和发展的必然结果。然而事故发生的时间、地点具有很大的偶然性。民航是最安全的运输方式之一,民航事故是小概率的事件,仅仅依靠小概率事件给出一个单位的安全评价是很不够的,是不全面的,而且有时给出评估也是非常困难的。全面综合评估航空公司、民用机场、空中交通管制等民航系统的安全状况,对于正确制定民航发展的决策,提高民航安全水平是非常重要的。

安全评估体现了“安全第一,预防为主”的方针。通过运行过程中“人、机、环境”中各种因素的检查评估,可以发现隐患及时采取措施,达到预防事故提高安全水平的目的。评估过程提高了安全管理水平,体现了从被动到主动,从事后到预测,从经验到科学的安全管理方法的转变。

安全评估有助于各级安全监察部门运输安全生产的宏观控制。安全评估的实践证明,通过对企事业单位的安全状况进行系统地、科学地、客观地评估,可以得到安全状况客观、真实的结论。各级安全监察部门可以以此为依据,按照不同的危险等级采取不同的措施，实现重点和一般相结合，从而实现全面控制运输安全的目的。

安全评估对被评估单位的安全管理、人员素质和技术、安全教育、设备可靠性等诸方面作出综合评估，既能了解存在的问题，又能客观地给出安全水平的评价与安全建议。安全监察部门可以以此为依据，对被评估单位进行处置，使其了解存在的问题；提出相应整改措施，达到提高安全水平的目的。

安全评估是安全建设的过程。安全评估具有引导安全行为的功能，安全评估是一个以评促改、以评促建的过程。一般安全评估在评估前一段时间通知被评估单位，评估单位根据评估的标准，积极准备以迎接评估。准备安全评估的过程就是一个安全管理工作和业务工作建设的过程，为了迎接评估完善规章制度、提高人员技术水平，使被评估单位的安全管理工作和运输安全水平在较短时间内迈上一个新台阶。

安全评估提高了安全管理工作水平。20 世纪 80 年代初期以来，我国研究和应用系统工程在各个行业的安全管理工作中都取得了很大的成绩，促进了安全管理水平的提高，加快了安全管理由过去的经验型向科学化、规范化的管理方式的转变。安全评估在以下三个方面取得了明显的效果。

首先，变事后处理为事先预防，使安全工作更加科学化、制度化。长期以来，我国民航企业的安全管理工作基本上采用传统管理方法，主要是凭经验管理，即以事故发生后再处理的事后过程为主。因而难以实现"安全第一，预防为主"的方针。通过安全评估，可以预先系统地辨识危险性、发现隐患，科学地发现企业的安全现状，及时掌握安全工作的信息，使企业领导能够作出正确的安全决策。以系统科学为基础的系统安全评估也是进行动态管理的过程。

其次，变纵向单科管理为全面系统管理，使安全工作更加系统化。以往的安全管理基本上是纵向、条块式的管理体制。这样的体制很难实现全面的系统安全，被管理对象往往不能和安全管理人员密切配合，处于被动状态，造成安全管理部门安全管理的孤立局面。安全评估的实施，不仅评估安全孤立部门，而且要全面评估各个单位及个人的安全职责的履行情况。使安全管理成为横向到边、纵向到底的全员安全管理机制。管理范围从直接与民航安全相关的飞行、机务扩大到航空活动的各个单位和部门，实现全员、全面、全过程的系统化的安全管理。

最后，变盲目管理为目标管理，使安全工作标准化。以往的安全管理工作没有统一的标准，安全管理人员仅凭自己的经验、主观意志和思想觉悟办事。往往是不出事认为万事大吉，认为安全工作出色；出了事惊慌失措，对安全工作全盘否定，没有衡量安全水平的指标和标准。通过按评估标准进行安全评估，使安全管理人员和广大职工明确各项工作的安全指标，有了统一的标准，就可以使安全工作有明确的追求目标，将日常安全管理工作纳入标准化、程序化的轨道。

安全评估为各级领导的安全决策提供了宝贵的科学依据。通过对民航系统的安全评估，民航总局和国家其他管理部门可以依据安全评估的结果，了解民航安全状况，对民航在全局范围内的隐患和薄弱环节有一个全面的掌握，据此制定有关的条例和标准，进行宏观管理，提高民航安全水平。

9.4.3　安全评估理论基础

1. 事故的偶然性、必然性和规律性

事故具有突发性，常常在人们意想不到的情况下突然发生。这种突发性使航空事故往往被归类于"偶然事件"。

辩证法告诉我们，偶然中包含着必然。航空事故是偶然的，又具有必然性。

首先，事故的发生总是有原因的。这里讲的事故必然性指的就是这种事件的因果性。事故调查最初揭示的是直接原因，或者机件失效，或者恶劣天气，而现代航空事故原因更多的是人为差错。经过分析，可以找到一线管理层存在的缺陷；再深入分析可以追溯到决策层的错误。例如，决策者不顾主客观条件盲目扩大规模，必然会因资源不足而导致一线管理的混乱和疏漏。飞机周转不过来就可能让有故障的飞机勉强上天；人员短缺，就可能简化培训程序，放宽技术标准，组成不过硬、不合格的机组。这就难免在飞行中出现事故和差错了。当然，事件何时发生，怎样发生取决于触发因素。事故何时何地发生具有偶然性，但公司潜在的各种危险因素已经使事故犹如箭在弦上，一触即发。因此，事故的发生看似偶然，实则是各种原因共同促成的必然结果。

事故的必然性，还可用具有规律性的统计结果来证明。海因里希收集并分析了现代工业的大量工伤事故，总结出事故三角形。这个规律告诉我们，大约每 300 次一般差错，会有 29 次严重差错，1 次严重事故。对我国民航的资料所作的初步分析表明，大约每 35 次事故征候，就有 1 次二等以上事故，与事故三角形基本一致。当然，我们的资料对于高可信度的结论来说是远远不够的，而且由于种种原因还没有收集到有关差错、严重差错的资料。但如果注意到无论工伤还是民航事故主要都是由于人的错误引起的，那么事故三角形对民用航空也是很有意义的。

事故三角形表明，小的差错多了，会酿成大的差错；事故征候多了，会发生事故。这种统计规律也是不以人的意志为转移的客观规律。规律性就是必然性。

对事故的因果性认识不足会导致对一般事件的放任和对别人的教训的麻木。对一般差错，乃至严重差错，往往庆幸没有出事，认识到错了也就完事。事实上，小的差错暴露了系统存在的缺陷，说明危险因素在潜在地发展着。一件件"小事"都放过去，小缺陷就会发展为大问题，"事故三角形"告诉我们，必然发生大事故。对别人的教训，往往以旁观者的态度对待之，别人或其他民航单位的事故/事故征候的教训，说明民航系统可能会出的问题。别人会出，我们若遇到同样条件也可能会出。因此，正确的态度应当以别人的教训作为一面镜子来对照检查自己的系统，真正做到引以为鉴。

综上所述，事故的确表现为偶然的突发事件，但民航事故又是民用航空系统存在缺陷的必然结果。有效地制止了风险因素变成现实危险的可能性，事故是完全可以预防的；但若系统已经处于危险状态，则事故的发生又是不以人的良好愿望为转移的。正确认识事故偶然性与必然性之间的辩证关系，通过事故或事件的深入调查与分析，找出各种差错和问题与民航系统各要素之间的内在联系和规律性，进而采取相应的防范措施，是确保民航系统安全的有效途径。

2. 安全风险与风险评估

"风险"既是一个通俗的日常用语，也是一个重要的科学术语。风险这个词经常出现在安全、保险、金融、财务、管理等领域的文献中，按照权威的韦伯词典的说法，风险是"面临伤害和损失的可能性"。Wilson 等于 1987 年在科学杂志上发表的文章将风险的本质描述为不确定性，定义为期望值。1991 年联合国提出风险可以表示为危险度(Hazard)×易损度(Vulnerability)。我们在风险加上"安全"两个字，表示研究的是安全科学中的风险。现代安全科学的基本理论认为，系统的风险不可能完全消除，风险控制在可接受范围内的系统是安全的。风险越大，系统越不安全；相反，风险越小，系统越安全。有学者把安全与风险的关系简洁地表述为

$$S = 1 - R$$

S 和 R 用(0，1)上的数值来刻画，S 代表安全，R 为风险，R 又可以用事故发生的严重程度和发生概率的乘积来表示，即

$$R = p \times c$$

和风险这个概念紧密相关的是危险，危险是可能产生潜在损失的征兆，危险是风险的前提，没有危险就无所谓风险，风险是危险的表征(详见附录 1 涉及的风险举例；附录 2 危险可能性、后果严重程度分类、风险矩阵)。

风险是时刻存在的，不可控风险的存在对安全是一种威胁。因此很有必要知道风险的大小，风险是不是在可以控制的范围内。从危险的辨识、发生概率、后果严重性分析到根据相关标准和可接受准则进行评价的过程称之为风险评估。在风险评估的基础上，采取措施和对策降低风险的过程就是风险控制。风险评估和风险控制构成了风险管理的全部内容，其中风险评估是前提，风险控制是目的，如图 9-6 所示。

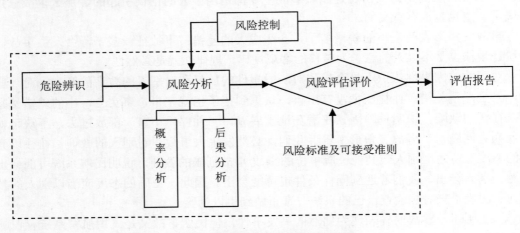

图 9-6　风险管理的内容及相互关系

9.4.4　安全评估的基本原理

安全评估是在事故分析或安全分析的基础上发展起来的，通过大量的事故分析表明，任何事故的发生都是有原因的。按照"人、机、环境"系统工程的理论，当一个系统的要

素存在缺陷，或者比例失调，或者丧失功能的情况下，事故就发生了。因此，只有对一个系统的各个要素进行检查、评估并通过安全系统的内部关系和事件发生概率进行评估指标的计算，才能得到系统的安全状况的客观描述，达到安全评估的目的。安全评估是采用系统科学的方法，确认系统的危险性，并根据评估的结果、发现的隐患及其严重程度，采取相应的措施，以达到系统安全的过程。安全评估首要的任务就是寻找系统安全的特征、变化规律，掌握系统内部或子系统之间的关系，判别其危险或安全的程度。如何寻找系统的安全变化规律，如何建立评估的数学模型，如何确定评估指标等，都需要有正确的理论基础为指导。虽然安全评估的应用领域很广，具体的评估方法和手段较多，但从系统工程的观点可以归纳出一些基本原理。

相关原理。相关是指两种或两种以上客观现象或因素之间的依存关系。相关原理的基础是系统结构和事故的因果关系，系统结构特征反映了系统宏观的外部特征，而因果关系反映出系统内部的相关结果。要对系统的安全进行评估，首先要认识系统的基本特征，掌握各子系统和系统各要素的相互关系。什么是系统？关于系统有许多说法或定义。钱学森同志给出过如下的定义，把极其复杂的研究对象称为系统，即由相互作用和相互依赖的若干组成部分结合成的具有特定功能的有机整体，而且这个系统又是它所从属的一个更大系统的组成部分。系统具有集合性、相关性和阶层性，系统的总目标是靠分解的各个层次的分目标的完成来实现的。为了评估系统的安全状态，就必须对要素，以及要素与系统间的相关形式和相关程度给出量的概念。哪个要素对系统有影响，是直接的还是间接的；哪个要素对系统影响大，大到什么程度，是线性关系还是非线性关系。要解决这些问题，就需要在详细分析系统的结构，对大量历史资料、事故信息统计分析的基础上找到相互间的关系，建立安全评估数学模型。例如，在安全评估中通过对公司各部门安全评估数值采用加权平均法计算公司的安全评估指标。这实际上是公司与各部门的相互关系的体现，其中权重系数代表了各部门的安全状况对公司整体安全状况的影响程度，以及各系统要素的危险性在公司整体危险性中的比例。

任何事物都会按照自身的发展规律不断变化和发展，任何结果都可以看成系统对输入的响应或输出。安全系统是复杂的系统，具有影响元素多、不确定因素多、非线性等特征，任何不安全的结果都是影响安全的要素存在缺陷、功能失效的结果。例如，着陆遭遇风切变，导致重着陆，这里危险的环境因素——风切变是因，重着陆是果；又如地面维护人员将倾斜阻尼插头和横向阻尼插头相互插错，导致飞机操纵性异常，使其稳定性变坏，飞机失去控制最后失事，这里插错阻尼插头是因，稳定性变坏是果。因此，深入研究事物的依存关系和影响程度是揭示事物变化规律和特征的有效途径，并可以进行趋势分析，预测未来。当然，这里的预测是概率意义下的预测。

概率推断原理。安全系统由影响安全的安全要素构成，具有多变量、随机性等特征，随机变化的不确定性，给评估工作带来了困难。例如，某公司今年安全形势很好，那么明年的状况如何呢？可能仍然很好，可能一般，可能发生重大事故，事前难以绝对把握。因为影响安全运行状态、导致事故的因素越多，关系越复杂，对未来状态的预测就越困难。一个系统在其演变的过程中随时间的变化而变化，如果系统任何时刻的状态都是随机的，那么其变化过程是一个随机过程。对于随机事件，在一定的条件下是否发生是有规律的，其发生的概率是确定的。所谓概率，通俗地讲就是对某一事件发生的可能性大小的描述，在安全评估时采用概率论和数理统计方法求出随机事件出现的概率，可用概率来预测现在和未来系统发生事故的可能性，以此来衡量系统的安全性。

惯性原理。一切事物的发展都与其过去的状态和发展存在一定的关系，过去的行为和发展不仅可以影响现在，还会影响到未来。也就是说，任何事物的发展都带有一定的延续性，或者称为惯性。例如，从过去的航空事故的分析统计数据中找出发展趋势，以此趋势外延推测其未来状态。应该指出，利用事物发展具有惯性这一特征进行安全评估是有条件的，一般应以系统具有稳定性为前提，绝对稳定的系统是不存在的，通常认为系统处于相对稳定状态，就可以利用惯性原理进行安全评估。笔者认为，一般来讲一个行业的安全状况采用事故率等直接安全指标利用惯性原理进行安全评估和预测具有较大的可信度，而一个公司的安全状况采用事故率等直接安全指标利用惯性原理进行安全评估和预测具有较大的局限性，特别是当发生事故后，往往会有一段较好的安全记录。

牛顿大师给出的运动定律指出，物体的运动既取决于物体的惯性，又取决于物体所受的外力，即物体的加速度与所受外力成正比，与物体的惯性成反比。系统安全的变化也存在类似的关系，惯性是保持原有状态(或趋势)的属性，外力是改变原有安全状态的动力。例如，系统中员工数量、素质，设备的数量、先进性、可靠性等是系统的惯性因素；安全投资、安全措施、安全法规的发布可以认为是安全系统的外力。

以上简单地叙述了安全评估的三个基本原理，掌握安全评估的基本原理，可以使安全评估人员在其基本理论的指导下，开拓思路、合理运用资料数据进行系统分析，建立正确的安全评估模型，提高安全评估的科学性、准确性。

9.4.5 安全评估的方法

人们为了防止伤亡事故，特别是重大事故的发生，经常使用定性和定量的分析方法，对系统的安全性进行评估。系统安全分析和评估的方法比较多，因此必须根据所在系统的特点、评估的内容和评估的规模等选择适用的评估方法，选用一种方法就必须了解其特点和应用范围。如果不经仔细考虑和分析，随意选用，不仅会花费大量人力物力，还难以收到好的效果。

1. 系统安全分析和评估方法选用的原则

系统安全分析和评估的方法很多，在使用系统安全分析和评价方法时必须注意以下原则。

(1) 科学性。科学的任务是揭示事物发展的客观规律，研究事物的本质。系统安全分析和评估方法也必须反映客观实际，防止主观因素的影响，确实辨识出系统中存在的危险性。许多危险是能凭经验或知识进行辨识的，但也有一些很深的隐患不易被发现，甚至以现有技术水平还不能认识。因此，客观、科学的系统安全分析和评估方法是保证评估结果客观、真实的基础。

(2) 适用性。选用的评估方法要适用性强，便于应用，易于掌握。方法简单、结论明确、效果显著，使人乐于接受，容易推广。

(3) 可比性。评估方法中反映安全或危险的参数，除了要求科学和客观外，还必须具有可比性。评估的结果应具有纵向(同一单位不同时期的评估结果)和横向(相同时期不同单位的评估结果)的可比性，以便进行对照、比较，进而决策。

2. 安全评估的分类

安全评估分类的方法很多，各种方法各有所长，互为补充，可根据实际的评估合理使用。

评估方法的特征分类。按照评估的特征可分为定性评估、定量评估和综合评估。定性评估，即依靠人的观察分析能力，借助于经验和判断能力对设备或相同进行安全评估；定量评估，即主要依靠历史统计数据，运用数学方法构造评估数学模型进行评估的方法；综合评估，即两种以上方法的综合运用。各种评估方法都有各自的特点，综合评估方法兼有多种方法的优点，因而可以获得较为可靠和精确的评估结果。

评估性质分类。按照评估性质可分为系统固有危险性评估、系统安全管理状况评估和系统现实危险性评估。系统固有危险性评估主要是评估系统固有的危险性，所谓固有危险性是指由系统的规划、设计、建设等原始因素决定的危险性，固有危险性评估主要考察系统发生事故的可能性和事故损失的严重程度。系统安全管理评估主要是从管理角度来评估系统的安全状况。所谓安全管理，是指技术安全管理、设备安全管理、环境安全管理、行政安全管理、安全教育管理等。通过安全管理使系统安全性得到保障，使系统固有危险性得到控制，系统安全管理评估一般采用以安全检查表为依据的加权平均计算安全指数。系统现实危险性评估是对系统实际存在的危险性进行评估。

9.4.6　安全评估基本方法

事故树分析方法。事故树分析方法是美国贝尔实验室于 1962 年发明的，在 1974 年民用核电站的安全评估中得到应用。它把不期望事件(事故)作为顶上事件，按照系统的结构关系，用逻辑分析方法，找出导致事件的基本要素及其与顶上事件的关系。用事故树进行系统分析，首先要分析事故发生的所有逻辑关系，找出导致事故的基本原因的组合或能保证顶上事件不发生的组合，便于采取安全措施；其次，事故树分析还可以发现被轻视或被忽略的基本事件；最后，通过树结构，可以看出由基本原因事件发展成为事故的全过程。使用事故树对系统进行分析可以对系统的可靠性进行精确的分析，但是，编制事故树需要大量的人力和物力，同时往往在知道基本原因事件概率的条件下才能得到精确的结果。

模糊评估方法。模糊理论的是人类认识不确定性现象的一个里程碑，所谓模糊是指边界不清晰，中间函数不分明。模糊综合评估是指对多种模糊因素所影响的事物或现象进行总的评价，安全模糊综合评价是应用模糊综合评价方法对系统安全、危害程度等进行定量分析评价。通常会将影响安全状况的几个要素列为因素集，按照人们的通常习惯给出评语集，如

$$U=\{\text{人的行为 } u1,\ \text{物的状态 } u2,\ \text{环境状况 } u3\}$$
$$V=\{\text{优 } v1,\ \text{良 } v2,\ \text{中 } v3,\ \text{差 } v4\}$$

在实际应用中人们通常将指标体系加以细化，形成多级模糊综合评价，先对最下一级的各个因素进行模糊综合评价，然后通过逐级综合得到最终结果。

灰色评估方法。灰色系统理论认为大量已知信息(白色系统)、一些未知信息和非确定信息(黑色系统)混合可以组成灰色系统，在安全管理中，通常都在信息不很清楚的情况下开展工作，安全评估与决策也都在部分信息已知，部分信息未知的情况下作出的，可以把系统安全看成灰色系统，通过关联分析，使灰色系统"白化"，从而进行评估、预测和

决策。

格雷厄姆事故隐患评估方法。事故隐患是由危险因素和管理缺陷构成的。因此，对事故隐患的评估，实际上可以转化为对危险因素的评估。对危险因素正确评估后，就可以按危险性严重程度进行对策整改，消除事故隐患，或者把事故隐患控制在允许的范围内。格雷厄姆方法认为辨别危险性的三个主要因素应注意下述三点。

①发生事故或危险事件的可能性，用符号 L 表示；②人出现在这种危险环境的时间，用 E 表示；③发生事故可能产生的后果，用 C 表示。那么危险性可以表示为

$$危险性 = L \times E \times C$$

发生危险的可能性 L 可用发生事故的概率来表示，不可能发生的事件为 0，而必然发生的事件为 1。人出现于危险环境中的时间 E 越长，危险性越大。例如，可以把人连续出现在危险环境中定为 10，而每年只在危险环境中出现一次的定为 1。事故发生后的危害程度 C 变化范围很大，规定分数值为 1～100，把轻微伤害规定为 1，把多人死亡的可能性分数定为 100，其他情况的分数分布在 1～100。

根据 L、E、C 的数值即可计算出危险性分数，根据危险性分数划出危险等级。

安全管理工作评估方法。安全管理工作对安全的作用是巨大的，安全管理工作对安全的作用过程和影响关系是复杂的，很难找出安全管理工作与安全度或危险性的函数关系。在实际的安全评估工作中，往往先确定出安全的影响因素，根据标准分别评估各因素，然后由各因素的评估结果计算出综合评估指标。常用的数学处理方法有下述两种。

(1) 加权和法。设 $V_I\,(I=1,2,3,\cdots,n)$ 为各因素的评估指标，$a_I\,(I=1,2,\cdots,n)$ 为各因素的权重，则综合评估指标为

$$T = \sum a_I V_I$$

根据各个要素重要程度的不同，选取不同的 a_I 值，重要的取较大的值。

加权和法比较简单，因此获得广泛的应用。但是，该方法仅适用于各因素彼此独立，且又可以互补的情况。当各因素之间不能互相补偿时，该方法的使用就会受到限制。当因素比较多时，T 可能比较大，因此为了将 T 控制在一定的范围内，可以对各因素的权重进行归一化处理，即 $a_I\,(I=1,2,\cdots,n)$ 应满足

$$\sum a_I = 1$$

实际上是计算加权算术平均值。

(2) 连乘方法。如果各因素具有不可替代性，可采用如下的连乘计算评估指标

$$T = \prod V_I$$

该方法强调各因素的不可替代性。如果有一个评估指标为 0，则综合评估指标必为 0，其余指标再高也无济于事。

由于连乘的结果，有时综合评估指标会变得很大或很小，使用上极不方便，另外各因素也往往重要程度不同。此时，可以采用几何加权平均的算法计算综合评估指标

$$T = \prod V_I^{a_I}$$

其中，$\sum a_I = 1$。

根据各个要素的重要程度的不同，选取不同的 a_I 值，重要的取较大的值。当各个要素重要程度相同时，取值等于 $1/n$，其中 n 是要素的个数。

9.4.7　国际航空安全评估的发展概况

民用航空是国际性行业。由于规章结构与监督、飞行营运与维护、机场勤务保障、空中交通管理，以及基础设施方面的差异性，世界不同地区的安全水平是极不平衡的。按照波音的分析，机毁事故率在非洲比北美高出 20 多倍，拉丁美洲和加勒比海地区则高出 10 倍以上。不改变这种状况，即使发达地区的航空事故率降至零，这个世界的航空仍然是很不安全的。此外，航空规章与当局监督的不协调还会给各国的航空安全管理和国际运行造成许多不必要的麻烦。因此，促进航空规章的一致性，加强国际航空安全监督，并在合格审定、人员培训、基础设施对不发达地区提供必要的支援，对于提高世界范围内的航空安全水平无疑具有积极的作用。国际航空安全监督始于美国，其发展如图 9-7 所示。

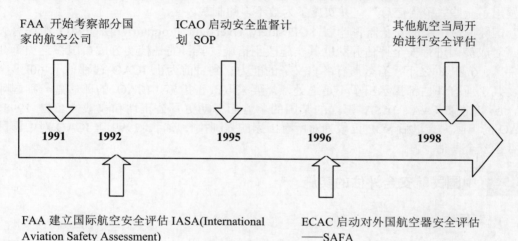

图 9-7　FAA 安全监督的发展过程

美国的国际航空安全评估(International Aviation Safety Assessment)是针对民航当局的，FAA 对申请飞入或已持有飞入美国权利的航空公司的所在国实施审查。

FAA　IASA　检查单有 109 个问题，内容涉及下述各点。

- 航空运营人的复杂性。
- 当局的组织机构和人员。
- 技术监察员队伍的状况。
- 航空法。
- 航空规章。
- 国际航空运输规章。
- 航空运营人的合格审定。
- 航空运营人的监督。
- 飞行机组成员的资格及认证。
- 航空器的适航性。

评估结果可归为三类。

第一类，符合 ICAO 标准，无限制。

第二类，未达到 ICAO 的所有标准，飞入/飞出美国的权限将受到限制，并规定落实改正措施的最后期限。

第三类，不符合 ICAO 标准，不得飞入/飞出美国。

到 1998 年，FAA 已经评估了 80 多个国家，约 40%被列入第二或第三类。这些第二、三类国家的航空公司及制造厂家的声誉和形象将因此而受到损害，在美国市场上将处于非常不利的地位。

欧洲民航会议组织 ECAC(European Civil Aviation Conference)的外国航空器安全评估 SAFA (Safety Assessment of Foreign Aircraft)，通过对外国航空器实施停机坪检查，审核其对 ICAO 标准和建议的符合性。检查内容包括飞机和包括飞行机组文件在内机上文件。此种过站检查是 ICAO 认可的。作为 SAFA 项目的结果，已经收集到 2200 多个报告，JAA 已发出了一些"警告信息"，并实施了为数不多的制裁。

国际民航组织的安全监督计划 SOP(Safety Oversight Program)，由 ICAO 组织有关专家，对成员国进行安全评估并帮助其实施改正措施。其目的是核实各成员国在芝加哥公约附件 1、6 和 8 之下，有效履行各自义务的能力。到目前为止 ICAO 已评估了 60 多个国家，几乎所有评估都揭示出了不足之处，需要采取改正措施。ICAO 的评估是一种国际行动，应当比像 FAA、IASA 那样的某国的单方面行动更具公正性和权威性。自 1998 年 ICAO 的国际大会以后 SOP 已成为对所有国家的强制执行项目。1999 年 ICAO 对中国民航进行了安全评估。

9.4.8 中国民航安全评估的实施

1. 背景

改革开放使中国民用航空运输事业得到了极大的发展，不论是航空器架次、机场数量，还是运输总周转量、国内外开通航线数量，以及民航就业人数等指标都以很快的速率增长。过快的发展，带来了安全的压力和挑战。面对巨大的安全压力和严峻的形势，民航总局于 1994 年提出了标本兼治，安全关口前移的战略决策，并组建了航空安全办公室。为实施民航总局的安全管理战略方针，加强全行业安全基础建设，提高民航安全水平，1995 年提出"民用航空安全评估系统"研究项目。

该评估系统以"整体规划，分阶段开发，逐步推广使用，不断完善"为设计思想，自1995 年启动以来，1996 年完成了"航空公司安全评估系统"，1997 年完成了"民用机场航空安全评估系统"，2000 年完成了"空中交通服务安全评估系统"。1999 年 8 月，根据安全评估系统 3 年多的实践应用经验，航安办组织专家有针对性地对系统指标体系和实施办法作了进一步完善。

目前，中国民航安全评估系统包括"航空公司安全评估系统""民用机场航空安全评估系统""空中交通服务安全评估系统"三个子系统。三个安全评估系统在中国民航获得了广泛的应用，收到很好的效果，为提高中国民航安全水平发挥了重要的作用。

2. 基本内容

民用航空运输系统是一个复杂的综合性大系统，差错和事故是该系统中存在缺陷的必然结果。安全评估就是要发现系统的缺陷，发现系统中的安全隐患因素，并对众多的影响因素进行量化和综合，从而对整个系统的安全状况进行评价。

系统科学理论认为：人、机、环境是构成系统安全的基本要素。而管理则是协调系统中各生产要素，充分发挥其作用，管理综合作用于系统的各个部门、各项工作、各个作业环节，对于各个个体功能的发挥有着激励或抑制作用。根据这个基本思想，建立了以"管理、人、机、环境"为核心要素的分层次评估模型。

为准确、方便地获得各评估项目的安全信息，避免单一方法的片面和局限性，评估系统采用多种评估检查方式，(航空公司安全评估系统六种检查方式，民用机场安全评估系统六种检查方式，空中交通服务安全评估系统八种检查方式)从不同的侧面，通过不同的途径和手段，量化指标体系中条目(或子条目)的安全状况。通过相关性计算系统安全状况的综合指标。评估系统中各层次的权重由各领域专家通过层次分析法和事件分析统计相结合的方法确定。

为了增强评估系统的可操作性，该项目规范了评估实施办法，并辅以结构化计算机程序相支持，提高了评估的及时性、计算的准确性，以及数据、资料等文档的继承性和积累性。大量评估数据的统计结果，为民航安全管理部门提供了宏观指导和决策支持，为提高民航安全管理水平，改善民航安全发挥了积极作用。

3. 特点

对民航进行综合安全评估工作，特别是在充分考虑人为的因素和管理因素的安全评估系统和程序方面，中国早于其他国家。国际上如美国等国家虽然早已开展了一些单项的合格评估(审定)，如适航审定、运行合格审定。对航空公司经常性的评估有美国 Wichita 州立大学开发的航空公司质量评级 AQR(Airline Quality Rating)，AQR 主要依据公司的公开资讯和旅客反馈信息对各航空公司的服务质量进行评比，评估项目共 19 项，安全是其中的一项，由旅客评价。直到 1997 年美国在 ATOS(Aviation Transportation Oversight System)才引入了人为因素相关的评估指标。1999 年国际民航组织 ICAO 对中国进行安全审计(USOAP)时对中国民航安全评估工作给予了充分肯定和高度的评价。

与国内外的评估方法相比，该系统具有如下特点。

(1) 综合评估民航企业保障民用航空运输安全和有序运行的能力与状态，发现系统运行中的安全隐患和安全工作中的薄弱环节，引导安全行为，强化规范管理。

(2) 在综合全面评估的基础上重点突出对管理、对"人的因素"的评估，充分考虑人为因素的不确定性、动态性，使评估系统结构和评估项目更合理。

(3) 评估检查方法多样，各有侧重、互相补充，从而避免了片面性，保证了评估结果的客观性、公正性。

4. 安全评估工作的实施

安全评估的实施应在"实事求是，公平公正"的原则下进行，被评估单位和评估人员都应该以严肃认真的态度来对待。实事求是要求评估过程中一切按照实际情况办事，被评估单位送审的文件材料、报表、数据，应该按照实际情况提供，不得伪造、捏造。评估人员选择，评估的实施过程都应该公平公正，反对一切弄虚作假的行为。

评估组织部门在正式实施评估工作 3 个月之前以书面形式正式通知被评估单位实施安全评估。

评估分三个阶段进行，即评估准备阶段，评估实施阶段，整改阶段。

1) 评估准备阶段

评估准备分两个阶段进行，即预先准备阶段和直接准备阶段。

(1) 预先准备阶段。评估组织者通知：评估组织部门在正式实施评估工作 3 个月之前以书面形式正式通知被评估单位实施安全评估。

评估组成立：评估组织部门应在评估工作实施之前 1 周根据被评估单位的规模及其机构设置确定评估模式、评估组分组并确定评估组的最后人选，通知评估组成员本人并提出具体的要求。评估组组长制订出评估检查工作实施计划。

被评估单位动员：被评估单位在接到进行安全评估正式通知后，应做好组织、宣传和动员工作，积极迎接安全评估工作。被评估单位应召开干部和广大群众参加的动员大会，宣传安全评估的目的和任务，积极做好安全评估准备工作和安全评估检查的配合工作。

自我评估：在接到进行正式评估的通知之后，在安全评估组进入本单位 1 个月之前被评估单位应按照安全评估系统进行一次自我评估，并准备向安全评估组提供的自评报告。

准备：被评估单位根据评估系统的要求，应结合本单位组织结构设置和职能划分的实际情况，在接到正式评估通知的 1 个月内向组织实施评估部门说明本单位的机构设置及其各机构的职责和功能，提供评估项目所涉及的背景材料，列出安全评估涉及的各种文件、档案清单；如果本单位某些方面如规章制度与评估项目在形式上有所不同应提供符合性说明；按照评估系统及评估组的要求填报各种报告表和统计表。全部准备工作应当在评估组进入之前完成。

(2) 直接准备阶段。评估组动员：按规定时间评估组成员在被评估单位集合，召开全体评估组成员参加的评估工作动员会。评估组组长布置具体评估工作，提出工作要求和标准。

小组会议：各小组召开会议，小组长介绍本组评估工作实施计划和要求，对新成员还应进行简单培训以便其了解整个评估系统的思路，熟悉评估项目和评分标准。

被评估单位将预先准备的材料交与评估组。

2) 评估实施阶段

(1) 检查阶段。由被评估单位召开有关处级以上干部会议，评估组全体成员参加。评估组组长介绍评估目的、意义和本次评估特点，并提出配合要求；被评估单位主要领导介绍一年来的安全工作，其中包括经验、教训和存在问题；被评估单位对自评报告进行说明。

各小组向相关部门提交评估检查的日程及配合要求。各小组开始检查评估工作。分别组织由部门干部参加的重点介绍本部门工作的工作汇报会和由群众参加的重点座谈的座谈会；发放个人意见；进行考试；根据检查项目要求听录音、看录像、查阅资料和实地检查。在进行各种检查工作时，评估组要进行详细的记录。

对评估组的要求：每天工作结束后，各小组召开一次碰头会，总结和交流工作情况；评估组组长召开各小组长碰头会，交流各组工作情况。

(2) 评估阶段。检查阶段结束后，首先各小组内部进行情况交流，然后在全组会议上进行小组间情况交流。通过情况交流使每个检查员了解更多的信息，在更加充实的基础上独立形成自己的评估意见。无论是小组还是大组的情况交流会都不讨论评分问题。评分由各位检查员独立决断，在情况交流会之后，每个检查员在自己的检查单上独立打分。

根据检查及交流获得的信息，每位评估组成员对各项目进行加分和扣分。按照项目说明加分最高加 2 分，属于全优；扣分按实际扣分填入。对于加 2 分或者扣 3 分以上(含 3 分)的项目需要在"加/扣分说明表"中给出进一步说明。各小组在规定时间内上交检查单评分结果。

数据处理人员将各种评估数据录入评估系统计算机软件。由计算机计算出评估结果并以表和直方图形式给出。

各小组写出小组评估检查报告。在小组报告的基础上，评估组写出综合评估结果报告。

召开被评估单位处级以上干部会议，评估组组长宣布本次评估检查初步结果，肯定成绩、指出不足、提出整改要求；评估组向被评估单位提供评估各项统计结果(含图表)、小组报告和总评估结果报告。

3)　整改阶段

被评估单位根据评估结果，在评估结束后 1 个月内应向评估组织部门提交一份整改报告。

评估组织部门审查整改报告，对整改报告进行审批。

被评估单位依据审查批准的整改计划报告整改。

评估结束 4 个月后 1 个月内被评估单位向评估组织部门提交整改结果报告。

评估结束 5 个月后 1 个月内评估组织部门对被评估单位整改结果进行评估。

评估结束 6 个月后 1 个月内评估组织部门正式下发评估结果文件，宣布评估最后结果。

4)　评估结论的发布

评估组织应该在评估实施阶段结束 6 个月后的 1 个月内下发评估结果文件。

5)　闭环管理

现代安全管理系统是一个闭环管理系统，管理者在资源流动的过程中必须不断进行分配和调整，如图 9-8 所示。安全评估是整个管理环节中的一个重要环节，是一个经常性的活动，每一次安全评估从评估准备到评估的实施到整改形成一个闭环，整个过程可以用质量管理大师戴明提出的 PDCA 来描述，从计划、实施到检查再到落实，这是现代系统化管理理念的体现。在一次次的循环中偏差不断得以纠正，系统安全性不断得到提高，安全状况不断得到改善。

安全评估以 PDCA 循环为基本管理模式，强调自我决策、自我约束、自我完善、自我提高、自主管理、持续改进。每一轮循环都要有新的要求与目标，在每一轮的 PDCA 后，又在更高的水平上进行 PDCA，从而使安全水平不断提高，实现安全绩效的改进和提高。这种管理模式非常注重管理制度的建立和过程的分析与改进．强调自发的环保行动，根据评估中发现的主要问题，提出解决方案，检查督促实施，然后再进行评估并不断追求更高的安全目标，使安全工作进入良性循环的轨道。

6) 评估数据的保存

由被评估单位提供的文件、数据、资料是进行评估的基础，评估过程中的一切重要文件、数据、资料以及形成的报告都应当妥善得到保存，因此应指定专人负责资料的保管工作。对于重大信息变动或数据内容错误等情形应及时通知评估小组并适当处理。

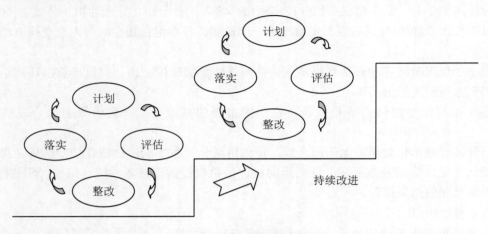

图 9-8　闭环管理

5. 应用及效果

民用航空安全评估系统自投入使用以来，得到了政府部门和民航企事业单位的极大支持和参与。其中，"航空公司安全评估系统"自 1996 年正式投入使用以来，已被中国国际航空公司、中国东方航空公司等 20 多家航空公司普遍应用；"民用机场航空安全评估系统"自 1998 年以来，已在上海机场集团虹桥国际机场、深圳黄田国际机场等 25 家民用机场进行安全评估；"空中交通服务安全评估系统"也于 2000 年 4 月开始对西南空中交通管理局、西北空管局，以及多个航站进行了安全评估。

该系统的应用对民用航空运输业的安全保障基础设施建设、民航从业人员技术及综合素质的提高、安全管理规范化建设、安全文化氛围的建设起到了积极的推动作用，对实现中国民航步入科学化、现代化、规范化的轨道起到了积极的促进作用，对航空安全整体水平的提高起到了重要的作用。

该系统的使用，对民航单位提高安全意识，促进安全管理由经验型向科学型规范化转变起到了积极的推动作用。通过安全评估使被评估单位的安全管理工作上了一个新台阶；通过安全评估发现隐患、督促整改对保证民航的安全起到了重要的作用。

9.5　民航安全审计

9.5.1　国际航空安全审计的现状

为提高航空安全水平，改进安全管理，各国开展了许多研究，建立了一些安全保障体系。安全审计系统就是近年来国际上广泛采用的行之有效的保障安全和改善安全水平的手段之一。在 20 世纪 90 年代，美国、欧洲和国际民航组织 ICAO(International Civil Aviation

Organization)相继开展了航空安全审计工作，收到了很好的效果。

国际航空安全监督始于美国。美国联邦航空局(Federal Aviation Agency，FAA)的国际航空安全评估(International Aviation Safety Assessment)于 1992 年开始应用。1992 年 8 月，美国开始对经营美国航线的别国航空公司主管民航局执行国际民航组织标准及建议措施的情况进行评估。1994 年 5 月和 8 月，美国联邦航空局局长致函国际民航组织秘书长和理事会主席，指出全球有 2/3 的缔约国未达到国际民航组织的最低安全标准，建议国际民航组织成立安全监督研究小组对此进行研究。

1995 年，理事会第 145 届会议批准了安全监督计划。10 月，国际民航组织第 31 届大会在国际民航组织指导各国实施安全监督的重要性上达成共识，并批准了理事会的决定，开启了 ICAO 安全监督计划。

1995—1998 年安全监督计划的原则是"自愿"和"保密"。根据这一原则，缔约国是否接受国际民航组织的评估由其自行决定，而对评估报告的详情予以保密。

其安全监督计划的主要内容是对缔约国是否按《芝加哥公约》附件 1、6、8 的要求对航空承运人及航空器运行进行安全监督的情况进行评估。

随后 FAA 于 1997 年在 Sandia 国家实验室的支持下研究针对国内航空公司的航空运输安全监督系统 ATOS(Air Transportation Oversight System)，1998 年 10 月实施 ATOS，现在已经成为美国提高民航安全水平的主要工具之一。

国际民航组织于 1995 年开始实施安全监督计划 SOP(Safety Oversight Program)，1998 年以后 SOP 成为对所有缔约国的强制执行项目，目前 ICAO 又启动了机场和空中交通管制的安全评估和安全审计计划。

1996 年，为了促进全球航空安全，国际民航组织推行了国际安全监督审计计划 USOAP(Universal Safety Oversight Audit Program)，审查各缔约国民航当局履行安全监管职能、执行安全监督、ICAO 的标准和建议措施、相关程序、指导材料、安全措施的有效程度。

1998 年国际民航组织第 32 届大会批准了强化安全监督计划，即普遍安全监督计划 USOAP，并于 1999 年开始实施此项更加严格的、强制性的附件 1、6、8 安全监督审计。

国际航空运输协会(International Air Transport AssociationI，IATA)于 2003 年 6 月推出了国际航协运行安全审计(IATA Operational Safety Audit，IOSA)。

现强化安全审计在航空发达国家已经成为一种普遍的趋势。

目前，国际上的航空安全审计大致上分两种：一是国际民航组织针对缔约国政府的；二是国际航协针对航空公司的安全审计，是自愿的。

1. 国际民航组织的普遍安全监督审计计划

随着飞行量的增加，航空领域内的缺陷不断暴露，特别是在非洲危险接近且有所增加情况引起了国际社会和国际民航组织 ICAO 的关注。

第 149 届理事会讨论了航委会就非洲飞行安全形势的报告，对非洲地区存在的缺陷表示严重关切，作为中远期措施，责成秘书长将安全监督计划扩大到机场、空中交通服务及配套设施。

根据理事会的要求，航委会成立了安全监督特设工作组，提交了强化安全监督计划的三项建议，扩大安全监督范围，建议将安全监督计划扩大到空中交通服务及机场保障领域，从而在总体上提高国际航空安全的水平。同时实施更加主动和有效的安全监督计划，一方面改进现行计划的实施，另一方面对缔约国进行强制性评估。

为了评估各缔约国政府的安全监督能力，1998 年国际民航组织第 32 届大会通过了 A32-11 号决议，大会批准了强化安全监督计划，即普遍安全监督计划 USOAP，决定从 1999 年 1 月开始实施此项更加严格的、强制性的附件 1、6、8 安全监督审计[①]，即对所有缔约国进行"定期、强制、系统和协调一致的安全审计"，此项安全审计的目的是通过促进各国执行国际标准和建议措施来进一步加强航空安全。

2001 年国际民航组织第 33 届大会，A33—8 决议将审计扩展到附件 11、13、14，并于 2004 年全面实施。

1) 审计活动

USOAP 项下的审计活动从 1999 年 3 月开始，采取了逐个附件进行的办法，其范围仅限于附件 1——人员执照的颁发、附件 6——航空器的运行和附件 8——航空器适航性，因为这三个附件中包括的活动被认为是最有"输出性"的。在第一轮的审计中，共审计了 181 个缔约国，中国的两个特别行政区香港和澳门，以及三个国家领土安德列斯(荷兰)、百慕大及特克斯和凯克斯(联合王国)。总共有 7 个缔约国无法对其进行审计。

2001 年 8 月开始进行审计后续活动，藉以认定初次审计后缔约国对所提交的纠正行动计划的执行情况。总共对原来审计过的 162 个缔约国和中国的两个特别行政区进行了后续审计。审计和后续审计的摘要报告均已公布并分发给了各缔约国。

2) 审计结果

审计结果按照各国对国际民航组织《安全监督手册》(DOC 9734)A 部分——国家安全监督制度的建立与管理中所定义的安全监督制度 8 项关键要素的执行程度进行计量。这 8 项要素分别如下所述。

(1) 基本航空立法。

(2) 具体运行规章。

(3) 国家民用航空系统和安全监督职能。

(4) 技术人员的资格和培训。

(5) 技术指导、工具及提供安全方面的关键资料。

(6) 颁发执照、合格审定、授权和批准的义务。

(7) 监察的义务。

(8) 解决安全关切。

这些要素本身，反映了国际民航组织标准和建议措施的执行情况，此即为进行审计所依据的基础。

在比较了初次审计和后续审计的结果之后，总的来说，各国在实施其纠正行动计划方面取得了重大的进展。第一轮审计的结果如图 9-9 所示。

第一轮审计结束时，缺乏有效实施安全监督制度关键要素的比率，从初次审计全部完成时的平均 32.6%，下降到对 162 个缔约国进行了后续审计后的全球平均 17.5%。

---

① EATMP Safety Policy，欧洲航空安全，Edition 21，2001.5.

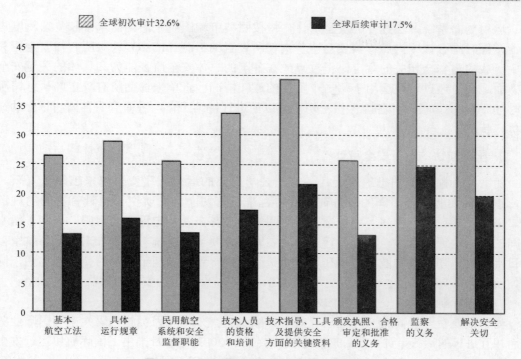

图 9-9　1999—2004 年第一轮审计情况统计

　　国际民航组织普遍安全监督审计计划(USOAP)的第一轮审计周期已表明，大多数国际民航组织缔约国已在改进其安全监督能力方面取得了进展。但是，有些国家仍然没有能力很好地履行其安全监督责任，而且尚不肯定其中一些国家究竟是否会有人力和财力资源以及必要的活动量以支持一个独立的安全监督系统。

　　2004 年国际民航组织第 35 届大会[①]，以涵盖《国际民用航空公约》所有与安全相关附件中所载的与安全相关的规定。自 2005 年 1 月 1 日起，对 USOAP 进行结构调整，采用全面的系统方法对所有缔约国进行安全监督审计。该方法将涵盖所有与安全相关的附件，并能使安全审计方法得到改善。

　　2004 年，国际民航组织大会通过全面的系统方法后，国际民航组织在 2005 年 4 月推行新方法。截至 2008 年年中，约有 100 个缔约国(包括中国)按新方法接受了审计。

　　根据国际民航组织普遍安全监督审计计划，国际民航组织于 2007 年 3 月 20 日至 4 月 3 日对我国民航进行了全面系统的安全监督审计。此次审计是国际民航组织继 1999 年、2001 年对我国民航进行审计、后续审计之后的第三次审计。与前两次审计不同的是，此次审计内容涵盖 16 个附件，涉及组织机构、人力资源、财务保障、立法、飞行标准、适航、机场和空中交通管理等诸多领域。通过安全审计，国际民航组织对我国民航的航空安全监管给予了较高的评价，我国民航系统也通过安全审计，找到了需要改进的方向。在国际民航组织于 2007 年对 190 个缔约国进行的普遍安全审计中，我国民航的规章标准与国际标准和建议措施的符合率为 87%，居世界前列。

① EUROCONTROL. SAFETY REGULATORY REQUIREMENT(ESARR3)，欧洲航空安全，2000.7.17

运用全面系统方法进行的安全审计，将按照被审计国航空活动的水平和复杂程度进行审计，同时结合该国为履行其安全监督责任所设置的机制。ICAO 针对所有与安全相关附件中所载的与安全相关的规定，把重点放在各国的总体安全监督能力和具体的关键安全领域方面，同时通过审议适用于每一个附件的遵守情况检查单来评估所有规定的执行情况。同时 ICAO 将与被审计各国保持密切接触以便进行持续工作，进而查明各国纠正行动计划的执行状况。

2. 国际航协的运行安全审计

随着国际航空业的迅速发展，各航空公司内部的运行程序变得越来越纷繁复杂。同时，世界各大航空公司间的业务往来变得越来越密切。不同航空公司具有不同的规章制度、工作流程、运行程序，各航空公司之间的交流存在着一定程度的阻碍，不利于航空公司间的横向沟通与合作。因此，行业的发展客观上要求形成统一的标准来规范各航空公司的日常行为，使不同的航空公司在运行质量上保持一致，以利于相互的交流和沟通，同时也使航空公司内部的操作和运行更加规范化，提高航空公司的安全和效益。

1) 国际航协运行安全审计的发展

为了使航空业提高其全球性运行效率、减少航空公司间因实施代码共享等国际业务合作而相互进行的运行审计，国际航空运输协会又于 2003 年 6 月推出了国际航协运行安全审计(IATA Operational Safety Audit，IOSA)，并于 2003 年 12 月在东京召开的国际航协第 59 届理事会上正式通过。

在 2003 年华盛顿 IATA 年会上，国际航协全体 275 家成员航空公司作出承诺：所有 IATA 成员航空公司都必须在 2006 年 1 月 1 日前通过 IOSA 登记成为 IOSA 营运人。

截至 2005 年 9 月底，全球已有 102 家航空公司完成 IOSA 审计(其中 62 家已完成注册)，另有 76 家航空公司已签订或明确表示即将签订 IOSA 审计协议，如表 9-5 所示。预计年底前完成 140 家航空公司的审计，80 家完成注册。

表 9-5 IOSA 审计统计

地 区	已完成审计	已签订或明确表示即将签订审计协议
北美	13	8
欧洲	48	24
拉丁美洲	8	11
中东	9	7
非洲	1	4
亚洲—太平洋	12	11
中国	10	7
俄罗斯—独联体	1	4
合计	102	76

注：表中中国的数据包括港、澳、台地区。

从 2005 年年底开始，IOSA 将成为新航空公司加入国际航协的唯一安全资格审计。原 IATA 入会审计 OQS(Operational Quality Standards)停止使用；原本计划暂时取代 OQS 的

IMEA(IATA Member Entry Audit)不再使用。

在 2006 年年度会议上，IOSA 正式成为国际航协会员的要求条件，分三个阶段完成审核。到 2006 年 12 月 31 日，成员航空公司必须完成 IOSA 审计的合约安排。到 2007 年 12 月 31 日，所有的审计必须完成。到 2008 年 12 月 31 日，所有的审计发现需要关闭，同时航空公司位列 IOSA 登记表上。在期限前不能达标的，将终止国际航协的成员身份，在相关事件安排后的 90 天内有效。

卡塔尔航空公司(Qatar Airways)是首家接受 IOSA 审计的航空公司，在 2003 年 7 月进行审计。由于不能达到 2006 年或 2007 年的要求，一共 9 家航空公司被终止成员身份。另外 8 家航空公司在 2008 年年底辞去成员身份，它们需要更多的时间去完成审计。1 家航空公司在 2009 年 3 月 31 日失去了成员身份，因为无法完成登记过程。

IOSA 标准免费向所有商业运营航空公司开放。在 2009 年，国际航协为其成员航空公司资助 IOSA 审计费用，达 800 万美元。非国际航协成员可以通过 8 家认可的审计机构之一，进行 IOSA 审计。

2)　我国通过 IOSA 审计的航空公司

2009 年，国际航协对所有的 224 家成员航空公司，定期国际航班运量占全球的 93%，已登记在国际航协的运行安全审计(IATA Operational Safety Audit，IOSA)上[1]。其中，目前已通过国际航协运行安全审计(IOSA)的中国大陆航空公司有下述各家。

(1)　上海航空股份有限公司(Shanghai Airlines Co., Ltd.，简称"上航")。

(2)　厦门航空有限公司(Xiamen Airlines Ltd.，简称"厦航")。

(3)　中国东方航空股份有限公司(China Eastern Airlines Corporation Limited，简称"东航")。

(4)　深圳航空有限责任公司(Shenzhen Airlines Ltd.，简称"深航")。

(5)　海南航空股份有限公司(Hainan Airlines Company Limited，简称"海航")。

(6)　山东航空股份有限公司(Shandong Airlines Co., Ltd.，简称"山航")。

(7)　中国南方航空股份有限公司(China Southern Airlines Company Limited，简称"南航")。

(8)　四川航空股份有限公司(Sichuan Airlines Co., Ltd.，简称"川航")。

(9)　中国国际航空股份有限公司(Air China Limited，简称"国航")。

(10) 中国国际货运航空有限公司(Air China Cargo Co.Ltd.，简称"国货航"，待复审)。

3)　国际航协运行安全审计 IOSA 介绍

IOSA 认证(IATA Operational Safety Audit)，即国际航空运输协会运行安全审计认证，是国际航空运输协会(IATA)制定的一项为国际所认可和接受的航空安全标准，用于评估航空公司的运行管理和控制系统，以国际审计标准为指导，力求通过稳定的标准来进行审计。

(1)　IOSA 目标。

→　推动一个标准化的审计项目。

---

[1] EUROCONTROL SAFETY REGULATORY REQUIREMENT(ESARR4)，欧洲航空安全，2001.4.5

→ 使用国际认可的标准。

→ 确保一个结构化的审计共享系统。

→ 减少行业内审计的次数。

→ 提高运行安全水平。

(2) IOSA 审计方法。

→ IOSA 通过严格的步骤，由授权的审计机构 AO(Audit Organizations)实施审计。

→ 审计的费用由被审计的航空公司支付。

→ IOSA 通过 ISO9001:2000 认证。

(3) 审计机构。

→ 共有 8 个满足严格标准的 IATA 授权审计机构。

→ 审计员必须是有资质的航空公司专业人员。

→ 审计员的培训由 IATA 授权的培训机构 ETO 来完成。

(4) IOSA 标准。源于 ICAO 的相关标准，特别是附件 1、6、8 及 JAA(Joint Aviation Authorities)和 FAA 的规章和行业标准，包含航空公司运行安全的 8 个方面。

→ 组织与管理系统。

→ 飞行运行。

→ 运行控制和飞行签派。

→ 飞机工程与维修。

→ 客舱运行。

→ 地面服务。

→ 货运。

→ 航空保安。

这 8 个方面都是公共航空运行的安全质量关键点，也就是说控制住这 8 个方面，也就抓住了航空运行安全的生命线。

(5) IOSA 标准手册。IOSA 标准手册主要由两部分组成：第一部分构成了 IOSA 标准和建议措施的一个完整清单；第二部分由 IOSA 指导材料组成。

第一部分——标准和建议措施是安全审计所依据的运行准则。IOSA 标准是在安全审计中的航空公司应该符合这些标准；如果航空公司没有完全实现一项标准，有一份纠正行动记录单，要求航空公司在规定的时间内拿出安全审计组可接受的纠正行动。如果航空公司没有完全实现一项建议措施，有一个观察报告，在这种情况下航空公司不一定要采取纠正行动。

第二部分——指导性材料，是 IOSA 标准和建议措施的补充信息。

3. IOSA 与 USOAP 的特点

以上两种安全审计(IOSA 与 USOAP)是目前国际民航广泛开展的安全审计工作。下面就它们的异同作简单介绍，如图 9-10 所示。

IOSA 与 USOAP 的区别是针对的对象不同，USOAP 不对航空公司进行安全审计，是对国际民航组织的成员国进行安全审计，而 IOSA 安全审计的对象是航空公司。因此，安全监督计划和运行安全审计互为补充，一个是对成员国的规章进行安全审计，一个是对航空公司的运行进行安全审计，这两个系统由上至下和由下至上地对国家规章和航空公司运行进行安全审计，目的都是为了实现更安全的目标。目前，美国联邦航空局 FAA、欧洲联合适航当局 JAA，以及所有 IATA 成员航空公司都承认 IOSA 安全审计结果。

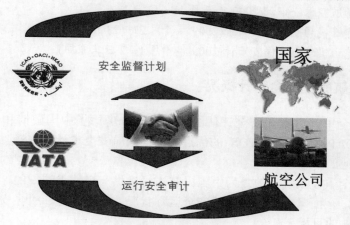

图 9-10　USOAP 和 IOSA 的关系

4．国际民航组织的普遍保安审计计划

国际民航组织普遍保安审计计划 USAP(Universal Security Audit Programme)是提高全世界航空保安能力的有力工具。从欧洲共同体内部的类似检查方案获得的经验表明，检查/审计不仅有助于激励各国正确地履行其义务，而且能突显规则制定工作中的不正常性和漏洞。重要的是，国际民航组织审计计划的结果与规则制定过程直接衔接，浑然一体，从而在必要时能对附件 17 和保安手册进行重新评估。

自从 2002 年 11 月第 1 次审计以来，国际民航组织已经进行了 98 次国际民航组织航空保安审计，已经拟定了 89 份全面审计报告并且提交给了被审计的国家。几乎所有被审计的国家都已经在与国际签署的双边谅解备忘录所规定的时间范围内，提交了其纠正行动计划，详细阐述了该国为执行国际民航组织的建议而打算采取的具体措施，以及每项措施完成的具体日期。

对保安审计结果进行分析，便于查明单个国家、国家集团，以及在地区和全球层面上对航空保安的关切并且对其作出量化。对趋势的分析及对不遵守附件 17 标准的潜在根源的分析，为制定补救办法和措施，在地区和全球基础上对援助活动进行优先排序奠定了基础，同时也大大改善了全球的航空保安现状。

我国于 2009 年通过航空保安审计的单位如下所述。

- 泉州晋江机场航空保安审计(2009 年 7 月 14—17 日福建监管办)。
- 锦州机场航空保安审计(2009 年 7 月 14—16 日东北局)。
- 内蒙古乌兰浩特机场航空保安审计(2009 年 7 月 13—15 日华北局)。
- 武汉机场航空保安审计(2009 年 6 月 22—26 日中南管理局)。
- 内蒙古包头机场航空保安审计(2009 年 6 月 15—19 日华北局)。
- 满洲里机场航空保安后续审计(2009 年 6 月 15—19 日华北局)。
- 柳州机场航空保安审计(2009 年 6 月 9—12 日中南局)。

→ 赣州机场航空保安审计(2009年6月9—12日华东局)。

→ 石家庄正定机场航空保安审计(2009年5月19—22日华北局)。

→ 桂林两江国际机场航空保安审计(2009年5月12—14日民航局)。

→ 徐州机场航空保安审计(2009年5月11—13日华东局)。

→ 内蒙古赤峰机场航空保安审计(2009年4月21—23日华北局)。

→ 舟山普陀山机场航空保安审计(2009年4月1—2日华东局)。

9.5.2 中国民航航空安全审计概况

中国民航安全审计方案在安全评估的基础上充分考虑了中国国情和中国民航发展状况，吸收了 USOAP、IOSA、ATOS 的优点。中国民航安全审计的内涵、指标体系和审计方法均有别于其他的审计系统。

中国民航安全审计系统目的是为中国民航当局提供一个基于法规的、实用的安全管理工具。通过审计，全面掌握受审单位的安全运行状况、发现隐患、引导安全行为，实现以审促改、以审促建的目标。

系统除了对法规的执行情况、符合性进行审计外，还对运行的诸多方面进行安全审计和评估。

1) 审计基本要素及结构

民用航空安全审计系统是以"人、机、环境"系统科学理论和现代管理学原理为基础，在分析大量民航典型事件的基础上，应用"事故树分析法""层次分析法"等现代分析工具，根据我国民用航空运输业的结构和运行模式，开发出了综合性的安全审计系统。建立了以"管理、人、机、环境"为核心要素的分层次审计模型，科学、合理、全面地确定了核心要素下属的审计指标体系。本系统能够客观地评估民用航空运输业安全保障能力和安全工作状况，发现安全隐患和薄弱环节，同时具有引导安全行为，以审促建，审建结合，重在建设的功能。

审计的基本结构由"管理、人、机、环境"四要素构成了一个完备的运行体系。每个要素由若干模块组成，共 26 个模块，每个模块由若干项目组成，每个项目有几个条目，描述了该项目的要求和理想状态。

上述描述的要素、模块、项目和条目，分布于民航单位的所有部门，具体内容详见安全审计基本要素说明表。各项目和各部门构成了一个矩阵，交叉点就是该单位的审计内容。

2) 检查单

在对每个项目对应的各个条目的审计中，为更加客观地评估各条目的内容，系统设计了多种检查方式，从不同的侧面，通过不同的途径和手段，对审计项目进行检查评估。

审计的主要信息源为单位的报表、检查员检查单、运行检查单、现场检查单、本单位个人意见单、相关单位个人意见单、考试、记录器数据等。

3) 审计系统软件

审计工作由计算机软件辅助完成。软件为全面审计和专项审计提供技术支撑。可实现包括选择评估要素、模块和项目，选择被评估单位，以及录入数据及审计结果分析的功能。可提供同一时期不同单位，不同时期同一单位的分析与比较，可方便地为局方提供决策支持。

4)　民航联合安全审计系统的特点

民用航空安全审计系统在民用航空运输业中建立起科学、全面、量化的指标体系。其主要特点如下所述。

(1)　运用系统工程理论和现代管理学原理，以及事故树的方法，创建了一套科学、合理的安全审计系统体系架构。

(2)　以中国民用航空规章条例(CCAR)和国际民航组织(ICAO)技术规范要求为基准，结合中国民航实际运行情况，编制了一套既可以查找安全隐患，又可以引导安全行为、规范安全管理的审计指标体系。指标体系覆盖面广，适用性强，实现了民航安全综合审计。

(3)　系统提供了多种检查方式，从不同侧面，通过不同的途径和手段，量化指标体系，既避免了单一检查审计方式的局限性和片面性，又使审计系统具有较强的可操作性。

(4)　审计系统辅以结构化的计算机软件，提高了审计工作的效率、计算的准确性及数据、资料等文档的继承性和累积性。先进的计算机软件可以对审计数据进行多方面的分析，并且可以进行横向各单位和纵向历年的比较分析。

在民航现行的法律法规中，安全方面的法规是最多最完善的。我国的安全法规、规章有上百部，还有诸多的标准和程序。这些法规执行得怎么样？在我国，这个问题一直没有很好的办法解决。几乎每次发生不安全事件，都能发现有章不遵、有规不循的问题。法规、规章不能只贴在墙上、放在柜子里，要体现在行动中。因此，局方想通过安全审计这种办法，对各个安全主体进行规章的符合性检查，解决规章执行力的问题。

在 2006 年全国民航安全工作会议上，民航局决定对企事业单位实施"联合安全审计"，作为民航安全工作的一项重要任务。会后，民航局成立安全审计领导小组，同时成立民航局安全审计办公室，办事机构设在民航局航空安全办公室内。

安全审计由民航局统一领导，民航局相关司局组织实施。根据各司局的职责，民航局飞行标准司牵头组织航空公司安全审计；民航局机场司牵头组织民用运输机场安全审计；民航局空管局负责组织空管系统的安全审计。安全审计也可由民航局委托民航地区管理局(地区空管局)以民航局名义组织实施。

民航局依据国际民航组织标准和建议措施、国家安全生产法律法规及民航规章、标准，对航空公司、机场、空管等单位进行的符合性检查，属政府安全监管行为。

1. 中国民航安全审计的特点

中国民航的安全审计是依据国际民航组织的标准和建议措施、《中华人民共和国安全生产法》《中华人民共和国民用航空法》及相关法规、规章、标准和规范性文件，对航空公司等单位进行的符合性检查，属政府安全监管行为。

民航安全审计作为国际性的安全管理工作，是民航局依据国际民航组织标准和建议措施、国家安全生产法律法规及民航规章、标准和规范性文件，对机场、航空公司、空管等单位进行符合性检查的安全监管行为。实施安全审计是为了全面掌握被审计方安全运行的状况，查找被审计方在安全管理上存在的问题，督促并指导其进行整改，从而更好地指导其建立和完善安全管理体系和长效机制。

1) 实施安全审计的目的

(1) 全面掌握被审计方安全运行状况。

(2) 查找被审计方安全管理上存在的问题，督促并指导其进行安全整改。

(3) 督促并指导被审计方建立和完善安全管理体系。

2) 安全审计要素

(1) 组织管理(A 类)。

(2) 规章制度(B 类)。

(3) 运行管理(C 类)。

(4) 资源配置(D 类)。

(5) 信息管理(E 类)。

(6) 应急管理(F 类)。

(7) 人员培训(G 类)。

3) 安全审计的行为准则

(1) 严格——严格审计标准，维护审计工作的严肃性。

(2) 公正——实事求是，尽可能地消除审计员主观因素或外部因素对审计工作的影响。

(3) 透明——向被审计方全面公开实施安全审计的各项要求、采用的审计标准及相关资料。

(4) 廉洁——认真遵守廉洁自律的各项规定。

中国民航的安全审计包括航空公司安全审计、机场安全审计和空管安全审计三个方面。

2. 中国民航航空公司安全审计

中国民航航空公司安全审计由民航局统一领导，民航局飞行标准司组织实施。航空公司安全审计也可由民航局委托民航地区管理局以民航局名义组织实施。

为强化政府民航主管部门对公共航空运输企业的运行安全监管，规范安全审计工作，制定了《航空公司安全审计手册》。审计组按照《中国民用航空安全审计指南》和《航空公司安全审计手册》的要求对被审计方实施安全审计。

航空公司安全审计的目的是检查运输航空公司就维持其安全运行所制定的相关政策、建立的组织管理体系和实施的工作流程及程序与法律、法规、规章及相关要求的符合性。

航空公司安全审计的依据是《中华人民共和国安全生产法》《中华人民共和国民用航空法》《国务院关于实施国家突发公共事件总体应急预案的决定》(国发〔2005〕11 号)《突发公共卫生事件民用航空应急控制预案》《传染病防治法》《公共场所卫生管理条例》、中国民航局规章等相关文件。

审计组分别采取听取汇报、查阅文件、现场检查、问卷调查等形式，按照审计指南的七大要素，对以下九个方面实施安全审计，即综合安全管理、飞行运行管理、客舱安全管理、维修管理、航务管理、旅客运输管理、货物运输管理、危险品运输管理、航空卫生管理。

审计结果共分下述四类。

(1) 评定为一类的被审计方其审计结果得分 90 分以上(含 90 分)。

(2) 评定为二类的被审计方其审计结果得分为 75～89 分。

(3) 评定为三类的被审计方其审计结果得分为 60～74 分。

(4) 评定为四类的被审计方其审计结果得分为 59 分以下。

如表 9-6 所示航空公司为已通过中国民航航空公司安全审计的航空公司。

表 9-6　已通过安全审计的航空公司

序　号	时　间	航空公司单位	总体符合率
1	2007 年 8 月 7—11 日	春秋航空有限公司	—
2	2007 年 9 月 30 日	鹰联航空公司	96.88%
3	2008 年 9 月 12 日	华夏航空有限公司	93.12%
4	2008 年 11 月 28 日	鲲鹏航空有限公司	95.76%
5	2009 年 6 月 25—29 日	西部航空有限责任公司	97.78%
6	2009 年 7 月 8—14 日	山东航空股份有限公司	—

注："—"为没有统计。

3. 中国民航机场安全审计

中国民航机场安全审计由民航局统一领导，民航局机场司组织实施。安全审计也可由民航局委托民航地区管理局以民航局名义组织实施。

对机场的安全审计主要是指审计组按照《中国民用航空安全审计指南》和《机场安全审计手册》的要求对被审计方实施安全审计。审计组分别采取听取汇报、查阅文件、现场检查、问卷调查等形式，对以下十个方面实施安全审计，即综合安全、飞行区安全、目视助航设施、机坪安全、消防安全、应急救援、机场供油安全、旅客运输、货物运输、危险品运输。

机场安全审计共分下述四类结果。

第一类(优先运行)：综合符合率大于 90%(含)。

第二类(保持运行)：综合符合率大于 70%(含)且小于 90%。

第三类(限制运行)：综合符合率大于 60%(含)且小于 71%。

第四类(中止运行)：综合符合率小于 60%。

如表 9-7 所示为总体符合率统计结果，如表 9-8 所示为已通过中国民航机场安全审计的单位。

表 9-7　总体符合率统计结果

总体符合率	—	90%	91%	92%	93%	94%	95%	96%	97%	98%	99%	100%
单位数	4	0	1	1	3	3	9	12	6	6	1	0

表 9-8 已通过安全审计的机场

序 号	时 间	机 场	总体符合率
1	2006 年 9 月 20—22 日	拉萨机场	—
2	2007 年 6 月 23—29 日	重庆机场	95%
3	2007 年 6 月 23—29 日	运城机场	91%
4	2007 年 7 月 23—27 日	大连机场	96.56%
5	2007 年 8 月 23—29 日	呼和浩特机场	94.45%
6	2007 年 9 月 18—22 日	三亚凤凰机场	—
7	2007 年 9 月 21 日	连云港机场	94.75%
8	2007 年 10 月 16—20 日	泸州机场	93.41%
9	2007 年 11 月 16 日	呼和浩特白塔国际机场	93.38%
10	2007 年 12 月 19—20 日	青岛机场	95.93%
11	2008 年 6 月 23—27 日	济南国际机场	95.81%
12	2008 年 6 月 27 日—7 月 1 日	西安咸阳国际机场	96.96%
13	2008 年 7 月 7—11 日	宁波栎社国际机场	96.34%
14	2008 年 7 月 21—24 日	黄山机场	97.36%
15	2008 年 7 月 22—25 日	湛江机场	97.43%
16	2008 年 8 月 4—8 日	南京禄口国际机场	98.67%
17	2008 年 8 月 18—22 日	贵阳龙洞堡国际机场	96.14%
18	2008 年 8 月 24—29 日	克拉玛依机场	96.48%
19	2008 年 8 月 25—29 日	珠海机场	96.84%
20	2008 年 9 月 2—5 日	万州五桥机场	92.44%
21	2008 年 9 月 12 日	福州机场	96.75%
22	2008 年 9 月 16—20 日	北海机场	95.35%
23	2008 年 9 月 19—22 日	海拉尔东山机场	95.08%
24	2008 年 9 月 20 日	北海机场	95.35%
25	2008 年 9 月 21—25 日	阿勒泰机场	96.54%
26	2008 年 9 月 22 日	海拉尔东山机场	95.08%
27	2008 年 9 月 22—26 日	南昌昌北国际机场	98.11%
28	2008 年 9 月 23—26 日	满洲里西郊机场	93.24%
29	2008 年 9 月 26 日	南昌昌北国际机场	98.11%
30	2008 年 10 月 7 日	成都机场	97.40%
31	2008 年 10 月 13—17 日	无锡硕放机场	96.07%
32	2008 年 10 月 13—16 日	九寨黄龙机场	96.95%
33	2008 年 10 月 14—17 日	长治王村机场	95.19%
34	2008 年 10 月 20—24 日	郑州新郑国际机场	98.73%

序　号	时　　间	机　　场	总体符合率
35	2008 年 10 月 21 日	无锡机场	96.1%
36	2008 年 10 月 24 日	郑州新郑国际机场	98.73%
37	2008 年 10 月 30 日	柳州机场	—
38	2008 年 11 月 3—7 日	昆明巫家坝国际机场	97.96%
39	2008 年 11 月 4—7 日	邯郸机场	94.35%
40	2008 年 11 月 10—14 日	宜昌三峡机场	96.94%
41	2009 年 4 月 20—24 日	海口美兰国际机场	97.99%
42	2009 年 5 月 11—15 日	杭州萧山国际机场	—
43	2009 年 5 月 19—22 日	石家庄正定机场	95.47%
44	2009 年 6 月 19 日	上海浦东机场	99.21%
45	2009 年 6 月 15—19 日	武汉天河机场	98.8%
46	2009 年 6 月 23—26 日	井冈山机场	97.53%

4. 中国民航空管安全审计

空管安全审计主要是指审计组按照《中国民用航空安全审计指南》和《空管安全审计手册》的要求对被审计方实施安全审计。审计组分别采取听取汇报、查阅文件、现场检查、问卷调查等形式，对以下七个方面实施安全审计，即组织管理、规章制度、运行管理、资源配置、信息管理、应急处置、人员培训。

空管安全审计依据《中华人民共和国安全生产法》《中华人民共和国民用航空法》《中华人民共和国飞行基本规则》《中华人民共和国飞行间隔规定》、中国民航局空中交通管理的相关规章和规范性文件等组织实施。

在民航局安全审计领导小组的指导下，民航局空管局负责空管系统安全审计的组织、指导和协调工作，地区空管局负责本地区空管系统安全审计的具体实施，各空管分局(站)配合完成对本单位的安全审计和其他有关工作。

空管安全审计被审计方应至少满足下述各项要求。

(1) 依照国家、民航局、民航局空管局发布的法律、法规、规章、规范性文件、强制性标准等有关要求，建立健全运行所需的各项规章、制度和运行手册，并保证严格遵循其运行。

(2) 参与空管运行的人员应具备相应的资质，并能够完成空管行业要求的培训和复训等要求。

(3) 空管设施、设备性能足以保证空中交通管理的安全需要。

(4) 系统能够有效地监控安全状况、处理安全相关事务并有效提升安全水平。

(5) 对可预知的紧急情况有充分的准备。

(6) 对存在的安全隐患能制订完善、可行的安全改进计划。

空管安全审计的范围涉及空管系统的安全管理、组织保障及各个空管运行环节(主要包括空中交通管制服务、航行情报服务、航空气象服务、航空通信导航监视保障等)。安全审计的范围可以是综合全面的，也可以是被审计方的某一个方面。

空管安全审计组根据需要可细分为安全管理审计小组、管制运行审计小组、航行情报审计小组、航空气象审计小组、通信导航监视审计小组等各专业审计小组。

民航局空管局、地区空管局按照《中国民用航空安全审计指南》确定的七个安全审计要素，对被审计方安全与运行管理体系进行系统性检查。主要检查内容包括下述各点。

(1) 被审计方是否遵守国家、民航局和民航局空管局有关安全法规的规定。

(2) 被审计方的安全管理是否建立在科学合理的原则和程序之上。

(3) 被审计方是否有足够的人员、人员是否进行了充分的培训，以保证安全管理系统各项功能确实按照要求实施。

(4) 所有有关空管安全的事件是否得到了有效管理，被审计方是否实现了其预期的安全目标。

空管安全审计不仅要核查被审计方各项工作是否符合有关法律、法规、规章、规范性文件和强制性标准，还应当综合各种因素判断这些正在使用的程序是否合适，是否存在潜在的安全隐患，检查被审计单位是否做到"文文相符"和"文实相符"。

如表 9-9 所示是中国民航已通过空管安全审计的空管单位。

表 9-9　已通过安全审计的空管单位

序　号	时　间	空管单位	总体符合率
1	2006 年 10 月 10—19 日	深圳空管站	97.5%
2	2007 年 6 月 25—29 日	大连空管中心	94.71%
3	2007 年 7 月 23—27 日	西北空管局	98.74%
4	2007 年 8 月 31 日	杭州空管中心	99.65%
5	2007 年 9 月 15 日	太原空管中心	99.66%
6	2008 年 9 月 23—28 日	温州空管站	99.31%
7	2008 年 10 月 15—17 日	阿克苏空管站	99.17%
8	2008 年 10 月 22 日	重庆空管分局	99.63%
9	2008 年 12 月 5—9 日	民航湖南空管分局	100.00%
10	2009 年 2 月 24—27 日	内蒙古空管分局	99.37%
11	2009 年 3 月 9—13 日	民航宁夏空管分局	99.71%
12	2009 年 3 月 18—24 日	民航江苏空管分局	—

近年来，中国民航安全管理正在向科学化、规范化、系统化转变，行业安全水平有了很大提高。但从总体上看，中国民航的安全保障能力与行业快速发展还不相适应，安全基础相对薄弱，安全管理体系仍处在完善之中，传统的及新突显的安全问题，使民航安全工作面临更为严峻的挑战。因此，按照"安全第一、预防为主、综合治理"的方针和以人为本的科学发展观，结合中国民航长期积累的安全管理经验，借鉴国际民航相关做法，民航局从 2006 年起，对民航企事业单位实施了安全审计，并且达到了掌握民航企事业单位安全运行状况，促进其建立和完善安全管理体系，提升行业安全运行整体水平的目的。

9.5.3 安全审计理论研究

安全审计主要是通过对审计对象进行全面系统的审查，发现安全隐患，防患于未然，从而提高被审计单位的安全管理水平。

安全审计(FAA 系统安全手册)的定义为：对安全寿命周期的程序及其结果进行的专项检查，检查其是否遵守规章，是否严格按照规章执行，是否有完整的执行记录，是否可以追溯到之前的状态[①]。

很多企业管理者并不知道安全审计是一个长期的端到端的安全检查，他们只知道安全审计能够保证企业的安全技术和准则在实践中得到最好的贯彻，然而这是远远不够的，本课题的开展则为解决此类问题提供了较好的解决方案。

安全审计的目的就是保证企业运行安全，在风险管理等方面达到完美的境地。安全审计可以发现企业在技术、运行、员工或是其他关键安全领域的一些缺陷。安全审计在帮助企业有效地保护企业软硬件安全方面也起着很大的作用，此外，还有助于企业在实际应用中更好地发挥安全技术和设备的作用。

为实现安全审计的目标，安全审计在理论上要遵循以下基本原则，并在审计过程中严格按照审计程序以保证其审计质量。

1. 安全审计基本原则

安全审计一般要遵循独立原则、全员参与原则、过程方法原则、持续原则、经济与安全原则、领导作用原则、系统方法原则七项基本原则。

1) 独立原则

安全审计工作是独立于其他工作的，由独立的部门负责，由专门人员负责执行，是一项强制执行的工作。

2) 全员参与原则

各级人员是组织之本，只有他们的充分参与，才能使他们的才干为组织带来最大的利益。

企业管理要解决的根本问题无外乎两个方面，第一是如何做到资源合理配置，第二是如何调动人员的积极性。后者主要靠的是企业文化来实现的，这种文化体现在企业的一系列专门的活动中，诸如我国企业在实践中行之有效的一些管理方法，如全员质量管理、成本责任管理、全员量化考核、全方位指标比较管理，等等。

实际上，实现全员参与的方法，其基本过程是识别管理问题，宣传每个人在这些问题中的作用、识别员工发挥积极性的约束条件、赋予权利、确定目标并进行评价；同时，要不断为员工创造发挥才干的机会和充分交流的机会。

全员参与是一个组织的管理体系行之有效的重要基础，也是组织能够实现不断改进的保障条件之一。制定全员参与的能调动组织所有员工积极性和潜能的管理才是实现了以人为本的管理理念。

---

① EATMP Safety Policy，欧洲航空安全，Edition 21，2001.5

3) 过程方法原则

将相关的活动和资源作为过程进行管理，可以更高效地得到期望的结果。

(1) 有序化管理的途径。实现组织的有序化管理的途径是所有的活动都能得到分门别类的控制。要使组织的所有活动都得到识别，唯一科学的方法就是过程的方法。2000 版 ISO9000 的标准把过程的概念加以改进，对任何输入和输出的过程都要从管理职责、资源管理、产品实现和持续改进的四个方面来识别控制因素。这种过程识别方法包含了所有的管理者都必须是闭环的原则。这种原则更细致的表示就是 PDCA(PDCA 是 Plan(计划)、Do(执行)、Check(检查)和 Action(处理) 四个英文单词的缩写)循环。

(2) 过程的策划。过程方法的一个重点是过程是需要策划的。这是因为过程是将输入转化为输出的结果，而将输入转化为同样的输出可以有不同的过程，寻找最佳的活动，以及最佳的控制方案就是策划的过程。在控制方案上，需要对每个具体的活动进行风险、失效等必要的分析，才能真正地实现策划的目的，而目前我国的绝大多数企业却没有进行过这样科学的分析，因此，在管理上就自然暴露出控制不足，尤其体现在成本控制还有很大的潜力可挖、技术改进不足的一系列问题上。

(3) 过程的评价。过程方法的另外一个重点是过程需要评价。评价的方式根据过程的不同特点，可以有检验、定性问题的定量评价、统计分析等一系列方法。但是，需要特别指出的是，这种评价的目的在于持续改进，而不是简单地作为放行的一种手段，如产品检验，它一方面是产品是否放行的手段，另一方面又是为判断产品趋势做数据积累的基础，只有对这些数据进行了充分的分析，才能实现产品的最终改进。

4) 持续原则

组织总体业绩的持续改进应是组织的一个永恒的目标。

5) 经济与安全原则

安全审计工作应当以经济性、安全性为前提，既要尽量减少工作的成本消耗，又要保障工作过程中相关人员、设备及环境的安全。

6) 领导作用原则

领导者确立本组织统一的宗旨和方向。他们应该创造并保持使员工能充分参与实现组织目标的内部环境。

领导者是一个组织能实现管理的最重要的基础。在"新经济"理论中把领导者——尤其是最高领导者作为人力资本来衡量。对一个组织来说，合格的领导者比合格的员工更重要。

领导者可以分为高层领导和中低层领导，在现代企业制度中，高层领导是负责制定战略的——也就是负责对未来的生产资料进行分配的；而中低层领导是负责按既定的计划来调整实施的——也就是对现有的生产资料进行分配。高层领导者主要有两大基本作用，一是制定企业的发展战略(包括市场战略、经营战略和资本战略等)，二是确定企业的行为价值观——企业文化的宗旨。中低层领导的作用，是执行既定的战略，组织实施。中低层领导者的重要职责——组织落实、监督检查、评价处置、改进创新。通常企业的管理制度不畅就是由于中层干部在管理过程中的 PDCA 循环中没有了 CA，管理制度就不能有效地执行。

领导者在企业中的等级秩序是绝对的，是不能发生混乱的，高层兼中层是绝对不可以的；另外，领导层的分工是非常重要的，是与企业的系统设置相对应的，因人设岗是绝对要避免的。

领导者的另外一项重要的作用体现在非管理制度上的作用。因为，任何管理制度都不可能十分充分、细致和十分灵活。因此，需要领导者的具体活动来完善。这就自然对领导者的人格魅力及领导艺术提出了具体要求。管理学不但有从管理的规律上引发出来的八大控制，更有领导、决策、沟通的三大艺术。

7)　系统方法原则

针对设定的目标，识别、理解并管理一个由相互关联的过程所组成的体系，有助于提高组织的有效性和效率。

(1)　管理系统的分类。管理的系统性方法的重点是管理系统的分类，就是对一个管理系统进行功能性的分类，对一个组织的功能进行识别，进而对功能之间的关系进行分析，把分析的结果用到管理的接口控制，以及不同子系统的功能协调上。

(2)　管理的系统化方法与组织的效率。管理的系统化方法最终的目的是实现组织的有效性和效率，科学地对组织的子系统进行分类和相互关系研究可以正确地确定组织结构及组织的运作模式。

系统方法是把协同和系统工程的方法引入管理学中，它强调的是整体大于局部之和的公理。在现代经济中，人们还把它应用在外部管理中，一些优秀的企业，为了更高的效率和更大的发展，他们研究本企业的经济环境，充分识别哪些组织可以合并，哪些可以作为企业的支持性的组织(行业寡头通常都把生产交给分供方，把生产的投资和投资风险转嫁给了分供方，而自己把资本用到了市场和技术上)，把低效率的活动，转移到其他组织中。

目前，在我国企业中流行的供应链、矩阵结构、EPR 等管理方法都是从不同的角度针对目前企业存在的问题而提出更高效的系统的方法，是值得企业管理者高度重视的一些优秀模式。

2. 安全审计质量控制

安全审计质量表示审计机构从事各项审计工作的优劣程度。衡量安全审计质量，一看安全审计目标是否科学，安全审计方案是否可行，安全审计行为是否规范；二看安全审计结果是否真实可靠、全面完整，重点安全审计内容是否查清，综合分析是否深透，安全审计处理是否恰当；三看安全审计监督是否在规范经济秩序、促进经济发展、服务宏观调控方面发挥作用。

安全审计质量控制，是安全审计机关为实现安全审计目标，规范安全审计行为，明确安全审计责任，防范安全审计风险，确保安全审计质量符合国家安全审计准则要求而建立和实施的控制政策和控制程序。简单地说，安全审计的质量控制就是尽可能减少或者消除在安全审计过程中产生的各种风险。

3. 安全审计风险控制

1)　安全审计风险产生的原因

随着我国民航业的快速发展，安全审计环境也日趋复杂化，安全审计风险已成为一个无法回避的现实问题。所谓安全审计风险，是指安全审计报表中存在重大错报或漏报，而安全审计人员安全审计后发表不恰当安全审计意见的可能性。

通常人们认为安全审计风险主要是由于安全审计机构或安全审计人员主观判断错误所致。其实安全审计风险贯穿于整个安全审计过程之中。安全审计风险形成因素更是多样的，如宏观政策法规的多变、法规的前后矛盾，甚至不完善或有法不依等，都是产生安全审计风险的因素。

简而言之，产生安全审计风险的原因，既有安全审计外部环境的原因，也有安全审计人员自身的原因。

(1) 外部原因分析。

① 不健全的安全审计法规、制度导致的安全审计风险。我国改革开放 40 余年来，民航业突飞猛进地发展，为世界所瞩目。在航空业持续、快速、深入推进的同时，该领域主体的多元化、活动的复杂化，以及军民航一体化调整，凡此种种，无不为安全审计工作带来了极大的难度。但是，与之相关的安全审计法律法规和制度体系，目前尚未健全。虽然《审计法》的修订较大程度上完善了法律体系，但是对航空业的某些特殊行业，由于没有相适应的法律法规依据，不得不依赖安全审计人员职业判断。这就加大了安全审计工作难度，不可避免地产生了安全审计风险。

② 安全审计对象的复杂化，安全审计内容的广泛性导致的安全审计风险。安全审计的对象是一个渐进扩大的过程。从早先的对工作人员的诚实性安全审计到对管理层的执行力度的安全审计，再到对内部控制制度的检查，进而扩展到对被审计单位全部经营活动和管理政策的诸多问题进行审查这一过程中可以看到，安全审计的对象已变得越来越复杂。社会公众要求安全审计人员揭示出所有重大的差错和弊端，并对企业安全水平作出评价，对企业安全状态作出报告，对单位负责人廉洁情况作出认定等。有关这些方面的信息存在很大的不确定性，安全审计人员作出正确安全审计结论的难度增加，因而安全审计风险在所难免。

③ 被审计单位外部和内部原因导致的安全审计风险。经济环境、审计对象经济活动的特点、内部控制制度的强弱、技术发展趋势、管理人员的素质和品质等因素都会对企业的经营风险产生影响，从而影响安全审计风险，这也是安全审计风险模型中产生重大错报风险的主要原因之一，更是现代安全审计首先要对企业内外环境全盘评估的理由。

④ 人们对安全审计依赖程度不断扩大导致了安全审计风险因素加大。安全审计发展到今天，已经成为航空业不可或缺的有机组成部分，它在建立和维护航空市场的完整性方面扮演着一个十分重要的角色，不仅如此，随着安全审计的不断深入，政府在考核评价领导干部任期履职情况时，越来越把安全审计结果作为重要的参考依据；而且，由于安全审计的独立性和客观性，社会民众对安全审计也表示了极大的关注和信赖，依赖安全审计意见的人也越来越多。因而，一旦安全审计人员发表不恰当审计意见，就会承担比以往更大的审计责任。

(2) 自身原因分析。

① 安全审计手段带来的安全审计风险。安全审计主要是通过对被审计单位提供的相关资料的审查来发现和查证问题。但不容忽视的是：首先，有些违法乱纪问题，不一定会在资料中明显地反映出来；其次，企业为了在激烈竞争的市场中求生存、图发展，不断扩大其经营规模，业务数量不断增多，出现记录不当的可能性亦随之增加，而且这种记录不当很容易被大量的其他信息掩盖，在抽样安全审计中不被发现的可能性也相当大；最后，

虽然抽样理论已研究很深，但应用到具体的安全审计中，安全审计人员还是没有十足把握断定所抽取的样本就能代表整体，主观的结论与客观的事实之间总是存在一定的偏差。这些原因必将直接影响到安全审计工作的质量，形成新的风险。

②　安全审计人员的综合素质带来的安全审计风险。现代安全审计发展到今天，安全审计任务的综合性和问题的复杂性，客观上也要求安全审计人员应具有较为全面的综合素质。但在现实的安全审计过程中 安全审计人员作为个体总是不可避免地会受到知识、经验和能力不足，以及安全审计工作的复杂程度大、涉及面较广等因素的制约，从而有可能导致其对问题分析不透、判断失误等，由此产生安全审计风险。

③　安全审计人员的职业操守和工作责任心不强带来的安全审计风险。安全审计工作要求安全审计人员必须是德才兼备的人才，不仅应具备较强的专业知识和综合能力，而且要具有高尚的品德、正直的人格和一丝不苟的工作精神。但是，由于种种原因，难以使所有安全审计人员都能够达到上述要求，这就不可避免地会限制安全审计工作的开展，影响安全审计工作质量。此外，保持应有的职业关注也是安全审计人员在履行安全审计职责时应注意的一个问题。例如，安全审计人员由于疏忽遗漏了重要的安全审计程序，采用了不恰当的安全审计方法等，都是直接导致安全审计风险产生的原因。

④　文书制作带来的安全审计风险。安全审计结论性文书材料是安全审计工作的最后环节，也是一个重要环节，如果叙述不当或词不达意、模棱两可，或者由于一时疏忽造成重大笔误，或者校对不严出现严重错误，上述问题导致文书制作形成内容上的错误和不当也是产生安全审计风险的因素之一。

2)　安全审计风险控制措施

安全审计是一种综合监督。安全审计风险形成的因素复杂多样，并且交替、并存发生。在整个社会处于改革多变的浪潮中，对于安全审计工作风险，虽然不可消除，但是可以力求降低。笔者认为，对安全审计风险的控制，必须是综合性的，具体说，应做到以下几方面。

(1)　加强安全审计法规制度建设。尽快以安全审计法为基础，制定国家安全审计准则、安全审计法实施条例和操作性强的安全审计工作具体实施办法，把风险控制作为安全审计准则的重要内容，使安全审计工作有章可循，保证安全审计工作质量。

(2)　提高安全审计人员素质，强化风险防范意识。加强安全审计人员的业务培训和后续教育，培养一批高素质的专业安全审计人才是推动我国安全审计事业发展的当务之急，也是防范安全审计风险的最有效措施。这主要包括下述各点。

①　提高安全审计人员的使命感和责任感，培养良好的思想品德和职业道德。在很多人心目中，总有这样一种误解，认为队伍素质的提高，就是专业技术水平的提高。这种认识是片面的。有德无才的人，做不出成绩；有才无德的人，可能做出好成绩，但也可能会有不好的行为，甚至故意在工作中埋下风险"地雷"。因此，在队伍建设上，一定要加强思想政治教育。

②　实行定期轮训制度，提高业务技术。通过系统的培训、学习，从根本上提高理论水平和专业知识；要积极创造条件，选派作风正派、廉洁、公正、严于律己、有奉献精神的同志参加正规学习；鼓励安全审计人员报考不同类型的学习班，如基础培训班、专题讲座班、研讨班等。

③ 对于条件较好的同志，应实行定期轮换制度，让他们通过不同岗位的锻炼，提高知识水平和工作经验。通过不间断地灌输职业道德意识和专业素质理念，造就一支既能打硬仗又愿打硬仗的队伍。

3) 从实施层面来规避安全审计风险

(1) 要严格履行安全审计程序。安全审计监督活动有一套完整的程序。在实施安全审计时要严格履行《审计法》的有关安全审计程序和审计署 6 号令发布的《审计机关审计项目质量控制办法(试行)》的相关规定，不得忽略和违反程序。对因违反法定程序而在复议或诉讼中所带来的风险，要引起高度重视。

(2) 实施安全审计时要考虑安全审计类型和内部控制的测试对本次安全审计程序的影响。要减少或消除程序风险，必须对内部控制有充分的了解，同时，也必须结合被审单位的实际情况，考虑安全审计的重点。内控设置中表现出来的重要环节和关键控制点是必须考虑的，制定程序要注意避免由于越权而产生的越权风险。

(3) 要选择恰当的安全审计方法。由安全审计方法采用不当给安全审计造成的风险，在全部安全审计风险中占绝对比例。因此选择恰当的方法，是克服风险的关键性步骤。安全审计方法从不同的角度而言有很多种，每一种都有各自的特点，能够解决相应的问题。为此，为了尽可能消除安全审计风险，安全审计人员在选择安全审计方法时，应遵循一个原则：方法选用要具差异性、灵活性和互补性，必须依据被审问题的重要程序选择相适应的方法。

(4) 严格实行安全审计责任追究制度。要认真执行三级复核制度，层层把关，层层落实责任，减少或消除人为安全审计误差，及时发现和解决安全审计过程中遇到的问题，以保证安全审计计划的顺利进行，降低安全审计风险。

4) 建立健全安全审计质量内控制度

在坚持安全审计项目质量责任制、安全审计复核制、业务审定制、质量考评制、集体定案制、安全审计执法检查等制度的基础上，要注重重大事项汇报制度，规范领导交办事项的安全审计报告制度。

近年来，安全审计事项较多，而且大都是政府和公众关心的"热点""难点""重点"问题。这些问题复杂、涉及面广，安全审计较棘手，处理较难，容易产生安全审计风险。安全审计机关应规范领导交办事项的安全审计报告制度，安全审计人员要把已查实的问题和未能查清的情况如实向领导汇报，听取领导指示主动取得交办领导的支持。对已查实的问题，根据法律法规提出处理建议，这对防范和化解安全审计风险有益无害。

9.6 航空安全信息共享系统

各航空公司信息共享将使航空事故率下降到最低点。了解事故的全过程和事故原因的飞行机组一般不会再发生相同的飞行事故，因此把航空事故包括事故征候信息向机组分发，增加他们对事故原因的了解，将在很大程度上使其更为主动地实施安全的操作行为。

目前，美国国家运输委员会(NTSB)、联邦航空局(FAA)等单位都分别建有自己的安全网站，及时公布了解到的全球所发生的航空事故、事故征候，以及事故调查报告。

虽然航空事故征候发生得很多，但航空安全负责单位和人员并不一定全部了解，这是因为缺乏通常的报告系统，或者没有人意识到需要把发生的事故征候进行报告，或者没有相关的机制使相关人员报告事故征候。

20 世纪 70 年代，美国开始建立自愿报告系统，后来发展成为全球最早实行的航空安全报告系统 ASRS(Aviation Safety Reporting System)。ASRS 旨在获取来自一线的飞行、空管、机务、客舱、签派与其他国家空域系统(National Airspace System, NAS)的使用者，以及其他人员报告 NAS 中实际或潜在的矛盾之处或缺陷。ASRS 秉持第三方运行、保密、自愿、无处罚、信息共享等运行原则，获取了大量有价值的报告信息，为完善美国国家空域系统、开展人为因素研究、改善运行环境提供了有力的支持。鉴于 ASRS 的成功，20 世纪 80 年代，英国、加拿大、澳大利亚、新西兰等国家先后开发了适合于本国国情的保密性的自愿报告系统。

为了在世界范围内推广自愿报告系统理念，20 世纪 80 年代初，在前 ASRS 主席提议下成立了国际航空安全保密系统组织 ICASS(International Confidential Aviation Safety System)，该组织致力于国家和地区航空安全保密系统的建立，促进世界范围内民航安全水平的提高。ICASS 每年召开年会，借此加强交流，推广经验，研究对策，共同推进全球保密航空安全报告系统的发展。ICASS 组织正式成员包括美国、英国、加拿大、澳大利亚、法国、俄罗斯、韩国、新加坡、中国、巴西、西班牙、南非等国家(或地区)。

国际民航组织公约附件 13、附件 19、文件 9859 中建议各缔约国建立航空安全自愿报告系统，并建议航空运输服务提供者建立企业层面的自愿报告制度。目前，自愿报告理念不仅在全球航空业得到推广，在其他运输领域，以及医疗等其他行业也获得了认同。

我国航空安全自愿报告系统(Sino Confidential Aviation Safety Reporting System，SCASS)由中国民航大学设计研发，是独立于局方和企事业单位的第三方主持运行的航空安全信息收集系统。系统成立于 2006 年 9 月 16 日，目前已成功运行十余年。

作为强制报告系统的重要补充，SCASS 系统坚持自愿、保密、中立、非处罚、信息共享的运行原则，致力于收集运行缺陷、人为因素相关信息，为业界提供安全告警、安全状况分析、热点问题追踪，以及国内外航空安全信息共享等服务。目前已发布告警信息 27 次，信息通告 48 期，信息简报 58 期，整理专题研究报告 5 期，已成为我国民航重要的信息传播共享平台之一。系统反馈的安全隐患多次为修订事故征候标准、发布安全预警信息提供了信息支持。

系统开展多渠道宣传和推广工作，结合面对面讲座、在企业设立专用资料架、在民航院校内部开展宣传、开发手机 App、建立微信公众号，利用中国民航报进行系统推广，积极宣传自愿报告理念；通过与企业、国际自愿报告系统工作小组进行信息交流，建立广泛的信息共享平台，促进信息共享；激发了广大民航从业人员的安全意识，为我国 SMS 的建设与实施奠定了良好的行业文化基础。

SCASS 系统分别在 2006 年、2010 年、2014 年在 7 个地区 20 多个城市上百家单位开展 SCASS 宣传讲座 130 余场，基本覆盖我国各大航空交通枢纽城市和主要的航空运输企事业单位。自愿报告的理念宣传为我国民航营造公正的安全文化氛围起到了良好的推动作用。

SCASS 积极参加国际航空安全自愿报告领域的信息交流和共享，作为国际航空安全保密报告系统(ICASS)组织的重要成员，成功组织 4 次国际航空安全信息研讨会，建立了广泛的航空安全信息共享平台，成为业界与国际同行进行信息交流的重要窗口，极大地促进了我国民航安全文化建设。

SCASS 系统借鉴安全管理理论基础，完善安全信息收集分析反馈回路，通过实现系统的、闭环的安全管理过程，为数据驱动的 SMS 提供数据支持；依托获取的自愿报告信息，开发并拓展人为因素、安全风险管理、安全文化、FRMS、安全信息分析等研究。

依据国际航空安全信息共享平台优势，针对飞行员、管制员、机务维修人员疲劳现状开发了人员疲劳预测模型和管理系统、人员疲劳实时测量系统(CPT)，为开展基于数据驱动的疲劳风险管理系统(FRMS)提供技术支持。

SCASS 系统的建立及成功运行对于完善航空安全管理系统、促进航空安全、改善运行环境起到了直接的促进作用；增强了从业人员间的信息交流和共享，为管理者获取实际运行中的信息、完善系统运行、控制风险提供了依据和参考。

第 10 章

我国航空运输系统安全
技术发展建议

10.1　民航安全科技发展的现状

10.1.1　民航安全应用技术方面

我国民航业安全应用技术长期依赖国外，从 20 世纪 70 年代后期以来，我国民航一直将引进国外飞机及其他技术设备作为发展民航的重要途径，收到了明显成效。但由于对引进技术缺乏消化吸收，自主创新不够，也导致了行业重大装备，以及行业标准对发达国家的长期高度依赖，在关键技术上往往受制于人。例如，空管领域都展开了以星基导航为主导的空管技术革命，而我国目前空管系统中的雷达系统、仪表着陆系统、导航站台等空管设施，只能达到美国 21 世纪初 1/6～1/4 的水平，还没有真正意义上的全国流量管理能力气象服务水平和独立的卫星导航系统。2012 年适航审定中心申请建设的"航空燃料适航验证平台"建设项目中，某大型关键设备需从美国购置，然而在项目实施不久，美国就停止了向我国出售该设备，导致项目实施受到很大影响。

10.1.2　民航软科学研究

我国民航安全领域在软科学研究方面也存在着广度、力度不足的情况。新加坡长期重视安全运行模式和安全运行体系等软科学研究，虽然国土面积小，没有国内航线，但它紧跟产业发展前沿，使用最新民用航空器及重大装备，产业整体执行最新标准，以最快速度按照国际最新模式运行，安全指标和人均航空运输周转量均处于世界前列，与新加坡相比，我国民航在安全运行的软科学研究方面差距较大。

我国民用航空安全无论是应用技术研究还是软科学研究，与国际航空先进国家相比都存在巨大差距。同时，以美国为首的西方强国已逐渐加大对我国的技术封锁，因此，航空技术的革新只能依靠自主创新。

10.1.3　民航科技成果的转化和推广

我国与西方发达国家相比在科技成果转化方面依然存在很大差距，如美国、日本等国家科技成果转化率已达 80%，英、法、德等国的科技成果转化率也达到 50%以上。我国科技成果转化率仅 15%左右，其中最终转化为工业产品的成果不足 5%。整体上看，我国科技对经济发展的贡献率不高，民航也不例外。

民航的安全运行关系国家战略安全，但很多增强行业安全性的技术，对企业改善经济效益的作用不明显，有的反而还会增加企业投入成本，因此企业在这类技术的转化和推广应用上缺乏能力和动力，这就必须依靠政府调节来推动行业安全科技成果的转化和安全技术的应用。国务院和地方政府对科技成果的产业化和推广有大量的扶持政策，民航局也多次采用实施重大专项的方式推广应用安全技术，虽然取得了大量成果，但还存在着实施规划滞后、缺乏可操作性措施等问题。

例如，在新技术的推广应用上，美国 FAA 在推进 ADS-B 建设项目时，先由企业按照FAA 的协议标准投资建设相关地面设施，经 FAA 验收合格后，再向该服务提供商支付使用费用，这种方式对加快设备的建设和减少前期投入有很大好处。我国民航局在 ADS-B 项目的推进上虽取得了一定成绩，但由于缺乏类似美国 FAA 的推进措施，导致整体工作推进缓慢。

10.2　中国新一代航空运输系统安全技术发展建议

目前，民用航空运输承担了全世界 40%的贸易量，而且是全球经济发展最快的产业之一。我国作为 ICAO 的成员国，是航空运输发展最快的国家。必须建立民航新一代交通运输系统，以推动我国民航业的跨越式发展，为我国从航空大国迈向航空强国打下坚实的基础。

我国快速增长的宏观经济为航空运输业提供了良好的发展机遇。我国航空运输总周转量自 1998 年以来一直保持着 15%左右的增长率，客座率和货运量逐年提高。2006 年我国的航空运输总周转量达到世界第二位，已经成为民航大国。

中国民航空管利用短短十几年的时间，通过扩大雷达覆盖范围、提高通信保障手段、增强导航监视能力、建立大型集成式自动化系统等方法，迅速地改变了我国空中交通管理的落后面貌，极大地提高了民航安全保障能力和全方位服务水平。

根据中国民航的"十三五"规划，以及民航业内有关研究机构对空中交通运输发展的预测，未来 20 年，中国民航的机队规模、机场数量，以及民航运输量都将继续保持高速增长。相比之下，民航在安全技术装备研发、安全管理人才培养等方面存在明显的不足和缺陷，已经无法完全满足快速增长的航空运输量的需求和安全保障要求。这些或将成为制约中国民航持续发展的主要瓶颈。

10.2.1　安全技术的地位与作用

为实现建设"中国新一代民用航空运输系统"的目标，需要建立法制健全、数据驱动、综合优化、能够主动识别和解决安全问题的安全体系。

提高安全水平是保证中国民航健康发展的基本条件。随着民航的快速发展，各种大型现代化民航客机大量引进，若由于管理、维护、使用上出现问题，造成了管理及"人、机、环"系统失衡，将使航空安全受到严重威胁。

航空安全是一项系统工程，涉及航空业的各方面。保障航空安全不能认为仅仅是安全管理部门的事情，每一个部门、每个环节都有责任。安全问题已渗透到航空运行的方方面面，包括辅助环节，人人都有安全责任。

安全工作贯穿于过程的始终，对于系统从构想开始，贯穿于设计、制造、采购、使用维护、修理、延长使用寿命等整个寿命周期；对于运行包括运行前的状态、准备、运行过程、航后。

随着航空业的技术进步，设备更新，规模扩大，每一个变化都会带来新的安全问题。航空事故的发生是众多诱发因素交互作用的结果，而某些因素本身包含随机性和突发性，必然影响到灾害的发生具有偶然性、突发性、不确定性及随机性。航空事故所造成的人员伤亡、财产损失和社会影响巨大，因此航空安全不仅关系旅客的生命财产安全，而且是影响国计民生的大事。

目前中国民航发展迅速，但发展还不是很协调。一方面，运输生产量快速增加，机队规模迅速膨胀；另一方面，安全管理手段和技术相对滞后，已经不能适应我国航空业现代化、巨型化和复杂化的需求。因此，提高安全水平是保证中国民航健康发展的基本条件。

中国民航历来十分重视民航安全领域的研究，持续开展了多年的航空安全理论、管理和技术的研究工作，取得了比较好的成果，获得了良好的社会效益和经济效益，也为进一步深入地研究奠定了基础。自 20 世纪末以来，开发并实际应用了"民航安全评估系统"等研究成果，并率先在全球首先强制实施"飞机飞行品质监控(FOQA)"工程，并建立了基于主动安全管理思想的，旨在大量收集航空安全信息的"中国航空安全自愿报告系统(SCASS)"。

在航空安全管理方面我国目前虽有一些自主创新，但总体来说还处于一个跟随和借鉴发达国家成功经验的阶段，与发达国家的安全管理水平相比还有一定差距。我国民航在安全管理领域存在的一些问题主要表现在下述几方面。

(1) 法律法规不够完善。

(2) 监察力量薄弱，管理存在薄弱环节。

(3) 安全管理规章制度落实不到位。

(4) 安全机构职责不明确。

(5) 安全信息不畅，利用不充分。

(6) 从业人员安全教育和培训效果欠佳；

(7) 安全技术研发和自主创新能力弱。

(8) 安全文化氛围缺乏。

通过以上分析，可以发现目前的安全管理模式，已不能适应飞速发展的民航业，面对日渐增大的安全压力，中国民航必须制定一个全面发展航空安全的战略。

10.2.2 安全技术框架与关键技术

1. 主要框架与研究体系结构

为实现"新一代民航运输系统"在安全方面的跨越，必须全面地、系统地、综合地分析安全规律和关联因素，系统地开展研究，建立系统安全技术框架，其层次如图 10-1 所示。

图 10-1　安全技术框架层次

要建立完善的安全技术框架，就需要从图 10-1 所示的 4 个基本层面上开展工作。

1)　安全认识论

以"新一代航空运输系统"的民航安全管理体系作为研究对象，可以确认安全管理体系的要素，确立系统本质安全的目标。通过对安全系统论、安全控制论、安全信息论、安全协同学、安全行为科学、安全环境学、安全文化建设等科学理论进行研究，在此基础上全面、系统、综合地发展安全认识论，就可以指导"新一代的航空运输系统"在安全领域的发展。安全认识论的研究包括安全的特点、事故的特征、事故的构成要素、事故模型理论、事故因果类型、系统理论、预防事故应遵循的基本原则，等等。

2)　安全法规体系

未来航空高度自由化带来的冲击，必然对目前的安全法规体系造成一定的影响。"新一代的航空运输系统"的安全法规体系涉及本国的航空安全法规体系的完善和世界航空安全法规体系的接轨两个方面。

3)　安全管理方法

"新一代航空运输系统"的安全管理的方法包括用来识别、评估和管理安全风险的各项过程、程序、政策和方案等。它具体涉及两个主要方面：一是从以往的事故、事故征候或不安全事件中收集数据，并利用收集到的信息来发现危险；二是预测，就是利用我们对整个民用航空系统的了解情况，相关的数据信息，对未来的发展趋势进行预测。在"新一代的航空运输系统"中应建立一个既涉及主动积极地发现危险，又涉及被动地发现危险的无缝隙系统。这样的系统除了预测与系统变化相关的风险之外，还应具备发现目前系统内的现有危险和未来可能出现的危险，提供信息和程序来指导中国民航各级管理人员决策等功能。

4)　安全技术

"新一代的航空运输系统"的建立涉及大量新技术的引进、吸收和自主研发。从系统安全的角度来认识安全技术更具有理性的意义，更具科学性原则。新的安全技术的发展，不再是单一的技术范畴，而应该是更加整体化、系统化和信息化。安全技术的发展包括四个方面，即人员的安全素质(心理与生理、安全能力、文化素质)、设备的安全可靠性(设计安全性、制造安全性、使用安全性)、生产过程中的安全支持技术、全面可靠的安全信息技术(充分发挥安全管理效能)。

安全技术的发展同时还必须立足于预测在民航未来发展的过程中，可能面临的安全问题，并提出解决方案。

2. 主要研究内容、主要指标与标志点

安全技术的研究依据系统安全理论，在系统安全理论框架下构建"新一代航空运输系统"的航空安全管理体系，通过全面和先进的信息数据采集工具，实现基于数据驱动的安全管理和监控。

采用先进的理论设计系统整体结构和框架，在"新一代航空运输系统"总体结构和框架下，一方面研究和开发新的子系统和工具，另一方面将与中国民航现有的各类安全信息实现有机的关联和融合。通过对安全规章标准、安全管理方法、安全管理体系、安全技术、航空安全管理信息系统、民航安全监控与预警系统、人为因素、突发事件处置与事故调查等领域研究从根本上改善航空安全。其中，中国新一代航空运输系统安全技术发展规划如表 10-1 所示。

表 10-1　中国新一代航空运输系统安全技术发展规划

研究内容	第 1 阶段 2015—2018 年	第 2 阶段 2018—2020 年	第 3 阶段 2020—2025 年	第 4 阶段 2025—2030 年
安全规章标准	研究国家安全标准，找出不适应的内容；分析评估国际标准与国内标准的差异	提出修改国内安全标准的建议措施；建立中国民航的安全标准体系	完善中国民航的规章标准体系	
安全管理方法	研究国际发达民航国家安全管理的先进方法和手段；分析比较国内外安全管理方法的差异	结合中国民航特点，研究适应于我国民航发展的安全管理方法	在中国民航推广先进的安全管理方法	发展和完善安全管理方法
安全管理体系	系统安全管理理论，安全管理体系的内涵、外延、功能特点、运行方式等基础性研究	开发辅助工具，开展差异分析，进行试点	安全管理体系在整个行业推广应用	
安全技术	制定适应中国民航的安全技术发展战略；研究我国的民航业安全技术需求	研究空管、飞行、机场、安全管理等的主动安全技术和被动安全技术，如实时安全监控技术等	应用各项安全技术；开发民航新安全技术	完善各领域各运行阶段安全技术
航空安全管理信息系统	研究现有安全信息系统的结构、功能和局限性，完善基础设施	进行系统建设可行性分析，系统功能研究，系统结构设计	整合新技术，进行系统建设、功能整合、试运行、调试、正式推广应用	运行并完善航空安全管理信息系统
基于数据驱动的民航安全监控与预警系统	研究系统的功能需求和技术需求，民航现有安全数据分析利用机制	建立安全信息数据的标准、信息收集处理机制；建立安全监控功能和预警功能，并完成子系统建设	系统建设、功能整合、试运行、调试、正式推广应用	运行并完善基于数据驱动的民航安全监控与预警系统

续表

研究内容	第 1 阶段 2015—2018 年	第 2 阶段 2018—2020 年	第 3 阶段 2020—2025 年	第 4 阶段 2025—2030 年
人为因素	对人为差错的形成机理、失误过程、所导致的后果等进行综合分析，研究制定防范人为差错的措施和方法；研究人的生理、心理，为飞行、空管等民航特种专业人员的选拔、训练及管理提供技术支持	建立人为因素研究平台，包括人为因素信息收集和分析平台、人的差错分析系统、人机界面测试平台、人的生理心理测试系统等	推导建立民航人为因素模型，对人为因素进行仿真模拟，对人失误的形成和发展情况进行理论研究	完善任务因素研究平台；应用推广研究成果，并在实际运行中不断完善
民航系统突发事件处置与事故调查	建立符合民航行业特点的应急救援指挥体系和专业队伍；建立民航应急救援专家数据库	民航事故的国家应急处置的机制与管理；应急救援响应系统的信息平台；应急救援相关技术、设备设施；应急处置的演练及设计、应急救援预案、物质资源等的常态化管理程序	完善国家应急处置机制；完善"民航局、地区管理局和机场"三级应急响应、救援指挥协调机构	

其主要研究内容如下。

1)　民航安全管理体系(SMS)

航空运输安全是一个长期而复杂的系统工程，建立合理高效的安全管理体系才有助于航空运输业的健康发展。安全管理体系(SMS)的建立是航空业发展自身的需求，也是中国民航实现从民航大国向民航强国转变重大战略的重要组成部分。安全管理体系(SMS)在本质上是一种系统的、清晰的和全面的安全风险管理办法。建设 SMS，可以逐步实现安全管理工作从事后到事前、从开发到闭环、从个人到系统、从局部到整体的转变，减少不安全事件的发生。

SMS 是安全基础运行系统，它的建设需要国家、行业管理部门、航空运输企业、员工和管理人员的共同努力来完成。SMS 的建设特别强调的一点是必须有企业最高管理人员的参与，因为他们有法定的监管责任，并掌握着所有的资源。总之，各民航企业才是实施 SMS 的主要受益方，SMS 可帮助企业控制运行风险。

航空运输具有国际性，因此安全管理体系建设也必须与国际接轨，SMS 的主要作用在于它的系统化程序和航空安全管理措施。当各个国家和地区航空运输部门都建立起统一、高效、完善的安全体系时，就构筑起了全球化安全管理体系的框架。

SMS 的实施能够促进国际航空安全，降低世界范围内的事故率，在帮助世界各国航空企业实施各自国家法规的同时，能够更有效地实施国际民航有关标准和建议措施，并实现有效监督；也有助于全球航空安全信息的开发利用和传递交流，实现安全信息资源的共享；有利于安全管理的培训。

在未来新一代航空运输系统中，建设 SMS 需要全面总结我国民航长期以来行之有效的安全管理经验，建立与国际接轨、适合我国国情的安全管理体系。

其具体研究内容如下所述。

(1) 发展系统安全管理的理论，研究国内外安全管理理念和方法的差异，明确中国民航 SMS 的内涵、外延的研究。

(2) 航空公司、机场、空中交通管理、航空保安等各子系统的 SMS 的特点、内容、差异，提出 SMS 建设的具体方法和内容的研究。

(3) 针对民航运行中存在的危险源进行风险管理的理念、方法、技术、评估模型、辅助工具等领域的研究。

2) 航空安全管理信息系统

安全信息是安全管理的基础，只有全面收集安全信息，才能掌握机场的安全状况。目前，我国大多数机场还没有专职收集安全信息的部门，与机场安全管理体系的要求还有一定的差距。

为了充分保障安全，在新一代航空运输系统中，应建立包括航空安全管理、飞行标准、适航、机场、空中交通管理等领域安全管理和地区管理局安全管理等子系统在内的"航空安全管理信息系统"，统一基础数据库和工作平台，实现民用航空安全信息工作的一体化管理。规范航空安全信息的收集、统计、分析和发布工作。拓宽信息收集渠道，在强制性、自愿性和保密性的基础上，广泛获取信息。深化信息的分析、评估与运用，把握不安全事件的趋势性和规律性，及时提出针对性建议与措施，为民航安全管理决策和企业安全运行提供支持。同时，做好国际安全信息的交流工作，实现国内、国际安全信息共享。

其具体研究内容如下所述。

(1) 建立航空安全综合信息数据库。利用信息和计算机技术，建立包括国内外事故、事故征候和不安全事件数据库，QAR 数据库，安全评估数据库，民航安全自愿报告系统信息数据库和国际航空安全动态信息库。

(2) 建立定期提交民航安全咨询报告制度。根据各种渠道收集到的航空安全信息和研究结果定期向民航总局提交"民航安全咨询报告"。

(3) 提供安全信息咨询服务。跟踪国内外安全形势，及时提供信息咨询服务；发布国内外安全信息；根据国内外安全信息属性，提供定制的点到点的安全信息服务；提供培训服务，使民航界了解世界民航安全相关领域发展趋势和重要信息，以促进安全。

3) 民航安全监控与预警系统

"基于数据驱动的民航安全监控与预警系统"是为持续提高民航安全水平而提出的。系统由安全信息收集和数据挖掘系统、数据分析与融合系统、智能分析系统等组成。"新一代航空运输系统"的安全管理体系将来一旦建立，将提供民航安全监控、预警服务，各类事件、动态(国内外形势、政策变化等)影响分析，决策支持、安全咨询服务，实现民航安全实时监控和安全风险早期预警。

从准确的数据中得到的信息是任何系统改进的基础，没有这类信息就很难取得安全方面的有效进步。开发一个包括系统所有相关者在内的综合数据收集和分析程序至关重要。

在航空企业中可以通过多种渠道获取数据。数据必须转化成能够被系统管理者用于作出正确决策的信息才是有用的数据。关键是要在一个充分考虑目标的、系统的计划基础之上收集数据。其他方法收集的数据会增加数据收集机构的负担，而且不会促进航空安全。

实现网络化、数字化监控和预警，安全信息共享。系统建立在民航总局安全信息网络的基础上，连接企业、地区管理局和总局，将信息采集子系统的数据、事件分析、风险评估、安全形势评估、安全评估/审计等均纳入系统，该系统具有 C/A/S(客户端/应用服务端/数据服务端)三层软件结构，使用 J2EE 标准，具有网络数据仓库和网络安全技术的支持。

该系统可分为安全信息收集子系统、数据管理子系统、安全监控预警子系统、风险评估子系统、危机管理子系统五个部分。

安全信息收集子系统是整个系统的基础，收集安全数据并进行专业化处理，得出的安全信息是安全监控和预警的前提，所有系统所需的信息都能通过该子系统获得。

数据管理子系统对收集的数据进行相应的操作，该子系统又分预处理、数据录入和浏览修改等模块。预处理是对固定的数据按数学模型的计算方法进行计算、分类；数据录入是对有关的数据进行录入；浏览修改是对数据进行修改、查阅、导出等。

安全监控预警子系统具有全面、灵活的预警机制，可以依据自定义的预警信号生成预警条件、预警信息内容、预警的级别；可以自行配置触发预警的业务单元等；可以使各级管理者灵活地进行安全监控及管理。

危机管理子系统通过寻求时间、信息，保护有效运用的资源，启动应急救援方案对当局和企业提供实时决策支持，及时作出决策，将危机影响最小化。危机过后，危机管理系统帮助那些危机情境中的人进行心理辅导和恢复重建、实施管理。

4) 安全技术

航空安全的关键技术研究，应该重点解决民航发展中的重大问题，结合重点设备开发和重要实验基地的建设，加强集成创新和引进消化吸收再创新，提高产业竞争力。关键安全技术研究按应用层次可分为三类。

(1) 航空安全相关的前瞻性基础性战略性的技术，如全系统信息管理(SWIM)等这类技术难度较大，短期内不易透彻了解，但对我国航空安全具有重大战略意义，因此应高度重视，集合行业内外多方研究力量进行技术攻关。

(2) 对民航近期安全运行有重要推进作用，较为成熟，但还需要完善的关键应用技术，如飞行标准监管系统(FSOP)这类技术可以在应用中不断总结完善。

(3) 国外已经成熟应用并取得良好效果的航空安全新技术，如 ADS-B，对于这类技术，应该先研究制定适应我国民航实际的规范标准及规划，为后期的推广应用做好铺垫。

航空安全的关键安全技术研究，应用范围上又可以分为空管、飞行、机场、安全管理四个领域。具体研究内容包括下述各点。

(1) 空管，具体内容如表 10-2 所示。

表 10-2　空管领域

关键技术项目	适用航空器	应用领域	发展程度
空域管理	运输航空 公务航空 通用航空	全国	试运行
动态领空配置	运输航空 公务航空 通用航空	全国	试运行
交通流量管理	运输航空 公务航空 通用航空	全国	试运行
间隔保障	运输航空 公务航空 通用航空	全国	试运行
超密度运行	运输航空 公务航空 通用航空	机场	试运行
安全和高效的地面运行	运输航空 公务航空 通用航空	机场	试运行
机场区域精确调度系统和间距保持	运输航空 公务航空 通用航空	全国	试运行
卫星导航地基增强系统	运输航空 公务航空 通用航空	全国	试运行
先进场面活动控制引导系统	运输航空 公务航空 通用航空	机场	试运行
全系统信息管理	运输航空 公务航空 通用航空	全国	试运行

注：▬运输航空，▬公务航空，▬通用航空，▬全国，▬机场，▬理论探索，▬研发，▬试运行。

(2) 飞行，具体内容如表 10-3 所示(图标含义如上)。

表 10-3　飞行领域

关键技术项目	适用航空器	应用领域	发展程度
基于驾驶舱的飞行数据管理技术	运输航空 公务航空 通用航空	全国	试运行
动态的四维轨迹(4DT)信息	运输航空 公务航空 通用航空	全国	试运行
航空器安全状态信息	运输航空 公务航空 通用航空	全国	试运行
防止跑道侵入	运输航空 公务航空 通用航空	机场	试运行

续表

关键技术项目	适用航空器			应用领域	发展程度
飞行事故情景假设	✈	✈	🚁	(中国地图)	✈

(3) 机场，具体内容如表 10-4 所示(图标含义如上)。

表 10-4 机场领域

关键技术项目	适用航空器			应用领域	发展程度
实时数据集成	✈	✈	🚁	(机场跑道)	✈
机场地面碰撞风险动态模拟	✈	✈	🚁	(机场跑道)	✈
复杂障碍物建模	✈	✈	🚁	(机场跑道)	✈
航空器在终端区的碰撞风险动态模拟	✈	✈	🚁	(机场跑道)	✈
先进机场模拟仿真	✈	✈	🚁	(机场跑道)	✈
跑道安全仿真	✈	✈	🚁	(机场跑道)	✈

(4) 安全管理，具体内容如表 10-5 所示(图标含义如上)。

表 10-5 安全管理领域

关键技术项目	适用航空器			应用领域	发展程度
航空安全监管	✈	✈	🚁	(中国地图)	✈
航空器的发现、跟踪与监视	✈	✈	🚁	(中国地图)	✈
航空事故国家应急处置的机制与管理	✈	✈	🚁	(中国地图)	✈
重大航空事故灾难情境再现	✈	✈	🚁	(中国地图)	✈
安全信息共享与分析	✈	✈	🚁	(中国地图)	✈
复合材料失效分析	✈	✈	🚁	(中国地图)	✈

关键技术项目	适用航空器			应用领域	发展程度
破损记录器的处理					
残骸分析技术					
航空人员疲劳					
危害性分析					
综合安全技术实验室					
国际航空安全援助计划					

5) 民航人为因素

人为因素的研究，可实现对航空人的差错及人为因素事件、信息的分析及实验研究，研究人的差错的发生和预防机理，及时反馈到执行层面、决策层面和政策层面。

通过对事故和重大事故征候的调查，以及对事故和事故征候中人员失误的研究分析，对人为差错的形成机理、失误过程、所导致的后果等进行综合分析，可以研究制定防范人为差错的措施和方法，积极推广人为因素研究成果。

具体研究内容包括下述两点。

(1) 进行人为因素模拟仿真。根据航空人为因素构成，通过逻辑推导建立民航人为因素模型，对人为因素进行仿真模拟，对人为失误的形成和发展情况进行理论研究。

(2) 研究人的生理、心理，为飞行、空管等民航特种专业人员的选拔、训练及管理提供技术支持。

本研究平台由人为因素信息收集和分析平台、人的差错分析系统、人机界面测试平台、人的生理心理测试系统等共同组成。人为因素是航空事故的主要原因(80%以上)，该研究平台可实现对航空人的差错及人为因素事件、信息的分析及实验研究，研究人的差错的发生和预防机理，及时反馈到执行层面、决策层面和政策层面，研究防错体系的建立和完善，从根本上改善航空安全。

6) 民航系统突发事件处置与事故调查

在"新一代航空运输系统"中，网络技术和信息技术必将广泛应用，使这个复杂巨系统的各个子系统之间的联系变得更加紧密，从而也使各子系统之间更加相互影响。而当一些紧急情况出现时，可能导致整个系统的瘫痪，因此本项目不但要研究灵活、高效的应急反应机制，如何快速将整个系统恢复正常也是一个重要的研究内容。

在整合民航现有资源的基础上建立一支指挥高效、设备先进、操作一流、功能全面、资源共享、运转灵活、符合民航行业特点的应急救援指挥体系和应急救援专业队伍，可以为民航应急救援提供有力的支持和保障。

建立民航应急救援专家数据库，培养包括应急指挥、空管、飞行、机务、消防、医疗、事故调查等方面的专家。培训各个机场指挥、消防、医疗方面的业务骨干，建立机场应急救援专业化指挥队伍，消防、医疗骨干培训率达到 100%。

建立"民航局、地区管理局和机场"三级应急响应、救援指挥协调机构。根据形势、环境、技术、机构和人员等变化，修订完善民航应急救援法规规章及各项应急预案和应急程序，实现预案及程序的可操作性和实用性。补充完善应急救援指挥机构的设备设施和机场的消防、医疗急救设备设施；完成应急指挥、消防、医疗、残损航空器搬移等救援培训基地的建设。

具体研究内容包括下述各点。

(1) 民航事故的国家应急处置的机制与管理。

(2) 应急救援响应系统的信息平台。

(3) 事故调查相关技术、设备设施，包括破损记录器的处理、航空电子芯片处理、复合材料失效分析、雷达数据分析、影像资料分析、残骸分析技术、疲劳、特殊药理作用的取证等。

(4) 应急处置的演练及设计、应急救援预案、物质资源等的常态化管理程序。

(5) 建立应急救援专家数据库。

3. 安全关键技术可能的创新点

1) 安全信息收集与利用

全面、系统、准确地收集民航安全信息。全面系统准确的信息是保障安全领域其他功能发挥作用的基础。发现危及安全的隐患和薄弱环节，提出改进意见。通过安全监测、安全评估、安全审计、安全风险管理等方法发现安全隐患和薄弱环节，及时向各级管理部门上报和处理，以改善安全状况。

分析安全风险的严重度与可能性。严重度表示发生一起事故造成的损失数值；可能性表示在一定时间或周期内事故发生的次数。通过对采集数据的分析，制定有针对性的整改措施，设法减少事故的可能性或者降低后果的严重度，将风险控制在可接受的范围内。此外，通过主动式的安全管理，可以引导安全行为，促进民航安全文化的建设。

2) 运行安全监控

利用现有的遍布全民航的网络，通过各种监测手段对民航实际运行情况进行实时监测。通过对所收集的民航安全信息进行分析，实现对整个民航当前实际运行安全状况的监测。

研究建立符合民航内在规律的综合安全趋势分析和安全预警体系，结合民航的行业特点，指标体系既可以直观反映整个民航的宏观安全趋势，又可以对一些具体情况提出预警。通告评估各部门、各单位的安全状况，使各级管理部门对所管辖区域内的安全状况有一个客观全面的认识，以便于采取针对性的措施，并分析预测中国民航安全的趋势，为各级管理部门决策提供依据，以提高安全水平。

研究航空器的发现、跟踪与监测方面的技术；机载设备的加装或改造技术；提升地面的一次雷达、二次雷达、ADS-B 地面站的信息获取、目标识别和预警能力；飞机健康管理系统方面的传感器、数据传输、大数据分析等方面技术；北斗、机载设备及改装的适航验证等方面技术。

3) 法规标准

通过全面、系统、科学地总结和分析数据资料，为改进民航安全管理，修订规章，制定标准提供依据。

4) 技术保障装备

研究与安全直接相关的核心技术装备，包括一次雷达、二次雷达、空管自动化设备、气象观测设备等；机载设备与地面系统综合集成技术；有关设备技术标准、测试验证等技术。

5) 突发事件处置与事故调查

研究国家应急处置的机制与管理；应急信息共享与分析，基于数据，提供详细应急救援方案，并分配应急救援资源，实现应急救援方案和资源的最优化；应急处置的演练及设计；破损记录器的处理、航空电子芯片处理、复合材料失效分析、雷达数据分析、影像资料分析、残骸分析技术、疲劳、特殊药理作用的取证等方面的技术。

10.2.3 安全技术发展步骤、措施

1. 发展基本步骤

新一代航空运输系统的安全领域建设目标的实现和发展应按照从宏观到微观的思路进行。

安全领域的发展主要可分为三个阶段，第一阶段：规划阶段；第二阶段：研究阶段；第三阶段：实施阶段。

第一阶段：规划阶段。

(1) 研究新一代航空运输系统安全领域的中长期规划和技术发展战略。

(2) 制定安全领域的中长期规划和技术发展规划。

(3) 编制安全领域各研究方向的发展计划。

(4) 开展技术和重大专项的研究论证工作。

第二阶段：研究阶段。

(1) 明确负责研究工作领导和规划的相关组织机构、工作方式、工作机制。

(2) 开展安全领域的宏观战略问题研究，从安全认识论、安全法规体系、安全管理方法、安全技术等方面入手，明确研究内容与方向。

(3) 开展安全领域的重大任务研究，围绕新一代航空运输系统的需求，筛选出需要科技支撑的安全问题。

(4) 分析各有关领域的科技发展趋势，提出安全领域的科技发展战略目标与重大科技专项，制定各研究专项的研究路线图和时间表。

第三阶段：实施阶段。实现研究与实践的结合，建立新一代航空运输系统安全领域的各项关键系统。

此外，第二阶段和第三阶段实际上是一个相互联系的过程，研究将紧密联系各民航企事业单位的实践，实现研究成果与实际应用的无缝过渡。

2. 主要保障措施

"新一代航空运输系统"的安全领域主要采取以下保障措施。

1) 明确安全领域的建设目标

围绕新一代航空运输系统发展目标,以"安全第一、预防为主、综合治理"的方针为指导,从总体上明确全行业发展的方向、任务、重点、布局、体制和政策,坚持定性与定量相结合,建立安全领域发展的目标体系。

2) 突出战略重点

着眼于新一代航空运输系统的全局,突出安全技术发展重点,着力解决影响民航安全方面的重大关键性技术问题。

3) 瞄准科技前瞻

着眼于未来经济、社会和科技的发展趋势,科学分析和把握民航安全领域具有重大方向性的科学技术问题,通过引入先进的科学技术推动民航发展,保障安全生产。

4) 鼓励创新

以创新的思想观念和思维方式,推动行业安全管理工作的创新,提出民航安全管理的新思路和新措施,实现安全技术创新、安全管理体制与机制创新和安全管理方式创新。

5) 分类指导

从民航安全领域的现状和实际需求出发,根据不同地区、企业和部门的特点,研究相应的安全管理思路,增强安全管理的针对性和有效性。

3. 战略实施建议

"新一代民航运输系统"安全关键技术发展的战略建议如下。

1) 进行深层次的理念和技术创新

"新一代航空运输系统"的建设实施过程包括组织机构、管理理念、技术在内的系统全面的创新,而不是在原组织机构、理念下的简单调整。"新一代航空运输系统"的安全技术领域不仅仅是某项安全技术变革,还包括国家安全战略、政府安全监管方式、组织结构和行业安全管控习惯做法的变革,将新的技术移植到过时的政策、文化、规章环境中是不会成功的。我国"新一代航空运输系统"航空安全技术也应该是一个系统的创新,并且系统创新的推进首先应该是安全理念的创新、安全监管组织机构的创新,在此基础上展开深入的安全技术的持续创新。

2) 建立跨部门、跨行业的研发协作机制

美国在建设"下一代航空运输系统"中把"下一代"建设上升到国家层面,建立包括交通部、国土安全部、商业部、国防部、白宫科学与技术政策办公室、国家航空航天局、联邦航空局等政府机构人员组成的高级决策委员会(SPC),并在高级决策委员会下成立联合计划发展办公室(JPDO),系统推出了《面向 2025 年的美国下一代航空运输系统》,启动 NextGen 的建设,把 NextGen 的建设工作提升到国家战略高度,促进航空运输系统的技术变革。我国建设"新一代民航运输系统"需要从国家层面整合各方力量和资源,同样,安全领域关键技术也只有从国家高度才能保障全面推进,包括军队、航空工业、民航行业、研究机构的协同、积极推进国家层面的民航安全技术协同研究和创新。

3) 充分利用现有民航科技研发体系

整合我国航空与民航科技资源，形成航空和民航科研交流畅通机制；航空工业和民航部门在内部各自通过合并同类项来优化资源配置；航空工业和民航部门之间部分研究项目通过合并同类项单项整合；重视航空安全技术开发与验证平台的建设。

4) 抓好安全关键技术的重点建设

综合我国民航安全技术创新阶段、民航产业技术创新阶段的发展特征，结合民航安全科技产业被许多国家都作为战略性产业并且普遍实行技术壁垒的现实，要建设我国新一代民航运输系统，必须坚持自主创新。民航安全领域当前应该主要以引进后的消化吸收为主，逐渐过渡到集成创新和部分国产化，随后开始全面自主创新，实现国产化。

10.2.4 美国航空安全技术发展概况

1. 美国航空安全技术研发机制

美国拥有体系齐全、分工明确的技术研发体系。航空系统内的研发活动与企业以产品研发活动，以及与院校的基础研究有着鲜明的区别，应充分利用系统之外的研发力量，但技术验证职能保留在系统内部。

系统内有一批技术背景很强的技术官员，安全技术的需求产生自系统内部。研发重点突出，以运行技术为主，紧密围绕 FAA 自身的需求或者 FAA 认定的行业需求。研发规划的执行自上而下，约束力很强大，保证把 FAA 的资源集中到 FAA 最关切的问题上，把握住什么时候该解决什么问题，即研发活动时序化，并且协调涉及面广的技术变革(比如 ADS-B 技术的应用)在空管、飞标、航空器、机场等各个子系统之间的研发步伐。

FAA 通过内部的各种技术组织(委员会)对研发过程进行管控，保证研发成果符合 FAA 的需要，避免浪费研发资源。这些是中国民航在建设安全科技创新体系中值得借鉴的经验。

FAA 拥有强大的研发体系，有 FAA 自己的技术中心、航空医学中心，也有处于 FAA 系统之外，但主要为 FAA 做研发的麦特机构先进航空系统发展中心(MITRE-CAASD)，有承担部分航空技术研发的美国国家航空航天局(NASA)，有 FAA 的上级部门——美国运输部所属的研发机构，如 Volpe 中心。

为了充分发挥各研发机构的作用，避免功能交叉重叠，各研发单位有着各自的定位，如图 10-2 所示，构成一个布局完整、分工合理的研发体系，如 NASA 主要从事较为基础的研究，这些研究成果可能要在 10 年之后才能转化为实用技术。MITRE-CAASD 主要从事空管领域从概念到原型机的研发，不允许制造产品。FAA 技术中心主要承担航空器、机场和空管方面的新技术和新系统的测试验证。FAA 航空医学中心主要承担与人有关的技术研究，如人为因素和生存性研究。Volpe 中心主要从事软件产品的编制和安装工作。

在政府与企业有着明确划分的美国，FAA 的研发重点在行业的系统性问题上而不在企业的个体问题上；重点在运行技术上而较少在建造技术上；重点在制定规章所遇到的问题上而很少在产品上；作为空管新技术新装备的拥有者和使用者，FAA 的研发投入更多的是在空管领域内，而较少在航空器和机场领域内。对局方研发重点的把握非常值得我国的航空安全科研机构借鉴。

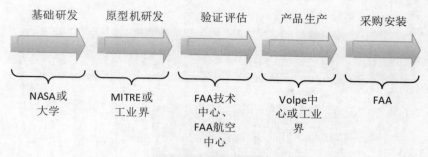

图 10-2　各研究机构定位

图 10-3 以新型机载电子设备的引入为例，如广播式自动相关监视设备(ADS-B)，列举了 FAA 在各项相关工作中扮演的角色，可以看出其重点在运行技术上。

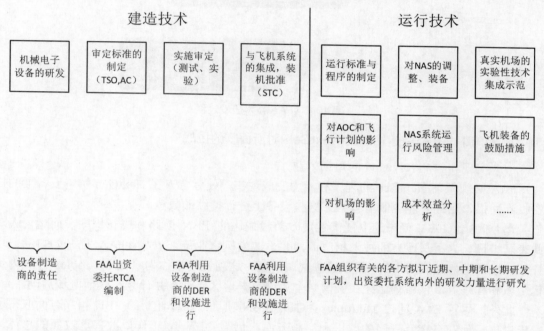

注：TSO—技术标准规定；AC—咨询通告；STC—补充型号合格证；RTCA—航空无线电委员会；DER—委任工程代表；AOC—航空公司运控中心；NAS—国家航行系统。

图 10-3　FAA 的研发分工

FAA 把研发过程分成概念探索、概念发展、原型机开发、全尺度开发四个阶段，如图 10-4 所示。MITRE 可以承担第一至第三阶段的研发任务，但它的定位决定了它不能进入第四阶段，必须移交给 FAA 指定的开发商或 Volpe 中心来生产和维护。研发工作每转入下一个阶段之前，承担研发任务的机构必须向该委员会提交规定的文件，让委员会判断研发是否符合 FAA 的需要、继续投入是否值得、成果的应用价值及安全风险等。最后，由委员会中的 FAA 的成员决定研发工作是否可以进入下一阶段，非 FAA 的成员仅供咨询意见。这种步步为营的做法保证了研发工作紧密围绕 FAA 的需求，避免了研发资源的浪费。

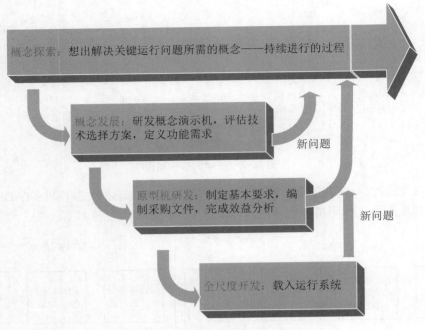

概念探索：想出解决关键运行问题所需的概念——持续进行的过程

概念发展：研发概念演示机，评估技术选择方案，定义功能需求

新问题

原型机研发：制定基本要求，编制采购文件，完成效益分析

新问题

全尺度开发：载入运行系统

图 10-4　FAA 技术研发过程

2. 实施下一代航空运输系统(NextGen)时所面临的挑战

1)　实现和验证 NextGen 的短期效益

FAA 必须保证 NextGen 的程序和能力变成现实，使运营人在 NextGen 航电设备上的投资收到回报，这样才能说服运营人在这些设备上进行持续的投资。

迄今为止，FAA 尚未建立能够实现效益最大化的 PBN 航路和飞行程序，而运营人对此表示担忧。为了与现有的技术相协调，并迅速为航空业带来效益，FAA 已开始启动一项计划，以便更好地利用 PBN 程序解决空域问题，这项计划被称为"在 Metroplex 区域内优化空域和程序"，该计划已经在美国 8 个大城市群地区启动，并计划在其他区域启动。

此外，尽管 FAA 通过 Metroplex 和其他 PBN 项目，在设计新的 PBN 程序方面取得了一定进展，但在 PBN 程序的改进和实施方面，仍需要做很多工作以改善这方面的总体流程。为解决这些挑战，FAA 已经着手开展一项名为"依赖导航(NAV Lean)"的项目，以使飞行程序的实施流程更加合理。

2)　建立一套经济合理的机制，鼓励运营人装备 NextGen 技术

FAA 计划制订一套公共和私人的融资计划，如借贷担保和其他信用援助工具，帮助通用航空和商业航空装备 NextGen 技术。尽管 FAA 现在得到了授权，但仍未制订出此计划。

3)　确保采购项目按期投入使用

FAA 在及时交付关键设备方面，面临着以下挑战。

(1) 增加了所选地区的运行复杂性，带来了相关的不可预见的风险。

(2) 设备部署在关键地区之前，没有进行充分的测试以识别可能存在的软件问题。

(3) 项目办公室和运行地区之间缺乏充分的沟通。

(4) 在系统的开发和部署过程中，利益相关方参与不够充分。

4)　明确 NextGen 项目中的领导任务和职责

为确保对 NextGen 的项目结果负责,已有多个利益相关方提出建议,认为需要建立一个直接向 FAA 局长或交通部部长报告的办公室。

5)　管理向 NextGen 系统的过渡

在解决向 NextGen 过渡期间的基础设施和运行方面的问题时,FAA 面临诸多挑战,特别是在预算资源受限的情况下,FAA 需要平衡各项目的优先级,以确保 NextGen 项目的实施按既定方向前进。此外,维持好目前的基础设施仍然至关重要,因为在若干年内这些设施仍将是国家空域系统的核心,而且其中一部分设施将会成为未来 NextGen 系统的一部分。

此外,要实现 NextGen 的全部效益,对现有的空管设施进行重新布局是十分必要的。FAA 最近已经批准了一项计划,在未来 20 年内将现有的航路管制中心和终端区雷达进近管制中心(TRACON)进行合并,融入更大型的、综合性的管制机构[①]。

6)　FAA 在安全风险管理方面所面临的挑战

(1) 对于 FAA 来说,为了确定安全问题的严重程度、评估其潜在的影响、识别其根源,并有效地解决和缓解它们,捕捉准确和完整数据的实施系统和流程是至关重要的。虽然 FAA 已经对数据进行了质量控制,但是不足之处仍然存在。特别是 GAO 在 2010 年审查的 FAA 的几个数据库,这些数据库中并没有优先考虑数据输入的管理审查程序——一种重要的有助于确保数据的准确性和完整性的控制措施。

(2) FAA 没有跟踪或评估发生跑道偏离时的流程——一架飞机偏出或冲出了跑道。与跑道侵入(未经授权的飞机、交通工具或人出现在跑道上)一样,跑道偏离是很危险的,FAA 已经记录了多年的跑道偏离事件。GAO 建议 FAA 制订并实施对跑道偏离进行跟踪和评估的计划。FAA 同意了该计划,目前正在制订一项收集和分析跑道偏离数据的计划,同时起草了一份列明定义和风险评估程序的对数据进行分类分析的法规。

(3) GAO 发现,FAA 缺乏在停机坪区所发生事件和事故的性质、严重程度及成本等方面的数据,这阻碍了为解决类似事件而开展安全工作的实施。FAA 没有全面收集发生在停机坪区域的事故/事件的相关数据,而且美国国家运输安全委员会(NTSB)也未定期地收集停机坪区域发生的事故/事件的相关数据,除非这些事故/事件导致了严重的人员伤亡或造成了航空器的重大损坏。FAA 缺乏停机坪事件的数据,这意味着 FAA 无法针对该区域有可能发生的灾难性事故的风险进行评估。因此,GAO 建议 FAA 要进一步扩展对停机坪区域的监督[②]。

7)　机场附近噪音问题的研究

机场的噪音问题一直困扰着整个国家空域系统。FAA 的整体战略目标是将全国暴露在噪音下的人数减少到 30 万人以下。在过去的 30 年中,美国国会在减少和消除机场噪音污染上已经投入了几十亿资金,从 FAA 开始实施 AIP(Airport Improvement Program)噪音补贴到现在,许多机场已经完成了减轻噪音的项目,航空器上也使用了减轻噪音的技术。但是

---

① FAA Is Taking Steps to Improve Data, but Challenges for Managing Safety Risks Remain,GAO,2012,pp2～14.

② FAA Faces Implementation Challenges,GAO,2012,pp2～17.

FAA 所做的这些努力仍然不能实现其所定的目标。首先，FAA 没有要求机场对噪音的暴露区域进行定期更新和精确划分，以使其符合相关的要求。其次，接受补贴的居民和学校仍然居住在噪音暴露区域。最后，仍有一部分机场在继续进行减轻噪音的项目，他们未定期更新项目的进展，且未说明他们一直没完成此项目的原因[①]。

为了有效地解决遗留下来的噪音问题，GAO 建议 FAA 采取以下两个措施。

(1) 建立一个战略性的降低噪音的目标，此目标要同机场噪音的范围，以及机场噪音补贴项目的目标结合起来制定。

(2) 建立绩效指标来评估所要实现的目标，以更好地展示项目的成果；向国会和 FAA 的项目经理提供信息，以使他们能有效地评估项目的进展和制定决策方案。

3. NextGen 的安全技术

在下一代航空运输系统航空安全部门的 2012 年工作计划[②]中，首先概述了 6 个航空安全活动的新进展及未来的发展规划，它们分别是 PBN/RNP，ADS-B，数据通信，低能见度下的运行[增强的飞行视景系统(Enhanced Flight Vision System)，综合视景系统(Synthetic Vision Systems)，基于地面的增强系统(Ground Based Augmentation System)]，航空电子设备的安全增强(广播式飞行信息服务(Flight Information Services-Broadcast)，电子飞行包(Electronic Flight Bags)，发动机和能源技术(引入再生燃料，含铅低的汽油)。其次具体讲解了航空安全部门在下一代航空运输系统(NextGen)中的具体责任。如图 10-5 所示是政策推出的生命周期，其中突出显示了航空安全部门的重要作用。

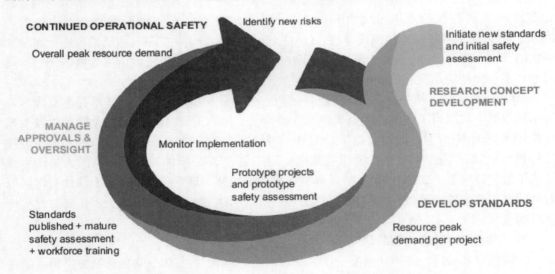

图 10-5　政策推出的生命周期(Policy Development Life-Cycle)

---

① FAA Needs to Better Ensure Project Eligibility and Improve Strategic Goal and Performance Measures，GAO，2012，pp2~37.

② AVS Work Plan for NextGen 2012，FAA，2012，pp8~30.

1) 机场布局问题

当飞机在低能见度下滑行时，在一个复杂的交叉口，飞机可能会错误地转弯，从而导致跑道侵入。由此可见，导致跑道侵入的一个重要因素就是机场的布局问题[①]。因此，机场在布局时要注意以下问题。

(1) 避免布局中包括复杂的交叉口，寻找方法来简化交叉口。

(2) 避免出现紧密间隔的平行跑道的布局。

(3) 避免飞机和车辆之间有交叉跑道的布局。

(4) 避免飞机在跑道上滑行或反向滑行(Back Taxiing)的布局。

2) 跑道安全

支撑跑道安全的重要技术[②]有下述各项。

(1) 跑道状态灯光系统(RWSL)。它是一种灯光系统，它能直接向飞行员和其他车辆操作人员发出警报，而无须通过空管人员中转。RWSL 系统是由跑道入口灯、起飞等待灯、跑道交叉口灯光组成，利用 ASDE-X(机场表面检测)设备可以获得飞机与其他车辆的信息，判断飞机或接近跑道的车辆是否可以安全通过跑道，如果是不安全的，红色的跑道入口灯就会被点亮；如果跑道用于起飞是不安全的，红色的起飞等待灯就会被点亮。美国目前已有 22 个机场安装了此系统。

(2) 增强的最终进近跑道占用信号(FAROS)。此系统是将感应循环传感器埋在跑道和滑行道道面内，探测进出监测区的飞机和车辆。当跑道被占用或存在着陆危险时，该系统会激发闪烁的精密进近航道指示器(FPAPI)，给进近飞机的飞行员提供目视警告。

(3) 低成本的地面监视系统(LCGS)。LCGS 通过给空中交通管制员提供跑道和相邻滑行道上飞机和车辆运行的基本监测来进一步地增强安全。LCGS 系统将同 ADS-B 系统结合使用。

(4) 机场表面探测设备 (ASDE-X)。ASDE-X 在国家空域系统中是非常重要的技术和设备。ASDE-X 可以为控制者提供更好的情景感知能力，在机场周围的表面安装的多个传感器可以精确地探测到机场地面运行的飞机和其他车辆。它可以在任何气象条件下工作。美国目前已有 35 个机场部署了此系统。

(5) 电子飞行包(EFB)。EFB 也是 NextGen 中比较重要的技术。FAA 正在对 EFB 进行指导操作和安全评价。

(6) 特性材料拦阻系统(EMAS)。EMAS 是指在跑道终端使用防止飞机冲出跑道的材料，这种材料是可压碎的，有严格的强度和密度(这些技术的具体描述见文章的附录 D)。

3) 低能见度下的运行

在厚重的云层和能见度很低的情况下，飞行员在进近着陆时很难看清跑道，这给飞机着陆带来了很大的风险。通过使用 GPS 信号增强的广域增强系统(WAAS)提供精确的着陆路径，可以使飞行员即使在厚重的云层和能见度很低的情况下也能安全着陆。当能见度很低时，使用定位信标垂直引导(LPV)程序，WAAS 会发送信号到飞机的机载仪器，并指导

---

① Improving Runway Safety through Airfiled Configuration，FAA，pp1～2.

② National Runway Safety Plan 2012—2014，FAA，2011，pp38～42.

飞行员降落到跑道上[①]。

此外,增强飞行视景系统(EFVS)和综合视景系统(SVS)也有助于低能见度下的运行。

(1) 增强飞行视景系统(Enhanced Flight Vision System,EFVS)。EFVS 是指采用电子成像传感设备实时显示前视外景地形场景的系统。它能增强低能见度条件下飞机的运行能力,增加低能见度下机场的流量和效率。如图 10-6 所示为 EFVS 到 2013 年的发展状况及应用领域。

| Enhanced Flight Vision System (EFVS) | AC 20-167, AC 90-106 | Complete | Uses enhanced flight visibility to continue approach below minimums | | | | |
| | AC | 2014 | Expands operational use of EFVS | | | | |

图 10-6　EFVS 的发展情况(EFVS Enablers)

目前 EFVS 能用于离地高度为 100 英尺以内的低能见度下的进近,用于着陆的 EFVS 系统还处于开发阶段,用于起飞的 EFVS 现在只是理念探索阶段。

(2) 综合视景系统(Synthetic Vision System,SVS)。SVS 是一种采用电子方法为机组人员显示外部场景地形的综合视景图像的系统。SVS 图像是计算机生成的,而不像 EFVS 生成的"实时"图像。它需要一个地形和障碍物数据库,一个精确的导航解决方案和一个显示器。它能在所有天气和光照度条件下(白天/晚上)增加场面和飞行操作的位置意识,同时能够提高飞行员的地形意识,尤其是山区地形。SVS 图像能够在下视显示器(HDD)或平视显示器(HUD)中显示。到目前为止,SVS 只通过了下视显示器认证,且只取得情景意识认证,还没有取得操作许可。

如图 10-7 所示为 EFVS 和 SVS 的发展状况,由此可以看出,FAA 在未来将把 EFVS 和 SVS 两个系统结合起来使用。

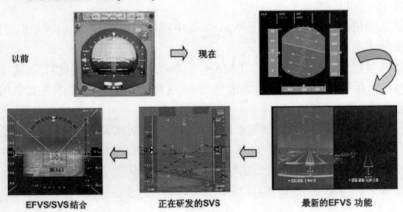

图 10-7　EFVS 和 SVS

---

① Cloudy Day is A-OK at Half Moon Bay,FAA,2012,p1.

4)　广域增强系统

广域增强系统(Wide Area Augmentation System，WAAS)是一种非常精确的民用航空导航系统。WAAS 可以为飞行员的进近操作提供水平和垂直两个方向的导航。它可以为所有类别飞机的所有飞行阶段提供服务包括航路、起飞和着陆。WAAS 可以在仪表气象条件下为进近着陆提供垂直引导[①]。

WAAS 不像传统的地面导航辅助系统，它包含了所有的国家空域系统(NAS)，WAAS 可给 GPS 接收机提供增强信息，以提高飞机定位的精度和有效性。WAAS 系统主要由四部分组成，即地面广域参考基站，WAAS 主控站，WAAS 上传站和地球同步卫星，其工作可以分为四个过程。

(1)　基站接收 GPS 信号。在美国境内，广泛地分布着广域参考基站[Wide Area Reference Station(WRS)]，每个基站都已知其准确的地理位置，通过接收 GPS 信号，探测出 GPS 信号中的误差，如图 10-8 所示。

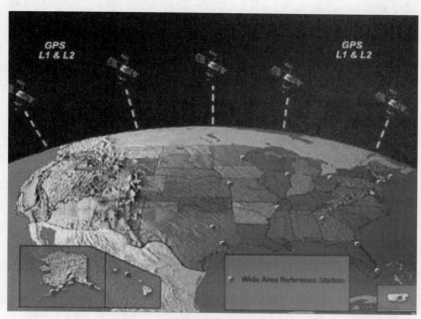

图 10-8　基站接收 GPS 信号

(2)　基站向主控站传输 GPS 误差数据。广域参考基站(WRS)收集的 GPS 信息，通过地面的通信网络传输到 WAAS 主控站(WMS)，主控站生成 WAAS 增强信息，这些信息包含了 GPS 接收机中消除 GPS 信号误差的信息，使 GPS 接收机大大改善了定位精度和可靠性，如图 10-9 所示。

(3)　WAAS 增强信息上传。增强信息由 WASS 主控站(WMS)传输到 WAAS 上传站，上传站调制成导航数据，再上传到地球同步通信卫星，如图 10-10 所示。

---

① Wide Area Augmentation System，FAA，2010，http://www.faa.gov/about/office_org/headquarters_offices/ato/service_units/techops/navservices/gnss/waas/howitworks/.

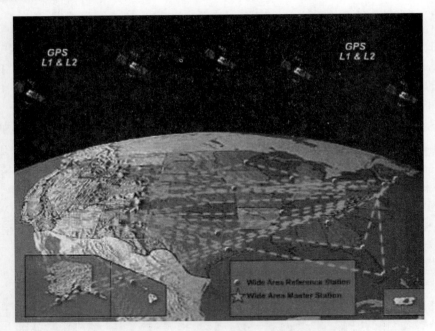

图 10-9　基站向主控站传输 GPS 误差信号

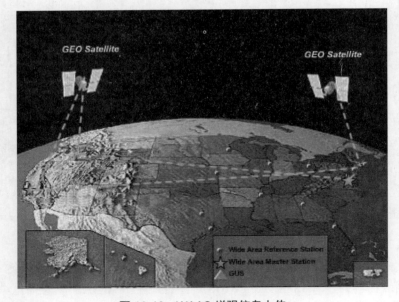

图 10-10　WAAS 增强信息上传

5)　增强信息的传播

地球同步通信卫星以 GPS 信号频率向地面广播有增强信息的导航数据，地面接收机接收 WASS 增强信号，得到 GPS 误差数据补偿定位，得到更加精确的定位。WAAS 也能给GPS 接收机提供 GPS 系统误差或其他不良影响的信息，其也有严格的安全标准，当存在危险的错误信息时，WAAS 能在 6 秒内发布给用户，如图 10-11 所示。

图 10-11 增强信息的传播

截至 2013 年 4 月，已经有 65%的通用航空飞机(按照仪表飞行规则飞行的飞机)安装了 WAAS GPS 接收器。

6) 基于性能的导航

基于性能的导航(Performance Based Navigation，PBN)是 ICAO 在整合各国区域导航 (RNAV)和所需性能导航(RNP)的基础上提出的一种新型运行概念。它将飞机先进的机载设备同卫星导航及其他技术结合起来，涵盖了从航路、终端区到进近着陆的所有飞行阶段，提供了更加精确、安全的飞行方法和更加高效的空中交通管制模式[①]。

PBN 的实施包括以下几个阶段(见图 10-12)：研究及调查；设计和程序开发；运行、环境和 SMS 检查；实施和培训；完成后的审查和修订。如图 10-13 所示为美国各个地区目前实施 PBN 程序的进展情况。

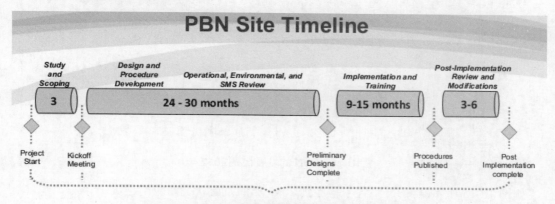

图 10-12 PBN 实施的时间轴(PBN Site Timeline)

---

① Performance Based Navigation (PBN) Non- OAPM，FAA，2013，1～9.

	Complete
	On Track
	May Be Missed *See details page
	Missed

Site	Project Start	Prototype design complete (pencils down)	Environmental Start	Environmental End	Submitted to Flight Procedures Team (FPT)	Submitted to AeroNav Products (AJV-3)	Published	Post-Implementation Review
Denver	11/2009	1/2012	1/2010	8/2012	4/2012 6/2012	5/2012 7/2012	11/2012 1/2013	9/2013
Minneapolis	10/2010	8/2012 10/2012	4/2012	12/2012 5/2014	8/2012 10/2012	9/2012 11/2012	3/2013 7/2014 5/2013 9/2014	3/2015
Nashville	7/2010	3/2012	8/2011	8/2012	4/2012	5/2012	11/2012 12/2012	6/2014
Portland	8/2011	3/2012	10/2012	3/2012	3/2012 8/2012 3/2013	3/2012 9/2012 4/2013	9/2011 3/2012 10/2003	4/2014
St. Louis	4/2008	11/2011	6/2012	7/2012	3/2012 4/2012	3/2012 5/2012	9/2012 11/2012 1/2013	7/2012
Seattle	6/2010	12/2011	10/2011	10/2012	8/2012	9/2012	3/2013	9/2013
Philadelphia	3/2008	12/2010	2005	3/2008	3/2012	12/2011	5/2012	4/2013
La Guardia	1/2011	4/2011	2005	1/2011	11/2011	12/2011	5/2012	4/2013
Anchorage					3/2012	3/2012	9/2012	4/2013

图 10-13　PBN 目前的进展情况(PBN Development Situation)

如图 10-14 所示是 PBN 中各个程序到 2012 年的发展状况及应用领域。

Table 1. Performance Based Navigation (PBN) Enablers

AVIONICS ENABLERS	AIRCRAFT AND OPERATOR GUIDANCE (GUIDANCE | SCHEDULE)		CAPABILITY OVERVIEW	TARGET AIRCRAFT	TARGET AREA	MATURITY
PERFORMANCE BASED NAVIGATION (PBN)						
RNP 10	Order 8400.12C	Complete	Reduces oceanic separation			
RNP 4	Order 8400.33	Complete	Further reduction of oceanic separation (in conjunction with FANS-1/A)			
RNAV 1, RNAV 2	AC 90-100A	Complete	Enables more efficient routes and procedures			
RNP 1 with Curved Path	AC 90-105	Complete	Enables precise departure, arrival and approach procedures, including repeatable curved paths			
Vertical Navigation	AC 90-105, AC 20-138B	Complete	Enable defined climb and decent paths			
LPV	AC 20-138B, AC 90-107	Complete	Improves access to many airports in reduced visibility, with an approach aligned to the runway			
RNP Approaches (Authorization Required)	AC 90-101A	Complete	Improves access to airports in reduced visibility with an approach that can curve to the runway; improves procedures to separate traffic flows			
Trajectory Operations Navigation Standard	TBD	2014	Enhances PBN capabilities			

图 10-14　PBN 的发展状况(2012 年)

如图 10-15 所示是 PBN 中各个程序到 2013 年的发展状况及应用领域。

比较两图可以看出，FAA 又在原来的基础上增加了一项"可选择的定位、导航和定时"程序，此程序能够提供 GPS 自主选择定位、导航和定时功能。目前此程序还处于理念开发阶段，预计在 2018 年完成。

Overview of Aircraft Operator Enablers						
Avionics Enablers	Aircraft and Operator		Capability Overview	Target Users	Target Area	Maturity
	Guidance	Schedule				
Performance Based Navigation (PBN)						
Required Navigation Performance (RNP) 10	Order 8400.12C	Complete	Reduces oceanic separation			
RNP 4	Order 8400.33	Complete	Further reduces oceanic separation in conjunction with Future Air Navigation System (FANS) 1/A			
Area Navigation (RNAV) 1, RNAV 2	Advisory Circular (AC) 20-138C, AC 90-100A	Complete	Enables more efficient routes and procedures			
RNP 1 with Curved Path	AC 20-138C, AC 90-105	Complete	Enables precise departure, arrival and approach procedures, including repeatable curved paths			
Vertical Navigation (VNAV)	AC 20-138C, AC 90-105	Complete	Enables defined climb and descent paths			
Localizer Performance with Vertical Guidance (LPV)	AC 20-138C, AC 90-107	Complete	Improves access to many airports in reduced visibility, with an approach aligned to the runway			
RNP Authorization Required (AR) Approaches	AC 20-138C, AC 90-101A	Complete	Improves access to airports in reduced visibility with an approach that can curve to the runway; improves procedures to separate traffic flows			
Advanced RNP, RNP 0.3, RNP 2	AC	2014	Enables more accurate and predictable flight paths for enhanced safety and efficiency			
Trajectory Operations Navigation	AC, Technical Standard Order (TSO)	2015	Enhances PBN capabilities			
Alternative Positioning, Navigation and Timing	AC, TSO	2018	Provides GPS-independent alternative position, navigation and timing capability			

图 10-15　PBN 的发展状况(2013 年)

7) 下一代航空运输系统

美国下一代航空运输系统(NextGen)计划通过改进现有的空中交通管理系统来满足当前和未来的航空需求。该计划包括 5 个变革性的计划和 50 个运行改进计划。其中变革性的计划如下所述。

(1) 广播式自动相关监视(ADS-B)技术。ADS-B 利用 GPS 卫星信号能够向空管人员和飞行员提供更精准的飞机位置信息，帮助飞机之间在空中和跑道上相互保持安全距离。飞机通过异频雷达应答机接收 GPS 信号，确定飞机在空中的准确位置，再结合其他数据把飞机位置信息发送给周边其他飞机和空管人员。在配备 ADS-B 后，飞行员和空管人员都将在第一时间，同时看到同样的空中交通信息，从而从根本上提高了安全性。ADS-B 技术还可以提高空域利用率，减小云层及视觉能见度的限制，增强机场的场面监视能力[①]。如图 10-16 所示列出了 ADS-B 技术中各个程序到 2012 年的发展状况及应用领域。

---

① FAA Flight Plan 2009—2013，FAA，2008，5～7.

AVIONICS ENABLERS	AIRCRAFT AND OPERATOR GUIDANCE		CAPABILITY OVERVIEW	TARGET AIRCRAFT	TARGET AREA	MATURITY
	GUIDANCE	SCHEDULE				
ADS-B CAPABILITIES						
ADS-B Out	AC 20-165	Complete	Enables improved air traffic surveillance and automation processing			
ADS-B IN APPLICATIONS						
Airborne/ Ground CDTI	AC 20-172 TSO-C195	Complete	Improves awareness of other traffic			
In-Trail Procedure (ITP)	Policy Memo; AC 20-172A TSO C195a	Complete*	Displays and provides alerts based on non-normal traffic status			
Interval Management	AC 20-172B, TSO C195b	2014	Oceanic in-trail climb/descent			
Traffic Situational Awareness and Alerting (TSAA)[1]	AC 20-172B, TSO C195b	2014	Displays and alerts crew to airborne conflicts independent of TCAS alerting			
Surface Indications/ Alerts	AC 20-172C TSO-C195c	2016	Improves awareness of other traffic			
Closely Spaced Parallel Operations[3]	AC, TSO	2017	Guidance information for aircraft participating in paired approaches to closely-spaced runways			

图 10-16　ADS-B 的发展情况(ADS-B Enablers)

FAA 在 2012 年完成了航路运行 3 海里间隔的最终评估，并在 2013 年实现航路管制间隔服务和终端管制间隔服务的初始运行能力(Initial Operational Capability，IOC)。FAA 还把 ADS-B 技术应用在机场地面车辆的运行中，目前已经实施完成。

(2)　全系统信息管理(System Wide Information Management，SWIM)。SWIM 将为众多用户提供高质量和及时的数据。通过减少界面和系统的数量及类型，SWIM 将减少不必要的信息冗余，更好地促成各机构之间的信息共享。一旦实施，SWIM 将大大有助于扩展系统容量，改进预测力和运行决策，并降低服务成本。此外，SWIM 将改善协调，使战术冲突管理过渡到战略性的以航迹为基础的运行，它还有助于更好地利用现有的容量航路。

SWIM 将使用商业现有的硬件和软件来支持松散耦合的面向服务的体系结构，该体系结构允许更简单地添加新的系统和连接。如图 10-17 和图 10-18 所示说明了在国家空域系统中有 SWIM 和无 SWIM 时信息交换方式的区别。

SWIM 的实施分为两个阶段，如图 10-19 所示显示了 SWIM 各阶段中各个程序的实施规划。

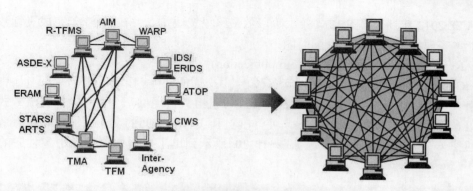

图 10-17　NAS 普通的工作状态(The NAS Business As Usual)

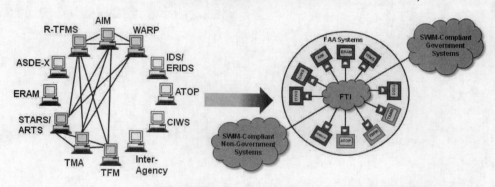

图 10-18　NAS 在使用 SWIM 后的工作状态(The NAS With SWIM)

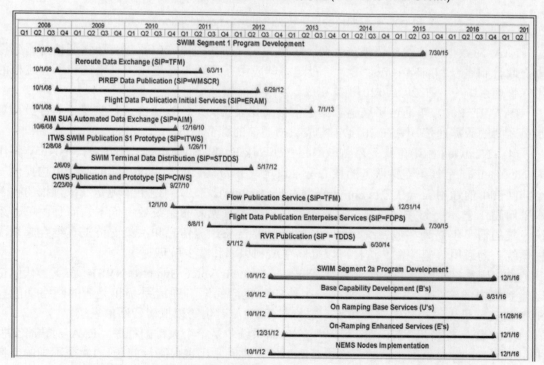

图 10-19　SWIM 的实施规划(High level schedule for the SWIM program)

FAA 在 2012 年通过了 SWIM 第二阶段的最终投资决策，并在 2013 年完成飞行数据的公布功能，实现终端数据自动分配的能力。

(3) NextGen 的数据通信(Data Communication)。

NextGen 的数据通信将在关键的运行(如空中交通的间隔和指令)和常规信息(如咨询、飞行机组人员的要求和报告)上，为管制员和飞行机组人员提供一个更有效的交流方式。它能减少语音通信的拥挤和相关的错误，使管制员和飞行员之间的交流更清晰、更有效，从而提高航空安全、减少航班延误。如图 10-20 所示列出了数据通信技术中各程序的发展状况。

AVIONICS ENABLERS	AIRCRAFT AND OPERATOR GUIDANCE		CAPABILITY OVERVIEW	TARGET AIRCRAFT	TARGET AREA	MATURITY
	GUIDAANCE	SCHEDULE				
DATA COMMUNICATIONS						
FANS 1/A (Sat Comm)	AC 20-140A, AC 120-70B	Complete	Provides oceanic data communications and surveillance, transfer of communications			
FANS-1/A+ (VDL mode 2)	AC 20-140A, AC 120-70B TSO-C160a	Complete	Expands FANS to domestic clearances			
ATN Baseline 2	AC 20-140B, AC 120-70C	2014	Provides clearances, terminal information, and Initial Trajectory Operations			

图 10-20　数据通信的发展状况(Data Communication Enablers)

FAA 对数据通信的部署将分为两个阶段：第一阶段是到 2014 年将数据通信部署到空中交通管制塔台和航路中心；第二阶段是将其应用在终端雷达进场控制系统和所有飞机的飞行管理系统中，在 2017—2018 年完成。

FAA 在 2012 年通过了航路数据通信自动化设备的最终投资决策，实现了飞行员和管制员之间的数据通信，并在 2014 年完成数据通信的综合测试。

(4) NextGen 网络可行气象(NextGen Network Enabled Weather，NNEW)。NNEW 将作为 NextGen 航空气象支持服务的核心基础设施，并为整个国家空域系统的所有机构提供一个共同使用的通用天气景象(a common weather picture)。气象问题不单纯是气象预报的技术水平问题，它涉及全方位的气象信息管理，现今的气象发布系统效率低下，而且由单一系统收集的信息不易为其他系统共享，所以必须将气象预测信息和决策支持工具结合起来，提供统一的通用气象参数，这样可以提高空域利用率和减少航班延误。

(5) 国家空域语音系统(National Airspace System Voice Switch，NVS)。在下一代航空运输系统中的空中交通运行将需要一个新的、灵活的语音通信系统和灵活的网络功能。NVS 是美国最先进的数字语音技术，它将取代 FAA 老化的模拟语音通信系统。

NAS 语音交换机(NVS)在下一代航空运输系统中是一个关键的程序。FAA 对语音交换机作了研究，并总结出当前的交换机是陈旧的，且时常出现保障性问题。17 个不同的交换机被用于国家空域系统中，其中有许多已经遇到严重的退化问题。NVS 可以通过数字化的语言、数据总线和无线电通信来为管制员提供语音通信。传统的语音通信系统中，管制员和飞行员之间所用的通信工具和管制员同管制员之间所用的通信工具是不同的，这样就增加了管制员的工作负荷，也降低了工作效率。而 NVS 不仅可以为空中到地面提供语音通信，还可以为地面到地面提供语音通信，这样就可以使管制员快速地选择安全分离，还可以使飞行员通过无线电指令快速地调整飞行计划，从而有效地提高整个系统的安全性及运行效率。

NVS 的另一个关键转变就是，空中和地面的通信不再被区域设施的边界限制。这将允许在所有的空域中有更大的灵活性来开发和利用空域/交通分配。且下一代航空运输系统的语音通信路径将被一个智能网络控制。

FAA 在 2012 年发布了筛选信息的要求，并通过了 NVS 第一阶段的最终投资决策。在 2013 年，FAA 将接受第一个 NVS 供应商提供的示范系统。

NextGen 的运行改进计划可以分为 7 个部分[①]。

(1) 基于航路的运行(Trajectory Based Operations，TBO)。TBO 可以提高运行效率。飞机可以根据实际情况改变航迹，这样可以更有效地利用空域。计算机可以自动记录这些航迹，这些航迹再通过 DataComm 传达给飞机，一个数据链接系统可以自动地将 FAA 设施的信息发送给飞机，也可以自动地接收到飞机的相关信息。ADS-B 能持续地更新飞机的具体位置，这样管制员就可以确定一个自由飞行的飞机是否会同一个限制空域的飞机发生相撞。如图 10-21～图 10-23 所示是基于航路运行计划中各个程序的实施规划。

(2) 在高密度机场增加进出港量(Increase Arrivals and Departures at High Density Airports)。对于一个机场来说，在运行上实现其抵离港容量的最大化是很难的。如果抵达一个机场的飞机中既有小型飞机又有大型飞机，那么要实现跑道利用率的最大化是不可能的。飞行类型的差异和尾流的影响都需要增加飞机间隔。多跑道机场也会使飞机在地面的运行变得复杂化，飞机起飞时也会受到限制。而在大型城市地区，同一地区的多个主要枢纽机场必须共享重叠的空域。为了解决这些局限性，以及更有效地利用跑道，我们必须作运行上的改进。如图 10-24 所示显示了为增加高密度机场的进出港容量而实施的各个程序的规划。

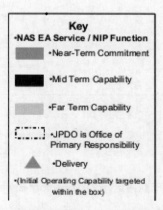

图 10-21　图例说明(Service Roadmap Legend)

---

① National Airspace System Capital Investment Plan FY 2013—2017，FAA，2012，10～34.

Timeline:

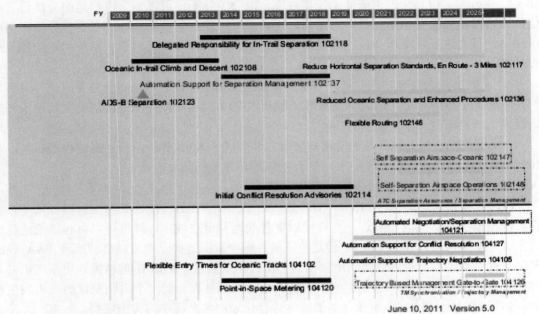

图 10-22 基于航路运行(1)(Trajectory Based Operations)

Timeline:

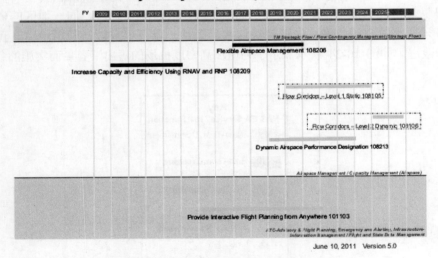

图 10-23 基于航路运行(2)(Trajectory Based Operations)

(3) 增加终端区运行环境的灵活性(Increase Flexibility in the Terminal Environment)。这个解决方案主要是要改善机场终端区的通道、情景意识和间隔管理。它主要是为所有的机场提供精密的着陆引导、地面情景意识和改进的飞行数据管理。灵活的终端运行将根据飞机的类型，通过仪表飞行规则(IFR)/目视飞行规则(VFR)的混合使用来实现。机场会根据交通的需求来确定是否需要塔台。如图 10-25 和图 10-26 所示显示了为增加终端区运行环境的灵活性而实施的各个程序的规划。

Timeline:

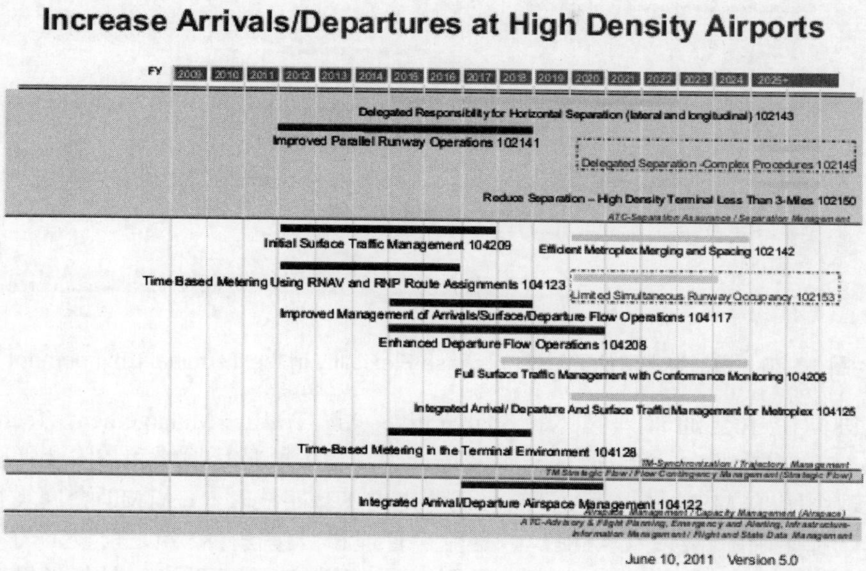

Increase Arrivals/Departures at High Density Airports

June 10, 2011   Version 5.0

图 10-24　在高密度机场增加进出港量(Increase Arrivals/Departures at High Density Airports)

Timeline:

Increase Flexibility in the Terminal Environment (1 of 2)

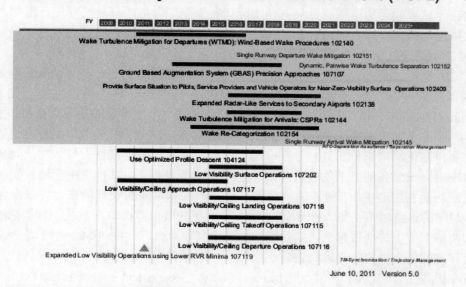

June 10, 2011   Version 5.0

图 10-25　增加终端区的灵活性(Increase Flexibility in the Terminal Environment)

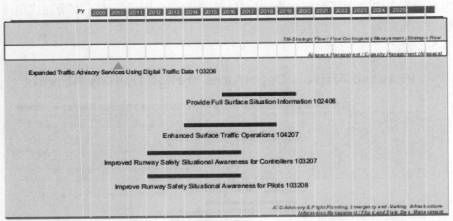

图 10-26　增加终端区的灵活性(Increase Flexibility in the Terminal Environment)

(4) 协同空中交通管理技术(Collaborative Air Traffic Management Technologies，CATMT)。CATMT 是 NextGen 的一个变革计划，它主要是从战略和战术上增强现有的交通流量管理系统(TFMS)。当 FAA 不能协调所需的飞行路线时，CATMT 会同飞行员互动，以指导其选择正确的路线。CATMT 包括流量管理和协作程序，当之前设定的飞行路线受恶劣天气的影响，或者特定的航线超出容量时，CATMT 会帮助飞行员将飞机转移到备用的航线或高度上。CATMT 还包括系统的开发，用来分配和管理航空信息，管理空域的预定，以及管理从起飞前到发布起飞航班时间段的所有信息。

现在管理系统需求和容量失衡的 ATM 工具是比较粗糙的，最好的解决方案就是最大限度地减少航班的受约束程度，只有在实际运行需要的时候才会对飞行进行限制，其目标是最大限度地提高飞行员的效率，以保持工作效率处于优先级，同时还要遵守限制条件。如图 10-27 所示为 CATMT 计划中各个程序的实施规划。

在 2012 年，FAA 通过一个初始电子协调来制订更有效的飞行计划，从而有效地提升了交通流量管理。FAA 计划在 2013 年设计和开发出一套航路可用性规划工具(Route Availability Planning Tool，RAPT)，并设计和开发一个在领空约束的情况下增强协作的系统。

(5) 减小天气的影响(Reduce Weather Impact)。目前，NAS 天气数据没有很好地把手动程序和自动化决策支持工具结合在一起。此外，决策者不易获得天气数据，且预报的天气不够准确。天气预测方面的改进包括为空中交通管理专家、其他空中交通控制设施、航空公司航班运营中心(FOC)和驾驶舱提供准确、一致和集成的天气信息，并以此作为支持战术和战略的运营决策工具。FAA 将部署一个通用的气象数据管理系统，它能把气象预测信息和决策支持工具结合起来，提供统一的通用气象参数。如图 10-28 所示是为减小天气影响而开发的各个程序的实施规划。

(6) 提高安全、安保和环境性能(Increase Safety，Security and Environmental Performance)。安全风险管理(SRM)可以使利益相关方采用系统的方法来保证系统设计和实施过程中的安全。其中还包括个别系统安全的风险评估，以确保系统和程序中的一些特定风险被识别和控制。

Timeline:

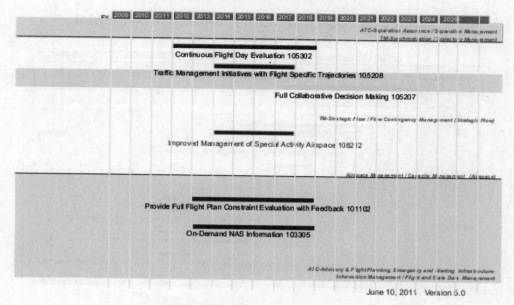

图 10-27　增强 ATM 的协同性(Improve Collaborative ATM)

Timeline:

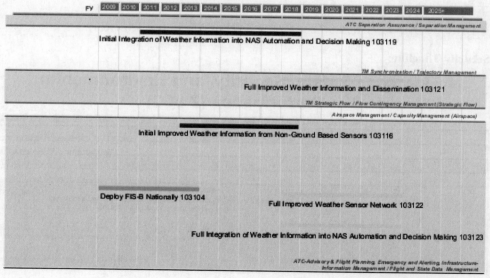

图 10-28　减小天气影响(Reduce Weather Impact)

在 NextGen 的开发中,基于风险的模型和人为因素方面的研究将协同发展。如图 10-29 所示是为提高系统安全而开发的各个程序的实施规划。

Safety Timeline:

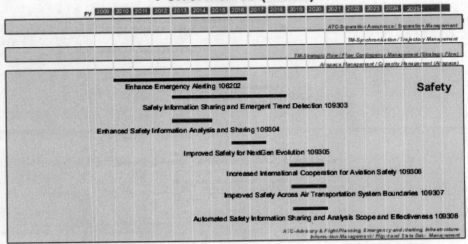

图 10-29　增强安全(Increase Safety)

NAS 的运行需要设备和信息的安全。设备安全指确保空中交通管制、通信和导航设施的安全。信息安全指确保 NAS 数据的安全,它同时也是对每一个新的和现有的 NAS 程序的基本要求。

如图 10-30 所示是为增强系统安保而开发的各个程序的实施规划。

Security Timeline:

Increase Safety, Security, and Environmental Performance (2 of 3)

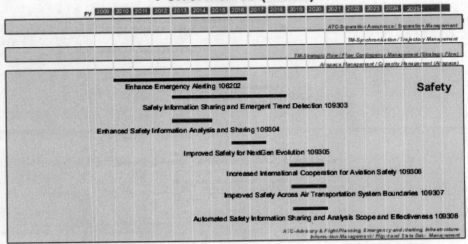

图 10-30　增强安保(Increase Security)

关于航空对环境的影响，目前已经引起了有关方面高度的关注，其中不仅包括噪音和空气质量的影响，还包括全球气候的变化和能源消耗的影响。NextGen 计划必须考虑到排放和噪音对环境的影响，并将这种影响降到最低，同时还要提高能源的有效利用率。如图 10-31 所示是为减少环境影响而开发的各个程序的实施规划。

Environmental Timeline:

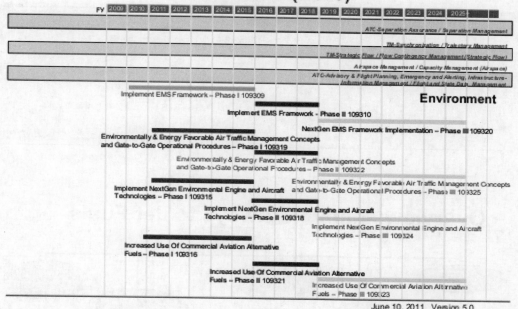

图 10-31　增强环境性能(Improve Environmental Performance)

(7)　更新基础设施(Transform Facilities)。未来的空中交通管制设施将会更灵活、更有伸缩性和可维护性。空域边界将不再基于地理边界划定。未来设施的更新换代将通过建立新的设施、改变现有设施的数量和尺寸，以及与其他设施进行整合来实现。同时也会把人机交互因素考虑进去。如图 10-32 所示为此计划中所开发的各个程序的实施规划。

8)　可替代燃料

航空可替代燃料(Alternative Fuels)是一种基于碳氢化合物的混合燃料，它是由非石油资源提炼出来的[①]。如图 10-33 所示是生成替代燃料的多种途径。

商业航空替代燃料协调中心(The Commercial Aviation Alternative Fuels Initiative，CAAFI)是一个联盟，它主要是要将商业航空的努力方向转到可替代燃料行业上，它的宗旨是要通过航空可替代燃料来提高航空业的能源安全和环境可持续性。它可促使所有航空领域的利益相关方都参与进来，相互之间建立联系、共享并收集数据，以用于直接研究和开发可替代燃料。

---

① Alternative Jet Fuels，FAA，2012，1～17(part1，part2).

Timeline:

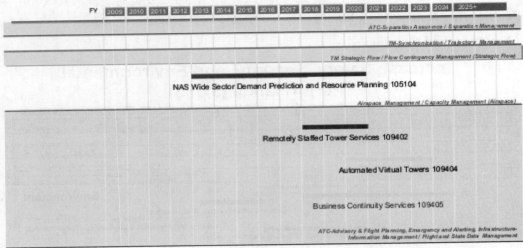

图 10-32   更换设施(Transform Facilities)

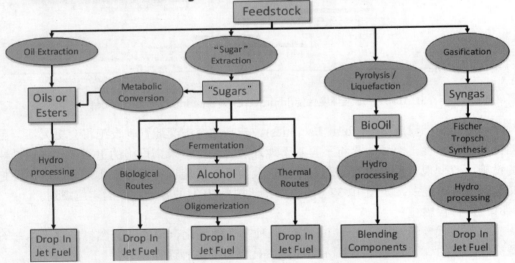

图 10-33   生成可替代航空燃料的多种途径(Many Pathways to Jet Fuels)

美国的目标是要在 2018 年生产出 10 亿加仑先进的生物燃油。如图 10-34 所示列出了可替代燃油到 2013 年的开发状况及应用领域。

AVIONICS ENABLERS	AIRCRAFT AND OPERATOR GUIDANCE GUIDAANCE | SCHEDULE		CAPABILITY OVERVIEW	TARGET AIRCRAFT	TARGET AREA	MATURITY
ENGINE AND FUEL TECHNOLOGIES						
Drop In Renewable Jet Fuel	ASTM standards (50% HEFA JET A)	Complete	Expands jet fuel specification to allow production via alternative processes and feedstocks			
Drop In Renewable Jet Fuel	ASTM standards (Alcohol to Fuel Pathways)	2014	Expands jet fuel specification to allow production via alternative processes and feedstocks			
Drop In Renewable Jet Fuel	ASTM standards (Pyrolsis)	2015	Expands jet fuel specification to allow production via alternative processes and feedstocks			

图 10-34　可替代燃油的发展状况(Alternative Fuels Enablers)

9)　人为因素研究进展和计划

(1)　FAA 为飞机和空中交通管制(ATC)系统的设计和操作定义了人和系统的性能要求。FAA 通过分析可能出现的人为因素影响，研究如何在提高飞机机组的自动化性能的基础上减少差错。此研究包括减少自动适配所带来的潜在的不利影响和驾驶舱自动化的某些不确定性。在 2012 年，FAA 针对飞行员和管制员间的交流和共享决策过程，实施了相关的评价和建议程序，完成了初步研究[①]。

(2)　FAA 在人为因素研究、开发和应用过程中，采用差错的管理策略，降低了风险因素，减少了与自动化相关的错误，其目的在于使用 NextGen 的程序和设备时，能够识别和管理由于新的设备和改变导致的人因差错模式所带来的风险。

(3)　NASA 在人为因素研究领域已经完成了一些仿真研究，用来解决新的驾驶舱系统，以支持在先进的 NextGen 实施路线中的新安全飞行计划。

(4)　NASA 和 FAA 及其他机构共同合作，正在研究合成和增强的视景系统，期望在低能见度条件下的仪表进近中进行使用。目前，合成视景系统已经能够极大地提高飞行员的情景感知能力和在高负荷条件下控制飞机的能力。此外，FAA 将继续人为因素的研究，通过强化和合成视景系统来增强在低能见度条件下机场地面滑行的间距，以及飞机驾驶舱显示器和地面车辆的相关程序。

(5)　NASA、波音公司、美国海军、FAA 和其他伙伴共同合作，通过增强的空气动力学模型来进行广泛的驾驶模拟器评估，此模型能在扩展的速度极限条件(Extended Envelope Conditions)下精确地描绘出飞机的性能和状态，包括全气动失速。

10)　其他改进安全的新技术

(1)　基于时间的流量管理(Time Based Flow Management，TBFM)。基于时间的流量管

---

① Human factors research status report，JPDO，2012，5～7.

理(TBFM)系统能更好地优化拥挤空域中的飞机流量，提高系统效率，使飞机的流量和空域利用率达到最大化。此系统已经部署到了所有的美国航线交通管制中心。它的研究规划及进展如图 10-35 所示。

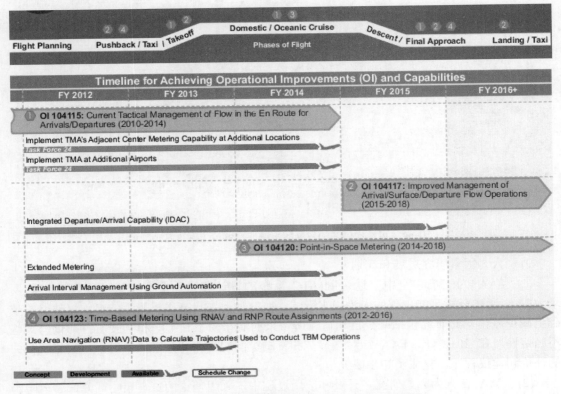

图 10-35　TBFM 的进展(The Development of TBFM)

TBFM 最近已经安装在 20 条航线上，它将取代交通管理顾问(Traffic Management Advisor)，并且作为一个基于时间的调度工具来调节飞机的所有飞行阶段，将飞机运行的正确数据发送给空域管理部门，以及引导飞机降落在跑道的准确位置。

基于时间的测量——发送飞机的特定位置在特定的时间——能使管制员和经理在拥挤的空域中更有效地管理飞机，通过解决一些不规则的行为和提供更加一致的交通流量，直至飞机降落到跑道上。

一旦训练完成后，TBFM 就会全面投入运作，它能为 NextGen 的运行提供一个更好的平台，如基于性能的导航程序目前正在推出。

(2) 精密离场发布能力(Precision Departure Release Capability，PDRC)。PDRC 是由 NASA 开发出的一种减少飞机延迟的软件，目前 NASA 已经将此软件转让给了 FAA。PDRC 使用表面自动化元件来预测飞机离场时的起飞时间，计算爬升轨迹，还能自动地与运行中心进行交流。通过此项技术，管制员可以提高空中交通管理的整体效率，它能减少飞机的延误，使更多的飞机在规定的时间内起飞。此外，它还可以帮助管制员在突发情况

(如天气变化或其他问题)下作出更快的反应，同时减少他们的工作负荷[1]。

(3) 机场车辆安装应答机。随着跑道侵入事故数量的增加，美国机场开始采用新的地面交通措施，使用雷达系统取代现有的车辆无线电系统，以提高机场安全。

现在，通过在车辆仪表盘下方安装一个 6 英寸宽、可以向塔台雷达发射识别信号的应答机，当车辆横穿跑道或者在跑道周围行驶时，新型雷达就能像捕捉飞机一样捕捉到车辆信息。在能见度很低的情况下，地面雷达影像可能是塔台分辨这些车辆的唯一依据。无论何时，计算机都能向管制员发出潜在冲撞危险和指挥错误的警告。管制员在为飞机起飞或降落开放跑道前，必须确认跑道上没有任何机动车辆。

该系统还能减少航班延误，因为管制员了解车辆所在的具体位置之后，就能更快开放跑道。地面车辆上还安装了 iPad 以显示雷达影像，这样司机们就能从整个滑行道和跑道的全局影像上看到自己的所在位置。最终，飞行员也将在飞机显示屏上能够看到地面车辆的位置影像，当跑道上有其他车辆时系统将自动发出警告。

(4) 航路自动驾驶现代化(En Route Automation Modernization，ERAM)。ERAM 是航路中心一个新的自动化平台，它能控制高海拔的交通，允许飞机有更快速度的飞行和航线的改变。ERAM 将取代使用了 40 年的(En Route Host Computer)，并计划将其使用在全国 20 个 FAA 航路管制中心。ERAM 是 NextGen 的核心，也是 NAS 的动脉。它能使当前基于地面的空中交通管制系统更好地向基于卫星的空中交通管理系统转变。ERAM 对于未来的空中导航是非常重要的，它能为 NextGen 提供一个新的自动化平台。SWIM、DataComm 和 ADS-B 的成功运行都依赖于 ERAM 的成功部署。ERAM 可以增加交通流量，提高管制员的工作效率，改善自动导航和冲突检测服务。

对于飞行员，在交通拥挤、天气恶劣或其他限制条件下，ERAM 可以增加航路的灵活性。实时的空中交通管理和信息共享可以提高航空公司计划航班的能力，简化航线和增加雷达覆盖率可以使飞机的飞行更快、更平稳和更高效。

对于管制员，ERAM 通过可定制的显示器为用户提供了一个友好型界面。它可使轨迹模型更加精确，也可使空域得到最大的利用。它还能更好地进行冲突检测。ERAM 能有效地增加追踪的飞机数可达 1900 架，使用目前的系统只能追踪 1100 架飞机。使用 ERAM 系统还可以减少管制员的工作负荷，增强协作能力，同时可以提高各个管制中心之间的信息共享[2]水平。

目前，ERAM 的部署已经接近完工，现在已经有 17 个管制中心实现了该系统的初始运行能力，其余 3 个在 2014 年年初完成。其中 11 个管制中心已经实现了该系统的全面运行。所有的 ERAM 都在 2015 年全部部署完成，并投入运行[3]。

11) 安全管理体系(SMS)的实施

FAA 各主要部门实施 SMS 的阶段不同。空中交通组织(ATO)已完成了 SMS 的部署，但其他部门则处于初期阶段，大多数都已获得 SMS 方面的指导和实施计划，并开始将 SMS 的相关做法整合到业务流程中。2012 年 4 月，FAA 确立了 SMS 实施计划，并提供了

① NASA Transfers NextGen Software Tool to the FAA，FAA，2013.8 http://www.faa.gov/news/updates/?newsid=73374.

② En Route Automation Modernization (ERAM)，FAA，2010.11 http://www.faa.gov/air_traffic/technology/eram/.

③ Fiscal year 2013 Performance and Accountability Report，FAA，2013.11.

跨机构实施路线图，在 2015 年年底完成业务整合。

整合后的成果包括在 FAA 范围内修订和规范安全政策及安全风险管理方法，以确保 SMS 在原则上能够得到统一应用；改善组织流程，使 FAA 各部门更容易地共享安全数据和信息；协调沟通，确保 FAA 在整体上对 SMS 达成共识。

FAA 从 2008 年开始实施 SMS，并于同年 9 月发布内部实施统一政策，规定了管理原则，用来指导在安全管理和安全监管方面的所有活动，并要求航空安全组织(AVS)、机场办公室(ARP)和空中交通组织(ATO)等部门制订实施 SMS 的具体计划。

在 FAA 内部全面实施 SMS 可能需要数年时间。SMS 实施计划包括了 2015 年以前各项任务的预计完成日期，以及一些可能需要更长时间才能完成的任务。按照 FAA 的要求，全面实施 SMS 是一个渐进过程，不会有具体的完成日期，目前执行的时间框架与专家们的估计是一致的。他们认为，完成像 SMS 这样的组织变革可能需要 6~10 年的时间。

实施 SMS 是 FAA 正在进行的几项重大举措之一，其规模的庞大和复杂程度可能影响 FAA 正在进行的新一代运输系统(NextGen)与无人机系统的研究工作。SMS 要求 FAA 在运营的许多方面作出调整：从采用查找隐患的方式到加强整个行业的监管，也要求 FAA 和行业在安全文化上的转变，即公开分享信息及安全数据，并采取一切必要措施，以防止发现的错误在未来再次发生。

SMS 的实施范围和复杂程度也是对航空业的挑战。针对 FAA 提出实施 SMS 需要改变机场和航空运输承运人运营的最终要求，一些规模较小的航空公司和机场认为，实施 SMS 可能需要额外的人力、物力资源，机场和航空运输承运人也担心 FAA 的最终要求会过于规范化，以至于不允许实施最适合他们的组织类型、管理措施和资源的 SMS 方案。大多数利益相关方和专家们都表示，FAA 可以为机场和航空公司设计具有可扩展性及灵活性的 SMS 方案，以解决这些存在的问题。

此外，人员培训也是个挑战。SMS 实施需要一些目前 FAA 职员还不具备的技能，FAA 没有正式评估过职员的技能，以便找出两者之间的差距，或者确定如何填补这些差距。FAA 主要业务部门工作的标准化是成功实施 SMS 的核心，但不同业务部门建立统一的系统也具有挑战性。FAA 认为，需要建立一套统一的隐患跟踪系统使 SMS 的有效性最大化，但 FAA 和利益相关方认为这样的系统很难开发，因为每个业务部门使用的隐患相关条款和定义都不同，所以通常情况下，数据系统也是不同的。

此外，机场对安全数据共享和保护上的担忧，可能降低 SMS 实施的有效性，它限制了机场和 FAA 对安全数据及其趋势的分析。航空运输承运人也不太可能与机场共享安全信息。机场和航空公司主要关注的是，当事故或者事故征候发生时，向公众披露这些信息可能导致负面宣传或者暴露他们的法律责任。FAA 认为，数据保护和法律责任是航空业关注的两个主要问题，这可能妨碍 SMS 的实施。FAA 将继续促进和扩大安全信息的共享范围，机场也需要找到适合自己的 SMS 的实施办法。

数据共享在 FAA 内部也面临挑战。美国交通运输部同意继续促进和扩大安全信息共享范围及安全做法，最大限度地提高安全数据挖掘效率，及时分析趋势和优先考虑安全方面的问题，在导致事故或者意外事件发生前加以解决。ICAO 也组成了安全信息交换研究小组，以帮助加强数据保护，并找到国际通用的解决方案。

　　数据质量和可用性是长期存在的问题，这会影响到 SMS 的有效性。获取相关数据并知道如何分析这些数据来确定潜在危险，是 FAA 需要解决的主要问题。业内人士认为，FAA 目前缺乏数据来有效评估某些类型事件和某些行业安全绩效的发展趋势，也尚未充分利用数据改善航空安全的监管方法。今后，FAA 的 SMS 委员会将指定一个工作组来确定何种安全数据需要收集和跟踪，并建议使用何种系统。同时，业内人士建议 FAA 拓展质量控制标准(如适用)，以便支持航空安全监管数据库，并确保这些数据尽可能可靠和有效。

附录 1 涉及的风险举例

要 素	类 别	举 例
管理 (程序)	航线结构不合理	航路交叉点过多
	空域划设不合理	民航航路距空军空域过近
	工作程序不合理	管制协议不合理
	规章制度不适用	应急处置程序缺失
	管理者决策失误	管制员培训经费不能得到保障
	管理决策未有效执行	要求加强航班动态的监控，但副班忙于协调疏于监控
人为因素	工作失误	管制间隔调配失误
	违反工作程序	飞行计划制作错误，飞行进程单填写不规范
	飞行动态监控不力	机组低于安全高度飞行，管制员未发现
	信息通报不畅	管制移交不及时
	疲劳上岗	管制员值勤时间打盹
	工作负荷过大	管制扇区内流量过大
	业务能力差	与国外机组英语通话不畅
设备	通信设备工作不正常	陆空通信失效
	监视设备工作不正常	雷达天线失效
	导航设备工作不正常	导航台不工作
	灯光工作不正常	飞机进近阶段进近灯光失效
	设备软件工作不正常	雷达信号处理系统失效
外部 (环境)	机组原因	偏离航线，飞错高度，违反指令
	飞机故障	座舱释压
	军民航原因	军航飞机误入民航空域或民航飞机误入军航空域
	升空物体	起飞方向出现气球
	鸟击意外	发动机遭鸟击
	恶劣天气	飞行航空器被雷雨包围
	非法干扰	劫机
	电磁干扰	陆空话频出现无线电干扰

表 1　可能性分类

	极不可能的	罕见的	偶然的	经常的	频繁的
定量描述	$<10^{-9}$ 次/飞行架次	$10^{-7} \sim 10^{-9}$ 次/飞行架次	$10^{-5} \sim 10^{-7}$ 次/飞行架次	$10^{-3} \sim 10^{-5}$ 次/飞行架次	$1 \sim 10^{-3}$ 次/飞行架次
定性描述（年保障一万架次）	发生可能性几乎为零	百年不遇	百年一遇	每年发生不到十次	每年发生数十次以上
定性描述（年保障十万架次）	发生可能性几乎为零	百年不遇	一年发生不到一次	每年发生数十次	每年发生上百次

表 2　严重程度分类

	可忽略的	轻微的	严重的	危险的	灾难性的
定性描述	几乎没有影响	工作受到影响但并未造成不良后果	造成工作差错	造成事故征候	造成事故

表 3　风险矩阵

可能性＼严重程度	可忽略的	轻微的	严重的	危险的	灾难性的
频繁的					
经常的					
偶然的					
罕见的					
极不可能的					

可接受　　可容忍　　不可接受

注：各单位在使用过程中，应结合自身特点，修订之后采用。

参 考 文 献

[1] 刘汉辉. 民用航空安全之道[M]. 北京：中国民航出版社，2008.

[2] 王华伟，吴海桥. 航空安全工程[M]. 北京：科学出版社，2014.

[3] 张景林. 安全系统工程[M]. 北京：煤炭工业出版社，2014.

[4] 国际民航组织(ICAO).DOC 9859－AN/460，安全管理手册，2006 年第 1 版.

[5] 民用运输机场突发事件应急救援管理规则[J]. 中华人民共和国国务院公报，2016(25).

[6] 中国民航总局航空安全办公室.2015 年中国民航航空安全报告[R]. 北京，2015.

[7] 中国民用航空局航空安全办公室. 2014 年 1 月 16 日发布咨询通告《运行阶段和地面阶段》(AC-396-AS-2014-06).

[8] 国际民航组织. 空中航行服务程序——空中交通管理(PANS-ATM, DOC 4444 号文件).

[9] 杨宇彤，刘晓鹏，洪威. 飞行人员的心理因素与飞行安全[J]. 中国疗养医学，2009，18(7).

[10] 王其荣，沈增圮，程明等. 飞行险情中飞行员失误的心理生理因素的研究与实践[J]. 中华航空医学杂志，1991，2(2).

[11] 李珠，孙景太，徐奎等. 用艾森克人格特征预测飞行员事故倾向[J]. 中华航空航天医学杂志，1999，10(4).

[12] 张玲，谭麓湘，方幸初. 生活事件因素与机车乘务员心理健康状况相关的研究[J]. 职业与健康，2000，16(12).

[13] 韩文强，胡文东，文治洪等. 飞行疲劳的生理心理因素及对策[J]. 第四军医大学学报，2008，29(4).

[14] 罗晓利. 疲劳、睡眠缺失及人体昼夜生物节律扰乱与飞行安全[J]. 西南民族大学学报，2003，11(11).

[15] 张鹏. 机组资源管理与飞行安全[J]. 航空安全，2012(135).

[16] 陈宏. 浅谈飞行训练中的驾驶舱职权梯度[J]. 科技资讯，2012(19).

[17] 王鑫. 民航飞机维修风险管理研究[D]. 硕士学位论文. 南京：南京理工大学，2010.

[18] 中国民航局. 中国民航航空安全年报 2014[R]. 2014.

[19] 刘继新. 民航航行情报与飞行安全关系探究[J]. 江苏航空，2009(3).

[20] 朱乾根. 天气学原理和方法[M]. 北京：气象出版社，1981.

[21] 国际民航组织(ICAO). DOC9774 AN/969，机场使用许可证颁发手册.

[22] 中国民用航空总局. 《中国民用航空空中交通管理规则》(86 号令)，1999 年 7 月修订.

[23] 张军. 现代空中交通管理[M]. 北京：北京航空航天大学出版社，2005.

[24] Eurocontrol. 《1963—2003 40 years of service to European aviation》.

[25] 国际民航组织(ICAO). DOC 9859－AN/460，安全管理手册，2006 年第 1 版.

[26] 彭冬芝，郑霞忠. 现代企业管理安全管理[M]. 北京：中国电力出版社，2003.

[27] 袁乐平. 安全风险评估在空管系统中的应用研究[D]. 中国民航大学学位论文，2005.

[28] 国际民航组织. 加强空中交通管理(ATM)安全监督的能力. 欧洲民航会议成员的 41 个缔约国提交，第 35 届会议工作文件.

[29] 杨琳. LOSA——航空安全管理的新方法[J]. 飞行安全，2003(3).

[30] 李京利，邹国良. 浅谈空管安全管理体系(SMS)[J] .空中交通管理，2006(4).

[31] 李佳，杜红兵. 航空公司飞行安全预警管理系统设计与实现[J]. 中国民航大学学报，2007，25(a01).

[32] 美国联邦航空局(FAA) .8040.4 号令，1998.6.26.

[33] EATMP Safety Policy，欧洲航空安全，Edition 21，2001.5.

[34] 英国民航局. CAP712——商业航空运输运行安全管理体系，航空安全管理参考资料 6 号.

[35] EUROCONTROL. SAFETY REGULATORY REQUIREMENT(ESARR3)，欧洲航空安全，2000.7.17.

[36] EUROCONTROL. ESARR 3 GUIDANCE TO ATM SAFETY REGULATORS , 2001.6.

[37] EUROCONTROL SAFETY REGULATORY REQUIREMENT(ESARR4)，欧洲航空安全，2001.4.5.

[38] FAA. SMS Manual - Version 1.1, 2004.

[39] UK CAA. CAP730 Safety Management Systems for Air Traffic Management A Guide to Implementation , First Edition ,12 Sep. 2002.

[40] Robert A. Sturgell. Speech "An International Call to Action" Washington, D.C. November 29, 2007 International Safety Forum.

[41] NAV CANADA.2006 ANNUAL INFORMATION FORM 51-102F2 Year Ended August 31, 2006，October 31, 2006.

[42] NAV CANADA.. 2006 ANNUAL REPORT A DECADE OF SERVICE.

[43] John Crichton. Over the Horizon: ADS – B and Beyond. Annual General Meeting,April 10, 2008.

[44] Joe Schanne. Safety Is Our Business-Safety Management System http://www.tc.faa.gov/act4/insidethefence/2006/0102_22_safetymgt.htm.

[45] Steven D. Smith. Safety Management Systems —— New Wine, Old Skins.

[46] Robert A. Sturgell, Speech "SMS" Atlanta, GA May 13, 2008 ATO Safety Management Conference.

[47] Eurocontrol Eurocontrol Annual Report 2007.

[48] Safety http://www.nats.co.uk/text/79/safety.html.

[49] Milestone http://www.nats.co.uk/.

[50] Safety Management Systems From Wikipedia, the free encyclopedia http://en.wikipedia.org/wiki/Safety_Management_Systems.

[51] Canadian Federal Pilots Association Aviation Inspector Survey.

[52] Dr Robert Dnanatt Dr Margot Wood Organising for Flight Safety ATSB Research and Analysis Report March, 2006.

[53] FSF. CFIT Checklist[EB/OL]. hfttp://flightsafety.org/files/cfit_ckl_ch.pdf http://flight safety.org/files/cfit_check.pdf, 2012/9/1.

[54] FSF. Controlled Flight Into Terrain[EB/OL]. http://flightsafety.org/current-safety-initiatives/controlled-flight-terrain-cfit, 2012/9/1.

[55] Rober H.Vandel. The FSF Approach-and-landing Accident Reducation Tool Kit[R]. FSF&ERA14th annual EASS, March 2002.

[56] FSF. Approach and Landing Risk Awearness Tool [EB/OL]. http://www.mtc.gob.pe/portal/ transportes/aereo/aeronauticacivil/alar_tool_kit/pdf/fsf_rat.pdf, 2012/9/1.

[57] FSF. Runway Excursion Risk Awareness Tool [EB/OL]. http://www.skybrary.aero/boo kshelf/books/899.pdf, 2012/9/1.

[58] FAA. Flight Risk Assessment Tool [EB/OL]. InFO 07015, 7/3/2007.

[59] NATA. IC Check [EB/OL]. http://nata.aero/ICCheck/html/riskassessmenttool.html.2012/9/1.

[60] NATA. RA Check [EB/OL] . http://www.nataiccheck.aero/racheck/, 2012/9/1.

[61] Transport Canada. Pre-flight Risk Assessment [EB/OL]. http://www.tc.gc.ca/media/documents/ca-standards/faa.pdf, 2012/9/1.

[62] Transport Canada. Pre-flight Risk Assessment [EB/OL]. http://www.tc.gc.ca/eng/civil aviation/standards/general-flttrain-sms-toolkit-partiii-faa-2331.htm,2012/9/1.

[63] Isanorth. Flight/No Flight Risk Assessment and Checklist [EB/OL]. http://www.lsanorth.com/planning.htm ,2012/9/1.

[64] Michael, H.,Osborne, D.M.,Ross, D.,Boyd, D.,and Brown, B.G., "The Flight Operations Risk Assessment System",Proceedings of the SAE Advances Safety Conference.Society of Automotive Engineers,1999.

[65] Micheal, H., John, M., "Flight Operations Risk Assessment System (FORAS)",International Air Safety Seminar, Flight Safety Foundation, 2002.

[66] 赵龙. 基于改进的 AHP-模糊综合评价法的高速公路路线安全性评价研究[D]. 华南理工大学，2011.

[67] 文军. 航空公司安全系统风险的模糊综合评价研究[J]. 中国安全生产科学技术，2010，6(1).

[68] 王岩韬，李蕊，卢飞等. 基于多因素分析的航班运行风险评估体系[J]. 天津工业大学学报，2014(3).

[69] 赵嶷飞，陈琳，王红勇. 基于熵权和模糊分析的空管运行安全风险评价[J]. 航空计算技术，2013，43(4).

[70] 陈东锋，罗帆，梁广东. 基于综合集成的军事飞行安全风险管理模型[C]. 中国系统工程学会学术年会，2014.

[71] 石荣. 基于最优组合赋权的航空公司飞行安全风险评估[J]. 交通运输工程与信息学报，2014(2).

[72] 刘晓东，王欣，傅茂名. 计算机辅助飞行安全定量评价模型[J]. 中国民航飞行学院学报，2006，17(4).

[73] 罗凤娥，赖欣. 基于 Dempster Shafer 证据融合的航空公司运行监察方法[J]. 信息与控制，2012，41(3).

[74] 罗凤娥，李大利. 航空公司运行控制风险评估系统研究[J]. 科技和产业，2014，14(3).

[75] 倪峰. 基于民航飞机运行安全的 A 航空公司风险管理研究[D]. 复旦大学，2010.

[76] 王永刚，王媛卓. 航空公司运行风险因子交互作用规律研究[J]. 中国安全生产科学技术，2012，8(5).

[77] International Civil Aviation Organization, Global Accident Rate. http://www2.icao.int/en/ism/iStars/Pages2/Global%20Accident%20Rate.as px, accessed 2012/3/9.

[78] 丁鹭飞，耿富录，陈建春. 雷达原理[M]. 北京：电子工业出版社，2014.

[79] 金星，洪延姬等. 工程系统可靠性数值分析方法[M]. 北京：国防工业出版社，2002.

[80] 国家安全生产监督管理局. 安全评价[M]. 北京：煤炭工业出版社，2004.

[81] 陈伟炯. 船舶安全与管理[M]. 大连：大连海事大学出版社，2000.

[82] 谭跃进. 定量分析方法[M]. 北京：中国人民大学出版社，2006.

[83] 应爱玲. 空域飞行侧向碰撞危险的模型方法研究[N]. 中国民航学院，2002.

[84] 徐智刚. ADS-B 在空管中的应用[J]. 科技创新与应用，2014(3).

[85] 樊为刚，侯丽红. 层次分析法的改进[J]. 科技情报开发与经济，2005，15(4).

[86] 夏萍，汪凯，李宁秀等. 层次分析法中求权重的一种改进[J]. 中国卫生统计，2011，28(2).

[87] 何钦成，王孝宁，韩大勇. 群组判断中求权向量的一种新方法[J]. 中国卫生统计，2003，20(2).

[88] Performance-Based Navigation (PBN) Non- OAPM, FAA, 2013.

[89] AVS Work Plan for NextGen 2012, FAA, 2012.

[90] FAA Is Taking Steps to Improve Data, but Challenges for Managing Safety Risks Remain, GAO, 2012.

[91] FAA Faces Implementation Challenges, GAO, 2012.

[92] FAA Needs to Better Ensure Project Eligibility and Improve Strategic Goal and Performance Measures, GAO, 2012.

[93] Improving Runway Safety through Airfiled Configuration, FAA, 1-2

[94] National Runway Safety Plan 2012—2014, FAA, 2011.

[95] Cloudy Day is A-OK at Half Moon Bay, FAA, 2012.

[96] Wide Area Augmentation System, FAA, 2010, http://www.faa.gov/about/office_org/headquarters_offices/ato/service_units/techops/navservices/gnss/waas/howitworks/.

[97] FAA Flight Plan 2009—2013, FAA, 2008.

[98] National Airspace System Capital Investment Plan FY 2013—2017, FAA, 2012.

[99] Alternative Jet Fuels, FAA, 2012, 1～17(part1 , part2).

[100] Human factors research status report, JPDO, 2012.

[101] NASA Transfers NextGen Software Tool to the FAA, FAA, 2013.8 http://www.faa.gov/news/updates/?newsid=73374.

[102] En Route Automation Modernization (ERAM), FAA, 2010.

[103] http://www.faa.gov/air_traffic/technology/eram/.

[104] Fiscal year 2013 Performance and Accountability Report, FAA, 2013.